普通物理（力學與熱學篇）

段宏昌、劉世崑、鄭乃仁、陳榮斌、陳進祥　著

全華圖書股份有限公司

序言

本書係針對高中職以及技術學院或剛進入大學理工系的學生編寫的一本普通物理學教科書。本書是作者根據多年來指導學生讀書時，由他們所發問的問題逐步整理而成。本來只是爲了解答他們的疑難，後來愈寫愈多，發現物理學確實不好念，不僅內容廣泛，試題更是五花八門，學生經常身陷其中卻苦於無法找出解題的對策，也確實需要熱心且具有教學經驗的人，適當的指導其正確的觀念及解題對策。因此，將它編輯成書，爲的是能利益更多的學生。本書從開始著筆至完成，歷時好幾年的時間，整個稿件一字一句，都是作者親自輸入電腦完成的，其間也校正並閱讀過數次，目的是希望能透過清晰的介紹，讓學生更易理解與吸收，提升學習興趣。

本書分爲《力學與熱學篇》及《電磁學與光學篇》，共 24 章，廣泛涵蓋整個普通物理學。

在第 1 章內容中除了介紹基本測量單位及因次外，我們特別介紹向量及微積分。因爲向量及微積分的學習對物理課程的理解有很大的幫助，此處所介紹的微分與積分，相當注重概念的描述並顧及讀者的理解能力，相信讀者更易理解、吸收。

第 2 章及第 3 章分別是直線運動與平面運動的描述。本書在第 2 章的直線運動中，以正負符號來代替方向，避免使用單位向量的符號。直線運動包含水平直線運動與鉛垂直線運動，而自由落體則包含於鉛垂直線運動中。在第 3 章的平面運動中，本書用兩個獨立的直線運動來分析平面運動的問題且用表格來解說，如此問題便可一目了然。在平面運動中，我們處理的問題有水平拋射運動、斜向拋射運動、等速率圓周運動以及相對運動。

在第 4 章牛頓運動定律中，本書收集了與運動相關的問題（這些問題在各種教材中都會碰到），並運用牛頓運動定律以及向量分析來解題。對於圓周運動的問題，在編寫上我們也將鉛直圓周運動的情形考慮進來，另外，在本章最後一個習題中提及非加速度坐標系所產生的慣性力問題。

在第 5 章功與能量中，特別討論能量守恆的概念，並將克卜勒行星運動定律涵蓋在內，以及討論重力場與重力位能，這些都是力學中很重要的內容。

第 6 章討論動量與衝量，此章包含質量中心、動量守恆、動量守恆的應用以及碰撞的問題。

第 7 章介紹轉動運動，包含轉動運動學與轉動動力學、角動量守恆以及剛體的平衡。

第 8 章介紹簡諧運動，爲了瞭解簡諧運動的方程式，我們可由介紹參考圓來說明。本章中我們介紹幾個簡諧運動的實例，如單擺、複擺、環擺、扭擺。

第 9 章介紹固體與流體力學。在固體中我們主要討論的是應力、應變與虎克定律；而在流體力學中我們討論靜流體的壓力，流動液體主要討論的是白努利方程式及其應用。

第 10 章討論波動的現象，包括水波與聲波，並以水波爲例，應用重疊原理解釋干涉現象。另外我們也討論聲音的強度，並以分貝（decibels）來表示聲音的強度級，稱爲聲級。最後介紹不同樂器的原理以及聲波的都卜勒效應。

第 11 章與第 12 章爲熱力學，本書盡量把熱力學第零定律、第一定律、第二定律解說明白，尤其是熱力學第二定律我們費很大的篇幅來介紹。

本書內容特別注重物理觀念的詳細解說以及解題的清楚分析。本書各章章末的習題，標以*的題目為難度較高者，習題的答案載於本書的附錄中。又本書的附錄中另有本書所使用的符號說明表以及各種單位換算表、基本的數學公式表、物理常數表方便讀者查詢使用。

在教師資源方面，本書提供有：

(1)教學 PPT：內容涵蓋詳盡的課文重點及核心主題，當中包含大量的圖表，供教師採用簡報方式上課。

(2)習題詳解：包含每一章習題詳盡的解題過程。

讀者若要參考一般普通物理學的書籍，茲介紹下列諸書做為參考：

1. Benson, H. *University Physics*.
2. Halliday, D., Resnick, R., & Walker, J. *Fundamentals of Physics*.
3. Young, H. D., & Freedman, R. A. *Sears and Zemansky's University Physics*.
4. Fishbane, P. M., Gasiorowicz, S. G., & Thornton, S. T. *Physics*.
5. Orear, J. *Physics*.
6. Serway, R. A., & Jewett, J. W. *Principles of Physics*.
7. Giambattista, A., Richardson, B., & Richardson, R. *College Physics*.
8. Giancoli, D. *Physics*: *Principles with Applications*.

本書的作者群共有五人：

段宏昌教授，國立中山大學光電博士，係本書的主要編著者，負責全書的規劃、《力學與熱學篇》第 8 章、第 11 章、第 12 章及《電磁學與光學篇》第 10 章到第 12 章內容的編寫。

劉世崑教授，美國佛羅里達大學電機博士，負責《電磁學與光學篇》第 4 章到第 8 章內容的編寫。

鄭乃仁教授，國立中央大學光電科學與工程博士，負責《力學與熱學篇》第 9 章、第 10 章及《電磁學與光學篇》第 9 章內容的編寫。

陳榮彬教授，國立成功大學物理研究所博士，負責《力學與熱學篇》第 6 章、第 7 章及《電磁學與光學篇》第 1 章到第 3 章內容的編寫。

陳進祥教授，國立成功大學電機工程博士，負責《力學與熱學篇》第 1 章到第 5 章內容的編寫。

總目錄

力學與熱學篇

電磁學與光學篇

補充影音資源

目錄

Chapter 1

基本測量

前言

本章主要的內容是介紹：基本測量、單位與因次、有效數字、向量、微積分簡介。學習目標除了熟悉向量與微積分的概念之外，重點在於單位的換算、因次的代數以及有效數字位數的判斷問題。

Introduction

The primary purpose of this chapter is to introduce concepts such as basic measurements, units and dimensions, significant figures, vectors, and a concise overview of calculus. The learning objectives go beyond mere familiarity with vector and calculus concepts, focusing on tasks such as unit conversions, algebraic manipulation of dimensions, and determining significant figures in numerical expressions.

學習重點

- 了解基本測量和 SI 制的意義。
- 了解單位的換算。
- 了解因次的代數。
- 了解有效數字的意義。
- 如何判斷有效數字的位數。
- 了解向量的意義。
- 如何針對向量進行運算。
- 應用微積分的計算方式。

1-1 物理學的發展

物理學是一種追求自然現象根本道理的學問，因此曾被稱為自然哲學。物理學原有的內容是包括一切自然現象的探討，即解釋人類所觀察到的一切自然現象，並提供「這些現象是如何發生？」、「如何進行？」以及「究竟是什麼？」的答案。早在兩千多年前，希臘哲學家亞里斯多德（Aristotle）已就當時所觀察到的自然現象有系統的加以歸納，並試圖解釋。但其後的兩千年間，物理學卻沒有什麼大的進展，直到十七世紀末，物理學才有了具體的理論體系。有理論體系的物理學之建立，肇始於歐洲文藝復興的後期，當時有名的科學家，如：吉爾伯特（William Gilbert）、克卜勒（Johannes Kepler）、伽利略（Galileo Galilei）等人，提倡實際的觀察自然現象，並將所得的結果以數學的形式表示。

理論物理學發展始於牛頓（Isaac Newton），他集前人研究結果之大成，並發展出微積分的方法，用以建立力學的基本理論體系。自牛頓建立力學理論體系之後近兩百年，物理學的其它各個分支，例如：電磁學、熱學、光學、聲學等都逐漸發展成熟，理論與實驗的相互印證也大致令人滿意，在此段期間內完成具有嚴謹理論體系的物理學，一般稱之為古典物理學。在十九世紀末，很多物理學家都以為物理學的基本結構已經完成，剩下的工作只是將實驗如何做得更精確而已。

然而，到了十九世紀末陸續出現很多的實驗，其部分實驗結果無法由古典物理學來解釋，例如：光速的精密測定、黑體輻射、X-ray、天然放射性、光電效應…等，促使物理學家們重新檢討物理學的最基本觀念，甚至開始嘗試使用嶄新的想法來解決這個困境，因而發展出相對論以及量子力學。這些新的理論成功被廣泛用來說明古典物理學理論所不能解釋的現象，使物理學領域大大的擴展開來，物理學發展正式邁入新紀元。我們通常把相對論與量子力學等革命性的新觀念後所發展出來的物理學稱為近代物理學，與先前古典物理學加以區別。

西元兩千多年前至十七世紀末，物理學才初步有具體理論體系。自十九世紀以來，物理學發展一日千里，物理學的知識成爆炸性的成長，帶動應用科技的驚人發展。在十九世紀末，物理學家發現電子，隨後在二十世紀初，陸續發現原子核以及核內的質子與中子。第二次世界大戰末原子彈的破壞力震驚了全世界。1948 年電晶體的發明，使人類社會進入電子時代，大大地改變人類生活上的各個層面，其影響之大遠勝過十八世紀後期的產業革命。1958 年開發出電晶體積體電路，之後隨著技術的不斷改良，更使人類正式進入電腦時代。1957 年以後開展的太空探險活動，更拓展了人類的視野。

從 1970 年代至今，天文學家建造許多複雜設備，觀察遙遠星系，一直到宇宙的邊緣（大約是 150 億光年的外太空）。而粒子物理學家則不斷的建造高能量的加速器，探討基本粒子物理世界的內太空。在二十世紀結束時，逐漸發現極大宇宙的研究與極小基本粒子的研究，兩者有互相重合的趨勢。粒子物理學家發現加速器可以模擬早期的宇宙，這導致研究極大的宇宙與研究極小基本粒子世界兩者的統一，也就是外太空與內太空的趨合。自此人類企圖發展一個萬有理論（theory of everything），以瞭解人類所存在的整個宇宙，包括宇宙的起源。

1-2 基本物理量的測量

我們把物理現象中可以用數字表示的屬性稱爲物理量，能將某種物理現象定量化，就是表示我們對這種現象已經有相當程度的瞭解。英國科學家克耳文（William Thomson Kelvin）曾有一句名言：如果你對於所談的事物確實有數量上的資料時，你才算是對它有所瞭解。從克耳文這段話，我們可以領悟到測量在物理學上的重要性，促使人類對測量能力的要求日漸提高。

測量是與數值分不開的，所謂測量就是一種定量的操作過程，在物理學上，凡是能用定量的操作求得數值的事物或概念，都被稱爲物理量。所有的物理量皆可藉由基本量表示出來，因此對於基本量我們須訂定一個標準來做爲互相比較的依據。在國際單位制（簡稱 SI 制）中有**長度**、**質量**、**時間**、**電流**、**物質量**、**溫度**、**光強度**等七個基本物理量。前三者爲力學方面的基本量，電流是電學方面的基本量，溫度是熱力學方面的基本量，光強度是光學方面的基本量。另外，還有兩個輔助的量爲角與立體角。

長度的標準

第一個國際長度的標準是存放在國際度量衡標準局中的一鉑銥合金棒，棒上兩條刻痕在 0°C 時的距離，稱爲標準**公尺**（meter）。由於標準公尺不易精確複製，且一旦毀於戰爭或天災，我們便失去了長度的標準，且標準公尺所測得的長度準確性已不能符合近代科學的要求，因此，我們需要更精確的長度標準。目前，一標準公尺的定義是取光在眞空中傳播 1/299792458 秒內所走過的距離，此一標準於 1983 年所建立。

最早的標準公尺是法國人波達根據地球表面上通過巴黎的子午線，由北極到赤道間千萬分之一的長度為標準，所製成的一根棒子，又叫米尺原器。後來國際度量衡標準局依據此棒，用鉑銥的合金製成截面為 X 形的棒子做為長度的標準。此棒上兩條刻痕之間的距離，在 0°C 時的長度就是 1 公尺。此長度應為北極到赤道間地球子午線的千萬分之一，此後由於測量技術的進步，才知道此段子午線實際長度為 10,002,288 公尺，誤差相當大。國際度量衡標準局為了尋求一個永久不變的標準，遂於 1960 年決定以氪-86 氣體放電時，所放出橘紅色光譜線的波長之 1650763.73 倍定為標準公尺。此一倍數係由這一條橘紅色光譜線的波長為單位，經仔細測量標準公尺而得到的。這種標準不僅精確度大為提高，且不受時間、地點的影響。

時間的標準

任何重複發生的現象均可以量度時間，量度之法為計算重複的次數。自古以來以地球自轉一週定為一日，作為時間標準，而一秒（second）定為一日的 86400 分之一，即一秒的 86400 倍為太陽連續兩次通過地球某處所經歷的時間。由於一年之中，太陽每日所經歷的時間長短並不相同，通常取其平均值，稱為平均太陽日以及平均太陽秒。根據地球的自轉所訂定的時間稱為世界時，這種時間須經由長時間的天文觀察始能測定。

1967 年在巴黎召開的第十三屆國際度量衡會議中，決議採用一種原子鐘做為秒的國際標準，它是用銫-133 同位素原子在基態的兩個特定能階間躍遷所輻射電磁波週期之 9,192,631,770 倍所需的時間，定義為一秒。

質量的標準

在 SI 制中，質量的標準為 1 公斤（kilogram），它最初是由一公升的水在 4°C 時的質量來決定，然而由於**實際上純水的取得有困難**，因此，在 1889 年的 SI 制中，標準質量改為**由一塊鉑銥合金的質量來定義**。目前有一塊鉑銥合金圓柱體，它的質量訂定為 1 公斤，存放在法國國際度量衡標準局中，其複製品則分別存放於其它國家的國家度量衡標準局中。另外一種質量的標準稱為**原子質量單位**（atomic mass unit），用符號 u 表示。一個原子質量單位定義為碳-12 的原子質量之 $\frac{1}{12}$，亦即 $1u = 1.6605402\times10^{-27}\,\text{kg}$ 。2019 年起，1 公斤則改以普朗克常數 $h = 6.62607015\times10^{-34}\,\text{kg}\cdot\text{m}^2\cdot\text{s}^{-1}$ 來定義。

電流的標準

在 SI 制中，電流的單位是安培（ampere），1946 年它係用兩條平行帶電流導線間的吸引力來定義的。眞空中相距 1 公尺的兩條平行帶相同電流的導線，每單位長度導線的吸引力爲 2×10^{-7} 牛頓／公尺時，每條導線上電流的大小定義爲 1 安培。電荷的單位庫侖（coulomb），是一種導出量，1 庫侖的電荷定義爲「當導線上具有 1 安培的電流時，每秒流過導線某固定點的電量」。一個電子的電荷量是 $1.602176634\times10^{-19}$ 庫侖，也就是基本電荷。2019 年起，1 安培的定義改爲每秒流過 6.241509074×10^{18} 個基本電荷的電流。

溫度的標準

溫度的定義，一般有攝氏溫度與華氏溫度，它是利用水在凝固點與沸點之間，劃分 100 個刻度與 180 個刻度來決定攝氏溫標（°C）與華氏溫標（°F）。另外，絕對溫標又稱爲克氏溫標（K），單位是克耳文（kelvin），它是一種理想氣體溫標。2019 年起，1 克耳文的定義改爲熱能變化 1.380649×10^{-23} 焦耳的熱力學溫度變化量。

光強度的標準

在 SI 制中，光強度的單位爲燭光（candela），1 燭光最初定義爲一個維持在鉑的凝固點溫度 2046 K 的輻射黑體 1 平方公釐面積之 $\frac{1}{60}$ 所發出的光強度。目前 1 燭光使用 1979 年的定義：頻率 540×10^{12} 赫茲之單色輻射光，於給定方向發出每立體角輻射通量爲 1/683 瓦特之發光強度。

物質量的標準

物質量以莫耳（mole）爲單位，表示一般物質的含量，1 莫耳的物質量含有 6.02214076×10^{23} 個粒子，此值又稱爲亞佛加厥常數（Avogadro's constant，N_A）。

輔助的量－角與立體角

角是以弳（radian）爲單位，半徑 r 的圓弧上，弧長 s 等於半徑 r 時，其所張開的圓心角爲 1 弳，或稱爲 1 弧度，而 θ（弳）$=\frac{s}{r}$。三維的立體角一般稱爲球面度（steradian），1 球面度定義爲面積等於半徑平方的球面積對球心所張開的立體角。因此，表面積爲 A 所對應的立體角爲 ω（球面度）$=\frac{A}{r^2}$。

SI 單位新定義

由國際度量衡大會於 2018 年所通過確定的國際單位制新標準定義，其中定義七個常數：

1. 銫 -133 原子於未擾動基態的超精細躍遷頻率 $\Delta\nu_{Cs}$ 爲 9,192,631,770 赫茲。
2. 光在眞空中的速度 c 爲 299,792,458 公尺 / 秒。
3. 普朗克常數 h 爲 6.62607015×10^{-34} 焦耳 · 秒。
4. 基本電荷量 e 爲 $1.602176634\times10^{-19}$ 庫侖。
5. 波茲曼常數 k 爲 1.380649×10^{-23} 焦耳 / 克耳文。
6. 亞佛加厥常數 N_A 爲 6.02214076×10^{23} 1 / 莫耳。
7. 頻率 540×10^{12} 赫茲之單色輻射光的發光效能 K_{cd} 爲 683 流明 / 瓦特。

根據 $Hz = s^{-1}$、$J = kg\cdot m^2\cdot s^{-2}$、$C = A\cdot s$、$lm = cd\cdot m^2\cdot m^{-2} = cd\cdot sr$ 和 $W = kg\cdot m^2\cdot s^{-3}$ 等關係式，其中的單位赫茲、焦耳、庫侖、流明和瓦特及其單位符號 Hz、J、C、lm 和 W，分別與單位秒、公尺、公斤、安培、克耳文、莫耳和燭光及其單位符號 s、m、kg、A、K、mol 和 cd 相關。

這組七個定義常數之所以被選擇，係因其可提供最基本又穩定的通用參考基準，同時可用最小的不確定度來予以實際實現。在訂定其技術約定和規格時，同時也考慮到了其歷史的發展。其中，普朗克常數 h 和光在眞空中的速度 c 兩者均被適當地描述爲基本參數。它們分別用以決定量子效應和時空特性，而且在所有的標度和環境中，兩者對所有粒子和場都有均等的影響。而基本電荷 e 可藉由精細結構常數 α 對應至電磁力的介電常數 ε_0。波茲曼常數 k 爲對應於溫度（單位：克耳文）和能量（單位：焦耳）之間的比例常數。銫頻率 $\Delta\nu_{Cs}$（銫-133 原子非擾動基態的超精細躍遷頻率）具有原子參數的特性，亞佛加厥常數 N_A 爲對應於物量（單位：莫耳）與實體數量（單位：1）之間的比例常數，因此，它具有與波茲曼常數 k 相似之比例常數特性。而頻率爲 540×10^{12} 赫茲的單色輻射發光效能 K_{cd} 則是一個技術常數，其確切的數值關係則依刺激人眼的輻射功率（單位：瓦特）之純物理特性與標準觀察者在頻率 540×10^{12} 赫茲下的光譜響應引起之光生物響應的光通量（單位：流明）而定。

1-3 單位與因次

同一個物理量可因不同的單位制，而有許多不同的單位。力學的基本量在 MKS 制中，基本量長度的單位爲公尺或稱爲米，在本書中，我們會以縮寫的字母 m 來表示；質量的單位爲公斤，以縮寫的字母 kg 來表示；時間的單位爲秒，以縮寫的字母 s 來表示。另外，在 CGS 制中，這三個基本量的單位分別爲公分（centimeter）、公克

（gram）和秒，在本書中，我們會以縮寫的字母 cm、g 和 s 來表示。在英制中，則爲呎（feet）、斯勒格（slug）和秒，在本書中，我們會以縮寫的字母 ft、slug 和 s 來表示，如表 1-1 所示。

表 1-1　力學中各制度常見基本單位的縮寫

物理量	SI 制	MKS 制	CGS 制	英制
長度	m	m	cm	ft
質量	kg	kg	g	slug
時間	s	s	s	s

電學中電流的單位是以安培來表示，縮寫爲 amp 或 A，而電量的單位則以庫侖來表示，縮寫爲 coul 或 C。熱學中溫度的單位以克氏溫標 K 來表示。由基本量組合而成的物理量稱爲導出量，同一個物理量可因不同的單位制，而有許多不同的單位，例如在 MKS 制中，速度的單位是 $\frac{公尺}{秒}$，寫爲 m/s；在 CGS 制中爲 $\frac{公分}{秒}$，寫爲 cm/s；英制中則爲 $\frac{呎}{秒}$，寫爲 ft/s。雖然速度可用不同的單位表示，但是他們都具有相同的性質，即皆是由長度除以時間來表示。

一般我們把這種具有相同性質的物理量，稱爲它們具有相同的因次（Dimension）。在一個方程式中，具有相同單位的物理量才能相加減，而一個方程式的左右兩邊，物理量的因次則必須相同。基本量中，長度（length）的因次我們以英文字母[L]來表示；質量（mass）的因次則用英文字母[M]來表示，時間（time）的因次則用英文字母[T]來表示。而其它的導出量則可用基本量的因次來表示之，例如速度的因次爲 $[\frac{L}{T}]$，或寫爲 $[LT^{-1}]$。因次的代數運算與一般的代數運算一樣，因次的代數運算可以幫助我們驗證方程式的正確性，也可以幫助我們用簡單的方法建立方程式。下面我們舉一個例子來說明。

範例 1-1

質量爲 m，擺長爲 ℓ 的單擺，其擺動的週期爲 τ，我們知道由單擺的振動可以測量重力加速度 g。試以因次代數的運算，求出重力加速度 g、擺長 ℓ、週期 τ 與擺錘質量 m 的關係式。

題解　首先，假設重力加速度 g、擺長 ℓ、週期 τ 與擺錘質量 m 的關係式爲：

$g = km^a\ell^b\tau^c$，k 爲比例常數，沒有單位。

重力加速度 g 的單位爲 m/s^2，g 的因次爲 $[\frac{L}{T^2}]=[LT^{-2}]$；

又 $m^a\ell^b\tau^c$ 的因次爲 $[M^aL^bT^c]$，經由比較兩者的因次，可知道 $a=0$，$b=1$，$c=-2$，

因此，重力加速度 g 可表示爲 $g=k\cdot\ell^1\cdot\tau^{-2}$，但無法得知 k 值。

若知道單擺的週期表示式 $\tau=2\pi\sqrt{\frac{\ell}{g}}$，亦即 $g=4\pi^2\frac{\ell}{\tau^2}$，由此可知其比例常數 $k=4\pi^2$。

在單位的換算方面，主要是 MKS 制、CGS 制以及英制方面的換算，其中有一些基本量需留意。

長度方面爲：

1 呎 = 0.3048 公尺，1 哩 = 5280 呎，1 吋 = 2.54 公分。

體積方面爲：

1 公秉 = 1 m^3 = 1000 立方公寸 = 1000 公升。

1 公升 = 1 L = 1 立方公寸 = 1000 立方公分 = 1000 cc = 1000 mL。

1 加侖 = 3.79 公升。

質量方面爲：

1 公斤 = 2.2 磅，1 斯勒格 = 14.59 公斤。

範例 1-2

30 哩 / 加侖可換算爲多少公里 / 公升？

題解 $30\frac{\text{哩}}{\text{加侖}}\times 5280\frac{\text{呎}}{\text{哩}}\times 0.3048\frac{\text{公尺}}{\text{呎}}\times 10^{-3}\frac{\text{公里}}{\text{公尺}}\times\frac{1}{3.79}\frac{\text{加侖}}{\text{公升}}=12.74\frac{\text{公里}}{\text{公升}}$ 。

1-4 有效數字與數量級

有效數字

物理上的量均由測量而得，由於測量工具本身的不完美，我們無法使所測量的結果絕對準確。一般我們所表示的測量值是以準確值加上一位估計值來表示。所謂準確值係記到測量儀器上的最小刻度單位，而估計值則記到最小刻度單位的下一位。譬如我們測量桌子的長度爲 186.5 公分，此表示桌子的長度爲 186 公分又 5 公釐，其中 186 公分是準確值，它係直接由米尺的刻度讀出來的，代表所使用的米尺最小刻度爲公分，而 5 公釐則是估計值。我們亦可把此桌長記爲 1.865 公尺，其中前面三位數字 186 是由米尺的刻度上所讀出來的，是絕對正確的，因而是準確值，而後面一位數字 5 是由估計而得的，是估計值。所謂**有效數字**（significant figures）是指測量值中的準確值加上一位估計值。例如：前面所測量的桌長，其有效數字爲 186.5，即爲四位有效數字。

如果所使用的米尺最小刻度是公釐，則我們所測量的桌長可能會記爲 186.54 公分或記爲 1.8654 公尺。此表示前面四位數字 186.5 是準確值，它係直接由米尺的刻度讀出來的，而後面一位數字 4 是由估計而得的，是估計值。此時此一測量值的有效數字爲 186.54，即爲五位有效數字。顯然的，用五位有效數字所表示的測量結果「1.8654 公尺」的準確度，比用四位有效數字所表示的測量結果「1.865 公尺」爲高。亦即所使用米尺的最小刻度單位愈小，則用以表示測量結果的位數愈多，而此一測量值的準確度也愈高。在計算很大或很小的數目時，有效位數的表示法可用 10 的冪次表示之，稱爲科學記號（scientific notation）。例如，地球到太陽的距離約爲 149200000000 公尺，如果我們把此一數值寫爲 1.492×10^{11} 公尺，就可表示出其有效位數爲四位。

一般決定有效數字的位數規則，敘述如下：

1. 所有不爲零的數字均爲有效。

   例如：1.8654 公尺，有效數字爲五位。

2. 不爲零的數字之間的零爲有效。

   例如：1.0804 公尺中的兩個零均爲有效，因此有效數字爲五位。

3. 小數點左邊爲零時，所有在小數點右邊至不爲零的數字的所有零均爲無效。

   例如：0.0086 公尺中小數點至數字 8 之間的兩個零均爲無效，而小數點左邊的單一個零也無效。

4. 小數點以下只有零的數字時，它們均爲有效。

   例如：450.00 公尺，代表具有五位有效數字。

有效數字相加減的結果，應僅保留一位估計數字。例如：27.8 m、1.324 m 以及 0.66 m 相加的結果本應爲 29.784 m，但是由於 27.8 m 中的 8，1.324 m 中的 4，0.66 m 中的最後一個 6 均是不可靠的估計值，所以這三個數值相加的結果 29.784 m 中的 7、8、4 均不可靠，由於在一個不可靠的數字之後的數字是毫無意義的，因此，我們僅需保留一位估計數字，於是 29.784 m 中的 8 應四捨五入，得 29.8 m。

兩個數量相減時，其運算方法也是一樣的，不過，當這兩個數量很接近時，我們需特別小心。例如：3.29 m 與 3.24 m 之差爲 0.05 m，於是兩個三位有效數字的數值 3.29 m 與 3.24 m 相減的結果，變成一位有效數字的數值 0.05 m，而由於 0.05 m 中的 5 是不可靠的，因此，減法的運算會降低數值的準確度。這是我們必需注意的，所以當我們欲求出兩個數量的差時，應該將這兩個數量用更精密的方法來測量，或直接測量這兩個數量的差。

當有效數字相乘時，乘積的有效數字位數，不應大於乘數與被乘數中，具有較少位數者的位數；而有效數字相除時，商的有效數字位數，也不應大於除數與被除數中，具有較少位數者的位數。例如：2.002 m 與 1.15 m 相乘時，其乘積本應爲 2.30230 m^2，而由於乘數與被乘數中，具有較少位數者的位數爲三位，因此，其積爲 2.30 m^2。有一點我們必須要注意的是，我們不可誤認爲有效數字的位數取得愈多位，則表示該數值愈準確，無意義的數字不僅不能提高準確度，反而是一種不正確的表示法。例如，我們用圓周的長度 $s = 424$ m 除以直徑 $D = 2R = 135$ m，來求圓周率 π，利用數學中公式 $s = 2\pi R$，可得 $\pi = \dfrac{s}{D} = \dfrac{424}{135}$，如果我們使用計算機可得到商爲

$\pi = \frac{s}{D} = \frac{424}{135} = 3.140740741$，以這樣的數值來表示圓周率 π 並不正確，由於除數與被除數的有效數字位數均只有三位，因此，其商的有效數字位數應只有三位，我們應該捨棄第四位以後的數值，而記為 $\pi = 3.14$。

範例 1-3

某數據記爲 20.0 公分與 20.00 公分有何不同？

題解 代表測量兩者所用的尺之最小刻度是不同的，
記爲 20.0 公分者，所用的尺之最小刻度是公分（厘米），
記爲 20.00 公分者，所用的尺之最小刻度是公釐（毫米），
後者準確度較高。
前者的有效數字的位數爲三位，後者的有效數字的位數爲四位。

數量級

我們經常會碰到極大或極小的數值，例如：估計目前所知的宇宙年齡約爲 10^{18} s，電子的質量約爲 10^{-31} kg，鈾原子核的大小約爲 10^{-14} m 等。像這樣以 10 的多少次方來表示某一數值的約略大小，便是所謂的數量級（order of magnitude）。1 莫耳的物質量是含有 6.02×10^{23} 個粒子，我們計爲數量級是 10^{24}，乃是因爲它比 10^{23} 更接近原來之值。而一個氫原子的質量爲 1.67×10^{-27} kg，我們則計爲數量級是 10^{-27} kg。

在相鄰兩數量級間，我們以兩者的幾何平均值作爲分界值。10^n 與 10^{n+1} 的幾何平均值爲 $\sqrt{10^n\times10^{n+1}} = \sqrt{10}\times10^n = 3.16\times10^n$。因此，我們把大於 3.16×10^n 的數值，計爲其數量級爲 10^{n+1}，而小於 3.16×10^n 的數值，則計爲其數量級爲 10^n。所以：1 莫耳的物質量，我們計爲數量級是 10^{24}，因爲 6.02 大於 3.16；而一個氫原子的質量，則計爲數量級是 10^{-27} kg，因爲 1.67 小於 3.16 之故。

1-5 向量

向量的表示法

具有大小與方向兩種性質的物理量，稱爲向量（vector），而只具有大小一種性質，並不具有方向性質的物理量，稱爲純量（scalar）。我們通常畫一箭頭來代表一個向量，其長度代表此向量的大小，而箭頭的指向則表示其方向。符號上我們通常加箭頭來表示向量，設 $\vec{A}$ 爲一個向量，則

$$\vec{A} = |\vec{A}|\frac{\vec{A}}{|\vec{A}|} = |\vec{A}|\hat{A} \qquad (1\text{-}1)$$

向量 $\vec{A}$ 的大小一般表示爲 $|\vec{A}|$，又可記爲 A。上式中，$\hat{A}$ 稱爲向量 $\vec{A}$ 的單位向量（unit vector），它是表示方向與 $\vec{A}$ 相同，而大小爲 1 的向量，即

$$\hat{A}=\frac{\vec{A}}{|\vec{A}|}，|\hat{A}|=1 \tag{1-2}$$

向量 $\vec{A}$ 的大小與方向兩個性質可藉著 $|\vec{A}|$ 與 $\hat{A}$ 來表示。任何物理量都是有單位的，單位向量 $\hat{A}$ 只表示一個向量的方向，而在此方向上，同一單位的物理量便可表爲單位向量 $\hat{A}$ 的倍數，此倍數即爲該向量 $\vec{A}$ 的大小。

如圖 1-1 所示，對應於向量 $\vec{A}$，有一個方向與它相反的負向量，記爲 $-\vec{A}$，$-\vec{A}=|\vec{A}|(-\hat{A})$。向量 $\vec{A}$ 與無單位的純數字 a 的乘積爲一個向量，記爲 $\vec{B}=a\vec{A}$，它是向量 $\vec{A}$ 的 a 倍，而其方向是否與 $\vec{A}$ 相同，要看 a 的正或負而定。另外向量 $\vec{A}$ 與純數字的乘積不同的是，向量 $\vec{A}$ 與具單位純量 m 的乘積，它是另一個向量，記爲 $\vec{B}=m\vec{A}$，由於純量 m 亦具有某種單位，因此，$\vec{B}$ 與 $\vec{A}$ 爲不同的物理量，例如動量 $\vec{p}$ 爲質量 m 與速度 $\vec{v}$ 的乘積，$\vec{p}=m\vec{v}$ 便是一個例子。

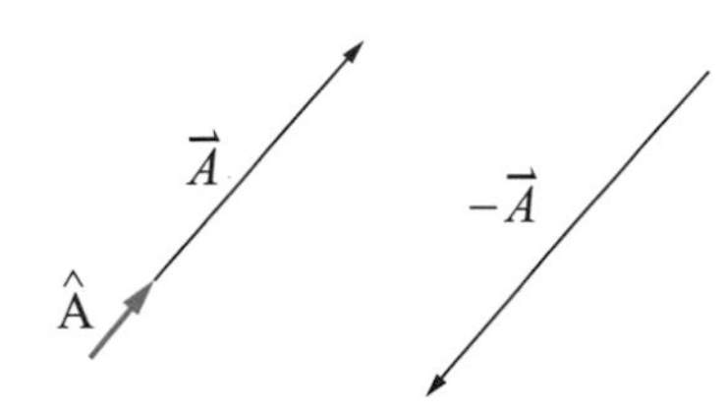

圖 1-1 向量 $\vec{A}$ 與其負向量 $-\vec{A}$。

向量的加法

向量 $\vec{A}$ 與向量 $\vec{B}$ 相加，爲另一向量 $\vec{C}$，記爲 $\vec{C}=\vec{A}+\vec{B}$，稱爲合向量或是向量和。如圖 1-2(a)所示，可使用三角形圖解法來求解合向量 $\vec{C}$，其求法爲將向量 $\vec{B}$ 的尾端接於向量 $\vec{A}$ 的頭端，然後自向量 $\vec{A}$ 的尾端畫一直線至向量 $\vec{B}$ 的頭端，即可得合向量 $\vec{C}$。此種頭尾相連的方法可推廣至兩個以上的向量相加，例如 $\vec{D}=\vec{A}+\vec{B}+\vec{C}$，如圖 1-2(b)所示。向量 $\vec{A}$ 與向量 $\vec{B}$ 相減，可寫爲向量 $\vec{A}$ 與向量 $-\vec{B}$ 相加，記爲 $\vec{C}=\vec{A}-\vec{B}=\vec{A}+(-\vec{B})$，如圖 1-2(c)所示。

向量的加法運算具有如下的性質，若 $\vec{A}$、$\vec{B}$、$\vec{C}$ 爲向量，m、n 爲純量，則

1. $\vec{A}+\vec{B}=\vec{B}+\vec{A}$
2. $\vec{A}+(\vec{B}+\vec{C})=(\vec{A}+\vec{B})+\vec{C}$
3. $\vec{A}+0=0+\vec{A}$
4. $\vec{A}+(-\vec{A})=0$
5. $(m+n)\vec{A}=m\vec{A}+n\vec{A}$
6. $m(\vec{A}+\vec{B})=m\vec{A}+m\vec{B}$

通常我們可以將一般向量分解爲坐標的分量，對平面向量而言

$$\vec{A}=\vec{A}_x+\vec{A}_y=|\vec{A}_x|\hat{i}+|\vec{A}_y|\hat{j} \tag{1-3}$$

其中 $\hat{i}$、$\hat{j}$ 分別爲 x 軸與 y 軸方向的單位向量，如圖 1-3 所示，向量 $\vec{A}$ 的坐標分量 $\vec{A}_x$ 及 $\vec{A}_y$ 可表示爲

$$|\vec{A}_x|=|\vec{A}|\cos\theta，|\vec{A}_y|=|\vec{A}|\sin\theta \tag{1-4}$$

其中 $|\vec{A}|$ 是向量 $\vec{A}$ 的大小，θ 則是向量 $\vec{A}$ 與正 x 軸的夾角，又

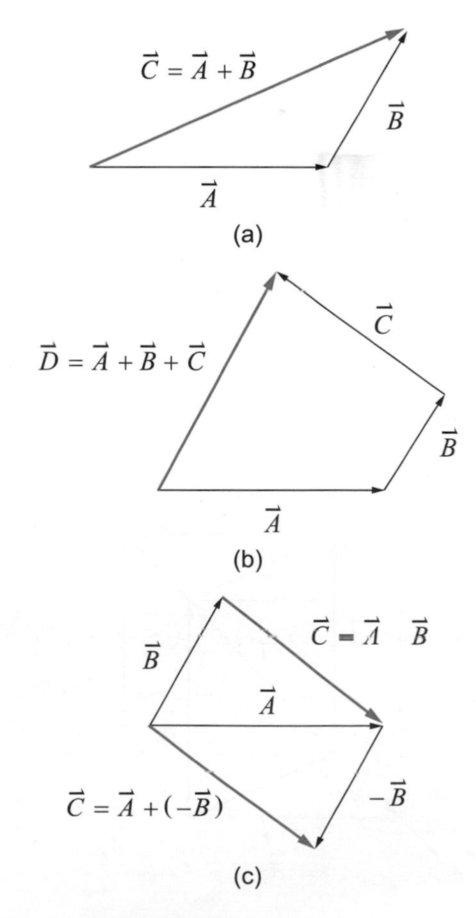

圖 1-2 向量的加法。

$$|\vec{A}|=\sqrt{|\vec{A}_x|^2+|\vec{A}_y|^2}\text{ ， }\theta=\tan^{-1}\left(\frac{|\vec{A}_y|}{|\vec{A}_x|}\right) \tag{1-5}$$

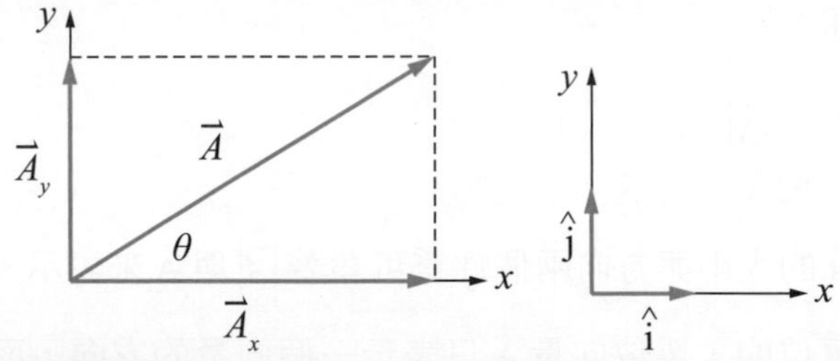

圖 1-3　向量的坐標分量。

對一個三維空間的向量 $\vec{A}$ 而言，我們可將其分解爲沿三個坐標的分量，記爲

$$\begin{aligned}\vec{A}&=\vec{A}_x+\vec{A}_y+\vec{A}_z=|\vec{A}_x|\hat{\mathrm{i}}+|\vec{A}_y|\hat{\mathrm{j}}+|\vec{A}_z|\hat{\mathrm{k}}\\&=A_x\hat{\mathrm{i}}+A_y\hat{\mathrm{j}}+A_z\hat{\mathrm{k}}\end{aligned} \tag{1-6}$$

其中 A_x、A_y 及 A_z 分別表示向量 $\vec{A}$ 沿 x、y 及 z 三個坐標的分量大小，意即是 $A_x=|\vec{A}_x|$、$A_y=|\vec{A}_y|$ 及 $A_z=|\vec{A}_z|$；另外，$\hat{\mathrm{k}}$ 爲沿 z 軸方向的單位向量。如圖 1-4 所示，我們可將向量 $\vec{A}$ 的尾端平移至坐標軸的原點，然後自向量 $\vec{A}$ 的頭端畫一條平行於 z 軸的直線，根據此直線與 xy 平面的交點，連接此交點與坐標原點，可得向量 $\vec{A}_1$ 以及平行於 z 軸的向量 $\vec{A}_2$，向量 $\vec{A}$ 即爲向量 $\vec{A}_1$ 與向量 $\vec{A}_2$ 的合向量，即 $\vec{A}=\vec{A}_1+\vec{A}_2$。又向量 $\vec{A}_1$ 係在 xy 平面上，它可分解爲 xy 平面上的兩分量 $\vec{A}_x$ 和 $\vec{A}_y$，即 $\vec{A}_1=\vec{A}_x+\vec{A}_y$，而若將向量 $\vec{A}_2$ 平移至 z 軸，則可知其爲向量 $\vec{A}$ 的 z 坐標分量，即 $\vec{A}_2=\vec{A}_z$，因此

$$\vec{A}=\vec{A}_1+\vec{A}_2=(\vec{A}_x+\vec{A}_y)+\vec{A}_z=A_x\hat{\mathrm{i}}+A_y\hat{\mathrm{j}}+A_z\hat{\mathrm{k}} \tag{1-7}$$

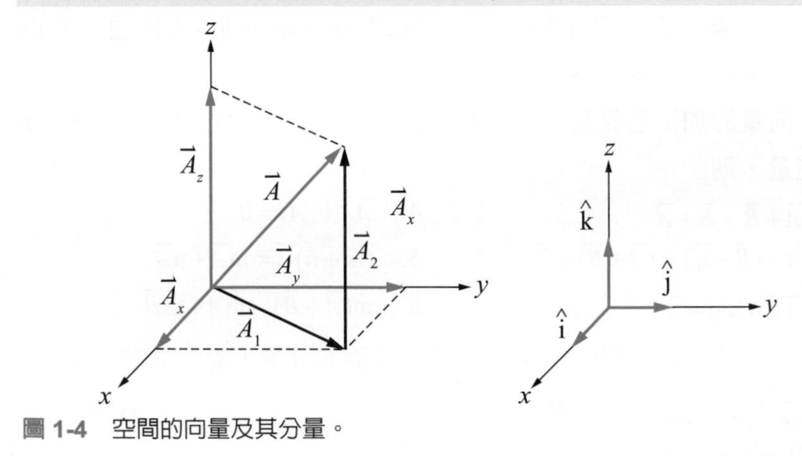

圖 1-4　空間的向量及其分量。

如圖 1-5 所示，向量 $\vec{A}$ 的空間分量爲 $\vec{A}_x$、$\vec{A}_y$ 和 $\vec{A}_z$，正好構成一個長方體的三個邊。向量 $\vec{A}$ 正好是由向量 $\vec{A}_1$ 與向量 $\vec{A}_2$ 所構成的直角三角形的斜邊，因此 $\vec{A}=\vec{A}_1+\vec{A}_2$，又由於向量 $\vec{A}_1$、向量 $\vec{A}_x$ 和 $\vec{A}_y$ 亦圍成一個直角三角形，而 $\vec{A}_1$ 爲斜邊，因此 $\vec{A}_1=\vec{A}_x+\vec{A}_y$，而 $\vec{A}_2=\vec{A}_z$，由此可得向量 $\vec{A}$ 的大小爲

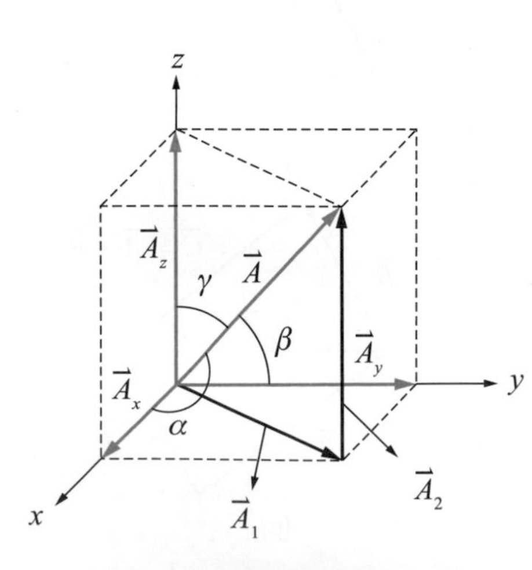

圖 1-5　向量 $\vec{A}$ 的分量為長方體的三個邊。

$$\left|\vec{A}\right| = \sqrt{\left|\vec{A}_x\right|^2 + \left|\vec{A}_y\right|^2 + \left|\vec{A}_z\right|^2} \ ; \ A = \sqrt{A_x^2 + A_y^2 + A_z^2} \tag{1-8}$$

若向量 $\vec{A}$ 與 x、y、z 軸的夾角分別為 α、β、γ，則向量 $\vec{A}$ 在 x、y、z 軸上的分量大小可表示為

$$\left|\vec{A}_x\right| = \left|\vec{A}\right|\cos\alpha \ , \ \left|\vec{A}_y\right| = \left|\vec{A}\right|\cos\beta \ , \ \left|\vec{A}_z\right| = \left|\vec{A}\right|\cos\gamma \tag{1-9}$$

兩個空間向量 $\vec{A} = A_x\hat{\mathrm{i}} + A_y\hat{\mathrm{j}} + A_z\hat{\mathrm{k}}$，$\vec{B} = B_x\hat{\mathrm{i}} + B_y\hat{\mathrm{j}} + B_z\hat{\mathrm{k}}$ 的相加與相減可表示為

$$\vec{A} + \vec{B} = (A_x + B_x)\hat{\mathrm{i}} + (A_y + B_y)\hat{\mathrm{j}} + (A_z + B_z)\hat{\mathrm{k}} \tag{1-10}$$

$$\vec{A} - \vec{B} = (A_x - B_x)\hat{\mathrm{i}} + (A_y - B_y)\hat{\mathrm{j}} + (A_z - B_z)\hat{\mathrm{k}} \tag{1-11}$$

向量的乘法

向量 $\vec{A}$ 與向量 $\vec{B}$ 相乘有兩種方式，一種是**純量積**（scalar product）或稱為**點積**（dot product），記為 $\vec{A}\cdot\vec{B}$，運算結果是一個純量；另一種則是**向量積**（vector product）或稱為**叉積**（cross product），記為 $\vec{A}\times\vec{B}$，運算結果是一個向量。如圖 1-6 所示，若向量 $\vec{A}$ 與向量 $\vec{B}$ 的夾角為 θ，則其純量積為

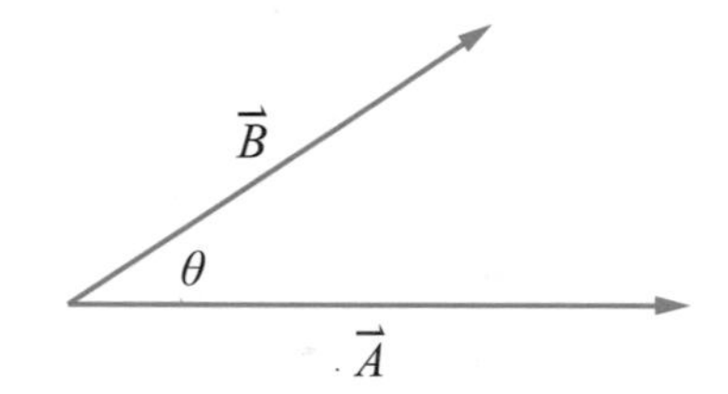

圖 1-6 向量 $\vec{A}$ 與向量 $\vec{B}$ 的夾角為 θ。

$$\vec{A}\cdot\vec{B} = \vec{B}\cdot\vec{A} = \left|\vec{A}\right|\left|\vec{B}\right|\cos\theta = AB\cos\theta \tag{1-12}$$

如果兩個向量的分量均為已知

$$\vec{A} = A_x\hat{\mathrm{i}} + A_y\hat{\mathrm{j}} + A_z\hat{\mathrm{k}} \ , \ \vec{B} = B_x\hat{\mathrm{i}} + B_y\hat{\mathrm{j}} + B_z\hat{\mathrm{k}} \tag{1-13}$$

我們可以利用三個坐標軸的單位向量之純量積關係式

$$\hat{\mathrm{i}}\cdot\hat{\mathrm{i}} = \hat{\mathrm{j}}\cdot\hat{\mathrm{j}} = \hat{\mathrm{k}}\cdot\hat{\mathrm{k}} = 1 \ , \ \hat{\mathrm{i}}\cdot\hat{\mathrm{j}} = \hat{\mathrm{j}}\cdot\hat{\mathrm{k}} = \hat{\mathrm{k}}\cdot\hat{\mathrm{i}} = 0 \tag{1-14}$$

將向量 $\vec{A}$ 與向量 $\vec{B}$ 的純量積表示為

$$\vec{A}\cdot\vec{B} = A_xB_x + A_yB_y + A_zB_z \tag{1-15}$$

又利用向量的純量積可得到

$$A = \sqrt{\vec{A}\cdot\vec{A}} = \sqrt{A_x^2 + A_y^2 + A_z^2} \tag{1-16}$$

而向量 $\vec{A}$ 與向量 $\vec{B}$ 的夾角 θ 可表示為

$$\theta = \cos^{-1}\left(\frac{\vec{A}\cdot\vec{B}}{AB}\right) \tag{1-17}$$

向量 $\vec{A}$ 與向量 $\vec{B}$ 的向量積的大小為

$$\left|\vec{A}\times\vec{B}\right| = AB\sin\theta \tag{1-18}$$

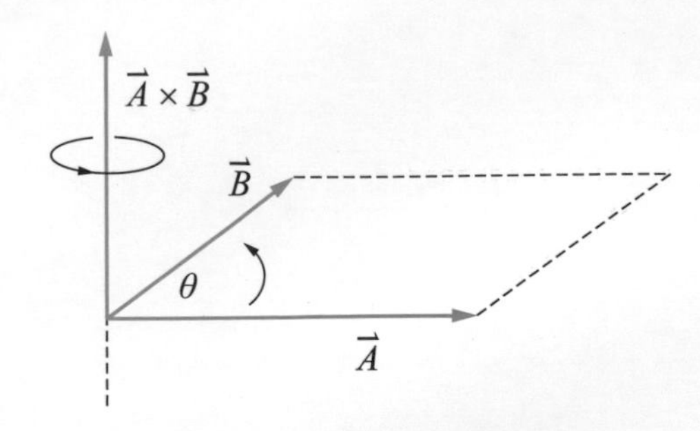

圖 1-7 向量 $\vec{A}$ 與向量 $\vec{B}$ 的向量積 $\vec{A}\times\vec{B}$ 之方向。

其方向係落在右手螺旋方向。若將向量 $\vec{A}$ 與向量 $\vec{B}$ 畫在相同的起點上，那麼 $\vec{A}$ 與 $\vec{B}$ 的向量積之方向係垂直於兩向量所在的平面。而若以右手握著此平面的法線，其餘四個手指頭由向量 $\vec{A}$ 往向量 $\vec{B}$ 旋轉時，右手大姆指的方向即爲 $\vec{A}$ 與 $\vec{B}$ 的向量積之方向，如圖 1-7 所示。

向量積 $\vec{B}\times\vec{A}$ 的方向正好與 $\vec{A}\times\vec{B}$ 的方向相反。我們可以利用三個坐標軸的單位向量之向量積關係式

$$\hat{i}\times\hat{i}=\hat{j}\times\hat{j}=\hat{k}\times\hat{k}=0 \tag{1-19}$$

$$\hat{i}\times\hat{j}=\hat{k}=-\hat{j}\times\hat{i}\text{，}\hat{j}\times\hat{k}=\hat{i}=-\hat{k}\times\hat{j}\text{，}\hat{k}\times\hat{i}=\hat{j}=-\hat{i}\times\hat{k} \tag{1-20}$$

將向量 $\vec{A}$ 與向量 $\vec{B}$ 的向量積表示爲

$$\begin{aligned}\vec{A}\times\vec{B}=&(A_yB_z-A_zB_y)\hat{i}\\&+(A_zB_x-A_xB_z)\hat{j}\\&+(A_xB_y-A_yB_x)\hat{k}\end{aligned} \tag{1-21}$$

或寫爲

$$\vec{A}\times\vec{B}=\begin{vmatrix}\hat{i}&\hat{j}&\hat{k}\\A_x&A_y&A_z\\B_x&B_y&B_z\end{vmatrix} \tag{1-22}$$

要記得 $\vec{A}\cdot\vec{B}=\vec{B}\cdot\vec{A}$，而 $\vec{A}\times\vec{B}=-\vec{B}\times\vec{A}$。純量積又稱爲內積，而向量積又稱爲外積。

範例 1-4

設 $\vec{A}=\hat{i}-2\hat{j}-2\hat{k}$，$\vec{B}=2\hat{i}+3\hat{j}-6\hat{k}$，求 $\vec{A}+\vec{B}$，$\vec{A}-\vec{B}$？

題解 $\vec{A}+\vec{B}=(1+2)\hat{i}+(-2+3)\hat{j}+(-2-6)\hat{k}=3\hat{i}+\hat{j}-8\hat{k}$。

$\vec{A}-\vec{B}=(1-2)\hat{i}+(-2-3)\hat{j}+(-2+6)\hat{k}=-\hat{i}-5\hat{j}+4\hat{k}$。

範例 1-5

設 $\vec{A}=\hat{i}-2\hat{j}-2\hat{k}$，$\vec{B}=2\hat{i}+3\hat{j}-6\hat{k}$，求兩向量的夾角。

題解 向量 $\vec{A}$ 的大小爲 $A=\sqrt{1+(-2)^2+(-2)^2}=3$，

向量 $\vec{B}$ 的大小爲 $B=\sqrt{2^2+3^2+(-6)^2}=7$，

向量 $\vec{A}$ 與向量 $\vec{B}$ 的純量積爲 $\vec{A}\cdot\vec{B}=(1)(2)+(-2)(3)+(-2)(-6)=8$，

向量 $\vec{A}$ 與向量 $\vec{B}$ 的夾角 θ 可表示爲 $\theta=\cos^{-1}(\frac{\vec{A}\cdot\vec{B}}{AB})=\cos^{-1}(\frac{8}{3\cdot7})=\cos^{-1}(\frac{8}{21})=67.6°$。

範例 1-6

設 $\vec{A}=\hat{\text{i}}-2\hat{\text{j}}-2\hat{\text{k}}$ ，$\vec{B}=2\hat{\text{i}}+3\hat{\text{j}}-6\hat{\text{k}}$ ，求兩向量的外積。

題解 $\vec{A}\times\vec{B}=\begin{vmatrix}\hat{\text{i}} & \hat{\text{j}} & \hat{\text{k}}\\ A_x & A_y & A_z\\ B_x & B_y & B_z\end{vmatrix}=\begin{vmatrix}\hat{\text{i}} & \hat{\text{j}} & \hat{\text{k}}\\ 1 & -2 & -2\\ 2 & 3 & -6\end{vmatrix}=18\hat{\text{i}}+2\hat{\text{j}}+7\hat{\text{k}}$ ，

求兩向量的外積與 x 軸的夾角為 $\alpha=\cos^{-1}[\dfrac{(\vec{A}\times\vec{B})\cdot\hat{\text{i}}}{|\vec{A}\times\vec{B}|}]=\cos^{-1}(\dfrac{18}{\sqrt{18^2+2^2+7^2}})=\cos^{-1}\dfrac{18}{\sqrt{377}}$ ，

兩向量的外積與 y 軸的夾角為 $\beta=\cos^{-1}[\dfrac{(\vec{A}\times\vec{B})\cdot\hat{\text{j}}}{|\vec{A}\times\vec{B}|}]=\cos^{-1}(\dfrac{2}{\sqrt{18^2+2^2+7^2}})=\cos^{-1}\dfrac{2}{\sqrt{377}}$ ，

兩向量的外積與 z 軸的夾角為 $\gamma=\cos^{-1}[\dfrac{(\vec{A}\times\vec{B})\cdot\hat{\text{k}}}{|\vec{A}\times\vec{B}|}]=\cos^{-1}(\dfrac{7}{\sqrt{18^2+2^2+7^2}})=\cos^{-1}\dfrac{7}{\sqrt{377}}$ ，

又 $\cos^2\alpha+\cos^2\beta+\cos^2\gamma=\dfrac{324}{377}+\dfrac{4}{377}+\dfrac{49}{377}=1$ 。

範例 1-7

試求與 $\vec{A}=\hat{\text{i}}-2\hat{\text{j}}-2\hat{\text{k}}$ 和 $\vec{B}=2\hat{\text{i}}+3\hat{\text{j}}-6\hat{\text{k}}$ ，均為垂直的單位向量。

題解 設此向量為 $\vec{C}=C_1\hat{\text{i}}+C_2\hat{\text{j}}+C_3\hat{\text{k}}$ ，

由 $\vec{C}\cdot\vec{A}=0$ 可得 $C_1-2C_2-2C_3=0$ ，

由 $\vec{C}\cdot\vec{B}=0$ 可得 $2C_1+3C_2-6C_3=0$ ，

由以上兩式可得到 $C_1=\dfrac{18}{7}C_3$ ，$C_2=\dfrac{2}{7}C_3$ ，$\vec{C}=\dfrac{C_3}{7}(18\hat{\text{i}}+2\hat{\text{j}}+7\hat{\text{k}})$ ，

又由 $\vec{C}\cdot\vec{C}=1$ ，可得 $C_3=\pm\dfrac{7}{\sqrt{377}}$ ，因此，此單位向量為 $\vec{C}=\pm\dfrac{1}{\sqrt{377}}(18\hat{\text{i}}+2\hat{\text{j}}+7\hat{\text{k}})$ 。

範例 1-8

如圖所示，試求由三個向量 $\vec{A}$ 、$\vec{B}$ 、$\vec{C}$ 所構成的平行六面體的體積

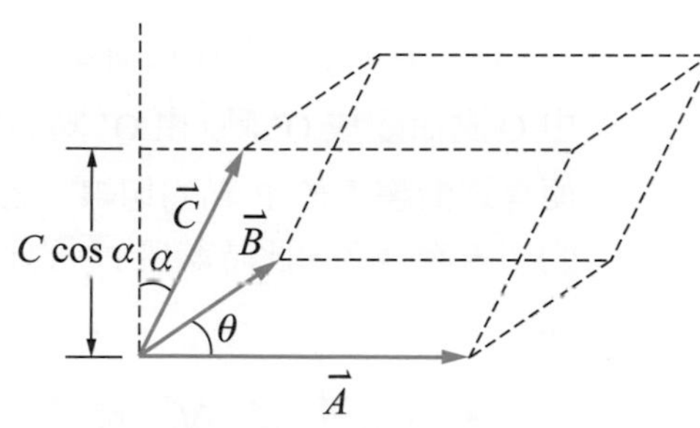

題解 首先，我們須求由向量 $\vec{A}$ 與向量 $\vec{B}$ 所構成的平行四邊形之面積。

$\vec{B}$　θ　$h=B\sin\theta$　$\vec{A}$

設此兩向量的夾角爲 θ，則平行四邊形之面積 $= A\times h$，又由 $h = B\sin\theta$，

故平行四邊形之面積 $= A\cdot B\sin\theta = \left|\vec{A}\times\vec{B}\right|$，

其次，三個向量 $\vec{A}$、$\vec{B}$、$\vec{C}$ 所構成的平行六面體體積爲

平行六面體的體積 = 平行四邊形之面積 × 高，

所以，平行六面體的體積 $= \left|\vec{A}\times\vec{B}\right| C\cos\alpha = \vec{C}\cdot(\vec{A}\times\vec{B})$。

1-6 微分與積分簡介

微分

設變數 x 在某一區間 (a,b)，函數 $f(x)$是連續的。在此區間內，每一個 x 值，便有一個函數值 $f(x)$與之對應。我們可以求出 x 與 $x+\Delta x$ 之間的函數值 $f(x)$與 $f(x+\Delta x)$，並計算 $\dfrac{f(x+\Delta x)-f(x)}{\Delta x}=\dfrac{\Delta f}{\Delta x}$，如圖 1-8 所示，此比值代表 $f(x)$在 x 與 $x+\Delta x$ 之間的平均變化率。

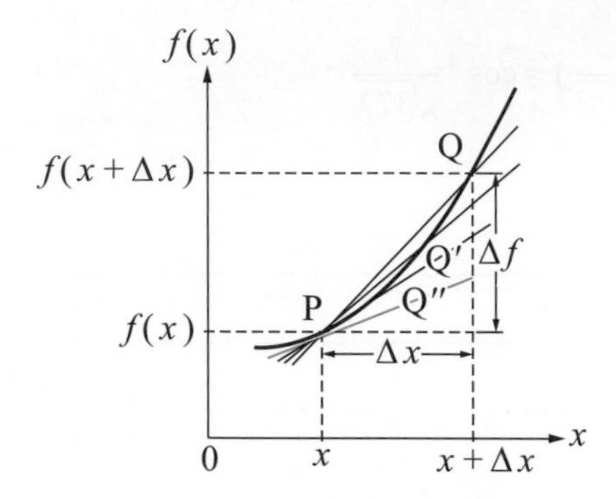

圖 1-8 計算 $\dfrac{f(x+\Delta x)-f(x)}{\Delta x}=\dfrac{\Delta f}{\Delta x}$。

由圖 1-8 中得知，此一比值爲線段 $\overline{PQ}$ 的斜率 m_{PQ}，即

$$m_{PQ}=\frac{f(x+\Delta x)-f(x)}{\Delta x}=\frac{\Delta f}{\Delta x} \tag{1-23}$$

當 Δx 很小時，Δf 也跟著很小，但是其比值 $\dfrac{\Delta f}{\Delta x}$ 並不一定跟著很小，若 Δx 趨近於零時，$\dfrac{\Delta f}{\Delta x}$ 趨近於某一個定值，稱爲 $f(x)$在 x 處的微分。$\dfrac{\Delta f}{\Delta x}$ 在各個點的極限形成一個函數，稱爲 $f(x)$的導函數，或稱爲 $f(x)$的微分，以 $\dfrac{df}{dx}$ 或 $f'(x)$ 表示之：

$$f'(x)=\lim_{\Delta x\to 0}\frac{\Delta f}{\Delta x}=\frac{df}{dx} \tag{1-24}$$

現在讓我們來看導函數 $\dfrac{df}{dx}$ 的幾何意義。前面說過，$\dfrac{\Delta f}{\Delta x}$ 爲線段 $\overline{PQ}$ 的斜率 m_{PQ}，當 Δx 逐漸變小時，圖中 Q 點便會逐漸趨近於 P 點，由 Q 點而變成 Q′ 點，由 Q′ 點而變成 Q″ 點，如圖 1-8 所示，線段 $\overline{PQ}$ 便會逐漸趨近於 P 點的切線。Δx 趨近於零時，線段 $\overline{PQ}$ 便會與 P 點的切線吻合了。此時線段 $\overline{PQ}$ 的斜率 m_{PQ} 即爲 P 點切線的斜率 m_P，亦即

$$m_P=f'(x)=\lim_{\Delta x\to 0}\frac{\Delta f}{\Delta x}=\frac{df}{dx} \tag{1-25}$$

因此，導函數 $\dfrac{df}{dx}$ 爲函數 $f(x)$曲線上 P 點切線的斜率。它代表 Δx 很小時，$f(x)$在 x 與 $x+\Delta x$ 之間的變化率，又稱爲 $f(x)$的瞬時變化率。

一些常見的微分如下：

$$\frac{df(g(x))}{dx}=\frac{df}{dg}\frac{dg(x)}{dx}$$

$$\frac{df(x)g(x)}{dx}=f(x)\frac{dg(x)}{dx}+g(x)\frac{df(x)}{dx}$$

$$\frac{dx^n}{dx}=n\cdot x^{n-1}$$

$$\frac{de^{ax}}{dx}=a\cdot e^{ax}$$

$$\frac{d(\ln x)}{dx}=\frac{1}{x}$$

$$\frac{d\sin(ax)}{dx}=a\cdot\cos(ax)$$

$$\frac{d\cos(ax)}{dx}=(-a)\cdot\sin(ax)$$

$$\frac{d\tan(ax)}{dx}=a\cdot\sec^2(ax)$$

$$\frac{d\cot(ax)}{dx}=(-a)\cdot\csc^2(ax)$$

$$\frac{d\sec x}{dx}=\tan x\cdot\sec x$$

$$\frac{d\csc x}{dx}=(-\cot x)\cdot\csc x$$

積分

積分爲微分的反運算，若有一個函數 $F(x)$，其導函數 $f(x)$，即 $f(x)=\dfrac{dF}{dx}$，那麼，對函數 $f(x)$的積分便可得到函數 $F(x)$，寫爲

$$F(x)=\int f(x)dx+\mathrm{C} \tag{1-26}$$

現在讓我們來看 $\int f(x)dx$ 的幾何意義。設函數 $f(x)$的函數圖形如圖 1-9 所示，現在我們如何求圖中變數 x 的範圍在 a 與 b 之間，函數 $f(x)$曲線下的面積 A。

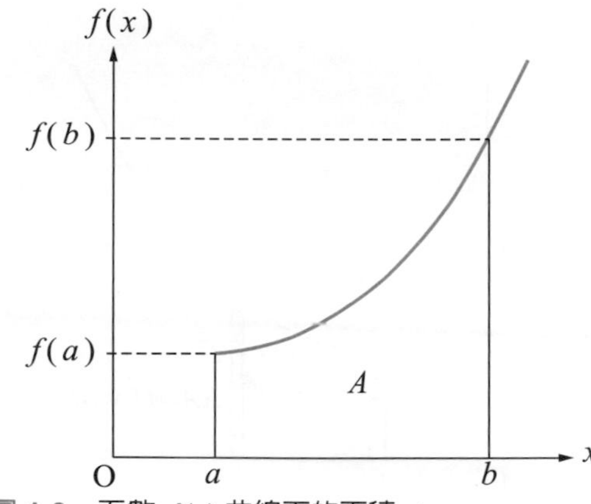

圖 1-9　函數 $f(x)$ 曲線下的面積 A。

首先，我們將 a 與 b 之間的區間分成四等分，且設 $a=x_1$，$b=x_5$，如此我們可以求出圖 1-10(a)中四塊長方形的面積，令其爲 A_1，則

$$A_1=f(x_1)(x_2-x_1)+f(x_2)(x_3-x_2)+f(x_3)(x_4-x_3)+f(x_4)(x_5-x_4)$$
$$=\sum_{i=1}^{4}f(x_i)(x_{i+1}-x_i)$$

當然面積 A_1 小於面積 A，若我們將 a 與 b 之間的區間分成八等分，且設 $a=x_1$，$b=x_9$，如此我們可以求出圖 1-10(b)中八塊長方形的面積，令其爲面積 A_2，則

$$A_2=\sum_{i=1}^{8}f(x_i)(x_{i+1}-x_i)$$

此時面積 A_2 雖然還是小於面積 A，但是卻大於面積 A_1，因此，我們可以得到一個較爲接近面積 A 的面積 A_2。

依照此種方法，我們可以將 a 與 b 之間的區間分成 n 等分，並如同上述的方法求出 n 塊長方形的面積，令其爲面積 A_n，則

$$A_n=\sum_{i=1}^{n}f(x_i)(x_{i+1}-x_i) \tag{1-27}$$

當 n 逐漸增大時，那麼面積 A_n 便會逐漸趨近於面積 A，當 n 趨近於無窮大時，面積 A_n 便會等於面積 A，因此面積 A 可用下式表之

$$A=\lim_{n\to\infty}\sum_{i=1}^{n}f(x_i)(x_{i+1}-x_i)=\lim_{\substack{n\to\infty\\ \Delta x_i\to 0}}\sum_{i=1}^{n}f(x_i)\Delta x_i \tag{1-28}$$

我們稱此一無窮多項的和爲函數 $f(x)$對變數 x 的積分，記爲

$$A=\int_a^b f(x)dx=\lim_{\substack{n\to\infty\\ \Delta x_i\to 0}}\sum_{i=1}^{n}f(x_i)\Delta x_i \tag{1-29}$$

上式中 a 與 b 分別爲積分的上限及下限，上式表示函數 $f(x)$從 $x=a$ 到 $x=b$ 的積分，它所代表的幾何意義爲變數 x 的範圍在 a 與 b 之間，函數 $f(x)$曲線下的面積。

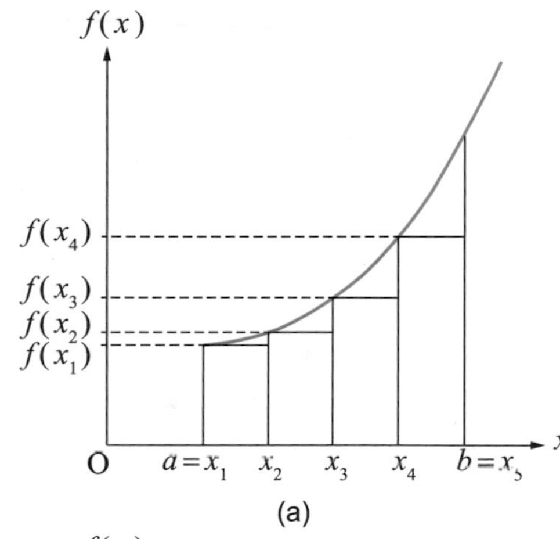

(a)

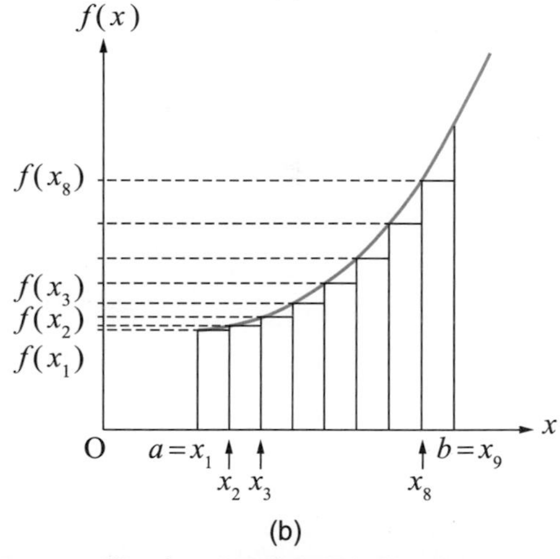

(b)

圖 1-10　將 a 與 b 之間的區間分成四等分及八等分。

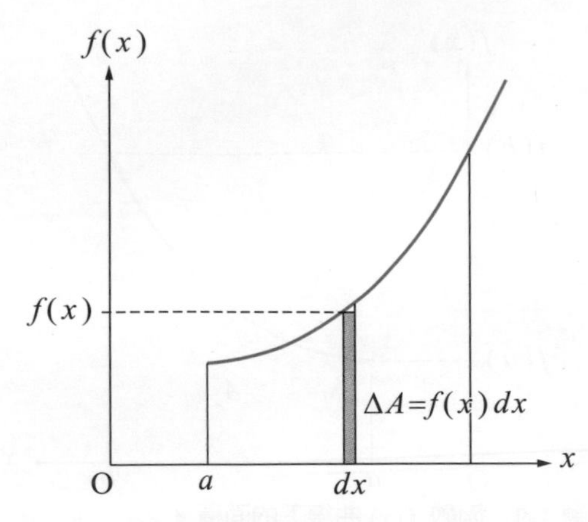

圖 1-11　面積函數 $A(x)$。

若令 $b=x$，則積分的下限爲一個變數，因此，其所求出的積分 $\int_a^x f(x)dx$ 也是一個變數，代表一個面積函數 $A(x)=\int_a^x f(x)dx$，如圖 1-11 所示，其中 $A(a)=A(x)\big|_{x=a}=0$，今由面積函數 $A(x)$的微分可得

$$\frac{dA(x)}{dx}=\lim_{\Delta x\to 0}\frac{A(x+\Delta x)-A(x)}{(x+\Delta x)-x}=\lim_{\Delta x\to 0}\frac{\Delta A}{\Delta x}$$

$$=\lim_{\Delta x\to 0}\frac{f(x)\Delta x}{\Delta x}=f(x) \tag{1-30}$$

由此可知，對面積函數求導函數可得到原來的函數 $f(x)$。另外，如果我們找到一個函數 $F(x)$，其導函數等於函數 $f(x)$，即 $f(x)=\dfrac{dF}{dx}$，則

$$\frac{d\left[F(x)+C\right]}{dx}=f(x) \tag{1-31}$$

上式中 C 爲一個常數，而對常數的微分爲零。由比較以上兩個式子可知

$$A(x)=F(x)+C \tag{1-32}$$

又因爲 $A(a)=A(x)\big|_{x=a}=0$，因此，$A(a)=F(a)+C=0$，由此可得 $C=-F(a)$，故

$$A(x)=F(x)+C=F(x)-F(a) \tag{1-33}$$

亦即

$$A(x)=\int_a^x f(x)dx=F(x)-F(a) \tag{1-34}$$

設 $x=b$，則

$$A(x)=\int_a^b f(x)dx=F(b)-F(a) \tag{1-35}$$

又可寫爲

$$\int_a^b f(x)dx=F(b)-F(a)=F(x)\big|_a^b \tag{1-36}$$

範例 1-9

設函數 $f(x)=x^n$，求 $\int_a^b f(x)dx$ 。

題解 由於 $\frac{dx^n}{dx}=nx^{n-1}$ ，$\frac{dx^{n+1}}{dx}=(n+1)x^n$ ，而 $\frac{d(\frac{x^{n+1}}{n+1})}{dx}=x^n$ ，故知 $F(x)=\frac{x^{n+1}}{n+1}$ ，

$$\int_a^b f(x)dx=\int_a^b x^n dx=\frac{x^{n+1}}{n+1}\bigg|_a^b=\frac{b^{n+1}}{n+1}-\frac{a^{n+1}}{n+1}$$ 。

範例 1-10

求 $\int_{-\frac{\pi}{2}}^{\frac{\pi}{2}}\sin^2\theta d\theta$ 。

題解 由於 $\cos 2\theta=1-2\sin^2\theta$ ，因此，$\sin^2\theta=\frac{1-\cos 2\theta}{2}$

$$\int_{-\frac{\pi}{2}}^{\frac{\pi}{2}}\sin^2\theta d\theta=\int_{-\frac{\pi}{2}}^{\frac{\pi}{2}}(\frac{1-\cos 2\theta}{2})d\theta=\int_{-\frac{\pi}{2}}^{\frac{\pi}{2}}\frac{1}{2}d\theta-\frac{1}{2}\int_{-\frac{\pi}{2}}^{\frac{\pi}{2}}\cos 2\theta d\theta$$

$$=\frac{1}{2}\theta\bigg|_{-\frac{\pi}{2}}^{\frac{\pi}{2}}-\frac{1}{4}\int_{-\frac{\pi}{2}}^{\frac{\pi}{2}}\cos 2\theta d(2\theta)=\frac{1}{2}[\frac{\pi}{2}-(-\frac{\pi}{2})]-\frac{1}{4}\sin 2\theta\bigg|_{-\frac{\pi}{2}}^{\frac{\pi}{2}}$$

$$=\frac{1}{2}(\pi)-\frac{1}{4}[\sin 2(\frac{\pi}{2})-\sin 2(-\frac{\pi}{2})]=\frac{\pi}{2}$$ 。

習題 標以*的題目難度較高

1-2 基本物理量的測量

1. 測量的標準量之選擇，應具備哪些特徵？
2. 試問標準公尺的公尺，與原子標準的公尺，有何不同？
3. 長度的原子標準與標準公尺互相比較，有很多優點，但有沒有缺點？
4. 試問天文標準的秒，與原子標準的秒，是否同爲一秒？
5. 試舉出幾個可做爲時間標準的週期性自然現象。

1-3 單位與因次

6. 水的密度爲 1 g/cm^3，若用 MKS 制表示之，則爲何？
7. 高速公路上的最大速限爲 110 km/hr，試求它等於每秒多少公尺？
8. 一加侖的汽油約等於 3.8 公升，若某汽車的耗油量爲每公升跑 100 公里，試換算它等於每一加侖的汽油可以跑多少公里，以及每一加侖的汽油可以跑多少哩？
9. 求速度、加速度、力的因次。
10. 求動量、能量的因次。

*11. 一個物體以速率 v，繞半徑爲 R 的圓周，作等速率圓周運動，試利用因次分析，求其向心加速度 a 與速率 v 及半徑 R 的關係式。

1-4 有效數字與數量級

12. 求下列各數值，其有效數字有多少位？
 (a) 3.150 cm，(b) 0.0315 cm，(c) 3.015 cm，
 (d) 3.150×10^2 cm，(e) 35.00 cm。
13. 應用有效數字的加法，求四個長度 6.9832 公尺，64.1005 公尺，102.4 公尺，18.15 公尺的和？
14. 應用有效數字的乘法，求兩個長度 12.04 m 與 16.0 m 的積爲多少平方公尺？
15. 若某人測得地球的半徑爲 6.378×10^5 公尺，求他所用測量儀器的最小刻度爲何？
16. 某人測得三個長度之值分別爲 $A=1.201$ m，$B=58.2$ cm，$C=3.425\times10^2$ mm，求某人所用測量三個長度之儀器的最小刻度爲何？
17. 原子質量單位爲 $1\ \text{u}=1.6605402\times10^{-27}$ kg，其數量級爲何？
18. 地球的質量爲 $M_e=5.98\times10^{24}$ kg，其數量級爲何？

1-5 向量

19. 向量與純量的差別爲何？試舉例說明之。
20. 若(a) $\vec{A}+\vec{B}=\vec{R}$，$A^2+B^2=R^2$；(b) $\vec{A}+\vec{B}=\vec{A}-\vec{B}$；(c) $\vec{A}+\vec{B}=\vec{R}$，$A+B=R$，求此三種情況中，$\vec{A}$ 與 $\vec{B}$ 分別具有什麼性質？
21. 若某汽車自甲地向東開 40 km，再向東北開 9 km 而到達乙地，問甲乙兩地相距多遠？若先向東北開 9 km，再向東開 40 km，會不會也到達乙地？
22. 某物體受到大小 50 N 的力，它的方向與 z 軸夾 37 度角，它在 xy 平面上的投影與 x 軸夾 45 度角，求此力在 x 軸、y 軸、z 軸上的分量？
23. 有兩個向量，它們的大小分別爲 20 公尺與 30 公尺，它們與 z 軸的夾角分別爲 37 度與 30 度，它們在 xy 平面上的投影與 x 軸夾角分別爲 45 度與 60 度，求這兩個向量的合向量？
24. 求上題中，這兩個向量的內積與外積？
25. 求上題中，這兩個向量的夾角？
26. 求對角線爲向量 $\vec{A}=3\hat{i}+\hat{j}-2\hat{k}$，向量 $\vec{B}=\hat{i}-3\hat{j}+4\hat{k}$ 的平行四邊形面積？（提示：以 $\vec{A}$、$\vec{B}$ 爲邊的平行四邊形之面積 $=|\vec{A}\times\vec{B}|$。）
27. 如圖所示，向量 $\vec{C}$ 爲兩向量 $\vec{A}$ 與 $\vec{B}$ 連線的中點 P 之位置向量，試證明 $\vec{C}=\frac{1}{2}(\vec{A}+\vec{B})$。

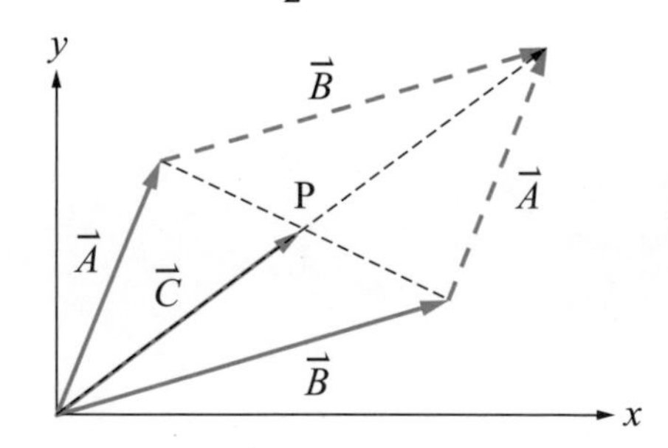

28. 試求向量 $\hat{i}+\hat{j}+\hat{k}$ 的單位向量？
29. 兩向量 $\vec{A}$ 與 $\vec{B}$ 的大小各爲 5 m 與 2 m，用圖示法求最大合向量時，兩向量間的夾角？求最小合向量時，兩向量間的夾角？
30. 兩向量 $\vec{A}$ 與 $\vec{B}$ 的大小各爲 5 m 與 2 m，用圖示法求合向量的大小爲 3 m 時，兩向量間的夾角？
31. 兩向量 $\vec{A}$ 與 $\vec{B}$ 的大小各爲 5 m 與 2 m，用圖示法求合向量的大小爲 6 m 時，兩向量間的夾角？

***32.** 求三個頂點 $P_1=(3,2)$，$P_2=(-1,1)$，$P_3=(1,-3)$ 所圍成的三角形面積？

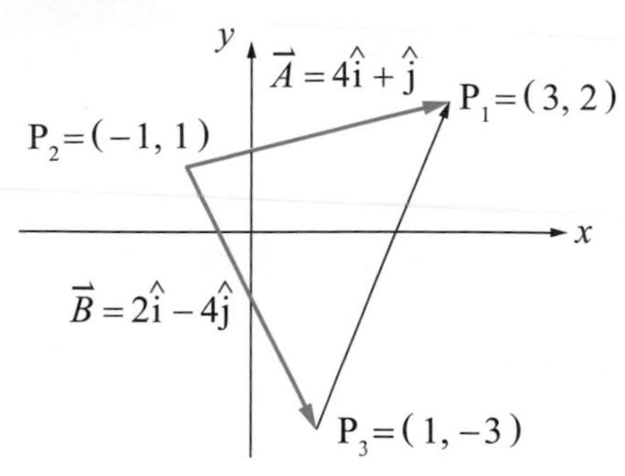

33. 向量 $\vec{A}=2\hat{i}+\hat{j}-3\hat{k}$，向量 $\vec{B}=\hat{i}-2\hat{j}+\hat{k}$，求一個大小為 1，且同時與兩向量垂直的向量？

34. 設兩向量 $\vec{A}$ 與 $\vec{B}$ 間的夾角為 θ，求 $\vec{A}\cdot\vec{B}\times\vec{A}$ 以及 $\vec{A}\times\vec{B}\times\vec{A}$ 之大小？

***35.** 如圖所示，若向量 $\vec{A}$ 的大小為 $A=5$，向量 $\vec{B}$ 的大小為 $B=6$，求兩向量的純量積與向量積，以及兩向量的夾角。

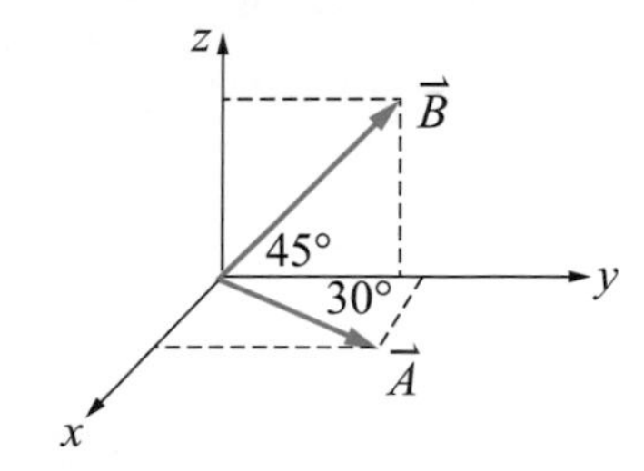

1-6 微分與積分簡介

36. 求 $\dfrac{d}{dx}(ax^2+bx+c)$

37. 求 $\dfrac{de^{ax}}{dx}$

38. 求 $\dfrac{d\sqrt{x^2+a^2}}{dx}$

39. 求 $\int_0^5 e^{ax}dx$

40. 已知 $\dfrac{d\ln x}{dx}=\dfrac{1}{x}$，求 $\int_a^b \dfrac{1}{x}dx=?$

Chapter 2

直線運動

前言

力學是物理學最基本的部份，它是一門探討物體運動與受力作用關係的學問。這其中專門討論運動本身的描述，而不涉及產生運動的原因，稱爲運動學（kinematics），至於探討物體的運動與受力的關係者，稱爲動力學（dynamics）。前者是描述物體的運動狀態，後者是探討物體運動狀態變化的原因。若物體的運動狀態始終都是在一條直線上者，稱爲直線運動，它可能是在一條水平直線上運動者，稱爲水平直線運動，也可能是在一條鉛垂直線上運動者，稱爲鉛垂直線運動。

Introduction

Mechanics is the most fundamental part of physics, and it is the study of the relationship between the motion of objects and the forces acting on them. Kinematics specifically focuses on describing motion itself, excluding considerations of the causes of motion, while dynamics explores the correlation between an object's motion and the forces acting upon it. The former describes the motion of objects, while the latter investigates the reasons for changes in the motion of objects. If an object's motion always remains along a straight line, it is called linear motion. It may be moving along a horizontal straight line, referred to as horizontal linear motion, or it may be moving along a vertical straight line, known as vertical linear motion.

學習重點

- 了解質點運動學的意義。
- 了解位置、速度與加速度的意義和計算。
- 了解等加速直線運動的意義。
- 如何針對等加速度水平直線運動進行運算。
- 如何針對鉛垂直線運動進行運算。

2-1 質點運動學

物體的運動狀態可以由位置、速度以及加速度三個物理量來描述，其中，加速度爲描述物體運動狀態變化的物理量。因此，一旦我們能夠知道物體在任何時刻的位置、速度以及加速度，那麼便能對物體運動狀態有完整的理解。

我們知道，一般的物體都佔有體積，但是當一個物體的體積遠小於其運動的空間時，爲了簡化問題，我們通常把物體當做質點看待。所謂的**質點**（particle）是不計物體的體積，而是只以空間中的一個點來代表物體，這樣物體的運動便可用這個點的位置隨時間的變化關係來表示。隨後我們會了解到，一般物體的運動均可分解爲一個代表質量中心的平移運動，以及另一個代表相對於質量中心的轉動運動。若物體沒有轉動運動，那麼質量中心便可視爲代表的物體運動的質點，而整個物體的運動可以看成是所有質量均集中在質量中心這一個點的質點運動。

2-2 位置、速度與加速度

位置

欲描述物體的運動情況，首先要考慮如何表示物體的位置。要表示物體的位置，通常是要選擇一個**參考坐標系**（reference frame），以此參考坐標系的原點爲參考點，然後以此參考點爲基準來描述物體的位置。若物體只限在一條直線上運動，稱之爲**一維運動**（one-dimensional motion）或**直線運動**（straight line motion）。

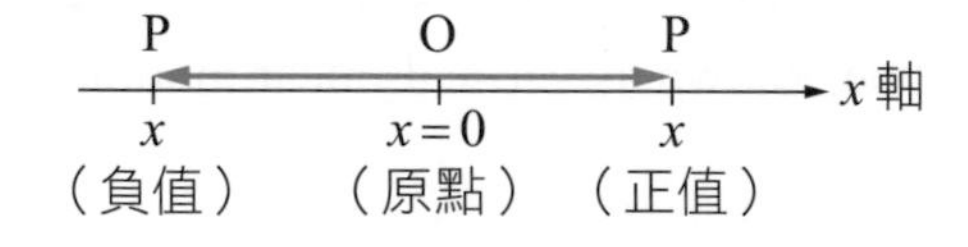

圖 2-1 位置向量，若 P 點的位置在 O 點的右方，則坐標 x 為正值，若 P 點的位置在 O 點的左方，則坐標 x 為負值。

對於直線運動，描述物體運動的參考坐標系通常選爲此直線上的實數數線，一般我們把此運動直線稱之爲 x 軸坐標系，而以坐標系的原點做爲參考點。由於物體的位置相對於參考點只有兩個方向，即沿著直線在參考點的右邊或左邊。通常我們規定右邊方向爲正方向，並用單位向量 $\hat{i}$ 表示，而左邊方向爲負方向，其單位向量 $-\hat{i}$。參考點 O 點通常選爲原點，其坐標爲 $x = 0$，若物體 P 位於坐標 x 的位置，則物體的位置可用向量 $\vec{x} = x\,\hat{i}$ 表之，此即一維運動的位置向量，如圖 2-1 所示，此向量的大小即爲其坐標的絕對值。因爲 P 點的坐標可正、可負，正值代表 P 點位於原點的右邊，負值代表 P 點位於原點的左邊。由於坐標值的正、負號已把物體位置是在參考點的右邊或左邊表示出來了，因此，在描述直線運動時，可以簡化位置向量 $\vec{x} = x\,\hat{i}$ 的符號，略去單位向量 $\hat{i}$，而只寫爲 x，亦即由 x 的正、負號來代表向右或向左兩個方向。此一原則在表示位置時是如此，在表示速度及加速度時也是如此。亦即速度及加速度的正、負值代表其方向是向右或向左。

物體位置的變化稱爲**位移**（displacement），當物體由初位置 x_i 移動至末位置 x_f 時，物體的位移寫爲 $\Delta x = x_f - x_i$，位移是一個向量，但是在一維的直線運動中，由於只有左邊與右邊兩個方向，因此，如同表示位置向量一樣，我們是以正、負號來代表向右或向左兩個方向。位移的大小爲位移向量的絕對值，表示行程的路徑長度或距離，它只是一個正值的純量。一般而言，行經兩點的距離並不等於這兩點間位移的大小。例如，一個物體起先在初位置 $x_i = 4\,\text{m}$，先向右行進，經過一段時間之後來到最右端 $x = 9\,\text{m}$ 處，然後回頭先向左行進，再經過一段時間之後，最後來到末位置 $x_f = -2\,\text{m}$，如圖 2-2 所示。

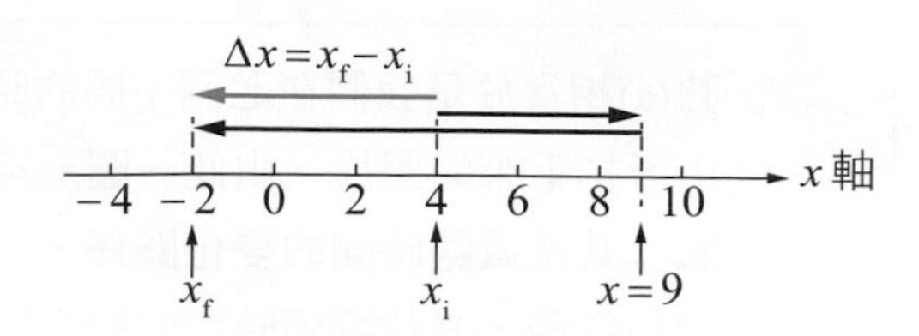

圖 2-2　物體的位移為 $\Delta x = x_f - x_i = -6$（m）。

則此物體的位移爲 $\Delta x = x_f - x_i = -2 - 4 = -6$（m），負號代表位移的方向係向左。而此物體所行經的總距離爲 $s = |9-4| + |-2-9| = 16$（m），此即爲所謂的**路徑長**（path length）。物體的運動通常用圖形來表示，表示物體的位置隨時間而變化的關係圖，稱爲位置－時間關係圖。此處舉一個例子作爲說明：

範例 2-1

如圖所示，假設某一物體在 x 軸上作直線運動，其七個時刻的位置我們分別以 a、b、c、d、e、f、g 表示，試求其位置隨時間的變化關係圖。

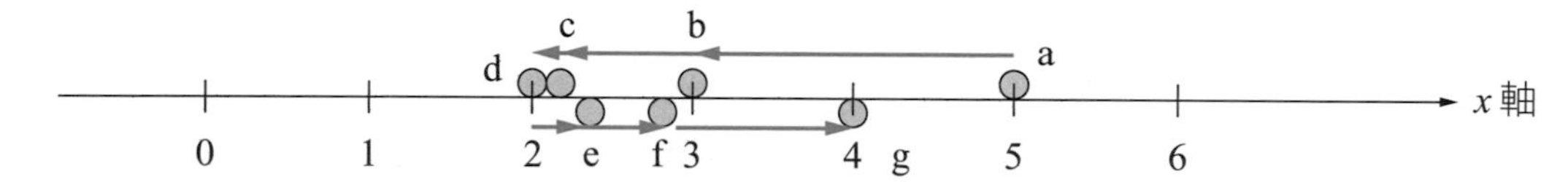

由此一圖形我們看不出作直線運動的物體，其位置隨時間的變化關係。
若將物體在各個時刻的位置詳細列出，如下表所示：

位置	a	b	c	d	e	f	g
時間 t	0	1	2	2.5	3	3.5	4
坐標 x	5	3	2.1	2	2.3	2.9	4

題解　由本題圖表，物體在 $t = 0\,\text{s}$ 時，由位置 $x = 5\,\text{m}$ 處的 a 點出發，往左運動經過 b 點、c 點而達到 d 點，物體在此處轉成往右運動，經過 e 點、f 點最後到達 g 點。如果我們把這七個時刻的位置分開來表示，便可得到圖(a)所示的情形。

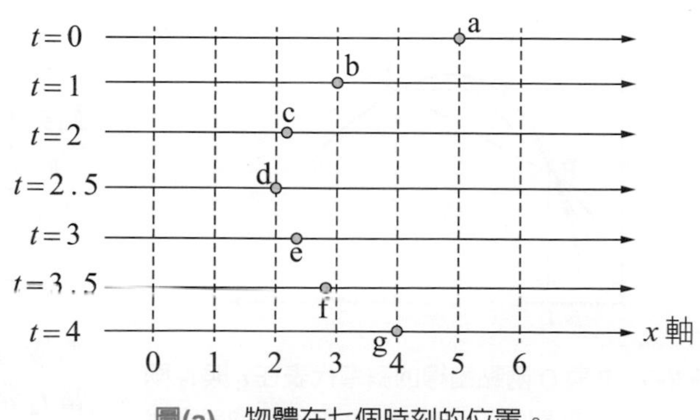

圖(a)　物體在七個時刻的位置。

圖(a)相當於是我們在七個不同的時刻，將物體在作直線運動中所拍下來的照片。由此一圖形可稍微看出作直線運動的物體，其位置隨時間的變化關係。爲了更清楚的看出作直線運動的物體，其位置隨時間的變化關係，我們選取一個坐標系統，以橫軸代表時間，縱軸代表位置，然後將物體在各個時刻所對應的位置，於此坐標系統上標示一個對應的點，最後將各個不連續的點用圓滑的曲線連接起來，這便是所謂的位置－時間關係圖，如圖(b)所示。從此一圖形我們可以很清楚的看出作直線運動的物體，其位置隨時間的變化關係。

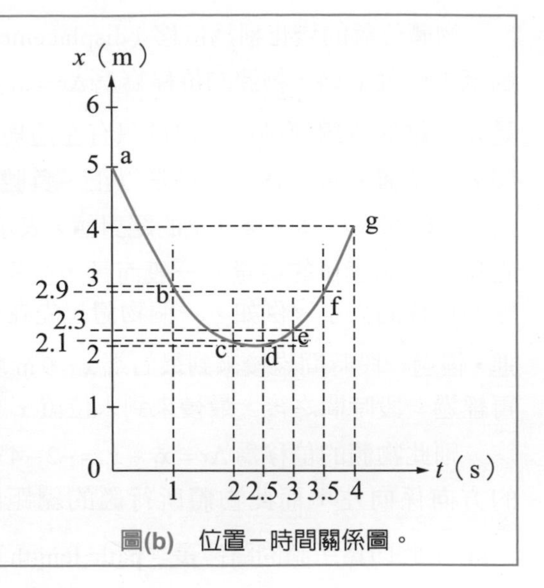

圖(b) 位置－時間關係圖。

速度（velocity）

我們可以利用物體的位置－時間關係圖來分析物體的運動速度。假設物體在某一時刻 t_1 的位置坐標爲 x_1，在另一時刻 t_2 的位置坐標爲 x_2，則在這兩時刻間的位移爲 $\Delta x = x_2 - x_1$。位移爲向量，其方向表示於正、負號中。另外，我們定義在此段時間內的**平均速度**（average velocity）爲

$$\bar{v} = \frac{x_2 - x_1}{t_2 - t_1} = \frac{\Delta x}{\Delta t} \tag{2-1}$$

當 t_2 很接近 t_1 時，可把 t_2 和 t_1 視爲同一時刻，此時 t_1 與 t_2 間的平均速度即爲 t_1 時刻的**瞬時速度**（instantaneous velocity）。因此，t_1 時刻的瞬時速度定義爲

$$v = \lim_{t_2 \to t_1} \frac{x_2 - x_1}{t_2 - t_1} = \lim_{\Delta t \to 0} \frac{\Delta x}{\Delta t} \tag{2-2}$$

圖 2-3 爲某物體的位置與時間關係圖，其在時刻 t_1 的位置在 x_1，在另一時刻 t_2 的位置在 x_2，此兩時刻的位置分別對應於曲線上的 P 點與 Q 點。此時我們定義 P 點與 Q 點間的平均速度爲

$$\bar{v} = \frac{x_2 - x_1}{t_2 - t_1} = \frac{\Delta x}{\Delta t} \tag{2-3}$$

其幾何上的意義爲割線 PQ 的斜率。當 t_2 逐漸接近 t_1 時，Q 點便會逐漸接近 P 點，此時連接 P 點與 Q 點的割線便會很接近 P 點的切線。當 t_2 非常接近 t_1 時，此時 t_1 和 t_2 間的平均速度爲可視爲 t_1 時刻的瞬時速度。由於 t_2 非常接近 t_1 時，P 點與 Q 點便會非常靠近，此時割線 PQ 正好是 P 點的切線。根據瞬時速度的定義，我們說在時刻 t_1，亦即 P 點，的瞬時速度爲 P 點切線的斜率。這就是速度的定義中的幾何意義。

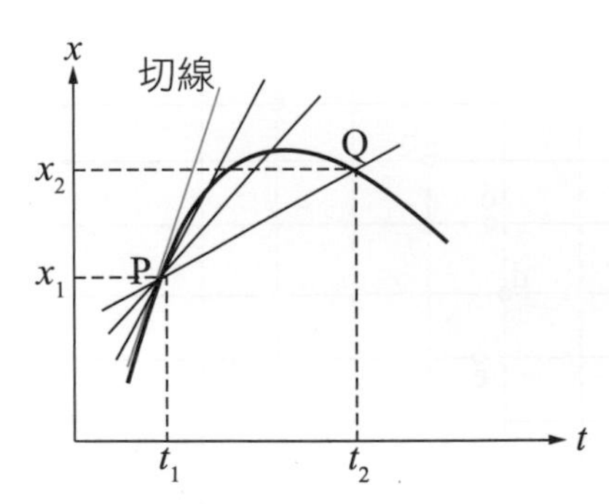

圖 2-3 P 與 Q 兩點割線的斜率代表在 t_1 與 t_2 兩時刻間的平均速度，P 點切線的斜率代表在 t_1 時刻的瞬時速度。

$$v=\lim_{\Delta t\to 0}\frac{\Delta x}{\Delta t}=\frac{dx}{dt} \quad (2\text{-}4)$$

若物體在 t_1 與 t_2 兩時刻間所走的路徑長爲 s，則在 t_1 與 t_2 間的平均速率（average speed）定義爲

$$\overline{v}_s=\frac{s}{t_2-t_1}=\frac{s}{\Delta t} \quad (2\text{-}5)$$

由於路徑長 s 代表物體所行經的總距離，恆爲正值。因此，平均速率亦恆爲正值。當 t_2 很接近 t_1 時，可把 t_2 和 t_1 視爲同一時刻，此時我們定義 t_1 時刻的瞬時速率爲此段時間間距內的平均速率。又由於 t_2 很接近 t_1 時，其路徑長等於位移的絕對值，此時可以把瞬時速率表示爲瞬時速度的絕對值。一般我們所稱速度的大小爲速率，是指瞬時速度而言。同理，我們可以把物體在各個時刻的速度隨著時間而變化的情形用圖形表示，表示物體的速度隨時間而變化的關係圖，稱爲速度－時間關係圖。再以範例 2-1 所示之物體在 x 軸上所作的直線運動做說明：

範例 2-2

試求範例 2-1 所示之物體的速度隨時間而變化的關係圖。

已知圖(a)所示爲其位置－時間關係圖上，七個時刻的位置 a、b、c、d、e、f、g 所取的切線之斜率，即 m_a、m_b、m_c、m_d、m_e、m_f、m_g，它們分別代表各個時刻的瞬時速度。

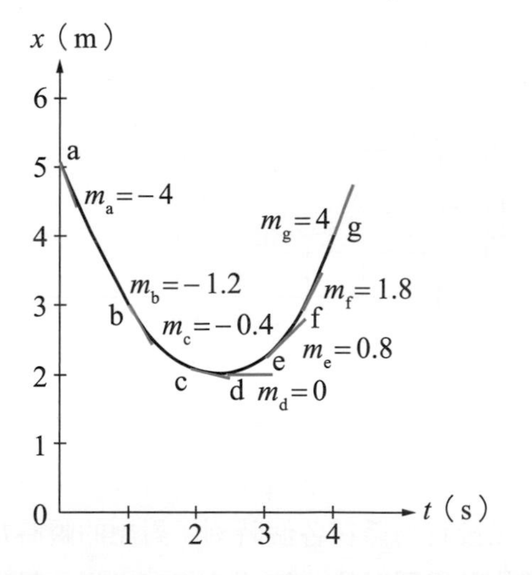

圖(a) 位置－時間關係圖上，各點切線之斜率代表各個時刻的瞬時速度。

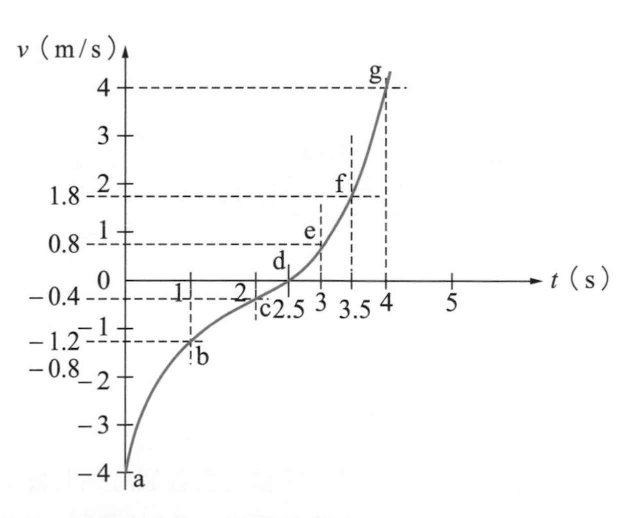

圖(b) 物體的速度－時間關係圖。

題解 若以橫軸代表時間，縱軸代表各個時刻的瞬時速度，然後將物體在各個時刻所對應的瞬時速度，於此坐標系統上標示一個對應的點，最後將各個不連續的點用圓滑的曲線連接起來，這便是所謂的速度－時間關係圖，如圖(b)所示。

加速度（acceleration）

同樣地，我們可以利用物體的速度－時間關係圖來分析物體的加速度。設物體在某一時刻 t_1 的瞬時速度爲 v_1，在另一時刻 t_2 的瞬時速度爲 v_2，則在此兩時刻間的**平均加速度**（average acceleration）爲

$$\overline{a}=\frac{v_2-v_1}{t_2-t_1}=\frac{\Delta v}{\Delta t} \tag{2-6}$$

而 t_1 時刻的**瞬時加速度**（instantaneous acceleration）定義爲

$$a=\lim_{t_2\to t_1}\frac{v_2-v_1}{t_2-t_1}=\lim_{\Delta t\to 0}\frac{\Delta v}{\Delta t} \tag{2-7}$$

同理，我們可以把物體在各個時刻的加速度隨著時間而變化的情形用圖形表示，表示物體的加速度隨時間而變化的關係圖，稱爲加速度－時間關係圖。我們再以範例 2-1 所示之物體在 x 軸上所作的直線運動做說明：

範例 2-3

試求範例 2-1 所示之物體的加速度隨時間而變化的關係圖。

已知圖(a)所示爲其速度－時間關係圖上，七個時刻的位置所取的切線之斜率，它們分別代表各個時刻的瞬時加速度。

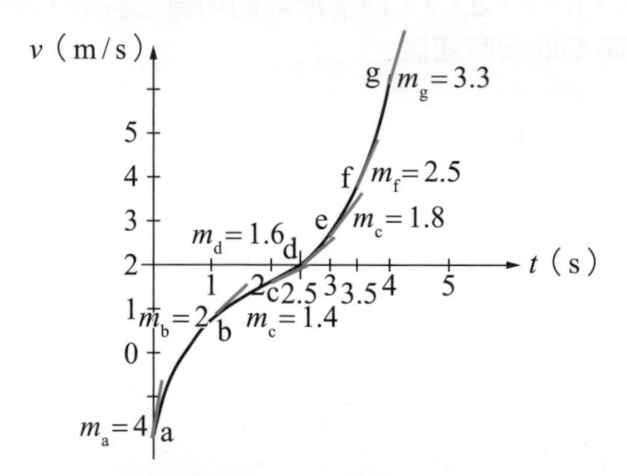

圖(a) 速度－時間關係圖上，各點切線之斜率代表各個時刻的瞬加時速度。

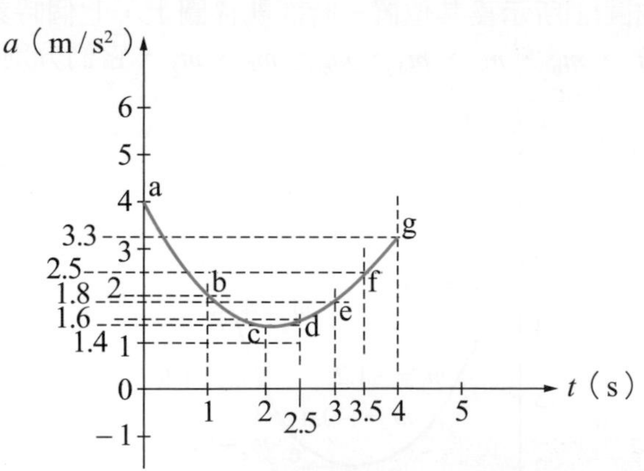

圖(b) 物體的加速度－時間關係圖。

題解 若以橫軸代表時間，縱軸代表各個時刻的瞬時加速度，然後將物體在各個時刻所對應的瞬時加速度，於此坐標系統上標示一個對應的點，最後將各個不連續的點用圓滑的曲線連接起來，這便是所謂的加速度－時間關係圖，如圖(b)所示。

範例 2-1 的圖(b)、範例 2-2 的圖(b)、範例 2-3 的圖(b)分別爲物體的位置、速度、加速度－時間關係圖。在畫這些圖形時，我們會發現，對曲線上的某一點取其切線的斜率不容易準確，可能會有很大的偏差，因此其所代表的速度與加速度便不準確，運用繪圖的方法只能大略看出這些物理量隨時間而變化的情形。如果想要精確的

獲得物體在任何時刻的位置、速度、加速度，我們需知道這些物理量它們隨時間而變化的函數關係。我們將在下一節的等加速直線運動中，說明此種情形。

由位置與時間關係圖可得知物體的速度，反過來由速度與時間關係圖可得知物體的位移，此正好是 $dx = vdt$ 的關係，若用積分表示，亦即

$$\Delta x = \int_{x_1}^{x_2} dx = \int_{t_1}^{t_2} vdt = x_2 - x_1 \qquad (2\text{-}8)$$

此積分式所代表的意義爲，在速度與時間關係圖中兩時刻間曲線下的面積代表物體的位移。如圖 2-4 所示，物體從 t_1 時刻至 t_2 時刻之間的位移爲速度與時間關係圖中兩時刻間曲線下的面積。若速度爲正值，則速度與時間關係圖中兩時刻間曲線下的面積所代表物體的位移爲正值，代表物體在此段時間內是向右運動。反之，若速度爲負值，則速度與時間關係圖中兩時刻間曲線下的面積所代表物體的位移爲負值，代表物體在此段時間內是向左運動。

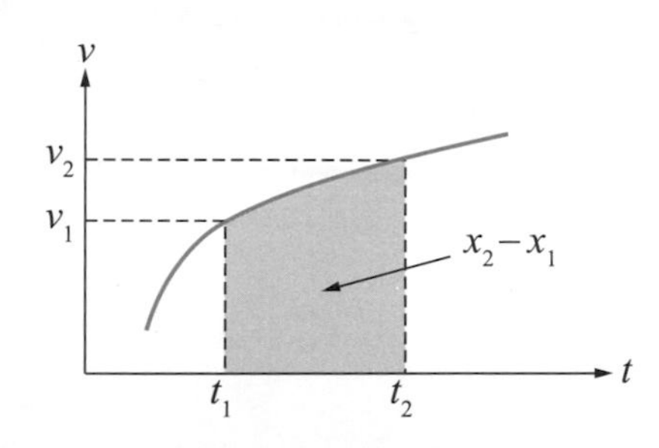

圖 2-4 物體速度與時間關係圖，其中物體從 t_1 至 t_2 時刻之間的位移為兩時刻間曲線下的面積。

同理，由速度與時間關係圖可得知物體的加速度，反過來由加速度與時間關係圖可得知物體的速度，此正好是 $dv = adt$ 的關係，若用積分表示，亦即

$$\Delta v = \int_{v_1}^{v_2} dv = \int_{v_1}^{v_2} adt = v_2 - v_1 \qquad (2\text{-}9)$$

此積分式所代表的意義爲，在加速度與時間關係圖中兩時刻間曲線下的面積代表物體速度的變化量。

範例 2-4

假設某物體作直線運動，從靜止出發，若已知前五秒的加速度爲 + 1 公尺 / 秒 ^{2}，隨後三秒的加速度變爲 – 1 公尺 / 秒 ^{2}，試求其速度與時間的變化關係圖，以及位置與時間的變化關係圖。

題解 首先，我們可以繪出此物體的加速度與時間關係圖，如圖(a)所示。

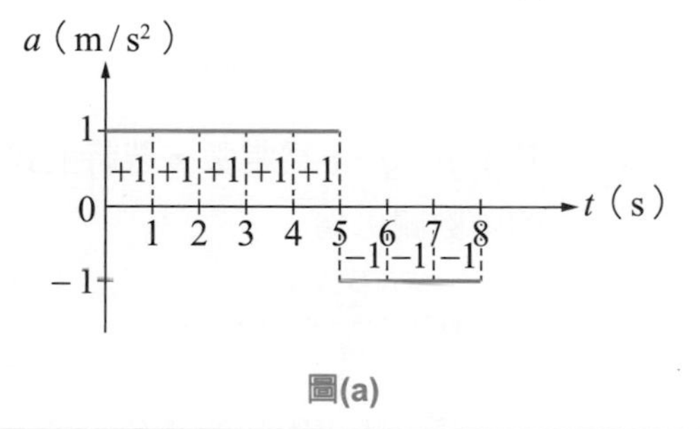

圖(a)

其次，根據(2-9)式可繪出此物體的速度與時間關係圖如圖(b)所示。

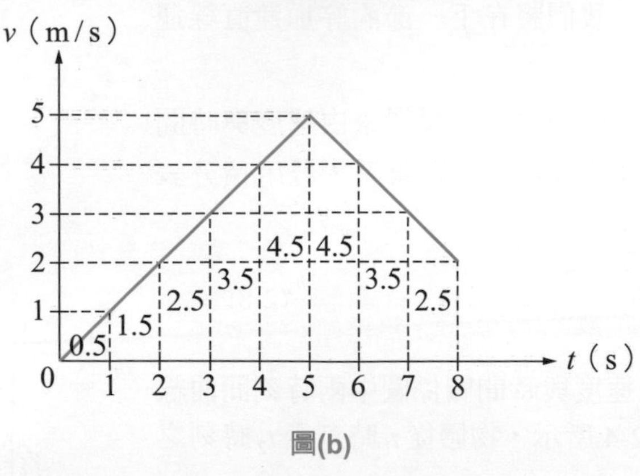

圖(b)

再根據(2-8)式，可繪出此物體的位置與時間關係圖如圖(c)所示。

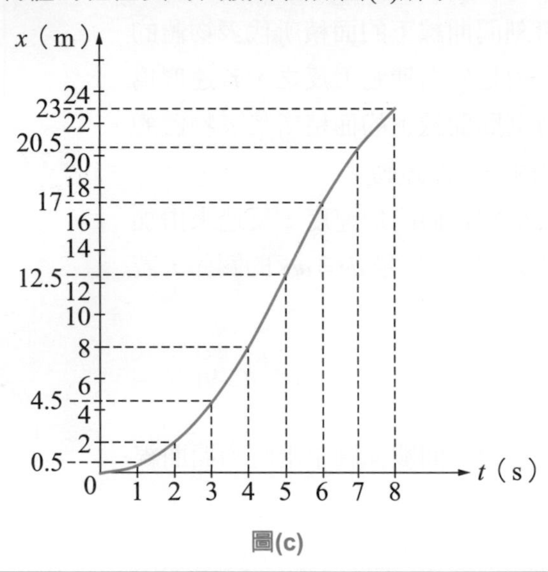

圖(c)

2-3 等加速直線運動

若作直線運動的物體其加速度為保持不變，則為等加速直線運動。一般的等加速直線運動，其位置 x 與時間 t 的函數關係為

$$x(t) = pt^2 + qt + r \tag{2-10}$$

其中 p、q、r 為常數，若將上式對時間微分，可得其速度 v 與時間 t 的函數關係為

$$v(t) = \frac{dx}{dt} = 2pt + q \tag{2-11}$$

將上式再對時間微分，可得其加速度 a 與時間 t 的函數關係為

$$a(t) = \frac{dv}{dt} = 2p \tag{2-12}$$

由上式可知，其加速度等於常數，故稱為等加速運動（uniformly accelerated motion）。等加速運動的平均加速度等於瞬時加速度，其大小均等於常數，即 $a = a_{av} = 2p$，故加速度－時間關係圖為一條水

平的直線。而由於速度 v 與時間 t 的函數關係爲 $v(t)=2pt+q$，故其速度－時間關係圖爲一條斜率爲 $2p$ 的直線。當 $t=0$ 時，$v_0=q$，我們稱之爲初速度，如果 p 爲正値，則速度會隨時間的增加而逐漸變大，如果 p 爲負値，則速度會隨時間的增加而逐漸變小。由於等加速運動的位置 x 與時間 t 的函數關係爲 $x(t)=pt^2+qt+r$，因此，其位置－時間關係圖爲一條拋物線，當 $t=0$ 時，其起始値爲 $x_0=r$，我們稱之爲起始位置，或起點。

對於等加速直線運動我們所要討論的問題是：若我們知道在起始時刻（$t_0=0$）物體的位置及速度，那麼如何求出在任何時刻 t 物體的位置及速度，而加速度始終保持常數。設物體在起始時刻（$t_0=0$）由起始位置（$x=x_0$）出發，若其初速度爲 v_0 並以等加速度 a 作直線運動，其位置與時間關係圖、速度與時間關係圖以及加速度與時間關係圖分別如圖 2-5 所示。

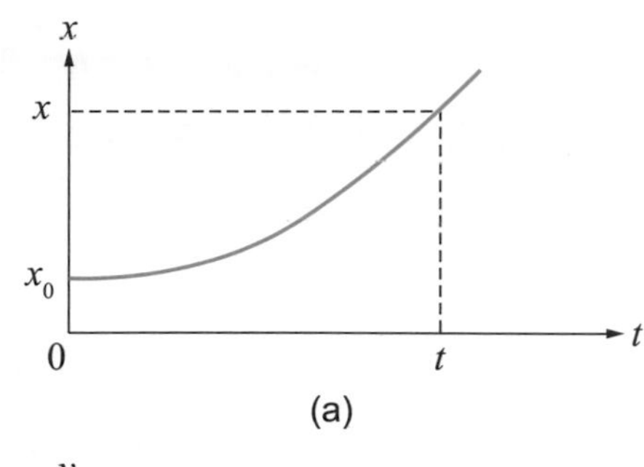

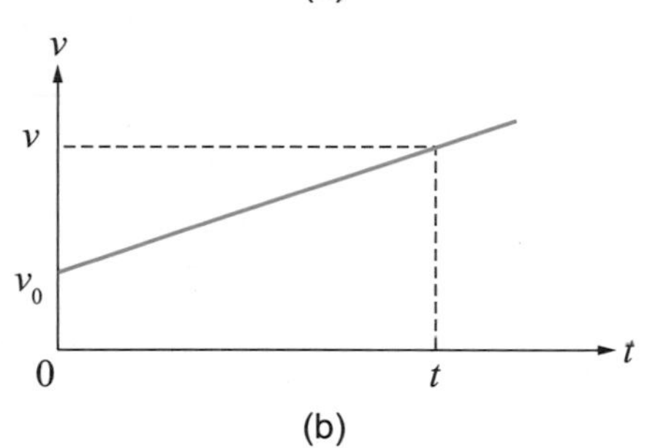

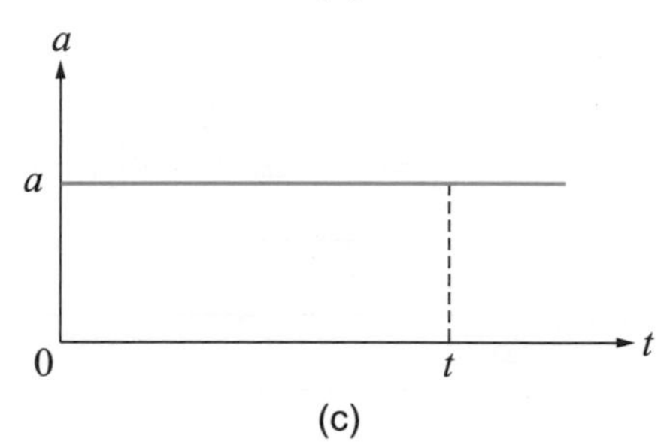

圖 2-5 作等加速直線運動的物體之(a)位置與時間關係圖，(b)速度與時間關係圖，以及(c)加速度與時間關係圖。

首先由圖 2-5(b)可求出加速度爲

$$a=\frac{v-v_0}{t-0} \tag{2-13}$$

亦即

$$v=v_0+at \tag{2-14}$$

其次，由 $t=0$ 至 $t=t$ 時刻間的平均速度爲

$$\bar{v}=\frac{v_0+v}{2} \tag{2-15}$$

將(2-14)式代入(2-15)式可得

$$\bar{v}=\frac{2v_0+at}{2} \tag{2-16}$$

又由(a)圖知平均速度爲

$$\bar{v}=\frac{x-x_0}{t-0} \tag{2-17}$$

由(2-16)式、(2-17)式可得

$$x=x_0+v_0t+\frac{1}{2}at^2 \tag{2-18}$$

由(2-14)式與(2-18)式消去 t，可得

$$v^2={v_0}^2+2a(x-x_0) \tag{2-19}$$

(2-14)式、(2-18)式、(2-19)式即爲等加速直線運動所經常使用到的三個公式。

$$\begin{cases} v=v_0+at \\ x=x_0+v_0t+\frac{1}{2}at^2 \\ v^2={v_0}^2+2a(x-x_0) \end{cases}$$

範例 2-5

有一處登山步道，其長度爲 $s = 1200$ m，今某人以 $t_1 = 20$ min 的時間走上山，上山之後立即以 $t_2 = 10$ min 的時間走下山，回到原來出發點，求此人上山再下山所行的(a)總路徑長，(b)總位移，(c)上山的平均速率，(d)下山的平均速率，(e)全程的平均速率，以及(f)全程的平均速度。

題解 (a)上山再下山所行的總路徑長爲 $2s = 2400$（m）。

(b)由於又回到原來出發點，故總位移爲零，$\Delta x = 0$。

(c)上山的平均速率爲 $v_1 = \dfrac{s}{t_1} = \dfrac{1200}{20 \times 60} = 1$（m/s）。

(d)下山的平均速率爲 $v_2 = \dfrac{s}{t_2} = \dfrac{1200}{10 \times 60} = 2$（m/s）。

(e)全程的平均速率爲 $v_{\text{av}} = \dfrac{2s}{t_1 + t_2} = \dfrac{2 \times 1200}{(20+10) \times 60} = \dfrac{4}{3}$（m/s）。

(f)全程的平均速度爲 $\dfrac{\Delta x}{t_1 + t_2} = 0$。

範例 2-6

汽車在 5 秒內，從靜止以等加速度加速到 20 公尺 / 秒的速率，然後以此速率行駛，求(a)加速度，(b)加速階段所行的距離，(c)速率由 10 公尺 / 秒增加到 20 公尺 / 秒時，中間所行的距離？

題解 (a)由 $v = v_0 + at$，可得 $a = \dfrac{v - v_0}{t} = \dfrac{20 - 0}{5} = 4$（m/s^2）。

(b)由 $s = v_0 + \dfrac{1}{2}at^2$，可得 $s = \dfrac{1}{2}(4)(25) = 50$（m）。

(c)由 $v_2^2 = v_1^2 + 2as$，可得 $s = \dfrac{v_2^2 - v_1^2}{2a} = 37.5$（m）。

範例 2-7

如圖所示爲某個作直線運動的物體，其經過時拍器的記錄所留下的痕跡，此圖顯示，物體在 E 點以前爲等加速運動，E 點以後爲等速運動。設時拍器紀錄的頻率爲每秒 20 次，求(a)物體的加速度爲何？(b)物體在 A 點的瞬時速度爲何？(c)物體在 E 點的瞬時速度爲何？(d)由起動至 A 點共歷時多久？(e)由起動至 B 點共行多遠？

A B C D E F G

| 5 cm | 7 cm | 9 cm | 11 cm | 12 cm | 12 cm |

題解 兩圓點相距 0.05 s。

(a)由 C 點至 D 點的平均速度爲 $\overline{v_1} = \dfrac{9\text{ cm}}{0.1\text{ s}} = 90\text{ cm/s}$，

由 D 點至 E 點的平均速度爲 $\overline{v_2} = \dfrac{11\text{ cm}}{0.1\text{ s}} = 110\text{ cm/s}$，

由此可知，等加速度爲 $a = \dfrac{\Delta v}{\Delta t} = \dfrac{\overline{v_2} - \overline{v_1}}{\Delta t} = \dfrac{110 - 90}{0.1} = 200$（cm/s^2）。

(b)欲求 A 點的瞬時速度，由 A、B 點間的關係，可由 $d = v_0 t + \frac{1}{2}at^2$ 知，

欲求 $5 = v_0(0.1) + \frac{1}{2}(200)(0.1)^2$，$v_0 = 40\ \text{cm/s}^2$。

(c) E 點以後是等速運動，因此，由 E、F 點間的關係，E 點的瞬時速度爲 $v = \frac{12}{0.1} = 120$（cm/s）。

(d)由起動至 A 點所經過的時間可由 $v = v_0 + at$ 知，$40 = 0 + (200)t$，$t = \frac{40}{200} = 0.2$（s）。

(e)由起動至 A 點所經過的距離可由 $x = x_0 + v_0 t + \frac{1}{2}at^2$ 知，

$x = 0 + 0 + \frac{1}{2}(200)(0.2)^2 = 4$（cm）。

因此，由起動至 B 點所經過的距離爲 $4 + 5 = 9$（cm）。

範例 2-8

A 與 B 兩車的速度與時間的關係如圖所示，若在 $t = 0$ 時，B 車在 A 車的前方 84 公尺處，求 A 車追上 B 車的時刻？又若在 $t = 0$ 時，A 車在 B 車的前方 84 公尺處，求兩車最接近的時刻？

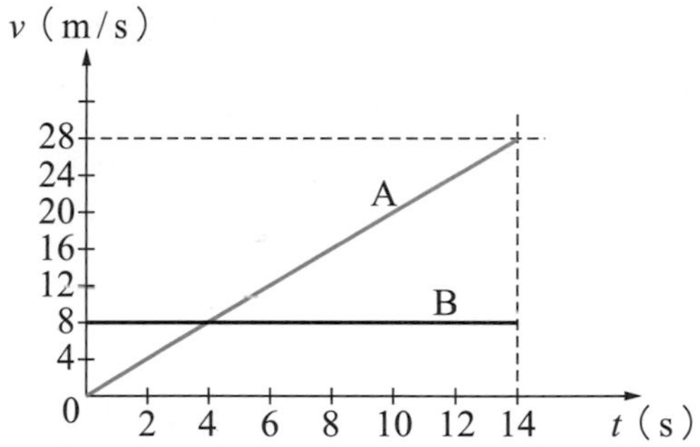

題解 由圖可知 A 車的初速爲 $v_{A0} = 0$，加速度爲 $a_A = 2\ \text{m/s}^2$。

經過 t 秒，A 車的位置爲 $x_A = x_{A0} + v_{A0}t + \frac{1}{2}a_A t^2$，B 車係以等速運動，因此，經過 t 秒，B 車的位置爲 $x_B = x_{B0} + v_B t$。

設 A 車的初位置爲 $x_{A0} = 0$，則 B 車的初位置爲 $x_{B0} = 84\ \text{m}$，

經過 t 秒後，A 車的位置爲 $x_A = t^2$，B 車的位置爲 $x_B = 84 + 8t$，

令 $x_A = x_B$，可得 $t^2 - 8t - 84 = 0$。由此可得 $t = 14\ \text{s}$，亦即經過 14 秒後 A 車追上 B 車。

此時 A 車的速度爲 $v_A = v_{A0} + a_A t = 28$（m/s）。在速度與時間的關係圖中，兩時刻間的位移爲圖中曲線下的面積。經過 14 秒後，A 車的位移爲 $\frac{1}{2} \times 14 \times 28 = 196$（m），B 車的位移爲 $8 \times 14 = 112$（m），若加上 B 車在 A 車的前方 84 m，則此時兩車的位置相同。

又若 $t = 0$ 時，A 車在 B 車的前方 84 m 處，則將 A 與 B 兩車在每一時刻的位置標出，如下表所示。

時間 t（s）	0	1	2	3	4	5	6
A 車位置 x_A（m）	84	85	88	93	100	109	120
B 車位置 x_B（m）	0	8	16	24	32	40	48
$x_A - x_B$（m）	84	77	72	69	68	69	72

由此可知兩車最接近的時刻爲 $t = 4\ \text{s}$。

又另一方式，可得到兩車位置距離爲 $f(x) = x_A - x_B = t^2 + 84 - 8t$ 函數，兩車最接近即是指函數的最小值，因微積分極值定理可知，極值會發生於微分值爲零的位置，即 $f'(x) = 2t - 8 = 0$，所以兩車最接近的時刻爲 $t = 4\ \text{s}$。

範例 2-9

兩平直的鐵軌上各有一列火車，甲車長 300 公尺以等速 40 公尺／秒前進，乙車長 100 公尺，當甲車的尾端通過乙車車頭時，乙車由靜止開始運動，且以 2 公尺／秒 ^{2} 之加速度增至最大速度 60 公尺／秒後維持等速前進，求總共經過多少秒乙車的尾端超過甲車頭？

$x_{0甲}=300\text{ m}$　t　$x_{甲}$　t'

$x_{0乙}=0$　$x'_{乙}$　$x_{乙}$

題解 設乙車車頭的起始位置為 $x_{0乙}=0$，甲車車頭的起始位置為 $x_{0甲}=300\text{ m}$。

設經過 t 秒乙車的速度增至 60 m/s，則由 $v=v_0+at$ 知，$60=0+2t$，故 $t=30\text{ s}$。

又由 $x=x_0+v_0t+\frac{1}{2}at^2$ 知，此時乙車的位置為

$$x'_{乙}=x_{0乙}+v_{0乙}t+\frac{1}{2}at^2=0+0+\frac{1}{2}(2)(30)^2=900 。$$

設再經過 t' 秒後乙車的尾端超過甲車頭，

則此時甲車車頭的位置為 $x_{甲}=x_{0甲}+(40)(30)+40t'$，

此時乙車車頭的位置為 $x_{乙}=x'_{乙}+60t'=900+60t'$。

又由 $x_{乙}=x_{甲}+100$，知 $t'=35$ 秒，因此，總共經過 65 秒乙車的尾端超過甲車頭。

範例 2-10

甲車以速度 v 在公路上行駛，乙車在甲車之後方同一車道以速度 u 行駛，且 $u>v$，若乙車的司機在甲車後方相距的距離為 d 時發現甲車，並立即踩煞車而以大小為 a 的負等加速度行駛，則兩車不至於相撞的條件為何？

$v_{0乙}=u$　$v_{0甲}=v$　$v_{甲}=v_{乙}=v$

$x_{0乙}=0$　$x_{0甲}=d$　$x_{甲}$ $x_{乙}$

題解 設乙車的初位置為 $x_{0乙}=0$，初速為 $v_{0乙}=u$，而甲車的初位置為 $x_{0甲}=d$，初速為 $v_{0甲}=v$。

若乙車踩煞車行駛 t 時之後與甲車的速度相同，則兩車就不至於相撞。

首先，由公式 $v=v_0+at$ 知，$v=u-at$，由此可得 $t=\frac{u-v}{a}$。

由公式 $x=x_0+v_0t+\frac{1}{2}at^2$，知 t 時之後乙車的位置為

$$x_{乙}=x_{0乙}+v_{0乙}t-\frac{1}{2}at^2=u(\frac{u-v}{a})-\frac{1}{2}a(\frac{u-v}{a})^2=\frac{u^2-v^2}{2a} ,$$

又 t 時之後甲車的位置為 $x_{甲}=d+vt=d+v(\frac{u-v}{a})$。

由 $x_{甲}=x_{乙}$ 可得 $d=\frac{(u-v)^2}{2a}$，

由此可知 d 至少要大於 $\frac{(u-v)^2}{2a}$，或者說 a 至少要大於 $\frac{(u-v)^2}{2d}$，兩車才不至於相撞。

範例 2-11

由範例 2-10，假設 $v=10\ \text{m/s}$，$u=20\ \text{m/s}$，$d=1000\ \text{m}$，則 $\dfrac{(u-v)^2}{2d}=\dfrac{1}{20}=0.05$（$\text{m/s}^2$）。今問乙車以 $a=0.05\ \text{m/s}^2$ 的減速度可行駛多遠才停下來？費時多久？

題解 由 $0=u^2-2as$ 可得 $s=\dfrac{u^2}{2a}=4000$（m），又由 $0=u-at$ 可得 $t=\dfrac{u}{a}=400$（s）。

範例 2-12

某作直線運動之物體的加速度如圖所示，若物體的初速為 2 公尺／秒，求最大位移為何？

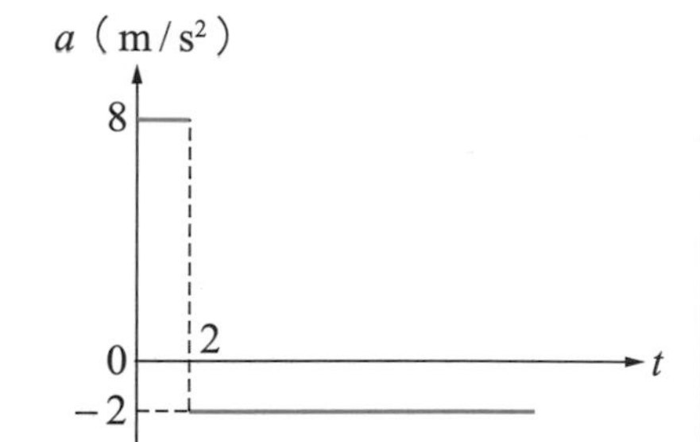

題解 首先求出在 2 秒時物體的位置為

$$x'=x_0+v_0t+\frac{1}{2}at^2=0+(2)(2)+\frac{1}{2}(8)(2)^2=20 \text{（m）},$$

此時該物體的速度為 $v'=v_0+at=2+8\times2=18$（m/s）。

2 秒之後該物體以初速度為 18 m/s，減速度為 − 2 m/s² 運動，

若再經過 t 秒物體的速度為零，則由 $v=v'+at=18-2t=0$，可得 $t=9\ \text{s}$。

又最大位移發生在物體的速度為零之時，其位置為

$$x=x'+v't+\frac{1}{2}at^2=20+(18)(9)+\frac{1}{2}(-2)(9)^2=101 \text{（m）}。$$

2-4 鉛垂直線運動

作直線運動的物體可能是沿著水平方向也有可能是沿著垂直方向，若是前者，我們通常將此直線取為 x 坐標軸，若是後者，則將此直線取為 y 坐標軸。

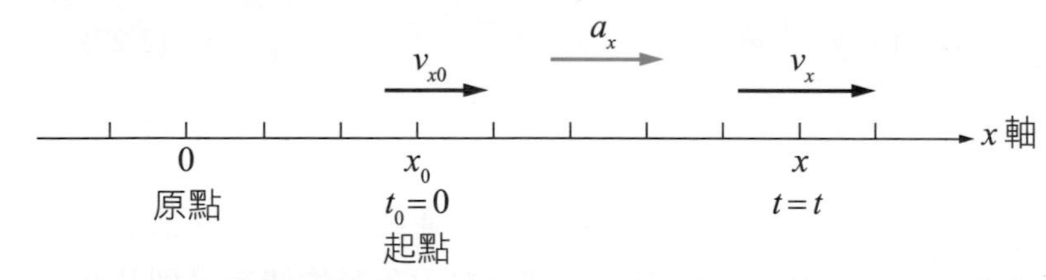

圖 2-6 水平直線運動。

如圖 2-6 所示，對水平直線運動而言，設物體在起始時刻 $t_0=0$ 時，位於坐標 x_0 處，其初速度為 v_{x0}，並以等加速度 a_x 作直線運動，經過 t 秒後其位置在坐標 x 處，速度為 v_x，則

$$v_x=v_{x0}+a_xt \tag{2-20}$$

$$x=x_0+v_{x0}t+\frac{1}{2}a_xt^2 \tag{2-21}$$

$$v_x^2=v_{x0}^2+2a_x(x-x_0) \tag{2-22}$$

以上的式子中，下標 x 代表作直線運動的物體係在 x 坐標軸上。當我們用這些式子表示物體在 x 坐標軸上作等加速直線運動時，表示物體位置、速度及加速度的方向係由這些物理量的正、負號表示出來。

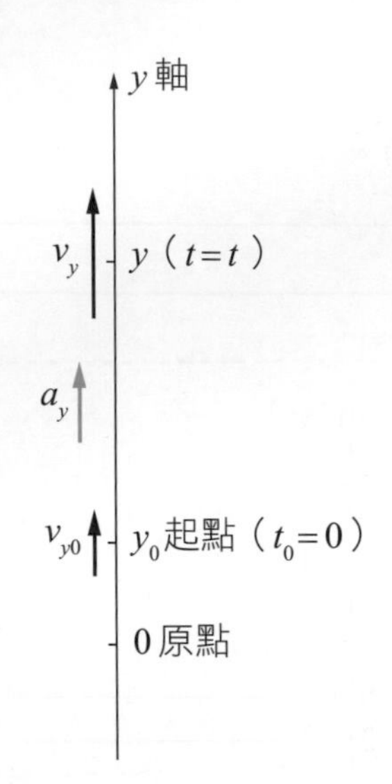

圖 2-7 鉛垂直線運動。

如圖 2-7 所示，若物體是沿鉛垂方向作等加速直線運動時，此時我們將此鉛垂直線取爲 y 坐標軸，物體在 y 軸上作的等加速直線運動與在 x 軸上作的等加速直線運動並沒有兩樣，只是將下指標換成 y 即可。設物體在起始時刻 $t_0=0$ 位於坐標 y_0 處，其初速度爲 v_{y0} 並以等加速度 a_y 作直線運動，經過 t 秒後其位置在坐標 y 處，速度爲 v_y，則

$$v_y = v_{y0} + a_y t \tag{2-23}$$

$$y = y_0 + v_{y0}t + \frac{1}{2}a_y t^2 \tag{2-24}$$

$$v_y{}^2 = v_{y0}{}^2 + 2a_y(y - y_0) \tag{2-25}$$

同樣的我們必須注意到，表示物體位置、速度及加速度的方向係包含在這些物理量的正、負號，與坐標系統的方向相關。在地球表面上運動的物體，因受地心引力的作用而具有向下的加速度。若物體的運動距離遠比地球半徑小很多時，其所受到的地心引力可視爲定值，而物體所受到的加速度稱爲**重力加速度**（acceleration of gravity），其大小爲定值，而方向係指向地心。通常我們把此鉛垂直線運動的 y 坐標軸正方向訂爲由地面指向上，此時表示物體運動的加速度爲 $\vec{a}_y = -g\,\hat{\mathrm{j}}$，其中負號代表加速度的方向相對坐標系統方向向下。在接近地球表面時，物體受到地心引力的作用而產生的重力加速度，其值約爲 $g = 9.8\ \mathrm{m/s^2}$，若將此重力加速度代入前面的公式，可得

$$v_y = v_{y0} - gt \tag{2-26}$$

$$y = y_0 + v_{y0}t - \frac{1}{2}gt^2 \tag{2-27}$$

$$v_y{}^2 = v_{y0}{}^2 - 2g(y - y_0) \tag{2-28}$$

所謂自由落體，通常係指鉛垂直線運動的一個特殊情形。對於在地球表面上運動的物體而言，若爲自由落體的情況，則其條件爲初位置爲零，且初速度亦爲零，即 $y_0=0$，$v_{y0}=0$，在此情況下，以上的三個公式變爲

$$v_y = -gt \tag{2-29}$$

$$y = -\frac{1}{2}gt^2 \tag{2-30}$$

$$v_y^2 = -2gy \tag{2-31}$$

須注意的是，以上的三個公式中，由於物體的初位置爲零（$y_0=0$），相對參考方向向上的 y 軸，物體係往下落，因此，y 是負值。

範例 2-13

某球從高度爲 $h = 50$ m 的屋頂垂直往上拋，若經過 5 秒後落地。假設 $g = 10\,\text{m/s}^2$，求(a)此球能到達的高度爲何？(b)當此球下落至屋頂的下方 20 公尺時，其速度爲何？

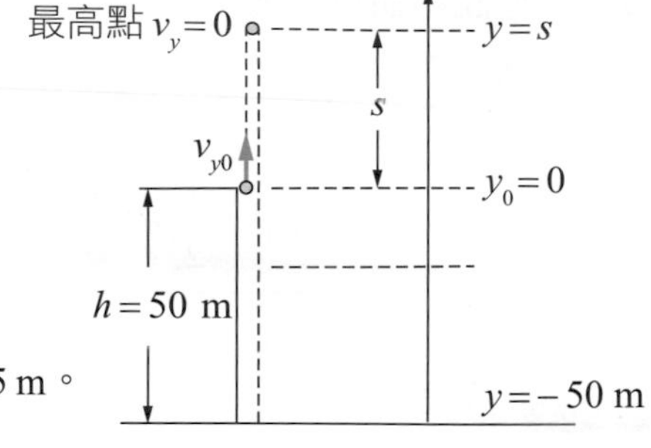

題解 (a)如圖所示，令屋頂爲坐標原點 $y_0 = 0$，於是地面的坐標爲 $y = -50\,\text{m}$。設此球以初速度 v_{y0} 垂直往上拋，經過 5 秒後落地，

由公式 $y = y_0 + v_{y0}t - \frac{1}{2}gt^2$，可得 $-50 = 0 + v_{y0}(5) - \frac{1}{2}(10)(5)^2$，

由此可得此球垂直往上拋的初速度爲 $v_{y0} = 15\,\text{m/s}$。

設此球再上升 s 到達最高點，此時 $v_y = 0$，由公式

$v_y^2 = v_{y0}^2 - 2g(y - y_0) = v_{y0}^2 - 2gs$，可得 $0 = 15^2 - 2 \times 10 \times s$，$s = 11.25\,\text{m}$。

此球能到達的高度距離地面爲 $y = h + s = 61.25$（m）。

(b)欲求此球下落至屋頂的下方 20 m 時的速度，

可令 $y_0 = 0$，$y = -20$，$v_{y0} = 15$，代入公式 $y = y_0 + v_{y0}t - \frac{1}{2}gt^2$，

由此可得 $-20 = 0 + (15)t - \frac{1}{2}(10)(t)^2$，$t^2 - 3t - 4 = 0 \Rightarrow t = 4$，$t = -1$（不合）。

又由公式 $v_y = v_{y0} - gt = 15 - (10)(4) = -25$（m/s）。

範例 2-14

設 A 球由屋頂以 50 公尺／秒的初速度垂直上拋，經過 1 秒之後在原處以相同的初速垂直拋出 B 球。設 $g = 10\,\text{m/s}^2$，試求(a) B 球被拋出多少秒之後，A 球與 B 球會在空中相遇？(b) A 球上升的最大高度爲何？(c) A 球經過多少秒上升到此最大高度？(d) A 球與 B 球在空中相遇的高度爲何？(e) A 球與 B 球在空中相遇時，兩球的速度爲何？

題解 (a) A 球與 B 球垂直拋出的初速度均爲 $v_{yA0} = v_{yB0} = v_{y0} = 50\,\text{m/s}$，

設 A 球與 B 球的初位置爲 $y_{A0} = y_{B0} = y_0 = 0$，A 球的飛行時間 t，今由 $y = y_0 + v_{y0}t - \frac{1}{2}gt^2$，可得

$y_A = y_{A0} + v_{yA0}t - \frac{1}{2}gt^2 = y_0 + v_{y0}t - \frac{1}{2}gt^2$，$y_B = y_{B0} + v_{yB0}(t-1) - \frac{1}{2}g(t-1)^2 = y_0 + v_{y0}(t-1) - \frac{1}{2}g(t-1)^2$，

再由 $y_A = y_B$，可得 $t = \dfrac{v_{y0} + \frac{1}{2}g}{g} = 5.5$。B 球晚一秒拋出，因此 B 被拋出 4.5 秒之後會與 A 在空中相遇。

(b)設 A 球上升的最大高度爲 h，則由 $v_{yA}{}^2 = v_{yA0}{}^2 - 2gh = 0$，可得 $h = \dfrac{v_{y0}{}^2}{2g} = 125$（m）。

(c)由 $v_{yA} = v_{yA0} - gt$，可得 A 球上升到此最大高度的時間爲 $t = \dfrac{v_{y0}}{g} = 5$（s）。

(d) A 球與 B 球在空中相遇的高度爲

$y_A = y_0 + v_{y0}t - \frac{1}{2}gt^2 = 0 + 50(5.5) - \frac{1}{2}(10)(5.5)^2 = 123.75$（m），

$y_B = y_0 + v_{y0}(t-1) - \frac{1}{2}g(t-1)^2 = 0 + 50(4.5) - \frac{1}{2}(10)(4.5)^2 = 123.75$（m）。

(e)在空中相遇時，A 與 B 兩球的速度分別爲

$v_{yA} = v_{yA0} - gt = 50 - (10)(5.5) = -5$（m/s），$v_{yB} = v_{yB0} - gt = 50 - (10)(4.5) = 5$（m/s），

亦即此時，A 球正往下落，而 B 球正往上升。

範例 2-15

某熱氣球以 10 公尺／秒的速率往上升，當其升高至離地面 175 公尺時，有一物品自熱氣球中掉落下來，試求此物品落至地面的時間？

題解 假設物品自熱氣球中掉落下來的時刻爲 $t_0 = 0$，此時物品的高度位置爲 $y_0 = 175\,\text{m}$，
而地面的位置爲 $y = 0$。由於此一物品係隨著熱氣球在上升之中，
因此，物品自熱氣球中掉落下來時會有一個上升的速度，此速度爲 $v_{y0} = 10\,\text{m/s}$。

今由 $y = y_0 + v_{y0}t - \frac{1}{2}gt^2$，可得 $0 = 175 + 10t - \frac{1}{2} \times 10 \times t^2$，$5t^2 - 10t - 175 = 0$，$t = 7\,\text{s}$。

範例 2-16

某物體垂直上拋，求到達最高點前最後一秒內爬升的高度爲何？

題解 由公式 $v_y^2 = v_{y0}^2 - 2g(y - y_0)$，及最高點的速度爲零 $v_y = 0$，
知 $0 = {v_0}^2 - 2gh$，$v_0 = \sqrt{2gh}$。

設經 t 秒物體上升至最高點，由 $v = v_0 - gt$，知 $t = \frac{v_0}{g} = \sqrt{\frac{2h}{g}}$。

$(t-1)$ 秒時物體的速度爲 $v' = v_0 - g(t-1) = \sqrt{2gh} - g(\sqrt{\frac{2h}{g}} - 1) = g$。

設最後一秒內爬升的高度爲 s，則由 $v^2 = v'^2 - 2gs$，
知 $s = \frac{v'^2}{2g} = \frac{g}{2} = 4.9$（m）。

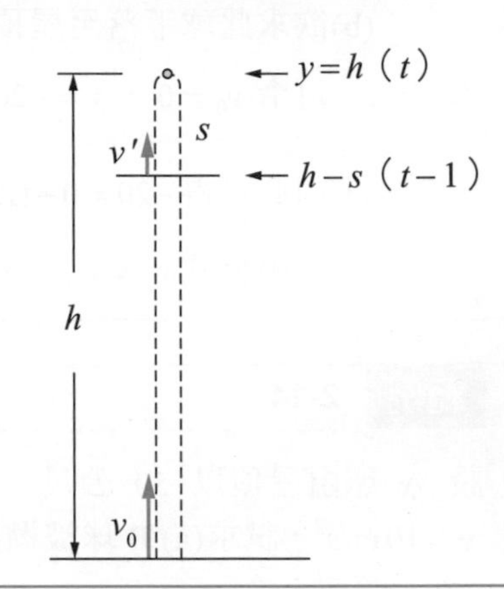

習題 標以*的題目難度較高

2-2 位置、速度與加速度

1. 作直線運動的物體之位置時間關係式為 $x=t^2-5t+3$ (m)，求起點與初速？求物體離原點左方最遠為何？

2. 作直線運動的物體之位置時間關係式為 $x=t^3-4t^2+3t$ (m)，求起點與初速？求物體離原點左方最遠為何？

3. 如圖所示，物體在 $t_1=1\,\text{s}$，其位置在 $x_1=-5\,\text{m}$。當 $t_2=3\,\text{s}$ 時，運動到位置 $x_2=7\,\text{m}$，又當 $t_3=7\,\text{s}$ 時，運動到位置 $x_3=3\,\text{m}$。求 $t_1=1\,\text{s}$ 至 $t_3=7\,\text{s}$ 的位移，以及此段時間間距內所行的路徑長，又此段時間間距的平均速度以及平均速率為何？

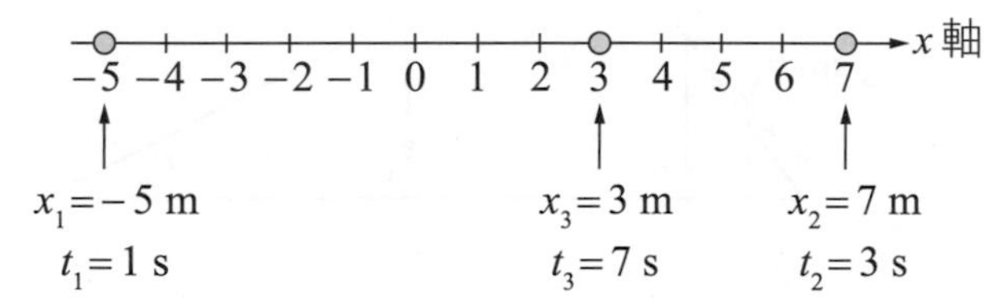

4. 某汽車在筆直的高速公路上以 80 公里／小時的速度行駛 20 公里，然後改以 100 公里／小時的速度行駛 40 公里，求該汽車在此 60 公里的行程中之平均速度？

5. 某汽車原先的速度為 20 公尺／秒，經過 2.5 秒之後，其速度變為 30 公尺／秒，而方向朝反方向，求該汽車在此段時間間距內平均加速度？

6. 某汽車在 5 秒內由 20 公里／小時加速至 60 公里／小時，求該汽車在此段時間間距內平均加速度？

7. 飛機起飛的速度為 30 公尺／秒，若跑道長為 150 公尺，求此飛機所需的最小加速度為何？

8. 某物體作直線運動，若其位置與時間的變化關係為 $x(t)=2t^2+3t+1$，其中時間的單位為秒，位置的單位為公尺，求 $t=2\,\text{s}$ 與 $t=3\,\text{s}$ 時，物體的位置，以及此段時間間距的平均速度？

***9.** 求上題中，$t=2.5\,\text{s}$，$t=2.1\,\text{s}$，$t=2.01\,\text{s}$，$t=2.001\,\text{s}$ 時，物體的位置以及每段時間間距的平均速度？又問在 $t=2\,\text{s}$ 時，物體的瞬時速度為何？

2-3 等加速直線運動

10. 如圖所示為某個作直線運動的物體，其經過時拍器的記錄所留下的痕跡。設時拍器每 5 秒打 101 點，則物體的加速度為何？第 54 點的瞬時速度為何？

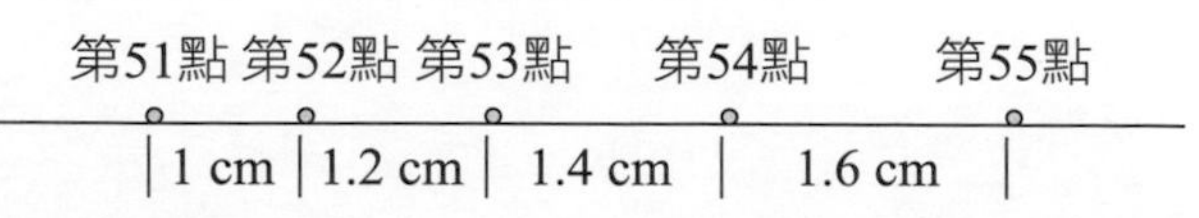

11. 假設汽車以某固定速度在行駛，隨後以 1 公尺／秒 ^{2} 的加速度行駛 10 秒，如果在此 10 秒內汽車前進了 180 公尺，求汽車原來的固定速度為何？

12. 假設 A 車以 $v_A=6\,\text{m/s}$ 的等速度追趕原先在其前方 30 公尺處，開始時以等加速度 $a_B=1\,\text{m/s}^2$ 起動的 B 車，試問 A 車能否追上 B 車？

13. 設上題中，若 A 車欲追上 B 車，則 A 車的速度應該為何？

14. 某物體自靜止以加速度 a 作等加速運動，若第 n 秒的位移為第$(n-1)$秒位移的 m 倍，則 n 的值為何？

15. 求上題中，經過 n 秒的總位移為何？

16. 長度為 L 的火車，在長直軌道以等加速度行駛，其前端通過平交道某一點時，速率為 u，後端通過平交道同一點時，速率為 v，則火車中點通過平交道同一點時，速率為何？

17. 某火車連車頭一起算共有十節長度為 L 的等長車廂，火車作等加速度 $a=1\,\text{m/s}^2$ 的直線運動，當火車的車頭到達平交道時，測得的車速為 $v_1=15\,\text{m/s}$，火車的車尾通過平交道同一點時，測得的車速為 $v_2=20\,\text{m/s}$，求第五節車廂末端通過平交道同一點時的車速為何？

***18.** 如圖所示，火車以等加速度 a，自靜止加速到 v，然後以 v 的速度等速行駛一段時間，最後以等加速度 b 減速至靜止，若火車總共行駛的距離為 S，求火車行駛的總時間。

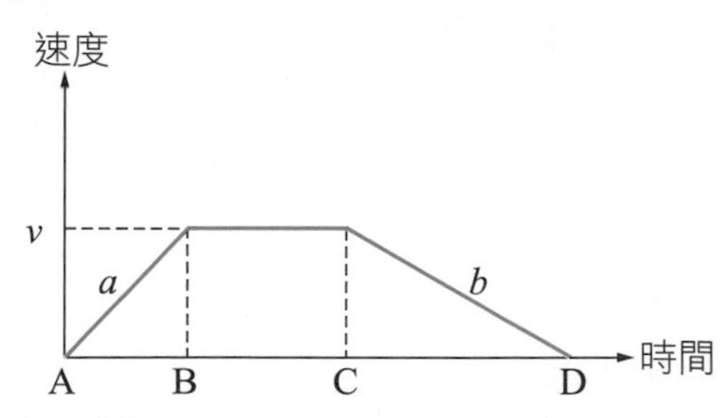

***19.** 某火車欲由甲站行駛至乙站。首先以等加速度 a_1 行駛，在行駛一段時間之後，改以等加速度 a_2 減速行駛，若該火車由甲站行駛至乙站的時間為 t，求甲乙兩站之間的距離？

***20.** 某火車沿直線由甲站行駛至乙站。最初的 $\frac{1}{4}$ 行程為等加速運動行駛，最後的 $\frac{1}{4}$ 行程為等減速度運動行駛，則火車的平均速率與最大速率之比為何？

***21.** 某物體自靜止作等加速運動，其在第 n 秒的位移為 S，則加速度為何？

*22. 火車自 A 站以等加速度 a 自靜止出發，行駛到 B 站，然後以等速度 v 行駛到 C 站，最後以等減速度 $-a$ 行駛停於 D 站。假設若各站間的距離相等，求火車行駛的總時間以及總位移。

2-4 鉛垂直線運動

23. 某物體作鉛直向上拋的運動，其位置與時間的關係式為 $y=100t-5t^2$（m）。求(a)第 10 秒末的速度，(b)第 10 秒末的加速度，(c)最大高度，(d)落地的時間？

24. 有一物體自距地面 1960 公尺的高度自由落下，求落地的時間與速度？

25. 有一顆石頭垂直往上丟出之後，經 10 秒後又落回地面，求此顆石頭上升的最大高度？

26. 有一顆石頭由井口自由落下，2 秒後擊到井水，求井深？

27. 上題中，若改為 2 秒後聽到石頭擊到井水的回聲，求井深？已知聲音在空氣中的速度為 340 公尺／秒。

28. 由地面垂直向上丟出一石頭，經過 10 秒之後又落回地面。假設重力加速度為 $g=10\ \text{m/s}^2$，求石頭丟出的初速度以及石頭上升的最大高度？

29. 自以等速度 6 公尺／秒上升的氣球中自由落下一小石塊，歷時 8 秒後著地。假設重力加速度為 $g=10\ \text{m/s}^2$，則當石塊著地時氣球的高度為何？

30. 物體以初速度 v 垂直上拋，則自拋出上升到其最大高度的一半處，需時為何？

31. 若某物體以 v_0 的初速度鉛直上拋，經過 t_1 秒時在 h 高度處，第 t_2 秒時又在 h 高度處，則初速度為何？高度 h 為何？（用 t_1 及 t_2 表示）

*32. 有一顆石頭垂直往上丟，在 1 秒內達到 25 公尺的高度，並繼續往上升，直到最高點再落下來，求此石頭再達到 25 公尺的高度處的時間？

*33. 若自由落體著地前一秒內落下的距離為全程的 $\frac{3}{4}$，求下落的時間與高度。

*34. 若自由落體著地前二秒內落下的距離為全程的 $\frac{2}{3}$，求下落的時間與高度。

35. 自由落體著地前一秒內下降的高度為 10 公尺。假設重力加速度為 10 公尺／秒^2，求此物體下落時的高度。

*36. 有一傘兵在跳傘後自由下落 50 公尺，然後傘才張開，若此時下降的加速度為 -2 公尺／秒^2，其著地的速度為 3 公尺／秒，求傘兵跳傘時的高度。

37. 若一個人可安全跳下的最大高度為 2.5 公尺，求一位跳傘者允許之最大著地速度為何？

38. 某球從高度為 $h=40$ m 的屋頂以初速度 $v_{y0}=10$ m/s 垂直往上拋，假設重力加速度 $g=10\ \text{m/s}^2$，求(a)此球能到達的高度為何？(b)此球落地的時間？(c)當此球下落至屋頂的下方 15 公尺時，其速度為何？

39. 某球以初速度 $v_{y0}=20$ m/s 從地面垂直往上拋，求其到達最大高度的一半所需時間？

40. A 與 B 兩物體分別由相同高度不同傾斜角的光滑斜面滑下，如圖所示，若 $\theta_A>\theta_B$，求兩物體下滑的加速度、滑到斜面底端的速度、在斜面上滑行的時間之大小關係。

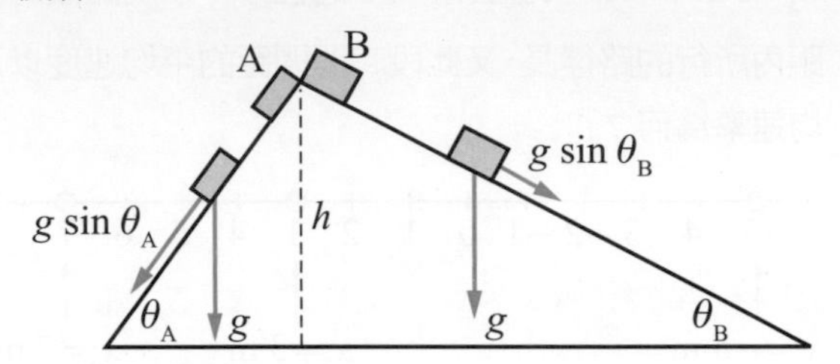

Chapter 3

平面運動

前言

我們知道，運動學（kinematics）是針對於運動本身的描述，若物體的運動狀態始終都是在一條直線上者，稱爲直線運動；若物體的運動狀態是在平面上，則稱爲平面運動。對於描述作平面運動物體的運動狀態，我們通常可將它分解爲兩個方向的直線運動，接著再用向量的加法將兩個各自獨立的直線運動組合起來。本章我們首先介紹一般平面運動的描述，然後介紹兩個常見的等加速平面運動，即水平拋射運動與斜向拋射運動，最後介紹等速圓周運動及相對運動。

Introduction

We know that kinematics is the description of motion itself. If an object's motion always occurs along a straight line, it is called linear motion. If the motion of a body occurs in a two-dimensional plane, it is planar motion. When describing an object's motion engaged in planar motion, it is helpful to break it down into two independent linear motions along different directions. These individual linear motions are then combined using vector addition. In this chapter, we first describe planar motion, followed by introducing two uniformly accelerated planar motion types: horizontal projectile motion and oblique projectile motion. Finally, we delve into uniform circular and relative motion topics.

學習重點

- 了解平面運動的描述。
- 了解等加速度平面運動的計算。
- 了解水平拋射運動的計算。
- 了解斜向拋射運動的計算。
- 了解等速圓周運動的描述和計算。
- 了解相對運動的意義。

3-1 平面運動的描述

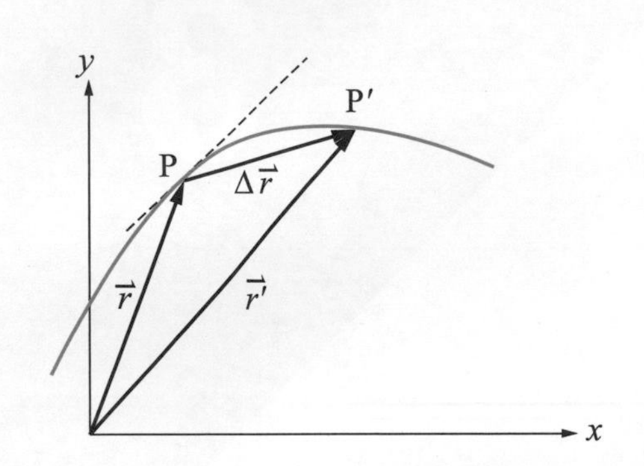

圖 3-1　平面運動的描述，物體的瞬時速度落在切線上。

若物體的運動軌跡是在一平面者，稱爲平面運動。欲描述作平面運動物體的運動情形，須用平面向量來描述。由於任何平面向量均可分解爲兩個互相垂直的分量來表示，一個在 x 方向，另一個在 y 方向。因此，在描述平面運動時，可以先分別探討此兩分量個別的情形，然後再將它們用向量的加法組合起來，便是平面運動的情形。一個平面運動可說是兩個各自獨立，互相垂直之直線運動的組合。如圖 3-1 所示，設物體在平面上運動，若在某時刻 t 其位置在 P 點，我們可用連接 P 點與平面坐標原點 O 的向量 $\vec{r}$ 來代表物體在此位置的位置向量。此向量可用 x、y 兩分量表示如下：

$$\vec{r} = x\,\hat{\text{i}} + y\,\hat{\text{j}} \tag{3-1}$$

假設物體在另一時刻 t'其位置向量爲

$$\vec{r}' = x'\,\hat{\text{i}} + y'\,\hat{\text{j}} \tag{3-2}$$

則在此兩時刻間物體的位移爲

$$\Delta\vec{r} = \vec{r}' - \vec{r} = (x'-x)\,\hat{\text{i}} + (y'-y)\,\hat{\text{j}} = \Delta x\,\hat{\text{i}} + \Delta y\,\hat{\text{j}} \tag{3-3}$$

在此定義在時間間隔 $\Delta t = t' - t$ 內，物體的平均速度爲

$$\vec{v}_{\text{av}} = \frac{\vec{r}' - \vec{r}}{t' - t} = \frac{\Delta\vec{r}}{\Delta t} \tag{3-4}$$

而定義在時刻 t 物體的瞬時速度爲 Δt 趨近於 0 時的平均速度，即

$$\vec{v} = \lim_{t'\to t}\frac{\vec{r}' - \vec{r}}{t' - t} = \lim_{\Delta t\to 0}\frac{\Delta\vec{r}}{\Delta t} = \frac{d\vec{r}}{dt} \tag{3-5}$$

速度一般可用平面的分量表示如下

$$\vec{v} = \frac{dx}{dt}\,\hat{\text{i}} + \frac{dy}{dt}\,\hat{\text{j}} = v_x\,\hat{\text{i}} + v_y\,\hat{\text{j}} \tag{3-6}$$

由圖 3-1 可看出，當兩時刻 t 與 t' 很靠近時，位移 $\Delta\vec{r}$ 會落在 P 點的切線上。因此，可把表示 P 點瞬時速度的向量畫在此點的切線上。若物體在另一時刻 t'，其瞬時速度爲 $\vec{v}'$，則可定義在此段時間間隔 $\Delta t = t' - t$ 內，物體的平均加速度爲

$$\vec{a}_{\text{av}} = \frac{\vec{v}' - \vec{v}}{t' - t} = \frac{\Delta\vec{v}}{\Delta t} \tag{3-7}$$

而定義在時刻 t 物體的瞬時加速度爲 Δt 趨近於 0 時的平均加速度，即

$$\vec{a} = \lim_{t'\to t}\frac{\vec{v}' - \vec{v}}{t' - t} = \lim_{\Delta t\to 0}\frac{\Delta\vec{v}}{\Delta t} = \frac{d\vec{v}}{dt} \tag{3-8}$$

加速度一般可用平面的分量表示如下

$$\vec{a} = \frac{dv_x}{dt}\,\hat{\mathrm{i}} + \frac{dv_y}{dt}\,\hat{\mathrm{j}} = a_x\,\hat{\mathrm{i}} + a_y\,\hat{\mathrm{j}} \tag{3-9}$$

3-2 等加速平面運動

加速度爲常數的平面運動稱爲等加速平面運動。對於平面運動，若加速度爲常數，那麼其兩坐標分量亦爲常數，亦即若

$$\vec{a} = a_x\,\hat{\mathrm{i}} + a_y\,\hat{\mathrm{j}} = \text{常數} \tag{3-10}$$

則

$$a_x = \text{常數}，\ a_y = \text{常數} \tag{3-11}$$

因此，一個等加速平面運動可分解爲兩個等加速度的直線運動，一個在 x 方向，稱爲 x 分量；另一個在 y 方向，稱爲 y 分量。欲描述等加速平面運動，我們的問題是：若已知在起始時刻 $t = 0$ 時，物體的位置爲 $\vec{r_0} = x_0\,\hat{\mathrm{i}} + y_0\,\hat{\mathrm{j}}$ 以及初速度 $\vec{v_0} = v_{x0}\,\hat{\mathrm{i}} + v_{y0}\,\hat{\mathrm{j}}$，我們想知道，在加速度爲常數的情形下，物體在任何時刻 t 的位置 $\vec{r} = x\,\hat{\mathrm{i}} + y\,\hat{\mathrm{j}}$ 和速度 $\vec{v} = v_x\,\hat{\mathrm{i}} + v_y\,\hat{\mathrm{j}}$，及其運動軌跡。茲將等加速平面運動所分解的兩個直線運動列表分析之。

	x 分量	**y 分量**
$t = 0$	$x = x_0$ $v_x = v_{x0}$ $a_x = $ 定値	$y = y_0$ $v_y = v_{y0}$ $a_y = $ 定値
任何時刻 t	$v_x = v_{x0} + a_x t$ $x = x_0 + v_{x0}t + \frac{1}{2}a_x t^2$ $v_x^2 = v_{x0}^2 + 2a_x(x - x_0)$	$v_y = v_{y0} + a_y t$ $y = y_0 + v_{y0}t + \frac{1}{2}a_y t^2$ $v_y^2 = v_{y0}^2 + 2a_y(y - y_0)$

等加速平面運動的兩個分量各自代表一個等加速度的直線運動。今若欲求整個平面運動的情形，可將此兩個分量加以向量組合即可，在任何時刻 t，物體的速度，則可由上表得知

$$\begin{aligned}\vec{v} &= v_x\,\hat{\mathrm{i}} + v_y\,\hat{\mathrm{j}} \\ &= (v_{x0} + a_x t)\,\hat{\mathrm{i}} + (v_{y0} + a_y t)\,\hat{\mathrm{j}} \\ &= (v_{x0}\,\hat{\mathrm{i}} + v_{y0}\,\hat{\mathrm{j}}) + (a_x\,\hat{\mathrm{i}} + a_y\,\hat{\mathrm{j}})t \\ &= \vec{v_0} + \vec{a}t\end{aligned} \tag{3-12}$$

在任何時刻 t，物體的位置，則亦可由上表得知

$$\begin{aligned}\vec{r}&=x\,\hat{i}+y\,\hat{j}\\&=(x_0+v_{x0}t+\frac{1}{2}a_xt^2)\,\hat{i}+(y_0+v_{y0}t+\frac{1}{2}a_yt^2)\,\hat{j}\\&=(x_0\,\hat{i}+y_0\,\hat{j})+(v_{x0}\,\hat{i}+v_{y0}\,\hat{j})t+\frac{1}{2}(a_x\,\hat{i}+a_y\,\hat{j})t^2\\&=\vec{r}_0+\vec{v}_0t+\frac{1}{2}\vec{a}\,t^2\end{aligned}\tag{3-13}$$

以上兩個公式與等加速直線運動非常類似。在此我們所要強調的概念是，平面運動可分解爲兩個直線運動來描述。

範例 3-1

假設某物體在 xy 平面上運動，已知起始時刻 $t=0$ s 時，位置在坐標原點，即 $x_0=0$ 、 $y_0=0$ ，其初速度爲 $\vec{v}_0=5\,\hat{j}$（m/s），若物體在平面上運動的加速度爲 $\vec{a}=-2\,\hat{i}-2\,\hat{j}$（m/s²），求物體到達最大 y 坐標時的速度以及位置爲何？

題解 我們可將物體在 xy 平面上運動分解爲兩個直線運動，一個在 x 方向，另一個在 y 方向，物體在 xy 平面上運動分析如下表：

	x 分量	y 分量
$t=0$	$x=x_0=0$ $v_x=v_{x0}=0$ $a_x=-2$	$y=y_0=0$ $v_y=v_{y0}=5$ $a_y=-2$
任何時刻 t	$v_x=v_{x0}+a_xt=-2t$ $x=x_0+v_{x0}t+\frac{1}{2}a_xt^2=-t^2$ $v_x{}^2=v_{x0}{}^2+2a_x(x-x_0)=-4x$	$v_y=v_{y0}+a_yt=5-2t$ $y=y_0+v_{y0}t+\frac{1}{2}a_yt^2=5t-t^2$ $v_y{}^2=v_{y0}{}^2+2a_y(y-y_0)=25-4y$

當 $\frac{dy}{dt}=0$ 時，物體到達最大 y 坐標，此時 $v_y=0$ ，今由上表可知 $v_y=5-2t=0$ ，

由此可知，此時的時間爲 $t=2.5$ s。

將此時間代入上表中任何時刻的位置可得 $x=-t^2=-6.25$（m）， $y=5t-t^2=6.25$（m），

亦即此時的位置爲 $\vec{r}=x\,\hat{i}+y\,\hat{j}=-6.25\,\hat{i}+6.25\,\hat{j}$（m），

將 $t=2.5$ s 代入上表中任何時刻的速度可得 $v_x=-2t=-5$（m/s）， $v_y=5-2t=0$（m/s），

亦即此時的速度爲 $\vec{v}=v_x\,\hat{i}+v_y\,\hat{j}=-5\,\hat{i}$（m/s）。

茲將前 5 秒的位置與時間之關係，列表如下：

t	0	1	2	2.5	3	4	5
x	0	−1	−4	−6.25	−9	−16	−25
y	0	4	6	6.25	6	4	0

在 x 方向與在 y 方向，前 5 秒的位置與時間之關係圖如下，分別為：

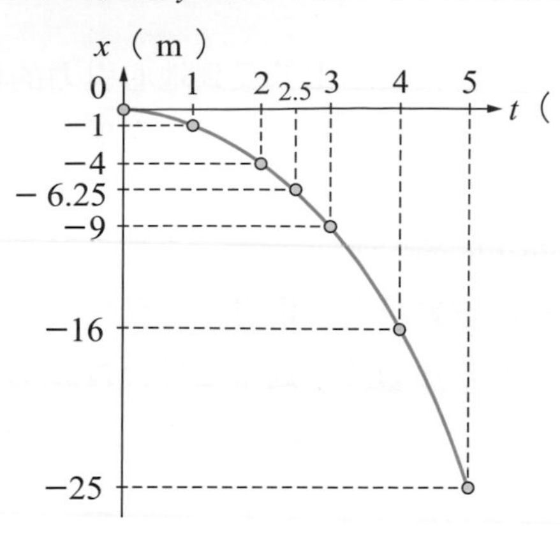

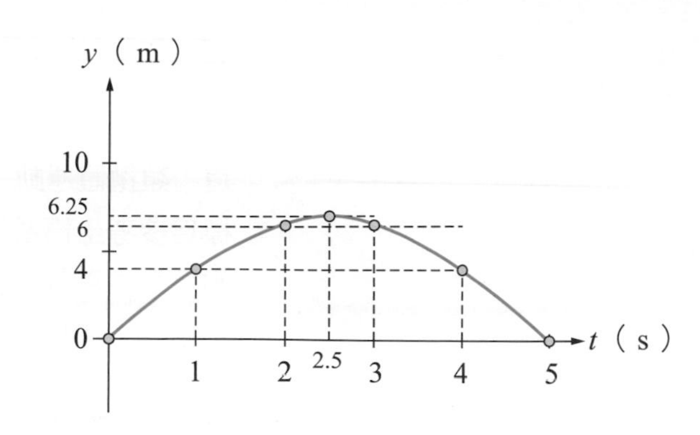

整個物體在 xy 平面上運動軌跡圖形如下：

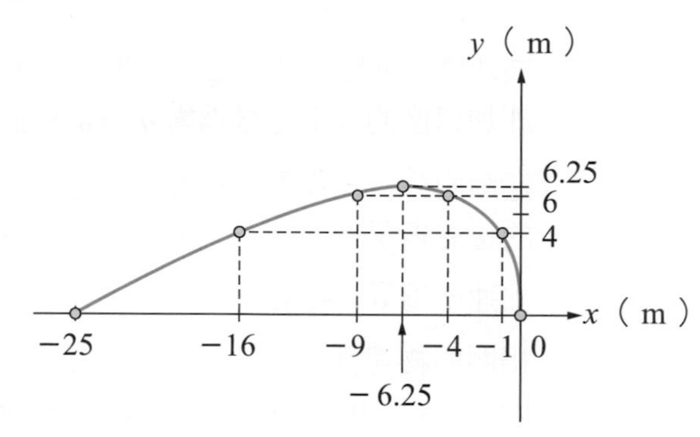

讀者可將本題的初速度改為 $\vec{v}_0 = 5\,\hat{i}$（m/s），然後求物體到達最大 x 坐標時的速度以及位置為何？

範例 3-2

某物體由原點出發，在平面上作等加速運動。已知其加速度為 $a_x = 0$ 、 $a_y = -b^2$ ，而運動的軌跡方程式為 $y = x(1-\frac{x}{d})$，設 b 與 d 均為正值，求此物體由 $x = 0$ 運動到 $x = d$ 所需的時間，以及此物體通過 $x = d$ 時的速度？

題解

	x 分量	y 分量
$t = 0$	$x_0 = 0$ v_{x0} $a_x = 0$	$y_0 = 0$ v_{y0} $a_y = -b^2$
任何時刻 t	$v_x = v_{x0}$ $x = v_{x0}t$	$v_y = v_{y0} - b^2 t$ $y = v_{y0}t - \frac{1}{2}b^2t^2$

由上表中 x 與 y 的兩式消去 t 可得軌跡方程式，$t = \frac{x}{v_{x0}}$，即 $y = v_{y0}(\frac{x}{v_{x0}}) - \frac{1}{2}b^2(\frac{x}{v_{x0}})^2 = x(\frac{v_{y0}}{v_{x0}} - \frac{b^2}{2v_{x0}^2}x)$，

再與運動的軌跡方程式為 $y = x(1-\frac{x}{d})$ 相比較，可得 $\frac{v_{y0}}{v_{x0}} = 1$，$\frac{b^2}{2v_{x0}^2} = \frac{1}{d}$，由此可得 $v_{x0} = b\sqrt{\frac{d}{2}}$ ；

當此物體由 $x = 0$ 運動到 $x = d$ 時，由 $x = v_{x0}t = d$ 可得 $t = \frac{d}{v_{x0}} = \frac{\sqrt{2d}}{b}$，

故 $v_x = v_{x0} = b\sqrt{\frac{d}{2}}$，$v_y = v_{y0} - b^2t = -b\sqrt{\frac{d}{2}}$。

3-3 拋體運動

在地球表面附近運動的物體，由於受到地心引力的作用，當物體被拋出之後係作拋物線的平面運動。如果只考慮短的射程，那麼其所受到重力的大小和方向在整個運動的過程中可視為一定，處理這一類拋體運動（projectile motion），通常選擇固定於地球表面的坐標為參考坐標系。若忽略空氣阻力，則拋體只受到固定大小和方向的重力作用著。在分析此類運動時，通常選擇平行於地球表面的水平軸為 x 坐標軸，並選擇正方向是向右；而垂直方向為 y 坐標軸，並選擇正方向是向上。由於拋體在給予某一初速度拋射出去之後便一直受到重力作用，又由於物體所受到的重力係保持不變，且方向向下，因此，我們說此拋體係在某一固定的重力加速度下作等加速平面運動。依據我們所選擇的坐標系，其加速度可表示為 $\vec{a}=-g\,\hat{\mathrm{j}}$，亦即加速度的水平分量為零 $a_x=0$，而垂直分量為 $a_y=-g$。對於拋體運動的分析，我們所面對的問題是：已知在起始時刻 $t=0$ 時，物體的位置為 $\vec{r}_0=x_0\,\hat{\mathrm{i}}+y_0\,\hat{\mathrm{j}}$ 以及初速度 $\vec{v}_0=v_x\,\hat{\mathrm{i}}+v_y\,\hat{\mathrm{j}}$，我們想知道，在加速度為 $\vec{a}=-g\,\hat{\mathrm{j}}$ 的情形下，物體在任何時刻 t 的位置、速度和一些相關的物理量。另外，方便上通常選擇坐標原點為物體的初位置，即 $x_0=y_0=0$，這個位置是指物體被拋射出去那一時刻的位置。

水平拋射運動

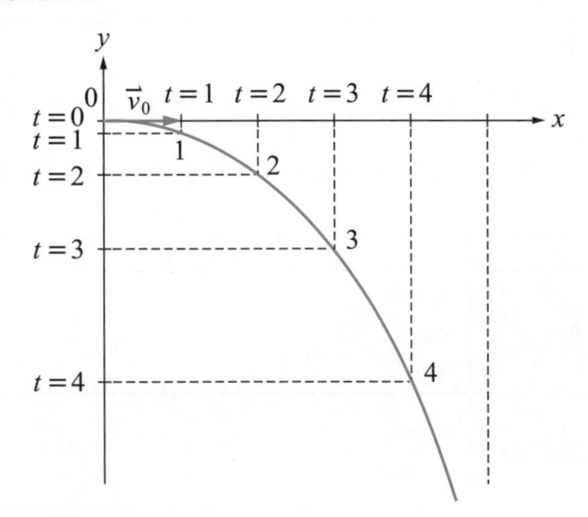

圖 3-2　水平拋射運動。

一般水平拋射運動的情形如圖 3-2 所示。圖中我們標出 $t=0$、1、2、3、4 秒的五個時刻，物體在水平方向以及垂直方向的位置。我們可以很清楚的看出，水平方向是一個等速直線運動，而垂直方向是一個等加速直線運動。對水平拋射運動而言，其起始情況，即 $t=0$ 時，物體的初位置及初速度為 $x_0=0$、$y_0=0$；$v_{x0}=v_0$、$v_{y0}=0$，在重力加速度 $\vec{a}=-g\,\hat{\mathrm{j}}$ 的作用下，其運動情形可由分解的兩個直線運動來考慮如下：

	x 分量	y 分量
$t=0$	$x_0=0$ $v_{x0}=v_0$ $a_x=0$	$y_0=0$ $v_{y0}=0$ $a_y=0$
任何時刻 t	$v_x=v_0$ $x=v_0t$	$v_y=-gt$ $y=-\frac{1}{2}gt^2$

可以很清楚的看出，水平拋射運動為一個 x 方向的等速直線運動與一個 y 方向的等加速直線運動的組合，因此可將此平面運動在任何時刻的位置表示為

$$\vec{r}=x\,\hat{i}+y\,\hat{j}=v_0t\,\hat{i}-\frac{1}{2}gt^2\,\hat{j} \tag{3-14}$$

若由 $x=v_0t$ 、 $y=-\frac{1}{2}gt^2$ 中消去 t，便可得到其運動的軌跡方程式

$$y=-\frac{1}{2}g\left(\frac{x}{v_0}\right)^2 \tag{3-15}$$

範例 3-3

水平飛行的飛機投彈情形：如圖所示，一架飛機以水平速度 $\vec{v_0}$，在高度為 H 的天空飛行，若欲投彈炸中水平距離約為 R 的地面目標，求其瞄準角度 θ 為何？

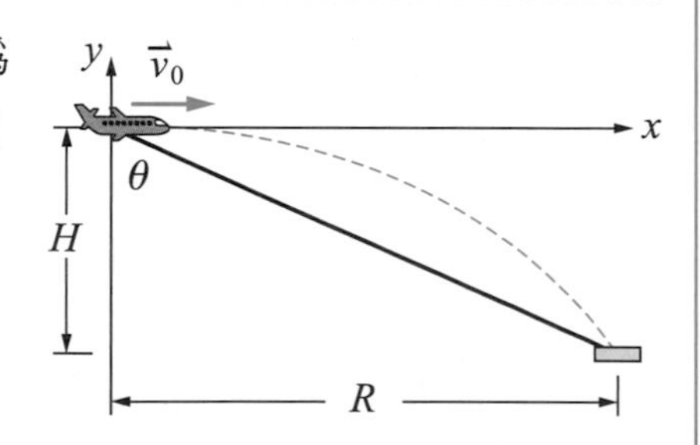

題解 設飛機的位置為 $x_0=0$ 、 $y_0=0$，則地面目標的位置為 $x=R$ 、 $y=-H$ 。

今由 $y=-\frac{1}{2}gt^2=-H$ ，可得炸彈落下的時間為 $t=\sqrt{\frac{2H}{g}}$ ，

再由水平距離為 R，知 $R=v_0t=v_0\sqrt{\frac{2H}{g}}$ ，

瞄準角度 θ 為 $\tan\theta=\frac{R}{H}=\frac{v_0\sqrt{\frac{2H}{g}}}{H}=v_0\sqrt{\frac{2}{gH}}$ ， $\theta=\tan^{-1}(v_0\sqrt{\frac{2}{gH}})$ 。

譬如：假設飛機的水平速度為 $v_0=140\text{ m/s}$，飛行的高度為 $H=1000\text{ m}$，

則投彈的水平距離約為 $R=v_0t=v_0\sqrt{\frac{2H}{g}}=2000$ （m），

而瞄準的角度為 $\theta=\tan^{-1}(v_0\sqrt{\frac{2}{gH}})=\tan^{-1}(2)=63.4°$ 。

範例 3-4

A 球以初速 v_0 水平拋出時，在相同高度 h 處相距距離為 L 之 B 球自由落下，若欲使 A 球與 B 球在空中相遇，求初速 v_0 至少要多大？

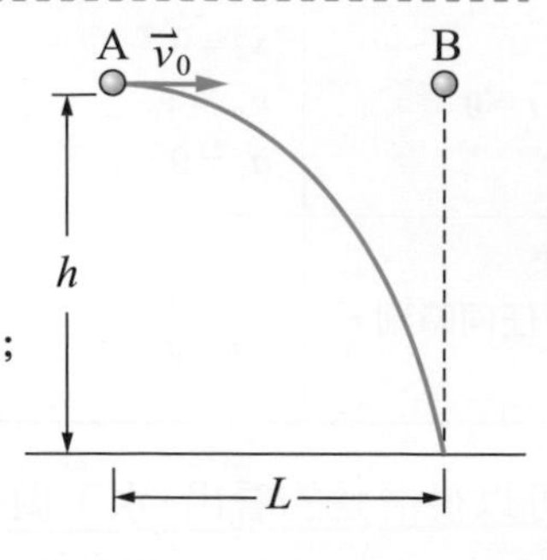

題解 設 A 球的初位置為 $x_0=0$ 、 $y_0=0$，B 球的初位置為 $x_{0B}=L$ 、 $y_{0B}=0$，

若 A 球下落至 $y_A=-h$ 所需的時間為 t，則由 $y_A=-h=-\frac{1}{2}gt^2$，可得 $t=\sqrt{\frac{2h}{g}}$；

欲使 A 球與 B 球在空中相遇，最少需要求兩球在落地時碰在一起，

此時兩球的位置同為 $x_A=x_B=L$， $y_A=y_B=-h$，今由 $x_A=v_0t=v_0\sqrt{\frac{2h}{g}}$，

$v_0=\frac{L}{\sqrt{\frac{2h}{g}}}=\sqrt{\frac{gL^2}{2h}}$，故 v_0 至少為 $\sqrt{\frac{gL^2}{2h}}$ 。

範例 3-5

如圖所示，飛機在高度為 H 以等速度 v_0 水平飛行，而船的初速為 v 並以加速度 a 欲逃離，則設飛機投彈時與船的水平距離為 R，則 v_0 應為多大才能投彈命中該船？

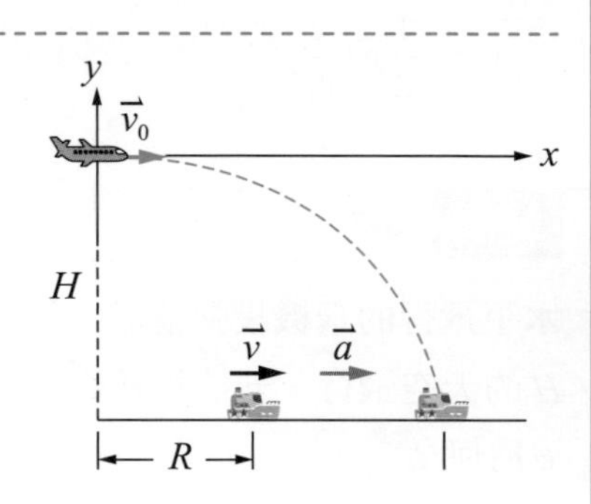

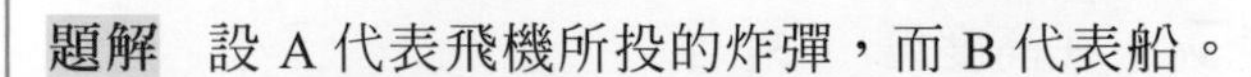

題解 設 A 代表飛機所投的炸彈，而 B 代表船。

A 代表飛機所投的炸彈：

	x 分量	y 分量
$t=0$	$x_{0A}=0$ $v_{x0A}=v_0$ $a_{xA}=0$	$y_{0A}=0$ $v_{y0A}=0$ $a_{yA}=0$
任何時刻 t	$v_{xA}=v_0$ $x_A=v_0t$	$v_{yA}=-gt$ $y_A=-\frac{1}{2}gt^2$

B 代表船：

	x 分量	y 分量
$t=0$	$x_{0B}=R$ $v_{x0B}=v$ $a_x=a$	$y_{0B}=-H$ $v_{y0B}=0$ $a_{yB}=0$
任何時刻 t	$v_{xB}=v+at$ $x_B=R+vt+\frac{1}{2}at^2$	$y_B=-H$

若欲投彈命中該船則需滿足 $x_A=x_B$， $y_A=y_B$ 的條件，於是由 $y_A=y_B$ 可得到 $H=\frac{1}{2}gt^2$，則 $t=\sqrt{\frac{2H}{g}}$；

由 $x_A=x_B$ 可得 $v_0t=R+vt+\frac{1}{2}at^2$，則 $v_0(\sqrt{\frac{2H}{g}})=R+v(\sqrt{\frac{2H}{g}})+\frac{1}{2}a(\frac{2H}{g})$，故 $v_0=v+\frac{1}{2}a\sqrt{\frac{2H}{g}}+R\sqrt{\frac{g}{2H}}$ 。

斜向拋射運動

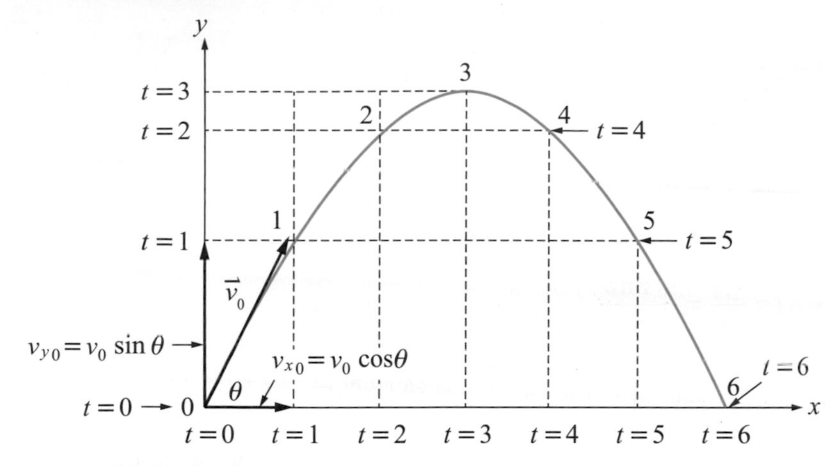

圖 3-3 斜向拋射運動。

一般斜向拋射運動的情形如圖 3-3 所示，圖中我們標出 $t = 0$、1、2、3、4、5、6 秒的七個時刻，物體在水平方向以及垂直方向的位置，我們可以很清楚的看出，水平方向是一個等速直線運動，而垂直方向是一個等加速直線運動。所謂斜向拋射運動是指物體以大小爲 v_0 並與水平 x 軸夾某一角度 θ 的初速度拋出，其在重力加速度的作用下的運動情形。對斜向拋射運動而言，其起始情況，即 $t = 0$ 時，物體的初位置及初速度爲 $x_0 = 0$ 、 $y_0 = 0$ ； $v_{x0} = v_0 \cos\theta$ 、 $v_{y0} = v_0 \sin\theta$ ，在重力加速度 $\vec{a} = -g\,\hat{j}$ 的作用下，其運動情形可由分解的兩個直線運動來考慮如下表所示：

	x 分量	**y 分量**
t = 0	$x_0 = 0$ $v_{x0} = v_0 \cos\theta$ $a_x = 0$	$y_0 = 0$ $v_{y0} = v_0 \sin\theta$ $a_y = -g$
任何時刻 t	$v_x = v_0 \cos\theta$ $x = (v_0 \cos\theta)t$	$v_y = v_0 \sin\theta - gt$ $y = (v_0 \sin\theta)t - \frac{1}{2}gt^2$

我們可將此平面運動在任何時刻的位置表示爲

$$\vec{r} = x\,\hat{i} + y\,\hat{j} = (v_0 \cos\theta)t\,\hat{i} + [(v_0 \sin\theta)t - \frac{1}{2}gt^2]\,\hat{j} \qquad (3\text{-}16)$$

若由 $x = (v_0 \cos\theta)t$ 、 $y = (v_0 \sin\theta)t - \frac{1}{2}gt^2$ 中消去 t，便可得到其運動的軌跡方程式

$$y = (\tan\theta)x - \frac{1}{2}g(\frac{x}{v_0 \cos\theta})^2 \qquad (3\text{-}17)$$

對於斜向拋射運動，我們除了想知道物體在任何時刻的運動狀態外，還會問幾個有關的問題，例如物體能拋多遠，其水平射程 R 爲多少？物體能拋多高，其垂直高度 H 有多大？物體從拋出至落地期間經歷多少時間，即飛行時間 T 爲多少？關於這些問題可利用上表

逐一求出。首先由於垂直高度是牽涉到 y 方向的運動，利用公式 $v_y{}^2 = v_{y0}{}^2 - 2gH$ ，令 $v_y = 0$ ，可求出 H

$$H = \frac{v_{y0}{}^2}{2g} = \frac{v_0{}^2 \sin^2\theta}{2g} \tag{3-18}$$

又假設物體抵達垂直方向最高點所需的時間爲 t，則由公式 $v_y = v_{y0} - gt$ ，令 $v_y = 0$ ，可求出 t

$$t = \frac{v_{y0}}{g} = \frac{v_0 \sin\theta}{g} \tag{3-19}$$

地面爲水平面的斜向拋射運動所經過的時間爲 t 的兩倍，亦即 $T = 2t$，故

$$T = 2t = \frac{2v_0 \sin\theta}{g} \tag{3-20}$$

另外，水平射程牽涉到 x 方向的運動，由 x 方向爲等速運動可求出 R：

$$R = v_{x0}T = v_0 \cos\theta \frac{2v_0 \sin\theta}{g} = \frac{v_0{}^2 \sin 2\theta}{g} \tag{3-21}$$

範例 3-6

由地面斜向拋出一物體，經 6 秒後落地，設水平射程爲 120 公尺，求初速及最大高度？

題解 設物體以斜角 θ，初速 v_0 拋出，經 T 秒落地，水平射程爲 R，

則由 $T = 6 = \dfrac{2v_0 \sin\theta}{g} = \dfrac{1}{5} v_0 \sin\theta$ ，可得知 $v_0 \sin\theta = 30 \cdots$①

又由 $R = v_0 \cos\theta\ T$ 可得 $v_0 \cos\theta = 20 \cdots$②

解聯立方程式①與②可得 $v_0 = 10\sqrt{13}$ ， $\tan\theta = \dfrac{3}{2}$ 由公式 $H = \dfrac{v_0^2 \sin^2\theta}{2g}$ ，可得最大高度爲 45 m。

範例 3-7

某物體自地面作斜向拋射運動，若以拋射點爲原點，其軌跡方程式爲 $y = ax - bx^2$ ，試求(a)拋射角 $\tan\theta$ ，(b)水平射程 R，(c)垂直最大高度 H，(d)飛行時間 T。

題解 由比較方程式 $y = ax - bx^2$ 與斜向拋射運動的軌跡方程式 $y = (\tan\theta)x - \dfrac{1}{2} g (\dfrac{x}{v_0 \cos\theta})^2$ ，

可得 $a = \tan\theta$ ， $b = \dfrac{g}{2v_0^2 \cos^2\theta}$ ，由此可得 $\sin\theta = \dfrac{a}{\sqrt{a^2+1}}$ ， $\cos\theta = \dfrac{1}{\sqrt{a^2+1}}$ ，

而初速爲 $v_0^2 = \dfrac{g}{2b\cos^2\theta} = \dfrac{g}{2b}(a^2+1)$ ，由水平射程 $R = \dfrac{v_0{}^2 \sin 2\theta}{g}$ ，知 $R = \dfrac{2v_0^2 \cos^2\theta}{g} \dfrac{\sin\theta}{\cos\theta} = \dfrac{a}{b}$ ；

由垂直最大高度 $H = \dfrac{v_0{}^2 \sin^2\theta}{2g}$ ，知 $H = \dfrac{v_0{}^2 \sin^2\theta}{2g} = \dfrac{g}{2b}(a^2+1)\dfrac{1}{2g}\dfrac{a^2}{a^2+1} = \dfrac{a^2}{4b}$ ；

由飛行時間 $T = \dfrac{2v_0 \sin\theta}{g}$ ，知 $T = \dfrac{2v_0 \sin\theta}{g} = \dfrac{2}{g}\sqrt{\dfrac{g}{2b}(a^2+1)}\dfrac{a}{\sqrt{a^2+1}} = a\sqrt{\dfrac{2}{bg}}$ 。

範例 3-8

將一物體自地面以 14.7 公尺 / 秒的初速，60 度的仰角斜向拋出，則當物體之速度與水平夾 30 度角時，物體距離地面的高度 h 爲何？又物體上升的最大高度 H 爲何？

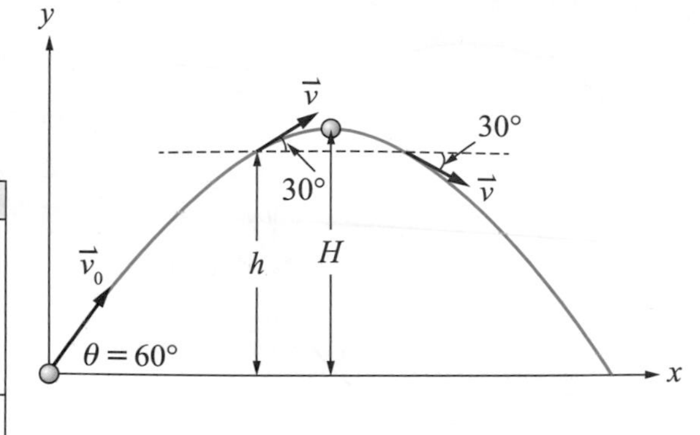

題解

	x 分量	y 分量
$t=0$	$x_0=0$ $v_{x0}=v_0\cos 60°=\frac{1}{2}v_0$ $a_x=0$	$y_0=0$ $v_{y0}=v_0\sin 60°=\frac{\sqrt{3}}{2}v_0$ $a_y=-g$
任何時刻 t	$v_x=v_{x0}=\frac{1}{2}v_0$ $x=\frac{1}{2}v_0t$	$v_y=\frac{\sqrt{3}}{2}v_0-gt$ $y=\frac{\sqrt{3}}{2}v_0t-\frac{1}{2}gt^2$

由 $v_x=\frac{1}{2}v_0=\frac{14.7}{2}=7.35$，$v_y=\frac{\sqrt{3}}{2}v_0-gt=\frac{\sqrt{3}}{2}(14.7)-(9.8)t$，又由 $\tan 30°=\frac{v_y}{v_x}=\frac{1}{\sqrt{3}}$，可得 $t=\frac{\sqrt{3}}{2}$ s，

代入方程式 $y=\frac{\sqrt{3}}{2}v_0t-\frac{1}{2}gt^2$，可得 $y=7.35\,\text{m}$，此即是當物體之速度與水平夾 30 度角時，

物體距離地面的高度，而此時物體的速度爲 $v_x=\frac{1}{2}v_0=7.35$（m/s），$v_y=\frac{\sqrt{3}}{2}v_0-gt=4.24$（m/s）；

當物體之速度與水平夾負的 30 度角時，則由 $\tan(-30°)=\frac{v_y}{v_x}=-\frac{1}{\sqrt{3}}$，可得 $t=\sqrt{3}=1.732\,\text{s}$，

代入方程式 $y=\frac{\sqrt{3}}{2}v_0t-\frac{1}{2}gt^2$，同樣可得 $y=7.35\,\text{m}$，此即是當時物體距離地面的高度，

而此時物體的速度爲 $v_x=\frac{1}{2}v_0=7.35$（m/s），$v_y=\frac{\sqrt{3}}{2}v_0-gt=-4.24$（m/s）；

物體上升的最大高度 H，可由 $v_y^2={v_{y0}}^2-2gH=0$，知 $H=\frac{{v_{y0}}^2}{2g}=8.268$（m）。

範例 3-9

某石子由靜止自光滑的屋頂頂端滑下，設屋頂斜坡長爲 9.8 公尺，並與水平夾 30 度角，屋簷離地 9.8 公尺，求石子從離開屋簷至落到地面所需時間。

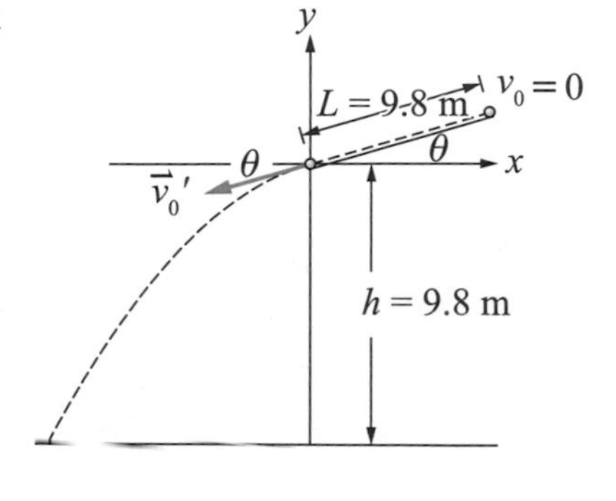

題解 設斜坡滑行階段，石子由靜止自光滑的屋頂滑至屋簷的速率爲 v_0'，則由 $v_0'^2={v_0}^2+2(g\sin\theta)(L)$，其中 $v_0=0$，$L=9.8\,\text{m}$，$\theta=30°$，因此，$v_0'=9.8\,\text{m/s}$

	x 分量	y 分量
$t=0$	$x_0=0$ $v_{x0}=-v_0'\cos\theta$ $a_x=0$	$y_0=0$ $v_{y0}=-v_0'\sin\theta$ $a_y=-g$
任何時刻 t	$v_x=v_{x0}=-v_0'\cos\theta$ $x=-v_0'\cos\theta t$	$v_y=-v_0'\sin\theta-gt$ $y=-v_0'\sin\theta t-\frac{1}{2}gt^2$

今由離開屋簷後的斜向拋射，$y=-v_0'\sin\theta\,t-\frac{1}{2}gt^2=-h$，可得 $9.8\times\frac{1}{2}t+\frac{1}{2}\times 9.8\,t^2=9.8$，

$t^2+t-2=(t-1)(t+2)=0$，故知石子從離開屋簷至落到地面所需時間爲 $t=1\,\text{s}$。

3-4 等速圓周運動

如圖 3-4(a)，物體以 O 爲圓心作半徑爲 r 的等速圓周運動（uniform circular motion）。P 與 P′ 兩點分別代表在時刻 t 與 t' 物體的位置。設 $\Delta\theta$ 爲 P 與 P′ 兩點對圓心所張開的弧角，則物體在時刻 t 與 t' 之間的平均速度爲

$$\vec{v}_{av}=\frac{\vec{r}'-\vec{r}}{t'-t}=\frac{\Delta\vec{r}}{\Delta t} \tag{3-22}$$

而物體在時刻 t 的瞬時速度爲

$$\vec{v}=\lim_{t'\to t}\frac{\vec{r}'-\vec{r}}{t'-t}=\lim_{\Delta t\to 0}\frac{\Delta\vec{r}}{\Delta t}=\frac{d\vec{r}}{dt} \tag{3-23}$$

此瞬時速度的方向正好落在 P 點的切線上。根據弧長的定義可得

$$\Delta r=r\Delta\theta \tag{3-24}$$

因此，P 點瞬時速度的大小爲

$$v=\lim_{\Delta t\to 0}\frac{\Delta r}{\Delta t}=r\lim_{\Delta t\to 0}\frac{\Delta\theta}{\Delta t} \tag{3-25}$$

其中 $\frac{\Delta\theta}{\Delta t}$ 稱之爲角速率（angular speed），以 ω 表示之，單位爲弧度／秒（rad/s），它代表物體每秒對圓心所轉的角弧度。對於等速圓周運動而言，ω 爲一個定値，若物體作圓周運動的週期爲 T，則其 ω 値爲

$$\omega=\frac{\Delta\theta}{\Delta t}=\frac{2\pi}{T} \tag{3-26}$$

因此，P 點瞬時速度的大小爲

$$v=r\omega=\frac{2\pi r}{T} \tag{3-27}$$

我們可根據瞬時速度的方向正好落在切線上的這一事實，分別劃出在時刻 t 與 t' 物體的速度 v 與 v'，它們分別落在 P 與 P′ 點的切線上，並將此兩個速度移出而將其尾端相接，然後以速度的大小爲半徑作一個圓，如圖 3-4(b)所示。時刻 t 與 t' 之間物體的平均加速度爲

$$\vec{a}_{av}=\frac{\vec{v}'-\vec{v}}{t'-t}=\frac{\Delta\vec{v}}{\Delta t} \tag{3-28}$$

而物體在時刻 t 的瞬時加速度爲

$$\vec{a}=\lim_{t'\to t}\frac{\vec{v}'-\vec{v}}{t'-t}=\lim_{\Delta t\to 0}\frac{\Delta\vec{v}}{\Delta t}=\frac{d\vec{v}}{dt} \tag{3-29}$$

速度 v 與 v' 還是與 $\Delta\theta$ 相關，因此根據弧長的定義可得到

$$\Delta v=v\Delta\theta \tag{3-30}$$

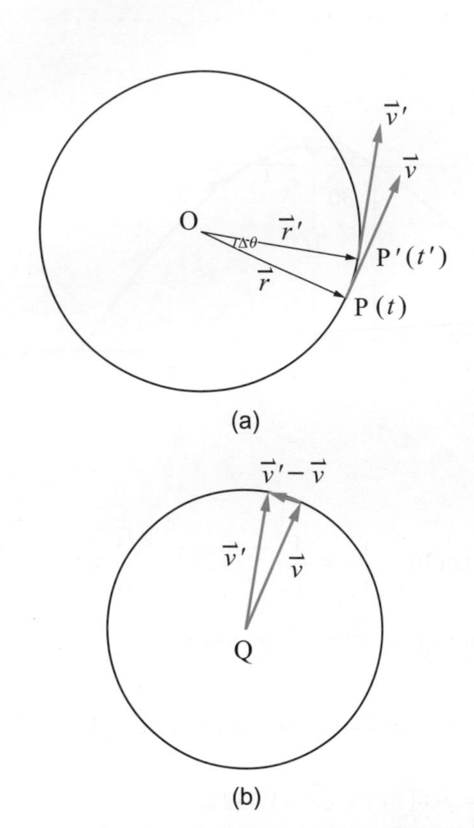

圖 3-4 以圓心 O 為中心，半徑為 r 的圓周運動。

因此，P 點瞬時加速度的大小為

$$a=\lim_{\Delta t\to 0}\frac{\Delta v}{\Delta t}=v\lim_{\Delta t\to 0}\frac{\Delta\theta}{\Delta t}=v\omega \quad (3\text{-}31)$$

又由 $v=r\omega$ 知

$$a=r\omega^2=\frac{v^2}{r}=\frac{4\pi^2 r}{T^2} \quad (3\text{-}32)$$

等速圓周運動與直線運動是兩個比較特殊的運動。前者加速度的方向恆與速度垂直，作此運動的物體並不改變速度的大小而只改變速度的方向，後者加速度的方向恆與速度平行，作此運動的物體並不改變速度的方向而只改變速度的大小。由此兩個特殊的運動我們很容易可以想像到，當物體運動速度的大小與方向均有所改變時，其所受到的加速度必然會與速度的方向既不平行也不垂直而是夾一個角度。此時加速度可分解為與速度平行以及與速度垂直的兩個分量，其中與速度平行的分量將會改變速度的大小，而與速度垂直的分量將會改變速度的方向。通常我們把與速度平行的分量稱為切線分量，此部分的加速度稱為**切線加速度**；而把與速度垂直的分量稱為法線分量，此部分的加速度稱為**法線加速度**。由(3-32)式所表示的即為法線加速度的大小，而其方向係指向圓心。因此，一般我們稱為等速圓周運動的加速度為向心加速度。

3-5 切線加速度與法線加速度

通常一般物體的運動其軌跡可能是任何形狀的曲線，運動軌跡上的一點 P 點代表在任何時刻的位置，而軌跡上某一點物體運動的速度是在該點切線的方向。在運動軌跡上的每一點我們均可定義一組坐標，此組坐標的兩個坐標軸一為沿切線方向，其正方向為沿速度的方向，以單位向量 $\hat{t}$ 表之，另一為與切線垂直的法線方向，其正方向為沿曲線凸出向外的方向，以單位向量 $\hat{n}$ 表之，如圖 3-5 所示。而物體在 P 點的加速度即可分解為沿此兩個方向的分量，即切線分量與法線分量。設在某個時刻 t，物體的位置在 P 點，此時其速度為 $\vec{v}$。在另一時刻 t'，物體的位置在 P′ 點，其速度為 $\vec{v}'$。今欲分析其加速度我們可以把速度 $\vec{v}$ 與速度 $\vec{v}'$ 平移出來讓它們的尾端接在一起，而以速度 $\vec{v}$ 的大小為半徑作一圓，此時 $\Delta\vec{v}=\vec{v}'-\vec{v}$ 可分解為沿切線方向的分量 $\Delta\vec{v}_t$ 以及沿法線方向的分量 $\Delta\vec{v}_n$，亦即 $\Delta\vec{v}=\Delta\vec{v}_t+\Delta\vec{v}_n$。沿切線方向的分量 $\Delta\vec{v}_t$ 可以表為 $\Delta\vec{v}_t=(v'-v)\,\hat{t}=\Delta v\,\hat{t}$，沿法線方向的分量可以表為 $\Delta\vec{v}_n=v\Delta\theta\,(-\hat{n})$，因此，在 P 點的加速度可以表示為

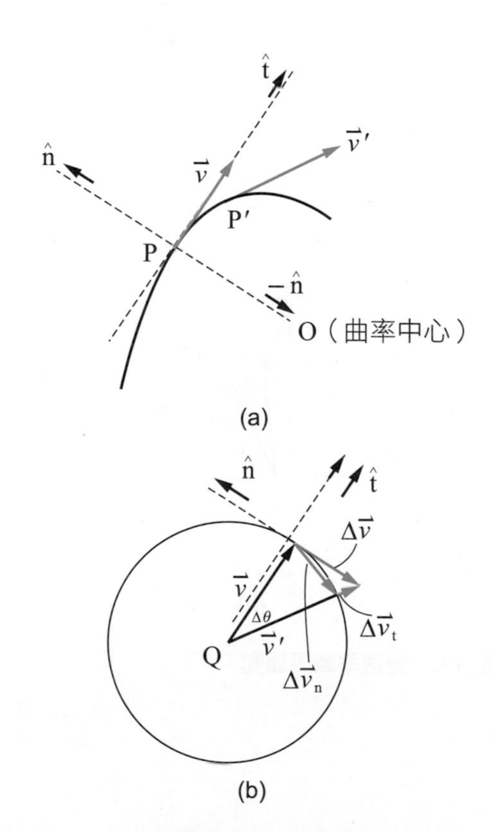

圖 3-5 一般物體的運動，沿切線方向以單位向量 $\hat{t}$ 表之；沿與切線垂直的法線方向，以單位向量 $\hat{n}$ 表之。

$$\begin{aligned}\vec{a} &= \lim_{\Delta t\to 0}\frac{\Delta\vec{v}}{\Delta t} = \lim_{\Delta t\to 0}\frac{\Delta\vec{v}_t}{\Delta t} + \lim_{\Delta t\to 0}\frac{\Delta\vec{v}_n}{\Delta t}\\ &= \lim_{\Delta t\to 0}\frac{\Delta v}{\Delta t}\,\hat{t} + \lim_{\Delta t\to 0}\frac{v\Delta\theta}{\Delta t}(-\hat{n})\\ &= \frac{dv}{dt}\,\hat{t} + \lim_{\Delta t\to 0} v\frac{\Delta\theta}{\Delta t}(-\hat{n})\\ &= \frac{dv}{dt}\,\hat{t} + v\frac{d\theta}{dt}(-\hat{n})\\ &= \frac{dv}{dt}\,\hat{t} + v\omega(-\hat{n}) \qquad (3\text{-}33)\end{aligned}$$

另一方面 P 點的加速度又可以表示爲

$$\vec{a} = \vec{a}_t + \vec{a}_n = a_t\,\hat{t} + a_n(-\hat{n}) \qquad (3\text{-}34)$$

上式中代表法線分量的法線加速度的大小爲 $a_n = v\omega = r\omega^2 = \dfrac{4\pi^2 r}{T^2}$，它正是向心加速度的大小，而它的方向係指向曲率中心（center of curvature）O 點，亦即朝 $-\hat{n}$ 的方向。

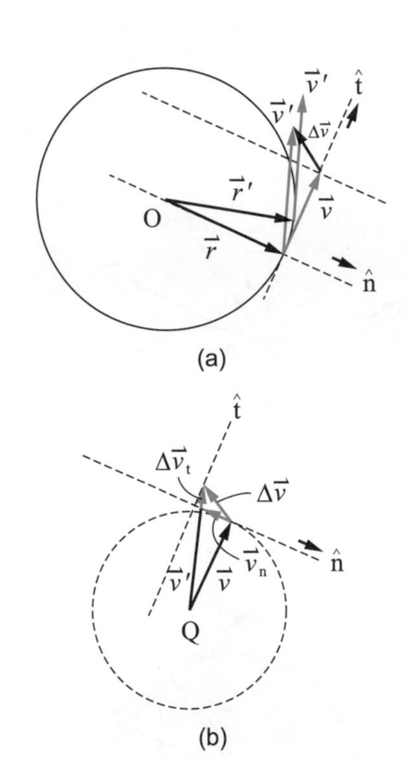

圖 3-6　變速率圓周運動。

如圖 3-6 所示，另外代表切線分量的切線加速度的大小爲 $a_t = \dfrac{dv}{dt}$。由於此一加速度分量的存在會使物體運動的快慢有所變化。如果我們討論的是變速率圓周運動時，則可將物體運動的速度爲 $v = r\omega$ 代入 $a_t = \dfrac{dv}{dt}$。由於圓周運動的半徑 r 爲一個固定的值，因此，$a_t = r\dfrac{d\omega}{dt} = r\alpha$，其中 $\alpha = \dfrac{d\omega}{dt}$ 稱爲此變速率圓周運動的角加速度。由圖 3-6 可以看出，當兩個位置向量 $\vec{r}$ 與 $\vec{r}'$ 很靠近時，$\Delta\vec{v}_n$ 會落在法線 $-\hat{n}$ 的方向，而 $\Delta\vec{v}_t$ 會落在切線 $\hat{t}$ 的方向。

若角加速度 α 爲固定值時，則稱此一圓周運動爲等角加速度圓周運動。等角加速度圓周運動與等加速直線運動具有對稱的關係，亦即兩者之間的位置與角位置相對應，速度與角速度相對應，加速度與角加速度相對應，而它們的公式亦互相對應。以下我們討論等角加速度的圓周運動問題。若物體在 $t = 0$ 時的角位置爲 θ_0，其角速度爲 ω_0，此物體作等角加速度爲 α 的圓周運動，而經過 t 秒之後物體的角位置以及角速度分別爲 θ、ω，則

等加速直線運動	等角加速度圓周運動
$v = v_0 + at$	$\omega = \omega_0 + \alpha t$
$x = x_0 + v_0 t + \frac{1}{2}at^2$	$\theta = \theta_0 + \omega_0 t + \frac{1}{2}\alpha t^2$
$v^2 = v_0{}^2 + 2a(x - x_0)$	$\omega^2 = \omega_0{}^2 + 2\alpha(\theta - \theta_0)$

通常我們討論物體作直線運動時，其位置的正、負號係由坐標值的正、負決定，而且它代表方向是在原點的右方或左方，而速度與加速度的正、負號已經表示出方向是向右方或左方。同樣的當物體作等角加速度的圓周運動時，如圖 3-7 所示，其表示物體的角位置亦有正、負號之別，角位置係從 x 軸上量起，通常把正轉代表逆時針方向的轉動，這時物體的角位置 θ 為正值，反之順時針方向的轉動，角位置 θ 為負值。我們通常把物體的起始角位置稱為 θ_0，同時逆時針方向的轉動，其角速度以及角加速度為正值，而順時針方向的轉動，其角速度以及角加速度為負值。此乃由於無窮小的角位置變化為一個向量而其方向是在轉動軸上，亦即 $\Delta\vec{\theta} \to d\vec{\theta}$（方向在轉動軸上），而角速度及角加速度分別定義為 $\vec{\omega}=\dfrac{d\vec{\theta}}{dt}$，$\vec{\alpha}=\dfrac{d\vec{\omega}}{dt}$。因此，角速度以及角加速度的方向係在轉動軸上的，此一類向量的方向是在轉動軸上者，一般稱之為軸向量（axial vector）。如果圓周運動係在 xy 平面上，則轉動軸就是 z 軸。而逆時針方向的轉動，其角速度以及角加速度的方向係沿 $+z$ 軸的方向；順時針方向的轉動，其角速度以及角加速度的方向係沿 $-z$ 軸的方向。我們已經在角速度以及角加速度的正、負號中表示出係沿正 z 軸方向的轉動或負 z 軸方向的轉動。

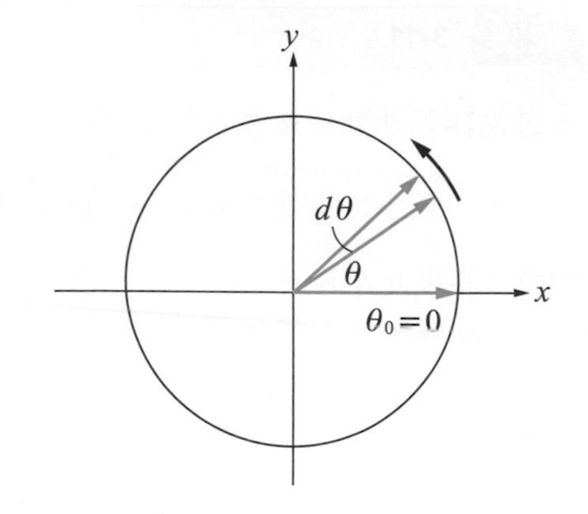

圖 3-7　等角加速度的圓周運動。

範例　3-10

某物體以初速度 v_0 作水平拋射運動，求經過 t 秒時的速度與加速度，及其切線分量與法線分量。

題解　我們知道，以初速度 v_0 作水平拋射運動的物體，

第 t 秒時的速度為 $\vec{v}=v_x\,\hat{\text{i}}+v_y\,\hat{\text{j}}=v_0\,\hat{\text{i}}-gt\,\hat{\text{j}}$，

$v=\sqrt{v_x^2+v_y^2}=\sqrt{v_0^2+g^2t^2}$，

$\tan\theta=\dfrac{|v_y|}{|v_x|}=\dfrac{gt}{v_0}$，$\sin\theta=\dfrac{gt}{v}$，$\cos\theta=\dfrac{v_0}{v}$，

而物體的速度方向總是落在切線方向，因此，

第 t 秒時物體的速度之切線分量與法線分量為 $v_{\text{t}}=v=\sqrt{v_0^2+g^2t^2}$，$v_{\text{n}}=0$；

第 t 秒時物體運動的切線加速度為 $a_{\text{t}}=g\sin\theta=g(\dfrac{gt}{v})=\dfrac{g^2t}{\sqrt{v_0^2+g^2t^2}}$，

物體運動的法線加速度 $a_{\text{n}}=g\cos\theta=g(\dfrac{v_0}{v})=\dfrac{gv_0}{\sqrt{v_0^2+g^2t^2}}$。

範例 3-11

一質點作等速圓周運動，其半徑爲 R，週期爲 T。求當其轉過 $\frac{1}{3}$ 週時，其平均速度的大小與瞬時速度的大小之比值，以及平均加速度的大小與瞬時加速度的大小之比值。

題解 假設此作等速圓周運動的質點是由 x 軸上的位置出發。如圖所示，$\vec{r}_1$ 與 $\vec{v}_1$ 爲在 $t=0$ 時質點的位置與速度，$\vec{r}_2$ 與 $\vec{v}_2$ 爲在 $t=\frac{T}{3}$ 時質點的位置與速度，則 $\vec{r}_1 = R\,\hat{\mathrm{i}}$，$\vec{r}_2 = -\frac{R}{2}\,\hat{\mathrm{i}} + \frac{\sqrt{3}R}{2}\,\hat{\mathrm{j}}$，$t=0$ 至 $t=\frac{T}{3}$ 之間的平均速度爲

$$\vec{v}_{av} = \frac{\vec{r}_2 - \vec{r}_1}{t_2 - t_1} = \frac{(-\frac{R}{2}\,\hat{\mathrm{i}} + \frac{\sqrt{3}R}{2}\,\hat{\mathrm{j}}) - R\,\hat{\mathrm{i}}}{\frac{T}{3} - 0} = \frac{-9R\,\hat{\mathrm{i}} + 3\sqrt{3}R\,\hat{\mathrm{j}}}{2T} = \frac{3R}{2T}(-3\,\hat{\mathrm{i}} + \sqrt{3}\,\hat{\mathrm{j}})，$$

平均速度的大小爲 $\bar{v} = \frac{3R}{2T}\sqrt{(-3)^2 + 3} = \frac{3\sqrt{3}R}{T}$，又瞬時速度的大小爲 $v = \frac{2\pi R}{T}$，

故平均速度的大小與瞬時速度的大小之比值爲 $\frac{\bar{v}}{v} = \frac{\frac{3\sqrt{3}R}{T}}{\frac{2\pi R}{T}} = \frac{3\sqrt{3}}{2\pi}$。

又由在 $t=0$ 與 $t=\frac{T}{3}$ 質點的速度分別爲 $\vec{v}_1 = v\,\hat{\mathrm{j}}$，$\vec{v}_2 = -\frac{\sqrt{3}v}{2}\,\hat{\mathrm{i}} - \frac{v}{2}\,\hat{\mathrm{j}}$，

$t=0$ 至 $t=\frac{T}{3}$ 之間的平均加速度爲 $\vec{a}_{av} = \frac{\vec{v}_2 - \vec{v}_1}{t_2 - t_1} = \frac{(-\frac{\sqrt{3}v}{2}\,\hat{\mathrm{i}} - \frac{v}{2}\,\hat{\mathrm{j}}) - v\,\hat{\mathrm{j}}}{\frac{T}{3} - 0} = \frac{-3\sqrt{3}v\,\hat{\mathrm{i}} - 9v\,\hat{\mathrm{j}}}{2T} = \frac{3v}{2T}(-\sqrt{3}\,\hat{\mathrm{i}} - 3\,\hat{\mathrm{j}})$，

平均加速度的大小爲 $\bar{a} = \frac{3v}{2T}\sqrt{3+9} = \frac{3\sqrt{3}v}{T}$，又瞬時加速度的大小爲 $a = v\omega = v\frac{2\pi}{T}$，

故平均加速度的大小與瞬時加速度的大小之比值爲 $\frac{\bar{a}}{a} = \frac{\frac{3\sqrt{3}v}{T}}{\frac{2\pi v}{T}} = \frac{3\sqrt{3}}{2\pi}$。

3-6 相對運動

一個物體是否在運動或是靜止，是指對某一特定的觀察者而言。一個物體的運動狀態，對於彼此之間有著相對運動（relative motion）的不同觀察者而言，是不一樣的。這裡所指的相對運動，是指物體對某一個參考物體運動，而此參考物體又對另一個參考物體運動。換句話說，在一個運動的物體之外有兩個不同的參考物體。例如，考慮一列行進中的火車，與一個在火車上運動的人。如果我們已知此人相對於火車的速度，以及火車相對於地面的速度，則我們是否能夠得知此人相對於地面的速度呢？在這一個問題中，牽涉到兩個參考物體，即是火車與地面，而其中的參考物體火車又對著參考物體地面在運動。又例如一條在水中航行的船，如果我們已知

水流的速度，以及船相對於水的速度，則我們是否能夠得知船相對於地面的速度呢？在這一個問題中，牽涉到兩個參考物體，即是流水與地面，而其中的參考物體流水又對著參考物體地面在運動。以上這一類的問題在我們的日常生活中會經常碰到，本節讓我們來討論這種狀況，一個物體相對於彼此之間有著相對運動的不同觀察者的問題。

描述一個物體的運動是有一個參考坐標的，如圖 3-8 所示，物體 A 相對於坐標的 O 點的位置爲 $\vec{r}_{AO}$，它代表觀察者是在 O 點，是由 O 點來看 A 點的位置，一般我們只記爲 $\vec{r}_A$，而物體 B 相對於坐標的 O 點的位置爲 $\vec{r}_{BO}=\vec{r}_B$。根據此定義 A 點相對於 B 點的位置記爲 $\vec{r}_{AB}=\vec{r}_{AO}-\vec{r}_{BO}$，它代表觀察者是在 B 點，是由 B 點來看 A 點的位置。由於 A 點相對於 B 點的位置與 B 點相對於 A 點的位置是相反的方向，因此，$\vec{r}_{AB}=-\vec{r}_{BA}$。表示相對位置的向量又可寫爲

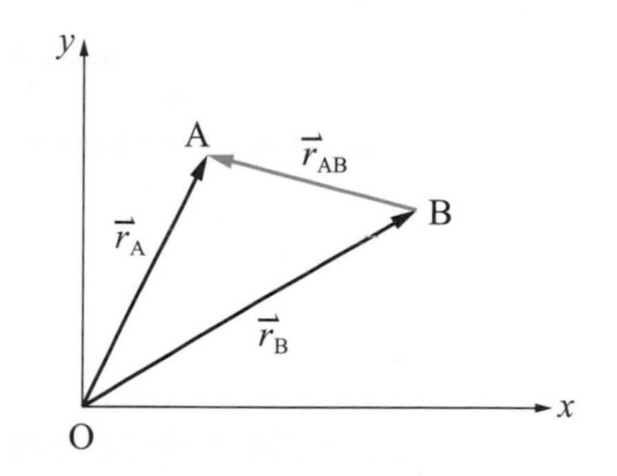

圖 3-8 表示相對位置的向量。

$$\vec{r}_{AB}=\vec{r}_{AO}-\vec{r}_{BO}=\vec{r}_{AO}+\vec{r}_{OB} \quad (3\text{-}35)$$

上式爲表示相對位置的關係式，根據此一關係式，我們可以得知，欲求相對位置的規則如下：

首先，用兩個按順序寫出的下標，表示相對位置的向量，例如 $\vec{r}_{AB}$ 表示 A 點相對於 B 點的位置。其次，兩個相對位置的向量相加時，第一個位置向量的下標中的後面足碼若與第二個位置向量的下標中的前面足碼相同，則此兩個相對位置的向量相加而成的位置向量，表示兩者的相對位置向量，例如 $\vec{r}_{AB}=\vec{r}_{AO}+\vec{r}_{OB}$，可表示爲 A 點相對於 B 點的位置。我們又知道，由於 A 點相對於 B 點的位置與 B 點相對於 A 點的位置是相反的方向，亦即，$\vec{r}_{AB}=-\vec{r}_{BA}$，於是，$\vec{r}_{AO}+\vec{r}_{OB}=\vec{r}_{AO}-\vec{r}_{BO}$，因此，$\vec{r}_{AB}=\vec{r}_{AO}-\vec{r}_{BO}=\vec{r}_{AO}+\vec{r}_{OB}$。

以上爲表示相對位置向量之間的關係式，對於表示相對速度與相對加速度之間的關係也是成立的，亦即

$$\vec{v}_{AB}=\vec{v}_{AO}-\vec{v}_{BO}=\vec{v}_{AO}+\vec{v}_{OB} \quad (3\text{-}36)$$

$$\vec{a}_{AB}=\vec{a}_{AO}-\vec{a}_{BO}=\vec{a}_{AO}+\vec{a}_{OB} \quad (3\text{-}37)$$

(3-36)式表示，A 相對於 B 的相對速度 $\vec{v}_{AB}$，等於 A 相對於參考物體 O 的相對速度 $\vec{v}_{AO}$，減去 B 相對於參考物體 O 的相對速度 $\vec{v}_{BO}$。由 (3-36)式我們就可以很容易回答本節開始所提的問題。我們知道，人對地面的速度 $\vec{v}_{人地}$，等於人對火車的速度 $\vec{v}_{人車}$ 加上火車對地面的速度 $\vec{v}_{車地}$，亦即 $\vec{v}_{人地}=\vec{v}_{人車}+\vec{v}_{車地}$。同樣的，船對地面的速度 $\vec{v}_{船地}$，等於船對水的速度 $\vec{v}_{船水}$ 加上水對地面的速度 $\vec{v}_{水地}$，亦即 $\vec{v}_{船地}=\vec{v}_{船水}+\vec{v}_{水地}$。我們也必須注意到 A 相對於 B 的相對速度 $\vec{v}_{AB}$，與 B 相對於 A 的相對速度 $\vec{v}_{BA}$ 之間的關係是 $\vec{v}_{AB}=-\vec{v}_{BA}$。相對加速度之間的關係與此類似，可依表示相對速度之間的關係類推之。

範例 3-12

火車在雨中向南行駛，對地的速率爲 88.2 呎 / 秒。地面上的觀察者測量得雨被風吹向南，雨滴的路徑與垂直方向夾 21.6 度角，但坐在車上的觀察者看見雨滴的路徑爲垂直落下，求雨滴對地的速率？

題解 設雨滴對地的速度爲 $\vec{v}_{rg}$，火車對地的速度爲 $\vec{v}_{tg}$，雨滴相對於火車的速度爲 $\vec{v}_{rt}$，則由相對速度的關係可知 $\vec{v}_{rg}=\vec{v}_{rt}+\vec{v}_{tg}$，這些速度向量的關係如圖所示，

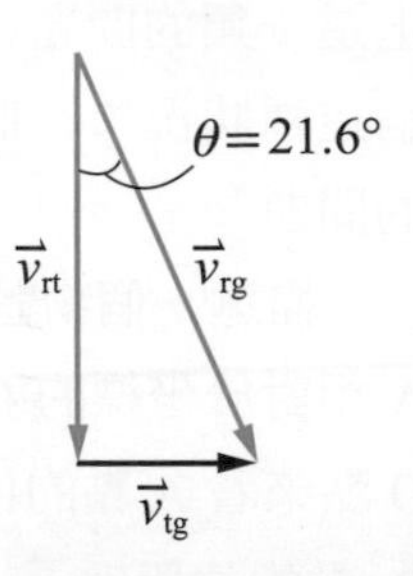

由此圖可知 $\sin\theta=\dfrac{v_{tg}}{v_{rg}}$，因此，$v_{rg}=\dfrac{v_{tg}}{\sin\theta}=\dfrac{88.2}{\sin 21.6^\circ}=240$（ft/s）。

範例 3-13

某人在靜止的水中划船的速率爲 4 哩 / 時，試問

(a)今若欲橫渡一水流速率爲 2 哩 / 時之河流，抵達起點的正對岸，求船首應朝何方向？

(b)若河寬爲 4 哩，求渡河需時多久？

(c)若欲以最短的時間渡過此河，船首應朝何方向？

題解 (a)船對水的速度爲 $\vec{v}_{bw}$，水對地的速度爲 $\vec{v}_{wg}$，船對地的速度爲 $\vec{v}_{bg}$，它們之間的關係爲 $\vec{v}_{bg}=\vec{v}_{bw}+\vec{v}_{wg}$，如圖所示，今由船對水的速率爲 $v_{bw}=4\,\text{mi/h}$，以及水對地的速率爲 $v_{wg}=2\,\text{mi/h}$，

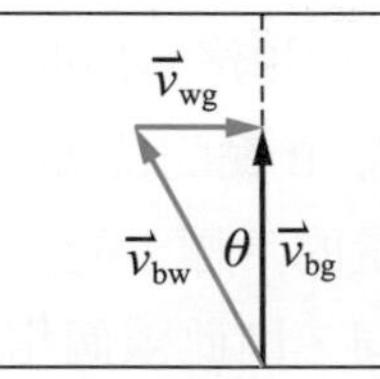

知 $\sin\theta=\dfrac{v_{wg}}{v_{bw}}=\dfrac{2}{4}=0.5$，$\theta=30^\circ$，正對對岸，往上游偏 30°的方向。

(b)河寬爲 $S=4\,\text{mi}$，$v_{bg}=v_{bw}\cos 30^\circ=3.46$（mi/h），由此可得 $t=\dfrac{S}{v_{bg}}=\dfrac{4}{3.46}=1.15$（h）。

(c)若欲以最短的時間渡過此河，船首應對正河岸，與水流方向垂直，需時 $t=\dfrac{S}{v_{bw}}=\dfrac{4}{4}=1$（h）。

範例 3-14

若水流的速率為 10 公尺／秒，某人在水中划船的速率為 5 公尺／秒，河寬為 100 公尺。試問

(a)今欲以最短時間渡河，則船首應朝何方向？渡河需時多久？

(b)若欲以最短距離渡河，則船首應朝何方向？渡河需時多久？此時最短距離為何？

題解 設船對水的速度為 v_{bw}，船對地面的速度為 v_{bg}，水對地面的速度為 v_{wg}，

(a)今欲以最短時間渡河，則船首應朝向正對岸，此時渡河所需時間為 $\frac{100}{v_{bw}}=\frac{100}{5}=20$（s）。

(b)若欲以最短距離渡河，則船首的方向應滿足 $\vec{v}_{bw}$ 與 $\vec{v}_{bg}$ 垂直，

因為 $\vec{v}_{bg}$ 正好落在以 $\vec{v}_{bw}$ 的大小為半徑的圓之切線上，

如圖所示，而此一方向船所行的距離為最短，

由此可得 $\sin\alpha=\frac{v_{bw}}{v_{wg}}=\frac{5}{10}=\frac{1}{2}$，$\alpha=30^\circ$，船首應朝向上游往對岸偏 $90^\circ-30^\circ=60^\circ$ 的方向，

此一方向船所行的距離為 $s=\frac{100}{\sin\alpha}=200$（m），此時渡河所需時間為 $t=\frac{200}{v_{bg}}=\frac{200}{5\sqrt{3}}=\frac{40}{\sqrt{3}}$（s）。

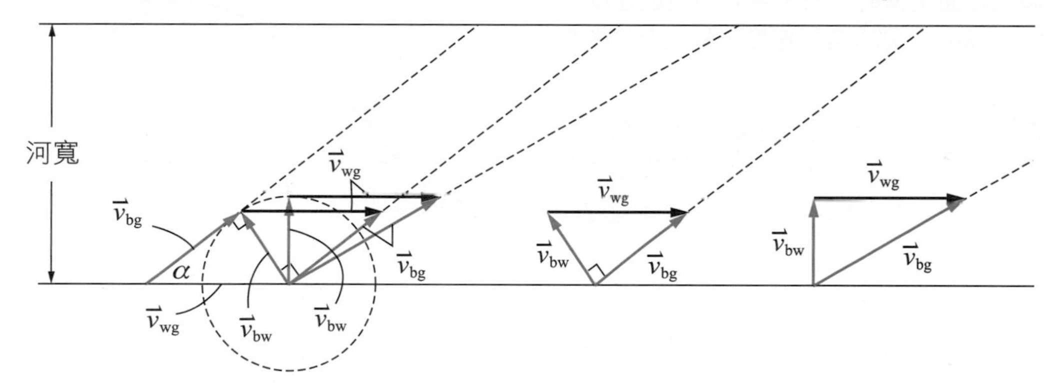

習題 標以*的題目難度較高

3-1 平面運動的描述

1. 某物體在 $t=0$ 時，其位置爲 $\vec{r}_0=3\hat{i}+2\hat{j}$ (m)，其初速度的大小爲 $v_0=10$ m/s，方向與水平 x 軸夾 37°的仰角。若十秒之後的位置在 $\vec{r}=4\hat{i}-\hat{j}$ (m)，其速度的大小爲 $v=30$ m/s，方向與水平 x 軸夾 53°的仰角。求這段時間內的平均速度與平均加速度？
2. 某物體在 $t=0$ 時，其位置爲 $\vec{r}_0=3\hat{i}+2\hat{j}$ (m)，其五秒之後的速度爲 $\vec{v}=5\hat{i}-2\hat{j}$ (m/s)，若物體的加速度爲 $\vec{a}=-2\hat{i}+4\hat{j}$ (m/s^2)，求物體的初速度，以及十秒之後的位置與速度？

3-2 等加速平面運動

3. 假設某物體從地面上拋射出去，若五秒後的速度爲 $\vec{v}=20\hat{i}-5\hat{j}$ (m/s)，試求其初速度，以及五秒後的位置？

*4. 假設某物體在 xy 平面上運動，已知起始時刻 $t=0$ s 時，位置在坐標原點，即 $x_0=0$ 、 $y_0=0$ ，其初速度爲 $\vec{v}_0=3\hat{i}+4\hat{j}$ (m/s)，若物體在平面上運動的加速度爲 $\vec{a}=\hat{i}-2\hat{j}$ (m/s^2)，求物體到達最大 y 坐標時的速度與位置爲何？

5. 某物體以水平速度 v_0 拋出，求前進的水平距離與落下的鉛直距離相等時的速度？
6. 求上題中，當水平速度與鉛直速度的大小相等時，前進的水平距離與落下的鉛直距離之比値？

*7. A、B 兩物體位於距地面高度 h 處，設 A 物體自由落下，B 物體係沿 45 度角的光滑斜面以初速 v_0 滑下。若兩物體同時抵達地面，求 B 物體的初速爲何？

*8. 某物體以初速爲 v_0 水平拋出，當其加速度的切線分量爲 $0.8g$ 時，其(a)時間爲何？(b)此時物體的速度爲何？(c)水平射程爲何？(d)垂直位移爲何？

*9. 某物體自高度 h 處水平拋出，若下降至 $\frac{h}{2}$ 高度時的速度大小爲初速的 $\sqrt{\frac{5}{2}}$ 倍，求(a)拋出時的初速度大小以及(b)落地時的末速度大小？（用 h 表示）

*10. 如圖所示，某物體自高度 h 處以初速 v_0 水平拋出，若落地點的速度與水平軸夾 θ 角，連接物體的初位置與落地點的位置之直線與鉛垂線的夾角爲 φ ，請證明 $\tan\theta\tan\varphi=2$ 。

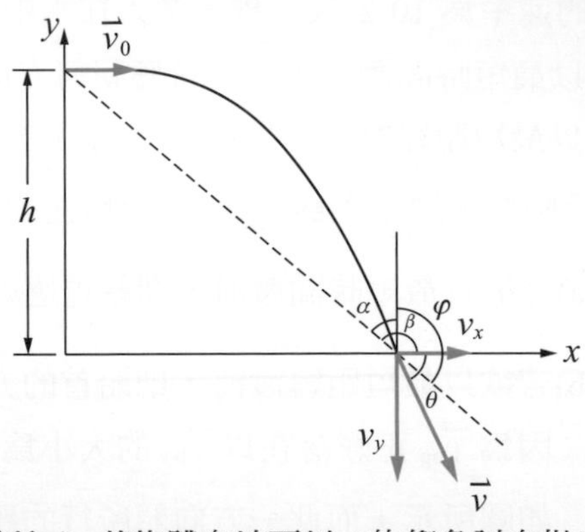

11. 如圖所示，某物體自地面以 θ 的仰角斜向拋出，若最高點 h 處的速度爲 v，求初速 v_0 ？

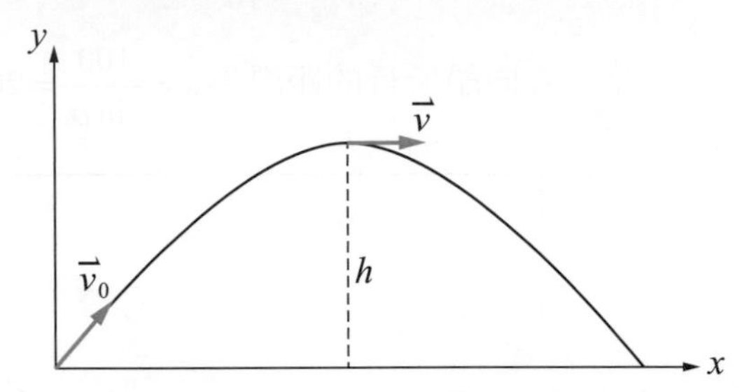

12. 如圖所示，在高樓上以相同初速 v_0 分別以仰角 45°及俯角 45°同時拋出兩球，則兩球著地處相距多遠？

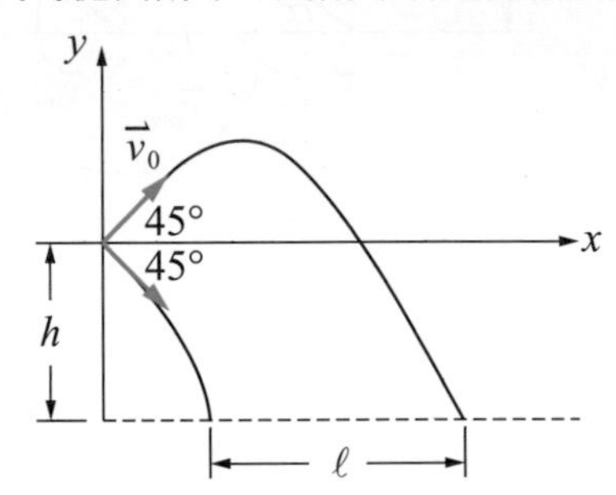

13. 如圖所示，某人身高 1.8 公尺，今以初速 $v_0=10$ m/s，仰角 θ 從頭頂斜向拋出一球，若此球欲投入水平距離 $R=8$ m，高度 2.8 公尺的籃框，求投出的角度 θ 。

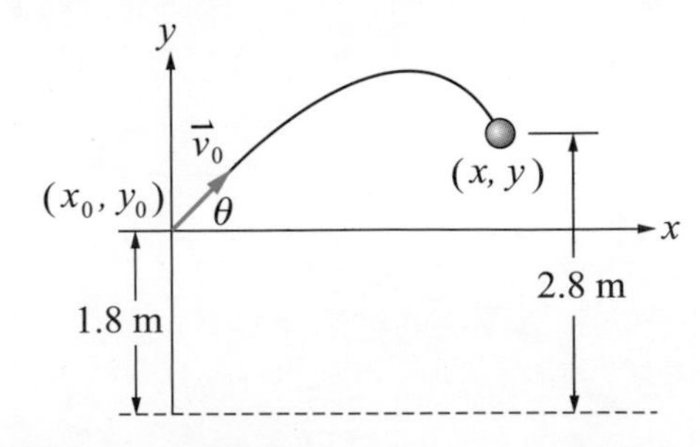

14. 如圖所示，某物體自高度爲 $H=8$ m 的樓頂以 $\theta=37°$ 的仰角斜向拋出，若落地時的位置距離樓底部爲 $s=16$ m，求物體的初速 v_0 及最大高度 h？($g=10$ m/s^2)

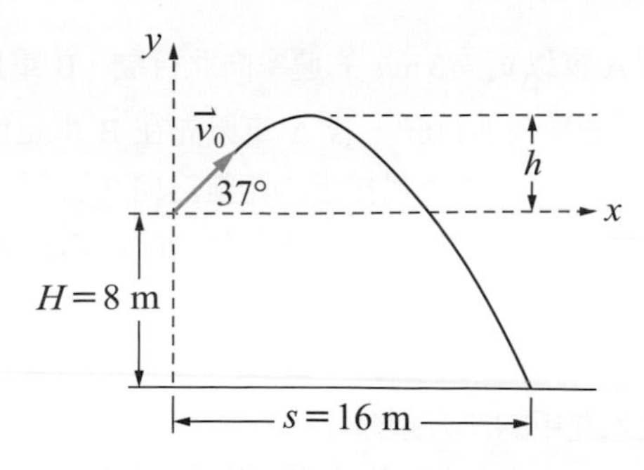

***15.** 如圖所示，一球自高度 0.2 公尺處自由落下至某一斜面，斜面的斜角為 30 度，設此球與斜面為完全彈性碰撞，求此球自斜面反彈之後落在斜面的位置距原來的落點水平距離多遠？

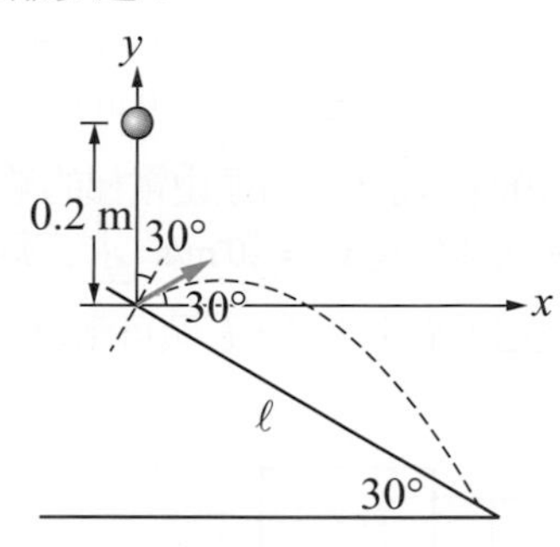

***16.** 如圖所示，有一樓梯每階寬 0.2 公尺、高 0.1 公尺，今有一球以 5 公尺 / 秒仰角 53 度拋出，求此球會落在第幾階？

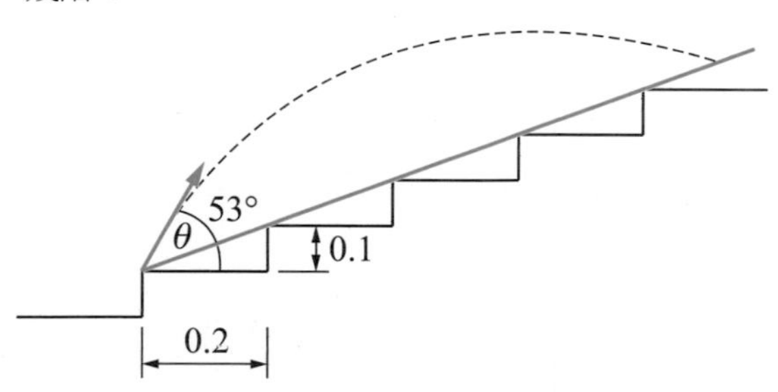

17. 如圖所示，試證明對於斜向拋射運動，對大小相同的初速度，有兩個拋射角可以有相同的拋射距離，而此兩個拋射角之和為 90°。

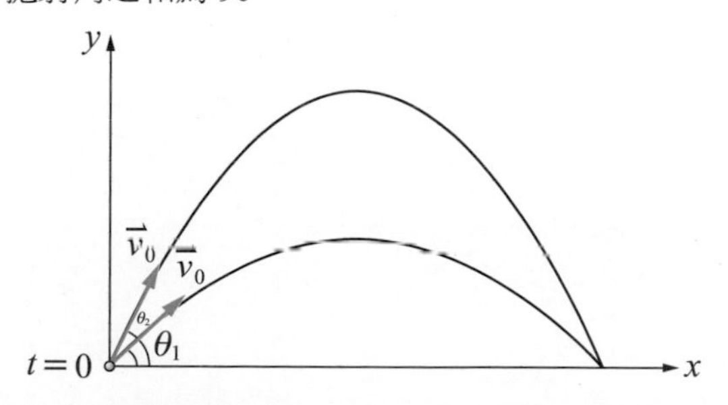

3-4 等速圓周運動

18. 地球表面上的物體水平拋出，一秒內要走多遠才能使它不落下來，永遠繞地球運行，成為一顆人造衛星？

19. 試計算環繞地球表面飛行的人造衛星之週期為何？

20. 已知地球的半徑為 $R = 6.4 \times 10^6$ m，求在地球赤道上的物體之向心加速度？

21. 若電子繞氫原子核運行的半徑為 $R = 5.28 \times 10^{-11}$ m，速度的大小為 $v = 2.18 \times 10^6$ m/s，求電子的向心加速度？

22. 如圖所示，一個物體以固定角速率 ω 作等速圓周運動，其週期為 T，半徑為 R。如果我們以圓心為坐標的原點，並假設物體運動的起點在 x 軸上，即位置 P_0，求經過 t 秒後物體的位置向量 $\vec{r}$，速度 $\vec{v}$ 以及加速度 $\vec{a}$？

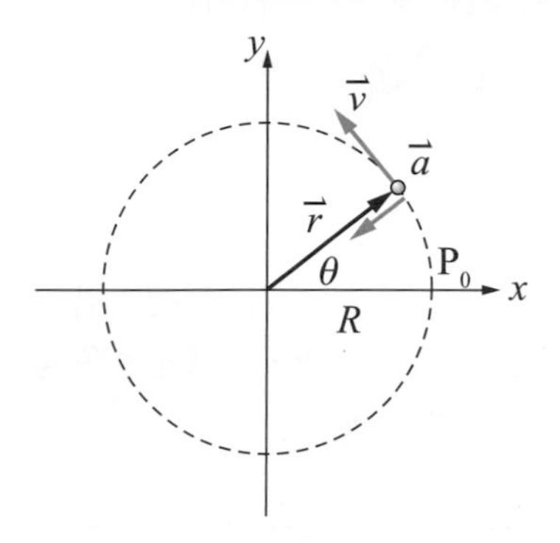

23. 如圖所示，某物體在半徑為 $R = 2$ m 的圓周上作等速圓周運動，設其週期為 $T = 20$ s，若物體從 x 軸上的 P 點出發，求

(a) $t = 5$ s 及 $t = 10$ s 時的位置；
(b) $t = 5$ s 至 $t = 10$ s 時的位移；
(c) $t = 5$ s 至 $t = 10$ s 間的平均速度；
(d) $t = 5$ s 及 $t = 10$ s 時的瞬時速度；
(e) $t = 5$ s 至 $t = 10$ s 間的平均加速度；
(f) $t = 5$ s 及 $t = 10$ s 時的瞬時加速度。

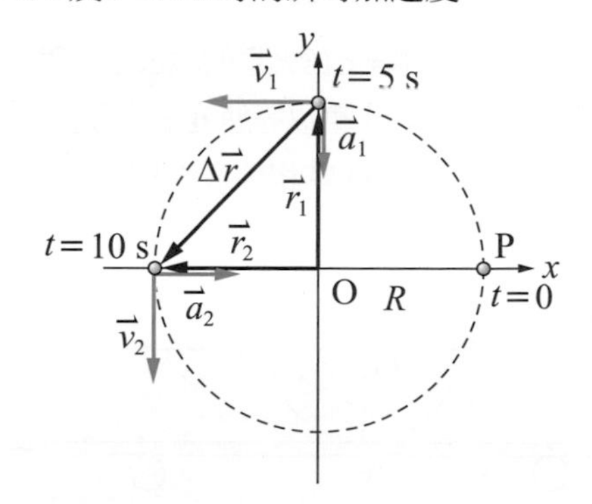

24. 有一個時鐘其秒針長 5 公分，針尖由12:00:00 走到12:00:15，求針尖的(a)位移；(b)平均速度；(c)平均速率；(d)在12:00:00 的瞬時速度；(e)平均加速度；(f)在12:00:00 的瞬時加速度？

25. 甲乙兩人自半徑為 $R = 2$ m 的圓周上的一點出發，分別由相反的方向沿著圓周行進到直徑的另一端點。若甲的平均速度大小為 $\bar{v}_{甲} = 0.5$ m/s，乙的平均速率大小為 $\bar{v}_{乙} = 0.5$ m/s，求何者先到達直徑的另一端點？

3-5 切線加速度與法線加速度

26. 如圖所示，有一質量爲 m，長度爲 L 的擺錘，由水平位置 A 點自靜止開始往下擺動，試求在擺角爲 θ 的 B 點處之切線加速度與法線加速度？

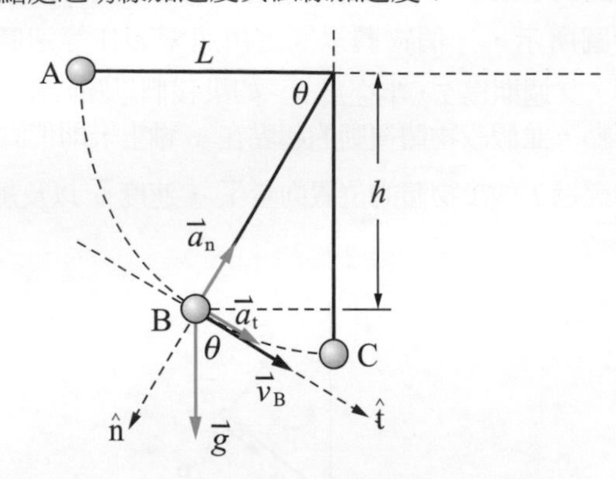

27. 如圖所示，有一質量爲 m 的物體，沿半徑爲 R 的光滑碗之上端 A 點自由下滑，求滑至 θ 角度的 B 點時之切線加速度與法線加速度？

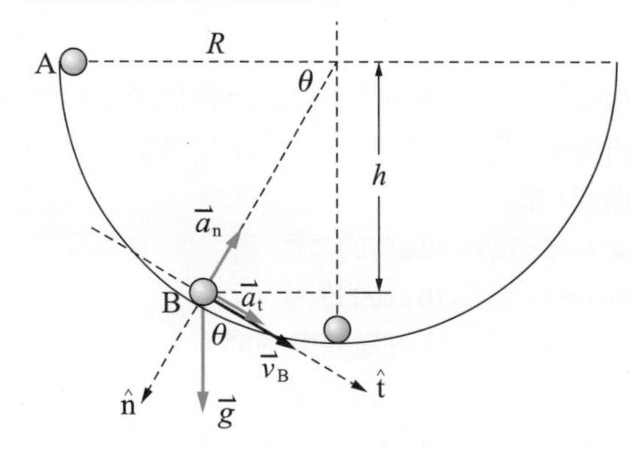

3-6 相對運動

28. 有一個半徑爲 R 的輪子在火車的地板上作等速度 $\vec{v} = v\,\hat{i}$ 滾動，如圖所示，設火車以等速度 $\vec{u}$ 行駛，求輪上 a 點，b 點，c 點以及軸心 O 點相對於地板的速度？

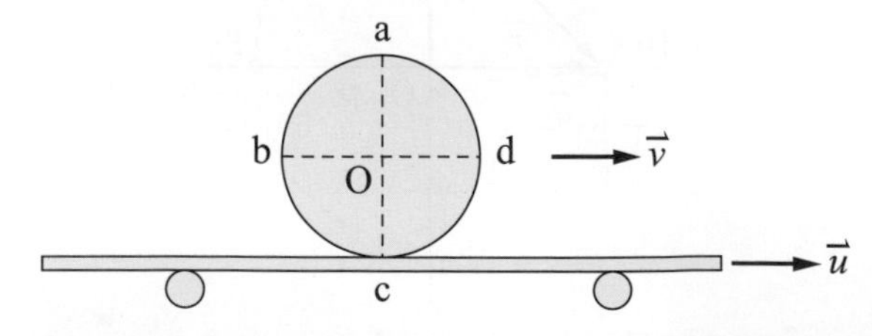

29. 某飛機在無風時的速率爲 135 哩 / 時，設飛機欲到達北方某處，地面上的控制人員播報目前的風速爲 70 哩 / 時，但未告知風向，設飛機對地的速率與在無風時的速率相同，均爲 135 哩 / 時，則飛機需朝什麼方向飛？風向爲何？

30. 甲船以 20 公里 / 時的速度向東航行，於正午時通過某處，乙船亦以 20 公里 / 時的速度向北航行，於下午一點三十分通過該處，求兩船最接近的距離爲何？

***31.** 假設 A 車以 $v_A = 3$ m/s 的速率向北行駛，B 車以 $v_B = 4$ m/s 的速率向西行駛，若 A 車原先在 B 車正西方相距 10 公尺處，求兩車最接近的距離爲何？

32. 某飛機必須在一小時內到達北方 320 公里處，地面上的控制人員播報目前的風向爲西偏南 37 度，風速爲 80 公里 / 時，則飛機需朝什麼方向飛？

***33.** 假設乙在甲的左方距離 d 處，今甲向北方以等速度 v 前進，而乙向東方以等速度 v 前進，求兩者最接近的距離與所需的時間？

34. 某人站在電動樓梯上至上一層，費時 20 秒，而由靜止的電動樓梯步行至上一層，費時 30 秒，問若在啓動的電動樓梯步行至上一層，則需多少時間？

***35.** 如圖所示，電梯以等速率 $v_{tg} = 10$ m/s 上升，當電梯在地面上 $s = 100$ m 時，一石頭由電梯的地板向上拋，其相對於電梯的速率爲 $v_{st} = 20$ m/s，求石頭落到電梯地板的時間以及由地面上來看，石頭可到達的最大高度。($g = 10$ m/s^2)

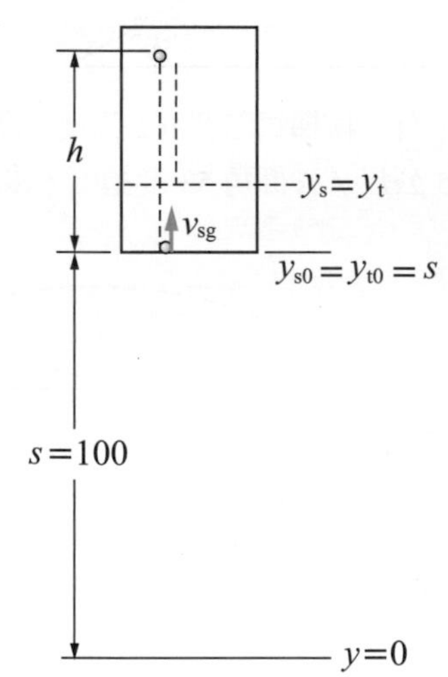

Chapter 4

力與牛頓運動定律

前言

力學是物理學最基本的部份，它是探討物體的運動與受力作用之間的關係，而牛頓運動定律是力學的基礎。本章我們除了介紹牛頓三大運動定律外，主要會著重在牛頓運動定律的應用，亦即如何將牛頓運動定律運用在解題上。一般常見的問題包含：摩擦力的處理、繩子的張力、彈簧、滑輪等相關的問題，以及圓周運動。在本章的最後，則會討論到慣性力（或稱假想力）。

Introduction

Mechanics is the most fundamental part of physics. It explores the relationship between the motion of objects and the forces acting upon them. Newton's laws of motion serve as the foundation of mechanics. In this chapter, we introduce Newton's commonly known three physical laws of motion and emphasize their applications. Specifically, we focus on how to apply Newton's laws to problem-solving. Some common problems include frictional forces, tension in strings or wires, forces on springs and pulleys, related issues, and circular motion. Towards the end of this chapter, we will discuss inertial forces (or fictitious forces).

學習重點

- 了解力的觀念。
- 學會力的分解與合成。
- 了解牛頓運動定律。
- 了解靜摩擦力和動摩擦力的觀念。
- 學會摩擦力的計算。
- 了解繩子張力的計算。
- 學會如何運用牛頓運動定律於解題上。
- 了解圓周運動力學的意義。
- 了解慣性力的意義。

4-1 力的觀念

通常我們所謂力（force）的觀念，是來自於對物體的推與拉之作用，當我們推或拉某物體時，就可以說是對它施力了。對物體施加推與拉的作用力，能導致物體運動狀態的變化，我們說凡是能使物體的運動狀態產生變化的作用，稱之爲力。力具有三個要素，即是大小、方向與施力點，前兩個要素說明力具有向量性質，至於施力點則是指力作用於物體的位置。若把物體看作一個質點時，力便是作用於此點上，而此物體的運動只是移動運動；若我們考慮的是一大塊物體，而作用於物體上的各個力並不是作用於同一點，則物體會產生複雜的轉動運動。由於力具有向量性質，因此，兩個力同時作用於物體的某一點時，其所產生的作用，可以用兩個力的合向量來代替，其對物體產生的運動效果是一樣的。把兩個力用合向量相加，就是求兩個力的合力，同理，許多力作用於物體的同一點時，我們可以用向量的加法來求這些力的合力。

力的分解與合成

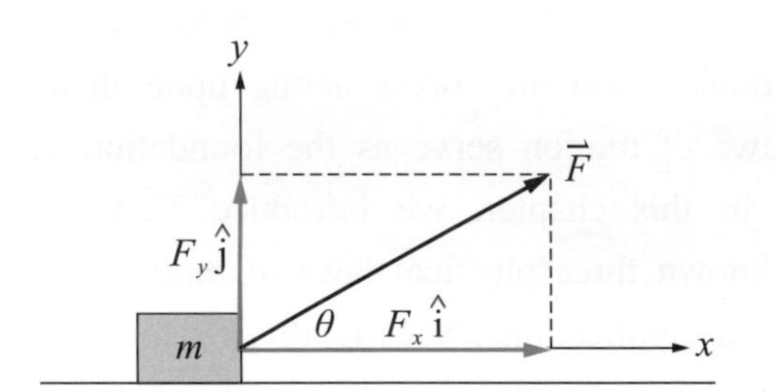

圖 4-1 將一個力分解為沿 x 軸以及 y 軸的分力。

由於力具有向量性質，因此，我們可將一個力分解爲沿坐標軸的分力。如圖 4-1 所示，對直角坐標而言，我們可將一個力分解爲

$$\vec{F} = F_x\,\hat{i} + F_y\,\hat{j} = F\cos\theta\,\hat{i} + F\sin\theta\,\hat{j} \tag{4-1}$$

其中 $F_x = F\cos\theta$ 稱爲沿 x 軸分力的大小，而 $F_y = F\sin\theta$ 稱爲沿 y 軸分力的大小。將一個力分解爲坐標軸的分力，其所選取的直角坐標軸不一定與水平面平行及垂直，通常我們會碰到作用於在斜面上運動的力，此時我們可選取坐標系統的 x 軸與 y 軸分別平行於斜面及垂直於斜面，如圖 4-2 所示。

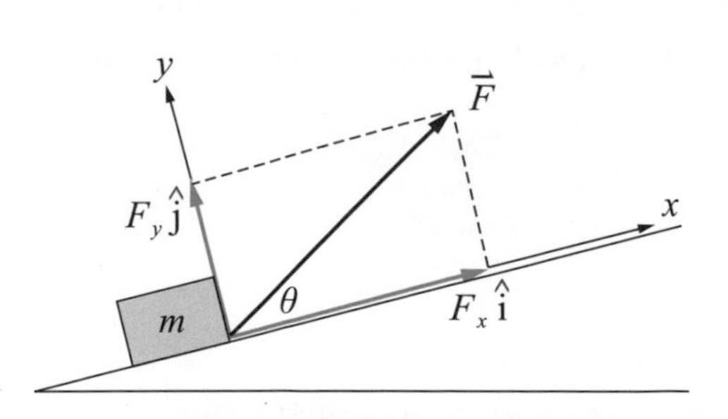

圖 4-2 將一個力分解為沿斜面坐標軸的分力。

若將兩個力分解爲沿坐標軸的分力

$$\vec{F}_1 = F_{1x}\,\hat{i} + F_{1y}\,\hat{j}\,，\,\vec{F}_2 = F_{2x}\,\hat{i} + F_{2y}\,\hat{j} \tag{4-2}$$

則兩個力的合力可表示爲

$$\vec{F} = \vec{F}_1 + \vec{F}_2 = (F_{1x} + F_{2x})\,\hat{i} + (F_{1y} + F_{2y})\,\hat{j} \tag{4-3}$$

若力是三維空間的向量，則兩個力的合力可表示爲

$$\vec{F}_1 = F_{1x}\,\hat{i} + F_{1y}\,\hat{j} + F_{1z}\,\hat{k}\,，\,\vec{F}_2 = F_{2x}\,\hat{i} + F_{2y}\,\hat{j} + F_{2z}\,\hat{k} \tag{4-4}$$

$$\vec{F} = \vec{F}_1 + \vec{F}_2 = (F_{1x} + F_{2x})\,\hat{i} + (F_{1y} + F_{2y})\,\hat{j} + (F_{1z} + F_{2z})\,\hat{k} \tag{4-5}$$

範例 4-1

質量為 $m = 20$ kg 的物體受到兩個拉力的作用，其一拉力為大小 $F_1 = 800$ N，方向為東偏北 37°，另一拉力為大小 $F_2 = 600$ N，方向為東偏南 45°，求此物體的加速度？

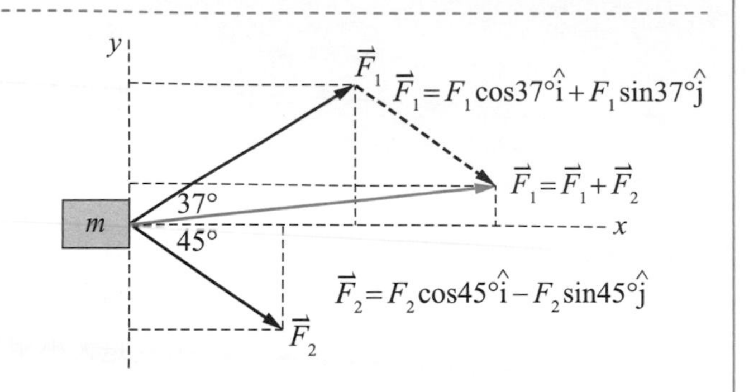

題解 此物體所受到的兩個力為

$$\vec{F}_1 = F_{1x}\,\hat{i} + F_{1y}\,\hat{j} = F_1 \cos 37°\,\hat{i} + F_1 \sin 37°\,\hat{j}$$

$$= 800(\frac{3}{5})\,\hat{i} + 800(\frac{4}{5})\,\hat{j} = 480\,\hat{i} + 640\,\hat{j}\ \text{(N)}$$

$$\vec{F}_2 = F_{2x}\,\hat{i} + F_{2y}\,\hat{j} = F_2 \cos 45°\,\hat{i} - F_2 \sin 45°\,\hat{j}$$

$$= 600(\frac{1}{\sqrt{2}})\,\hat{i} - 600(\frac{1}{\sqrt{2}})\,\hat{j} = 424\,\hat{i} - 424\,\hat{j}\ \text{(N)}$$

物體所受到的合力為

$$\vec{F} = \vec{F}_1 + \vec{F}_2 = (F_{1x} + F_{2x})\,\hat{i} + (F_{1y} + F_{2y})\,\hat{j} = (480 + 424)\,\hat{i} + (640 - 424)\,\hat{j} = 904\,\hat{i} + 215\,\hat{j}\ \text{(N)}，$$

物體的加速度為 $\vec{a} = \dfrac{\vec{F}}{m} = \dfrac{904\,\hat{i} + 215\,\hat{j}}{20} = 45.2\,\hat{i} + 10.75\,\hat{j}$（m/s²）。

範例 4-2

如圖所示，三個力保持平衡，若已知 $\vec{F}_1$ 的大小為 100 牛頓，求另外兩力 $\vec{F}_2$ 及 $\vec{F}_3$ 的大小。

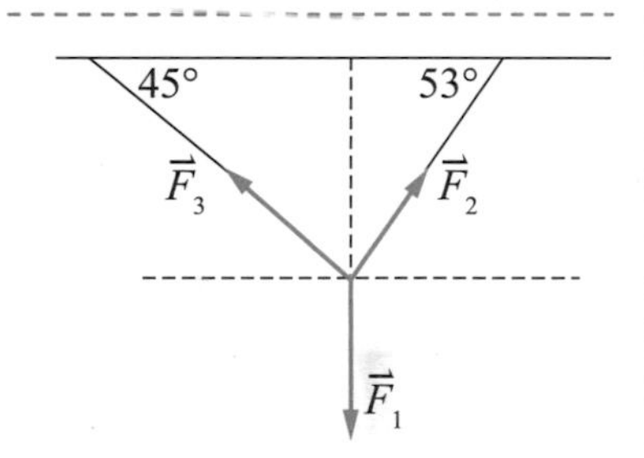

題解 三個力為

$$\vec{F}_1 = -100\,\hat{j}，$$

$$\vec{F}_2 = F_2 \cos 53°\,\hat{i} + F_2 \sin 53°\,\hat{j} = \frac{3}{5}F_2\,\hat{i} + \frac{4}{5}F_2\,\hat{j}，$$

$$\vec{F}_3 = -F_3 \cos 45°\,\hat{i} + F_3 \sin 45°\,\hat{j} = -\frac{1}{\sqrt{2}}F_3\,\hat{i} + \frac{1}{\sqrt{2}}F_3\,\hat{j}，$$

由於三個力保持平衡，故合力為零，$\vec{F}_1 + \vec{F}_2 + \vec{F}_3 = 0$，$(\frac{3}{5}F_2 - \frac{1}{\sqrt{2}}F_3)\,\hat{i} + (-100 + \frac{4}{5}F_2 + \frac{1}{\sqrt{2}}F_3)\,\hat{j} = 0$，

由此可得 $\frac{3}{5}F_2 - \frac{1}{\sqrt{2}}F_3 = 0$，$\frac{4}{5}F_2 + \frac{1}{\sqrt{2}}F_3 = 100$，

$F_3 = \dfrac{300\sqrt{2}}{7}$（N），$F_2 = \dfrac{5F_3}{3\sqrt{2}} = \dfrac{500}{7}$（N）。

4-2 牛頓運動定律

物體的運動狀態一般用物體的位置與速度兩個量來描述。當物體的運動狀態有所改變時，我們說物體是受到力的作用。由於物體運動狀態的變化與加速度有關，因此，物體所受到力是與物體的加速度有關。此一關係式我們用牛頓運動定律（Newton's laws of motion）來表示。

牛頓運動定律有三個，第一運動定律稱爲慣性定律，它的內容爲若物體不受外力的作用或合力爲零時，則靜止的物體將永遠保持靜止，而運動者將永遠保持等速運動，即所謂的「靜者恆靜，動者恆動」。當物體受到外力的作用或合力不爲零時，便會產生加速度，而其所產生加速度是與所受到外力成正比，其比例常數便是物體的質量，此爲牛頓第二運動定律的內容。牛頓第三運動定律稱爲作用力與反作用力定律，它表示兩個物體相互作用時，作用在彼此的力是大小相等而方向相反。

牛頓第一運動定律

一般的人會認爲靜止是物體的常態，物體一定要受到力的作用才會運動，當外加的力消失時，原來在運動的物體就會逐漸減速，終至靜止下來。這種看法有它生活經驗上的依據，古希臘哲人亞里斯多德也曾在他的著作裏表示這種見解，一般的人也對之深信不疑。靜止眞的是物體的常態嗎？試想一想，當我們站在一輛行駛中的公車上時，如果路面很平坦，而且車子正以穩定的速度前進，則我們站在車上的感覺與站在地面上並沒有太大的差別。但是如果公車突然煞車，則站在車上的我們便會往前衝，車子開得愈快，往前的衝力便愈大，愈不容易被擋住。由此例可知，本來在運動的物體有保持運動狀態的習性，這種習性稱爲**慣性**（inertia）。

伽利略在研究物體的運動時，也研究物體的慣性問題，他在經過一連串的實驗之後宣稱：一個物體若不受外力的影響，則它會或爲靜止，或爲沿一直線作等速運動。人們把這結論稱爲慣性定律，伽利略是如何得出這樣一個與人們日常生活經驗不同的結論呢？讓我們來看伽利略所做的一個重要的實驗。

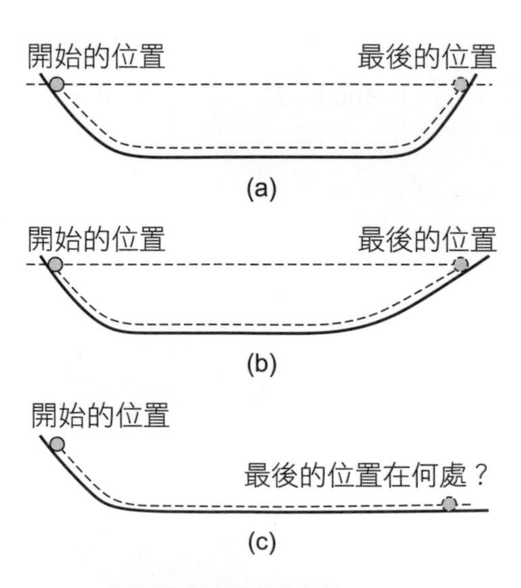

圖 4-3 伽利略的慣性定律實驗。

他觀察一個小球沿光滑的斜面由靜止開始往下滾動，當滾到底部時再滾上另一光滑的斜面。他發現小球往下滾動時，速率會加快，而往上滾動時，速率會減慢，如果斜面很光滑，那麼小球從某一高度的斜面下滑時，最後會幾乎能到達另一斜面的同一高度處，如圖 4-3(a)所示。若將上坡的斜面之傾斜率改變，小球能到達的高度幾乎還是不變，如圖 4-3(b)所示，如果斜面粗糙些，則最後能到達的高度就低一些。伽利略依此推測，如果讓小球沿光滑的斜面滑下，然後在一個沒有摩擦的水平面上運動，由於小球在沒有到達它能抵達的高度時，是不會停止的，因此，這小球將以不變的速率沿一直線繼續運動，如圖 4-3(c)所示，這就是伽利略的慣性定律實驗。

伽利略的這個實驗，現在看起來似乎是很明顯的，但我們可由其中發現這個實驗的重要性，因爲它建立了慣性的觀念與運動定律的基礎。在伽利略之前，人們對物體的運動並沒有清楚的觀念，他的慣性定律實驗可以說是對運動的理解做了一個很大的突破。牛頓採用物體不受外力的作用便可維持其運動狀態的觀念，作為其三個運動定律中的的第一個定律。**牛頓第一運動定律（慣性定律）內容為：任何物體均有保持其原來的靜止狀態或以等速直線運動的狀態之習性，除非受到外力的作用而被迫改變其狀態。**牛頓第一運動定律對沒有外力的作用，或有外力的作用下，但合力為零的情況並不加以區別，因此，**牛頓第一運動定律的另一種說法是，若沒有淨力作用於物體，則其加速度為零。**物體的加速度為零，就是表示物體為靜止狀態或維持以等速直線運動的狀態。

牛頓第二運動定律

牛頓第二運動定律的內容為：當物體受到外力的作用或合力不為零時，便會產生加速度，而其所產生的加速度是與所受到的外力成正比，其比例常數便是物體的質量。若以公式表示之，則為

$$\vec{F} = \sum_i \vec{F}_i = m\vec{a} \tag{4-6}$$

上式中 m 稱為物體的質量，由此式可看出，在相同的定力作用下，質量愈大的物體，其加速度愈小。所以，質量 m 為量度一個物體被加速時的難易程度，一般我們稱之為慣性質量。

牛頓第三運動定律

當一個物體施力於另一個物體上時，另一個物體也會同時施力於該物體，而且彼此的作用大小相等，而方向相反。若把兩物體間的交互作用力之一稱為作用力（action force），則另一力稱為反作用力（reaction force）。此處看不出哪一個力是原因，哪一個力是引起的效應，只知道有一對力同時互相作用。力的這種性質，牛頓敘述於他的第三運動定律中，其內容為：**兩個物體之間的交互作用，有一作用力必同時產生一反作用力，兩者量值大小相等，方向相反，而且作用在不同物體上。**假設第一個物體作用於第二個物體的作用力，以 $\vec{F}_{12}$ 表之，而第二個物體作用於第一個物體的反作用力，以 $\vec{F}_{21}$ 表之，則牛頓第三運動定律為

$$\vec{F}_{12} = -\vec{F}_{21} \tag{4-7}$$

應當注意的是，作用力與反作用力雖然大小相等而方向相反，但卻不能互相抵消，因為此兩力並不是共同作用於一個物體，而是個別作用於不同的物體。

4-3 牛頓運動定律的解題方法

在應用牛頓運動定律求解力學的問題時可依照下列步驟，逐步實行之。

1. 畫出自由體圖（free-body diagram）：在問題中將所要計算的某個物體單獨標示出，並找出作用於該物體上的所有力，將作用於該物體上的力用箭號畫出，此種作用力圖稱爲該物體的自由體圖。
2. 選定一個慣性坐標系，並定出一個最能方便分析該系統運動的適當坐標系，將所欲計算的物體置於坐標軸的原點。
3. 將牛頓第二運動定律用向量的分量表示，並將所有作用於該物體上的力用坐標分量表示，由此可以得到一個聯立方程式。
4. 解此聯立方程式，將所求的未知數用已知的數據表示之。
5. 最後可以檢查所得的答案是否合理。

在選定慣性坐標系方面，通常要看問題的類型而做選擇。一般而言，若是物體在平面上運動，通常選擇與平面平行及垂直兩方向分別爲 x、y 坐標軸；若是物體在斜面上運動，則選擇與斜面平行及垂直兩方向分別爲 x、y 坐標軸；若是物體作圓周運動，則可選擇切線方向與法線方向爲描述物體運動的坐標軸，如圖 4-4 所示。

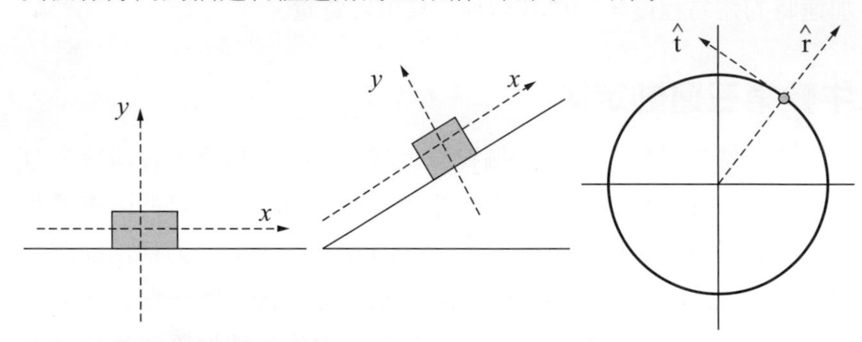

圖 4-4 各種問題慣性坐標系的選擇。

茲以下面範例來說明此解題的步驟。

範例 4-3

如圖所示，質量爲 $m = 10\,\text{kg}$ 的物體，置於斜角爲 $\theta = 37°$ 的光滑斜面上，今以一大小爲 $F = 100\text{ N}$ 的水平力推之，求物體的加速度？

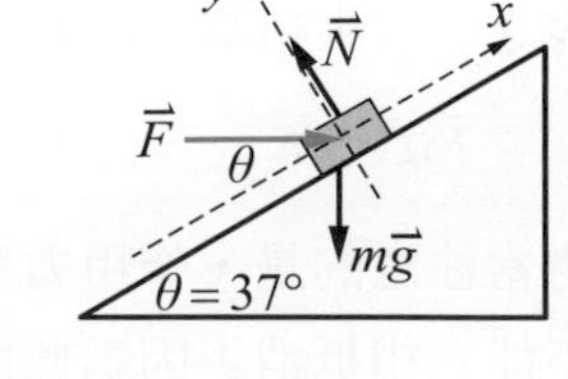

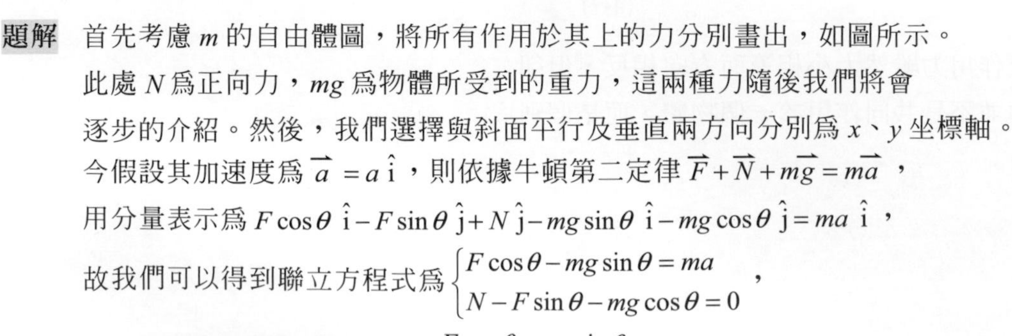

題解 首先考慮 m 的自由體圖，將所有作用於其上的力分別畫出，如圖所示。此處 N 爲正向力，mg 爲物體所受到的重力，這兩種力隨後我們將會逐步的介紹。然後，我們選擇與斜面平行及垂直兩方向分別爲 x、y 坐標軸。今假設其加速度爲 $\vec{a} = a\,\hat{\text{i}}$，則依據牛頓第二定律 $\vec{F} + \vec{N} + m\vec{g} = m\vec{a}$，用分量表示爲 $F\cos\theta\,\hat{\text{i}} - F\sin\theta\,\hat{\text{j}} + N\,\hat{\text{j}} - mg\sin\theta\,\hat{\text{i}} - mg\cos\theta\,\hat{\text{j}} = ma\,\hat{\text{i}}$，

故我們可以得到聯立方程式爲 $\begin{cases} F\cos\theta - mg\sin\theta = ma \\ N - F\sin\theta - mg\cos\theta = 0 \end{cases}$，

由此可得物體的加速度爲 $a = \dfrac{F\cos\theta - mg\sin\theta}{m} = 2.12$ （m/s^2）。

4-4 日常生活常見的作用力

在使用牛頓運動定律解題時，我們經常會遇到幾個日常生活常見的作用力，諸如內力（internal force）與外力（external force）、接觸力、正向力、摩擦力、繩子的張力、重力等，在此將依序介紹說明。

內力與外力

當我們使用牛頓運動定律解題時，說到物體受力的作用，會產生加速度的運動，此處我們指的力是物體所受到的外力總和，並不包括內力。我們知道整個物體是由許許多多的質點組成，對於整個物體我們稱爲系統。所謂內力是系統內組成物體的各個質點互相之間的作用力，它們是兩兩成對存在，互相之間成爲一對作用力與反作用力。由於兩者的大小相等而方向相反，所以兩者的和爲零，而整個內力的和也爲零。外力是指作用於整個物體的力，因此，物體的受力只能計算各個外力，通常我們說作用於物體的淨力，是指物體所受到的外力總和。當然我們也可以就系統內的個別物體來進行分析，此時就需考慮到系統內其它各個物體的作用力，亦即此時內力就變成作用於該物體的外力了，這一點是應用牛頓運動定律解題時，必須注意到的。

接觸力

接觸力（contact force）是當兩物體互相接觸時，從微觀的層次來看，兩物體互相之間表面各原子與原子間的交互作用。

正向力

考慮一物體靜止置於水平桌面上，假如桌子被移開，則物體的運動狀態將會有很大的不同。因此，顯然的必定有桌子作用於物體的向上力，此力稱爲桌子作用於物體的正向力（normal force）。**正向力被定義爲垂直於接觸表面**，假如物體是置於斜面上，則斜面施於物體的正向力是垂直於斜面。

摩擦力

摩擦力（frictional force）是兩物體互相接觸時，兩物體表面間互相作用於對方的作用力。**摩擦力是一種平行於表面的接觸力**。因此，當一物體在另一物體表面上運動時，兩物體便會以一種平行於表面的摩擦力施之於對方。各物體都會受到來自對方的摩擦力作用，而摩擦力的方向是與物體運動的方向相反。即兩個物體之間沒有相對運動，也仍有摩擦力的作用。例如，當我們施一水平力欲推動擺在地面上的重物時，若是施力不夠大，重物還是推不動的，此時地面正以相等於我們的施力，但方向相反的摩擦力作用於重物。由此我們知道摩擦力有兩種，一種是**靜摩擦力**（force of static friction），另一種是**動摩擦力**（force of kinetic friction），前者為兩物體之間沒有相對運動的摩擦力，後者為兩物體之間有相對運動的摩擦力。

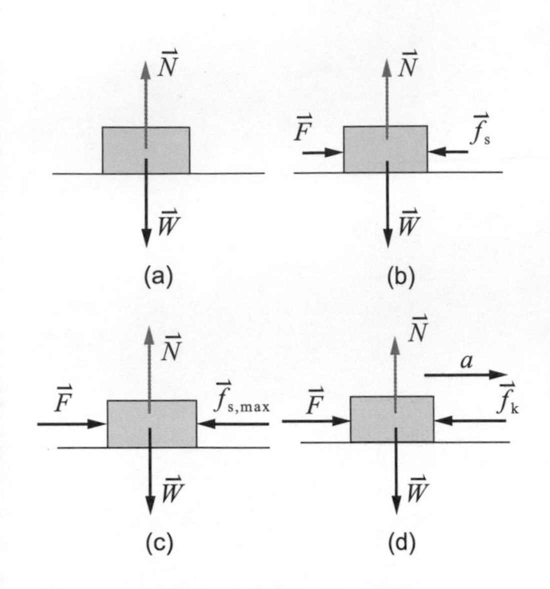

圖 4-5　靜摩擦力與動摩擦力示意圖。

如圖 4-5(a)所示，有一物體靜置於水平桌面上，它的重量 $\vec{W}$ 與桌面對它的作用力 $\vec{N}$ 保持平衡，此時 $\vec{N} = -\vec{W}$，並沒有摩擦力作用於其上。今若施一力 $\vec{F}$ 於物體，如圖 4-5(b)所示，當此力不大時，物體依然保持靜止不動，此時桌面對物體的施力有兩個分量，一為平行於桌面的分量稱為靜摩擦力，以 $\vec{f}_s$ 表示之，另一為垂直於桌面的分量稱為桌面對物體的正向力，以 $\vec{N}$ 表示之。若逐漸加大施力，當其達到某程度時，物體恰可開始在桌面上移動，如圖 4-5(c)所示，我們稱此時的靜摩擦力為最大靜摩擦力，以 $\vec{f}_{s,max}$ 表示之。實驗顯示，**最大靜摩擦力的大小與正向力 $\vec{N}$ 的大小成正比**，其比例常數稱為靜摩擦係數，以 μ_s 表示之。因此，一般關係式為

$$f_{s,max} = \mu_s N \tag{4-8}$$

而通常靜摩擦力的大小是小於最大靜摩擦力，因此，

$$f_s < f_{s,max} = \mu_s N \tag{4-9}$$

一旦物體開始運動，摩擦力便會減小，我們稱此時的摩擦力為動摩擦力，以 $\vec{f}_k$ 表示之，如圖 4-5(d)所示。動摩擦力的大小也是與正向力 $\vec{N}$ 的大小成正比，其比例常數稱為動摩擦係數，以 μ_k 表示之。一般關係式為

$$f_k = \mu_k N \tag{4-10}$$

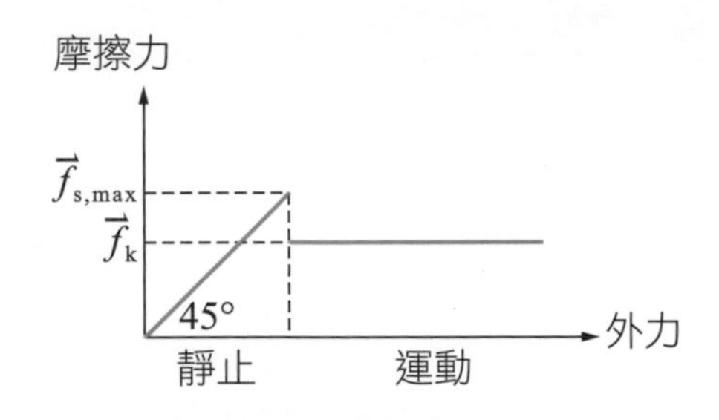

圖 4-6　摩擦力與外力關係圖。

物體的靜摩擦力隨著外力的增加而增大，直到最大靜摩擦力 $f_{s,max}$。一旦物體開始運動，摩擦力便轉為動摩擦力 $\vec{f}_k$，此一關係即如圖 4-6 所示。

範例 4-4

假設有一質量 m 的物體沿著斜角 θ，摩擦係數 μ 的粗糙斜面滑下，試求其加速度。

題解　首先，畫出一個物體置於斜角為 θ 的斜面之圖，我們所欲研究的對象為此物體，將所有作用於該物體的力找出，共計有

1. 重力 $\vec{W} = m\vec{g}$，
2. 斜面的正向力 $\vec{N}$，
3. 摩擦力 $\vec{f}$，

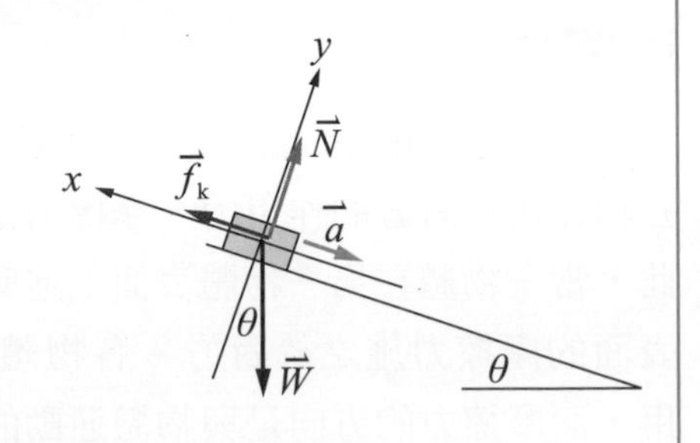

並將各力畫在作用於此物體上，此為該物體的自由體圖。其次，選定的坐標系其 x 軸平行斜面，而正方向為往斜面上方，其 y 軸與斜面垂直而正方向朝上，如圖所示。

再其次，將各個力用坐標分量表示，

$\vec{N} = N\,\hat{j}$

$\vec{W} = -mg\sin\theta\,\hat{i} - mg\cos\theta\,\hat{j}$

$\vec{f} = \mu N\,\hat{i}$

於是牛頓運動定律可寫為 $\sum\vec{F} = \vec{N}+\vec{W}+\vec{f} = m\vec{a}$ ，若用分量表示可寫為

$N\,\hat{j} - mg\sin\theta\,\hat{i} - mg\cos\theta\,\hat{j} + \mu N\,\hat{i} = -ma\,\hat{i}$ ，$(ma - mg\sin\theta + \mu N)\,\hat{i} + (N - mg\cos\theta)\,\hat{j} = 0$ ，

由此可得到一個聯立方程式為 $\begin{cases} ma - mg\sin\theta + \mu N = 0 & \cdots① \\ N - mg\cos\theta = 0 & \cdots② \end{cases}$ ，

由②式可得 $N = mg\cos\theta$ ，代入①式可得 $a = g\sin\theta - \mu g\cos\theta$ 。

範例 4-5

某物體置於斜角為 θ 的斜面上，已知靜摩擦係數為 0.75，而動摩擦係數為 0.5，求

(a)若逐漸增加斜面的斜角，則當物體開始下滑時的最小角度 θ_s 為何？

(b)物體滑動後的加速度為何？

(c)若再調整角度至 θ_k 使物體等速下滑，求此角度 θ_k 為何？

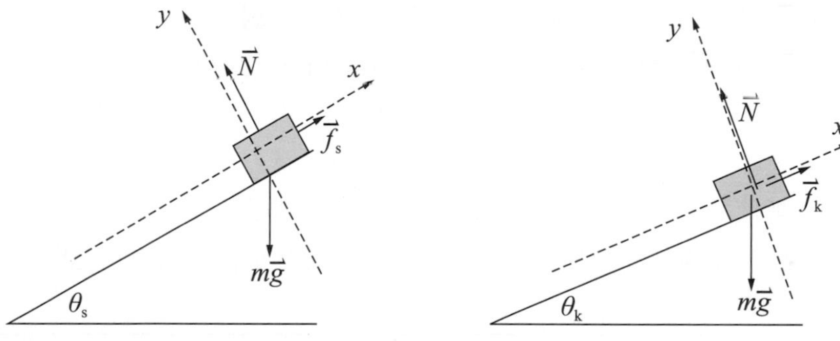

題解 (a)由題意知在斜角為 θ_s 時，作用於物體的三個力為重力 $\vec{W} = m\vec{g}$ ，

斜面的正向力 $\vec{N}$ ，最大靜摩擦力 $\vec{f}_s$ ，此三個力之合力為零，亦即 $\vec{N} + m\vec{g} + \vec{f}_s = 0$ ，

若選取的坐標系，其 x 軸平行斜面而正方向往斜面上方，其 y 軸與斜面垂直而正方向朝上，

則上式用分量表示為 $N\,\hat{j} - mg\sin\theta_s\,\hat{i} - mg\cos\theta_s\,\hat{j} + f_s\,\hat{i} = 0$ ，

由此可得 $\begin{cases} N - mg\cos\theta_s = 0 \\ f_s - mg\sin\theta_s = 0 \end{cases}$ ，因此，$\mu_s = \dfrac{f_s}{N} = \tan\theta_s$ ，$\theta_s = \tan^{-1}\mu_s = \tan^{-1}0.75 = 37°$ 。

(b)當物體開始下滑時，其摩擦力為動摩擦力，由牛頓運動定律可得 $\vec{N} + m\vec{g} + \vec{f}_k = m\vec{a}$ ，

則上式用分量表示為 $N\,\hat{j} - mg\sin\theta_s\,\hat{i} - mg\cos\theta_s\,\hat{j} + \mu_k N\,\hat{i} = -ma\,\hat{i}$ ，由此可得 $\begin{cases} N - mg\cos\theta_s = 0 \\ \mu_k N - mg\sin\theta_s = -ma \end{cases}$ ，

因此，$a = g\sin\theta_s - \mu_k g\cos\theta_s = 9.8\sin 37° - 0.5(9.8)\cos 37° = 1.98$ （m/s^2）。

(c)若再調整角度至 θ_k 使物體等速下滑，則為 $\vec{N} + m\vec{g} + \vec{f}_k = 0$ ，

由此可得 $\begin{cases} N - mg\cos\theta_k = 0 \\ f_k - mg\sin\theta_k = 0 \end{cases}$ ，因此，$\mu_k = \dfrac{f_k}{N} = \tan\theta_k$ ，$\theta_k = \tan^{-1}\mu_k = \tan^{-1}0.5 = 27°$ 。

繩子的張力

一條繩子在受到拉力的作用時，拉力分別施力於兩端。如果繩子的質量夠小，則施於其兩端的力大小相同。一條理想的細繩沒有

質量，而且在受到任何拉力的作用時均不會伸長。下面的例子說明一條理想的細繩，在沒有作加速度運動的情況下，不僅兩端的張力大小相同，而且細繩中每一點的張力亦相同。

範例 4-6

以一條細繩繫住置於水平桌面上的物體，假設某人以手沿水平方向拉此繩子，如圖所示，試分析其運動情況。

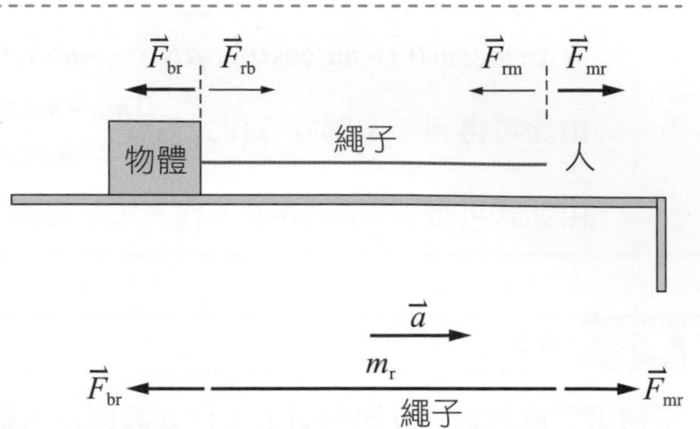

題解 首先，我們將人拉繩子的力表為 $\vec{F}_{mr}$，而繩子對人的反作用力表為 $\vec{F}_{rm}$，依據牛頓第三定律我們知道 $\vec{F}_{mr}=-\vec{F}_{rm}$；又繩子與物體之間也有類似的情況，若繩子作用於物體的力表為 $\vec{F}_{rb}$，而物體作用於繩子的力表為 $\vec{F}_{br}$，則 $\vec{F}_{rb}=-\vec{F}_{br}$。

其次，我們畫出繩子的自由體圖，對繩子而言，作用於其上的兩個外力為 $\vec{F}_{mr}$ 與 $\vec{F}_{br}$，分別作用於繩子的兩端；設繩子的質量為 m_r，其加速度為 $\vec{a}$，則依據牛頓第二定律 $\sum\vec{f}=\vec{f}_{br}+\vec{f}_{mr}=m_r\vec{a}$。如果我們選擇坐標軸為沿此繩子的水平線，且取向右為正方向 $\hat{\text{i}}$，則上式用分量表示為 $-F_{br}+F_{mr}=m_r a$。

一般而言，$\vec{F}_{mr}$ 與 $\vec{F}_{br}$ 的大小並不相等，因為這兩個力不是一對作用與反作用力。只有在下面兩種情況下，我們才會發現 $\vec{F}_{mr}$ 與 $\vec{F}_{br}$ 的大小相等。其一情況為繩子的加速度為零，另一情況為繩子的質量很小而可以忽略不計時，亦即當(1) $a=0$，(2) $m_r\approx 0$ 時，此兩力的大小會相等。在此兩種特殊的情況下，吾人可以認為繩子將施於其上的力，毫無改變其大小的傳遞過去。一條張緊的繩子上任一點所傳遞之力稱為繩子的張力。測量張力的方法，可想像在繩上某點將繩子切斷，插入彈簧秤，則秤上的讀數即為繩子該點的張力。只有在繩子沒有加速度時或假定繩子的質量很小而可以忽略不計時，繩上各點的張力才會相同。

範例 4-7

一條均勻繩子 AB，長度為 L，質量為 M，置於水平面上。今在兩端各施一作用力 $\vec{F}_A$ 及 $\vec{F}_B$，求繩子上距 B 端 x 處的張力大小為何？

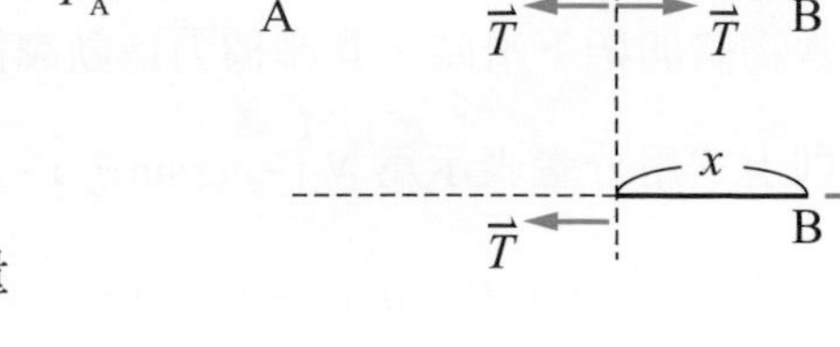

題解 首先考慮自 B 端算起長度 x 處的一段繩子之自由體圖，設在長度 x 處的繩子之張力為 T，如圖所示。對此一段繩子而言，其質量為 $\frac{xM}{L}$，則依據牛頓第二定律 $\sum\vec{F}=\vec{T}+\vec{F}_B=\frac{xM}{L}\vec{a}$，若取向右為正方向，其單位向量為 $\hat{\text{i}}$，則上式用分量表示為 $-T+F_B=\frac{x}{L}Ma\cdots$①

其次考慮整段繩子，其自由體圖如圖所示，

則依據牛頓第二定律 $\sum\vec{F}=\vec{F}_A+\vec{F}_B=M\vec{a}$，用分量表示為 $-F_A+F_B=Ma\cdots$②

①②解此聯立方程式可得 $T=F_B-\frac{x}{L}(F_B-F_A)$，

當 $x=0$ 時 $T=F_B$；當 $x=L$ 時 $T=F_A$；當 $x=\frac{L}{2}$ 時 $T=\frac{F_A+F_B}{2}$。

範例 4-8

長度爲 20 公尺的細繩，質量爲 2 公斤，靜置於光滑水平桌面上，有 5 公尺的長度沿桌面邊緣鉛直下垂，今將此繩子釋放的瞬間，求繩子的加速度，以及在桌子邊緣處繩子的張力爲何？（重力加速度 $g = 10\ \text{m/s}^2$）

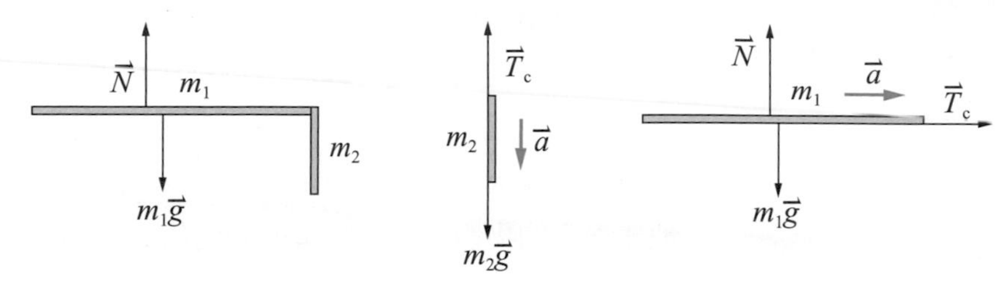

題解 首先考慮整段繩子的自由體圖，整段繩子的所受的和力來自沿桌面邊緣鉛直下垂的那一段重量，設在水平桌面上的質量爲 m_1，而沿桌面邊緣鉛直下垂的那一段質量爲 m_2，$\dfrac{m_1}{m_2} = \dfrac{15}{5} = \dfrac{3}{1}$，

因此，$m_1 = \dfrac{3}{4}M = \dfrac{3}{2}$（kg），$m_2 = \dfrac{1}{4}M = \dfrac{1}{2}$（kg），由牛頓第二定律可得 $\vec{F} = (m_1 + m_2)\vec{a} = m_2\vec{g}$，

用分量表示爲 $-(m_1 + m_2)a\,\hat{j} = -m_2 g\,\hat{j}$，由此可得 $a = \dfrac{10}{4} = 2.5$（m/s^2）。

今考慮 m_2 的自由體圖，$\vec{T}_c + m_2\vec{g} = m_2\vec{a}$，用分量表示爲 $T_c\,\hat{j} - m_2 g\,\hat{j} = -m_2 a\,\hat{j}$，

由此可得 $T_c = \dfrac{1}{2}(10) - \dfrac{1}{2}(2.5) = 3.75$（N）；

再考慮 m_1 的自由體圖，$\vec{N} + \vec{T}_c + m_1\vec{g} = m_1\vec{a}$，用分量表示爲 $N\,\hat{j} + T_c\,\hat{i} - m_1 g\,\hat{j} = m_1 a\,\hat{i}$，

由此可得 $N = m_1 g$，$T_c = m_1 a = \dfrac{3}{2}(2.5) = 3.75$（N）。

滑輪

滑輪爲簡單機械的一種，簡單機械可以改變完成工作所需力的方向或大小。對於理想的滑輪，我們並不考慮滑輪的質量，也不考慮摩擦，因此，假設環繞理想滑輪的繩子之質量可忽略，則其張力在滑輪的兩端都一樣。此種情形是由於不考慮摩擦，因此，整段繩子的張力都是一樣的，若是滑輪有摩擦，則會導至滑輪會有轉動的現象，此時在滑輪兩端的張力就不相同，這種問題將於轉動運動的章節中討論。

重力

根據牛頓萬有引力定律（law of universal gravitation），任何具有質量的兩物體互相施與對方之引力，其大小正比於兩物體的質量，而與兩物體中心距離的平方成反比。質量 m_1 與 m_2 兩物體間萬有引力量值若用數學式子表示則爲

$$F = \frac{Gm_1m_2}{r^2} \tag{4-11}$$

其中比例常數 $G = 6.673 \times 10^{-11}\ \text{N} \cdot \text{m}^2/\text{kg}^2$ 稱爲萬有引力常數。萬有引力又稱爲重力，它是一種吸引力，每一物體被拉向另一物體的中心。嚴格說來，萬有引力定律的作用點只是整個物體內的一個點，此點

我們稱之爲物體的重心（center of gravity）。如果整個物體密度均勻，則物體的重心就是物體的質量中心或簡稱爲質心（center of mass）。質心是一種描述物體運動時的一個代表性的點，我們可將整個物體的質量集中在質心，而用之以描述整個物體的運動，此稱之爲質點運動學。通常我們是可以將整個物體用質量集中在質心的一個質點來表示。於是萬有引力定律便可應用於此質點系統，當兩物體中心間的距離遠大於它們本身的大小時，萬有引力定律是正確的。對於地球表面的物體而言，物體所受到的引力爲

$$F=\frac{GmM}{R_e^2} \tag{4-12}$$

此處我們用 m 代表地球表面上物體的質量，M 代表地球的質量，R_e 爲地球的半徑。一般我們稱物體所受到的引力爲物體的重量，以 $W=mg$ 表示。於是

$$F=\frac{GmM}{R_e^2}=W=mg \tag{4-13}$$

$$g=\frac{GM}{R_e^2}=\frac{(6.673\times10^{-11})(5.98\times10^{24})}{(6.37\times10^{6})^2}=9.8\ (\text{m/s}^2) \tag{4-14}$$

一般而言，地球的重力場強度是隨物體與地心的距離而有所變化，其變化關係爲

$$F=\frac{GmM}{r^2}=mg \tag{4-15}$$

$$g(r)=\frac{GM}{r^2} \tag{4-16}$$

其中 r 爲 m 與 M 兩者中心的距離，此 g 值我們稱爲地球的重力場強度。若物體 m 置於地球表面 h 高度處，則 $r=R_e+h$，若 h 遠比 R_e 爲小時，可得

$$g=\frac{GM}{r^2}=\frac{GM}{(R_e+h)^2}\approx\frac{GM}{R_e^2}=9.8\ (\text{m/s}^2) \tag{4-17}$$

重量與失重

重量是指一個人站在磅秤上所看到的讀數，根據此定義一物體的重量是它對磅秤的作用力。若物體置於地面上，則物體的重量是它對地面的作用力。

如圖 4-7(a)所示，假若一個人站在電梯的地板上，$\vec{F}_g$ 爲其所受的重力，$\vec{F}_w$ 爲人對地板的作用力，$\vec{F}_w'$ 爲地板對人的作用力，$\vec{F}_w$ 與 $\vec{F}_w'$ 互爲作用力與反作用力，因此，$\vec{F}_w=-\vec{F}_w'$。根據此定義，人的重量爲 $\vec{F}_w$，由作用力圖來看，作用於人的合力爲

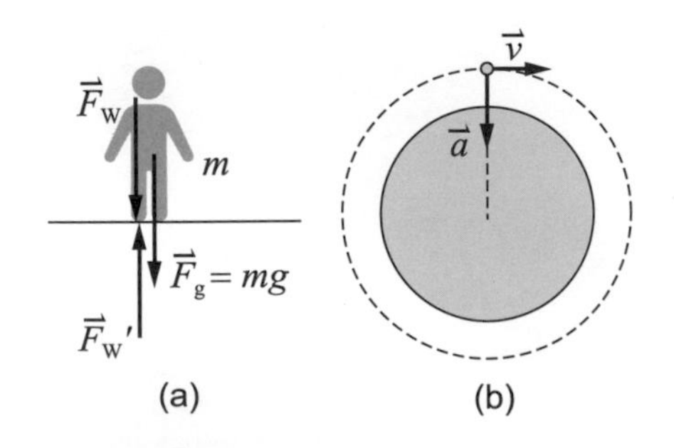

圖 4-7 物體的重量示意圖。

$$\sum\vec{F}=\vec{F}_g+\vec{F}_w'=\vec{F}_g-\vec{F}_w \tag{4-18}$$

亦即

$$\vec{F}_w = \vec{F}_g - \sum \vec{F} \tag{4-19}$$

假若電梯係靜止於地面上，則作用於人的合力爲零，$\sum \vec{F} = 0$，故

$$\vec{F}_w = \vec{F}_g = m\vec{g} \tag{4-20}$$

若電梯以加速度 $\vec{a}$ 上升，則合力 $\sum \vec{F} = m\vec{a}$，故

$$\sum \vec{F} = \vec{F}_g - \vec{F}_w = m\vec{a} \tag{4-21}$$

設向上的方向爲正方向，則上式用純量表示爲

$$-F_g - (-F_w) = ma \text{ ， } F_w = F_g + ma \tag{4-22}$$

若電梯以加速度 $\vec{a}$ 下降，則

$$\sum \vec{F} = \vec{F}_g - \vec{F}_w = m\vec{a} \tag{4-23}$$

上式用純量表示爲

$$-F_g - (-F_w) = -ma \text{ ， } F_w = F_g - ma \tag{4-24}$$

若電梯以重力加速度 $\vec{g}$ 下降，則

$$F_w = F_g - mg = 0 \tag{4-25}$$

所謂失重，是指 $\vec{F}_w = 0$，亦即合力 $\sum \vec{F} = \vec{F}_g$。據此，一個自由落下的物體便是處於失重的狀態。如圖 4-7(b)所示，處於繞地球運行的太空船中的太空人，亦是處於失重的狀態，因爲此時 $\sum \vec{F} = \vec{F}_g - \vec{F}_w = m\vec{a}$，$g = \dfrac{GM}{r^2} = a =$ 向心加速度，$F_g = mg = ma$，$F_w = F_g - ma = mg - ma = 0$。

範例 4-9

質量爲 m 的物體置於質量爲 M 的木板上，今手持木板以加速度 a 下降時，求 M 施於 m 的力以及手需施的力。

題解 首先，考慮 m 的自由體圖，$\vec{N} + m\vec{g} = m\vec{a}$，

用分量表示爲 $N\hat{j} - mg\hat{j} = -ma\hat{j}$，

$N = mg - ma \cdots$①

其次，考慮 M 的自由體圖，

$\vec{F} + (-\vec{N}) + M\vec{g} = M\vec{a}$，

用分量表示爲 $F\hat{j} - N\hat{j} - Mg\hat{j} = -Ma\hat{j}$，

$F - N - Mg = -Ma \cdots$②

由①②得，$F = (m+M)g - (m+M)a = (m+M)(g-a)$，此爲手所需施的力；

又由①可得 $N = m(g-a)$，此爲 M 施於 m 的力。

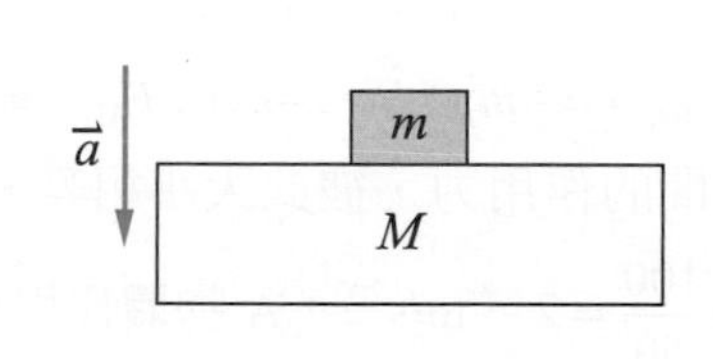

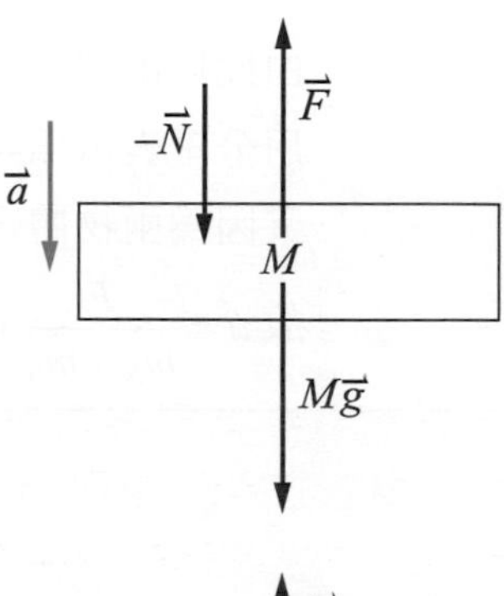

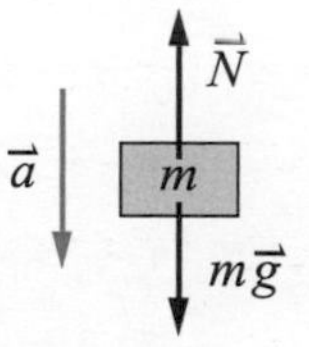

4-5 牛頓運動定律的一些應用問題

一般問題

範例 4-10

如圖所示，A、B 兩物體質量分別為 $m_A = 30\,\text{kg}$，$m_B = 20\,\text{kg}$，相互接觸而置於光滑的水平面上。

(a)今以大小為 100 牛頓的水平力向右推著 A 物體，求 A 物體作用於 B 物體的力多大？

(b)又若將 100 牛頓的水平力改為由向左推著 B 物體，則此時 A 物體作用於 B 物體的力多大？

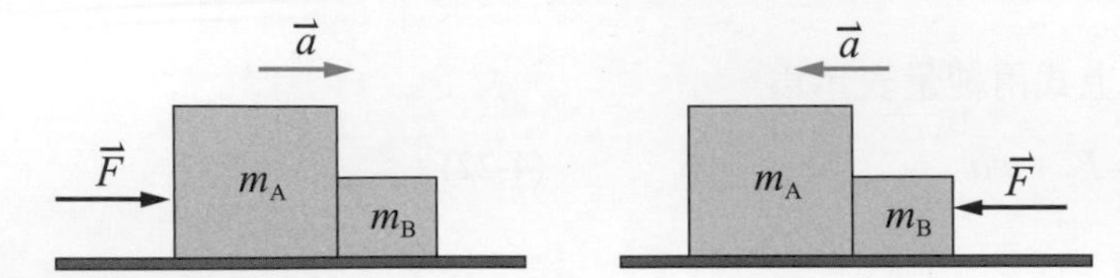

題解 (a)設 A 物體作用於 B 物體的力為 F_{AB}，B 物體作用於 A 物體的力為 F_{BA}，由於物體在水平方向運動，在垂直方向物體的重力與水平面的正向力互相抵消，因此，我們只考慮水平方向運動的自由體圖，如下圖所示：

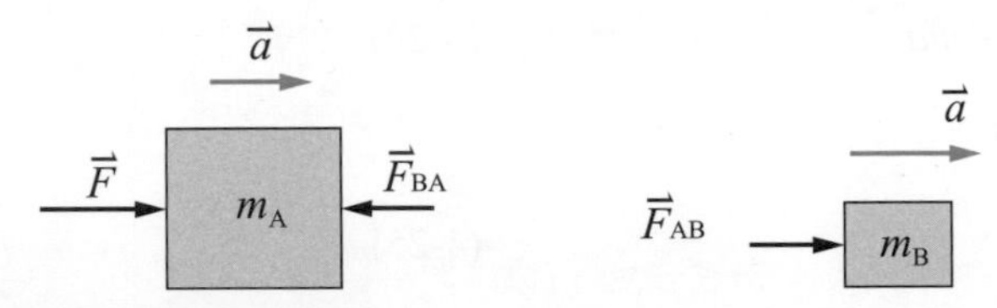

由此自由體圖可得 $\vec{F}+\vec{F}_{BA}=m_A\vec{a}$，$\vec{F}_{AB}=m_B\vec{a}$，

用分量表示為 $F\,\hat{i}-F_{BA}\,\hat{i}=m_A a\,\hat{i}$，$F_{AB}\,\hat{i}=m_B a\,\hat{i}$，亦即 $F-F_{BA}=m_A a$，$F_{AB}=m_B a$；

又因為兩物體之間的作用力，彼此大小相等，$F_{AB}=F_{BA}$，由此可得 $F-m_B a=m_A a$，

故 $a=\dfrac{F}{m_A+m_B}=\dfrac{100}{50}=2$（$\text{m/s}^2$），A 物體作用於 B 物體的力為 $F_{BA}=F_{AB}=m_B a=(20)(2)=40$（N）。

(b)若將 100 牛頓的水平力改為由向左推著 B 物體，則此時的自由體圖，如下圖所示：

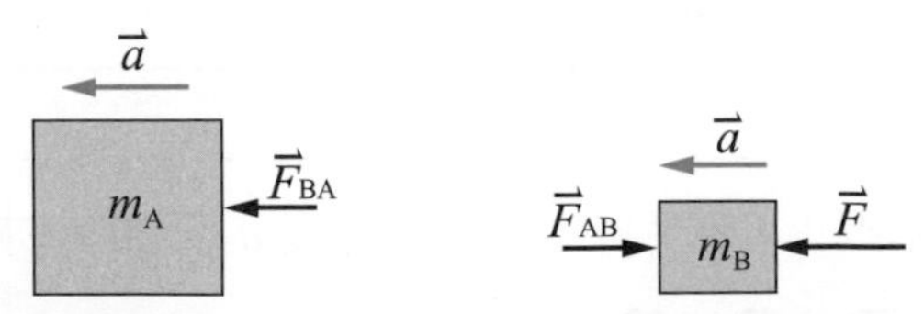

由此自由體圖可得 $\vec{F}_{BA}=m_B\vec{a}$，$\vec{F}+\vec{F}_{AB}=m_B\vec{a}$，

用分量表示為 $-F_{BA}\,\hat{i}=-m_A a\,\hat{i}$，$-F\,\hat{i}+F_{AB}\,\hat{i}=-m_B a\,\hat{i}$，亦即 $F_{BA}=m_A a$，$F-F_{AB}=m_B a$；

又因為兩物體之間的作用力，彼此大小相等，$F_{AB}=F_{BA}$，由此可得 $F-m_A a=m_B a$，

故 $a=\dfrac{F}{m_A+m_B}=\dfrac{100}{50}=2$（$\text{m/s}^2$），A 物體作用於 B 物體的力為 $F_{BA}=F_{AB}=m_A a=(30)(2)=60$（N）。

範例 4-11

一隻質量為 m 的猴子從地面跳起來抓住懸掛在天花板上質量為 M 的的鉛直木竿，在這瞬間，懸繩斷了，然而由於猴子繼續的往上爬，若猴子離地的高度始終不變，求木竿下落的加速度大小為何？

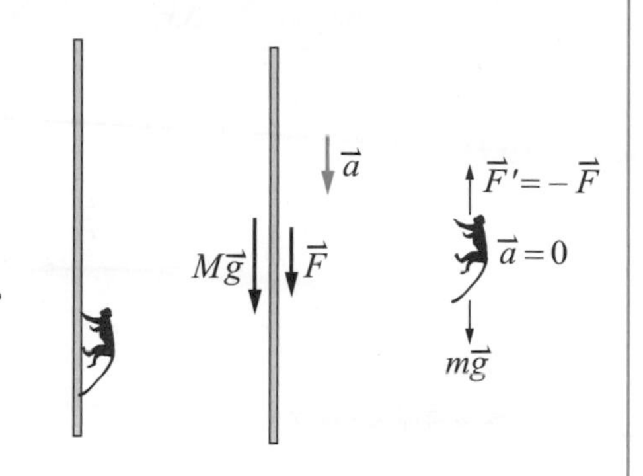

題解 如圖所示，由於猴子繼續的往上爬，所以猴子會施一個力 $\vec{F}$ 於木竿，而木竿也會施一個反作用力 $\vec{F}'=-\vec{F}$ 於猴子。今由木竿的自由體圖可得 $\vec{F}+M\vec{g}=M\vec{a}$，用分量表示為 $-F\,\hat{j}-Mg\,\hat{j}=Ma\,\hat{j}$，

由此可得 $F+Mg=Ma$ ⋯①

由猴子的自由體圖可得 $\vec{F}'+m\vec{g}=0$，用分量表示為 $F'\,\hat{j}-mg\,\hat{j}=0$，

由此可得 $F'=mg=F$ ⋯②

將②代入①可得 $a=\dfrac{(m+M)}{M}g$。

範例 4-12

物體 A 及 B 與車子接觸面間的靜摩擦係數皆為 μ_s，如圖所示，

(a)若欲使 A 物體不致滑下，則車子的加速度最小為何？

(b)若欲使 B 物體不致滑動，則車子的加速度最大為何？

題解 (a)由 A 物體的自由體圖，

可得 $\vec{N}_A+m_A\vec{g}+\vec{f}_s=m_A\vec{a}$，用分量表示為 $N_A\,\hat{i}-m_Ag\,\hat{j}+f_s\,\hat{j}=m_Aa\,\hat{i}$，

由此可得 $N_A=m_Aa$，$f_s=m_Ag$，若欲使 A 物體不致滑下，則需 $f_s\geq m_Ag$，

因此 $f_s=\mu_sN_A=\mu_sm_Aa\geq m_Ag$，故 $a\geq\dfrac{g}{\mu_s}$，車子的加速度最小為 $a=\dfrac{g}{\mu_s}$。

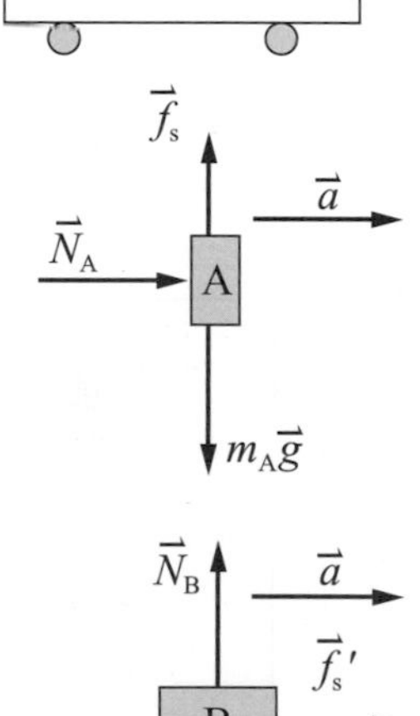

(b)再由 B 物體的自由體圖，

可得 $\vec{N}_B+m_B\vec{g}+\vec{f}_s'=m_B\vec{a}$，用分量表示為 $N_B\,\hat{j}-m_Bg\,\hat{j}+f_s'\,\hat{i}=m_Ba\,\hat{i}$，

由此可得 $N_B=m_Bg$，$f_s'=m_Ba$，若欲使 B 物體不致滑下，則需 $f_s'\geq m_Ba$，

因此 $f_s'=\mu_sN_B=\mu_sm_Bg\geq m_Ba$，故 $\mu_sg\geq a$，於是知車子的加速度最大為 $a=\mu_sg$。

彈簧問題

虎克定律（Hooke's law）：茲考慮彈簧繫某物體的系統，如圖 4-8 所示，若將物體往右拉，使物體施一外力 $\vec{F}'$ 於彈簧，則彈簧也會施一反作用力於物體，彈簧施於物體的作用力稱為彈簧的恢復力 $\vec{F}$，在彈簧的彈性限度內，彈簧的伸長量 $\vec{x}$ 與彈簧的恢復力 $\vec{F}$ 成正比，而方向相反。若用數學表示則寫為 $\vec{F}=-k\vec{x}$，其中 k 稱為彈簧的彈力常數。一般而言，彈力常數的大小與彈簧的原長度 ℓ_0 成反比，而與其截面積 A 成正比，用數學表示則寫為 $k=Y\dfrac{A}{\ell_0}$，其中 Y 稱為彈簧的彈性係數或稱為楊氏係數。

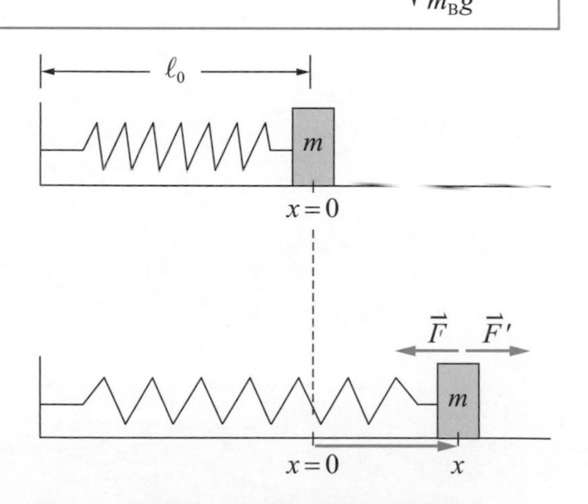

圖 4-8 彈簧的伸長量與彈簧的恢復力。

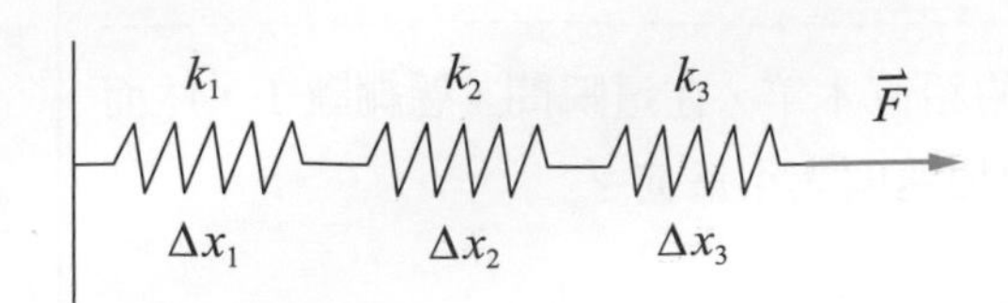

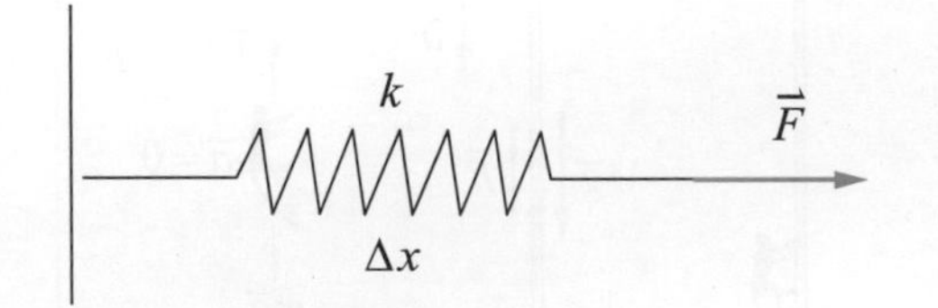

圖 4-9 彈簧串聯的情況。

串聯的情況：

茲考慮有三個彈簧其彈力常數分別為 k_1 、 k_2 、 k_3 將其串聯，今若欲以一個彈力常數為 k 的彈簧來代表此三個串聯的彈簧，如圖 4-9 所示，則 k 與 k_1 、 k_2 、 k_3 的關係為何？

茲考慮施以一個大小為 F 的外力於此三個串聯的彈簧，由於串聯時施於每個彈簧的施力均為相同的力 F，設三個彈簧的伸長量分別為 Δx_1 、 Δx_2 、 Δx_3，今若欲以一個彈力常數為 k 的彈簧來代表此三個串聯的彈簧，且以相同的力 F 施於此一個彈簧而其伸長量為 Δx，則 $\Delta x = \Delta x_1 + \Delta x_2 + \Delta x_3$，由虎克定律知

$$\frac{F}{k} = \frac{F}{k_1} + \frac{F}{k_2} + \frac{F}{k_3} \tag{4-26}$$

因此，串聯時組合彈簧的彈力常數為

$$\frac{1}{k} = \frac{1}{k_1} + \frac{1}{k_2} + \frac{1}{k_3} \tag{4-27}$$

若是 n 個彈簧串聯，則為

$$\frac{1}{k} = \frac{1}{k_1} + \frac{1}{k_2} + \frac{1}{k_3} + \cdots + \frac{1}{k_n} \tag{4-28}$$

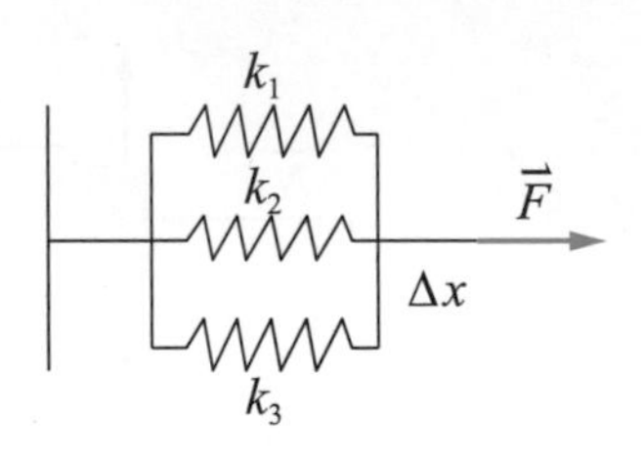

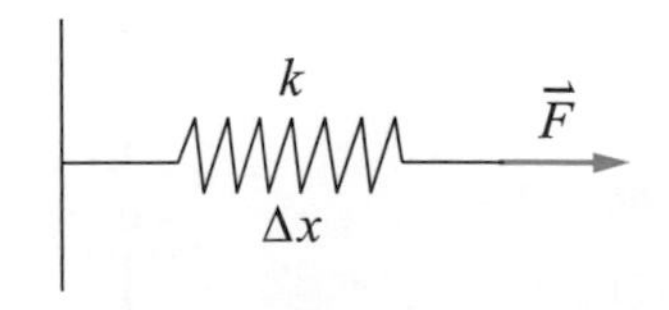

圖 4-10 彈簧並聯的情況。

並聯的情況：

茲考慮有三個彈簧其彈力常數分別為 k_1 、 k_2 、 k_3 將其並聯，今若欲以一個彈力常數為 k 的彈簧來代表此三個並聯的彈簧，如圖 4-10 所示，則 k 與 k_1 、 k_2 、 k_3 的關係為何？

若施以外力於此三個並聯的彈簧，由於並聯時每個彈簧的伸長量均為相同的 Δx，但是各個彈簧上的施力的大小分別為 F_1 、 F_2 、 F_3，今若欲以一個彈力常數為 k 的彈簧來代表此三個並聯的彈簧，且以外力 F 施於此一個彈簧，而其伸長量亦為 Δx，則 $F = F_1 + F_2 + F_3$，由虎克定律知

$$k\Delta x = k_1\Delta x + k_2\Delta x + k_3\Delta x \tag{4-29}$$

因此，並聯時組合彈簧的彈力常數為

$$k = k_1 + k_2 + k_3 \tag{4-30}$$

若是 n 個彈簧並聯，則為

$$k = k_1 + k_2 + k_3 + \cdots + k_n \tag{4-31}$$

總之，串聯時各彈簧受力相同，總伸長量等於各彈簧伸長量之和，並聯時各彈簧伸長量相同，所受之力等於各彈簧受力之和。串聯時彈力常數變小，並聯時彈力常數變大。

範例 4-13

兩彈力常數分別爲 k_1 及 k_2 的彈簧，與質量爲 m 的物體相連接，如圖所示，求組合彈簧的彈力常數。

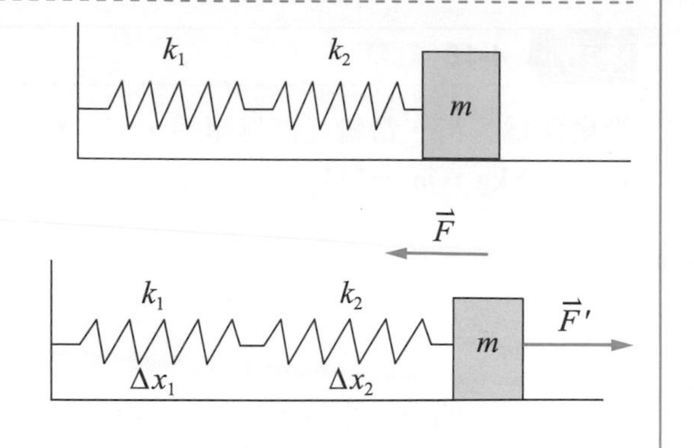

題解 若施一外力 F' 於此系統，並假設彈力常數爲 k_1 的彈簧伸長量爲 Δx_1，彈力常數爲 k_2 的彈簧伸長量爲 Δx_2，令 $\Delta x = \Delta x_1 + \Delta x_2$，則作用於物體上的彈簧恢復力爲 $F = -F' = -k_1\Delta x_1 = -k_2\Delta x_2$，

故 $\dfrac{k_1}{k_2} = \dfrac{\Delta x_2}{\Delta x_1}$，$\dfrac{k_1 + k_2}{k_2} = \dfrac{\Delta x_1 + \Delta x_2}{\Delta x_1} = \dfrac{\Delta x}{\Delta x_1}$，

$\Delta x_1 = \dfrac{k_2}{k_1 + k_2}\Delta x$，由 $F = -k_1\Delta x_1 = -k_1\dfrac{k_2}{k_1 + k_2}\Delta x = -k\,\Delta x$，

可知 $k = \dfrac{k_1 k_2}{k_1 + k_2} = \dfrac{1}{\dfrac{1}{k_1} + \dfrac{1}{k_2}}$，此爲相當於兩彈簧串聯的情況。

範例 4-14

兩彈力常數分別爲 k_1 及 k_2 的彈簧，與質量爲 m 的物體相連接，如圖所示，求組合彈簧的彈力常數。

題解 若施一外力 F' 於此系統，並假設兩彈簧的伸長量均爲 Δx，彈力常數爲 k_1 的彈簧之恢復力爲 F_1，彈力常數爲 k_2 的彈簧之恢復力爲 F_2，則作用於物體上的總彈簧恢復力爲 $F = -F' = F_1 + F_2 = -k_1\Delta x - k_2\Delta x$，又由 $F = -k\Delta x$，可知 $k = k_1 + k_2$，此爲相當於兩彈簧並聯的情況。

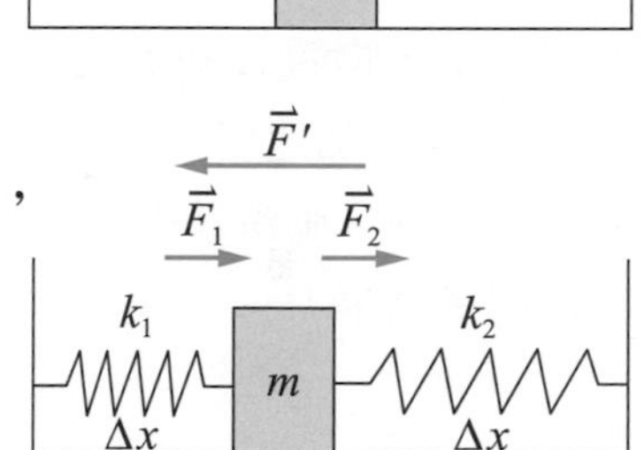

範例 4-15

將一彈力常數爲 k_0 的彈簧分割成長度比爲 a：b 的兩段，試說明此兩段的彈力常數分別爲 $k_a = \dfrac{a+b}{a}k_0$，$k_b = \dfrac{a+b}{b}k_0$。

題解 原先彈力常數爲 k_0 的彈簧，$k_0 = Y\dfrac{A}{\ell}$（此爲(9-9)式，其中 Y 爲楊氏模量），今將其分割成長度比爲 a：b 兩段，則長度比爲 a 的彈簧其彈力常數爲 $k_a = Y\dfrac{A}{a}$，而長度比爲 b 的彈簧其彈力常數爲 $k_b = Y\dfrac{A}{b}$，

由 $\dfrac{k_a}{k_b} = \dfrac{b}{a}$ 知 $\dfrac{k_a}{k_0} = \dfrac{k_a + k_b}{k_b} = \dfrac{b+a}{a} = \dfrac{\ell}{a}$，又由 $\dfrac{k_a}{k_0} = \dfrac{\ell}{a}$ 知 $\dfrac{\ell}{a} = \dfrac{k_a}{k_0} = \dfrac{k_a + k_b}{k_b}$，

故 $k_0 = k_a\dfrac{k_b}{k_a + k_b} = k_a\dfrac{a}{a+b}$，亦即 $k_a = \dfrac{a+b}{a}k_0$，同理可證 $k_b = \dfrac{a+b}{b}k_0$。

滑輪相關問題

範例 4-16

設桌面爲光滑，滑輪光滑無摩擦，可忽略繩子質量與滑輪質量，如圖所示，若 $m_1 = 5\,\text{kg}$， $m_2 = 15\,\text{kg}$，求加速度與繩子張力。（重力加速度 $g = 9.8\ \text{m/s}^2$）

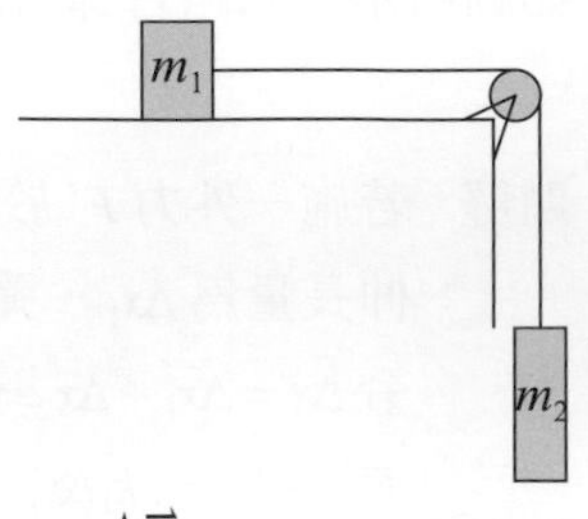

題解 由 m_1 的自由體圖可得 $\vec{N}+\vec{T}+m_1\vec{g}=m_1\vec{a}$ ，

用分量表示爲 $N\,\hat{\text{j}}-m_1 g\,\hat{\text{j}}+T\,\hat{\text{i}}=m_1 a\,\hat{\text{i}}$ ，由此可得

$T = m_1 a \cdots$①

$N = m_1 g \cdots$②

由 m_2 的自由體圖可得 $\vec{T}+m_2\vec{g}=m_2\vec{a}$ ，

用分量表示爲 $T\,\hat{\text{j}}-m_2 g\,\hat{\text{j}}=-m_2 a\,\hat{\text{j}}$，由此可得

$T = m_2(g-a) \cdots$③

①代入③可得 $a=\dfrac{m_2 g}{m_1+m_2}=7.35$（$\text{m/s}^2$），$T=m_1 a=36.75$（N）。

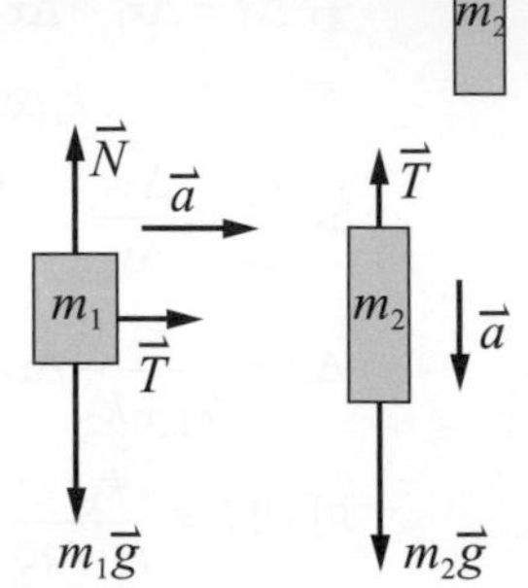

範例 4-17

如圖所示，物體 A 與 B 的質量均爲 m，設滑輪光滑無摩擦，可忽略繩子質量與滑輪質量。則 A 與 B 的加速度爲何？定滑輪通常用於改變作用力的方向，因此，定滑輪兩邊繩子的張力大小相同。動滑輪則是一種省力的裝置，因此，動滑輪下方繩子的張力是兩倍於繞過動滑輪繩子的張力。

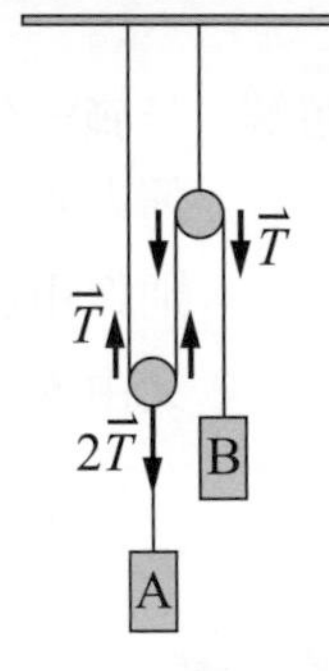

題解 由 A 的自由體圖可得 $2\vec{T}+m_A\vec{g}=m_A\vec{a}$ ，

用分量表示爲 $2T\,\hat{\text{j}}-m_A g\,\hat{\text{j}}=m_A a\,\hat{\text{j}}$，由此可得

$2T = mg + ma \cdots$①

由 B 的自由體圖可得 $\vec{T}+m_B\vec{g}=m_B(2\vec{a})$，

用分量表示爲 $T\,\hat{\text{j}}-m_B g\,\hat{\text{j}}=-2m_B a\,\hat{\text{j}}$，由此可得

$T = mg - 2ma \cdots$②

由①②可得 $a=\dfrac{g}{5}$ 。

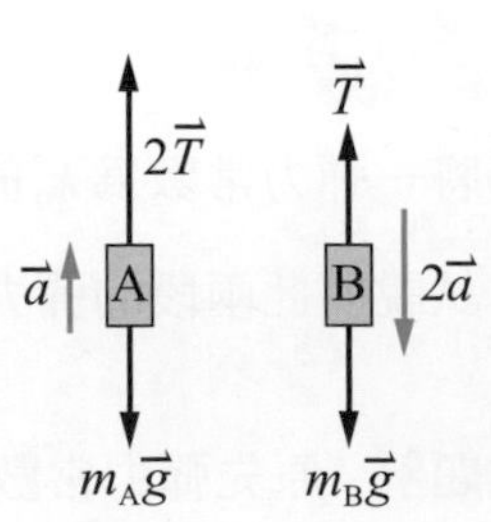

範例 4-18

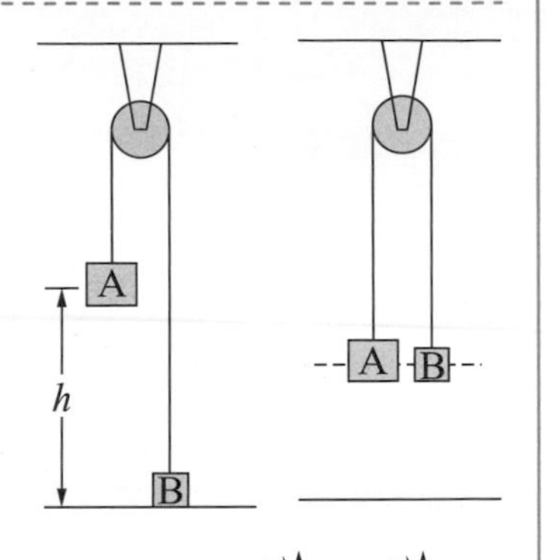

如圖所示，某滑輪經由一條繩子兩端分別吊著物體 A 與 B，設 A 物體的質量為 M，B 物體的質量為 m，且 $M > m$。若不計繩子重量以及滑輪的摩擦，求

(a)整個系統的加速度；

(b)繩子的張力；

(c)自開始運動至 A 與 B 兩物體到達同一高度，所需時間；

(d) B 物體所能到達的最大高度為何。

題解 (a)(b)由 M 的自由體圖可得 $\vec{T}+M\vec{g}=M\vec{a}$，用分量表示為 $T\,\hat{j}-Mg\,\hat{j}=-Ma\,\hat{j}$，

由此可得 $T=Mg-Ma\cdots$①

由 m 的自由體圖可得 $\vec{T}+m\vec{g}=m\vec{a}$，用分量表示為 $T\,\hat{j}-mg\,\hat{j}=ma\,\hat{j}$，

由此可得 $T=mg+ma\cdots$②

由①②知 $T=Mg-Ma=mg+ma$，$a=\dfrac{(M-m)g}{m+M}$ 此為整個系統的加速度；

代入①可得 $T=\dfrac{2mMg}{m+M}$ 此為繩子的張力。

(c) A 與 B 兩物體到達同一高度為 B 物體上升 $\dfrac{h}{2}$ 處，應用公式 $y=y_0+v_{y0}t+\dfrac{1}{2}at^2$，

可得 $\dfrac{h}{2}=0+0+\dfrac{1}{2}\dfrac{(M-m)g}{M+m}t^2$，則 $t=\sqrt{\dfrac{(m+M)h}{(M-m)g}}$，此為 A 與 B 兩物體到達同一高度，所需時間。

(d)當 B 物體上升 h 高度時，B 物體的速度為 $v_y^2=v_{y0}^2+2ah=0+2h\dfrac{(M-m)g}{m+M}$。B 物體上升 h 高度之後，就受到重力加速度的作用，此時 B 物體的加速度為 $a=-g$，應用公式 $v_y^2=v_{y0}^2-2gy$，可得

$0=2h\dfrac{(M-m)g}{m+M}-2gy$，則 $y=\dfrac{h(M-m)}{m+M}$，因此，B 物體上升所能到達的最大高度為 $h+y=\dfrac{2hM}{m+M}$。

4-6 圓周運動力學

水平圓周運動

等速圓周運動是指物體以等速率 v，在半徑為 r 的圓周上運動，此時物體受到向心加速度的作用，其大小等於 $\dfrac{v^2}{r}$，其方向恆指向圓心。對一個作等速圓周運動的物體而言，其加速度的方向恆與速度垂直。由於速度的方向係在圓的切線上，且隨物體在圓周上運動時時改變方向，因此，加速度的方向也時時在改變，但均指向圓心。由牛頓運動定律：一個作加速度運動的物體必會受到力的作用，故物體作圓周運動時因其具有加速度，必有淨力作用於物體，其大小為 $F=ma=\dfrac{mv^2}{r}$，而其方向在任何時刻均與加速度的方向相同，因係指向圓心，故稱為向心力。當你在圓形跑道上開車，但路面並沒有傾斜時，地面作用於輪胎的摩擦力會使車子保持在彎道上，此摩擦力的作用方向是往側邊的，亦即是往圓形跑道的中心，如圖 4-11 所示。

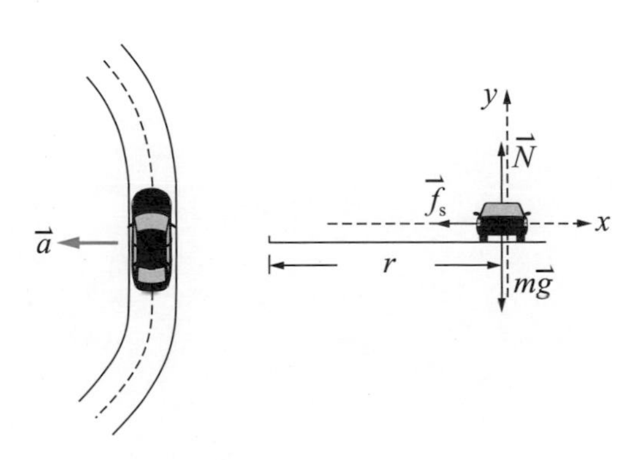

圖 4-11 圓形彎道上的汽車。

設汽車正以速率 v 繞半徑爲 r 的圓形跑道行駛，由汽車的自由體圖可得

$$\vec{N}+m\vec{g}+\vec{f}_s=m\vec{a} \tag{4-32}$$

用分量表示爲

$$N\,\hat{j}-mg\,\hat{j}-\mu_s N\,\hat{i}=-ma\,\hat{i} \tag{4-33}$$

由此可得

$$N=mg \tag{4-34}$$

$$\mu_s N=ma \tag{4-35}$$

由於向心加速度爲 $a=\dfrac{v^2}{r}$，因此，可得

$$\mu_s mg=m\frac{v^2}{r} \tag{4-36}$$

$$v=\sqrt{\mu_s rg} \tag{4-37}$$

以上是假設輪胎不打滑，輪胎與路面之間沒有相對運動，這時作用的是靜摩擦力。若車子打滑，輪胎底部沿著路面滑動，則作用的是比較小的動摩擦力。在沒有摩擦的光滑路面上，是無法使車子保持在彎道上的。

爲了預防車子打滑或失速，轉彎處的路面通常設計有點傾斜的坡度，如圖 4-12 所示。在這樣的路面行駛，法線方向的力就會有一個往彎道中心方向的分力，以提供車子轉彎的向心力。設汽車正以速率 v 繞半徑爲 r 的圓形跑道行駛，路面傾斜的角度爲 θ，由汽車的自由體圖可得

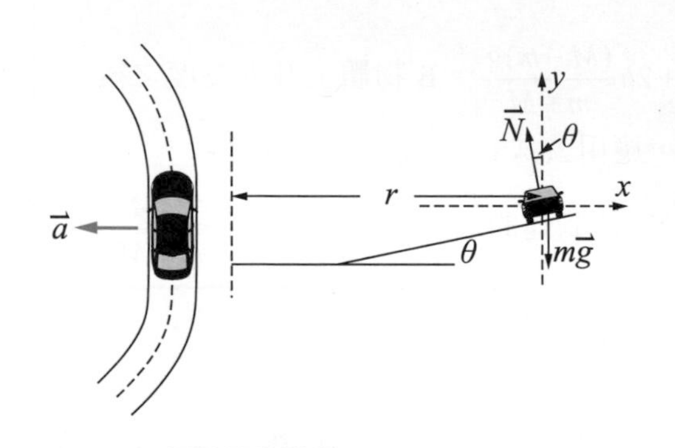

圖 4-12 有斜坡的彎道。

$$\vec{N}+m\vec{g}=m\vec{a} \tag{4-38}$$

用分量表示爲

$$-N\sin\theta\,\hat{i}+N\cos\theta\,\hat{j}-mg\,\hat{j}=-ma\,\hat{i} \tag{4-39}$$

由此可得

$$N\cos\theta=mg \tag{4-40}$$

$$N\sin\theta=ma \tag{4-41}$$

由向心加速度 $a=\dfrac{v^2}{r}$，可得

$$\tan\theta=\frac{v^2}{rg} \tag{4-42}$$

$$v=\sqrt{rg\tan\theta} \tag{4-43}$$

範例 4-19

高速公路一段轉彎處的半徑為 r，路面傾斜的角度為 θ，輪胎與路面之間的靜摩擦係數為 μ_s，求車子通過彎道的最大速率。

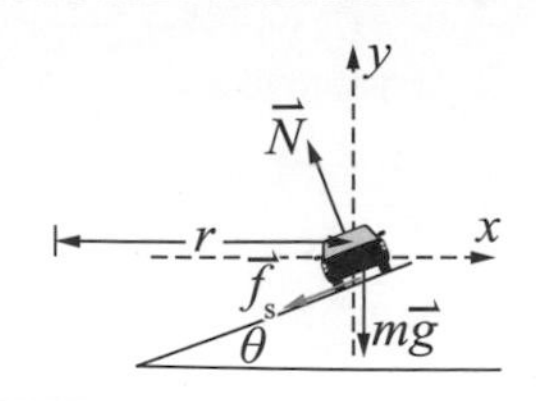

題解 設汽車正以速率 v 繞半徑為 r 的轉彎處行駛，

由汽車的自由體圖可得 $\vec{N}+m\vec{g}+\vec{f}_s=m\vec{a}$，

用分量表示為 $-N\sin\theta\,\hat{i}+N\cos\theta\,\hat{j}-mg\,\hat{j}-f_s\cos\theta\,\hat{i}-f_s\sin\theta\,\hat{j}=-ma\,\hat{i}$，

由此可得 $N\cos\theta-mg-f_s\sin\theta=0$，$N\sin\theta+f_s\cos\theta=ma$，

由向心加速度 $a=\dfrac{v^2}{r}$，以及摩擦力 $f_s=\mu_s N$，可得 $N=\dfrac{mg}{\cos\theta-\mu_s\sin\theta}$，故 $v=\sqrt{rg(\dfrac{\mu_s\cos\theta+\sin\theta}{\cos\theta-\mu_s\sin\theta})}$。

範例 4-20

質量為 m 的小球，在半徑為 R 的碗內，若欲在與碗口平面成 30°處的平面旋轉，如圖所示，求(a)碗作用於小球之力；(b)向心加速度；(c)旋轉頻率。

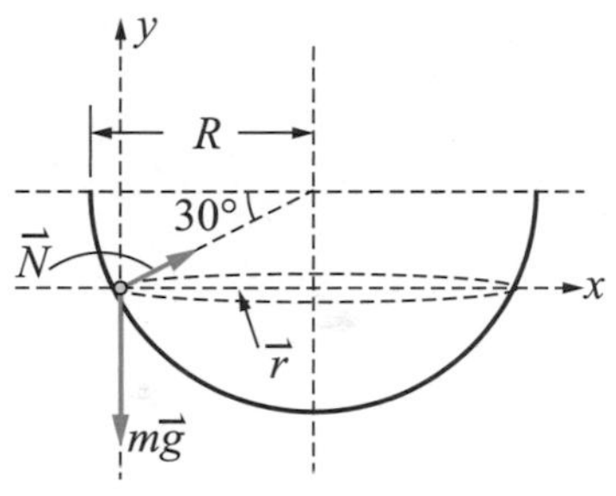

題解 本題由於小球 m 所作的圓周運動係在某一水平面上，其半徑為 r 而其圓心並非半徑為 R 的碗的圓心。因此，我們所選擇的坐標系是與水平面平行的 x 軸以及與水平面垂直的 y 軸，而不是切線方向與法線方向。

今由小球 m 的自由體圖可得 $m\vec{g}+\vec{N}=m\vec{a}$，用分量表示為 $-mg\,\hat{j}+N\cos\theta\,\hat{i}+N\sin\theta\,\hat{j}=ma\,\hat{i}$，

由此可得 $N\sin\theta=mg$，$N\cos\theta=ma$，已知 $\theta=30°\Rightarrow\sin\theta=\dfrac{1}{2}$，則

碗作用於小球之力為 $N=\dfrac{mg}{\sin\theta}=2mg$；向心加速度 $a=\dfrac{N\cos\theta}{m}=\dfrac{4\pi^2 r}{T^2}=\dfrac{4\pi^2 R\cos\theta}{T^2}$；

週期 $T=2\pi\sqrt{\dfrac{R}{2g}}$，頻率 $f=\dfrac{1}{T}=\dfrac{1}{2\pi}\sqrt{\dfrac{2g}{R}}$，向心加速度為 $a=\dfrac{N\cos\theta}{m}=2g\cos\theta=\sqrt{3}\,g$。

鉛直圓周運動

茲考慮一條繩子繫一質量為 m 的物體，在鉛垂面上以半徑 r 繞 O 點作圓周運動，如圖 4-13 所示。作用於物體上的力為繩子的張力 T 及物體所受的重力 W，其合力為

$$\vec{F}=\vec{T}+\vec{W} \tag{4-44}$$

若將其分解成切線分量 $\vec{F}_t$ 及法線分量 $\vec{F}_r$，則

$$\vec{F}=F_r(-\hat{r})+F_t\,\hat{t}=(-T+mg\cos\theta)\,\hat{r}+mg\sin\theta\,\hat{t} \tag{4-45}$$

其中 $\hat{r}$ 為法線方向的單位向量，$-\hat{r}$ 的方向係指向圓心，$\hat{t}$ 為切線方向的單位向量，$F_r=T-mg\cos\theta$，$F_t=mg\sin\theta$。依據牛頓運動定律，其切線加速度及法線加速度分別為

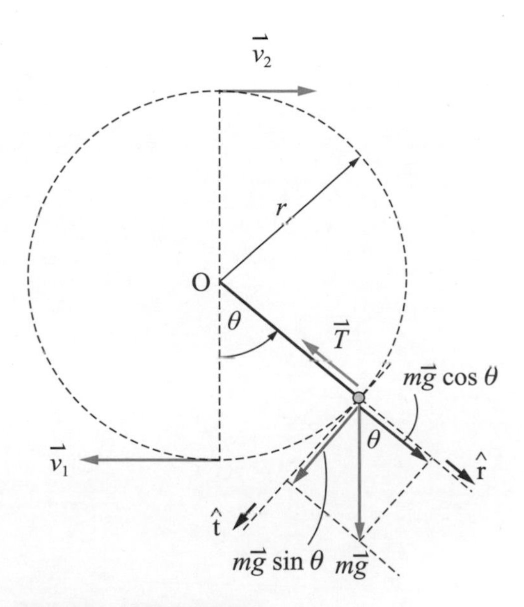

圖 4-13 鉛直圓周運動。

$$a_t = \frac{F_t}{m} = g\sin\theta \text{，} a_r = \frac{F_r}{m} = \frac{T - mg\cos\theta}{m} \tag{4-46}$$

又由於法線加速度亦即向心加速度，故 $a_r = \frac{v^2}{r}$，由此可得繩子的張力爲

$$T = m(\frac{v^2}{r} + g\cos\theta) \tag{4-47}$$

此爲物體在一般位置時繩子的張力。

當物體在最低點時，$\theta = 0°$，$\cos\theta = 1$，$F_t = 0$，$a_t = 0$，此時物體沒有切線加速度，但具有向心加速度，其方向向上指向圓心。設此時物體的速率爲 v_1，則此時繩子的張力爲

$$T = m(\frac{{v_1}^2}{r} + g) \tag{4-48}$$

當物體在最高點時，$\theta = 180°$，$\cos\theta = -1$，$F_t = 0$，$a_t = 0$，此時物體亦只有向心加速度，其方向向下指向圓心。設此時物體的速率爲 v_2，則此時繩子的張力爲

$$T = m(\frac{{v_2}^2}{r} - g) \tag{4-49}$$

對鉛直圓周運動而言，經常被提出來探討的情況，那就是在物體在圓周運動的最高點的速率有個臨界值 v_c。若物體在最高點的速率 v_2 小於此臨界值 v_c，繩子就會癱瘓，路徑就不再是圓的。物體欲維持在鉛直面上作圓周運動，其在最高點的速率必不能小於此臨界速率。爲了求這個臨界速率，可令上式 $T = 0$ 而得，亦即

$$0 = m(\frac{{v_c}^2}{r} - g) \tag{4-50}$$

於是

$$v_c = \sqrt{rg} \tag{4-51}$$

此表示當物體到達最高點時，欲使其在繩子沒有任何張力，亦即只靠重力供應其向心力的情況下，維持半徑爲 r 的圓周上運動，所需的最小速率爲 $v_c = \sqrt{rg}$。

範例 4-21

如圖所示，某繩長度爲 ℓ，繩子的張力僅能維持 $1.8W$ 的物重，今懸掛重量爲 W 的物體由水平釋放，則繩子斷裂處在何處？

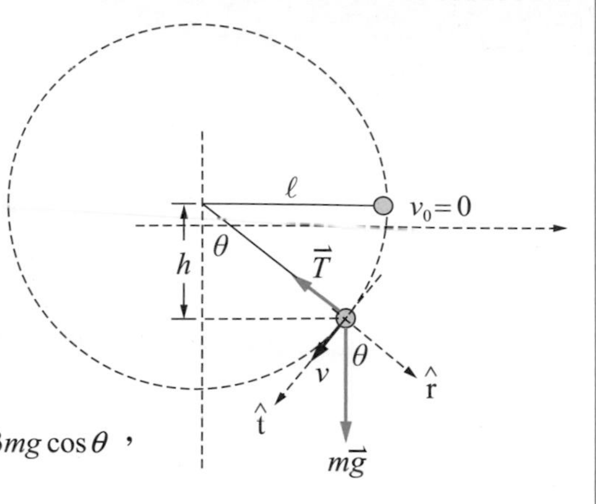

題解 如圖所示，爲物體的自由體圖，已知繩子的張力爲 $T=1.8W$，

$\vec{F}=\vec{T}+m\vec{g}=F_r\ \hat{r}+F_t\ \hat{t}$，

用分量表示爲 $-T\ \hat{r}+(mg\cos\theta\ \hat{r}+mg\sin\theta\ \hat{t})=-\dfrac{mv^2}{r}\hat{r}+F_t\ \hat{t}$，

由此可得 $T-mg\cos\theta=\dfrac{mv^2}{\ell}$，$mg\sin\theta=F_t$，

又由 $v^2=v_0^2+2gh=2g\ell\cos\theta$，可得 $T=mg\cos\theta+m\dfrac{2g\ell\cos\theta}{\ell}=3mg\cos\theta$，

已知繩子的張力爲 $T=1.8W=1.8mg$，故 $\cos\theta=0.6$，$\theta=53°$。

範例 4-22

如圖所示，質量爲 m 的物體以 $v_0=2\sqrt{gR}$ 的速率射入半徑爲 R 之圓圈，則此物體脫離圓圈軌道時其與圓心的連線和鉛直線的夾角爲何？

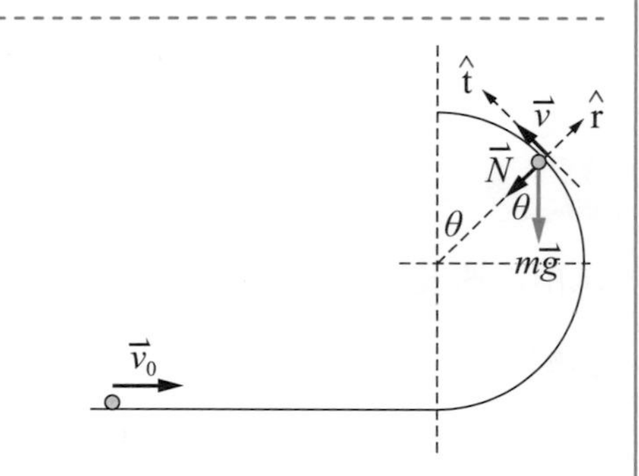

題解 由物體的自由體圖，$\vec{F}=\vec{N}+m\vec{g}=F_r\ \hat{r}+F_t\ \hat{t}$，

用分量表示爲 $-N\ \hat{r}+(-mg\sin\theta\ \hat{t}-mg\cos\theta\ \hat{r})=F_r\ \hat{r}+F_t\ \hat{t}$，

由此可得 $F_t=-mg\sin\theta$，

$F_r=-N-mg\cos\theta=-m\dfrac{v^2}{R}$，

當 $N=0$ 時，物體恰可離開圓圈軌道，

又由 $v^2=v_0^2-2gh=4gR-2g(R+R\cos\theta)$，

因此，由 $mg\cos\theta=m\dfrac{v^2}{R}$ 可得 $\cos\theta=\dfrac{2}{3}$，$\theta=48°$。

4-7 慣性力

當我們坐在公車上時，如果汽車突然轉彎，會有被甩到一邊的感覺，這種要將人甩到一邊的力，從坐在車內的觀點來看是很眞實的，但是我們卻看不到施力者。到底這力是從哪裡發出以及它是一種怎樣的力，在此我們將做一番探討。一般的力都牽涉到物體與物體之間的交互作用，然而我們坐在車上所感覺到的那種力卻找不出從那一物體發出的，這種力一般我們稱之爲慣性力（inertial force）或假想力。對於慣性力，我們僅知有受力者卻不明白施力者爲何。此一種力不在牛頓運動定律的範圍內，牛頓運動定律只在慣性坐標系裡才成立。慣性坐標系是指靜止或作等速運動的參考坐標系。慣性力的產生乃是由於觀察者本身是位於一個加速度坐標系所感覺到的一種現象，慣性坐標系顯然是一個非加速度坐標系。爲了說明此點，假設我們所選用的參考坐標系是一個加速度坐標系。

首先我們要知道對此參考坐標系的觀察者而言，牛頓運動定律並不成立。設此一加速度坐標系相對於某一慣性坐標系的加速度爲 $\vec{a}_0$，物體對慣性坐標系的加速度爲 $\vec{a}_\text{i}$，而物體對加速度坐標系的加速度爲 $\vec{a}$，則 $\vec{a}_{物慣} = \vec{a}_{物加} + \vec{a}_{加慣}$ 亦即 $\vec{a}_\text{i} = \vec{a} + \vec{a}_0$，因此，牛頓運動定律可寫爲

$$\vec{F} = m\vec{a}_\text{i} = m(\vec{a} + \vec{a}_0) \tag{4-52}$$

或寫爲

$$\vec{F} - m\vec{a}_0 = m\vec{a} \tag{4-53}$$

令 $\vec{F}_0 = -m\vec{a}_0$，則對加速度坐標系而言

$$\vec{F} + \vec{F}_0 = m\vec{a} \tag{4-54}$$

$\vec{F}_0$ 即爲我們所說的慣性力，這是由於觀察者所處的參考坐標系對慣性坐標系加速運動而產生的。當汽車突然轉彎時，所感覺到被甩到一邊的力就是由於汽車的加速度運動所產生的慣性力。

範例 4-23

試由加速度坐標系分析等速圓周運動。

題解 首先，讓我們回想一下由慣性坐標系來看此一等速圓周運動的情形。如圖所示，設此參考坐標系的原點在圓心 O 點，由此點來看質量爲 m 的物體以速率 v 繞半徑爲 r 的圓作圓周運動，其係所受到大小爲 $F = \dfrac{mv^2}{r}$，方向係指向圓心 O 點之向心力的作用。

根據牛頓運動定律此物體的加速度爲向心加速度 $a = \dfrac{v^2}{r}$。

其次，我們考慮由與物體一起作圓周運動的加速度坐標系來看此運動。

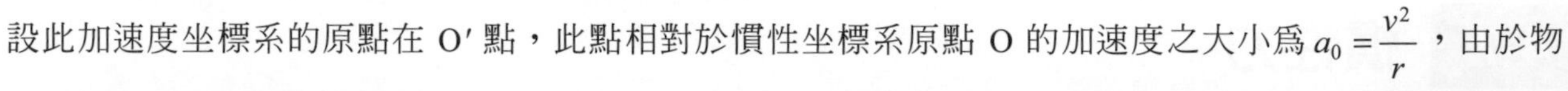

設此加速度坐標系的原點在 O′ 點，此點相對於慣性坐標系原點 O 的加速度之大小爲 $a_0 = \dfrac{v^2}{r}$，由於物體相對於 O′ 點爲靜止，因此，由 O′ 點來看，物體係受到向心力 $\vec{F} = m\vec{a}$ 與慣性力 $\vec{F}_0 = -m\vec{a}_0$ 的作用而達平衡狀態。當我們坐在正在轉彎的車子上，如果沒有好好抓住把手，便無法獲得轉彎所需的向心力，此時慣性力便會把我們甩出。在車子轉彎時，慣性力會讓我們有被甩到出去的感覺，由於慣性力正好與向心力方向相反，通常我們把此種慣性力稱爲離心力，離心力並不是向心力的反作用力，它其實是一種由於觀察者處於加速度運動坐標系所產生的慣性力。

習題 標以*的題目難度較高

4-1 力的觀念

1. 如圖所示，某人以大小為 50 牛頓之力與水平面成 37° 拉一輛車，求此人所施於車的水平分力及垂直分力之大小為何？

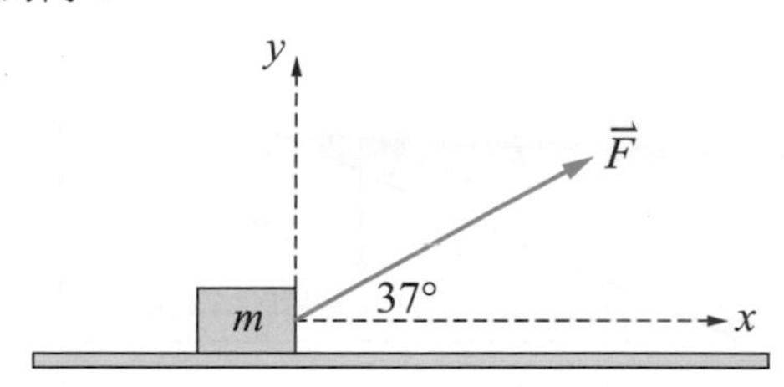

2. 如圖所示，有一質量為 50 公斤的物體，靜止在斜角為 37°的斜面上，求重力平行於斜面與垂直於斜面的分力大小為何？

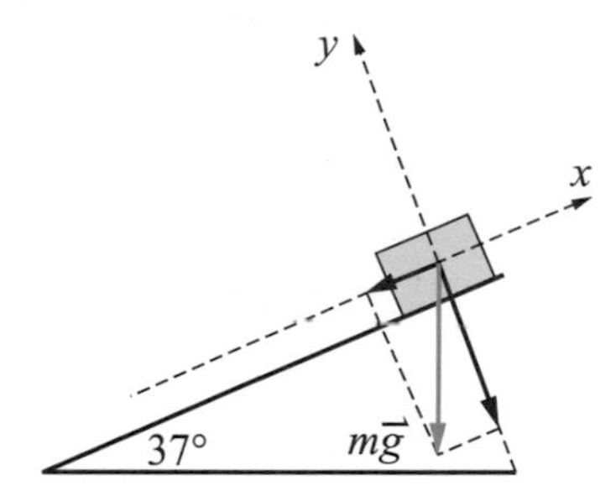

3. 上題中，若施以一平行於水平面而大小為 $F = 30$ N 之力於物體，如圖所示，求此力平行於斜面與垂直於斜面的分力大小為何？

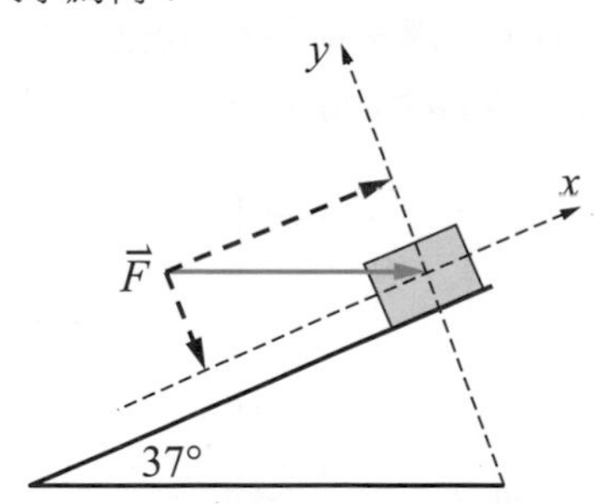

4. 兩彈簧 A 與 B 受到外力作用時，其總長度與外力的關係如圖所示，今將兩彈簧 A 與 B 並聯在一起，若兩彈簧的長度均為 70 公分，求此時兩彈簧所受到的外力大小為何？

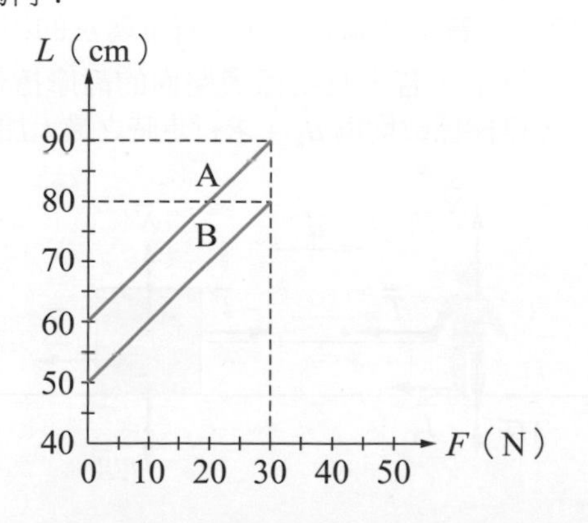

4-3 牛頓運動定律的解題方法

5. 六塊相同的木塊，每個質量均為 1 公斤，置放在光滑水平面上，今以大小為 1 牛頓的水平力作用於第一塊上，求第五塊作用在第六塊的力。

6. 彈簧的原長為 100 公分，其彈力常數為 $k = 2$ N/cm，前端固定而平放在汽車內的地板上，其方向與前進方向平行，後端繫以 $m = 2$ kg 的物體，若汽車前進時，彈簧的長度保持 90 公分，則汽車的加速度為何？

7. 兩物體的質量分別為 m 與 M，置於無摩擦的桌面上且相接觸，兩者之間以彈力常數為 k 的彈簧連結，如圖所示，設有一水平力 $\vec{F}$ 由右方施於 M，此時彈簧的伸長量為 x_1，若以相同的水平力 $\vec{F}$ 由左方施於 m，此時彈簧的伸長量為 x_2，求比值 $\frac{x_1}{x_2}$？

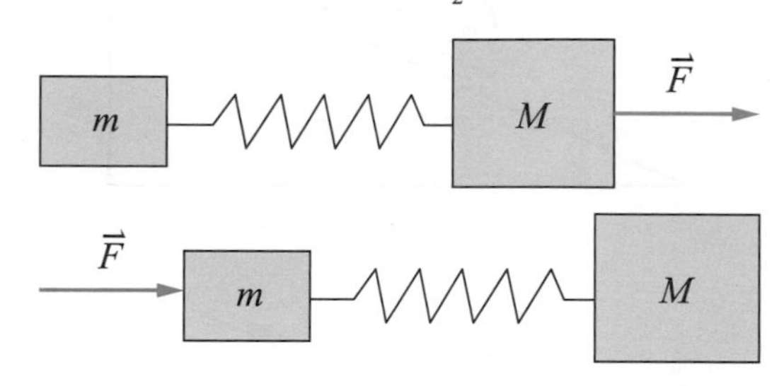

8. 如圖所示，質量為 $m = 10$ kg 的物體，置於斜角為 $\theta = 37°$ 的光滑斜面上，若以一水平力可維持此物體不致下滑，則此力的大小為何？斜面的正向力為何？

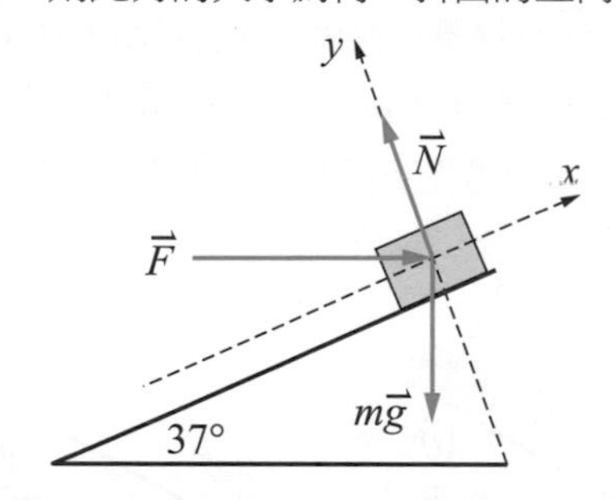

9. 如圖所示，某人施一與水平夾 $\theta = 37°$ 的力 $\vec{F}$，於靜止於光滑斜面上，質量為 m 的物體，經過 t 秒鐘，求物體在第 t 秒內所行的距離？

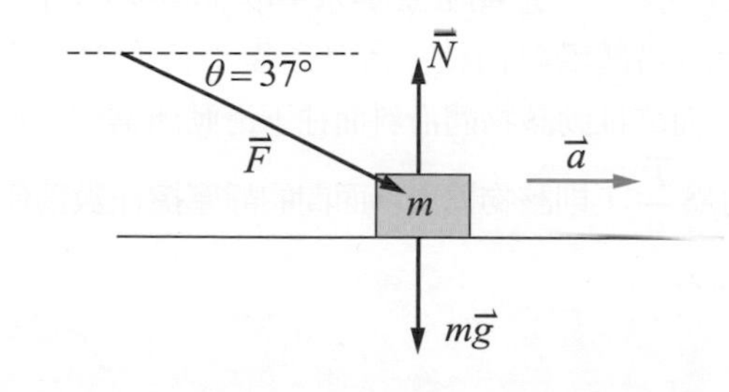

4-4 日常生活常見的作用力

10. 如圖所示，物體重 $\vec{P}$，夾在木板與木板壁之間。今在木板上施一水平力 $\vec{F}$ 壓緊木板，使物體不致滑下，如果摩擦係數都為 0.25，則水平力至少應大於多少？

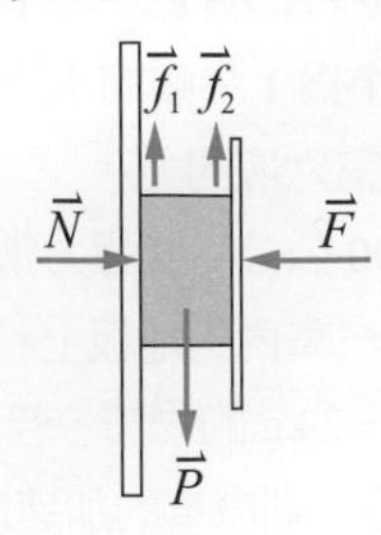

11. 如圖所示，某物體置於斜角為 θ 的斜面上，今以平行於斜面之力支持方不至其滑動，若支持力之最大值為最小值的 n 倍，求物體與斜面間的靜摩擦係數為何。

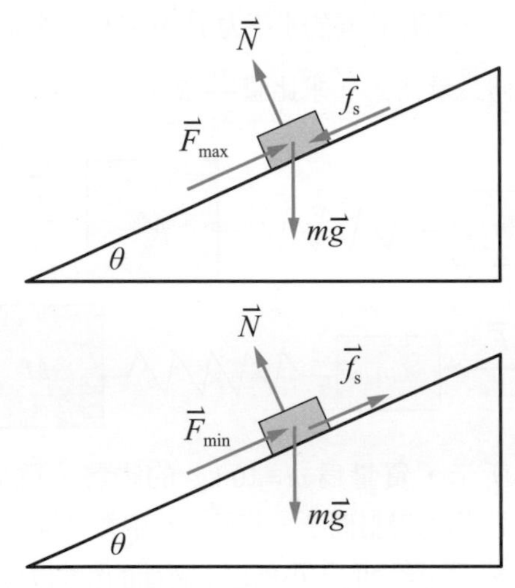

***12.** 如圖所示，設物體在斜角為 θ 的斜面上運動，若接觸面間的動摩擦係數為 μ_k，求當物體往上滑動時的加速度，以及當物體往下滑動時的加速度。

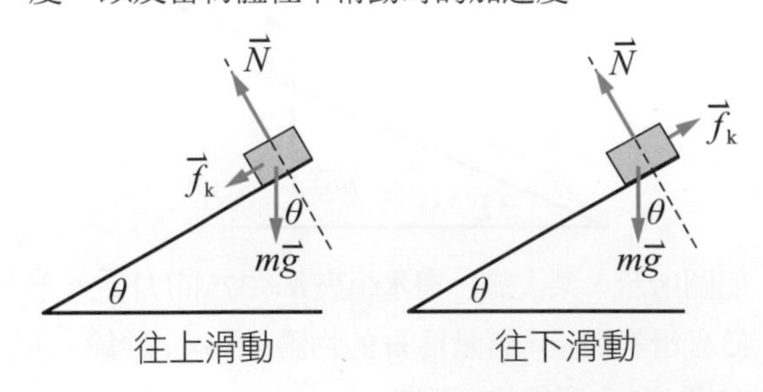

13. 如圖所示，一物體靜止於與水平成30°的斜面上，今欲推動該物體沿斜面往上滑動所需平行於斜面的力為 $\vec{F}$，而欲推動該物體沿斜面往下滑動所需平行於斜面的力為 $\frac{F}{9}$，則該物體與斜面間的靜摩擦係數為何？

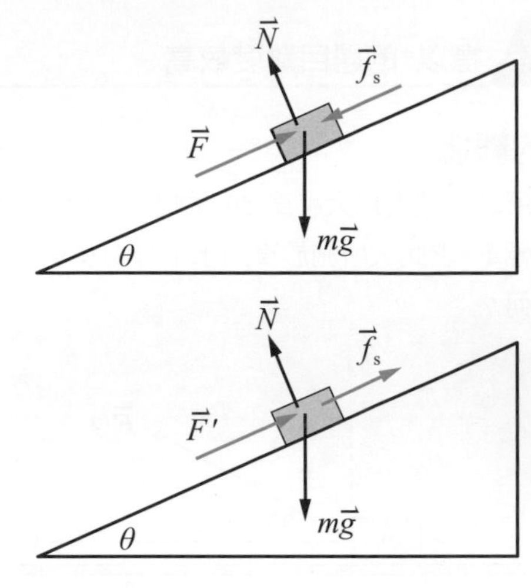

14. 彈簧的原長為 30 公分，其彈力常數為 $k = 10$ N/cm，若左端受到 10 牛頓的拉力，右端亦受到 10 牛頓的拉力，求其總長度？

15. 如圖所示，在光滑的地面上若三個物體呈現靜平衡，則那一段繩子的張力最大？今若以加速度 $a = 1$ m/s^2 向右運動，則哪一段繩子的張力最大？

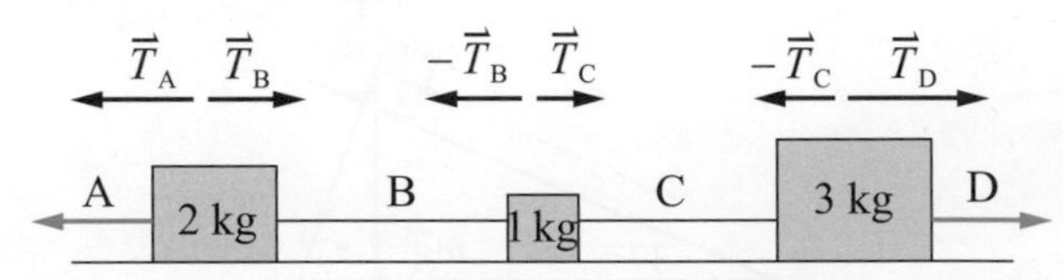

***16.** 如圖所示，長度為 40 公分的細繩，質量為 4 公斤，靜置於光滑水平桌面上，有 10 公分的長度沿桌面邊緣鉛直下垂，今將此繩子釋放之後，求至下垂部分的長度為 30 公分的瞬間，繩子中點處的張力為何？此繩子的中點係距離繩子的底端 20 公分。

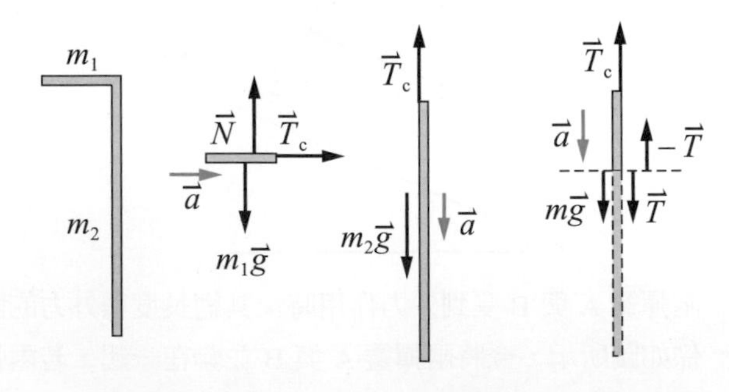

4-5 牛頓運動定律的一些應用問題

17. 如圖所示，質量為 M 的人，拉質量為 m 的物體在水平路面上行走。若人及物體與路面的靜摩擦係數均為 μ_s，動摩擦係數均為 μ_k，求行走時之最大加速度。

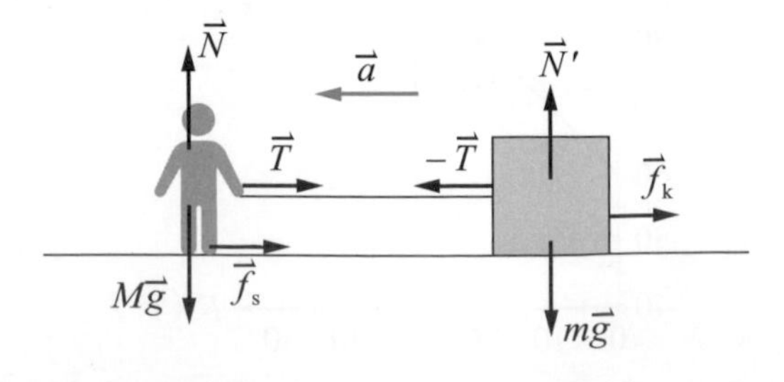

18. 如圖所示，有一個箱子重量為 180 牛頓，放在拖車平台上距離平臺尾端 2 公尺，箱子與平臺間的靜摩擦係數為 $\mu_s = 0.3$，動摩擦係數為 $\mu_k = 0.2$。求

(a)當拖車以固定速度 8 公尺 / 秒筆直前進時，作用於箱子的摩擦力為何？

(b)當拖車以加速度 $a = 1.0\ \text{m/s}^2$ 前進時，作用於箱子的摩擦力為何？

(c)箱子在不滑動的情形下，拖車的最大加速度為何？（設 $g = 10\ \text{m/s}^2$）

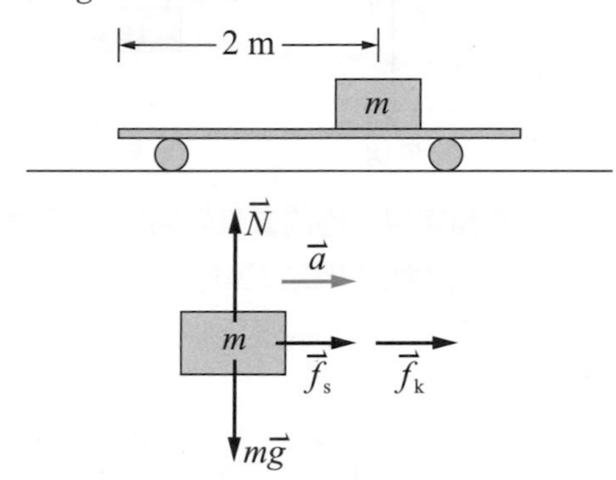

19. 設物體以初速 v_0 在斜角為 θ 的斜面上往上滑動，若物體上滑一段距離 S 之後滑下，求接觸面間的動摩擦係數。

***20.** 如圖所示，斜角為 $\theta = 30°$ 的斜面，其上半部 AM 段為光滑無摩擦，下半部 MB 段為粗糙。今物體自斜面上端自由滑下，若滑至斜面底端時正好靜止，求物體與粗糙面間的動摩擦係數。

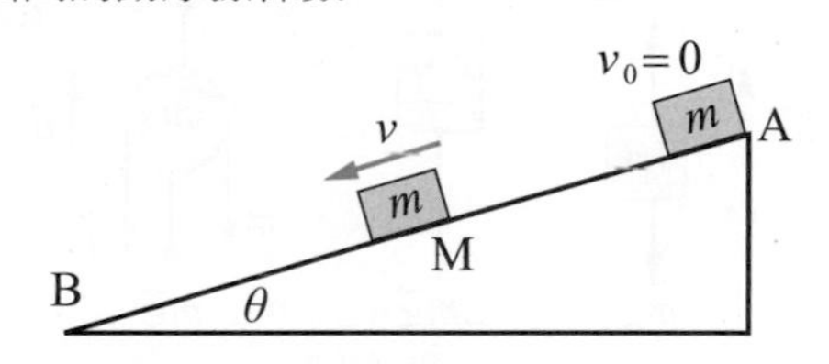

***21.** 設物體以初速 v_0 在斜角為 θ 的斜面底端往上滑動，斜面有摩擦存在，當物體再滑到斜面底端時，其速率為 $\frac{v_0}{2}$，求

(a)上滑與下滑的加速度比；(b)上滑與下滑的時間比；(c)摩擦係數；(d)上滑的最大位移。

***22.** 斜角為 $\theta = 30°$ 的斜面 M，當斜面 M 不動時，物體 m 由斜面頂端滑至底端需時 t 秒，今若斜面 M 以 $\frac{\sqrt{3}}{2}g$ 的加速度向右運動，則物體 m 由斜面頂端滑至底端需時若干？

23. 將一彈力常數為 k_0 的彈簧分割成 n 等份，則每一等份的彈力常數為何？

24. 將一彈力常數為 k_0 的彈簧分割成 n 等份後，取一半串聯，另一半並聯，則串聯的彈力常數為並聯的彈力常數之幾倍？

25. 以一條彈簧作用於質量為 m 的物體上，當彈簧的伸長量為 x_0 時，物體的加速度為 a；若以二條彈簧並聯作用於質量為 m 的物體上，當二條彈簧的伸長量均為 x_0 時，物體的加速度為何？

26. 上題中，若以二條彈簧串聯作用於質量為 m 的物體上，當二條彈簧總共的伸長量為 $2x_0$ 時，物體的加速度為何？

27. 如圖所示，將原長均為 $2L$ 的 A、B 兩彈簧與寬度為 L 的木塊，安置於兩固定端之間，如圖所示。已知彈簧 A 的彈力常數為 k，彈簧 B 的彈力常數為 $3k$，若不計摩擦，求當木塊保持靜止時，兩彈簧的伸長量。

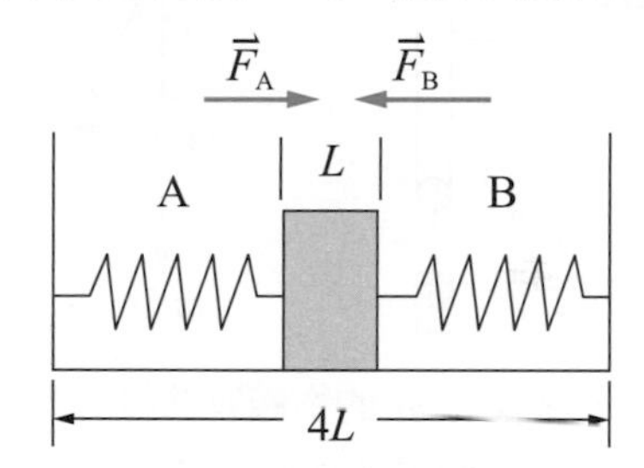

28. 如圖所示，彈簧秤懸吊於電梯的天花板上，當電梯以 $a = \frac{g}{3}$ 的等加速度上升時，彈簧秤之伸長量為 S，則當電梯以 $a = \frac{g}{3}$ 的等加速度下降時，彈簧秤之伸長量為多大？

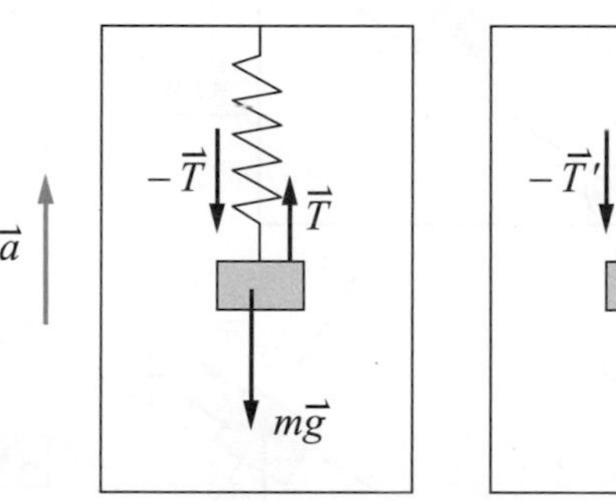
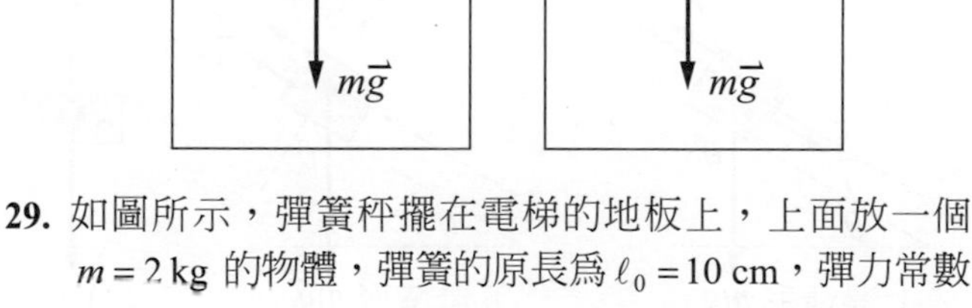

29. 如圖所示，彈簧秤擺在電梯的地板上，上面放一個 $m = 2\ \text{kg}$ 的物體，彈簧的原長為 $\ell_0 = 10\ \text{cm}$，彈力常數為 $k = 10\ \text{N/cm}$，求

(a)電梯靜止時，彈簧的長度為何？

(b)當電梯以 $a = 5\ \text{m/s}^2$ 的等加速度上升時，彈簧的長度為何？

(c)當電梯以 $a = 5\ \text{m/s}^2$ 的等加速度下降時，彈簧的長度為何？

(d)當電梯以自由落體落下時，彈簧的長度爲何？

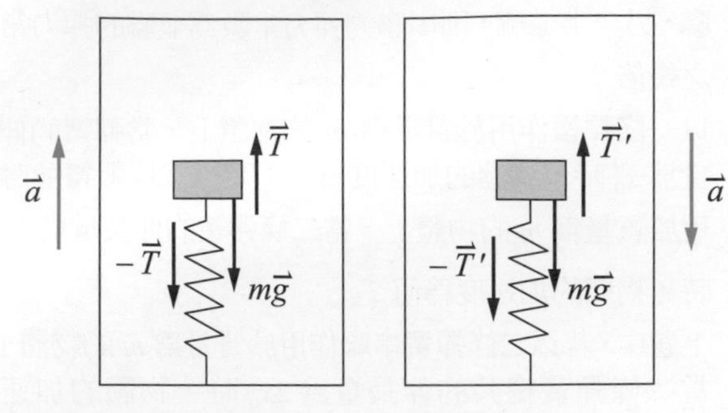

30. 如圖所示，設桌面爲光滑，滑輪光滑無摩擦並忽略繩子質量與滑輪質量，若 $m_1 = 5\,\text{kg}$，$m_2 = 15\,\text{kg}$，求加速度與繩子張力。

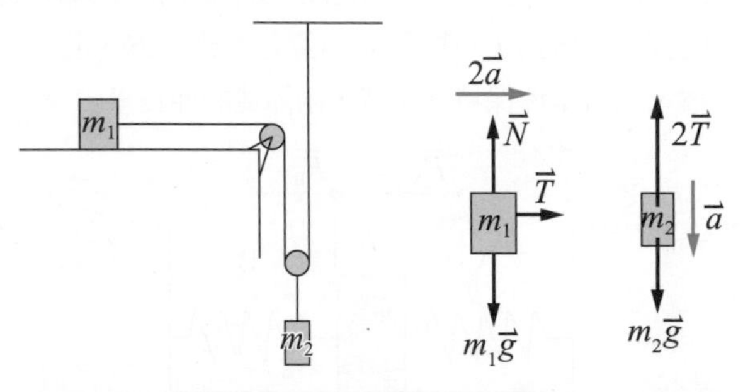

***31.** 如圖所示，質量爲 m 的物體置於斜角爲 θ 的斜面上，跨過一個無摩擦的滑輪與質量爲 M 的物體以細繩連結，如圖所示。若 m 與斜面的摩擦係數爲 μ，而 m 與 M 均靜止不動，求 $\dfrac{M}{m}$ 應爲何？

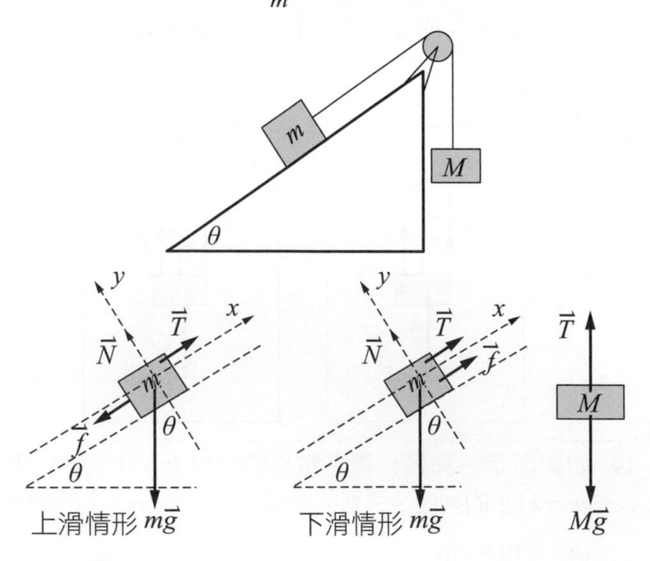

***32.** 如圖所示，A 與 B 兩物體以細繩連結，跨過一個無摩擦的滑輪，而分別靠在斜角爲 $\theta = 37°$ 的楔型木塊 M 之兩邊，如圖所示。設 A 與斜面的摩擦係數爲 0.25，B 與楔型木塊之間無摩擦。當楔型木塊靜止時，A 物體以等速滑下，若 A 物體的質量爲 5 公斤，則當楔型木塊 M 以等加速度 $a = 2\,\text{m/s}^2$ 向右運動時，那麼此時 A 物體相對於楔型木塊 M 而言下滑的加速度爲何？

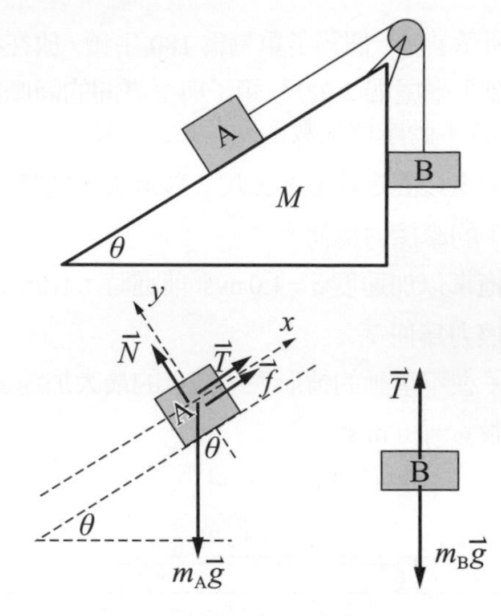

33. 如圖所示，滑輪與甲物體的質量皆爲 m，乙物體的質量爲 $2m$，今施一拉力使滑輪以等加速度 a 上升，而乙物體仍然著地不動，求繩子的最大張力，以及此拉力之最大值？

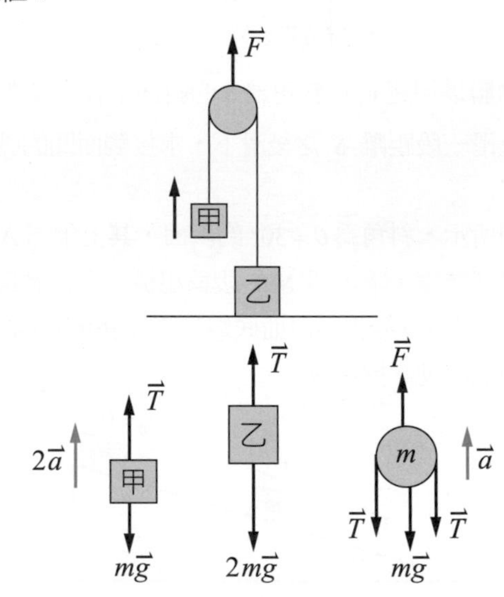

34. 如圖所示，質量爲 m 的人，站在質量爲 M 的平台上，平台以一個無摩擦的定滑輪及動滑輪吊住，此人拉繩子的一端使平台與自己以等加速度 a 上升，求此人需施力若干？

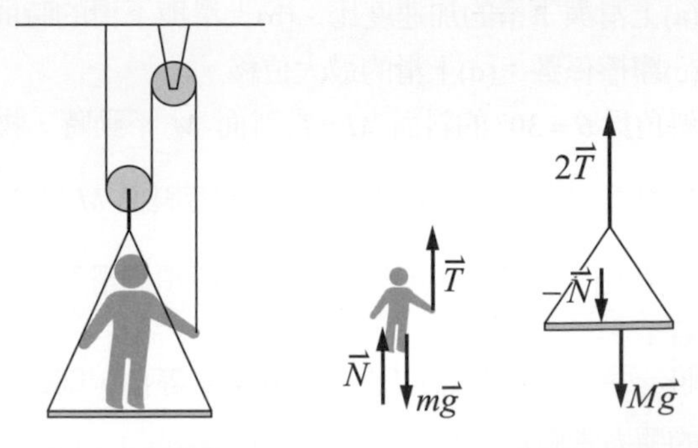

35. 上題中，若改爲問此人所能施的最大作用力爲何？並能以等速拉起多大重量的平台？

4-6 圓周運動力學

36. 某車以規定的速率 $v = 11\,\text{m/s}$ 行駛通過一個沒有坡度的彎道，若彎道的半徑為 $r = 25\,\text{m}$，輪胎與路面之間的靜摩擦係數為 $\mu_s = 0.7$，那麼車子在通過彎道時會不會打滑？如果駕駛者不理會速率規定，而以速率 $v = 15\,\text{m/s}$ 行駛，會有什麼現象發生？

37. 如圖所示，斜面固定於支架上，設物體與斜面間的摩擦係數為 μ，則(a)欲使物體不在斜面上滑動之最大及最小轉動頻率為何？(b)若 $\mu = 0$，則轉動頻率為何？

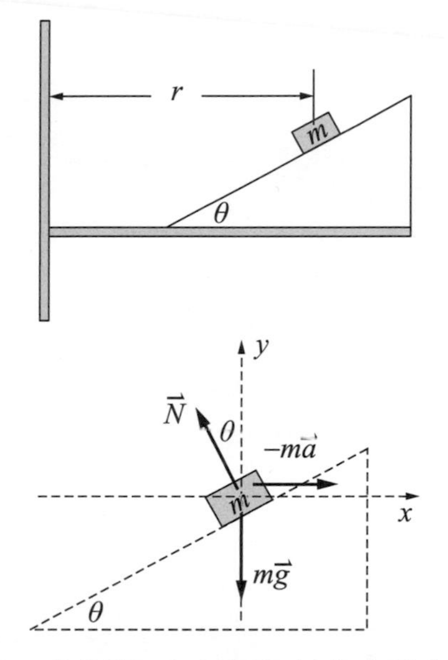

38. 質量為 m 的物體，在光滑桌面上作半徑為 R 的圓周運動，如圖所示。若繫住 m 的線通過桌子中央的小圓洞而與質量為 M 的重物相連結，今欲維持物體 m 作等速圓周運動，則 m 的速率應為若干？若 m 的速率減半，則 M 的質量須改為多少？

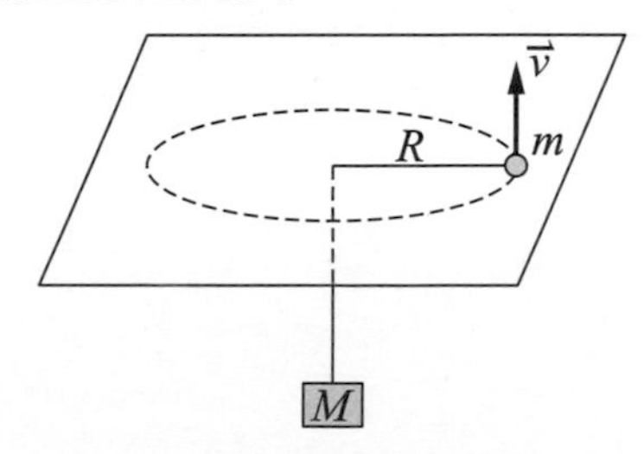

39. 上題中，若 m 的轉動半徑減半，而轉動頻率加倍，則 M 的質量須改為多少？

40. 如圖所示，質量為 m 的物體由球形冰面頂上靜止滑下，求此物體離開冰面時之高度為何？

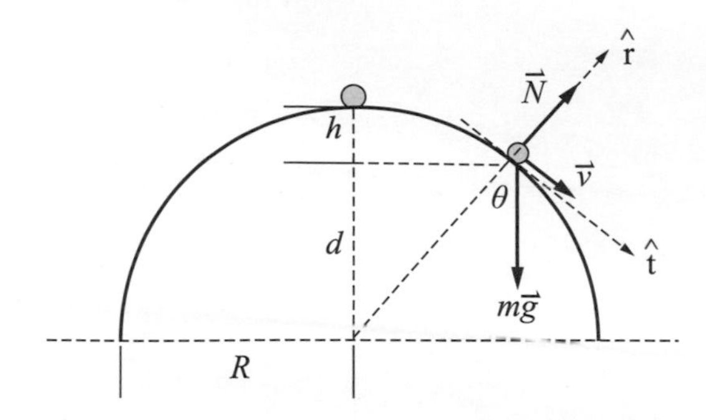

41. 如圖所示，質量為 m 的物體由球形碗邊滑下，求當 $\theta = 30°$ 時，(a)物體的切線加速度；(b)物體的法線加速度；(c)作用於碗壁的力？

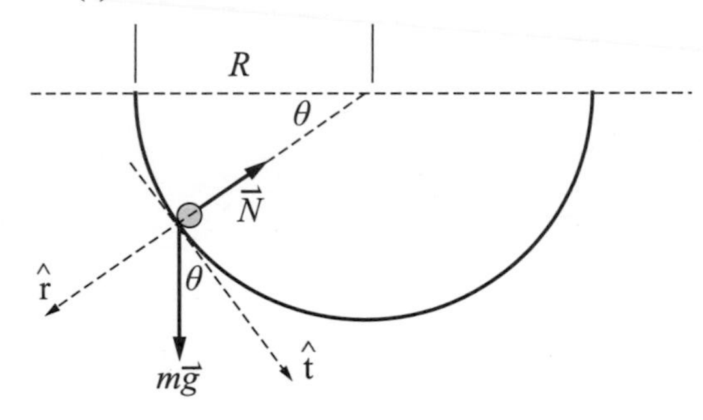

4-7 慣性力

***42.** 某人觀察一個懸掛在汽車天花板上的單擺，當汽車加速前進時，此單擺的擺錘與鉛直線夾 θ 角，試求汽車的加速度？

Chapter 5

功與能量

前言

在日常生活中，作功的觀念是使我們耗費多少勞力工作的意思，但這與物理學所定義的功是不同的。本章我們首先對物理學上的功做一個定義，其次引申出位能的觀念，並討論兩個經常碰到的位能，彈性位能與地球表面的重力位能，以及能量守恆的觀念，最後討論一般的重力場與重力位能。

Introduction

In our daily lives, the concept of doing work refers to the amount of effort we expend on our tasks, but this differs from the definition of work in physics. In this chapter, we first define work in physics and then extend the concept to potential energy. We discuss two commonly encountered forms of potential energy: spring potential energy and gravitational potential energy near the Earth's surface. We also explore the concept of energy conservation and, finally, discuss the general gravitational field and its potential energy.

學習重點

- 了解功的定義。
- 了解位能的觀念。
- 了解彈簧位能的計算。
- 了解地球表面重力位能的計算。
- 了解重力場的觀念與計算。
- 了解能量守恆的觀念。
- 了解克卜勒行星運動定律的觀念與計算。
- 了解萬有引力定律的觀念與計算。

5-1 定力作功

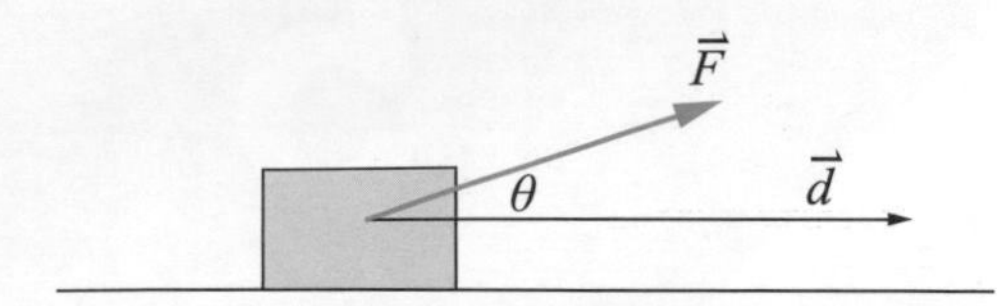

圖 5-1 定力所作的功。

在物理學中，功（work）的定義爲作用於物體的力與物體的位移兩個向量的純量積或稱爲點積，此純量積稱之爲該力在此段位移中對物體所作的功。如圖 5-1 所示，若在整個位移中作用於物體的力保持不變，則此定力所作的功，數學上的定義爲

$$W = \vec{F}\cdot\vec{d} = Fd\cos\theta \tag{5-1}$$

由此定義可知，當 θ 介於 0 與 $\frac{\pi}{2}$ 之間時，所作的功爲正功；當 θ 介於 $\frac{\pi}{2}$ 與 π 之間時，所作的功爲負功；當 $\theta=\frac{\pi}{2}$ 時，或是位移 $d=0$ 時，則所作的功爲零，表示不作功。作正功的情形，就好比我們推動物體，使其能加速前進運動的情況，顯然地，物體的動能增加了；而作負功的情形，就好比我們拉著物體使其作減速運動的情況，物體的動能明顯地減少了。至於不作功的情形，是指物體沒有位移，或是物體運動的位移與作用於其上的力垂直的情況，就好比我們提著行李走路或是站著不動的情形，由此可知，物理學中所定義的作功的觀念，是與一般日常生活上我們所經驗到的工作之意義是不同的。

範例 5-1

如圖所示，某力 $\vec{F}$ 作用於地面上一個質量爲 m 的物體，使其以等速度前進一段位移 $\vec{d}$ 公尺。若物體與地面間的動摩擦係數爲 μ_k，且此力與水平地面間的夾角爲 θ，試分別求此力所作的功，摩擦力所作的功，正向力所作的功，重力所作的功以及對物體所作的總功？

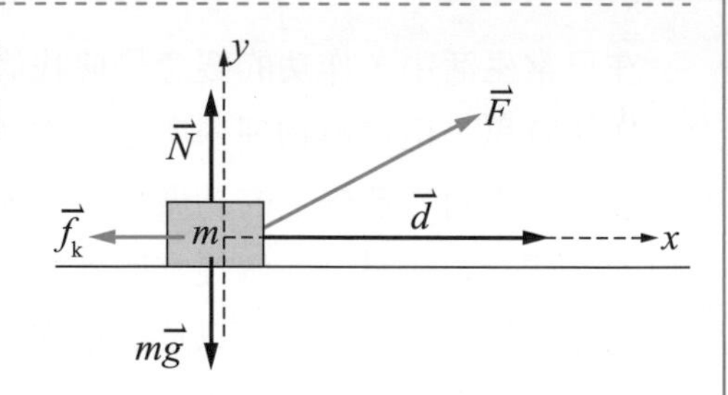

題解 由於物體以等速度運動，因此，作用於其上的合力爲零。

由該物體自由體圖知 $\vec{F}+\vec{N}+\vec{f}_k+m\vec{g}=0$，

用分量表示爲 $(F\cos\theta\,\hat{i}+F\sin\theta\,\hat{j})+N\,\hat{j}-f_k\,\hat{i}-mg\,\hat{j}=0$，

由此可得 $F\sin\theta+N-mg=0$，$F\cos\theta-f_k=0$，

將 $f_k=\mu_k N$ 代入上式，並消去 N 可得 $F=\dfrac{\mu_k mg}{\cos\theta+\mu_k\sin\theta}$。

此力所作的功爲 $W_F=\vec{F}\cdot\vec{d}=F\,d\cos\theta=\dfrac{\mu_k mgd}{1+\mu_k\tan\theta}$。

又正向力的大小爲 $N=mg-F\sin\theta$，

因此，摩擦力所作的功爲

$$W_f=\vec{f}\cdot\vec{d}=\mu_k N\,d\,\cos180^\circ=-\mu_k Nd=-\mu_k d\left(mg-\frac{\mu_k mg\sin\theta}{\cos\theta+\mu_k\sin\theta}\right)=-\frac{\mu_k mgd}{1+\mu_k\tan\theta}，$$

而正向力所作的功爲 $W_N=\vec{N}\cdot\vec{d}=Nd\cos90^\circ=0$，

重力所作的功爲 $W_g=m\vec{g}\cdot\vec{d}=mgd\cos90^\circ=0$，

對物體所作的總功爲 $W=W_F+W_f+W_N+W_g=0$。

5-2 變力作功

如果施於物體上的力沒有保持固定不變，而是隨時都在變化，則此時該力對物體所作的功稱爲變力作功。處理變力作功的問題，我們還是要用定力作功的觀念，只不過此時因爲施力隨時都在變化，因此，我們必需把整個位移細分成很多的小位移，而在每一個小位移中我們用定力所作的功來計算每一個小位移所作的小功，而整個位移所作的總功便是這些定力所作的小功的總和。茲考慮一個比較簡單的情況方便說明變力作功，假設一物體沿著直線運動，而所受到的力與運動方向相同，只是力的大小隨位置在改變，如圖 5-2 所示。假設力爲位置的函數，表示爲 $F(x)$ ，今欲求在此力的作用下將物體由 x_1 移動到 x_n 所作的功。首先我們將位移 x_1 到 x_n 分成很多小位移，在每一個小位移中作用於物體的力取此小位移中力的平均值，此時視物體在此小位移中受到固定力的作用。

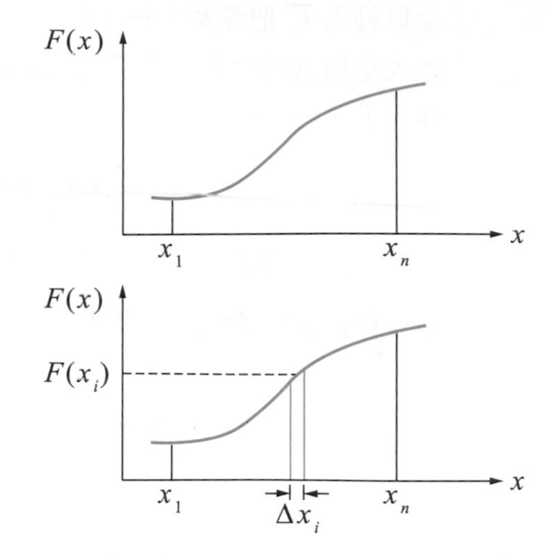

圖 5-2 變力所作的功。

設在小位移 $\Delta x_i = x_{i+1} - x_i$ 間，力的平均值爲 $F(x_i)$ 或寫爲 F_i ，則在此小位移中定力 F_i 所作的功爲 $W_i = F_i \cdot \Delta x_i$，如圖所示，而總功爲這些定力所作的小功的總和，即

$$W = \lim_{n\to\infty}\sum_{i=1}^{n} F_i \cdot \Delta x_i = \int_{x_1}^{x_n} F(x)dx \tag{5-2}$$

若力的大小與方向均隨位置改變，則表示變力所作的功爲

$$W = \int_{x_1}^{x_n} \overrightarrow{F} \cdot d\overrightarrow{x} \tag{5-3}$$

若物體不是沿著直線運動，而是沿一般的曲線運動，則表示變力所作的功爲

$$W = \int_{x_1}^{x_n} \overrightarrow{F} \cdot d\overrightarrow{r} \tag{5-4}$$

其中 $\overrightarrow{r} = x\hat{\text{i}} + y\hat{\text{j}} + z\hat{\text{k}}$ 代表物體在空間中運動的位置向量。

範例 5-2

一般的彈簧都有一段原長度，若以外力 $\overrightarrow{F'}$ 把彈簧拉長，則彈簧會有一段伸長量，當彈簧一旦有某個伸長量時，彈簧內就會產生與外力 $\overrightarrow{F'}$ 相反的力 $\overrightarrow{F}$ 施之於拉彈簧者，此力稱爲彈簧的恢復力。吾人知道彈簧的恢復力 $\overrightarrow{F}$ 的大小是與其伸長量 $\overrightarrow{x}$ 成正比而方向相反，其比例常數稱爲彈簧的彈力常數 k，一般記爲 $\overrightarrow{F} = -k\overrightarrow{x}$ ，此一關係式稱爲虎克定律。試證明，把彈簧從原長拉到伸長量爲 $\overrightarrow{x}$ 時，彈簧恢復力所作的功爲 $-\dfrac{1}{2}kx^2$ 。

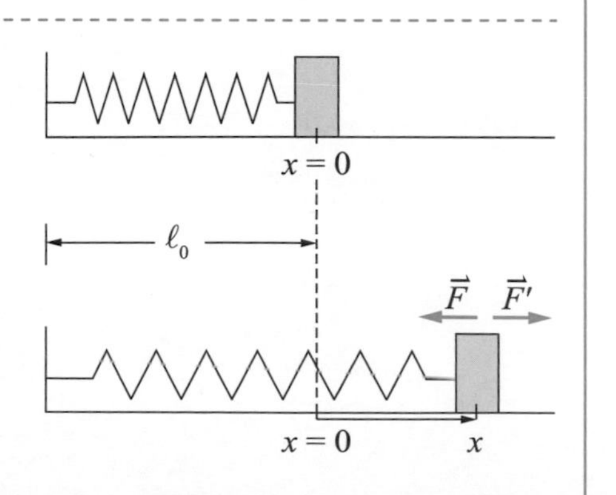

題解 假設彈簧未伸長時的物體位為坐標原點 $x=0$，彈簧的原長為 ℓ_0，

今以外力 $\overrightarrow{F'}$ 把彈簧拉長，彈簧的恢復力 $\overrightarrow{F}=-\overrightarrow{F'}$ 其方向與其伸長量的方向相反，

其大小與其伸長量 x 的關係，$\overrightarrow{F}=-k\overrightarrow{x}$，如圖所示。

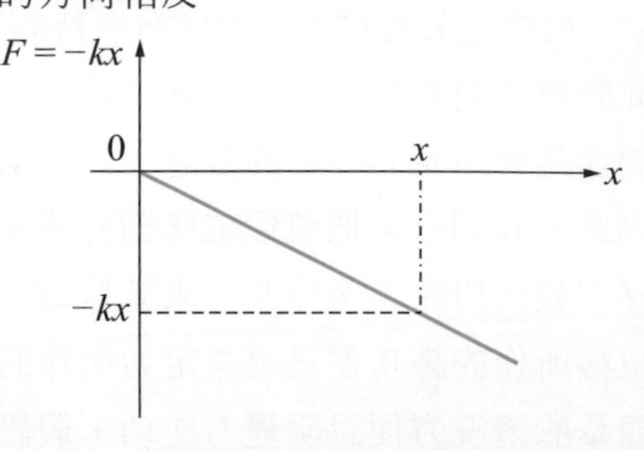

外力 $\overrightarrow{F'}$ 對彈簧所作的功為

$$W'=\int_0^x \overrightarrow{F'}\cdot d\overrightarrow{x}=\int_0^x kxdx=\frac{1}{2}kx^2\Big|_0^x=\frac{1}{2}kx^2$$

而彈簧恢復力 $\overrightarrow{F}=-\overrightarrow{F'}=-k\overrightarrow{x}$ 所作的功為

$$W=\int_0^x \overrightarrow{F}\cdot d\overrightarrow{x}=\int_0^x -kxdx=-\frac{1}{2}kx^2\Big|_0^x=-\frac{1}{2}kx^2\text{。}$$

5-3 功與動能

動能（kinetic energy）K 是一個與物體運動狀態相關的能量，若物體移動愈快，其動能就愈大；當物體靜止時，其動能為零。如果一個質量為 m 的物體，其速率 v 遠小於光速，則其動能可定義為 $K=\frac{1}{2}mv^2$。動能的 SI 制單位是焦耳（J），以紀念十九世紀的英國科學家焦耳（James Prescott Joule）。功 W 是在物體承受力的作用後，而有能量從物體輸入或輸出。有能量傳輸至物體時，是對物體作正功，而物體的能量被傳輸出來時，是對物體作負功，或說物體對外作功。「功」就是指那個被傳輸的能量，而「作功」是指傳輸能量的行為。功是一個純量，單位和動能相同，其 SI 制單位都是用焦耳（J）表示。當有兩力或更多的力作用在一物體上，其所得之**淨功**（net work），就是這些力個別地對此物體作功的總和。

施力對物體作功會使物體的動能發生變化。為了要了解作功與物體動能變化的關係，今先考慮定力作用下物體沿直線運動的情形，然後再推廣到一般情形。假設物體沿直線運動且作用於其上的力保持不變，而且與運動方向相同，則由牛頓運動定律可得知，物體會產生加速度而使其速度發生變化。設物體在位置 x_1 處的速度為 v_1，在位置 x_2 處的速度為 v_2，則由等加速運動公式可知

$$v_2{}^2=v_1{}^2+2a(x_2-x_1)=v_1{}^2+2as \tag{5-5}$$

將上式乘以 $\frac{1}{2}m$ 並移項調整可得

$$mas=\frac{1}{2}mv_2{}^2-\frac{1}{2}mv_1{}^2 \tag{5-6}$$

由於 $F=ma$，故

$$Fs=\frac{1}{2}mv_2{}^2-\frac{1}{2}mv_1{}^2=K_2-K_1 \tag{5-7}$$

Fs 就是施力 F 對物體所作的功，而物體的動能表示爲 $K=\frac{1}{2}mv^2$。K_1 與 K_2 分別爲物體在 x_1 及 x_2 處的動能，而 K_2-K_1 爲其動能的變化，記爲 ΔK。因此，上式可寫爲

$$W=\Delta K \tag{5-8}$$

此式的意義爲外力對物體所作的功正等於其動能的變化，此一關係式又稱爲**功能定理**（work-kinetic energy theorem）。在此應注意的是，對物體所作的功指的是作用於物體的合力所作的總功。今再推導至一般情形下的功能定理，茲考慮直線運動變力所作的功的情況

$$\begin{aligned}W&=\int_{x_1}^{x_2}\vec{F}\cdot d\vec{x}=\int_{x_1}^{x_2}m\vec{a}\cdot d\vec{x}\\&=\int_{x_1}^{x_2}m(\frac{d\vec{v}}{dt})\cdot d\vec{x}=\int_{t_1}^{t_2}m(\frac{d\vec{v}}{dt})\cdot(\frac{d\vec{x}}{dt})dt\\&=\int_{v_1}^{v_2}md\vec{v}\cdot\vec{v}=m\int_{v_1}^{v_2}d(\frac{v^2}{2})\\&=\frac{1}{2}mv_2{}^2-\frac{1}{2}mv_1{}^2=\Delta K\end{aligned} \tag{5-9}$$

若物體是沿一般的曲線運動，其中 $\vec{r}=x\hat{\text{i}}+y\hat{\text{j}}+z\hat{\text{k}}$ 代表空間中的位置向量則爲

$$\begin{aligned}W&=\int_{r_1}^{r_2}\vec{F}\cdot d\vec{r}=\int_{r_1}^{r_2}m\vec{a}\cdot d\vec{r}\\&=\int_{r_1}^{r_2}m(\frac{d\vec{v}}{dt})\cdot d\vec{r}=\int_{t_1}^{t_2}m(\frac{d\vec{v}}{dt})\cdot(\frac{d\vec{r}}{dt})dt\\&=\int_{v_1}^{v_2}md\vec{v}\cdot\vec{v}=m\int_{v_1}^{v_2}d(\frac{v^2}{2})\\&=\frac{1}{2}mv_2{}^2-\frac{1}{2}mv_1{}^2=\Delta K\end{aligned} \tag{5-10}$$

範例 5-3

試由功能定理計算範例 5-1 中，物體移動 d 公尺後動能的變化。

題解 由範例 5-1 中我們知道，對物體所作的總功爲

$$W=W_F+W_f+W_N+W_g=0$$

今由功能定理 $W=\Delta K$ 知，物體移動 d 公尺後動能的變化爲零，$\Delta K=W=0$，此表示物體的速率並沒有改變，這正是題中等速度前進的情況。

範例 5-4

質量爲 $m=1\,\text{kg}$ 的物體，在地面上滑行 $d=10\,\text{m}$ 後停止下來。若物體的初速爲 $v_0=5\text{ m/s}$，求(a)摩擦力所作的功，(b)正向力所作的功，(c)重力所作的功以及(d)對物體所作的總功，(e)並驗證功能定理。

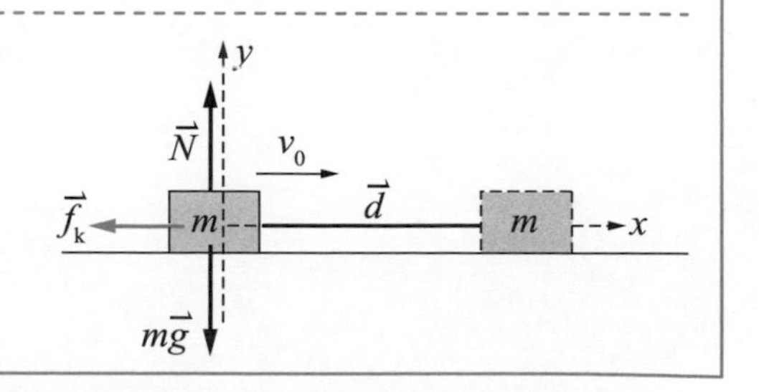

題解 首先，求出物體的減速度，由 $v^2 = v_0^2 + 2a(x - x_0)$ 知，$a = \dfrac{v^2 - v_0^2}{2(x-x_0)} = \dfrac{0-25}{2(10-0)} = -1.25$（m/s²）

由該物體自由體圖知，$\vec{N} + \vec{f}_k + m\vec{g} = m\vec{a}$，用分量表示為 $N\hat{j} - \mu_k N\hat{i} - mg\hat{j} = -ma\hat{i}$，

由此可得 $N = mg = 1.0 \times 9.8 = 9.8$（N），$\mu_k = \dfrac{ma}{N} = \dfrac{1.0 \times 1.25}{9.8} = 0.1275$。

因此，物體所受的摩擦力為 $f_k = \mu_k N = (0.1275)(9.8) = 1.25$（N）。

摩擦力所作的功為 $W_f = \vec{f} \cdot \vec{d} = \mu_k N d \cos 180° = -12.5$（J），

而正向力所作的功為 $W_N = \vec{N} \cdot \vec{d} = Nd\cos 90° = 0$，

重力所作的功為 $W_g = m\vec{g} \cdot \vec{d} = mgd\cos 90° = 0$，

對物體所作的總功為 $W = W_f + W_N + W_g = -12.5$（J），

又物體的動能變化為 $\Delta K = \dfrac{1}{2}mv^2 - \dfrac{1}{2}mv_0^2 = 0 - \dfrac{1}{2}(1.0)(25) = -12.5$（J），

對物體所作的總功 W，正好等於物體的動能變化 ΔK，$W = \Delta K$。

範例 5-5

某人手持一個質量 1.0 公斤的鐵鎚，以速度 1.0 公尺／秒將鐵釘打入一個固定的硬木塊中。假設鐵釘在木塊中所受的阻力與其進入的深度成正比。在第一次敲擊後，鐵釘深入木塊中的距離為 0.5 公分，則鐵鎚以同樣的方式總共敲擊四次後，求鐵釘深入木塊中的總深度為何？

題解 本題首先要求出阻力與深度之關係式 $f = kx$ 中的比例常數 k。

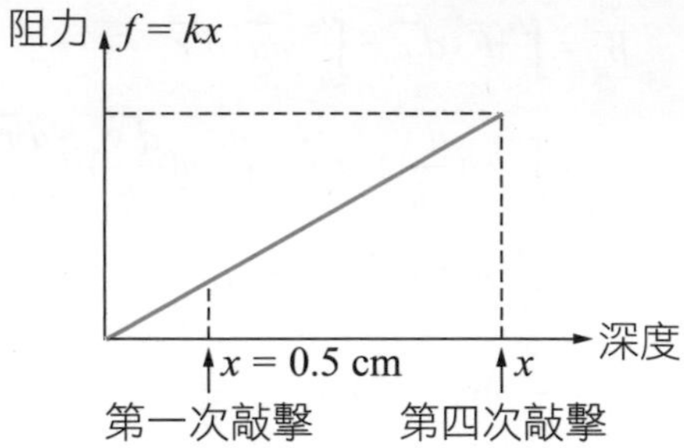

由第一次敲擊後，鐵釘的動能變化等於阻力所作的功可知

$0 - \dfrac{1}{2}mv^2 = -\dfrac{1}{2}kx^2$，

$-\dfrac{1}{2}(1)(1)^2 = -\dfrac{1}{2}k(0.005)^2$，

$k = (\dfrac{1}{0.005})^2$。

阻力 $f = kx$

深度

$x = 0.5$ cm　x

第一次敲擊　第四次敲擊

鐵鎚以同樣的方式總共敲擊四次後，總動能的變化為 $4 \times (0.5) = 2.0$（J）。

敲擊四次，阻力所作的功為 $-\dfrac{1}{2}kx^2$，由 $0 - 4 \times (0.5) = -\dfrac{1}{2}(\dfrac{1}{0.005})^2 x^2$，$x = 0.01$ m。

5-4 功率

所謂功率（power）是指需要多少時間來完成所作的功，亦即是作功的效率。如果在一段時間 Δt 內，作了 ΔW 的功，則在此段時間內的功率定義為

$$P_{av} = \frac{\Delta W}{\Delta t} \tag{5-11}$$

此功率乃是此段時間內的平均功率，用符號 P_{av} 表示之。若是時間間隔 Δt 非常短，則為瞬時功率，亦即

$$P = \lim_{\Delta t \to 0} \frac{\Delta W}{\Delta t} = \frac{dW}{dt} \tag{5-12}$$

當一個物體受到力 $\vec{F}$ 的作用，在很短的時間 dt 內，移動一段很小的位移 $d\vec{r}$ 時，此力對物體所作的功為 $dW = \vec{F}\cdot d\vec{r}$，又物體的瞬時速度表示為 $\vec{v} = \dfrac{d\vec{r}}{dt}$，因此，瞬時功率又可寫為

$$P = \frac{dW}{dt} = \vec{F}\cdot\frac{d\vec{r}}{dt} = \vec{F}\cdot\vec{v} \tag{5-13}$$

在 SI 制單位中，功的單位為牛頓‧公尺（N‧m），或稱為焦耳（Joule），簡寫為 J，而功率的單位則為焦耳／秒（J/s），或稱為瓦特（Watts），簡寫為 W：

1 W = 1 J/s

功率的另一種常用單位為馬力（hp），一馬力等於 746 瓦特，即

1 hp = 746 W

換算為英制單位則等於 550 呎‧磅／秒，即

1 hp = 550 ft‧lb/s

範例 5-6

某車的質量為 120 公斤，需要輸出 15 馬力的功率才能維持在平路上以 80 公里／時的等速率行駛。今以同樣的速率沿 15°的斜坡行駛，則引擎需要輸出的功率為何？

題解 汽車在平路上以等速率行駛時，引擎提供的力 F 正好等於總摩擦力 f，亦即 $F = \mu N = \mu mg$。

汽車以等速率 $v = 80\ \text{km/h} = 22.2\ \text{m/s}$ 行駛，引擎輸出的功率正好為克服總摩擦力所作的功，

亦即 $P = fv$，因此，總摩擦力為 $f = \dfrac{P}{v} = \dfrac{(15)(746)}{22.2} = 504$（N）。

今以同樣的速率沿 15°的斜坡行駛時，引擎需要的力增為

$F = f + mg\sin 15° = 504 + (120)(9.8)(0.2588) = 808$（N），

引擎需要輸出的功率為 $P = F\cdot v = (808)(22.2) = 17938$（W）$= 24.04$（hp）$\approx 24$（hp）。

5-5 重力位能

如圖 5-3 所示，當重力施於物體而使它移動一段位移時，則該重力對物體作了功，而此功可由物體的最初及最後的位置表示出來。茲考慮距離地面 y_1 處的物體，當其受到重力的作用自由落下到 y_2 處的情形。在此情況物體只受到一個定力，即重力的作用，此重力所作的功為

$$W_g = mg(y_1 - y_2) = mgy_1 - mgy_2 \tag{5-14}$$

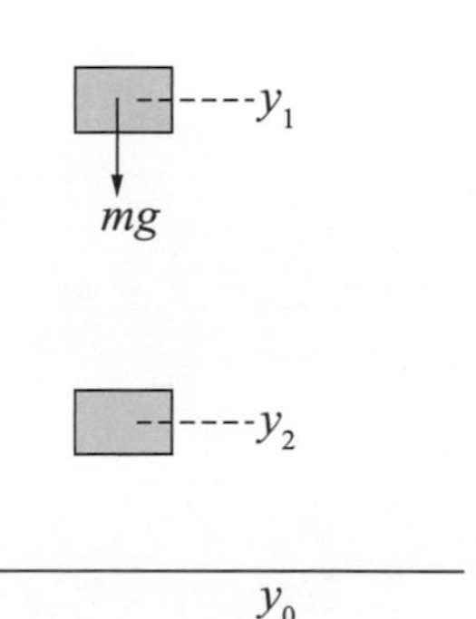

圖 5-3 物體受到重力的作用自由落下的情形。

所以 W_g 可由 mgy 在最初的位置 $y = y_1$ 及最後的位置 $y = y_2$ 的值之差表示出來。這個量 mgy 是重力 mg 與位置坐標 y 的乘積，代表物體在重力場中某個位置所具有的能量，我們稱之爲**重力位能**（gravitational potential energy）。若以表示此位能，則(5-14)式可寫爲

$$W_g = mgy_1 - mgy_2 = -(U_2 - U_1) = -\Delta U \qquad (5\text{-}15)$$

此式表示在 $y = y_1$ 處與 $y = y_2$ 處，位能的差之負值爲在重力的作用下，物體由位置 y_1 移至 y_2 時，重力所作的功，而 ΔU 爲這兩位置位能的變化量。此處我們必須注意到物體先是在位置 y_1 處，其位能爲 U_1，然後再掉到位置 y_2 處，其位能爲 U_2。因此，當我們要求物體的位能變化量時應該是 $\Delta U = U_2 - U_1$ 而不是 $\Delta U = U_1 - U_2$，而位能的變化量正等於重力所作之功的負值，即 $W_g = -\Delta U$。其次，我們要知道，物體的位能是一種相對的觀念，亦即我們是由重力所作的功來定義兩個位置的位能差，因此，只有兩個位置的相對位能才具有意義，單獨一個位置是不具有位能意義的。我們說物體在位置 y 處的位能爲 mgy，是指此位置的位能是相對於位置 $y = 0$ 處的參考位能爲零而說的。由(5-15)式可看出，當我們取 $y_2 = 0$，且設此位置的重力位能爲零，則

$$W = -(0 - U_1) = mg\,y_1 \qquad (5\text{-}16)$$

故

$$U_1 = mg\,y_1 \qquad (5\text{-}17)$$

因此，位置 $y = y_1$ 處的位能爲 $U_1 = mgy_1$，是指相對於位置 $y_2 = 0$ 處的位能 U_2 選爲零位點而說的。

當物體除了受到重力的作用之外，還有其它的力作用於其上時，則作用於物體的功就要分成兩部份，一是重力作用，此功恰爲物體重力位能變化量的負值。另一爲其它的力所作的功，此部份的功所代表的意義可由下面的推導關係式得知。設總功 W 爲重力所作的功 W_g 與其它力所作的功 W' 之和，即

$$W = W_g + W' \qquad (5\text{-}18)$$

首先，由功能定理知道

$$W = \Delta K = K_2 - K_1 \qquad (5\text{-}19)$$

又，重力所作的功爲物體重力位能變化量的負值，故

$$W_g = -\Delta U = -(U_2 - U_1) \qquad (5\text{-}20)$$

代入上式可得

$$\Delta K = -\Delta U + W' \qquad (5\text{-}21)$$

即

$$W' = \Delta K + \Delta U = (K_2 + U_2) - (K_1 + U_1) \qquad (5\text{-}22)$$

上式表示 W' 爲物體在位置 2 處的動能與重力位能之和，減去物體在位置 1 處的動能與重力位能之和。此時我們把物體的動能與位能之和稱爲**力學能**（mechanical energy），於是上式便表示 W' 爲物體力學能的變化，記爲

$$W' = \Delta E = E_2 - E_1 \quad (5\text{-}23)$$

當 $W' = 0$ 時

$$\Delta E = 0 \quad (5\text{-}24)$$

即

$$E_1 = E_2 \text{，或} K_1 + K_2 = U_1 + U_2 \quad (5\text{-}25)$$

在此情況下，我們說物體的力學能是保持不變的，也就是力學能是守恆的，此即稱爲**力學能守恆定律**（law of conservation of mechanical energy）。

範例 5-7

一個質量爲 5 公斤的木塊，以 $v_0 = 10$ m/s 的速率，沿斜角爲 $\theta = 37°$ 的斜面上行，若動摩擦係數爲 $\mu_k = 0.5$，靜摩擦係數爲 $\mu_s = 0.7$。已知重力加速度 $g = 10$ m/s²，求木塊能上行多遠？木塊是否會滑下來？若木塊再滑下來，則其滑至底端的速率爲何？

題解 設木塊滑行的距離爲 L，

木塊在斜面底端的總能量爲 $E_1 = \frac{1}{2}mv_0^2 = 250$（J），

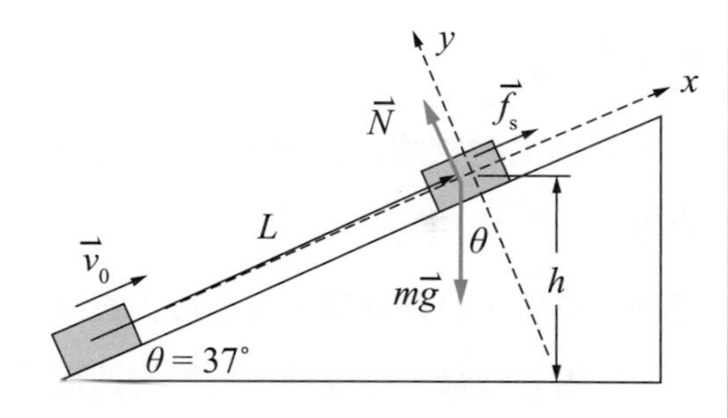

木塊滑至最高點時的總能量爲

$E_2 = mgh = mgL\sin 37° = 30L$（J）。

由 $E_2 - E_1 = -f_k L = -\mu_k mg\cos 37° L$，

知 $30L - 250 = -0.5(5)(10)\frac{4}{5}L = -20L$，$L = 5$ m，

所以 $E_2 = 30 \times 5 = 150$（J）。

木塊在斜面上的最大靜摩擦力爲 $f_{s,\max} = \mu_s mg\cos 37° = 0.7(5)(10)\frac{4}{5} = 28$（N），

由於此力小於重力沿斜面的分力 $mg\sin 37° = 5(10)\frac{3}{5} = 30$（N），因此，判斷木塊會再滑下來。

假設木塊滑至底端的速率爲 v'，木塊滑至底端的總能量爲 $E' = \frac{1}{2}mv'^2$，

由 $E' - E_2 = -f_k L = -\mu_k mg\cos 37° L$，知 $\frac{1}{2}(5)v'^2 - 150 = -0.5(5)(10)\frac{4}{5}(5) = -100$，$v' = 2\sqrt{5}$ m/s。

範例 5-8

某球由高度為 h 的屋頂以初速 v_0 斜向拋出，拋射的角度為 θ，求(a)該球落地的時間？(b)該球上升的高度為何？

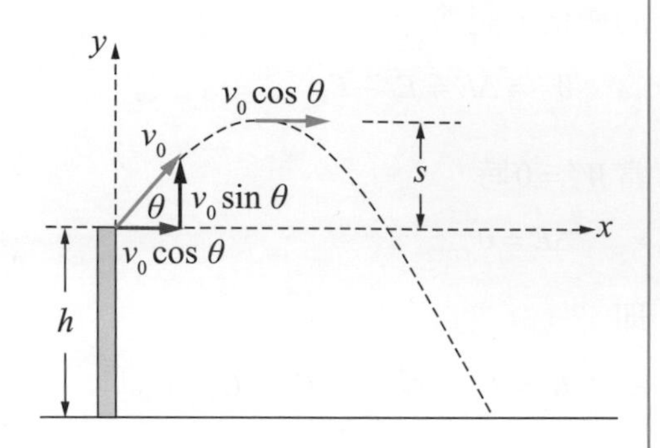

題解 茲選取屋頂為坐標的原點，並取地面的重力為能為零。

假設球落地的速度為 v，則由能量守恆知 $E_0 = E$，

亦即 $K_0 + U_0 = K + U$，$\frac{1}{2}mv_0^2 + mgh = \frac{1}{2}mv^2 + 0$，

由此可得 $v^2 = v_0^2 + 2gh$。

今假設球落地的時間為 t，

此時落地速度的水平分量與垂直分量分別為

$v_x = v_0\cos\theta$，$v_y = v_0\sin\theta - gt$，

又由 $v^2 = v_x^2 + v_y^2$ 可得 $v_0^2 + 2gh = (v_0\cos\theta)^2 + (v_0\sin\theta - gt)^2$，

$gt^2 - 2v_0\sin\theta t - 2h = 0$，$t = \dfrac{v_0\sin\theta + \sqrt{v_0^2\sin^2\theta + 2gh}}{g}$。

設該球可以上升到屋頂上方 s 的高度處，如圖所示。

此球在最頂端的速度為 $v_0\cos\theta$，由能量守恆定律可知 $mgh + \frac{1}{2}mv_0^2 = mg(h+s) + \frac{1}{2}m(v_0\cos\theta)^2$，

由此可得 $v_0^2 = 2gs + v_0^2\cos^2\theta$，該球上升的高度為 $s = \dfrac{v_0^2(1-\cos^2\theta)}{2g} = \dfrac{v_0^2\sin^2\theta}{2g}$。

範例 5-9

一個斜向拋射物體以 v_0 的初速，拋射的角度為 $\theta = 53°$ 拋出，求該物體上升到最大高度一半時的速度大小為何？

題解 首先，設此物體上升的最大高度為 H，

由於在最大高度時，物體的速度大小為 $v_0\cos 53° = \frac{3}{5}v_0$，

由能量守恆定律可知 $\frac{1}{2}mv_0^2 = mgH + \frac{1}{2}m(\frac{3v_0}{5})^2$，$gH = \frac{16v_0^2}{50}$。

假設物體上升到最大高度一半時的速度大小為 v，

則由能量守恆定律可知 $\frac{1}{2}mv_0^2 = mg(\frac{H}{2}) + \frac{1}{2}mv^2$，$v_0^2 = gH + v^2 = \frac{16v_0^2}{50} + v^2$，$v = \frac{\sqrt{17}}{5}v_0$。

範例 5-10

如圖所示，質量為 m 的物體自高度為 h 的 A 點處靜止滑下，經 E，B，C，D 點，(a)若欲繞半徑為 R 的圓形軌道滑動一整圈，則 h 最小應為何？(b)欲達 C 點不下落，則 h 最小應為何？(c)欲達 D 點不下落，則 h 最小應為何？(d)若 $h = 3R$，則至 B 點時切線加速度與法線加速度為何？(e)若 $h = 3R$，則當達 D 點時，作用於軌道的力為何？（$\theta = 30°$）

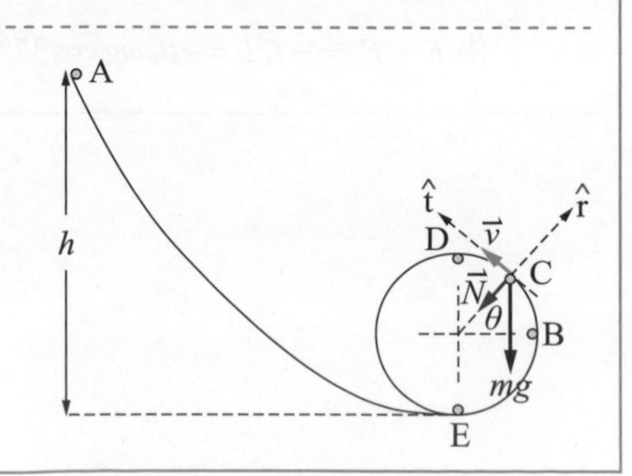

題解 (a)欲恰好能繞圓形軌道滑動一整圈，

則在頂點 D 處物體所受的正向力爲零，故 $\vec{F}=\vec{N}+m\vec{g}=m\vec{g}$ ，

又若在頂點 D 處物體的速率爲 v，則由 $m\dfrac{v^2}{R}=mg$ ， $v^2=gR$ 。

又由能量守恆 $E_A=E_D$ 知 $mgh=\dfrac{1}{2}mv^2+mg(2R)$ ， $h=\dfrac{5}{2}R$ 。

(b)欲達 C 點不下落，則由自由體圖知 $\vec{N}+m\vec{g}=F_r\,\hat{r}+F_t\,\hat{t}=m\dfrac{v^2}{R}\,\hat{r}+F_t\,\hat{t}$ ，

用分量表示爲 $N\,\hat{r}+(-mg\cos\theta\,\hat{t}+mg\sin\theta\,\hat{r})=m\dfrac{v^2}{R}\,\hat{r}+F_t\,\hat{t}$ ，

由此可得 $F_t=-mg\cos\theta$ ， $F_r=m\dfrac{v^2}{R}=N+mg\sin\theta$ ，

在 C 點物體恰欲離開軌道的條件爲物體所受到的正向力爲零，故

$F_r=m\dfrac{v^2}{R}=mg\sin\theta=\dfrac{1}{2}mg$ 。

由此可得 $v^2=\dfrac{1}{2}gR$ ，再由能量守恆可得 $mgh=mg(\dfrac{3}{2}R)+\dfrac{1}{2}m(\dfrac{1}{2}gR)$ ， $h=\dfrac{7}{4}R$ 。

(c)欲達 D 點不下落，則可作完整的運動，此情況同(a)。

(d)若 $h=3R$ ，則至 B 點時的速率可由能量守恆求之

$mgh=\dfrac{1}{2}mv^2+mgR$ ， $v^2=4gR$ 。

其切線加速度爲 $a_t=\dfrac{F_t}{m}=\dfrac{mg}{g}=g$ ，其法線加速度 $a_r=\dfrac{F_r}{m}=\dfrac{v^2}{R}=4g$ 。

(e)若 $h=3R$ ，則當達 D 點時的速率可由能量守恆求之

$mgh=\dfrac{1}{2}mv^2+2mgR$ ， $v^2=2gR$ 。

則當達 D 點時，作用於軌道的力爲正向力的反作用力，由

$m\dfrac{v^2}{R}=N+mg\sin\theta$ ，令 $\theta=90^\circ$ 可得 $N=mg$ 。

範例 5-11

如圖所示，有一質量爲 $m=2$ kg 的物體，由靜止自 A 點滑下半徑爲 $R=0.2$ m的光滑圓弧形軌道，其物體滑至圓弧形軌道底端 B 點時的速率爲何？若物體此後在水平光滑面上以此速率行進，並壓縮一個彈力常數爲 $k_s=200$ N/m 的彈簧，則可壓縮彈簧多少？又假若圓弧形軌道有摩擦存在，使得物體滑至 B 點時的速率爲無摩擦時的一半，求摩擦所消耗的能量爲何？

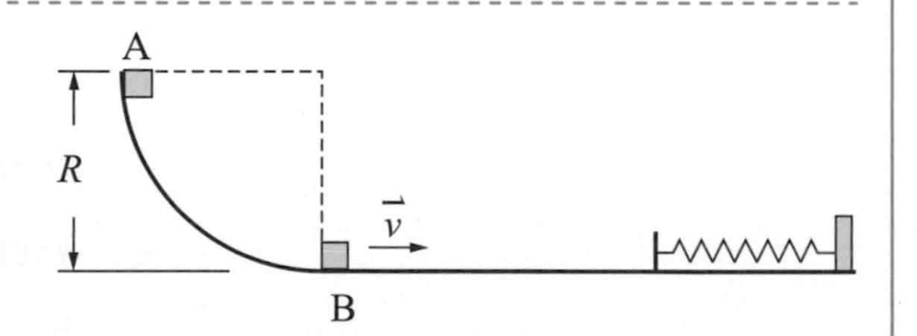

題解 由能量守恆定律 $E_A=E_B$ ，可知 $mgR=\dfrac{1}{2}mv^2$ ，由此可得 $v=\sqrt{2gR}=2$（m/s），

假設彈簧的壓縮量爲 x，則 $\dfrac{1}{2}mv^2=\dfrac{1}{2}k_s x^2$ ，由此可得 $x=\sqrt{\dfrac{m}{k_s}}\,v=0.2$（m），

假若圓弧形軌道有摩擦存在，物體滑至 B 點時的速率爲 $v'=\dfrac{v}{2}=1$（m/s），

此時摩擦所消耗的能量爲 $W'=E_B-E_A=\dfrac{1}{2}mv'^2-mgR=-3$（J）。

5-6 彈性位能

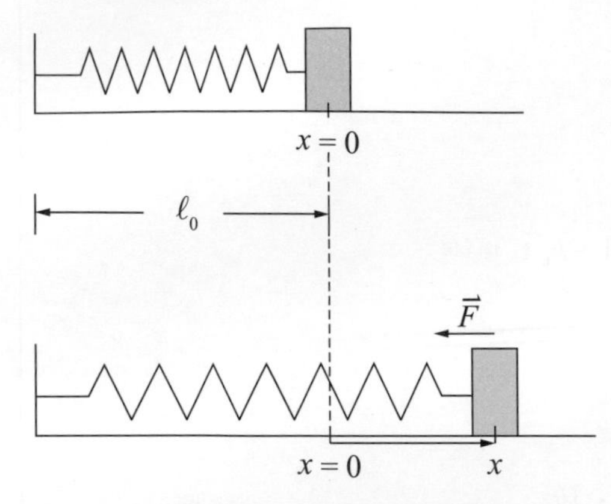

圖 5-4 彈簧受力的作用而伸長的情形。

如圖 5-4 所示，設質量爲 m 的物體繫於彈簧的一端，彈簧的另一端則爲固定。以彈簧未伸長時的物體位置爲坐標原點，今以外力 $\vec{F'}$ 把彈簧拉長，一旦彈簧有某個伸長量時，彈簧內就會產生與外力 $\vec{F'}$ 相反的力 $\vec{F}$ 施之於物體，此力稱爲彈簧的恢復力。吾人知道彈簧的恢復力 $\vec{F}$ 的大小是與其伸長量 $\vec{x}$ 成正比而方向相反，其比例常數稱爲彈簧的彈力常數 k_s，一般記爲

$$\vec{F} = -k_s\vec{x} \tag{5-26}$$

此一關係式稱爲虎克定律。我們已經知道，把彈簧拉到伸長量爲 $\vec{x}$ 時，彈簧恢復力所作的功爲 $-\frac{1}{2}kx^2$。如果我們把彈簧沒有伸長時（即 $x = 0$ 處）的**彈性位能**（elastic potential energy）記爲 U_0，而彈簧伸長量爲 $\vec{x}$ 時的彈性位能記爲 U，則我們可仿照重力位能的做法來定義彈簧的位能。設定恢復力所作的功爲彈性位能的變化之負值，寫爲

$$\Delta U = U - U_0 = -W_e = -(-\frac{1}{2}kx^2) \tag{5-27}$$

其次再假設 $U_0 = 0$，可得

$$U = \frac{1}{2}kx^2 \tag{5-28}$$

此即表示若假設彈簧沒有伸長時，彈性位能爲零位點的話，那麼彈簧的伸長量爲 $\vec{x}$ 時的彈性位能爲 $U = \frac{1}{2}kx^2$。同理，彈簧從伸長量 $\vec{x_1}$ 到伸長量 $\vec{x_2}$ 的這段位移內其彈性位能的變化爲此段位移內彈簧恢復力所作的功之負值，記爲

$$\Delta U = U_2 - U_1 = -W_e = \frac{1}{2}kx_2{}^2 - \frac{1}{2}kx_1{}^2 \tag{5-29}$$

設彈簧伸長量爲 $\vec{x_1}$ 時物體的速度爲 $\vec{v_1}$，伸長量爲 $\vec{x_2}$ 時物體的速度爲 $\vec{v_2}$，則其動能的變化爲 $\Delta K = \frac{1}{2}mv_2{}^2 - \frac{1}{2}mv_1{}^2$。若作用於物體上的力只有彈簧的恢復力，則由功能定理知總功等於動能的變化，即 $W = \Delta K$，又 $W = -\Delta U$，故

$$\Delta U + \Delta K = 0 \tag{5-30}$$

即

$$\begin{aligned}(K_2 - K_1) + (U_2 - U_1) &= (K_2 + U_2) - (K_1 + U_1) \\ &= E_2 - E_1 = \Delta E = 0\end{aligned} \tag{5-31}$$

由 $\Delta E = 0$ 知

$$E_1 = E_2\text{，或 } K_1 + U_1 = K_2 + U_2 \tag{5-32}$$

此即爲彈簧系統的力學能守恆定律。

當物體除了受到彈簧的恢復力之外，還有其它的力作用於其上時，則作用於物體的功就要分成兩部份，一為彈簧的恢復力所作用的功 W_e，此功正等於彈性位能變化量的負值。另一為其它的力所作的功，記為 W'。總功為此兩部份的功之和，即

$$W = W_e + W' \tag{5-33}$$

首先由功能定理知道

$$W = \Delta K = K_2 - K_1 \tag{5-34}$$

又彈簧的恢復力所作的功為物體彈性位能變化量的負值，故

$$W_e = -\Delta U = -(U_2 - U_1) \tag{5-35}$$

將(5-33)式、(5-34)式代入(5-33)式可得

$$\Delta K = -\Delta U + W' \tag{5-36}$$

即

$$W' = \Delta K + \Delta U = (K_2 + U_2) - (K_1 + U_1) = \Delta E \tag{5-37}$$

當 $W' = 0$ 時

$$\Delta E = 0 \tag{5-38}$$

即

$$E_1 = E_2 \text{，或} K_1 + U_1 = K_2 + U_2 \tag{5-39}$$

此即為彈簧系統的力學能守恆。如果我們所考慮的物體既有受到重力的作用又有受到彈簧的恢復力的作用，則屬於彈簧的位能為 $U_e = \frac{1}{2}kx^2$，而屬於重力位能為 $U_g = mg\,y$，彈簧恢復力所作的功為 W_e，重力所作的功為 W_g，其它的力所作的功為 W'，總功為

$$W = W_e + W_g + W' \tag{5-40}$$

由功能定理知

$$W = W_e + W_g + W' = \Delta K = K_2 - K_1 \tag{5-41}$$

又 $W_g = -\Delta U_g = -(U_{g2} - U_{g1})$，$W_e = -\Delta U_e = -(U_{e2} - U_{e1})$，故

$$W = \Delta K = -\Delta U_e - \Delta U_g + W' \tag{5-42}$$

$$\begin{aligned} W' &= \Delta K + \Delta U_e + \Delta U_g \\ &= (K_2 + U_{e2} + U_{g2}) - (K_1 + U_{e1} + U_{g1}) = \Delta E \end{aligned} \tag{5-43}$$

當 $W' = 0$ 時，$\Delta E = 0$，即

$$E_1 = E_2 \text{，或} K_1 + U_{e1} + U_{g1} = K_2 + U_{e2} + U_{g2} \tag{5-44}$$

此即為系統的力學能守恆。

範例 5-12

一個質量爲 $m = 2$ kg 的木塊，在斜角爲 $\theta = 37°$ 的光滑斜面上頂著一個壓縮量爲 $x = 20$ cm 的彈簧，彈簧的彈簧常數爲 $k = 200$ N/m，釋放木塊之後，求滑行的距離。

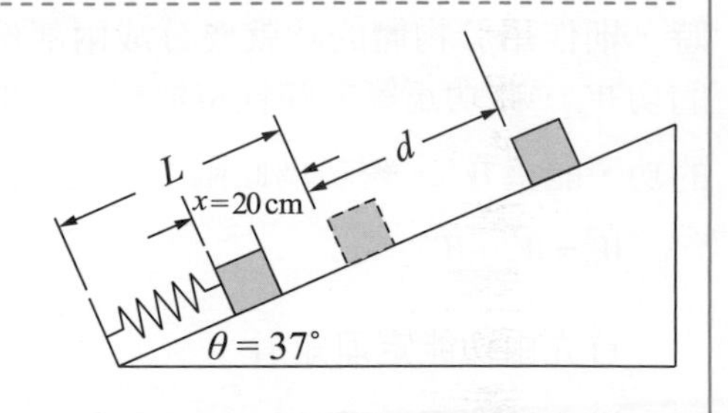

題解 設彈簧的原長爲 L，木塊總共滑行的距離爲 $s = x + d$。

木塊在最初位置的總能量爲 $E_0 = \frac{1}{2}kx^2 + mg(L - x)\sin\theta$，

木塊在到達最末位置的總能量爲 $E = mg(L + d)\sin\theta$，

由 $E_0 = E$ 可得 $\frac{1}{2}200(0.2)^2 + 2(10)(L - 0.2)\frac{3}{5} = 2(10)(L + d)\frac{3}{5}$，$d = \frac{2}{15}$ m。

5-7 保守力與能量守恆

當物體受到重力的作用由某一位置移至另一位置時，重力所作的功等於一個位置函數的末值與初值之差的負值，於此我們定義一個只與位置有關的能量，稱爲位能（potential energy）。然而通常作用力作功是力與位移的乘積，顯然作功的大小不僅與作用力有關且與物體的位移有關。因此，我們可以想像出當物體受到力的作用由某一位置移至另一位置時，其所作的功是會與路徑有關的。但是有些力，諸如我們前面所提過的重力與彈簧的恢復力，其對物體所作的功是會與路徑無關的，這種力稱爲保守力（conservative force）。由於保守力所作的功與路徑無關，而只與起點和終點的位置有關，於此我們才能定義出位能的觀念。一般我們是把保守力所作的功定義爲起點和終點的位置之位能差的負值。由於保守力所作的功與路徑無關，因此，兩點之間的位能差便只有一個值，也因此位能才有意義。反過來說，若所作的功與路徑有關，那麼兩點之間的位能差便會隨所作功的路徑不同而有很多個值，於是我們說某一位置的位能是多少就沒有意義了。一般說來，若保守力所作的功寫爲

$$W = \int_{x_1}^{x_2} \vec{F}(x) \cdot d\vec{x} \tag{5-45}$$

則

$$W = -\Delta U = -(U_2 - U_1) = \int_{x_1}^{x_2} \vec{F}(x) \cdot d\vec{x} \tag{5-46}$$

由重力作功所定義的位能我們稱爲重力位能，由彈簧恢復力作功所定義的位能我們稱爲彈性位能。若只有保守力作用於物體時，我們可由保守力作功所定義的位能差，以及由功能定理推知位能與動能的和是不變的，此即所謂的力學能守恆定律。設保守力所作的功爲 W_c，則

$$W_c = -\Delta U = -(U_2 - U_1) \tag{5-47}$$

若物體只受到保守力作用，則

$$W_c = \Delta K = (K_2 - K_1) \quad (5\text{-}48)$$

故

$$\Delta U + \Delta K = 0 \quad (5\text{-}49)$$

亦即

$$K_1 + U_1 = K_2 + U_2 \text{，或} E_1 = E_2 \quad (5\text{-}50)$$

假若作用於物體上的力除了保守力之外，還有其它非保守力（nonconservative force）的作用，譬如摩擦力或繩子的張力等，那麼由功能定理知所有這些保守力與非保守力所作的總功等於物體動能的變化，而總功是由保守力與非保守力兩部份所作的功之和，若以保守力所作的功爲W_c，而以非保守力所作的功爲W'，則總功爲

$$W = W_c + W' \quad (5\text{-}51)$$

由功能定理知$W = \Delta K$，然而

$$W_c = -\Delta U = -(U_2 - U_1) \quad (5\text{-}52)$$

故

$$-\Delta U + W' = \Delta K \quad (5\text{-}53)$$

即

$$W' = \Delta K + \Delta U = \Delta E = E_2 - E_1 \quad (5\text{-}54)$$

由上式可看出，若物體有非保守力作用於其上，那麼力學能是不守恆的，而總力學能的變化量正等於非保守力所作的功。雖然總能量是不守恆，但是如果我們把總能量的內容加以擴充，讓它涵蓋更廣的能量，那麼我們還是可以得到總能量守恆定律的。譬如我們知道摩擦力是一種非保守力，有摩擦力存在時物體的力學能是不守恆的，而力學能的變化正等於摩擦力所作的功。但是如果我們把摩擦力所作的功定義爲某種內能的變化量的負值，寫爲$W' = -\Delta U_{\text{內能}}$。則

$$\Delta K + \Delta U + \Delta U_{\text{內能}} = 0 \quad (5\text{-}55)$$

現在若把總能量E定義爲動能K，位能U以及內能$U_{\text{內能}}$，那麼上式可寫爲

$$(K_2 - K_1) + (U_2 - U_1) + (U_{2\text{內能}} - U_{1\text{內能}}) = 0 \quad (5\text{-}56)$$

或

$$K_1 + U_1 + U_{1\text{內能}} = K_2 + U_2 + U_{2\text{內能}} \quad (5\text{-}57)$$

此即 $E_1 = E_2$ 或 $\Delta E = 0$。在任何其它新的情況下，我們都可指定一個類似 $U_{內能}$ 的新形式之能量，來擴大總能量的定義以保有更廣義形式的能量守恆定律。此時我們可以寫出下式

$$\Delta K + \Delta U + \Delta U_{內能} + 其他形式的能量變化量 = 0 \tag{5-58}$$

此時總能量 E 便包含了動能 K，位能 U，內能 $U_{內能}$ 以及其它形式的能量 U'，而此總能量 E 是守恆的。能量守恆定律（law of conservation of energy）是一個基本定律，它的意義是能量不能被創造或毀滅。能量可以從某一種形式轉變為另一種形式，但總能量是不變的。

5-8 克卜勒行星運動定律

第一定律：軌道定律

克卜勒行星運動第一定律的內容為：**行星以橢圓形軌道繞太陽運行，而太陽位在其中的一個焦點**，如圖 5-5 所示。行星繞太陽的軌道方程式為

$$\frac{1}{r} = \frac{1}{b^2}(a + \sqrt{a^2 - b^2}\cos\theta) \tag{5-59}$$

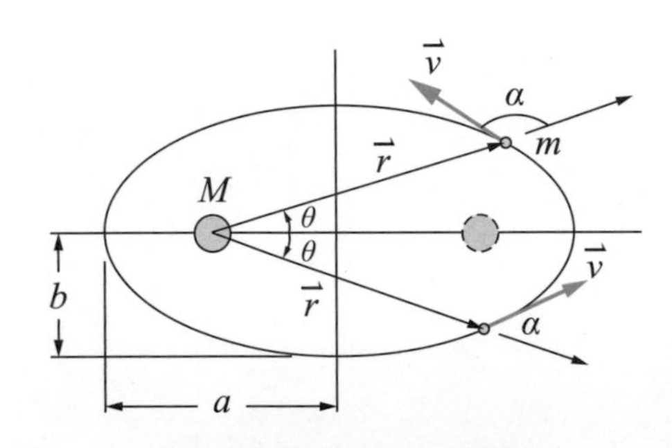

圖 5-5 行星以橢圓形軌道繞太陽運行。

當 $a = b$ 時，$\frac{1}{r} = \frac{1}{a}$。如圖 5-6 所示，茲介紹橢圓的概念如下：若一動點與兩定點的距離之和為一常數，則此動點的軌跡稱為橢圓。橢圓的長軸的長度為 $2a$，短軸的長度為 $2b$，兩焦點間的距離為 $2c$，而 $c^2 = a^2 - b^2$。橢圓的中心到焦點的距離與半長軸之長的比值，稱為橢圓的離心率 $e = \frac{c}{a}$。準線的方程式為 $x = \pm\frac{a}{e}$。直角坐標中，橢圓的方程式為 $\frac{x^2}{a^2} + \frac{y^2}{b^2} = 1$。

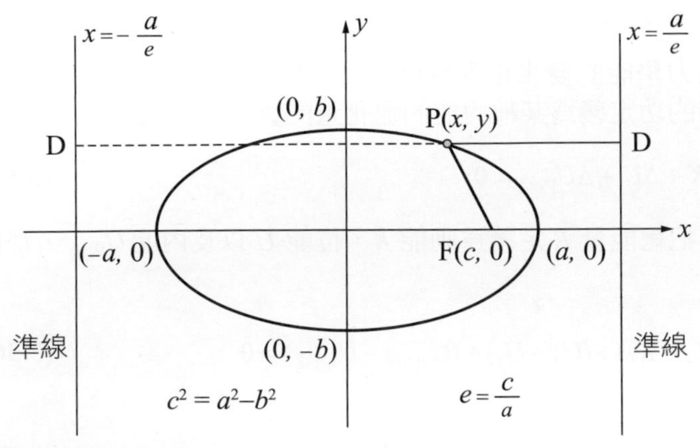

圖 5-6 橢圓的直角坐標描述。

如圖 5-7 所示，茲描述橢圓的極坐標如下：

1. 焦點 F 在極坐標原點。
2. 焦點 F 至準線的距離爲 p。
3. 離心率 $e=\dfrac{\overline{\text{PF}}}{\overline{\text{PD}}}$，$\begin{cases} e=1 \Rightarrow \text{拋物線。} \\ 0<e<1 \Rightarrow \text{橢圓。} \\ e>1 \Rightarrow \text{雙曲線。} \end{cases}$
4. 直角坐標與極坐標的關係爲 $x=r\cos\theta$，$y=r\sin\theta$。
5. $c^2=a^2-b^2$，$e=\dfrac{c}{a}$。

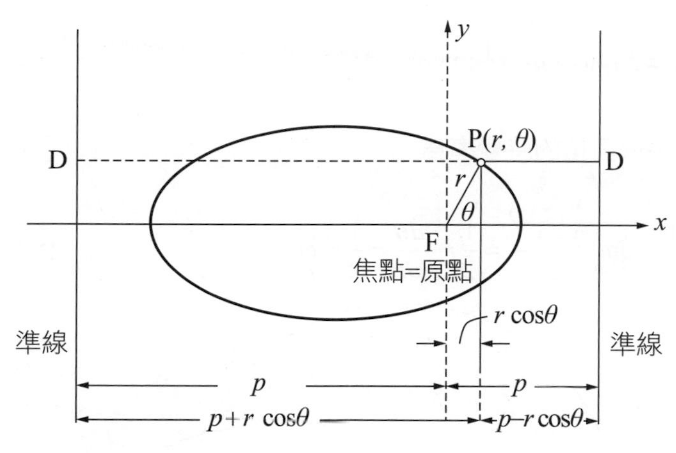

圖 5-7　橢圓的極坐標描述。

由離心率 $e=\dfrac{\overline{\text{PF}}}{\overline{\text{PD}}}$ 的定義知，$e=\dfrac{\overline{\text{PF}}}{\overline{\text{PD}}}=\dfrac{r}{p\pm r\cos\theta}$，由此可得橢圓的極坐標方程式爲

$$r=\frac{ep}{1\pm e\cos\theta} \tag{5-60}$$

又可寫爲

$$\frac{1}{r}=\frac{1}{ep}\pm\frac{1}{p}\cos\theta \tag{5-61}$$

行星繞太陽的軌道方程式爲

$$\begin{aligned}\frac{1}{r}&=\frac{1}{b^2}(a+\sqrt{a^2-b^2}\cos\theta)\\&=\frac{a}{b^2}+\frac{\sqrt{a^2-b^2}}{b^2}\cos\theta\end{aligned} \tag{5-62}$$

由比較上兩式可得

$$\frac{1}{ep}=\frac{a}{b^2}\text{，}\frac{1}{p}=\frac{\sqrt{a^2-b^2}}{b^2} \tag{5-63}$$

由此可得

$$\frac{1}{ep}=\frac{1}{e}\frac{\sqrt{a^2-b^2}}{b^2}=\frac{1}{e}\frac{c}{b^2}=\frac{a}{b^2} \tag{5-64}$$

亦即 $\dfrac{c}{e}=a$，兩相符合。因爲上式需應用到關係式 $\dfrac{c}{e}=a$，才可得到 $\dfrac{1}{ep}=\dfrac{a}{b^2}$。

第二定律：面積定律

克卜勒行星運動第二定律的內容爲：太陽與行星的連線在相同的時間內掃過相同的面積。如圖 5-8 所示，在 Δt 時間內行星所走過的扇形面積爲

$$\Delta A=\frac{1}{2}(r)(r\Delta\theta)=\frac{1}{2}r^2\Delta\theta \tag{5-65}$$

此扇形面積的時變率爲

$$\frac{dA}{dt}=\lim_{\Delta t\to 0}\frac{\frac{1}{2}r^2\Delta\theta}{\Delta t}=\frac{1}{2}r^2\frac{d\theta}{dt}=\frac{1}{2}r^2\omega \tag{5-66}$$

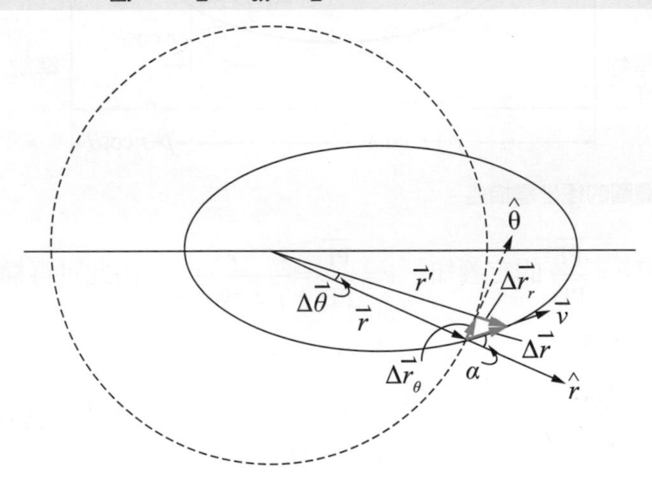

圖 5-8　行星在相同的時間內掃過相同的面積。

假設行星在某時刻 t 的位置向量爲 $\vec{r}$，在另一時刻 $t'=t+\Delta t$ 的位置向量爲 $\vec{r}'$，兩時刻間的位移爲 $\Delta\vec{r}=\vec{r}'-\vec{r}$，因此，行星在某時刻 t 的速度爲 $v=\lim\limits_{\Delta t\to 0}\dfrac{\Delta r}{\Delta t}$，此一在某時刻 t 的瞬時速度可分解爲沿半徑方向 $\hat{r}$ 的分量與沿切線方向 $\hat{\theta}$ 的分量，亦即

$$\begin{aligned}
\vec{v}&=\lim_{\Delta t\to 0}\frac{\Delta\vec{r}}{\Delta t}=\lim_{\Delta t\to 0}\frac{\Delta r_r\ \hat{r}+\Delta r_\theta\ \hat{\theta}}{\Delta t}\\
&=\lim_{\Delta t\to 0}\frac{\Delta r_r}{\Delta t}\ \hat{r}+\lim_{\Delta t\to 0}\frac{\Delta r_\theta}{\Delta t}\ \hat{\theta}\\
&=\lim_{\Delta t\to 0}\frac{r'-r}{\Delta t}\ \hat{r}+\lim_{\Delta t\to 0}\frac{r\Delta\theta}{\Delta t}\ \hat{\theta}\\
&=\frac{dr}{dt}\ \hat{r}+r\frac{d\theta}{dt}\ \hat{\theta}\\
&=\frac{dr}{dt}\ \hat{r}+r\omega\ \hat{\theta}=v_r\ \hat{r}+v_\theta\ \hat{\theta}
\end{aligned} \tag{5-67}$$

其中速度沿半徑方向的分量爲 $v_r = \dfrac{dr}{dt}$，速度沿切線方向的分量爲 $v_\theta = r\omega$。面積的時變率又可寫爲

$$\frac{dA}{dt} = \frac{1}{2}r^2\omega = \frac{1}{2}r\,v_\theta \tag{5-68}$$

若在某時刻 t 的位置向量 $\overrightarrow{r}$ 與其瞬時速度 $\overrightarrow{v}$ 的夾角爲 α，則 $v_\theta = v\sin\alpha = r\omega$。

在第六章中我們將介紹物體的動量，它是物體運動之量的一種量度，對於移動運動而言，我們稱之爲線動量，簡稱爲動量。對於轉動運動而言，我們則稱之爲角動量。角動量的定義爲，物體的位置向量與線動量的向量外積，依據此定義，行星在某時刻 t 的角動量爲

$$\begin{aligned} \overrightarrow{L} &= \overrightarrow{r}\times\overrightarrow{p} = m\overrightarrow{r}\times\overrightarrow{v} \\ &= (mr\,\hat{\mathrm{r}})\times(v_r\,\hat{\mathrm{r}} + v_\theta\,\hat{\theta}) \\ &= mrv_\theta\,\hat{\mathrm{k}} = mr^2\omega\,\hat{\mathrm{k}} \end{aligned} \tag{5-69}$$

關於角動量，我們將會在第七章的轉動運動中詳細討論，在此我們預先引用，並不會影響對等面積定律的理解。上式中 $\hat{\mathrm{k}}$ 代表與垂直於書面方向的單位向量。由此可得

$$\frac{dA}{dt} = \frac{L}{2m} = \text{常數} \tag{5-70}$$

由此可知，等面積定律是遵守角動量守恆定律。

第三定律：週期定律

克卜勒行星運動第三定律的內容爲：行星運動週期的平方，正比於它到太陽之平均距離的三次方。此平均距離爲橢圓的長軸與短軸之平均值。行星 m 所受到的作用力是來自太陽 M 的引力 $F = \dfrac{GMm}{r^2}$，茲假設 $m \ll M$，行星 m 與太陽 M 兩者的質量中心大約位於太陽，且若行星的運動軌道爲圓形，則由行星所受到的引力等於向心力，可得

$$\frac{GMm}{r^2} = m\frac{v^2}{r} = \frac{m4\pi^2 r}{T^2} \tag{5-71}$$

$$\frac{r^3}{T^2} = \frac{GM}{4\pi^2} = K = \text{常數} \tag{5-72}$$

範例 5-13

利用人造衛星可測出地球的質量，設質量爲 $m = 1000$ kg 的人造衛星，在地球表面上空高度 $h = 500$ km 處運行，其週期爲 $T = 98$ min ，設地球的半徑爲 $R_e = 6.4\times10^6$ m ，求地球的質量？

題解 首先，人造衛星在地球表面上空高度 h 處運行的速率爲 $v = \dfrac{2\pi(R_e + h)}{T}$ ，

又由人造衛星運行的向心力來自於地球的引力 $F = \dfrac{GMm}{(R_e + h)^2} = \dfrac{mv^2}{(R_e + h)}$

將 $v = \dfrac{2\pi(R_e + h)}{T}$ 代入上式可得地球的質量 M 爲

$$M = \frac{4\pi^2(R_e + h)^3}{GT^2} = \frac{4(3.14)^2(6.4\times10^6 + 5\times10^5)}{(0.667\times10^{-10})(98\times60)^2} \approx 5.5\times10^{24} \text{（kg）。}$$

範例 5-14

某人造衛星在赤道面上運動，若在赤道上的人來看，其似乎停留於上空不動，則此人造衛星的高度爲何？

題解 我們知道，月球至地心的距離 R_m 爲地球半徑的 60 倍，亦即 $R_m = 60R_e$ 。

又月球繞地球運轉的週期爲 $T_m = 27.3$ 天，

若在赤道上的人來看，人造衛星似乎停留於上空不動，

則其週期爲 $T_s = 1$ 天，由 $\dfrac{R_s^3}{R_m^3} = \dfrac{T_s^2}{T_m^2}$ ，

得知 $R_s = (\dfrac{T_s}{T_m})^{\frac{2}{3}} R_m = (\dfrac{1}{27.3})^{\frac{2}{3}}(60R_e) = 6.62R_e$ ，

故人造衛星的高度爲 $h = R_s - R_e = 5.62R_e = 5.62\times(6.4\times10^6) = 35.97\times10^6$ （m），

其向心加速度爲 $a = \dfrac{4\pi^2 R_s}{T_s^2} = 0.2241$ （m/s²）。

範例 5-15

太空梭沿半徑爲 R 的圓形軌道繞地球運行，其週期爲 T。如果太空梭要返回地面，可在軌道上的 A 點處，將速率降低到適當值，從而使太空梭沿著以地心爲焦點的橢圓形軌道運行，橢圓與地球表面在 B 點相切。若地球半徑爲 R_0，求太空梭繞橢圓形軌道運行之週期 T'，與太空梭繞半徑爲 R 的圓形軌道運行的週期 T 之間的關係。

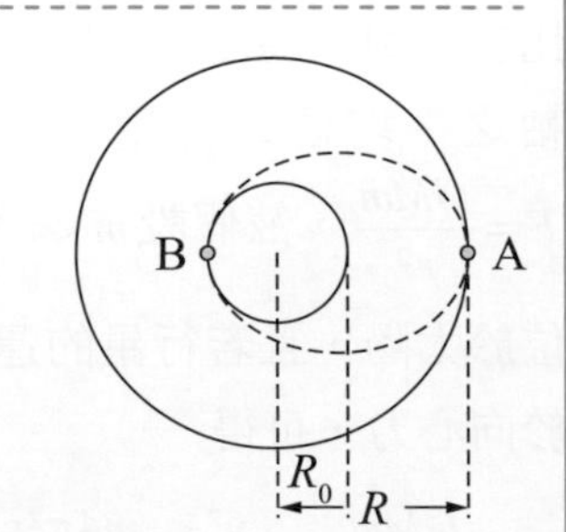

題解 橢圓形軌道的平均半徑爲 $\overline{R} = \dfrac{R + R_0}{2}$ ，設太空梭繞此橢圓形軌道運行的週期

爲 T'，由 $\dfrac{R^3}{T^2} = \dfrac{\overline{R}^3}{T'^2} = \dfrac{GM}{4\pi^2}$ ，可知 $T^2 = \dfrac{4\pi^2 R^3}{GM}$ ，$T = 2\pi R\sqrt{\dfrac{R}{GM}}$ ，

$T'^2 = \dfrac{4\pi^2(R + R_0)^3}{8GM}$ ，$T' = \pi(R + R_0)\sqrt{\dfrac{R + R_0}{2GM}}$ ，

由此可得 $T' = T(\dfrac{R + R_0}{2R})^{\frac{3}{2}}$ 。

範例 5-16

某衛星繞地球之軌道如圖所示，若 $\frac{\overline{OB}}{\overline{OF}}=2\pi$，衛星由 A 到 C 之最長時間爲 t，求此衛星的週期。

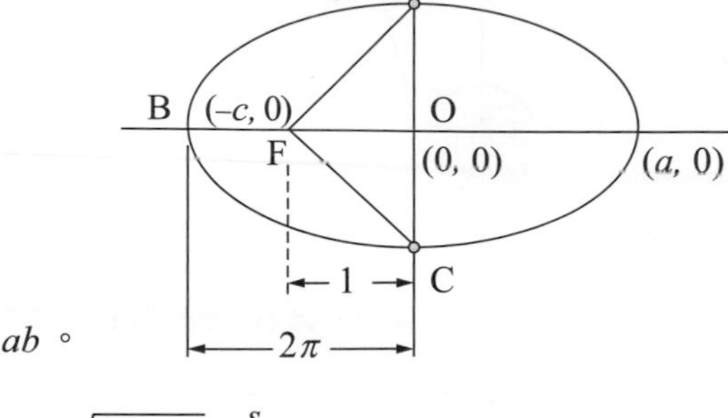

題解 由 $\frac{\overline{OB}}{\overline{OF}}=\frac{a}{c}=2\pi$ 知，$a=2\pi$，$c=1$，

由此可得 $b=\sqrt{a^2-c^2}=\sqrt{4\pi^2-1}$，

△AFC 的面積爲 $\frac{1}{2}2\sqrt{4\pi^2-1}=\sqrt{4\pi^2-1}$，橢圓的面積爲 $s=\pi ab$。

衛星掃過的面積與時間成正比，因此，$\frac{t}{T}=\frac{\triangle AFC+\text{半個橢圓}}{\text{整個橢圓}}=\frac{\sqrt{4\pi^2-1}+\frac{s}{2}}{s}=\frac{\pi^2+1}{2\pi^2}$。

5-9 牛頓的萬有引力定律

在牛頓發現萬有引力定律之前，克卜勒發現複雜的行星運轉情形可用三個簡單的定律來描述，即所謂的克卜勒行星運動定律。由克卜勒行星運動定律我們知道：每一行星運轉的軌道爲橢圓，而太陽的位置正好在其中一個焦點；對所有的行星而言，其繞太陽運轉的週期 T 是與該行星至太陽的距離 R 有一定的關係，此關係爲 $\frac{R^3}{T^2}=K$，其中 K 是一個比例常數，對所有的行星而言均相同，因此，它顯然是只與太陽有關，而與各個行星無關的常數。爲了理解行星的運動，牛頓最先注意到月球的運轉。他知道假如月球不受到力的作用，它必會沿著直線以不變的速率直飛而去，然而事實上，月球繞著近乎是圓形的軌道運行。可見月球必定是受到地球的引力作用著，若此力過小，月球的運動不能成爲圓，若此力過大，則將使其墜向地球，此種神秘的力如何發生，使他困惑不已。有一天他看見蘋果從樹上落下，才引發他的靈感。他領悟到，地球既然有作用力在吸引蘋果，當然也會有作用力吸引月球。牛頓的問題是，地球作用於月球的力與其作用於地球表面上物體的力是否性質相同？

讓我們來看地球表面上的物體水平拋出，一秒內要走多遠才能使它不落下來，永遠繞地球運行，成爲一顆人造衛星。如圖 5-9 所示，設 R_e 爲地球半徑，今將地球表面上的物體以 v_0 的速率水平拋出，它在一秒內走了 v_0 公尺，同時它在一秒內也下落了 $h=\frac{1}{2}gt^2=4.9$ 公尺，由圖中的幾何關係可知，三角形 ADB 與三角形 BDC 相似（△ADB ~ △BDC），因此 $\frac{\overline{BD}}{\overline{DC}}=\frac{\overline{AD}}{\overline{DB}}$，由此可得

$$\overline{BD}^2=\overline{AD}\times\overline{CD}=h(2R_e-h)\approx 2R_e h$$

$$v_0=\overline{BD}=\sqrt{2R_e h}=\sqrt{2(6.4\times10^6)(4.9)}\approx 8000 \text{（m）}$$

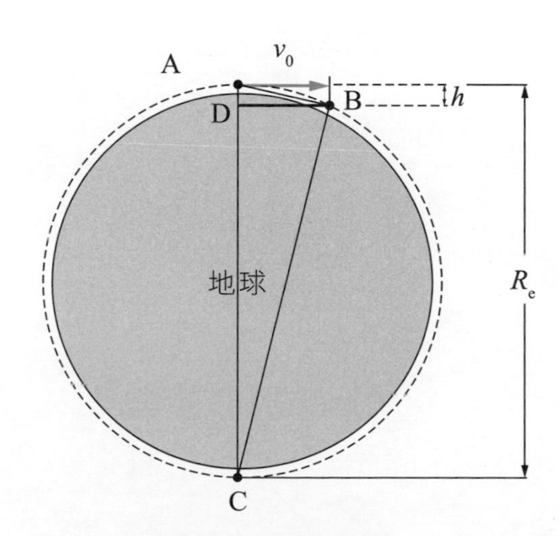

圖 5-9 地球表面上的物體之情形。

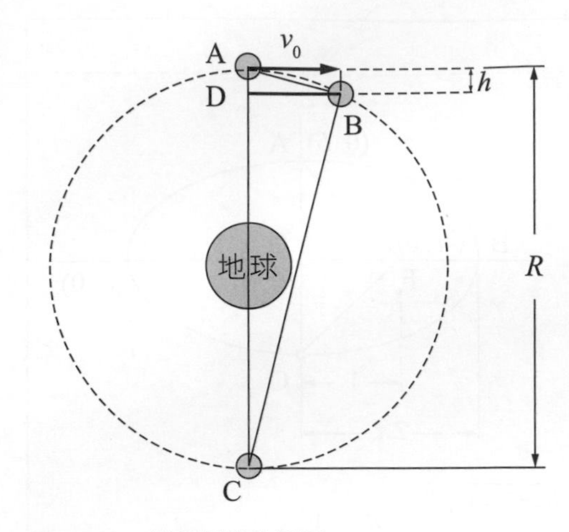

圖 5-10 考慮月球的情形。

如果我們是考慮月球，則由其繞地球運行的半徑 $R \approx 60R_e \approx 3.84\times10^8$ m，月球繞地球運行的週期爲 $T=27.3$ 日 $=2.3\times10^6$ 秒，因此，月球的向心加速度爲 $a=\dfrac{4\pi^2R}{T^2}\approx 0.00273\ \text{m/s}^2$，此向心加速度約爲地球表面的重力加速度 $g=9.8\ \text{m/s}^2$ 的 $(\dfrac{1}{60})^2=\dfrac{1}{3600}$，如圖 5-10 所示。若把月球看成水平拋射物體，以 v_0 的速率水平拋出，它在一秒內走了 v_0 公尺，同時它在一秒內也下落了 $h=\dfrac{1}{2}at^2=0.00137$ 公尺。今欲使月球繞地球運行成爲一顆地球的衛星，那麼其速率應爲 $v_0=\overline{\text{BD}}=\sqrt{2Rh}=\sqrt{2(3.84\times10^8)(0.00137)}\approx1020$（m）。

此值正與 $v=\dfrac{2\pi R}{T}=\dfrac{2(3.14)(3.84\times10^8)}{2.3\times10^6}=1048$（m/s）大致相同。這就解答了牛頓的問題，亦即，地球作用於月球的力與其作用於地球表面上物體的力，性質是相同的。

牛頓經過多年的研究，終於根據克卜勒行星運動定律導出了萬有引力定律。假設某一行星繞太陽運行的軌道半徑爲 R，週期爲 T，則此行星的向心力大小爲 $F=ma=m\dfrac{4\pi^2R}{T^2}$，再根據克卜勒行星運動第三定律知 $F=m4\pi^2R(\dfrac{K}{R^3})=\dfrac{4\pi^2Km}{R^2}$，由此可見，此力與行星的質量成正比而與軌道半徑之平方成反比。此一引力公式可應用於不同軌道運行的所有行星，因此，係數 $4\pi^2K$ 必由太陽的性質決定，它表示作爲引力之源的引力強度。因此，質量爲 m 的行星所受到太陽的引力爲 $F=\dfrac{4\pi^2K_Sm}{R^2}$，式中 K_S 由太陽的性質決定。依此推想，就環繞地球運行的物體而言，質量爲 m 的物體所受到地球的引力爲 $F=\dfrac{4\pi^2K_em}{R^2}$，式中 K_e 由地球的性質決定，R 爲物體至地心的距離。牛頓推想引力與距離的平方成反比的這種性質，可以推廣到任何兩個物體之間。由此種推論，不由得聯想到兩個物體相互之間的吸引力是由那一種性質決定？亦即地球的那一種性質決定了 K_e？太陽的那一種性質決定了 K_S？既然引力是一切物體共同具有的表現，那麼最簡單的假定便是 K 的大小與作爲引力源的物體之質量成正比，即 $K\propto M$。就太陽而言，$4\pi^2K_S\propto M_S$，就地球而言，$4\pi^2K_e\propto M_e$，若將比例常數寫爲 G，則

$$G=\frac{4\pi^2K}{M}=\frac{4\pi^2K_S}{M_S}=\frac{4\pi^2K_e}{M_e} \qquad (5\text{-}73)$$

G 的數值對任何一個物體都一樣，它是一個自然界的常數，稱爲重力常數，其值經測定爲 $G=6.67\times10^{-11}\ \text{N}\cdot\text{m}^2/\text{kg}$。由此可得知，質量爲 M 與 m 的兩物體，相距爲 R 時，彼此之間引力的大小爲 $F=\dfrac{GMm}{R^2}$。

於是牛頓敘述其萬有引力定律爲，作用於兩物體之間的吸引力與兩者質量的乘積成正比，而與兩者之間距離的平方成反比。有一點我們必需提及的是，牛頓根據微積分導出了點質量定理，此定理的內容爲：對於質量均勻分佈的球形物體 M 而言，它對質量爲 m 的質點之吸引力，看起來就像所有的質量都集中在球心一樣。因此，m 與 M 間的距離 R 是從質點 m 量至 M 的球心，而其方向是指向球心，所以我們通常稱物體所受到的來自地球之引力爲地心引力。

若再進一步根據理論力學的分析，一顆衛星的總能量爲動能加上位能，亦即

$$E = \frac{1}{2}mv^2 + (-\frac{GMm}{R}) \quad (5\text{-}74)$$

當 $E < 0$ 時，此衛星的軌道爲橢圓，而圓形軌道爲橢圓的一種，當 $E = 0$ 時，此衛星的軌道爲拋物線，當 $E > 0$ 時，此衛星的軌道爲雙曲線，如果物體是以 $v_0 = \infty$ 的速率水平拋出則爲直線，這一些關係可描繪如圖 5-11 所示。

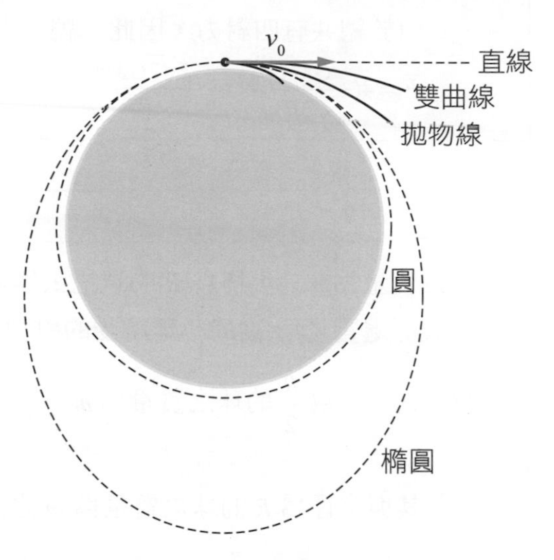

圖 5-11 衛星的軌道一般情形。

範例 5-17

若 T 爲衛星在某行星上環繞週期，而該行星的密度爲 ρ，求 ρT^2。又若行星的密度變爲兩倍，則其衛星的週期爲何？

題解 假設行星的質量爲 M，半徑爲 R，而衛星在行星上環繞的半徑爲 r。

由克卜勒行星第三運動定律 $\frac{r^3}{T^2} = K$，以及密度定義 $\rho = \frac{M}{V} = \frac{M}{\frac{4}{3}\pi R^3} = \frac{3M}{4\pi R^3}$，

可得知 $\rho T^2 = \frac{3M}{4\pi R^3}(\frac{r^3}{K})$，又由 $4\pi^2 K = GM$ 知 $\rho T^2 = \frac{3M}{4\pi R^3}(\frac{r^3}{K}) = \frac{3\pi r^3}{R^3 G} =$ 定值。

當行星的密度變爲兩倍，其衛星的週期 $\frac{T'^2}{T^2} = \frac{\rho}{\rho'} = \frac{1}{2}$，$T' = \frac{T}{\sqrt{2}}$。

範例 5-18

如圖所示，在半徑爲 R 的圓上，每隔 45°放置一個質量爲 m 的質點，則在通過圓心 O 的 z 軸上，與圓心 O 距離 R 處，有一個質量爲 M 的質點，求該質點所受的引力。

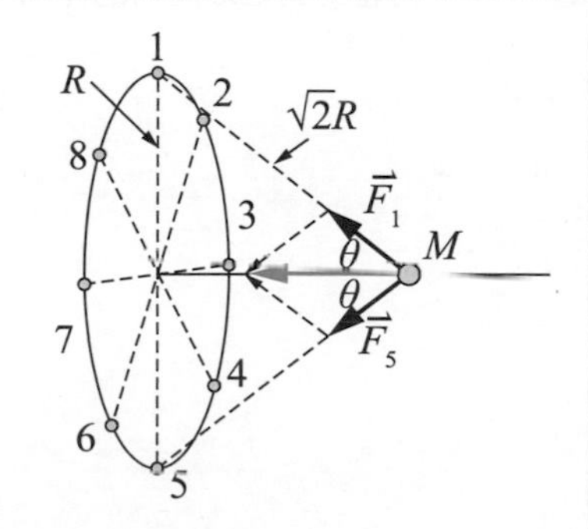

題解 八個質量爲 m 的質點的位置如圖所示，其對質量爲 M 的質點的引力中，

第一個質點與第五個質點相對稱，第二個質點與第六個質點相對稱，

第三個質點與第七個質點相對稱，第四個質點與第八個質點相對稱。

每個質點對質量爲 M 的質點之引力的大小均相同，

亦即爲 $F_1 = F_2 = F_3 = \cdots = F_8 = \frac{GMm}{(\sqrt{2}R)^2}$，今只考慮其中的一對，如第一個質點與第五個質點，

它們對質量爲 M 的質點之引力分別爲 $\vec{F}_1$ 與 $\vec{F}_5$，以這一對質點而言，

其對質量爲 M 的質點之合力方向位在 z 軸上，亦即，

$$\vec{F}_1+\vec{F}_5=-2F_1\cos\theta\ \hat{k}=-2\frac{GMm}{2R^2}\frac{1}{\sqrt{2}}\ \hat{k}=-\frac{GMm}{\sqrt{2}R^2}\ \hat{k}$$

由於總共有四對力，因此，總合力爲

$$\vec{F}=4(-\frac{GMm}{\sqrt{2}R^2}\ \hat{k})=-\frac{2\sqrt{2}GMm}{R^2}\ \hat{k}\ 。$$

範例 5-19

將一個質量爲 m，半徑爲 R 的球挖去與表面相切，直徑爲 R 的內球，如圖所示。求在表面處質量爲 M 的小球所受的引力。

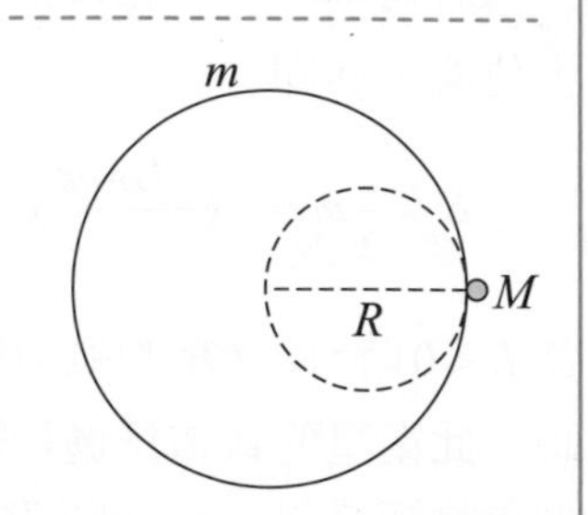

題解 設半徑爲 $\frac{R}{2}$ 的球之質量爲 m'，

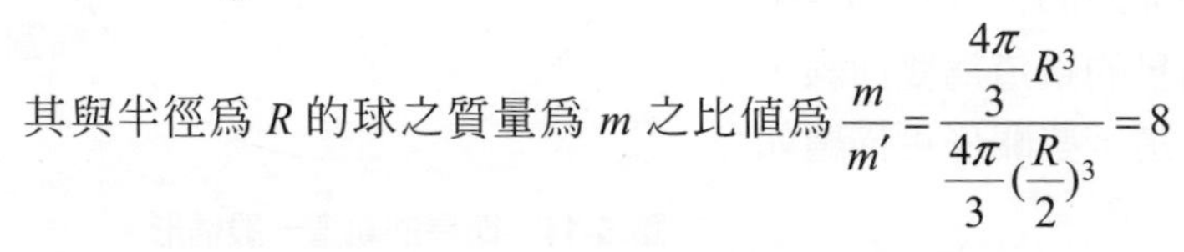

其與半徑爲 R 的球之質量爲 m 之比值爲 $\frac{m}{m'}=\frac{\frac{4\pi}{3}R^3}{\frac{4\pi}{3}(\frac{R}{2})^3}=8$

在表面處質量爲 M 的小球所受的引力，等於半徑爲 R 的球所產生的引力減去半徑爲 $\frac{R}{2}$ 的球所產生的引力，亦即 $F=\frac{GMm}{R^2}-\frac{GMm'}{(\frac{R}{2})^2}=\frac{GMm}{2R^2}$ 。

5-10 重力場與重力位能

重力場（gravitational field）爲一保守力場，物體在重力場中在重力的作用下，由某一位置 a 點移至另一位置 b 點，重力對物體所作的功與路徑無關。茲以地球的重力場爲例，設 M 爲地球的質量，m 爲某物體的質量，物體至地心的距離爲 r，而其單位向量爲 $-\hat{r}$，如圖 5-12 所示。物體在地球重力場中所受的重力爲

$$\vec{F}=-\frac{GMm}{r^2}\ \hat{r} \tag{5-75}$$

圖 5-12　物體受到地球重力的作用。

如圖 5-13 所示，茲考慮物體經由 a → c → b 的路徑由位置 a 移至位置 b，則沿此路徑重力所作的功爲

$$W_{acb}=W_{ac}+W_{cb} \tag{5-76}$$

由於重力與物體的位移相垂直時不作功，因此，$W_{cb}=0$，故

$$W_{acb}=W_{ac} \tag{5-77}$$

而

$$W_{ac}=\int_a^c\vec{F}\cdot d\vec{r}=\int_{r_a}^{r_c}-\frac{GMm}{r^2}dr$$
$$=\left.\frac{GMm}{r}\right|_{r_a}^{r_c}=\frac{GMm}{r_c}-\frac{GMm}{r_a} \tag{5-78}$$

同理，若物體經由 a → d → b 的路徑由位置 a 移至位置 b，則沿此路徑重力所作的功為

$$W_{adb} = W_{ad} + W_{db} \tag{5-79}$$

由於重力與物體的位移相垂直時不作功，因此，$W_{ad} = 0$，故 $W_{adb} = W_{db}$，而 $W_{db} = \frac{GMm}{r_b} - \frac{GMm}{r_d} = W_{ac}$。

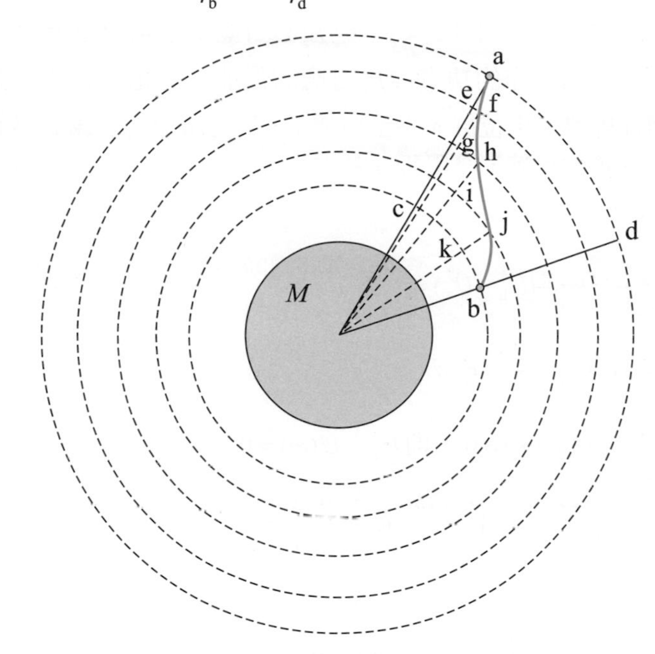

圖 5-13　考慮物體沿任意路徑由位置 a 移至位置 b。

若物體由任意路徑由位置 a 移至位置 b，如圖 5-13 所示。此時我們可將該曲線用路徑 a → e → f → g → h → i → j → k → b 來接近它，沿此路徑重力所作的功為

$$W_{ab} = W_{ae} + W_{ef} + W_{fg} + W_{gh} + W_{hi} + W_{ij} + W_{jk} + W_{kb} \tag{5-80}$$

因為 $W_{ef} = W_{gh} = W_{ij} = W_{kb} = 0$，故

$$\begin{aligned} W_{ab} &= W_{ae} + W_{fg} + W_{hi} + W_{jk} \\ &= \left(\frac{GMm}{r_e} - \frac{GMm}{r_a}\right) + \left(\frac{GMm}{r_g} - \frac{GMm}{r_f}\right) \\ &\quad + \left(\frac{GMm}{r_i} - \frac{GMm}{r_h}\right) + \left(\frac{GMm}{r_k} - \frac{GMm}{r_j}\right) \end{aligned} \tag{5-81}$$

而 $r_e = r_f$，$r_g = r_h$，$r_i = r_j$，$r_k = r_b$，故

$$W_{ab} = \left(\frac{GMm}{r_b} - \frac{GMm}{r_a}\right) \tag{5-82}$$

依照此法我們可在半徑 r_a 與 r_b 之間畫無窮多個同心圓，將連接 a 與 b 兩點的路徑曲線，用一部份落在圓弧上而一部份落在半徑上的鋸齒形路徑來趨近它。由於重力與物體的位移相垂直時不作功，因此，沿圓弧的部份不作功，剩下沿半徑的部份所作的功之總和等於上式 W_{ab}，由此我們知道物體沿任何曲線路徑由位置 a 移至位置 b，重力所作的功均爲 W_{ab}，故知重力場爲一保守力場。

由於重力場爲一保守力場，故知必對應有一重力位能存在。由兩點之間保守力所作的功定義爲對應的位能之變化的負值，於是物體沿任何曲線路徑由位置 a 移至位置 b，重力所作的功爲 a 與 b 兩點重力位能之差的負值。今假設 a 點在半徑爲 r_0 的圓弧上，b 點在半徑爲 r 的圓弧上，則

$$W_{ab} = -\Delta U = -(U_b - U_a) = \int_{r_0}^{r} \overrightarrow{F} \cdot d\overrightarrow{r} \quad (5\text{-}83)$$

$$U_b = U(r) = U_a - \int_{r_0}^{r} \overrightarrow{F} \cdot d\overrightarrow{r} \quad (5\text{-}84)$$

若設 $r_0 \approx \infty$ 且令 $U(\infty) = 0$，則 $U_a = U(\infty) = 0$

$$U(r) = -\int_{\infty}^{r} \overrightarrow{F} \cdot d\overrightarrow{r} = \int_{\infty}^{r} \frac{GMm}{r^2} dr = -\frac{GMm}{r} \quad (5\text{-}85)$$

此即爲距離地心 r 處，質量爲 m 的物體之重力位能。注意此處我們係假設在無窮遠處物體的重力位能爲零。

5-11 衛星的束縛能

我們已經知道，距離地心爲 r 處物體的重力位能爲

$$U(r) = -\frac{GMm}{r} \quad (5\text{-}86)$$

上式中 m 爲物體的質量，M 爲地球的質量。此式係選取無窮遠處的重力位能爲零所得的結果，因此，假如我們欲從地球表面發射人造衛星至無窮遠處，則所需給予人造衛星的最小動能爲

$$K = \frac{GMm}{r} \quad (5\text{-}87)$$

因爲地球表面與無窮遠處的重力位能之差爲

$$\Delta U = U_\infty - U(R_e) = 0 - (-\frac{GMm}{R_e}) = \frac{GMm}{R_e} \quad (5\text{-}88)$$

式中 R_e 爲地球的半徑。因此，若由地球表面發射衛星出去的動能爲 $K_e = \frac{GMm}{R_e}$，又設抵達無窮遠處的動能爲零，則其動能的變化爲

$$\Delta K = K_\infty - K_e = 0 - (\frac{GMm}{R_e}) = -\frac{GMm}{R_e} \quad (5\text{-}89)$$

則 $\Delta K = -\Delta U$ ，此動能 K_e 剛好可以克服地球的重力而抵達無窮遠處。$K_e = \dfrac{GMm}{R_e}$ 乃是使衛星逃脫重力的羈絆所需的最小能量，一般稱爲脫離動能。我們還可以計算欲發射一個質量爲 m 的物體使它完全脫離地球的重力場所需的初速度 v_e，此值可由下式計算之

$$K_e = \frac{1}{2}mv_e^{\,2} = \frac{GMm}{R_e} \tag{5-90}$$

由此可得

$$v_e = \sqrt{\frac{2GM}{R_e}} \approx 1.128\times 10^4 \text{（m/s）} \tag{5-91}$$

v_e 稱爲脫離速度（escape velocity），此值與物體的質量無關。多數火箭的設計並非要將人造衛星送至無窮遠處，而是送到離地面數百公里處，使它環繞地球運行。

假定衛星的軌道爲一圓形，今欲使質量爲 m 的人造衛星以速度 v 在半徑爲 r 的軌道上繞地球運行，則人造衛星繞地球運行的向心力即爲重力，故

$$\frac{mv^2}{r} = \frac{GMm}{r^2} \tag{5-92}$$

則軌道上人造衛星的動能爲

$$K = \frac{1}{2}mv^2 = \frac{GMm}{2r} \tag{5-93}$$

又軌道上人造衛星的位能爲

$$U(r) = -\frac{GMm}{r} \tag{5-94}$$

故人造衛星的總能量爲

$$E = K + U = -\frac{GMm}{2r} \tag{5-95}$$

負號的意義表示衛星尙未有足夠的能量脫離地球的重力場。假如欲將此衛星送至無窮遠處使它完全脫離地球的重力場，我們尙需對它作功。欲使衛星完全脫離地球的重力場的束縛，我們所需供給它的能量稱爲衛星的束縛能，以 E_b 表之

$$E_b = -E = \frac{GMm}{2r} = K \tag{5-96}$$

範例 5-20

質量爲 m 的火箭從地球表面由靜止發射升空，試求它能上升至離地高度爲 R_e 的圓形軌道上運行所需作的功爲何？（ R_e 爲地球的半徑）

題解 在高度爲 R_e 的圓形軌道處的位能爲 $U=-\dfrac{GMm}{2R_e}$，

又火箭在圓形軌道上運行所需的向心力即爲重力，故 $\dfrac{mv^2}{2R_e}=\dfrac{GMm}{(2R_e)^2}$，

因此，在圓形軌道上火箭的動能爲 $K=\dfrac{1}{2}mv^2=\dfrac{GMm}{4R_e}$，

火箭的總能量爲 $E=K+U=-\dfrac{GMm}{4R_e}$，

又火箭靜止在地球表面時的總能量爲 $E_0=K_0+U_0=0+(-\dfrac{GMm}{R_e})$，

因此，火箭從地球表面上昇至高度爲 R_e 的圓形軌道上運行所需作的功爲 $W=E-E_0=\dfrac{3GMm}{4R_e}$。

習題 標以*的題目難度較高

5-1 定力作功

1. 如圖所示，某力 $\vec{F}$ 作用於置於地面上一個質量爲 $m=10$ kg 的物體，使其以等速度前進 30 公尺，若物體與地面間的動摩擦係數爲 $\mu_k=0.2$，且此力與水平地面間的夾角爲 $\theta=45°$，試分別求此力所作的功，摩擦力所作的功，正向力所作的功，重力所作的功以及對物體所作的總功？

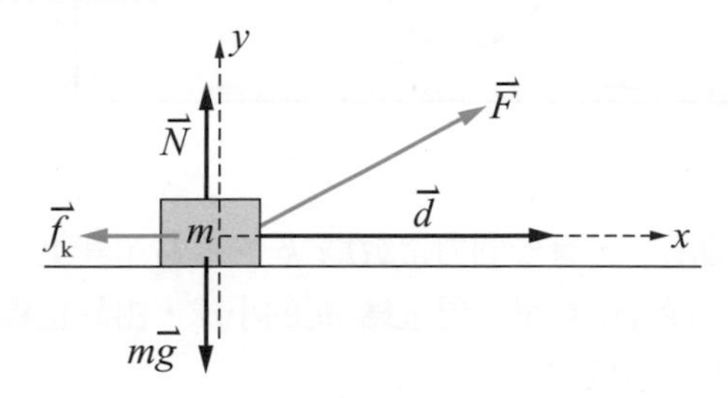

2. 質量爲 $m=1$ kg 的物體，置於斜角爲 $\theta=37°$ 的斜面上，今以沿斜面方向的力將該物體以等速率推移一段距離 $d=5$ m，若摩擦係數爲 $\mu_k=0.2$，求該力對物體所作的功？

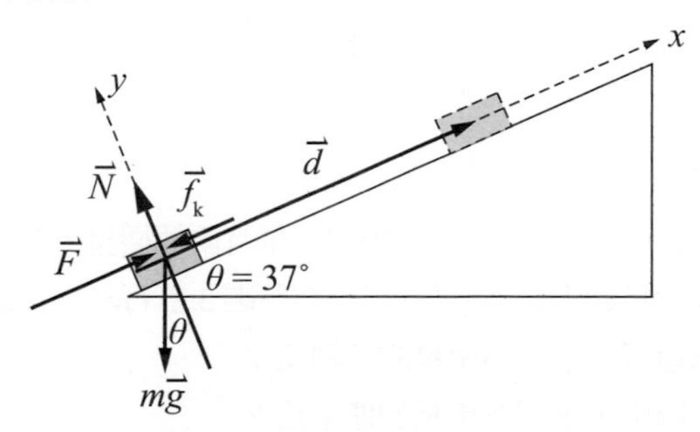

3. 上題中，若施力的方向爲水平方向，則該力對物體所作的功爲何？
4. 一水平輸送帶以等速度 v 沿 $+x$ 方向移動，在 $t=0$ 時，將一個質量爲 m 的箱子以水平速度 $u=0$ 置於輸送帶上，如圖所示。若箱子與輸送帶之間的靜摩擦係數爲 μ_s，動摩擦係數爲 μ_k，求箱子的運動情形，以及作用於箱子之摩擦力。

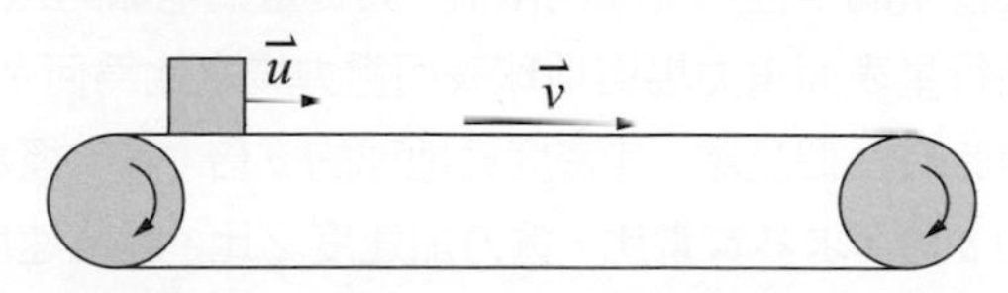

5-2 變力作功

5. 重量爲 W，每一邊長爲 L 的正方形物體，置於水中，其體積的 $\frac{3}{5}$ 沉入水中，今欲把物體完全沒入水中，求外力至少須作功多少？（以 W、L 表示）

5-3 功與動能

6. 一個質量爲 $m=3$ kg 的物體，以 5 公尺 / 秒的初速率沿斜角爲 $\theta=37°$ 的斜面往上滑行，若摩擦係數爲 $\mu_k=0.25$，求物體在停止前所滑行的距離？
7. 質量爲 $m=60$ kg 的物體，沿著斜角爲 $\theta=37°$ 的斜面由靜止往下滑行 $s=200$ m，若物體與斜面間的摩擦係數爲 $\mu_k=0.1$，試驗證功能定理？

5-4 功率

8. 質量爲 $m=5$ kg 的物體，在 10 秒內由靜止以等加速度加速到速率爲 $v=10$ m/s，求 10 秒內施於物體的平均功率？
9. 起重機欲在 20 秒內，將質量爲 $m=500$ kg 的物體，垂直舉高 $s=20$ m，求起重機的平均功率？

5-5 重力位能

10. 長度爲 L 質量爲 m 的單擺，由與鉛直線夾 θ_0 角處釋放，求擺至與鉛直線夾 θ 角處的法線加速度以及此時繩子的張力。
11. 長度爲 L 質量爲 m 的單擺，假設它與鉛直線夾 θ_0 角時的速率爲 v_0，求擺到最低點的速率？若欲擺到水平位置，則 v_0 之值應爲多少？
12. 如圖所示，兩質量分別爲 m 與 M 的物體，掛在無摩擦的光滑定滑輪的兩端，其中 m 物體在地面，而 M 物體離地面 h 高。當兩物體從靜止開始運動時，由於 M 大於 m，因此，M 會下落，而 m 會上升，求其加速度大小爲何？當兩物體到達同一高度的時間爲何？此時的總動能爲何？此時的總能量爲何？

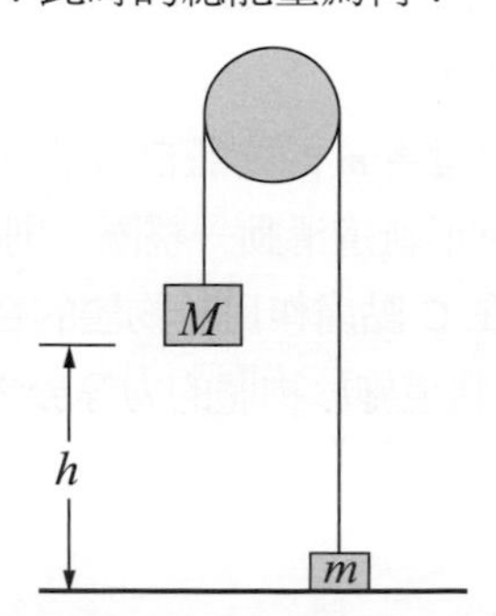

13. 如圖所示，質量爲 m 的物體自 A 向右運動，經 B、C、D 後落在 E 點，若 E 與 B 相距 $3r$，則 A 點的速度爲何？

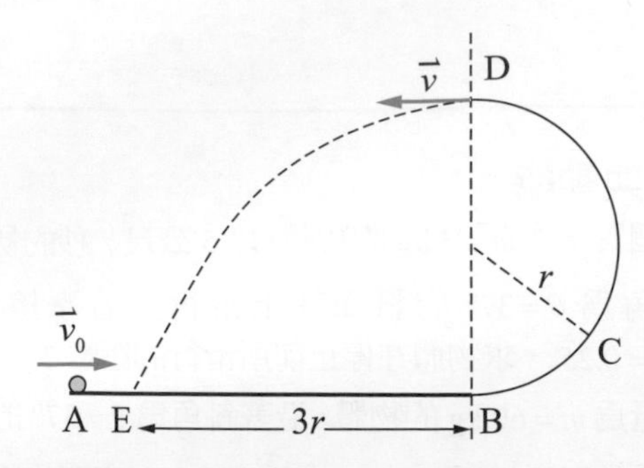

14. 某繩長度爲 ℓ，懸掛質量爲 m 的物體由水平 A 點釋放，設在 O 點有一根釘子使得此繩在碰到釘子時恰好能繞一整圈，如圖所示，求此釘子的位置 d？

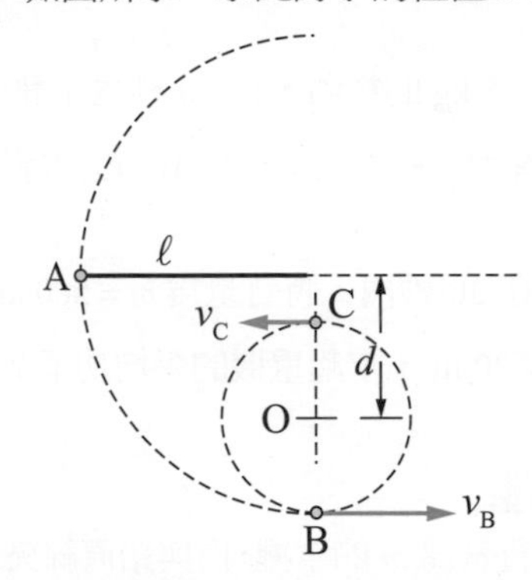

15. 如圖所示，在強度爲 g 的均勻重力場中，以質量可不計之細線，綁著質量爲 m 的小石塊，於斜角爲 30°的光滑斜面上，作半徑爲 R 的圓周運動。若小石塊恰能繞一整圈，求小石塊在最低點及最高點的速度，小石塊在最低點時繩子的張力。

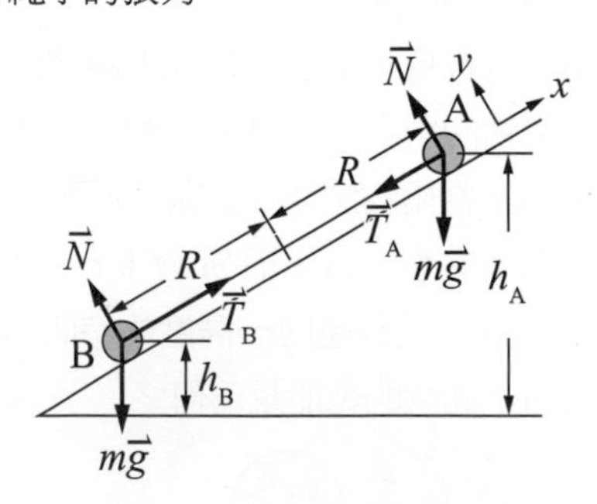

16. 如圖所示，質量爲 m 的物體自 A 點滑下，經 B、C、D 點，若欲繞圓形軌道滑動一整圈，則(a)在 A 點的高度 h 爲何？(b)在 C 點處作用於物體的合力爲何？(c)若欲在 D 點處，軌道施於物體的力等於物體的重力，則高度 h 爲何？

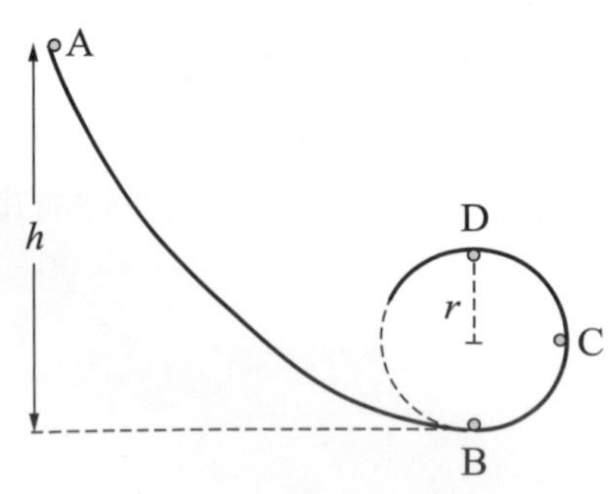

17. 某人由 A 乘無動力的小滑車沿軌道滑下去，能夠緊貼著如圖所示的軌道滑行而不脫離。假定摩擦可以忽略，且圓圈的半徑爲 R，求 A 點至少要比 B 點高出多少？

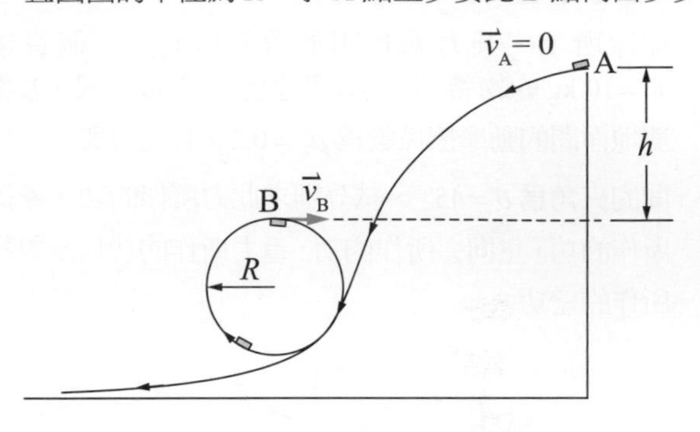

5-6 彈性位能

18. 如圖所示，有一個力常數爲 k 的彈簧，其上下加以固定，從其中點吊一質量爲 m 的小球，由靜止釋放，求最大位移爲何？

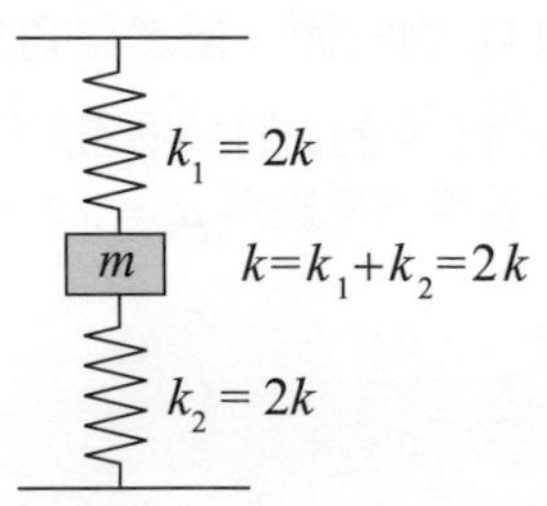

5-8 克卜勒行星運動定律

19. 某質量爲 M，半徑爲 R 的行星有兩個衛星，其一在接近行星的表面上運行，另一在距離 3 倍行星半徑的高度處運行，求兩個衛星的週期比？

20. 上題中，求兩個衛星的速率比？

21. 兩個衛星同在一軌道上繞行星運行，其質量比爲 1：4，求兩個衛星的週期比？

5-9 牛頓的萬有引力定律

22. 月球的半徑約爲地球的 $\frac{1}{3}$，其質量約爲地球的 $\frac{1}{60}$，求太空人登陸月球時，其體重約爲地球上的體重之多少倍？

23. 某行星的半徑爲地球的兩倍，其質量爲地球的六倍，則該行星表面重力場與地球表面重力場之比爲何？

24. 假設有一個星球，其密度爲地球的 a 倍，其半徑爲地球的 b 倍，求其質量比，重力加速度之比，脫離速度之比以及水平拋射距離之比爲何？

25. 設地球的半徑爲 R_e，地球表面處的重力場強度爲 g，則地球的質量爲何？

26. 設月球的直徑爲地球直徑的 $\frac{1}{5}$，已知月球與地球的距離爲 $d = 3.6\times10^8$ m，假定兩者的密度相同，則無重力狀態的地點在距離地球多遠處？

27. 一個密度均勻的星球，分裂爲 8 個密度不變而質量相等的星球，求每個星球表面的重力加速度變爲原來的多少倍。

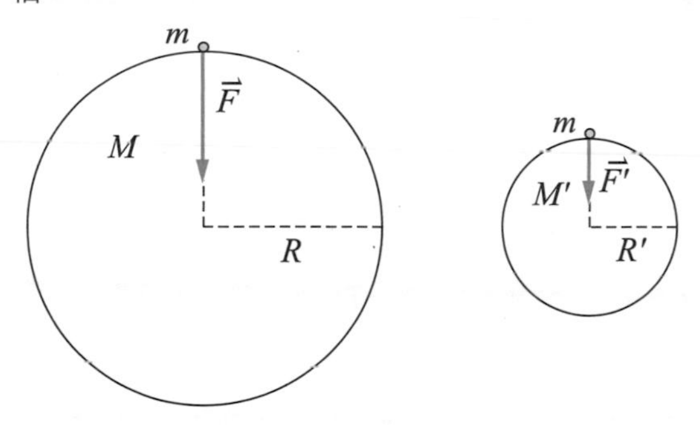

28. 半徑爲 R，質量爲 M 的均勻圓環，在中心軸上距離圓環的中心 d 處，有一個質量爲 m 的質點，若 $d >> R$，求其所受的引力。

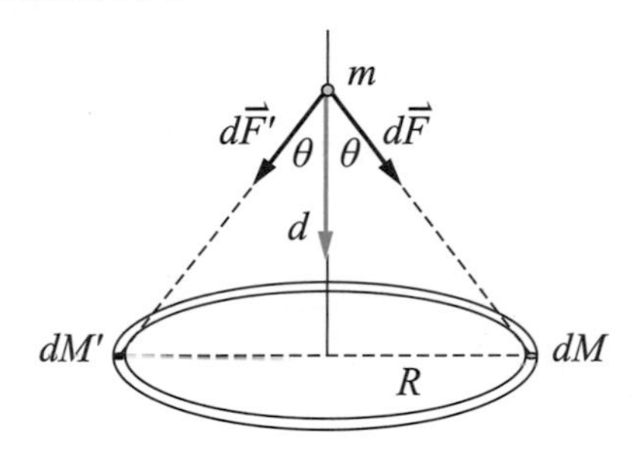

29. 一個均勻球體以角速度 ω 繞自己的對稱軸自轉，若維持球體不爲離心現象所瓦解的唯一作用力是萬有引力，求此均勻球體的最小密度。

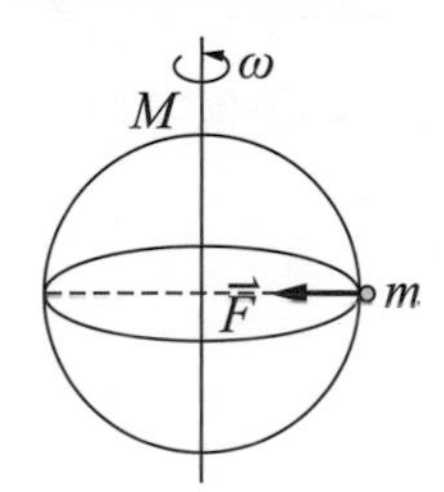

5-10 重力場與重力位能

30. 試由地球的質量 $M_e = 5.89\times10^{24}$ kg，地球平均半徑 $R_e = 6.4\times10^{6}$ m 以及重力常數 $G = 6.67\times10^{-11}$ $\text{N}\cdot\text{m}^2/\text{kg}$，求地球的人造衛星可能的最短週期？

31. 有一位天文學家觀測某行星的衛星，設衛星的質量爲 m，其繞行星旋轉的半徑爲 r，而旋轉的週期爲 T，則此行星的質量爲何？

32. 上題中，衛星所在處的重力場強度爲何？又如果行星的半徑爲衛星旋轉半徑的 $\frac{1}{5}$，則行星表面處的重力場強度爲何？

33. 試求一個永遠停留在地球赤道上空某處的人造衛星，其距離地面的高度爲何？

34. 上題中，人造衛星所在處的重力場強度爲何？地球的質量如何以人造衛星的高度與週期來表示？

35. 上題中，求人造衛星所在處的重力場強度與地球表面處的重力場強度之比？若以人造衛星的距離地面的高度爲 h，地球的半徑爲 R_e，以及地球表面處的重力場強度 g 表示，則人造衛星的週期爲 T 爲何？

5-11 衛星的束縛能

36. 兩星球質量均爲 m，在相互吸引的重力作用下，同時以半徑 r 對質心作圓周運動，求至少需多大的能量才能將此兩星球拆散？

***37.** 地球的半徑爲 R，質量爲 M，設質量爲 m 的太空船繞地球作半徑爲 $2R$ 的等速圓周運動。若太空船要返回地面，可在軌道上的 P 點，將速率作適當的改變，而能沿著橢圓軌道降落在地面上的 Q 點，設地心爲橢圓軌道的一個焦點，且地球與橢圓軌道在 Q 點相切，求太空船在 P 點位置改變後的速率，以及改變速率的過程中，太空船所減少的力學能。

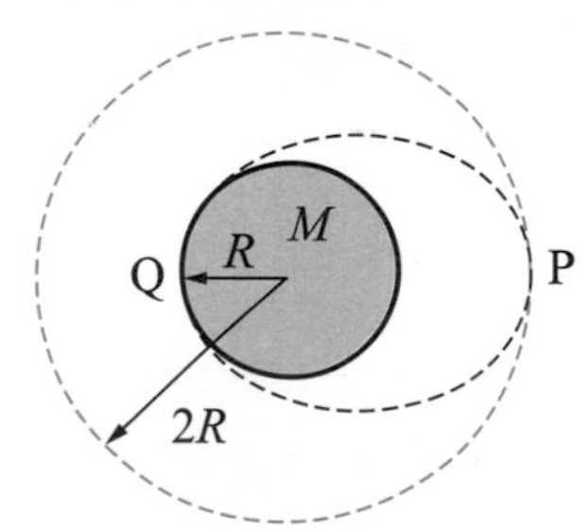

***38.** 兩星球相距的距離爲 R，其質量分別爲 m_1 與 m_2，共同繞其質心作圓周運動，如圖所示，求其週期。

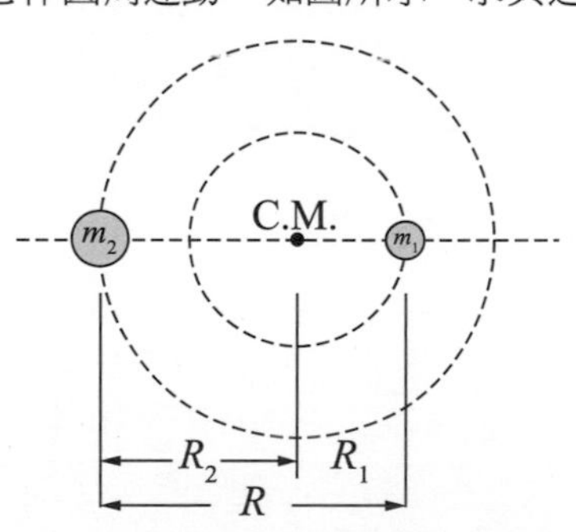

***39.** 三個星球相距的距離爲 L，其質量均爲 m，共同繞其質心作圓周運動，如圖所示，求整個系統的束縛能。

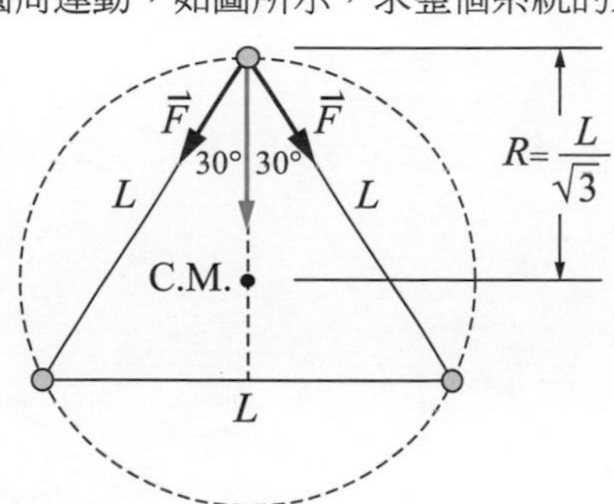

Chapter 6

動量

前言

動量是表示物體的一種運動量，它與牛頓運動定律有密切的關係，若對整個系統的每個組成質點作分析，我們可以得知質量中心運動的行爲。由動量的觀點來看物體的運動變化情形，對分析物體的運動是極有幫助的。本章我們首先介紹動量與衝量的觀念，並由物體質量中心的定義推導出動量守恆定律，及其在兩個物體相互碰撞上的應用。

Introduction

Momentum represents an object's motion, closely related to Newton's laws of motion. By analyzing each particle, a component of the entire system, we can understand the motion of the system's center of mass. Vicwing the changes in an object's motion in terms of momentum is extremely helpful for analyzing the motion of objects. In this chapter, we first introduce the concepts of momentum and impulse, and derive the law of conservation of momentum from the definition of the center of mass of an object. We also explore its application in the collision of two objects.

學習重點

- 動量與衝量。
- 平均作用力與衝量的關係。
- 質量中心的意義。
- 均勻結構質量中心的計算。
- 動量守恆及其應用。
- 碰撞與動量守恆。
- 彈性碰撞與非彈性碰撞。
- 恢復係數。
- 一維及二維碰撞。

6-1 動量與衝量

要使一個物體自靜止狀態加速到某一速度，我們可用兩種不同的方式來完成，即用一個較小的力作用一段較長的時間，或者是用一個較大的力作用一段較短的時間。我們知道，作用於物體上的力是導致物體運動狀態改變的原因，但是物體運動狀態的改變不僅與作用力的大小有關，而且與作用的時間有關。我們是以衝量來代表一種作用於物體上而能使物體的運動狀態改變的物理量。若作用於物體上的作用力為 $\vec{F}$，而作用的時間為 Δt，則作用於物體上的衝量（impulse）$\vec{I}$ 的定義為

$$\vec{I} = \vec{F} \cdot \Delta t \tag{6-1}$$

衝量 $\vec{I}$ 是代表對物體的作用量（quantity of action），它是一個向量，在 MKS 制中其單位為牛頓・秒或公斤・米／秒，衝量 $\vec{I}$ 的因次為 $[MLT^{-1}]$。動量是代表物體在某一種運動狀態的運動量（quantity of motion）。我們知道，要使一個物體自某一運動狀態靜止下來，其難易的程度不僅與此物體的運動速度有關，且與它的質量大小有關。我們通常以一個物體的質量與其運動速度的乘積來表示此物體的運動量（momentum），亦即若一個物體的質量為 m，而其運動速度為 $\vec{v}$，則此物體的動量 $\vec{p}$ 的定義為

$$\vec{p} = m\vec{v} \tag{6-2}$$

動量是一個向量，在 MKS 制中其單位為公斤・米／秒，動量 $\vec{p}$ 的因次為 $[MLT^{-1}]$。由動量與衝量的定義知，這兩個物理量具有相同的因次，顯然它們之間必然有某種密切的關係。欲看出此兩個物理量之間的關係，首先我們將牛頓運動定律寫成下列的形式

$$\vec{F} = m\vec{a} = m\frac{\Delta\vec{v}}{\Delta t} \tag{6-3}$$

若一個質量為 m 的物體，在某一段時間 Δt 內，受到定力 $\vec{F}$ 的作用。根據牛頓運動定律，物體必會產生一個加速度 $\vec{a}$，而使其速度產生變化。若速度的變化量為 $\Delta\vec{v}$，則 $\Delta\vec{v} = \vec{a} \cdot \Delta t = \frac{\vec{F}\Delta t}{m}$，由此可得

$$\vec{F}\Delta t = m\Delta\vec{v} \tag{6-4}$$

等式的左邊 $\vec{F}\Delta t$ 代表的是作用於物體的衝量 $\vec{I}$，而等式的右邊 $m\Delta\vec{v}$ 代表的是物體動量的變化量，因此，上式可寫為

$$\vec{I} = \Delta\vec{p} \tag{6-5}$$

作用於物體的衝量等於物體動量的變化量。我們亦可推廣此一關係式至物體受到變力作用的情形，此時牛頓運動定律寫為

$$\vec{F} = m\vec{a} = \frac{d\vec{p}}{dt} = m\frac{d\vec{v}}{dt} \tag{6-6}$$

由此可得

$$\vec{F}\,dt = m\,d\vec{v} \tag{6-7}$$

在一般的情況下，不但作用於物體之力不是定力，而且此作用力隨時間而變化的情形也很難知道，例如：球棒打擊球的瞬間的情形，我們知道作用力是隨時間而變化的，但是我們卻不知道它如何變化。對此類情形，有時我們用一個平均作用力來描述比較方便。平均作用力 $\vec{F}_{av}$ 是對一指定的時間間距 Δt 而定義的，平均作用力 $\vec{F}_{av}$ 的定義是這一指定的時間間距 Δt 內，由作用力 $\vec{F}$ 所產生的動量之變化量，亦即

$$\vec{F}_{av} = \frac{\Delta\vec{p}}{\Delta t} \tag{6-8}$$

設物體隨時間而變化的作用力如圖 6-1 所示，則

$$\int_{t_1}^{t_2}\vec{F}\,dt = \int_{v_1}^{v_2} m\,d\vec{v} \tag{6-9}$$

上式左邊的積分代表的是於時間 t_1 與 t_2 之間作用於物體的衝量，此一積分可寫為

$$\vec{I} = \int_{t_1}^{t_2}\vec{F}\,dt = \vec{F}_{av}\cdot(t_2 - t_1) \tag{6-10}$$

平均作用力 $\vec{F}_{av}$ 與時間間距 Δt 的乘積代表圖 6-1 中矩形的面積。而(6-9)式右邊的積分代表的是物體動量的變化量，亦即

$$\int_{v_1}^{v_2} m\,d\vec{v} = m\int_{v_1}^{v_2} d\vec{v} = m(\vec{v}_2 - \vec{v}_1) = \vec{p}_2 - \vec{p}_1 = \Delta\vec{p} \tag{6-11}$$

因此，(6-9)式可寫為

$$\vec{I} = \Delta\vec{p} \tag{6-12}$$

通常我們可用此式求作用於物體的平均作用力 $\vec{F}_{av}$

$$\vec{F}_{av} = \frac{\Delta\vec{p}}{\Delta t} \tag{6-13}$$

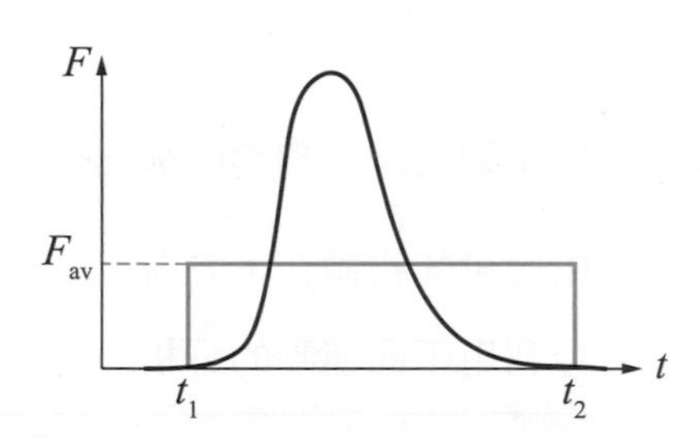

圖 6-1 在時間 t_1 與 t_2 之間的動量變化量，可由平均作用力 $\vec{F}_{av}$ 與時間間距 Δt 的乘積代表。

範例 6-1

彈簧秤上放置一個 M 公斤的容器，在距離容器底部上方 h 公尺高處有一沙漏，每秒落下 n 顆沙粒，設每顆沙粒質量均為 m 公斤，求 t 秒時彈簧秤的讀數。

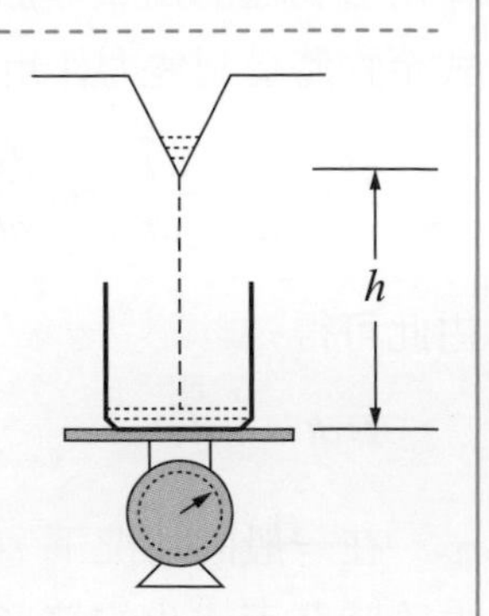

題解 每顆沙粒掉落容器的速度可由能量守恆得知，即 $mgh=\frac{1}{2}mv^2 \Rightarrow v=\sqrt{2gh}$，

每顆沙粒掉落容器時的動量變化為 $\Delta p=m(v-0)=m\sqrt{2gh}$，

由於每秒落下 n 顆沙粒，因此，每兩顆沙粒掉落的時間間距為 $\Delta t=\frac{1}{n}$，

由此知每顆沙粒掉落容器時，對容器的平均作用力為 $\overline{F}=\frac{\Delta p}{\Delta t}=nm\sqrt{2gh}$。

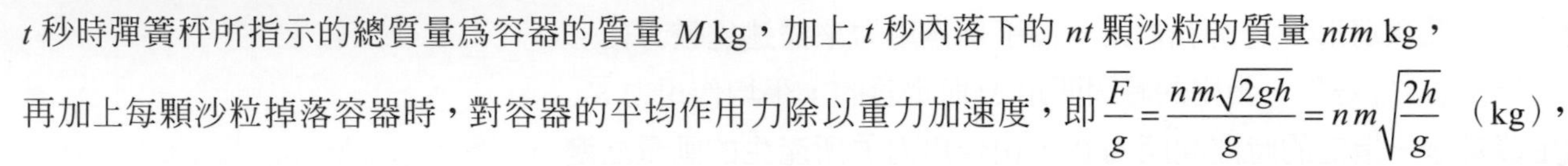

t 秒時彈簧秤所指示的總質量為容器的質量 M kg，加上 t 秒內落下的 nt 顆沙粒的質量 ntm kg，

再加上每顆沙粒掉落容器時，對容器的平均作用力除以重力加速度，即 $\frac{\overline{F}}{g}=\frac{nm\sqrt{2gh}}{g}=nm\sqrt{\frac{2h}{g}}$（kg），

故 t 秒時彈簧秤所指示的總質量為 $M+ntm+nm\sqrt{\frac{2h}{g}}$（kg）。

範例 6-2

某物體靜置於光滑水平面上，同時受到兩個定力作用，其中的一力為 40 牛頓向東，另一力為 40 牛頓向東偏北 60°，若物體的質量為 10 公斤，求在受力之後 10 秒的瞬時速度與動量。

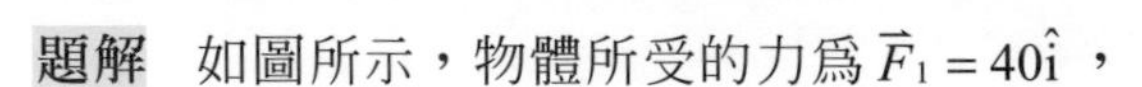

題解 如圖所示，物體所受的力為 $\vec{F}_1=40\hat{i}$，

$\vec{F}_2=F_2(\cos 60°\hat{i}+\sin 60°\hat{j})=20\hat{i}+20\sqrt{3}\hat{j}$，

$\vec{F}=\vec{F}_1+\vec{F}_2=60\hat{i}+20\sqrt{3}\hat{j}$，

由牛頓定律知物體的加速度為 $\vec{a}=\frac{\vec{F}}{m}=6\hat{i}+2\sqrt{3}\hat{j}$（$m/s^2$），

由此可知物體在 x 方向與 y 方向的加速度分別為 $a_x=6\ m/s^2$，$a_y=2\sqrt{3}\ m/s^2$，

今利用平面運動的分析，可得

	x 分量	y 分量
$t=0$	$x=x_0=0$ $v_x=v_{x0}=0$ $a_x=6$	$y=y_0=0$ $v_y=v_{y0}=0$ $a_y=2\sqrt{3}$
任何時刻 t	$v_x=v_{x0}+a_xt=6t$ $x=x_0+v_{x0}t+\frac{1}{2}a_xt^2=\frac{1}{2}6t^2$	$v_y=v_{y0}+a_yt=2\sqrt{3}t$ $y=y_0+v_{y0}t+\frac{1}{2}a_yt^2=\frac{1}{2}2\sqrt{3}t^2$

在經過 10 秒之後物體的速度為 $\vec{v}=v_x\hat{i}+v_y\hat{j}=6(10)\hat{i}+2\sqrt{3}(10)\hat{j}=60\hat{i}+20\sqrt{3}\hat{j}$（m/s），

此時物體的動量為 $\vec{p}=m\vec{v}=600\hat{i}+200\sqrt{3}\hat{j}$（kg · m/s）。

範例 6-3

某質量為 $m=0.5\text{ kg}$ 的球以斜角 $\theta_0=37^\circ$ 撞到一面牆上高度為 $H=8\text{ m}$ 處，假設球碰到牆之後彈開的角度也是以 $\theta=37^\circ$ 從另一方向彈開，球由牆反彈的速度大小不變，情形如圖所示。若此球落地時的位置距離牆的底部為 $s=16\text{ m}$，求物體的初速為 v_0 及落地時的動量？（$g=10\text{ m/s}^2$）

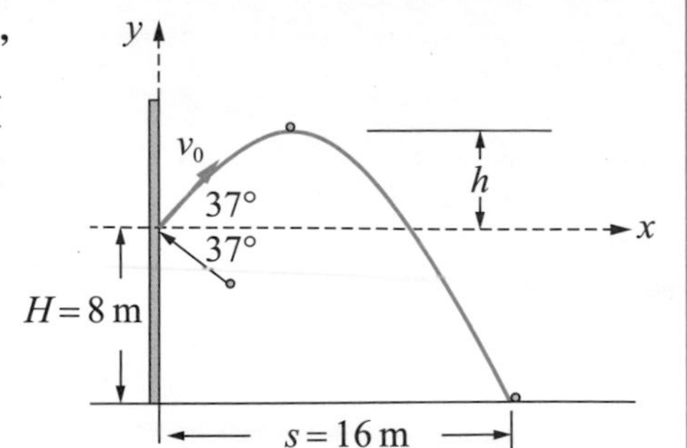

題解 由於球碰到牆之後彈開的角度也是以 $\theta=37^\circ$ 從另一方向彈開，球由牆反彈的速度大小不變，亦即角度改為仰角 $\theta=37^\circ$，因此，球由牆反彈之後的運動為仰角 $\theta=37^\circ$ 的斜向拋射運動，如果我們選擇球由牆反彈的位置為坐標的原點，則球落地的位置為 $(s,-H)$，物體的初速度可分解為兩個分量，即

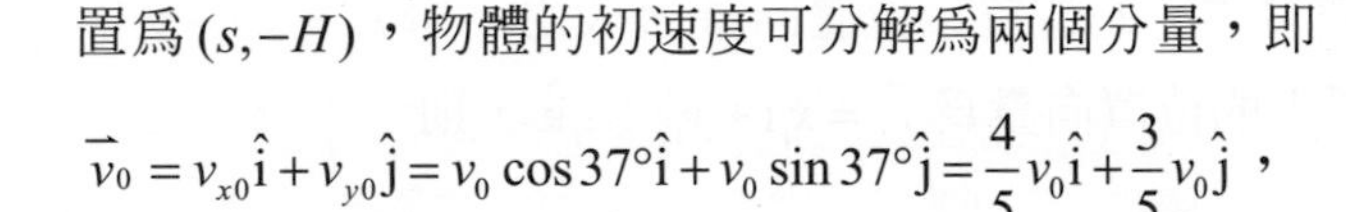

$$\vec{v}_0=v_{x0}\hat{\text{i}}+v_{y0}\hat{\text{j}}=v_0\cos37^\circ\hat{\text{i}}+v_0\sin37^\circ\hat{\text{j}}=\frac{4}{5}v_0\hat{\text{i}}+\frac{3}{5}v_0\hat{\text{j}}，$$

首先我們可由 $y=y_0+v_{y0}t-\frac{1}{2}gt^2$，求整個飛行時間 t，令 $y_0=0$，$y=-H=-8$，$v_{y0}=\frac{3}{5}v_0$ 代入上式，

可得 $-8=0+\frac{3}{5}v_0t-\frac{1}{2}(10)t^2\Rightarrow 25t^2-3v_0t-40=0\Rightarrow t=\frac{3v_0+\sqrt{9v_0^2+4000}}{50}$，

由落地時的位置距離牆底部為 $s=16\text{ m}$，利用 $s=(v_0\cos37^\circ)\,t$，可得 $16=(\frac{4}{5}v_0)\frac{3v_0+\sqrt{9v_0^2+4000}}{50}$，

解之得 $1000=3v_0^2+v_0\sqrt{9v_0^2+4000}\Rightarrow(v_0\sqrt{9v_0^2+4000})^2=(1000-3v_0^2)^2\Rightarrow v_0=10\text{ m/s}$，

將之代入 $t=\frac{3v_0+\sqrt{9v_0^2+4000}}{50}=2$（s）。

又球落地的速度為 $\vec{v}=v_{x0}\hat{\text{i}}+(v_{y0}-gt)\hat{\text{j}}=8\hat{\text{i}}-14\hat{\text{j}}$（m/s），

球落地時的動量為 $\vec{p}=m\vec{v}=4\hat{\text{i}}-7\hat{\text{j}}$（kg · m/s）。

6-2 質量中心

兩個質點質量分別為 m_1 與 m_2，它們的位置分別在 x 軸的坐標 x_1 與 x_2，則其質量中心的位置坐標 x_c 定義為

$$x_c=\frac{m_1x_1+m_2x_2}{m_1+m_2} \tag{6-14}$$

假若在 x 軸上有 n 個質點，其質量分別為 m_1，m_2，…，m_n，而其位置分別為 x_1，x_2，…，x_n，則其質量中心的位置坐標 x_c 定義為

$$x_c=\frac{m_1x_1+m_2x_2+\ldots+m_nx_n}{m_1+m_2+\ldots+m_n}=\frac{\sum_{i=1}^{n}m_ix_i}{\sum_{i=1}^{n}m_i}=\frac{\sum_{i=1}^{n}m_ix_i}{M} \tag{6-15}$$

式中 $M=\sum_{i=1}^{n} m_i$ 代表總質量。同理，若三度空間中有 n 個質點，其質量分別為 m_1，m_2，…，m_n，而其位置分別為(x_1, y_1, z_1)，(x_2, y_2, z_2)，…，(x_n, y_n, z_n)，則其質量中心的位置坐標定義為

$$x_c=\frac{\sum_{i=1}^{n} m_i x_i}{M}\text{，}y_c=\frac{\sum_{i=1}^{n} m_i y_i}{M}\text{，}z_c=\frac{\sum_{i=1}^{n} m_i z_i}{M} \quad (6\text{-}16)$$

合併(6-16)式可寫為

$$x_c\hat{\mathrm{i}}+y_c\hat{\mathrm{j}}+z_c\hat{\mathrm{k}}=\frac{\sum m_i(x_i\hat{\mathrm{i}}+y_i\hat{\mathrm{j}}+z_i\hat{\mathrm{k}})}{M} \quad (6\text{-}17)$$

設質量中心的位置以位置向量 $\vec{r}_c$ 表之，即 $\vec{r}_c=x_c\hat{\mathrm{i}}+y_c\hat{\mathrm{j}}+z_c\hat{\mathrm{k}}$ ，而第 i 個質點的位置向量為 $\vec{r}_i=x_i\hat{\mathrm{i}}+y_i\hat{\mathrm{j}}+z_i\hat{\mathrm{k}}$ ，則

$$\vec{r}_c=\frac{\sum_{i=1}^{n} m_i\vec{r}_i}{M} \quad (6\text{-}18)$$

(6-17)式可寫為

$$M\vec{r}_c=\sum_{i=1}^{n} m_i\vec{r}_i \quad (6\text{-}19)$$

將(6-19)式對時間微分可得

$$M\vec{v}_c=\sum_{i=1}^{n} m_i\vec{v}_i \quad (6\text{-}20)$$

式中 $\vec{v}_i$ 為第 i 個質點的速度，而 $\vec{v}_c$ 為質量中心的速度。再將(6-20)式對時間微分可得

$$M\vec{a}_c=\sum_{i=1}^{n} m_i\vec{a}_i \quad (6\text{-}21)$$

式中 $\vec{a}_i$ 為第 i 個質點的加速度，而 $\vec{a}_c$ 為質量中心的加速度。依據牛頓定律 $\vec{F}_i=m_i\vec{a}_i$ 代表作用於第 i 個質點的力，因此

$$M\vec{a}_c=\vec{F}_1+\vec{F}_2+\ldots+\vec{F}_n=\sum_{i=1}^{n}\vec{F}_i=\vec{F}_{外} \quad (6\text{-}22)$$

上式表示質點組的總質量乘以質量中心的加速度等於作用於此質點組的合力。由於此合力包含質點組間相互作用的內力以及作用於各個質點的外力，但由牛頓第三定律知質點組間相互作用的內力係成對存在，每一對內力的大小相等而方向相反，故對整個質點組而言，內力的總和為零，因此，質點組的合力等於各個質點的外力之總和，稱之為合外力，寫為 $\vec{F}_{外}$ 。**物體的運動可用整個質量集中在質量中心的一個質點來代表，而整個物體的運動就好像單獨的一個力作用於單獨的一個質點的運動情形**。可見物體的質量中心確實有簡化運動描述的特性。

若一個密度均勻分佈的規則平面，則其面積大小與其質量成正比。在此情況下，該面積的形心將會與質心重合。一些簡單規則平面的形心如下表 6-1 所示：

表 6-1

	示意圖	面積	形心位置
底 b 高 h 的長方形		$A=bh$	$x_c=\frac{b}{2}$，$y_c=\frac{h}{2}$
底 b 高 h 的正三角形		$A=\frac{bh}{2}$	$x_c=\frac{b}{2}$，$y_c=\frac{h}{3}$
底 b 高 h 的直角三角形		$A=\frac{bh}{2}$	$x_c=\frac{b}{3}$，$y_c=\frac{h}{3}$
半徑為 R 的圓		$A=\pi R^2$	$x_c=R$，$y_c=R$
半徑為 R 的半圓		$A=\frac{\pi R^2}{2}$	$x_c=R$，$y_c=\frac{4R}{3\pi}$
半徑為 R 的 $\frac{1}{4}$ 圓		$A=\frac{\pi R^2}{4}$	$x_c=\frac{4R}{3\pi}$，$y_c=\frac{4R}{3\pi}$
等腰直角三角形		$A=\frac{a^2}{2}$	$x_c=\frac{a}{3}$，$y_c=\frac{a}{3}$

範例 6-4

如圖所示，密度均勻的細長直角矩，$\overline{AB}$長度為 ℓ，$\overline{BC}$長度為 2ℓ，求質心的位置？

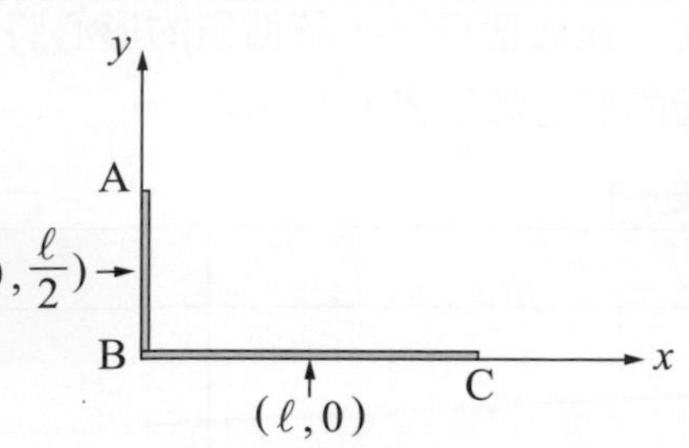

題解 $\overline{AB}$的質量為 m，質心位置在 $(0,\frac{\ell}{2})$，

$\overline{BC}$的質量為 $2m$，質心位置在 $(\ell,0)$，

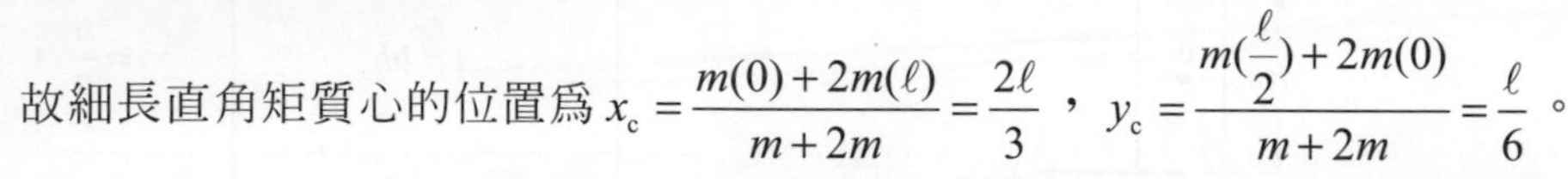

故細長直角矩質心的位置為 $x_c=\dfrac{m(0)+2m(\ell)}{m+2m}=\dfrac{2\ell}{3}$，$y_c=\dfrac{m(\frac{\ell}{2})+2m(0)}{m+2m}=\dfrac{\ell}{6}$。

範例 6-5

求附圖中面積所示的質心坐標的位置，其中的小圓形為挖空的地方。

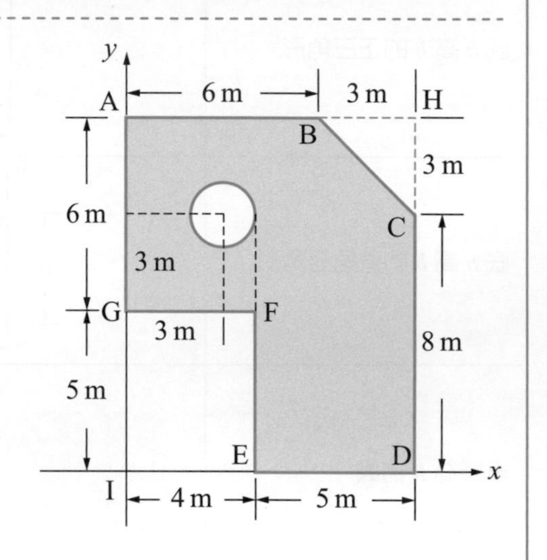

題解 AHDI 四邊形的面積為 $A_1=9\times 11=99$（m^2），

其形心坐標為 $x_1=4.5$，$y_1=5.5$，

小圓形的面積為 $A_2=\pi\times 1^2=3.14$（m^2），

其形心坐標為 $x_2=3$，$y_2=8$，

四邊形 GFEI 的面積為 $A_3=4\times 5=20$（m^2），

其形心坐標為 $x_3=2$，$y_3=2.5$，

三角形 BHC 的面積為 $A_4=\frac{1}{2}\times 3\times 3=4.5$（$m^2$），

其形心坐標為 $x_4=8$，$y_4=10$，

該圖形的總面積為 $A=A_1-A_2-A_3-A_4=71.36$（m^2），

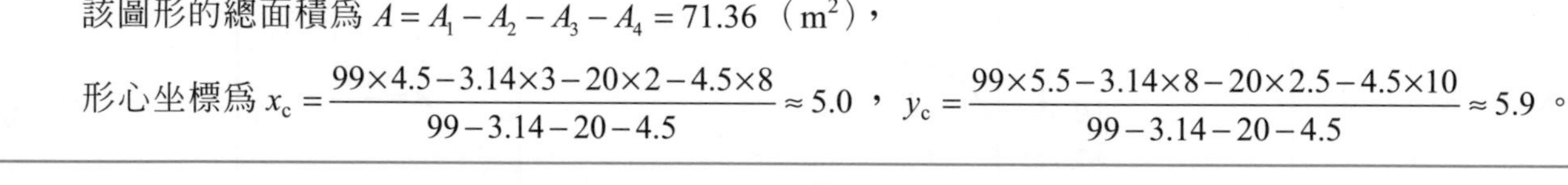

形心坐標為 $x_c=\dfrac{99\times 4.5-3.14\times 3-20\times 2-4.5\times 8}{99-3.14-20-4.5}\approx 5.0$，$y_c=\dfrac{99\times 5.5-3.14\times 8-20\times 2.5-4.5\times 10}{99-3.14-20-4.5}\approx 5.9$。

範例 6-6

如圖所示，一均勻的直角矩被懸掛於 O 點，若 $2\overline{AB}=\overline{BC}$，則角度 θ 為何？

題解 選取 B 點為直角坐標的原點，設 $\ell=\dfrac{\overline{BC}}{2}$，

則$\overline{BC}$的質心位置 E 點為 $(\ell\sin\theta,-\ell\cos\theta)$，

而$\overline{AB}$的質心位置 D 點為 $(-\frac{\ell}{2}\sin(90^\circ-\theta),-\frac{\ell}{2}\cos(90^\circ-\theta))=(-\frac{\ell}{2}\cos\theta,-\frac{\ell}{2}\sin\theta)$，

假設$\overline{AB}$的質量為 m，$\overline{BC}$的質量為 $2m$，因此，直角矩的質心位置為

$$x_c=\frac{2m(\ell\sin\theta)+m(-\frac{\ell}{2}\cos\theta)}{m+2m}=\frac{4\ell\sin\theta-\ell\cos\theta}{6},\quad y_c=\frac{2m(-\ell\cos\theta)+m(-\frac{\ell}{2}\sin\theta)}{m+2m}=\frac{-4\ell\cos\theta-\ell\sin\theta}{6},$$

由題意知 $x_c=0$，故 $4\ell\sin\theta-\ell\cos\theta=0$，$\tan\theta=\frac{1}{4}$，$\theta=\tan^{-1}(\frac{1}{4})=14^\circ$。

範例 6-7

又一質量爲 m 的人立於船尾，並距離岸邊 d 公尺，若此人由船尾走向船頭，求此人最後離岸邊多遠？設船的質量爲 M，長度爲 L。

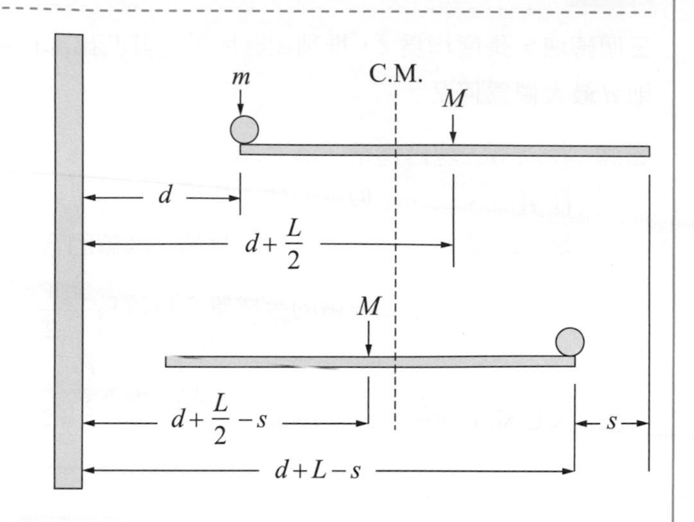

題解 假設岸邊的坐標爲原點 $x=0$，

起先人的坐標爲 d，船的坐標爲 $d+\dfrac{L}{2}$，

此時質心坐標爲 $x_c=\dfrac{md+M(d+\frac{L}{2})}{m+M}$。

當此人由船尾走向船頭時，若船行走了距離 s，

則此時人的坐標爲 $d+L-s$，

而船的坐標爲 $d+\dfrac{L}{2}-s$，質心坐標爲 $x_c'=\dfrac{m(d+L-s)+M(d+\frac{L}{2}-s)}{m+M}$。

由 $x_c=x_c'$ 可得 $s=\dfrac{m}{m+M}L$，此人最後離岸邊的距離爲 $d+L-s=d+\dfrac{M}{m+M}L$。

範例 6-8

質量爲 m 的人在質量爲 M 的船上。設船爲均勻的結構，人以速度 v 向右行走 L 的距離，求人與船相對於地的位移及速度。

題解 船的長度爲 L_0，且該船爲均勻結構，設原點在船的左端。

人與船所形成的系統，由於沒有外力，滿足質心位置不變。

$x_c=\dfrac{M\cdot\frac{L_0}{2}}{m+M}=\dfrac{ML_0}{2(m+M)}$，人向右行走 L，且 $L<L_0$，則船往左移動 d，

$x_c'=\dfrac{(L-d)m+(-d+\frac{L_0}{2})M}{m+M}$，$x_c=x_c'$，可得 $d=\dfrac{mL}{m+M}$，

$x_{人船}=x_{人地}-x_{船地}$，$L=x_{人地}-(-d)=x_{人地}+\dfrac{mL}{m+M}$，$x_{人地}=L-\dfrac{mL}{m+M}=\dfrac{ML}{m+M}$，$x_{船地}=-d=-\dfrac{mL}{m+M}$，

$v_{船地}=\dfrac{-d}{t}=\dfrac{-mL}{m+M}\cdot\dfrac{v}{L}=\dfrac{-mv}{m+M}$，$v_{人地}=v_{人船}+v_{船地}=v+\dfrac{-mv}{m+M}=\dfrac{Mv}{m+M}$，因此 $\dfrac{|v_{人地}|}{|v_{船地}|}=\dfrac{\frac{Mv}{m+M}}{\frac{mv}{m+M}}=\dfrac{M}{m}$。

範例 6-9

三個磚塊，長度均為 ℓ，堆積如圖所示。其凸出部份為 d，求欲保持平衡，則 d 最大值為何？

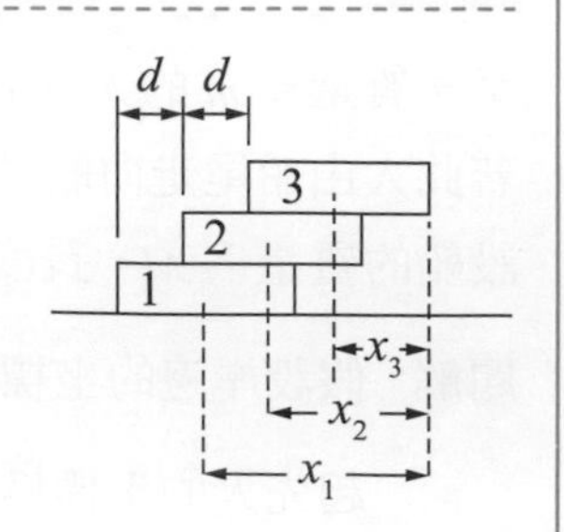

題解 設以第三塊磚為準，其右端邊緣的位置為 $x = 0$，

而第一、二、三塊磚的質心位置分別為 x_1，x_2，x_3。

第一塊磚的右端應正在第二與第三塊磚的合成質心之下，為其極限位置，

亦即第二與第三塊磚的合成質心位置為 $\frac{x_2 + x_3}{2}$，而 $\frac{x_2 + x_3}{2} = 2d$，

又已知 $x_3 = \frac{\ell}{2}$，$x_2 = \frac{\ell}{2} + d$，故 $\frac{(\frac{\ell}{2}+d)+\frac{\ell}{2}}{2} = 2d$，$d = \frac{\ell}{3}$。

6-3 動量守恆

若空間中有 n 個質點，其質量分別為 m_1，m_2，…，m_n，而其速度分別為 $\vec{v}_1$，$\vec{v}_2$，…，$\vec{v}_n$，那麼這些質點的動量分別為 $\vec{p}_1 = m_1\vec{v}_1$，$\vec{p}_2 = m_2\vec{v}_2$，…，$\vec{p}_n = m_n\vec{v}_n$。而此質點系的總動量為

$$\vec{p} = \sum_{i=1}^{n}\vec{p}_i = \sum_{i=1}^{n} m_i\vec{v}_i \tag{6-23}$$

由質量中心的定義可知 $M\vec{v}_c = \sum_{i=1}^{n} m_i\vec{v}_i$，因此，質點系的總動量可表為

$$\vec{p} = M\vec{v}_c \tag{6-24}$$

上式對時間的微分可得

$$\frac{d\vec{p}}{dt} = M\vec{a}_c \tag{6-25}$$

又由於 $M\vec{a}_c = \sum_{i=1}^{n}\vec{F}_i = \vec{F}_{外}$，因此

$$\frac{d\vec{p}}{dt} = M\vec{a}_c = \vec{F}_{外} \tag{6-26}$$

亦即作用於質點系的合外力等於此質點系總動量的變化量。當合外力等於零時，$\vec{F}_{外} = 0$，

$$\frac{d\vec{p}}{dt} = \vec{F}_{外} = 0\text{，}\vec{p} = \text{constant} \tag{6-27}$$

此質點系的總動量即保持不變，此一簡單而頗具一般性的情形，稱為動量守恆定律（law of conservation of momentum）。因此對質心而言，由牛頓運動定律可得

$$\vec{F} = m\vec{a} = m\frac{d\vec{v}}{dt} = \frac{d(m\vec{v})}{dt} = \frac{d\vec{p}}{dt} \tag{6-28}$$

由上式可知，當 $\vec{F} = 0$ 時，$\frac{d\vec{p}}{dt} = 0$，即 $\vec{p} = \text{constant}$。其意義為當作用於物體的合力為零時，此物體的動量保持不變，此即動量守恆定律。

範例 6-10

質量為 m 的物體以 v_0 的初速，θ 的仰角自地面拋出。當到達最高點時，爆裂為質量相等的兩塊，一塊自由落下，求另一塊落地的位置。

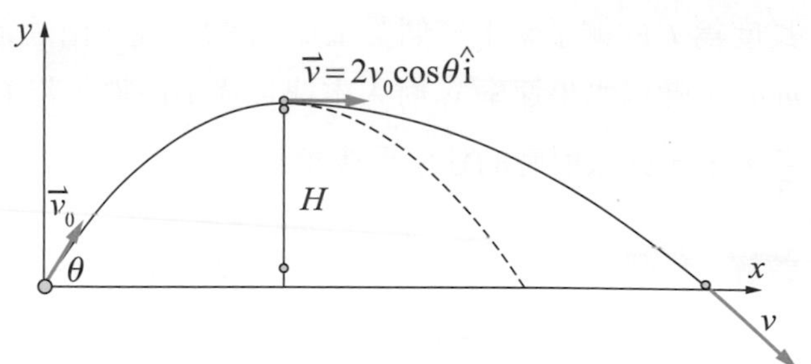

題解 設物體以 v_0 的初速，θ 的仰角斜向拋出，

則其拋出的高度為 $H=\dfrac{v_0^2\sin^2\theta}{2g}$，

拋到最高點的時間為 $t=\dfrac{v_0\sin\theta}{g}$，此時的水平距離為 $R_1=\dfrac{v_0^2\sin\theta\cos\theta}{g}$。

物體最初的動量為 $\vec{p}_0=m\vec{v}_0=mv_0(\cos\theta\hat{i}+\sin\theta\hat{j})$，物體到達最高點時的水平動量為 $\vec{p}_x=m\vec{v}_x=mv_0\cos\theta\hat{i}$，若在最高點時爆裂為質量相等的兩塊，一塊自由落下，

則此塊的水平動量為 $\vec{p}_{1x}=0$，設另一塊的速度為 $\vec{v}_2$，則此塊的水平動量為 $\vec{p}_{2x}=\dfrac{m}{2}\vec{v}_x$，

今由動量守恆知，$\vec{p}_x=\vec{p}_{1x}+\vec{p}_{2x}$，因此，$mv_0\cos\theta\hat{i}=0+\dfrac{1}{2}m\vec{v}_{2x}$，$\vec{v}_{2x}=2v_0\cos\theta\hat{i}$，物體以 v_0 的初速，

θ 的仰角斜向拋出的高度為 $H=\dfrac{v_0^2\sin^2\theta}{2g}$，今以水平速度 $\vec{v}_{2x}=2v_0\cos\theta\hat{i}$，從高度為 $H=\dfrac{v_0^2\sin^2\theta}{2g}$ 水平

拋出，其落地的時間為 $t=\sqrt{\dfrac{2H}{g}}=\dfrac{v_0\sin\theta}{g}$，物體的水平距離為 $R_2=(2v_0\cos\theta)\dfrac{v_0\sin\theta}{g}$，因此，另一塊

落地的位置距離原拋出點的水平距離為 $R=R_1+R_2=\dfrac{3v_0^2\sin\theta\cos\theta}{g}$。

範例 6-11

衝擊擺可用來測定入射子彈的速度，如圖所示。設質量為 m 的子彈，射入一個質量為 M 的木塊，並停留其內，假若木塊擺盪的高度為 h，求入射子彈的速度為何？

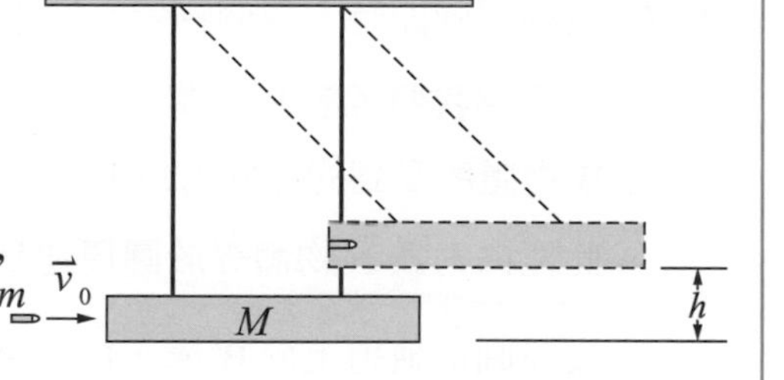

題解 設子彈射入木塊後，整個木塊的速度為 v'，則由動量守恆定律，

可知 $mv_0=(m+M)v'$，$v'=\dfrac{mv_0}{m+M}$，由於木塊擺盪的高度為 h，

故由能量守恆定律可知 $\dfrac{1}{2}(m+M)v'^2=(m+M)gh$，$v'=\sqrt{2gh}$，由以上兩個式子可得 $v_0=\dfrac{m+M}{m}\sqrt{2gh}$。

假若 $m=0.01\,\text{kg}$，$M=2\,\text{kg}$，$h=0.1\,\text{m}$，則 $v_0=281.4\,\text{m/s}$，$v'=1.4\,\text{m/s}$。

整個系統的初動能為 $K=\dfrac{1}{2}mv_0^2=395.93$（J），整個系統的末動能為 $K'=\dfrac{1}{2}(m+M)v'^2=1.9698$（J）。

損失的能量為 $\Delta K=K'-K=-393.96$（J），此能量轉為熱能。

範例 6-12

一個質量為 $m=0.01\,\text{kg}$ 的子彈，以 $v_0=500\,\text{m/s}$ 的速度射入一個質量為 $M=2\,\text{kg}$ 的衝擊擺木塊。假設子彈並沒有停留在木塊內，而是以 $v=100\,\text{m/s}$ 的速度穿出，求衝擊擺擺盪的高度為何？

題解 設子彈射入木塊而穿出時，木塊的速度為 v'，則由動量守恆定律，可知 $mv_0=mv+Mv'$，

$v'=\dfrac{mv_0-mv}{M}=2$（m/s）。若擺盪高度為 h，則由能量守恆定律 $\dfrac{1}{2}Mv'^2=Mgh$，可知 $h=\dfrac{v'^2}{2g}=0.2$（m）。

範例 6-13

長度爲 L 的繩子繫上一個質量爲 M 的木塊，由固定點自然下垂，今有一質量爲 m 的子彈以水平速率 v_0 射入木塊且穿出而過，若子彈射出速率爲入射時速率的 $\frac{2}{3}$，求子彈入射時的速率至少須爲多大，方可使木塊作鉛直圓周運動。

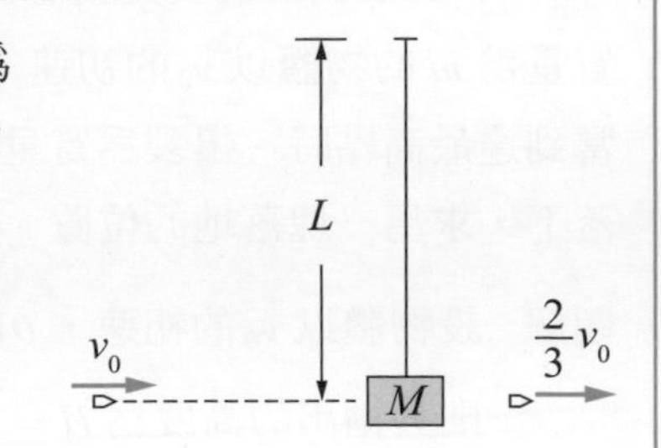

題解 我們已經知道，欲使質量爲 M 的木塊作半徑爲 L 的鉛直圓周運動之臨界速率爲 $v_c = \sqrt{gL}$，此爲木塊在鉛直圓周運動之頂端的最小速率。

而木塊在此頂端的最小速率下運動到底端時的速率，

由能量守恆知 $\frac{1}{2}Mv^2 = \frac{1}{2}Mv_c^2 + Mg(2L)$，由此可得 $v = \sqrt{5gL}$。

當質量爲 m 的子彈水平射穿質量爲 M 的木塊時，

由動量守恆知 $mv_0 = m(\frac{2}{3}v_0) + M\sqrt{5gL}$，由此可得 $v_0 = \frac{M}{m}\sqrt{45gL}$。

若子彈留在木塊並沒有穿出，則由動量守恆知 $mv_0 = (m+M)\sqrt{5gL}$，由此可得 $v_0 = \frac{m+M}{m}\sqrt{5gL}$。

範例 6-14

如圖所示，A 與 B 兩個物體的質量分別爲 $2m$ 與 m，兩個物體原先靜止在壓縮的彈簧兩端。當彈開之後 B 物體恰可到達 B′ 處而不致落下來，求 A 物體可到達多高？（假設軌道爲光滑，$\theta = 37°$）

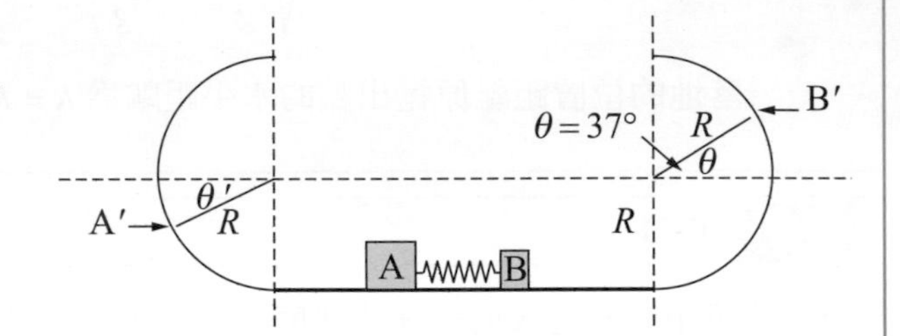

題解 設彈簧彈開時，兩個物體的速率分別爲 v_A 與 v_B，

首先讓我們考慮 B 物體，在圓行軌道上於 B′ 處，

B 物體所受到的徑向力爲 $F_R = N + mg\sin\theta$，

此徑向力爲 B 物體等於圓周運動的向心力，此處 N 爲軌道的正向力，

設在圓形軌道上於 B′ 處，B 物體的速率爲 v'_B，則 $m\frac{v_B'^2}{R} = N + mg\sin\theta$，

於 B′ 處，B 物體恰可維持在軌道的最低條件爲 $N = 0$，可得 $v'_B = \sqrt{\frac{3}{5}Rg}$，上式中 $\theta = 37°$。

今由能量守恆知 $\frac{1}{2}mv_B^2 = \frac{1}{2}mv_B'^2 + mg(R + \frac{3}{5}R)$，由此可得 $v_B = \sqrt{\frac{19}{5}Rg}$。

由動量守恆知 $(2m)v_A = mv_B$，因此，$v_A = \sqrt{\frac{19}{20}Rg}$。

設 A 物體達軌道最高點的角度爲 θ'，對 A 物體，考慮能量守恆知 $\frac{1}{2}(2m)v_A^2 = (2m)g(R - R\sin\theta')$。

由此可得 $\sin\theta' = \frac{21}{40}$，

而 A 物體可到達的高度爲 $h' = R(1-\sin\theta') = \frac{19}{40}R$。

6-4 動量守恆的應用

我們可以利用動量守恆定律來了解火箭的運動。火箭在起飛時，全部的質量絕大部份是燃料，當經過燃料燃燒完的廢氣會被逐漸的連續向後排出時，火箭的質量就逐漸的減少，於是火箭便加速前進。因爲火箭的質量係隨著排出廢氣而在逐漸的減少，因此，假如火箭所產生的推力一定，那麼火箭的加速度必然會隨著廢氣的排出而逐漸的增加，這是一種變加速度運動。

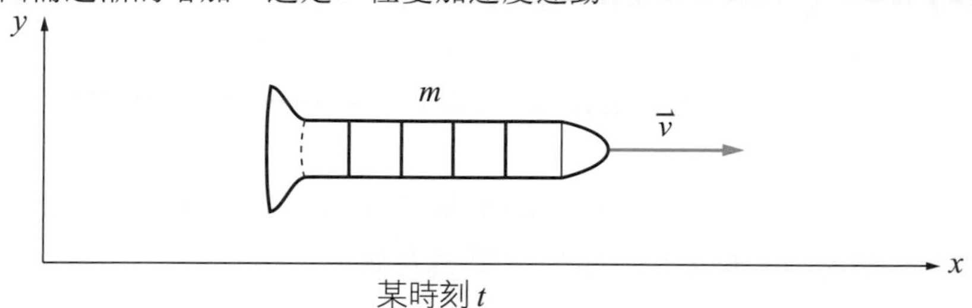

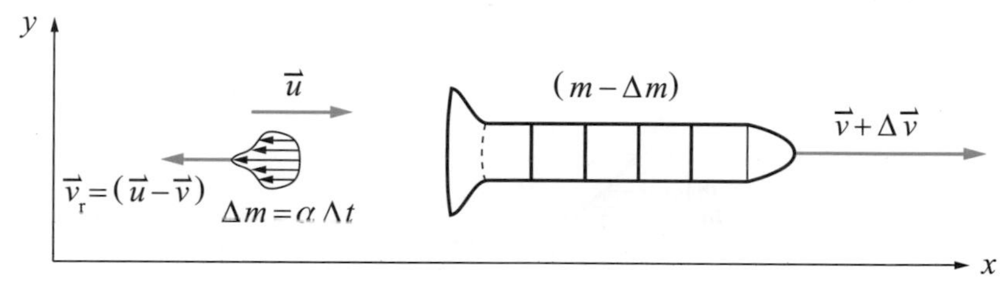

圖 6-2 在某時刻 t，火箭的質量為 m，其相對於某慣性參考坐標系的速度為 $\vec{v}$，在時刻 $t+\Delta t$，火箭的質量為 $(m-\Delta m)$，而其速度增加為 $\vec{v}+\Delta\vec{v}$。火箭噴出氣體的質量為 $\Delta m=\alpha\Delta t$，噴出的氣體相對於火箭的速度為 $\vec{v}_r$。

設火箭於無重力的太空中航行，其起初的總質量爲 m_0，火箭每單位時間內所噴出氣體的質量爲 α，噴出的氣體相對於某慣性參考坐標系的速度爲 $\vec{u}$。如圖 6-2 所示，假設在某時刻 t，火箭的質量爲 m，其相對於某慣性參考坐標系的速度爲 $\vec{v}$。在 Δt 時間內，火箭噴出質量爲 $\Delta m=\alpha\Delta t$ 的氣體，而其速度增加爲 $\vec{v}+\Delta\vec{v}$。由於沒有外力的作用，因此，在任何時刻火箭的總動量爲常數。假設在某時刻 t，火箭的總動量爲 $\vec{p}_t$，而在時刻 $t+\Delta t$，火箭的總動量爲 $\vec{p}_{t+\Delta t}$，則由動量守恆知 $\vec{p}_t=\vec{p}_{t+\Delta t}$，故

$$\begin{aligned} m\vec{v} &= (m-\Delta m)(\vec{v}+\Delta\vec{v})+\Delta m\vec{u} \\ &= m\vec{v}+m\Delta\vec{v}-\Delta m(\vec{v}+\Delta\vec{v})+\Delta m\vec{u} \end{aligned} \tag{6-29}$$

由此可得

$$m\Delta\vec{v}=\Delta m(\vec{v}-\vec{u})+\Delta m\Delta\vec{v} \tag{6-30}$$

若略去很小的量 $\Delta m\Delta\vec{v}$，則上式可寫爲

$$m\Delta\vec{v}=\Delta m(\vec{v}-\vec{u})=-\Delta m\vec{v}_r \tag{6-31}$$

上式中 $\vec{v}_r=(\vec{u}-\vec{v})$ 爲噴出的氣體相對於火箭的速度。若將上式兩邊除以 Δt，則

$$m\frac{\Delta\vec{v}}{\Delta t}=-\frac{\Delta m}{\Delta t}\vec{v}_r \tag{6-32}$$

令 Δt 趨近於零可得

$$\lim_{\Delta t \to 0}(m\frac{\Delta \vec{v}}{\Delta t}) = m\frac{d\vec{v}}{dt} = m\vec{a} \tag{6-33}$$

而

$$\lim_{\Delta t \to 0}(-\frac{\Delta m}{\Delta t})\vec{v}_r = \frac{dm}{dt}\vec{v}_r = -\alpha\vec{v}_r \tag{6-34}$$

其中 $\alpha = -\frac{dm}{dt}$ 代表火箭排出氣體的速率，由此可得

$$m\vec{a} = m\frac{d\vec{v}}{dt} = \frac{dm}{dt}\vec{v}_r = -\alpha\vec{v}_r \tag{6-35}$$

上式中左邊的 $m\vec{a}$ 即爲火箭所獲得的推進力。由於火箭的質量係隨著噴出氣體而在逐漸減少，因此，$\frac{dm}{dt}$ 爲負值。

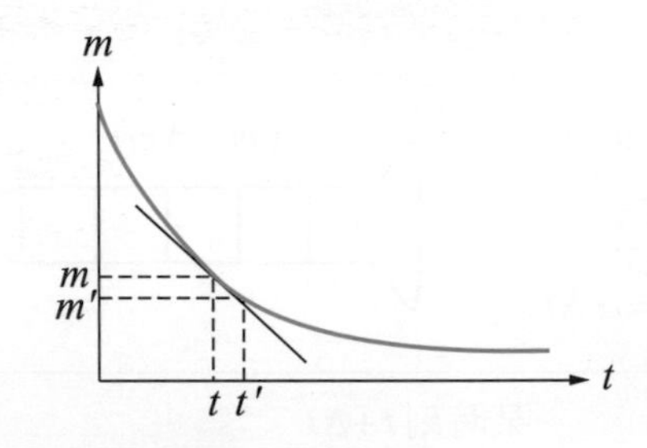

圖 6-3　火箭的質量隨著時間而變化的關係圖。

圖 6-3 所示爲火箭的質量隨著時間而變化的關係圖。由此圖可看出，在任何時刻 t，該圖切線的斜率恆爲負值，然而由於質量爲一個正數，因此，在 $\Delta t = t' - t$ 的時間內，火箭噴出氣體的質量應該表示爲 $\Delta m = m - m'$，根據導函數的定義可知

$$\frac{dm}{dt} = \lim_{\Delta t \to 0}\frac{m' - m}{t' - t} = \lim_{\Delta t \to 0}(-\frac{\Delta m}{\Delta t}) \tag{6-36}$$

若將 $m\frac{d\vec{v}}{dt} = \frac{dm}{dt}\vec{v}_r$ 寫成純量式，則爲

$$m\frac{dv}{dt} = -\frac{dm}{dt}\cdot v_r \tag{6-37}$$

因爲 $\vec{v}$ 與 $\vec{v}_r$ 的方向相反。由上式可得

$$mdv = -v_r dm \tag{6-38}$$

兩邊積分，並假設在 $t = 0$ 時，火箭的質量爲 m_0，而其速度爲 v_0，則

$$\int_{v_0}^{v} dv = -v_r \int_{m_0}^{m} \frac{dm}{m} \tag{6-39}$$

於是火箭的末速度爲

$$v = v_0 + v_r \ln\frac{m_0}{m} \tag{6-40}$$

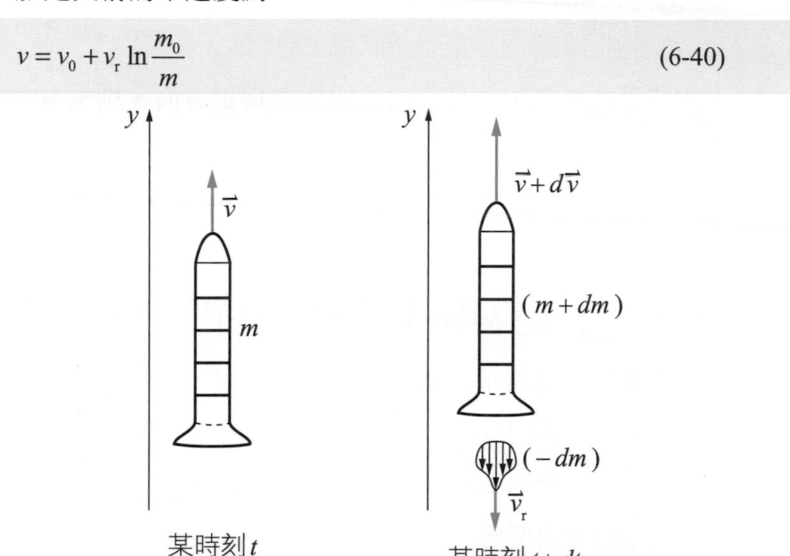

圖 6-4 起飛 t 秒後的火箭，當時它的質量為 m，其速度為 $\vec{v}$。在時刻 $t+dt$，火箭的末速度增加為 $\vec{v}+d\vec{v}$，而此時火箭的質量為 $(m+dm)$，噴出的氣體相對於火箭的速度為 $\vec{v}_r$。

其次，我們考慮火箭由地面上起飛的情形，如圖 6-4 所示爲起飛 t 秒後的火箭，當時它的質量爲 m，而其速度爲 $\vec{v}$。因此，這一時刻的動量爲 $\vec{p}_t = m\vec{v}$。若在 dt 時間內，火箭噴出的質量爲 $(-dm)$，並以 $\vec{v}_r$ 代表噴出的氣體相對於火箭的速度，而噴出的氣體相對於地面的速度爲 $\vec{v}' = \vec{v} + \vec{v}_r$，噴出氣體的動量爲 $(-dm)\vec{v}' = (-dm)(\vec{v}+\vec{v}_r)$。若在 dt 時間之後，火箭的末速度增加爲 $\vec{v}+d\vec{v}$，則此時火箭的動量爲 $(m+dm)(\vec{v}+d\vec{v})$。因此，在時刻 $t+dt$，火箭加上其所噴出的氣體之總動量爲 $\vec{p}_{t+dt} = (m+dm)(\vec{v}+d\vec{v}) + (-dm)(\vec{v}+\vec{v}_r)$。現在我們利用衝量等於動量的變化之關係式，來求火箭的末速度。設不計空氣阻力，火箭所受到的外力只是其重力 $m\vec{g}$，則在 dt 時間內，火箭的衝量爲 $\vec{I} = m\vec{g}\,dt$，而火箭的動量變化爲 $\vec{p}_{t+dt}$ 減去 $\vec{p}_t$，因此，由 $\vec{I} = \Delta\vec{p} = \vec{p}_{t+dt} - \vec{p}_t$ 可得

$$\begin{aligned} m\vec{g}\,dt &= (m+dm)(\vec{v}+d\vec{v}) + (-dm)(\vec{v}+\vec{v}_r) - m\vec{v} \\ &= m d\vec{v} - dm\,\vec{v}_r + dm\,d\vec{v} \end{aligned} \tag{6-41}$$

若略去很小的量 $dm\,d\vec{v}$，則上式可寫爲

$$m\vec{g}\,dt = m d\vec{v} - dm\,\vec{v}_r \tag{6-42}$$

將上式兩邊除以 dt 可得

$$m\frac{d\vec{v}}{dt} = \vec{v}_r\frac{dm}{dt} + m\vec{g} \tag{6-43}$$

上式左邊 $\frac{d\vec{v}}{dt}=\vec{a}$ 就是火箭的加速度，右邊第一項 $\vec{v}_r \frac{dm}{dt}$ 為火箭所受到的向上推力，第二項 $m\vec{g}$ 為火箭所受到的重力，此兩個力的和為火箭的合力，即上式左邊之項 $\vec{F}=m\frac{d\vec{v}}{dt}=m\vec{a}$ 。於是火箭的加速度可表為

$$\vec{a}=\frac{d\vec{v}}{dt}=\frac{\vec{v}_r}{m}(\frac{dm}{dt})+\vec{g} \tag{6-44}$$

上式若用純量表示，且設向上的方向為正方向，則 $\vec{v}_r=-v_r\hat{j}$ ，$\vec{g}=-g\hat{j}$

$$a=\frac{-v_r}{m}(\frac{dm}{dt})-g \tag{6-45}$$

若以 $\alpha=-\frac{dm}{dt}$ 代表火箭排出氣體的速率，則 $a=\frac{v_r}{m}\alpha-g$ 。假設在 $t=0$ 時，火箭的質量為 m_0，而其速度為 v_0，則

$$\int_{v_0}^{v} dv=\int_{m_0}^{m}-v_r(\frac{dm}{m})-\int_0^t g\,dt \tag{6-46}$$

於是火箭的末速度為

$$v=v_0-v_r\ln\frac{m}{m_0}-gt \tag{6-47}$$

或寫為

$$v=v_0+v_r\ln\frac{m_0}{m}-gt \tag{6-48}$$

範例 6-15

設火箭的最初質量為 m_0，若火箭在升空後第 t 秒內，噴出當時質量的 $\frac{1}{50}$ 之氣體，此噴出氣體相對於火箭的速度為 $v_r=2000$ m/s。求此時火箭的加速度？假定火箭在 $t=100$ 秒時燃料用盡，火箭的最初質量與末質量之比為 $\frac{m_0}{m}=5$ ，求火箭的末速度？

題解 火箭在升空後第 t 秒內，噴出氣體的質量為 $(-dm)=\frac{m}{50}$ ，

此時火箭的加速度為 $a=\frac{-v_r}{m}(\frac{dm}{dt})-g=\frac{-2000}{m}(\frac{\frac{-m}{50}}{1})-(9.8)=30.2$ （m/s²），

在 $t=100$ 秒時燃料用盡時，

火箭的末速度為 $v=v_0+v_r\ln\frac{m_0}{m}-gt=0+(2000)\ln 5-(9.8)(100)=3220-980=2240$ （m/s）。

6-5 碰撞

一維碰撞

碰撞是指發生於兩物體很短時間內的交互作用，如圖 6-5 所示，兩個質量分別爲 m_1 與 m_2 的物體之間的碰撞。F_{12} 代表 2 對 1 的作用力，在碰撞過程中，兩個物體互相以作用力作用於對方。由牛頓第三定律知，此兩個力大小相等而方向相反，即 $\vec{F}_{12}=-\vec{F}_{21}$。在碰撞過程中，對 m_1 所引起的動量改變爲 $\Delta\vec{p}_1=\vec{F}_{12}\cdot\Delta t$，對 m_2 所引起的動量改變爲 $\Delta\vec{p}_2=\vec{F}_{21}\cdot\Delta t$，由於 $\vec{F}_{12}=-\vec{F}_{21}$，因此，$\Delta\vec{p}_1=-\Delta\vec{p}_2$。如果把兩個物體合起來看做一個系統，那麼整個系統的總動量爲兩個物體動量的和，而由於 $\Delta\vec{p}_1=-\Delta\vec{p}_2$，因此碰撞過程中整個系統的總動量變化爲零，即 $\Delta\vec{p}=\Delta\vec{p}_1+\Delta\vec{p}_2=0$，亦即碰撞前與碰撞後整個系統的總動量相等，即 $\vec{p}_{前}=\vec{p}_{後}$。

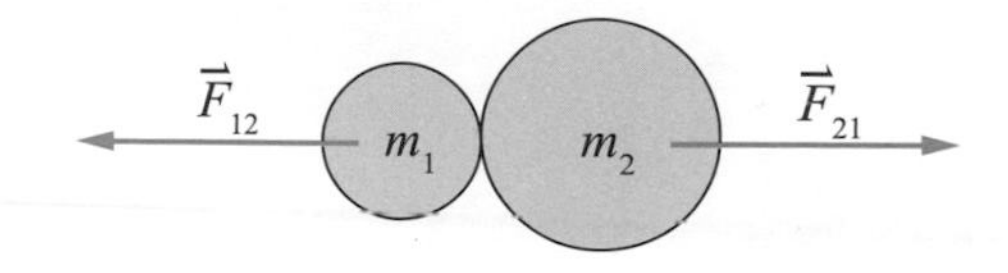

圖 6-5　兩物體的碰撞。

考慮兩個質量分別爲 m_1 與 m_2 的物體在一維空間上的碰撞，若碰撞前兩物體的速度分別爲 v_1 與 v_2，碰撞後兩物體的速度分別爲 v_1' 與 v_2'，如圖 6-6 所示。

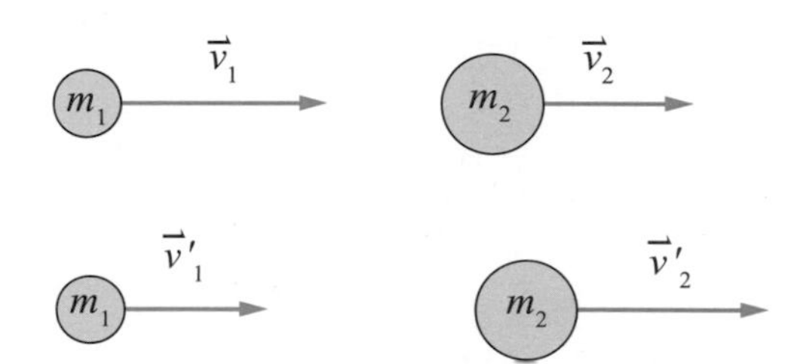

圖 6-6　質量 m_1 與 m_2 的物體在一維空間上的碰撞。

碰撞前與碰撞後整個系統的總動量相等，$\vec{p}_{前}=\vec{p}_{後}$ 知

$$m_1v_1+m_2v_2=m_1v_1'+m_2v_2' \tag{6-49}$$

或寫爲

$$m_1(v_1-v_1')=m_2(v_2'-v_2) \tag{6-50}$$

又由碰撞前與碰撞後整個系統的總動能關係 $K_{前}\geq K_{後}$，知

$$\frac{1}{2}m_1v_1^2+\frac{1}{2}m_2v_2^2\geq\frac{1}{2}m_1v_1'^2+\frac{1}{2}m_2v_2'^2 \tag{6-51}$$

若爲彈性碰撞（elastic collision），則 $K_{前}=K_{後}$

$$\frac{1}{2}m_1v_1^2+\frac{1}{2}m_2v_2^2=\frac{1}{2}m_1v_1'^2+\frac{1}{2}m_2v_2'^2 \tag{6-52}$$

即

$$m_1(v_1^2-v_1'^2)=m_2(v_2'^2-v_2^2) \tag{6-53}$$

由此可得

$$v_1+v_1'-v_2'+v_2 \tag{6-54}$$

或寫爲

$$v_1-v_2=v_2'-v_1' \tag{6-55}$$

$v_1 - v_2$ 稱爲兩物體碰撞前互相接近的速度，$v_2' - v_1'$ 爲兩物體碰撞後互相遠離的速度，它們的比值稱爲恢復係數（restitution coefficient），即 $e_r = \dfrac{v_2' - v_1'}{v_1 - v_2}$，恢復係數 e_r 介於 0 與 1 之間。$e_r = 1$ 時爲彈性碰撞，而 $e_r = 0$ 時爲完全非彈性碰撞（perfectly inelastic collision），此時兩物體碰撞後黏成一塊。由(6-55)式可得 $v_2' = v_1 + v_1' - v_2$，$v_1' = v_2 + v_2' - v_1$，代入 $m_1(v_1 - v_1') = m_2(v_2' - v_2)$ 可得

$$v_1' = \frac{m_1 - m_2}{m_1 + m_2} v_1 + \frac{2m_2}{m_1 + m_2} v_2 \tag{6-56}$$

$$v_2' = \frac{2m_1}{m_1 + m_2} v_1 + \frac{m_2 - m_1}{m_1 + m_2} v_2 \tag{6-57}$$

若 $m_1 = m_2$，則 $v_1' = v_2$，$v_2' = v_1$，當 m_2 原先爲靜止 $v_2 = 0$，且 $m_1 = m_2$ 時，則 $v_1' = 0$，$v_2' = v_1$，即 m_1 被撞停，而 m_2 以 m_1 的速度離開。若爲完全非彈性碰撞，此時兩物體碰撞後黏成一塊，設其碰撞後的速度爲 v'，則 $v' = \dfrac{m_1 v_1 + m_2 v_2}{m_1 + m_1}$。

中子的發現

有時候，移動蹤跡可用儀器察知的可見粒子和不可見粒子互相碰撞。在動能與動量守恆的假定下，只要可見粒子的質量以及碰撞前後的速度可以測得，我們便可以把不可見粒子的質量和碰撞前後的速度推算出來。查兌克（James Chadwick）在實驗中發現，由釙（Po）元素發出的 α 質點撞擊鈹（Be）元素時，即有未知的不可見粒子發射出來。這種不可見粒子具有高度的穿透力，而且不受電力和磁力的影響。可見它們是不帶電的粒子，因此，後來被命名爲中子（neutron）。當這種不可見粒子再撞擊到靜止的氫或氮原子時，則質子或氮原子即被擊出，查兌克測定了它的速度。我們現在假定這種碰撞是正向的彈性碰撞，設不可見粒子的質量爲 m，速度爲 v，令質子質量爲 $m_p = 1\ \text{amu}$，被撞擊後的速度爲 v_p'，則

$$v_p' = \frac{2m}{m + m_p} v \tag{6-58}$$

同理，氮原子之質量爲 $m_N = 14\ \text{amu}$，被撞擊後的速度爲 v_N'，則

$$v_N' = \frac{2m}{m + m_N} v \tag{6-59}$$

由此可得

$$\frac{v_p'}{v_N'} = \frac{m + 14m_p}{m + m_p} \tag{6-60}$$

又查兌克在實驗中測得 v'_p 與 v'_N，並求其比值 $\dfrac{v'_\mathrm{p}}{v'_\mathrm{N}} \approx 7.5$，亦即

$$\frac{v'_\mathrm{p}}{v'_\mathrm{N}} = \frac{m+14m_\mathrm{p}}{m+m_\mathrm{p}} \approx 7.5 \tag{6-61}$$

由此可得 $m \approx 1.00\,m_\mathrm{p}$。查兌克並以其它物質代替氫與氮，做多次的實驗，證實此種不可見粒子所具的質量與質子的質量大約相同，遂確定了中子的存在，查兌克獲得 1935 年諾貝爾獎。

範例 6-16

鋼球的質量爲 $m_1 = 1\,\mathrm{kg}$，鋁球的質量爲 $m_2 = 0.2\,\mathrm{kg}$，兩球發生正向碰撞，求兩球速度改變量之比值，兩球動量改變量之比值。

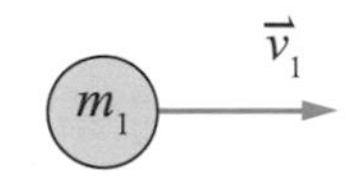
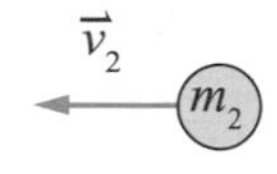

題解 設碰撞前鋼球的速度爲 $\vec{v}_1 = v_1\hat{\mathrm{i}}$，鋁球的速度爲 $\vec{v}_2 = -v_2\hat{\mathrm{i}}$，

則碰撞前兩球之總動量爲 $\vec{p} = m_1\vec{v}_1 + m_2\vec{v}_2 = (v_1 - 0.2v_2)\hat{\mathrm{i}}$，

又設碰撞後鋼球的速度爲 $\vec{v}'_1 = -v'_1\hat{\mathrm{i}}$，鋁球的速度爲 $\vec{v}'_2 = v'_2\hat{\mathrm{i}}$，

則碰撞後兩球之總動量爲 $\vec{p}' = m_1\vec{v}'_1 + m_2\vec{v}'_2 = (-v'_1 + 0.2v'_2)\hat{\mathrm{i}}$，

由動量守恆知 $\vec{p} = \vec{p}'$，由此可得 $v_1 - 0.2v_2 = -v'_1 + 0.2v'_2$ 或寫爲 $v_2 + v'_2 = \dfrac{v_1 + v'_1}{0.2} = 5(v_1 + v'_1)$，

又鋼球的速度變化量爲 $\Delta\vec{v}_1 = \vec{v}'_1 - \vec{v}_1 = (-v'_1 - v_1)\hat{\mathrm{i}}$，其大小爲 $\Delta v_1 = v'_1 + v_1$。

鋁球的速度變化量爲 $\Delta\vec{v}_2 = \vec{v}'_2 - \vec{v}_2 = (v'_2 + v_2)\hat{\mathrm{i}}$，其大小爲 $\Delta v_2 = v'_2 + v_2$。

因此，兩球速度大小改變量之比值爲 $\dfrac{\Delta v_2}{\Delta v_1} = \dfrac{v'_2 + v_2}{v'_1 + v_1} = 5$。

又鋼球的動量變化量爲 $\Delta\vec{p}_1 = m_1\Delta\vec{v}_1 = 1(-v'_1 - v_1)\hat{\mathrm{i}}$，其大小爲 $\Delta p_1 = v'_1 + v_1$。

鋁球的動量變化量爲 $\Delta\vec{p}_2 = m_2\Delta\vec{v}_2 = 0.2(v'_2 + v_2)\hat{\mathrm{i}}$，其大小爲 $\Delta p_2 = 0.2(v'_2 + v_2)$。

因此，兩球的動量大小改變量之比值爲 $\dfrac{\Delta p_2}{\Delta p_1} = \dfrac{0.2(v'_2 + v_2)}{v'_1 + v_1} = 0.2(5) = 1$。

範例 6-17

有一質量爲 m 的球自高度 h_1 處自由落下，落到地面之後反彈的高度爲 h_2，求恢復係數。

題解 恢復係數爲 $e_\mathrm{r} = \dfrac{v'_2 - v'_1}{v_1 - v_2} = \dfrac{0-(-\sqrt{2gh_2})}{\sqrt{2gh_1} - 0} = \dfrac{\sqrt{h_2}}{\sqrt{h_1}}$。

二維碰撞

考慮二維碰撞，設物體 m_1 以速度 $\vec{v}_1$ 朝靜止的物體 m_2 碰撞，碰撞之後物體 m_1 的速度為 $\vec{v}_1'$ 其方向與原入射方向夾 θ_1 角，而物體 m_2 的速度為 $\vec{v}_2'$ 其方向與原入射方向夾 θ_2 角，如圖 6-7 所示。

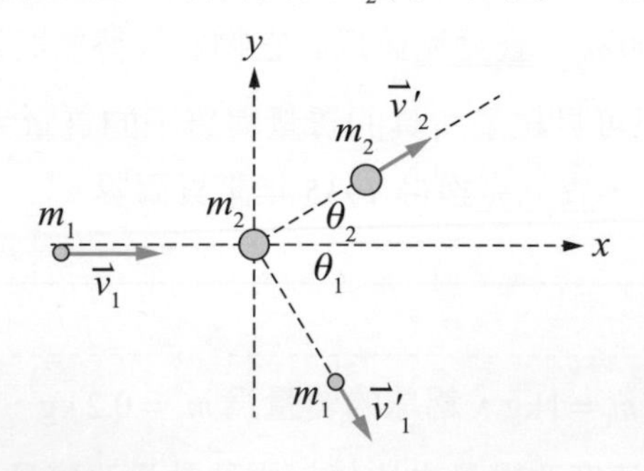

圖 6-7 二維碰撞的情況。

由動量守恆定律可得

$$m_1\vec{v}_1 + 0 = m_1\vec{v}_1' + m_2\vec{v}_2' \quad (6\text{-}62)$$

用分量表示為

$$m_1 v_1 = m_1 v_1' \cos\theta_1 + m_2 v_2' \cos\theta_2 \quad (6\text{-}63)$$

$$0 = -m_1 v_1' \sin\theta_1 + m_2 v_2' \sin\theta_2 \quad (6\text{-}64)$$

若為彈性碰撞，則 $K_{前} = K_{後}$

$$\frac{1}{2}m_1 v_1^2 + 0 = \frac{1}{2}m_1 v_1'^2 + \frac{1}{2}m_2 v_2'^2 \quad (6\text{-}65)$$

若 $m_1 = m_2$，則

$$v_1 = v_1' \cos\theta_1 + v_2' \cos\theta_2 \quad (6\text{-}66)$$

$$0 = -v_1' \sin\theta_1 + v_2' \sin\theta_2 \quad (6\text{-}67)$$

$$v_1^2 = v_1'^2 + v_2'^2 \quad (6\text{-}68)$$

由前兩式平方後相加可得

$$v_1'^2 + v_2'^2 + 2v_1'v_2' \cos(\theta_1 + \theta_2) = v_1^2 \quad (6\text{-}69)$$

於是

$$2v_1'v_2' \cos(\theta_1 + \theta_2) = 0 \quad (6\text{-}70)$$

由於 v_1' 與 v_2' 均不為零，故 $\theta_1 + \theta_2 = \dfrac{\pi}{2}$。

範例 6-18

在十字路口有一部質量為 $m_1 = 1000\,\text{kg}$ 的甲車向東方行駛，正好與一部向北方行駛質量為 $m_2 = 1500\,\text{kg}$ 的乙車相撞。雖然兩部車都有踩煞車，但還是因煞車後繼續滑行而撞黏在一起，而兩部撞黏在一起的車是朝東偏北 53° 的方向滑行，滑行的距離為 $d = 5\,\text{m}$。若地面的摩擦係數為 $\mu_k = 0.5$，求兩部車碰撞前各別的速度？

題解 讓我們假設 $+x$ 軸是朝向東方，$+y$ 軸是朝向北方，兩部車碰撞前各別的速度為 $\vec{v}_1 = v_1\hat{i}$ 與 $\vec{v}_2 = v_2\hat{j}$，

兩部車撞黏在一起的速度為 $\vec{v} = v\cos 53°\hat{i} + v\sin 53°\hat{j}$，亦即 $\vec{v} = \frac{3}{5}v\hat{i} + \frac{4}{5}v\hat{j}$。

當兩部撞黏在一起的車是朝東偏北 53° 的方向滑行時，兩部車是靠與地面的摩擦力而停下來，

運用牛頓定律可求出摩擦力為 $\vec{F} = \vec{f}_k = (m_1 + m_2)\vec{a}$，

由於摩擦力 $\vec{f}_k$ 的方向與加速度 $\vec{a}$ 的方向相反，因此 $-f_k = -\mu_k N = (m_1 + m_2)a$，

又正向力的大小為 $N = (m_1 + m_2)g$，於是兩部撞黏在一起的車之加速度為 $a = -\mu_k g$，

由此可得兩部車撞黏在一起的速度 $\vec{v} = v\cos 53°\hat{i} + v\sin 53°\hat{j}$ 之大小為

$v^2 = -2ad = 2\mu_k g d$，$v = \sqrt{2\mu_k g d} = 7$ （m/s）。

兩部車碰撞前的總動量為 $\vec{p} = m_1\vec{v}_1 + m_2\vec{v}_2$，碰撞後的總動量為 $\vec{p}' = (m_1 + m_2)\vec{v}$，

由動量守恆知 $\vec{p} = \vec{p}'$，因此 $m_1\vec{v}_1 + m_2\vec{v}_2 = (m_1 + m_2)\vec{v}$ 或寫為 $m_1v_1\hat{i} + m_2v_2\hat{j} = (m_1 + m_2)(\frac{3}{5}v\hat{i} + \frac{4}{5}v\hat{j})$，

於是 $m_1v_1 = \frac{3}{5}(m_1 + m_2)v$，$m_2v_2 = \frac{4}{5}(m_1 + m_2)v$，

將 $m_1 = 1000\,\text{kg}$，$m_2 = 1500\,\text{kg}$ 以及 $v = 7\,\text{m/s}$ 代入上式可得 $v_1 = 10.5\,\text{m/s}$，$v_2 = 9.3\,\text{m/s}$。

習題 標以*的題目難度較高

6-1 動量與衝量

1. 在光滑水平面上，一靜止的物體受到水平之力而開始運動，若時間由 $t=0$ 至 $t=2$ 秒間，物體所受之力由 10 牛頓均勻增加至 20 牛頓，而在時間 $t=2$ 至 $t=10$ 秒間，物體所受之力皆為固定的20牛頓，求此物體在 $t=2$ 與 $t=4$ 秒末的動量比？

2. 某質量為 $m=0.5\ \text{kg}$ 的球以初速度 $v_0=-10\hat{i}\ \text{m/s}$ 垂直撞到一面牆上高度為 $H=19.6\ \text{m}$ 處，如圖所示，若此球落地時的位置距離牆的底部為 $s=16\ \text{m}$，求此球落地時的動量？（$g=9.8\ \text{m/s}^2$）

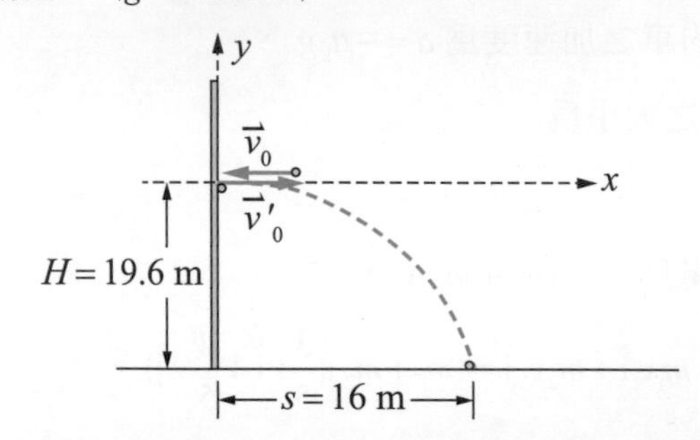

3. 質量分別為 m 與 M 的兩物體以輕繩相連，然後懸掛在彈簧的下端靜止不動，如圖所示，今將連接兩物體的輕繩燒斷後，物體 m 上升到某一位置時的速度大小為 v，此時物體 M 下落的速度大小為 u，求在這段時間內彈簧施予物體的衝量。

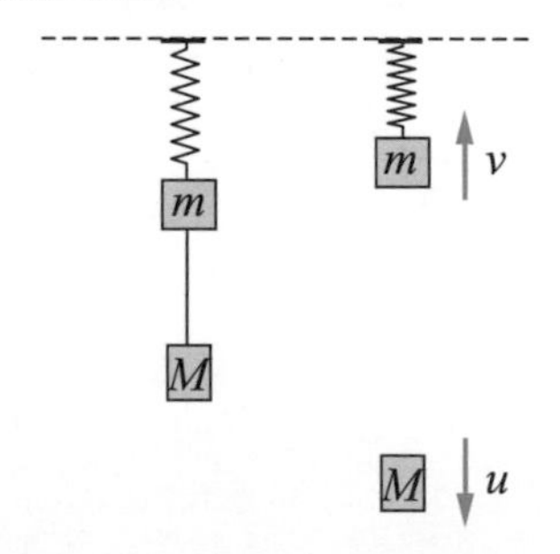

6-2 質量中心

4. 如圖所示，一均勻厚度的等腰三角形 ABC，高 $\overline{AH}=h$，若在 $\overline{AH}$ 上取一點 D，再切去三角形 DBC，四邊形 ABDC 的重心在 D 點，則 $\overline{AD}$ 的長度為何？

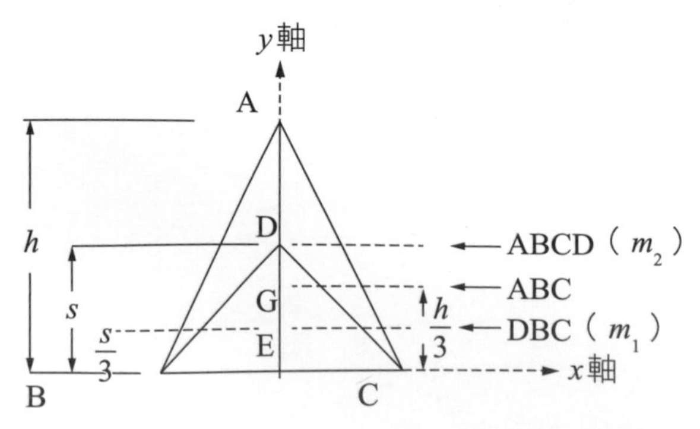

5. 質量為 $M=40\ \text{kg}$ 的船上，有一隻質量為 $m=10\ \text{kg}$ 的狗，設狗離岸邊 20 公尺，今狗向岸邊相對於船行走 8 公尺，求最後狗離岸邊多遠？提示：請參考圖的分析。

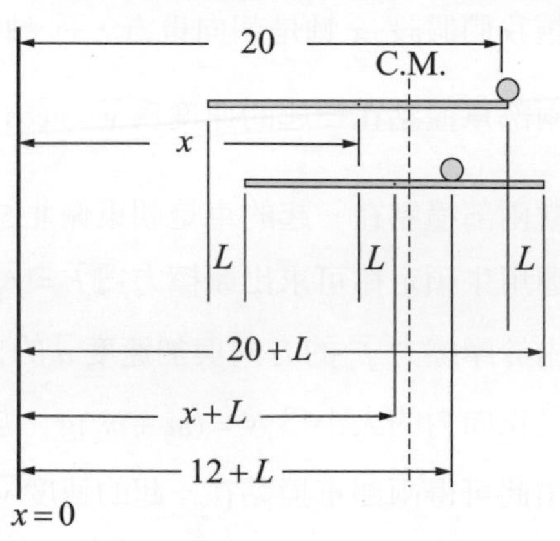

6. 長度為 9 公尺，質量為 200 公斤的船原為靜止，兩個質量分別為 $m_1=60\ \text{kg}$ 與 $m_2=40\ \text{kg}$ 的人各站在船首與船尾，今兩人向前走動並同時停止，停止時 m_1 在船尾而 m_2 在船中央，求船移動的距離。

7. 一個斜角為 $\theta=37°$ 而質量為 M 的斜面靜置於光滑的水平地面上，另一質量為 $m=\frac{M}{3}$ 的物體由斜面頂端自由滑下，若斜面的高度為 h，且不計一切阻力，求物體滑至斜面底端時，斜面的位移以及質心的位移。

8. 斜角為30°的光滑斜面有一條粗細均勻質量為 m 的繩子，全長為 L，置於光滑斜面上，如圖所示。設繩子由靜止釋放，求繩子的末端恰離開水平桌面時的瞬時速度。提示：請參考圖的分析。

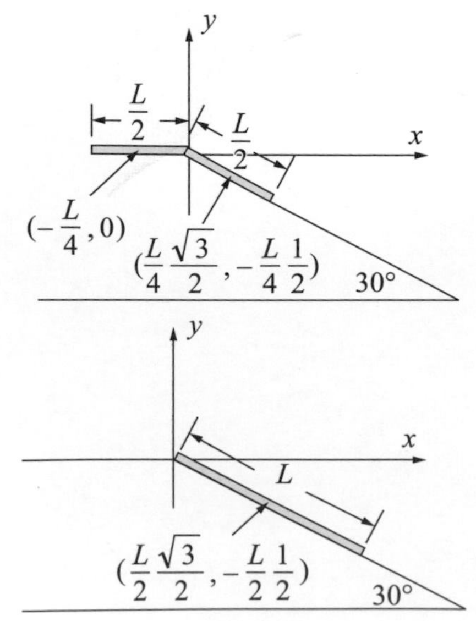

9. 長度為 L 質量為 m 的繩子，其 $\frac{4}{5}$ 在無摩擦的光滑水平桌面上，另外 $\frac{1}{5}$ 則懸吊於桌邊下垂，求將繩子全部拉回桌面所需作的功。

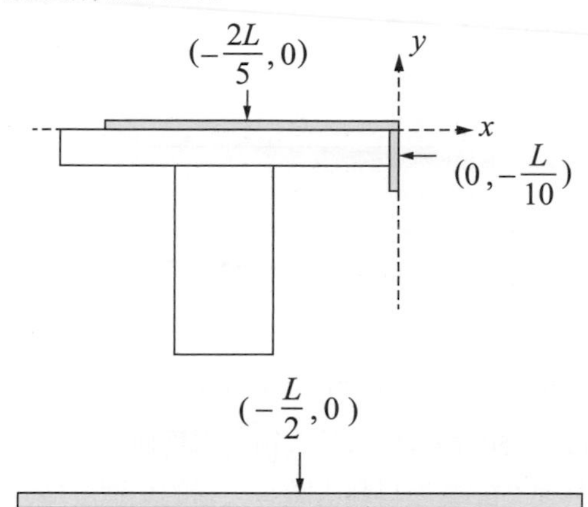

***10.** 如圖所示，質量為 M 之均勻方形盒靜置於光滑的水平面上，自其頂部的中央 A 點，以長度 5.0 公分之細繩懸吊一個質量為 $m=\frac{M}{3}$ 的質點。開始時，該質點靜止且細繩與鉛直線的夾角為 $\beta=37°$，A 點的 x 坐標 O 取為原點。設重力加速度為 g =10 公尺／秒 ^{2}。對靜立於地面的觀察者而言，求 m 由左邊上端擺到右邊上端時，M 的位移，以及當 m 擺到最低點時的速度？提示：請參考圖的分析。

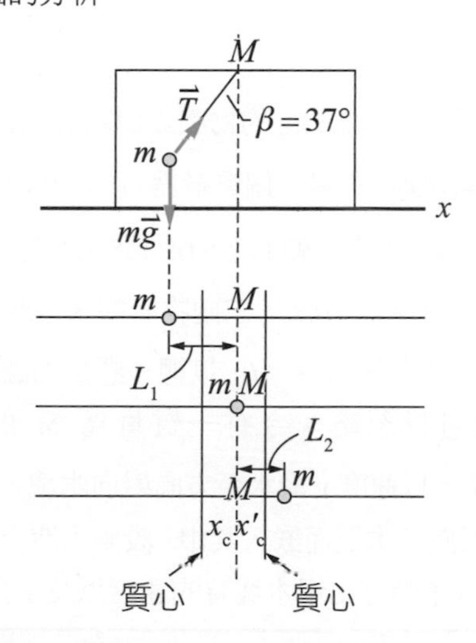

***11.** 四個磚塊，長度均為 ℓ，堆積如圖所示。每個磚塊有一部份伸出其下方磚塊之外，試證(a)第四塊磚最長能伸出其下方磚塊 $\frac{\ell}{2}$，(b)第三塊磚最長能伸出其下方磚塊 $\frac{\ell}{4}$，(c)第二塊磚最長能伸出其下方磚塊 $\frac{\ell}{6}$。

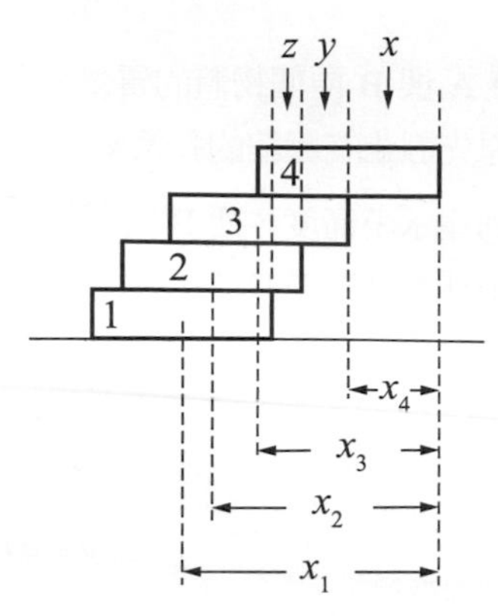

6-3 動量守恆

12. 質量為 M 的物體由木樁上方 h 高處落下時，打在質量為 M 的木樁上，若摩擦阻力為 f，求打下的深度 s 為何？

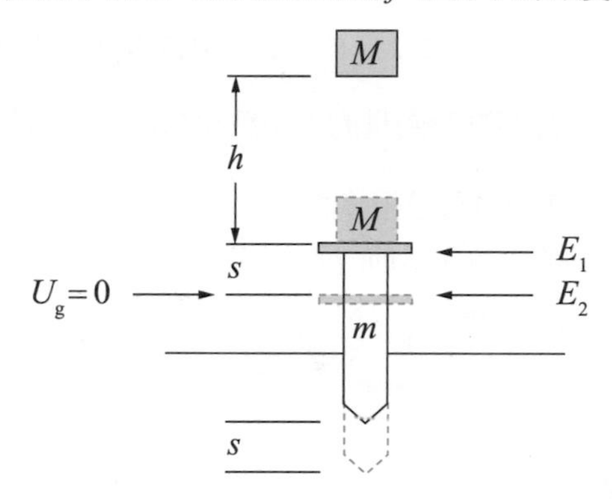

13. 有一臺車質量為 200 公斤，以 20 公尺／秒的速度等速前進，車上有一質量為 50 公斤的人，以相對於臺車 5 公尺／秒的水平速度向後跳離臺車，則此人著地的速度為何？臺車的速度為何？

14. 質量為 M 的平板車以速度 $\vec{v}_0=v_0\hat{\text{i}}$ 在光滑的軌道向右行駛，一個質量為 m 的人在平板車上向左跑，然後此人相對於平板車以速度 $\vec{v}_{\text{rel}}=-u\hat{\text{i}}$ 跳離平板車，求平板車的末速。

15. 質量為 M 的平板車最初為靜止，上面載有 n 個質量為 m 的人，若每個人相繼以的相對於平板車以速度 $\vec{v}_{\text{rel}}=-u\hat{\text{i}}$ 跳離平板車，求平板車的末速。

16. 設有一質量為 m 的子彈，以水平速度 $\vec{v}$ 射入停在水平糙面上，一個質量為 M 的木塊，並使木塊在水平糙面上滑行距離 s，假若子彈係留在木塊內，求子彈射入木塊時的速度？又假若子彈係以 $\frac{v}{3}$ 的速率穿出木塊，求子彈射入木塊時的速度？設木塊與水平糙面的摩擦係數為 μ。

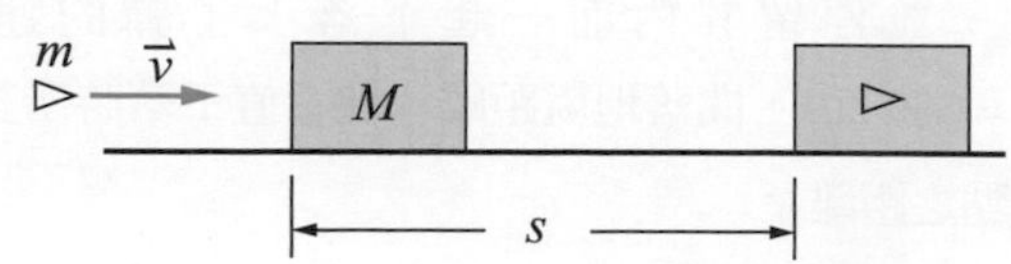

***17.** 如圖所示，A 與 B 兩個物體的質量分別為 m_A 與 m_B，兩個物體原先靜止在壓縮的彈簧兩端，當彈簧彈開時，A 物體可到達水平高度，而 B 物體恰可到達 B′ 處，而不致落下來，則兩個物體的質量比為何？假設軌道為光滑。（$\theta=37°$）

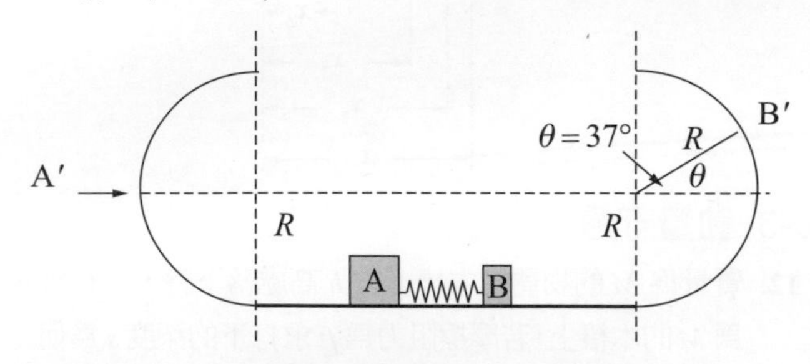

***18.** 質量為 m 的物體以 v_0 的初速，θ 的仰角自地面拋出，設到達最高點時動量的大小為起拋的 $\frac{3}{5}$，當到達最高點時，爆裂為質量相等的兩塊，一塊自由落下，求另一塊落地的位置與落地時的動量。

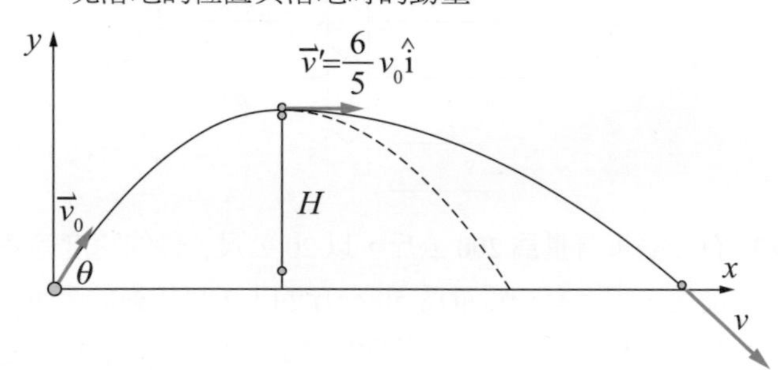

***19.** 某物體以初速 $v_0=50\sqrt{2}$ m/s，仰角 $\theta=45°$，從地面向東方拋射，於最高點時炸成質量為 1：3 的甲乙兩塊，若甲塊落在距離拋射點東偏南 37°，625 公尺處，且兩塊同時落地，求兩塊相距的距離。

6-4 動量守恆的應用

20. 一個質量為 $M=0.9$ kg 的木塊靜止置於光滑的水平面上，今有一顆質量為 $m=0.1$ kg 的子彈以 $v_0=300$ m/s 的速度沿水平方向射入木塊，並停留其內，求木塊的速度為何？

***21.** 有一個質量為 $M=0.9$ kg 的木塊，從地面高度為 $h_1=100$ m 處由靜止下落，當其落到距離地面 $h_2=50$ m 高度時，被一顆質量為 $m=0.1$ kg 橫飛而來的子彈擊中，並停留其內而一起下落，子彈的速度為 $v_0=300$ m/s，問落地處距離木塊垂直下落時所對準的地點之距離？

***22.** 如圖所示，在光滑的水平面上有兩相互重疊的甲乙兩木塊，其質量各為 $2m$ 與 m。起初，甲木塊靜止在水平面上，而乙木塊在甲木塊上面的左端以初速 v_0 向右運動。設甲乙兩木塊之間的動摩擦係數為 μ_k，若甲木塊夠長，使得乙木塊不會掉落，則經一段時間後甲乙兩木塊將以同一速度 v_f 運動，求 v_f？甲木塊至少要多長，才能使乙木塊不會掉落？

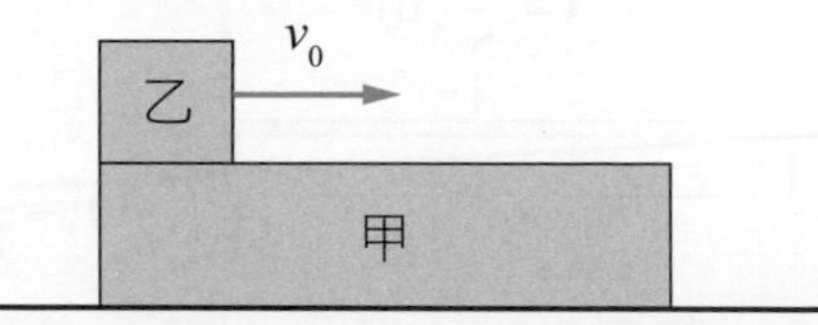

23. 設火箭原有的質量為 $m_0=100$ kg，其中 90% 為燃料，此燃料每秒有 1 公斤燃燒為氣體，並相對於火箭以 $v_r=500$ m/s 的速率噴出，若不計空氣阻力以及重力，問(a)在 50 秒後作用於火箭的力為何？(b)火箭的加速度為何？(c)當燃料耗盡時，火箭的加速度為何？(d)末速度為何？（設初速為零）

24. 質量為 $M=100$ kg 的太空人，靜立於與太空艙相距 $d=45$ m 處，他背上的氧氣筒儲存有質量為 $m_0=0.5$ kg 的氧氣，氧氣可自氧氣筒中以速率 $v=50$ m/s 噴出。此氧氣筒儲存的氧氣，一方面可供呼吸之用，另一方面可用之以噴射，作為太空人運動中的動力，若他呼吸所用氧氣的消耗率為 $R=2.5\times10^{-4}$ kg/s，問此太空人能夠釋放氧氣作為動力的安全用量為何？

6-5 碰撞

25. 一個質量為 $m_1=0.5$ kg 的物體以速度 $v_1=2.5$ m/s 朝正 x 軸的方向運動，與另一個質量為 $m_2=1.0$ kg 的物體以速度 $v_2=5$ m/s 朝負 x 軸的方向運動的物體作正向碰撞，若恢復係數為 $e_r=0.8$，求兩物體的末速度？

26. 甲乙兩木塊質量均為 M，以繩子懸掛如圖所示，繩子的質量可以忽略。今有一質量為 m 的子彈，設 $m \ll M$，以速度 v 沿水平方向射向木塊，先穿透甲木塊，再射向乙木塊而嵌入其中。設兩木塊上升的高度均為 H，求子彈穿出甲木塊時的速度以及子彈的初速。

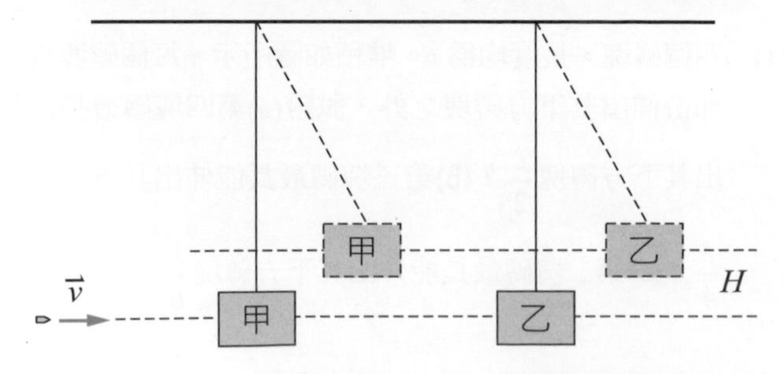

27. 有兩個單擺，擺長均為 L，其一擺錘的質量為 m_1，另一擺錘的質量為 m_2，今將 m_1 拉起至水平位置，然後放

開如圖所示，使其與 m_2 產生彈性碰撞，若 m_1 反彈至原來的一半高度，求 m_1 與 m_2 之比值。

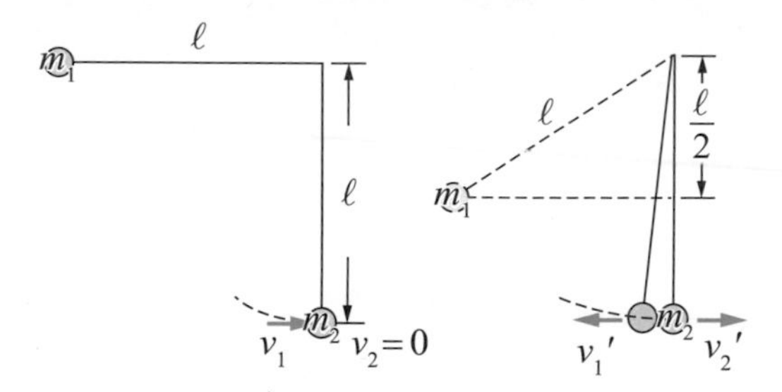

28. 如圖所示，有一個質量爲 M 的物體靜止在光滑的桌面上，今有另一個質量爲 m 的物體以速度 $\vec{v}_{1i}$ 向左運動，其右邊爲一面牆。當 m 與 M 碰撞之後，又回頭與牆碰撞，然後再以相同的速度跟 M 一起向左運動，若所有的碰撞均爲彈性碰撞，求 m 與 M 的比值爲何？

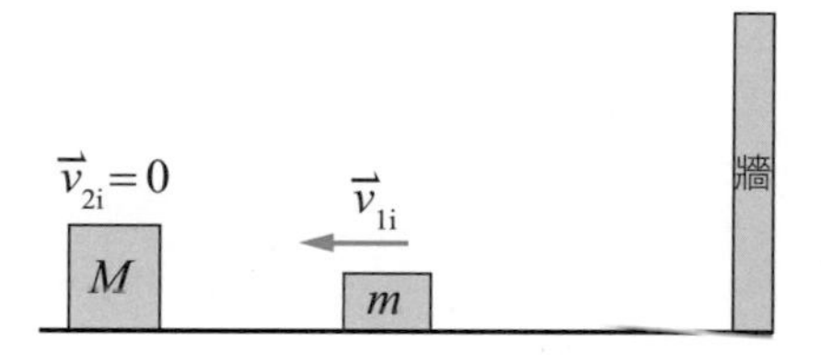

29. 設有三個物體質量分別爲 m，m，M，其排列的次序如圖所示，若最左邊質量爲 m 的物體以速率 v_0 向右運動，分別與其右邊的 m 與 M 在一直線上作正向碰撞，設右邊的 m 與 M 碰撞前是靜止。假若 $m > M$，試分析其運動的情況。

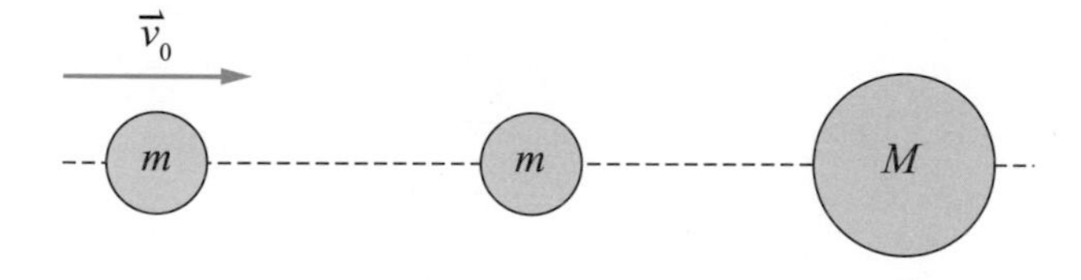

30. 上題中，假若 $m < M$，試分析其運動的情況。

***31.** 質量爲 $2m$，直徑爲 d 的圓環，平放在光滑的桌面上，今有一質量爲 m 的小球從圓環的中心以初速 $\vec{v}_0$ 發射出去，設小球與圓環之間的碰撞爲彈性碰撞，則第一次碰撞與第二次碰撞前後，小球與圓環系統的質心速度爲何？

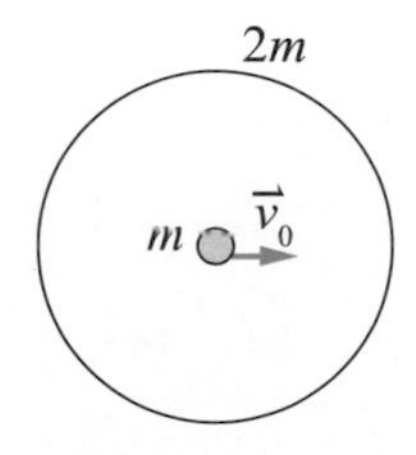

***32.** 一個完全彈性之圓環與圓盤，質量相等，靜置於平面上。設全部系統均無摩擦力，所有碰撞之力均與接觸面垂直。圓盤按圖中箭頭所示之方向前進，在位置 1 處撞擊圓環，則下次圓盤應在何處再撞擊圓環？

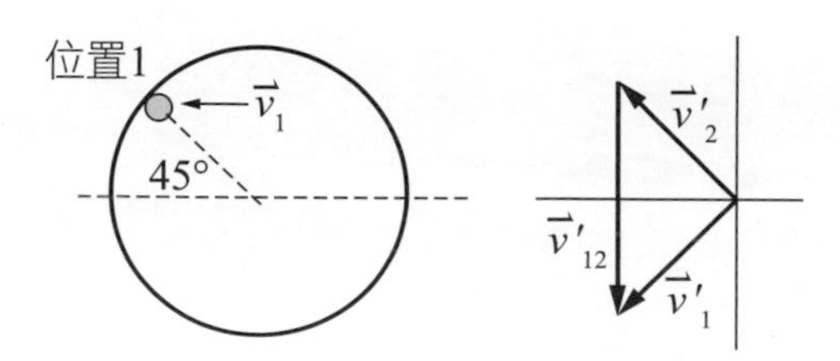

***33.** 如圖所示，設 $m_1 > m_2$，開始時兩物體爲靜止，求經過 t 秒後，質心的速度以及質心的加速度。

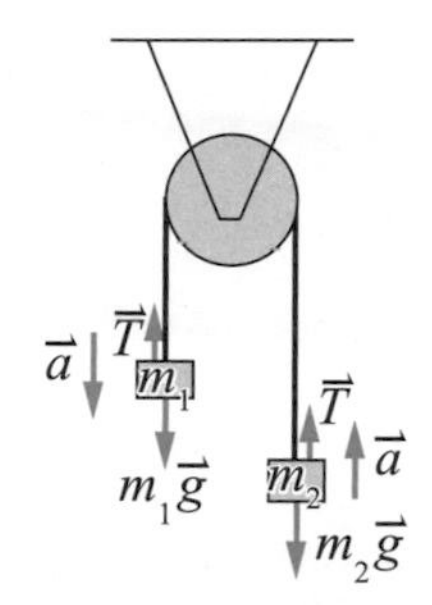

***34.** 質量爲 m 的木塊置於質量爲 M 的楔形木塊上，一起置於無摩擦的水平桌面上。設兩木塊之間無摩擦，求楔形木塊的加速度。

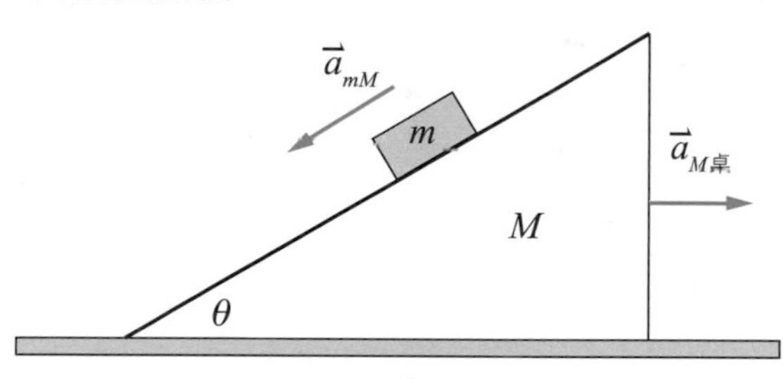

***35.** 質量爲 M，斜角爲 $\theta = 37°$，斜邊長爲 ℓ 的楔形木塊之上端，置一個質量爲 m 的小物體，如圖所示，若不計任何摩擦，求當小物體由斜面頂端滑至底端時，兩者質量中心的位移。提示：請參考圖的分析。

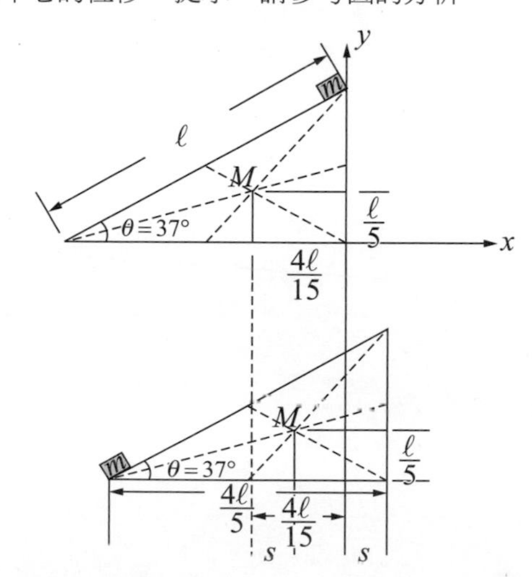

36. 質量爲 M，斜角爲 $\theta = 37°$，底邊長 ℓ 的楔形木塊之上端置一個質量爲 m 的小物體，若不計任何摩擦，求當小物體由斜面頂端滑至底端時，兩者質量中心的位移。

Chapter 7

轉動運動

前言

本章我們談到剛體（rigid body）的轉動運動，所謂剛體是具有一定大小及形狀的物體，其組成質點相對位置不會發生變化。一般而言，剛體的一般運動分為兩種成分，一為平移運動（translation motion），一為純粹轉動（rotation），剛體的一般運動便是這兩種成分的組合。大部份的章節我們都在討論純粹的轉動，而滾動的運動包含平移運動與純粹轉動的剛體一般運動。首先，我們討論轉動運動學，其次討論轉動動力學，並介紹轉動動能、轉動慣量、角動量以及角動量守恆，最後介紹剛體的平衡問題。

Introduction

In this chapter, we discuss the rotational motion of rigid bodies. A rigid body refers to an object with a specific size and shape where the relative positions of its particles do not change. Generally, a rigid body can have two types of motions: translational and rotational. The most general motion of a rigid body is a combination of these two types. In most cases in the chapter, we discuss pure rotational motion. We also discuss rolling motion, which involves both translational motion and rotational motion. Firstly, the chapter delves into rotational kinematics, followed by rotational dynamics. We introduce rotational kinetic energy, moment of inertia, angular momentum and the conservation of angular momentum. Finally, we address the equilibrium of rigid bodies.

學習重點

- 了解轉動的概念。
- 角位移、角速度及角加速度物理量的關係。
- 圓周運動與角動量的關係。
- 力矩與角動量。
- 轉動動能與轉動慣量。
- 轉動動力學。
- 角動量守恆定律。
- 剛體的平衡。

7-1 物體的運動

在先前我們所討論的物體運動中，均是把物體當作一個質點來看待，而整個物體的運動軌跡便是以此點在空間所劃過的路線來表示。在物體的運動中，我們確實可以用一個點來表示整個物體的運動，此點便是物體的質量中心。根據質量中心的討論，當物體受到力的作用時，可視爲質心受到力的作用，並以質心的運動，代表整個物體的運動。在我們所討論的物體的平移運動中，各個質點運動皆相同。當我們討論剛體轉動時，不僅與外力的施力點有關，而且與轉軸有關，使得物體的運動情況較爲複雜。即使在此種運動情況中，我們依然可以找到一個代表性的點（即質量中心），其軌跡可以用來表示整個物體的運動狀況。但是由於物體內不同質點對轉軸的相對運動，或許有差異，因此，每個點在空間所劃過的軌跡不一定相同。如果只是用質量中心的運動並不能完整描述此種物體的運動情況。本章便是在討論此種物體的運動情況，並限制我們所討論的物體爲剛體。

剛體的一般轉動運動分爲兩種成分，一爲平移運動，一爲純粹轉動，剛體的一般運動便是這兩種成分的組合。所謂的平移運動，是指剛體內某點的運動軌跡皆與質心的運動軌跡相同。所謂的純粹轉動是指剛體內繞某一固定軸作圓周運動。

代表剛體的平移運動者即爲剛體質量中心的運動，而純粹轉動運動則爲剛體的其它部分相對於質量中心的運動，亦即把通過質量中心的軸固定其它部分相對於轉軸的轉動。

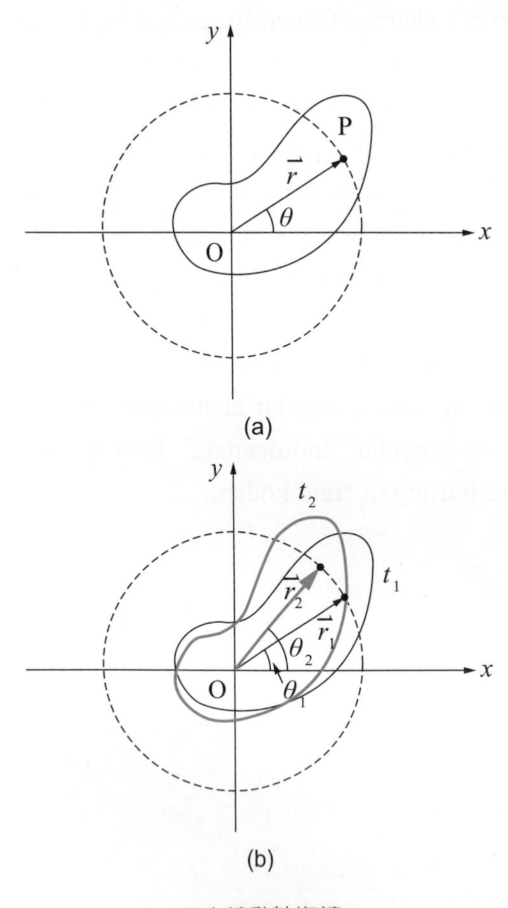

圖 7-1 剛體繞固定轉動軸旋轉。

7-2 轉動運動學

以下我們討論剛體的純粹轉動運動。一般我們將此純粹轉動運動的固定軸稱爲轉動軸，今將此軸選爲坐標軸的 z 軸，如圖 7-1(a)所示。此軸垂直於書面並通過坐標原點 O，由於剛體繞轉動軸旋轉時，其上每一點均繞轉動軸作圓周運動。因此，我們可在剛體內任取一點 P 來代表，用以描述此種純粹轉動運動。設 P 點的位置向量以 $\vec{r}$ 表之，當剛體轉動時，位置向量 $\vec{r}$ 亦跟著旋轉。在轉動運動的過程中，我們可用位置向量 $\vec{r}$ 與坐標 x 軸的夾角 θ 來表示剛體的位置，一般我們稱爲**角位置**（angular position）。由此角位置可定義出剛體轉動運動的**角速度**（angular velocity）與**角加速度**（angular acceleration）。一旦我們知道了剛體在任何時刻的角位置，角速度與角加速度，那麼便可完整描述剛體的轉動運動。

剛體的角位置 θ 的單位是以**弧度或弳**（rad）來表示。一弧度的定義爲長度與半徑相等的圓弧所張開的圓心角。如圖 7-1(b)所示，設剛體以逆時針方向繞 z 軸轉動，在時刻 t_1，P 點的位置向量以 $\vec{r}_1$ 表之，

其角位置爲 θ_1，在時刻 t_2，P 點的位置向量以 $\vec{r}_2$ 表之，其角位置爲 θ_2。定義在 t_1 至 t_2 時間內剛體的角位移 $\Delta\theta = \theta_2 - \theta_1$，此時剛體的**平均角速度**（average angular velocity）定義爲

$$\bar{\omega} = \frac{\theta_2 - \theta_1}{t_2 - t_1} = \frac{\Delta\theta}{\Delta t} \tag{7-1}$$

而剛體在時刻 t_1 的瞬時角速度定義爲

$$\omega = \lim_{\Delta t \to 0} \frac{\Delta\theta}{\Delta t} = \frac{d\theta}{dt} \tag{7-2}$$

角速度的單位爲弧度／秒。若剛體在不同時刻的角速度隨時在改變，則剛體具有角加速度。設在時刻 t_1 與 t_2，剛體的角速度爲 ω_1 與 ω_2，我們定義此時剛體的**平均角加速度**（average angular acceleration）爲

$$\bar{\alpha} = \frac{\omega_2 - \omega_1}{t_2 - t_1} = \frac{\Delta\omega}{\Delta t} \tag{7-3}$$

剛體在時刻 t_1 的瞬時角加速度定義爲

$$\alpha = \lim_{\Delta t \to 0} \frac{\Delta\omega}{\Delta t} = \frac{d\omega}{dt} \tag{7-4}$$

若是轉動軸取爲 z 軸，那麼當剛體逆時針轉動，則其方向朝正 z 軸；當剛體順時針轉動，則其方向朝負 z 軸。我們可以用右手握住轉動軸，而以四個手指頭順著剛體轉動時，用大姆指的方向來表示此一軸向量。當剛體逆時針轉動時，角位移 $d\theta$ 的方向朝正 z 軸；當剛體順時針轉動時，角位移 $d\theta$ 的方向朝負 z 軸。對純粹轉動運動而言，由於轉動軸係固定，因此，這兩種轉動方向我們可以用正號及負號表之。一般我們習慣上把角位移 $d\theta$ 的正號及負號亦如是表之，即正號代表逆時針轉動，而負號代表順時針轉動。依據角速度 ω 的定義，其方向與角位移 $d\theta$ 相同，因此，角速度 ω 的正號代表逆時針方向轉動，而負號代表順時針方向轉動。對純粹轉動而言，角加速度方向的定義亦如是。由於純粹轉動運動只有兩個方向，即逆時針轉動以及順時針轉動，因此，對於純粹轉動運動我們可以省略向量的符號，而代之以正號及負號來代表這兩個方向的轉動。此種情形正如同一維直線運動的情形，由於一維直線運動只有兩個方向，即向右運動以及向左運動，因此，我們可以省略向量的符號，而代之以正號及負號來代表這兩個方向的運動。

7-3 等角加速度轉動

等角加速度轉動與等加速直線運動的對應關係如下：

等加速直線運動	等角加速度轉動
$a=\text{constant}$	$\alpha=\text{constant}$
$v=v_0+at$	$\omega=\omega_0+\alpha t$
$x=x_0+v_0t+\frac{1}{2}at^2$	$\theta=\theta_0+\omega_0 t+\frac{1}{2}\alpha t^2$
$v^2=v_0^2+2a(x-x_0)$	$\omega^2=\omega_0^2+2\alpha(\theta-\theta_0)$

考慮繞固定軸轉動的物體，設在時刻 t，物體內某一質點 P 的位置向量以 $\vec{r}$ 表之，物體的角位置爲 θ，當物體轉動時，質點 P 在半徑爲 r 的圓周上運動，如圖 7-2(a)。設在時刻 t'，質點 P 的位置向量爲 $\vec{r'}$，如圖 7-2(b)，其角位置爲 θ'，則根據速度的定義

$$\vec{v}=\lim_{t'\to t}\frac{\vec{r'}-\vec{r}}{t'-t}=\lim_{\Delta t\to 0}\frac{\Delta\vec{r}}{\Delta t} \tag{7-5}$$

當 $\Delta t\to 0$ 時，$\Delta\vec{r}$ 的大小等於弧長 Δs，而 $\Delta s=r\Delta\theta$，故質點 P 的速率爲

$$v=\lim_{\Delta t\to 0}\frac{\Delta r}{\Delta t}=\lim_{\Delta t\to 0}\frac{r\Delta\theta}{\Delta t}=r\frac{d\theta}{dt}=r\omega \tag{7-6}$$

由於線速度的方向係在圓的切線方向，而角速度的方向係位於轉動軸的方向，因此，若用向量表示，則上式可表爲

$$\vec{v}=\vec{\omega}\times\vec{r} \tag{7-7}$$

此即線速度與角速度的關係式。由於角位置 θ 的單位爲弧度，因此，角速度的單位爲弧度 / 秒（rad/s），有時也會用轉 / 秒（rev/s）。

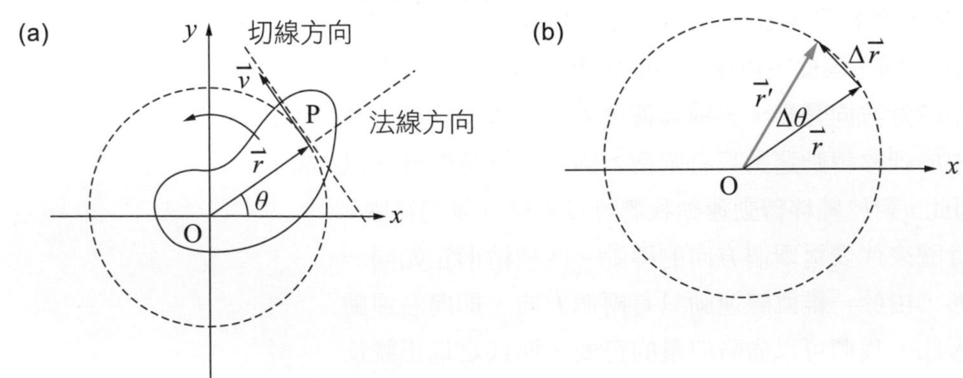

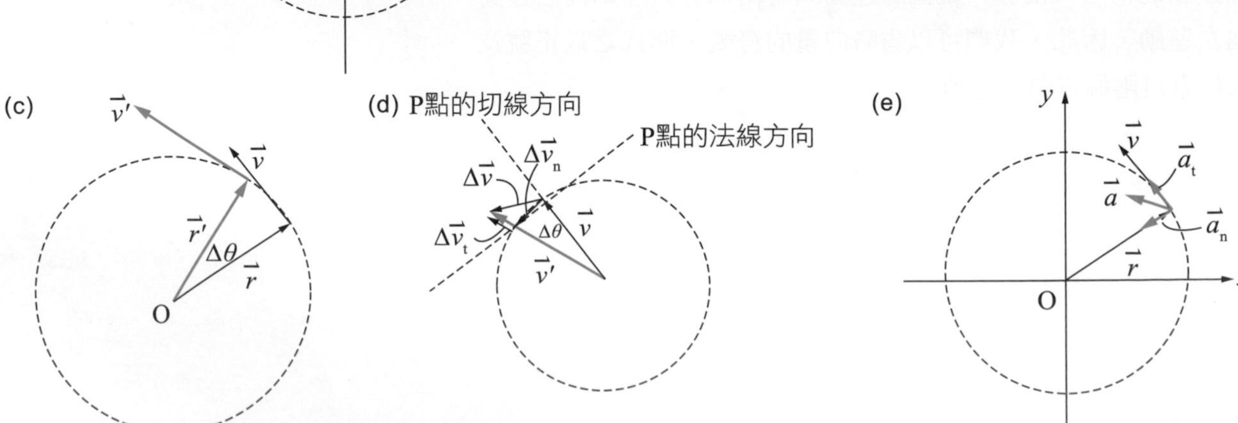

圖 7-2 速度與加速度的切線分量與法線分量。

如圖 7-2(c)，在時刻 t，P 點的線速度 $\vec{v}$ 係在圓的切線方向且垂直於位置向量 $\vec{r}$，今設在時刻 t'，質點 P 的位置向量爲 $\vec{r'}$，其線速度爲 $\vec{v'}$，此線速度亦落在圓的切線上，而垂直於位置向量 $\vec{r'}$。今將速度 $\vec{v}$ 與速度 $\vec{v'}$ 同置於一處，以方便分析其速度的變化。如圖 7-2(d) 所示，以速度 $\vec{v}$ 的大小爲半徑做一個圓，速度的變化可分解爲兩個分量 $\Delta\vec{v}_n$ 及 $\Delta\vec{v}_t$。當 $\Delta t \to 0$ 時，分量 $\Delta\vec{v}_n$ 的方向係朝位置向量 $\vec{r}$ 的反方向，我們稱爲法線方向（normal direction），此方向的單位向量我們用 $\hat{n}$ 表之，而其大小爲 $v\Delta\theta$；分量 $\Delta\vec{v}_t$ 的方向係朝切線方向（tangential direction），此方向的單位向量我們用 $\hat{t}$ 表之，而其大小爲 $|\Delta\vec{v}_t| = |\vec{v'}| - |\vec{v}| = \Delta v$。於是根據線加速度的定義

$$\begin{aligned}\vec{a} &= \lim_{\Delta t\to 0}\frac{\Delta\vec{v}}{\Delta t} = \lim_{\Delta t\to 0}\frac{\Delta\vec{v}_t}{\Delta t} + \lim_{\Delta t\to 0}\frac{\Delta\vec{v}_n}{\Delta t}\\ &= \lim_{\Delta t\to 0}\frac{\Delta v}{\Delta t}\hat{t} + \lim_{\Delta t\to 0}\frac{v\Delta\theta}{\Delta t}(-\hat{n})\\ &= \frac{dv}{dt}\hat{t} + v\lim_{\Delta t\to 0}\frac{\Delta\theta}{\Delta t}(-\hat{n})\\ &= \frac{dv}{dt}\hat{t} + v\frac{d\theta}{dt}(-\hat{n})\\ &= \frac{dv}{dt}\hat{t} + v\omega(-\hat{n}) \qquad (7\text{-}8)\end{aligned}$$

上式中 $\frac{d\theta}{dt} = \omega$，又由於 $\frac{d\omega}{dt} = \alpha$，故若係圓周運動，則半徑 r 爲一個固定之值，因此，$\frac{dv}{dt} = \frac{d(r\omega)}{dt} = r\frac{d\omega}{dt} = r\alpha$

$$\vec{a} = r\alpha(\hat{t}) + v\omega(-\hat{r}) = \vec{a}_t + \vec{a}_n \qquad (7\text{-}9)$$

如圖 7-2(e)，$\vec{a}_n$ 稱爲法線加速度，其大小爲 $v\omega$ 或 $\frac{v^2}{r}$；$\vec{a}_t$ 稱爲切線加速度，其大小爲 $r\alpha$。若物體係作等速圓周運動，則不僅半徑 r 爲常數，且角速率 ω 亦爲常數，此時物體的角加速度爲 $\alpha = \frac{d\omega}{dt} = 0$，物體的切線加速度爲 $a_t = 0$，而法線加速度的大小爲 $a_n = v\omega = \frac{v^2}{r} = r\omega^2$。

範例 7-1

某飛輪在 10 秒內由角速度 $\omega_1 = 10$ rad/s，增加至 $\omega_2 = 20$ rad/s，試求其角加速度以及此段時間內的總轉數？

題解 由 $\omega_2 = \omega_1 + \alpha t$，可得 $\alpha = \frac{\omega_2 - \omega_1}{t} = 1$（rad/s²），

由 $\omega_2^2 = \omega_1^2 + 2\alpha\theta$，可得 $\theta = \frac{\omega_2^2 - \omega_1^2}{2\alpha} = 150$（rad），即 23.9 rev。

範例 7-2

某飛輪由靜止開始轉動，其角加速度為 $\alpha = 2\ \text{rad/s}^2$。今在某個 5 秒時段內，轉過 $\theta = 100\ \text{rad}$，求在此 5 秒時段之前，飛輪已經轉動多少時間？

題解 飛輪在 $t_0 = 0$ 時，角速度為 $\omega_0 = 0$。

設在此 5 秒時段內，由角速度 ω_1 增加至角速度 ω_2，而時間是由 t_1 增加至 $t_2 = t_1 + 5$。

於是由 $\omega_1 = \omega_0 + \alpha t_1 = 2t_1$，$\omega_2 = \omega_0 + \alpha t_2 = 2t_2 = 2(t_1 + 5)$，

又由 $\omega_2^2 = \omega_1^2 + 2\alpha\theta$，可得 $[2(t_1+5)]^2 = (2t_1)^2 + 2(2)(100)$，$t_1 = \dfrac{300}{40} = 7.5$（s）。

範例 7-3

某飛輪由靜止開始轉動，在最初 10 秒內，角速度增加至 $\omega = 50\ \text{rad/s}$。求此飛輪的角加速度，以及在此 10 秒內轉動過的圈數？

題解 由 $\omega = \omega_0 + \alpha t$，可得 $\alpha = \dfrac{\omega - \omega_0}{t} = 5$（$\text{rad/s}^2$），

由 $\theta = \theta_0 + \omega_0 t + \dfrac{1}{2}\alpha t^2$，可得 $\theta = \dfrac{1}{2}\cdot 5 \cdot 100 = 250$（rad），即 $\dfrac{250}{2\pi} = 39.8$（rev）。

範例 7-4

半徑為 $r = 0.3\ \text{m}$ 的唱片，以 $\omega = \dfrac{100}{3}\ \text{rev/min}$ 的轉速旋轉，求唱片邊緣上一點的速度及向心加速度？

題解 $\omega = \dfrac{100}{3}\ \text{rev/min} = \dfrac{10\pi}{9}\ \text{rad/s}$，唱片邊緣上一點的速度為 $v = r\omega = \dfrac{3}{10} \times \dfrac{10\pi}{9} = \dfrac{\pi}{3}$（m/s），

向心加速度為 $a = r\omega^2 = v\omega = \dfrac{10\pi^2}{27} = 3.65$（$\text{m/s}^2$）。

範例 7-5

試問地球自轉時，其角速度為何？赤道上一點的速度為何？向心加速度為何？

題解 已知地球的半徑為 $R_1 = 6.4 \times 10^6\ \text{m}$，地球自轉的週期為 $T_1 = 24 \times 3600$（s）$= 86400$（s），

故地球自轉的角速度為 $\omega_1 = \dfrac{2\pi}{T_1} = 7.27 \times 10^{-5}$（rad/s）。

又地球赤道上一點的速度為 $v_1 = R_1\,\omega_1 = 465.42$（m/s）。

向心加速度為 $a_1 = R_1\,\omega_1^2 = v_1\omega_1 = 0.0338$（$\text{m/s}^2$）。

7-4 力矩與角動量

通常我們以力矩（moment of force 或 torque，$\vec{\tau}$）的觀念來描述力對物體所造成的轉動效應。如圖 7-3 所示，設某力 $\vec{F}$ 作用於物體的 P 點，原點 O 為轉動中心，此作用點的位置我們以位置向量 $\vec{r}$ 表之，則力 $\vec{F}$ 相對於坐標原點 O 的力矩定義為

$$\vec{\tau}=\vec{r}\times\vec{F}=rF\sin\theta\hat{z} \tag{7-10}$$

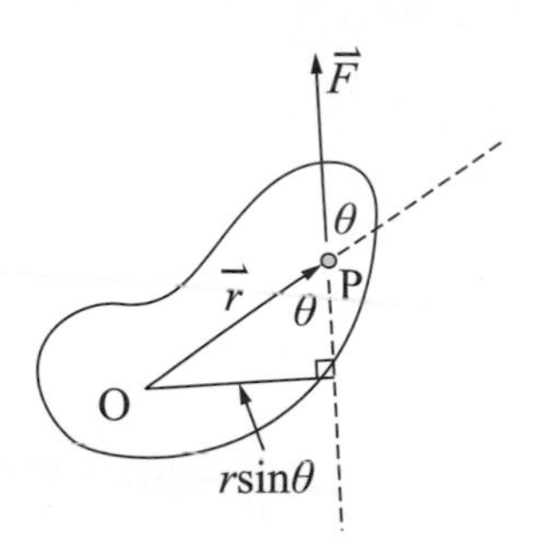

圖 7-3 相對於轉動中心為坐標原點 O 的力矩。

力矩 $\vec{\tau}$ 的方向 $\hat{z}$ 由位置向量 $\vec{r}$ 與作用力 $\vec{F}$ 的向量外積決定。由力矩的定義我們知道，它的大小與轉動中心的位置有關。上式中 θ 為位置向量 $\vec{r}$ 與作用力 $\vec{F}$ 的夾角，而 $r\sin\theta$ 係自參考點 O 至力的作用線之垂直距離，通常我們稱為力臂（force arm），於是力矩的大小可表為力與力臂的乘積。在前面我們定義了物體運動的量稱之為動量，為物體的質量與速度的乘積，即 $\vec{p}=m\vec{v}$，此動量是描述物體移動運動的運動量，又稱為線動量（linear momentum）。至於描述物體轉動運動的運動量，稱為角動量（angular momentum），物體相對於轉動中心坐標原點 O 的角動量定義為 $\vec{L}=\vec{r}\times\vec{p}$。由角動量的定義我們知道，它的大小與參考點 O 的位置有關。在轉動運動中，整個物體的角動量可由各組成質點的角動量相加而得。設整個物體中第 i 個質點 m_i 的位置向量為 $\vec{r_i}$，其速度為 $\vec{v_i}$，則 m_i 對參考點 O 的角動量為 $\vec{L_i}=\vec{r_i}\times\vec{p_i}$，而整個物體的角動量為

$$\vec{L}=\sum_i\vec{L_i}=\sum_i\vec{r_i}\times m_i\vec{v_i} \tag{7-11}$$

力矩為造成物體轉動運動的原動力，而角動量為描述物體轉動運動的運動量。以下我們將討論此兩個物理量之間的關係。由牛頓定律知 $\vec{F}=m\vec{a}=m\dfrac{d\vec{p}}{dt}$，今將角動量 $\vec{L}=\vec{r}\times\vec{p}$ 兩邊對時間微分可得

$$\begin{aligned}\frac{d\vec{L}}{dt}&=\frac{d(\vec{r}\times\vec{p})}{dt}=\frac{d\vec{r}}{dt}\times\vec{p}+\vec{r}\times\frac{d\vec{p}}{dt}\\&=\vec{v}\times m\vec{v}+\vec{r}\times\frac{d\vec{p}}{dt}=0+\vec{r}\times\frac{d\vec{p}}{dt}\quad(\vec{v}\times\vec{v}=0)\end{aligned} \tag{7-12}$$

再利用 $\vec{F}=\dfrac{d\vec{p}}{dt}$ 可得

$$\frac{d\vec{L}}{dt}=\vec{r}\times\frac{d\vec{p}}{dt}=\vec{r}\times\vec{F}=\vec{\tau} \tag{7-13}$$

由此式我們可知，物體受到力的作用便會產生移動，描述物體移動運動的線動量會由於力的作用而變化，線動量的變化量就是作用力；而物體受到力矩的作用便會產生轉動，描述物體轉動運動的角動量會由於力矩的作用而變化，角動量的變化量就是力矩。對於由許多質點所組成的物體而言，我們的作法如下，對整個物體的角動量 $\vec{L}=\sum_i \vec{r}_i \times m_i \vec{v}_i$ 兩邊對時間微分可得

$$\frac{d\vec{L}}{dt}=\sum_i m_i \frac{d\vec{r}_i}{dt}\times\vec{v}_i+\sum_i m_i \vec{r}_i \times \frac{d\vec{v}_i}{dt} \tag{7-14}$$

由於 $\frac{d\vec{r}_i}{dt}=\vec{v}_i$，且 $\vec{v}_i\times\vec{v}_i=0$，又 $\frac{d\vec{v}_i}{dt}=\vec{a}_i$，故

$$\frac{d\vec{L}}{dt}=\sum_i m_i \vec{r}_i \times \frac{d\vec{v}_i}{dt}=\sum_i \vec{r}_i \times m_i \vec{a}_i \tag{7-15}$$

由於參考點 O 爲某一慣性坐標的原點，第 i 個質點的運動方程式爲

$$m_i \vec{a}_i=\vec{F}_{i\,\mathrm{ext}}+\sum_j \vec{F}_{ij} \tag{7-16}$$

其中 $\vec{F}_{i\,\mathrm{ext}}$ 爲施於質點 m_i 的外力，而 $\sum_j \vec{F}_{ij}$ 爲作用於第 i 個質點的所有內力，但必需除去第 i 個質點自己本身，因爲自己不能施力於自己。由此可得

$$\begin{aligned}\frac{d\vec{L}}{dt}&=\sum_i \vec{r}_i \times m_i \vec{a}_i=\sum_i \vec{r}_i \times(\vec{F}_{i\,\mathrm{ext}}+\sum_j \vec{F}_{ij})\\&=\sum_i \vec{r}_i \times \vec{F}_{i\,\mathrm{ext}}+\sum_i\sum_j \vec{r}_i \times \vec{F}_{ij}\\&=\vec{\tau}_{\mathrm{ext}}+\vec{\tau}_{\mathrm{int}}\end{aligned} \tag{7-17}$$

$\vec{\tau}_{\mathrm{ext}}$ 爲作用於各質點的外力 $\vec{F}_{i\,\mathrm{ext}}$ 對 O 點的力矩總合，稱爲總外力矩，而 $\vec{\tau}_{\mathrm{int}}$ 各質點間互相作用的總內力矩。根據牛頓作用力與反作用力定律，質點間互相作用的力係成對存在且大小相等而方向相反，因此，我們可以很容易證明總內力矩等於零，於是

$$\frac{d\vec{L}}{dt}=\vec{\tau}_{\mathrm{ext}} \tag{7-18}$$

此式的意義爲，當物體中各質點的內力滿足牛頓第三定律時，此物體對慣性坐標原點的角動量時變率等於作用於物體的總外力矩。

範例 7-6

某物體自地面以 v_0 的初速，θ 的仰角斜向拋出，求整個拋射過程中，物體的角動量變化。

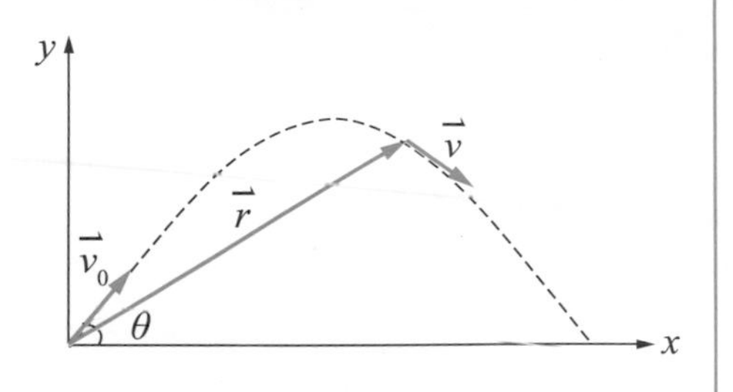

題解 對斜向拋射運動而言，其起始情況，即 $t=0$ 時，

物體的初位置及初速度為

$x_0=0$，$y_0=0$；$v_{x0}=v_0\cos\theta$，$v_{y0}=v_0\sin\theta$，

在重力加速度 $\vec{a}=-g\hat{\mathrm{j}}$ 的作用下，

其運動情形可由分解的兩個直線運動來考慮如下：

時刻	x 分量	y 分量
$t=0$	$x_0=0$ $v_{x0}=v_0\cos\theta$ $a_x=0$	$y_0=0$ $v_{y0}=v_0\sin\theta$ $a_y=-g$
t	$v_x=v_0\cos\theta$ $x=(v_0\cos\theta)t$	$v_y=v_0\sin\theta-gt$ $y=(v_0\sin\theta)t-\frac{1}{2}gt^2$

我們可將此平面運動在任何時刻的位置表為 $\vec{r}=x\hat{\mathrm{i}}+y\hat{\mathrm{j}}=v_0\cos\theta t\hat{\mathrm{i}}+(v_0\sin\theta t-\frac{1}{2}gt^2)\hat{\mathrm{j}}$，

而在任何時刻的速度表為 $\vec{v}=v_x\hat{\mathrm{i}}+v_y\hat{\mathrm{j}}=v_0\cos\theta\hat{\mathrm{i}}+(v_0\sin\theta-gt)\hat{\mathrm{j}}$，

整個拋射過程中，物體的角動量為 $\vec{L}=\vec{r}\times m\vec{v}=m\begin{vmatrix}\hat{\mathrm{i}} & \hat{\mathrm{j}} & \hat{\mathrm{k}}\\(v_0\cos\theta t) & (v_0\sin\theta t-\frac{1}{2}gt^2) & 0\\(v_0\cos\theta) & (v_0\sin\theta-gt) & 0\end{vmatrix}=-\frac{1}{2}mv_0gt^2\cos\theta\hat{\mathrm{k}}$，

物體的角動量之方向朝 $-\hat{\mathrm{k}}$，而其大小 L 正比於 t^2，隨著時間的變化而在增大。

7-5 轉動動能與轉動慣量

設物體以角速度 ω 繞固定軸 O 旋轉，如圖 7-4 所示。物體內某一質點 m_i 距轉動軸的垂直距離為 r_i，則此質點的線速度為 $v_i=\omega r_i$，而其動能為

$$K_i=\frac{1}{2}m_iv_i^2=\frac{1}{2}m_ir_i^2\omega^2 \tag{7-19}$$

整個物體的轉動動能為

$$K=\sum_i K_i=\frac{1}{2}(\sum_i m_ir_i^2)\omega^2=\frac{1}{2}I\omega^2 \tag{7-20}$$

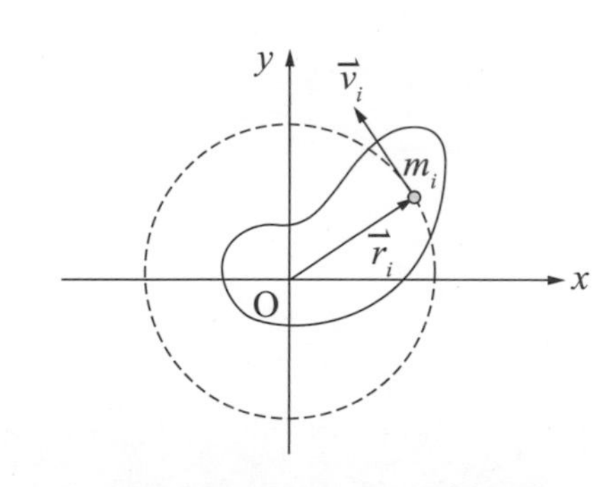

圖 7-4 物體以角速率 ω 繞固定軸旋轉。

上式中 $I=\sum_i m_ir_i^2$ 稱為物體繞此軸旋轉的**轉動慣量**（rotational inertia 或 moment of inertia）。若考慮物體為一個連續的整體，而不是由分離的各個質點所組成，則物體的轉動慣量寫為

$$I=\lim_{\Delta m_i\to 0}\sum_i \Delta m_ir_i^2=\int r^2dm \tag{7-21}$$

其中 r 為質點 dm 距轉動軸的垂直距離，物體的轉動慣量與轉動軸的位置有關，亦與物體的形狀有關。下列為轉動慣量的例子：

(1) 長度為 L，質量為 M 的細長棒，繞邊緣的軸：$I=\frac{1}{3}ML^2$，如圖 7-5(a)。

(2) 長度為 L，質量為 M，半徑為 R 的圓柱，繞中心的軸：$I=\frac{1}{2}MR^2$，如圖 7-5(b)。

(3) 質量為 M，半徑為 R 的圓環，繞中心的軸：$I=MR^2$，如圖 7-5(c)。

(4) 質量為 M，半徑為 R 的圓盤，繞中心的軸：$I=\frac{1}{2}MR^2$，如圖 7-5(d)。

(5) 質量為 M，半徑為 R 的空心球殼，繞通過中心的軸：$I=\frac{2}{3}MR^2$，如圖 7-5(e)。

(6) 質量為 M，半徑為 R 的實心球體，繞通過中心的軸：$I=\frac{2}{5}MR^2$，如圖 7-5(f)。

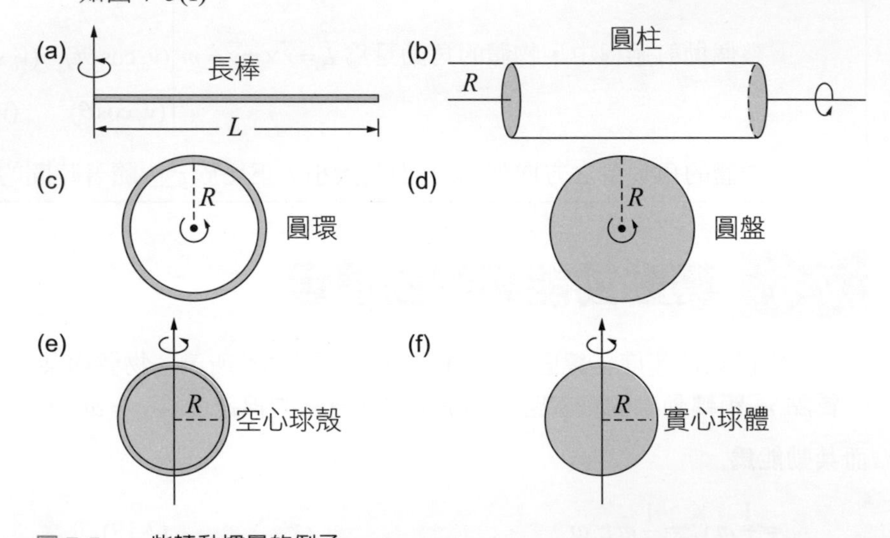

圖 7-5 一些轉動慣量的例子。

範例 7-7

平行軸定理：質量為 M 的物體，繞通過質心的轉動慣量為 I_c，繞通過與質心平行而相距的離為 d 之軸轉動的轉動慣量為 I，證明 $I = I_c + Md^2$。

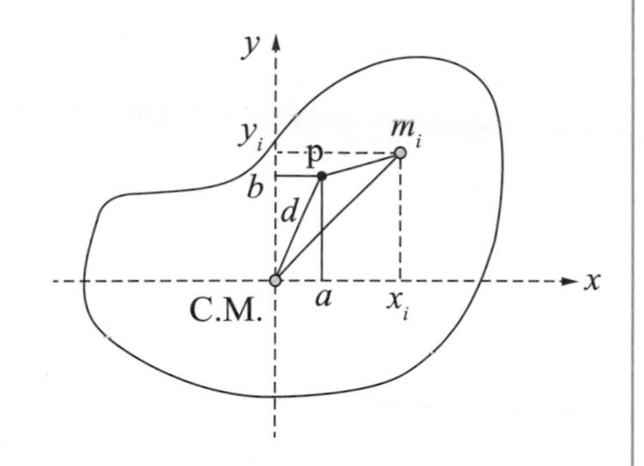

題解 如圖所示，設物體的質心在原點，物體內某一質點 m_i 的坐標為 (x_i, y_i)，而與質心相距的距離為 d 之 p 點的坐標為 (a,b)。

物體對繞通過質心的轉動慣量為 $I_c = \sum_i m_i(x_i^2 + y_i^2)$，

物體對繞通過 p 點的轉動慣量為

$$I = \sum_i m_i[(x_i - a)^2 + (y_i - b)^2]$$
$$= \sum_i m_i(x_i^2 + y_i^2) - 2a\sum_i m_i x_i - 2b\sum_i m_i y_i + (a^2 + b^2)\sum_i m_i$$
$$= \sum_i m_i(x_i^2 + y_i^2) + (a^2 + b^2)M$$
$$= I_c + Md^2$$

上式中我們用到質量中心的定義 $x_c = \dfrac{\sum_i m_i x_i}{M}$，$y_c = \dfrac{\sum_i m_i y_i}{M}$，

由於物體的質心在原點，因此，$x_c = 0$，$y_c = 0$，因此，$\sum_i m_i x_i = 0$，$\sum_i m_i y_i = 0$。

範例 7-8

計算以下圖示的轉動慣量：

(a)
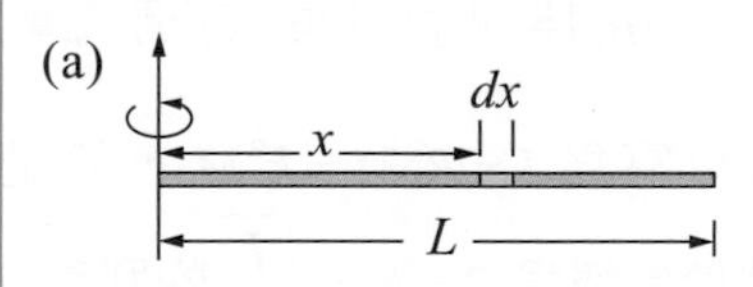

(b)
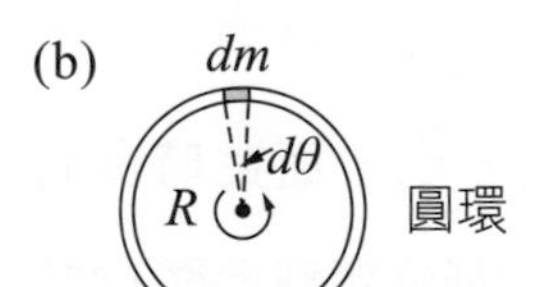

(c)
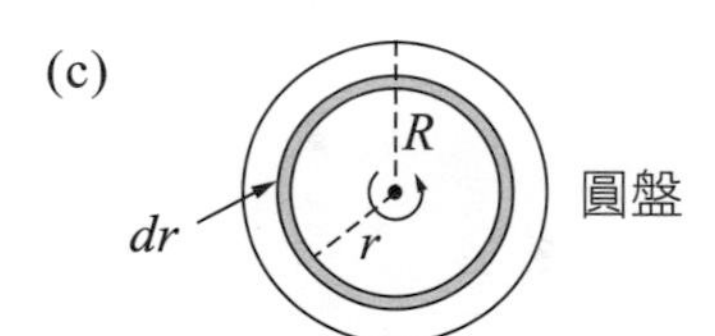

(d)
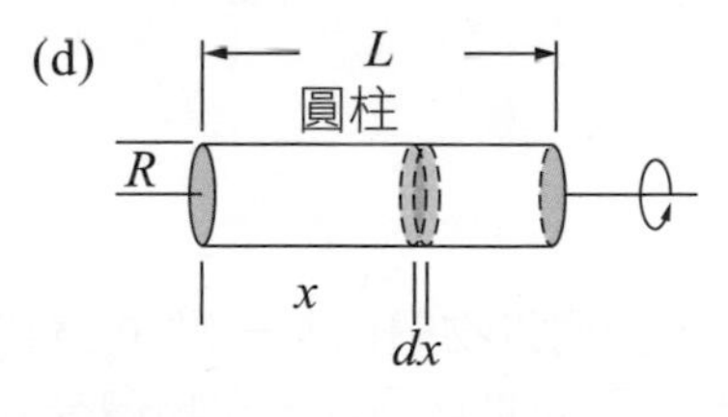

(e)
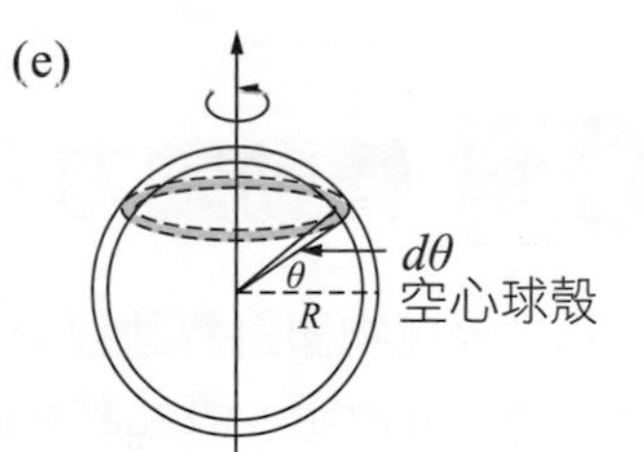

(f)
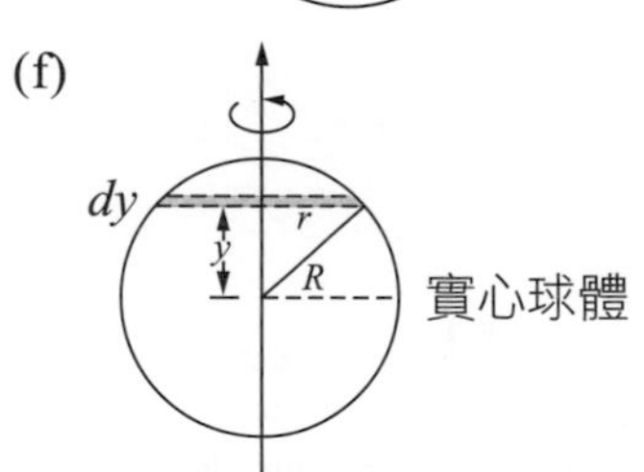

題解 (a)長棒：$I = \int_0^L x^2 dm = \int_0^L x^2 \dfrac{M}{L} dx = \dfrac{M}{L}\dfrac{x^3}{3}\Big|_0^L = \dfrac{ML^2}{3}$。

(b)圓環：$I = \int R^2 dm = \int_0^{2\pi} R^2 \dfrac{M}{2\pi R} R d\theta - MR^2$。

(c)圓盤：$I = \int_0^R r^2 dm = \int_0^R r^2 \dfrac{M}{\pi R^2} 2\pi r dr = \dfrac{1}{2}MR^2$。

(d)圓柱：$I = \int dI = \int \dfrac{1}{2}R^2 dm = \int_0^L \dfrac{1}{2}R^2 \dfrac{M}{\pi R^2 L}\pi R^2 dx = \dfrac{1}{2}MR^2$。

(e)空心球殼：$I=\int r^2dm=\int_{-\frac{\pi}{2}}^{\frac{\pi}{2}}(R\cos\theta)^2\frac{M}{4\pi R^2}2\pi R\cos\theta Rd\theta=\frac{1}{2}MR^2\int_{-\frac{\pi}{2}}^{\frac{\pi}{2}}\cos^3\theta\,d\theta$

$$=\frac{1}{2}MR^2\int_{-1}^{1}(1-\sin^2\theta)d(\sin\theta)=\frac{1}{2}MR^2\left\{\sin\theta\Big|_{-\frac{\pi}{2}}^{\frac{\pi}{2}}-\frac{\sin^3\theta}{3}\Big|_{-\frac{\pi}{2}}^{\frac{\pi}{2}}\right\}$$

$$=\frac{1}{2}MR^2\left\{2-\frac{2}{3}\right\}=\frac{2}{3}MR^2。$$

(f)實心球體：$I=\int dI=\int\frac{1}{2}r^2dm=\frac{1}{2}\pi\rho\int_{-R}^{R}(R^2-y^2)^2dy$

$$=\frac{1}{2}\pi\rho\int_{-R}^{R}(R^4-2R^2y^2+y^4)dy=(\frac{1}{2}\pi\rho)(R^4y-2R^2\frac{y^3}{3}+\frac{y^5}{5})\Big|_{-R}^{R}$$

$$=(\frac{1}{2}\pi\rho)\left\{(R^5-\frac{2}{3}R^5+\frac{1}{5}R^5)-(-R^5+\frac{2}{3}R^5-\frac{1}{5}R^5)\right\}$$

$$=(\frac{1}{2}\pi\frac{M}{\frac{4\pi R^3}{3}})\left\{2R^5-\frac{4}{3}R^5+\frac{2}{5}R^5\right\}=\frac{2}{5}MR^2。$$

由範例 7-8 知，圓柱繞中心軸轉動的轉動慣量爲 $I=\frac{1}{2}MR^2$，而圓環中心軸轉動的轉動慣量爲 $I=MR^2$。因此，圓柱繞中心軸轉動的轉動慣量亦可寫爲 $I=\frac{1}{2}MR^2=M\times(\frac{R}{\sqrt{2}})^2$，亦即，圓柱的轉動慣量相當是半徑爲 $\frac{R}{\sqrt{2}}$ 的圓環。通常我們會把物體的整個質量集中於距離轉動軸的某一處，而此時其轉動慣量可寫爲 $I=R^2M=k^2M$，於是 $k=\sqrt{\frac{I}{M}}$ 便稱爲迴轉半徑，亦即是相當於半徑爲 $R=k=\sqrt{\frac{I}{M}}$ 的圓環。

7-6 轉動動力學

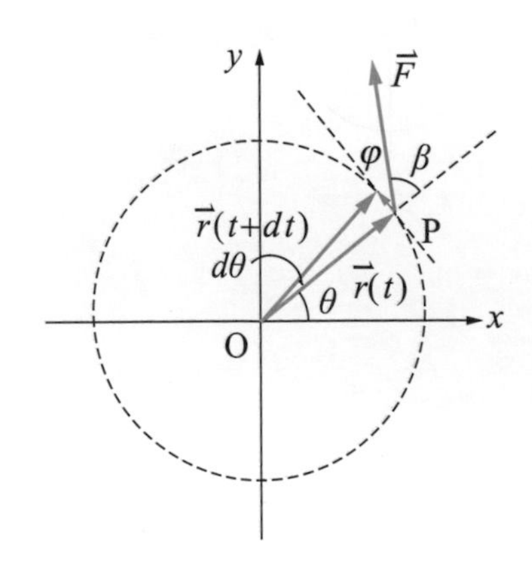

圖 7-6　描述物體對轉動軸的轉動情形。

爲了描述物體對轉動軸 O 的轉動，我們以物體內某一點 P 爲代表，如圖 7-6 所示。設此點在時刻 t 的位置向量爲 $\vec{r}(t)$。當物體受到某力 $\vec{F}$ 的作用，在時間 dt 內物體轉動了一個小角度 $d\theta$。此時 P 點沿半徑爲 r 的圓周移動了一個小距離 $ds=rd\theta$，此時 P 點的位置向量爲 $\vec{r}(t+dt)$。此力 $\vec{F}$ 對物體所作的功爲

$$dW=\vec{F}\cdot d\vec{r}=Fdr\cos\varphi \tag{7-22}$$

上式中角度 φ 爲 $\vec{F}$ 與小位移 $d\vec{r}$ 的夾角，由於角度 $d\theta$ 很小，因此，$dr=ds$，又因 $ds=rd\theta$，且 $\varphi+\beta=\frac{\pi}{2}$，故

$$dW=Fds\cos\varphi=Frd\theta\cos\varphi=Frd\theta\sin\beta \tag{7-23}$$

又由物體所受的力矩 $\vec{\tau}=\vec{r}\times\vec{F}$，其大小爲 $\tau=rF\sin\beta$，由此可得

$$dW=\tau\,d\theta \tag{7-24}$$

若物體內各個質點 m_1，m_2，…，所受的力分別爲 $\vec{F}_1$，$\vec{F}_2$，…，則物體在小角度 $d\theta$ 的轉動中，這些力所作的總功爲

$$dW = F_1\cos\varphi_1 r_1 d\theta + F_2\cos\varphi_2 r_2 d\theta + ... \\ = (\tau_1 + \tau_2 + ...)d\theta = \tau d\theta \tag{7-25}$$

而所作的功率爲

$$P = \frac{dW}{dt} = \tau\frac{d\theta}{dt} = \tau\omega \tag{7-26}$$

由物體的轉動動能 $K = \frac{1}{2}I\omega^2$ 知

$$\frac{dK}{dt} = \frac{1}{2}\frac{d(I\omega^2)}{dt} = \frac{1}{2}I\frac{d\omega^2}{d\omega}\frac{d\omega}{dt} = I\omega\alpha \tag{7-27}$$

在物體的旋轉運動中，外力對物體所作的功率等於物體動能的增加率，亦即是 $\frac{dW}{dt} = \frac{dK}{dt}$，由(7-26)式與(7-27)式可得

$$\tau = I\alpha \tag{7-28}$$

因此，物體繞固定軸旋轉時，其合力矩爲物體的轉動慣量與角加速度的乘積，此一關係式與牛頓運動定律 $F = ma$ 有相同的形式。牛頓運動定律描述一個物體受到力的作用便會產生加速度，當所受的力一定時，不同質量的物體所產生的加速度就不同，質量愈大所產生的加速度就愈小。因此，質量 m 表示出物體移動的慣性，代表物體被加速的難易程度，故稱爲**慣性質量**（inertial mass）。在轉動運動上 $\tau = I\alpha$ 描述一個物體繞固定軸旋轉時，所受到的力矩與角加速度的關係，當所受的力矩一定時，不同轉動慣量的物體所產生的角加速度就不同，轉動慣量愈大所產生的角加速度就愈小。因此，轉動慣量表示出物體轉動的慣性，代表物體被轉動時的難易程度。

範例 7-9

滾動的車輪：一般物體的運動我們可以把它視爲移動運動與轉動運動的組合。移動運動的部分相當於是整個質量集中在質心的運動，而轉動運動的部分則是物體其它部分相對於質心的旋轉運動。試證明一個滾動的車輪，其邊緣上之點的速度，垂直於此點與地面接觸點的連線。

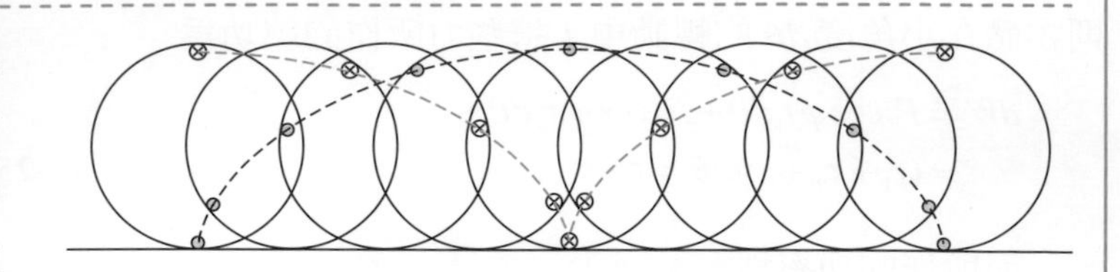

題解 茲考慮一個在水平面上滾動的車輪，設此車輪的質量爲 M，半徑爲 R。當此車輪在水平面上滾動時，在任何時刻其底部均與水平面接觸著，故在任何時刻，其底部可說是瞬時靜止於水平面上。若把每一個瞬間車輪與水平面接觸的點置於同一位置，則一個滾動的車輪可視爲繞與水平面接觸的底部爲轉軸的純粹轉動運動（如圖(a)）。

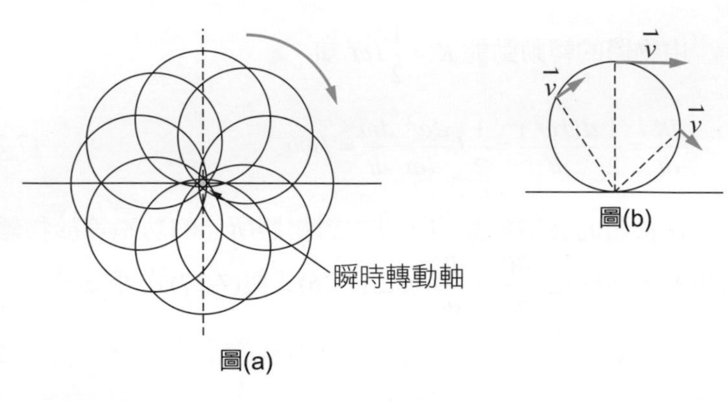

圖(a)　圖(b)

通常我們把這個與水平面接觸的底部爲轉軸稱爲瞬時轉動軸。此時車輪上任何一點的速度方向都會與該點至瞬時轉動軸的連線垂直，而速度的大小與該點至瞬時轉動軸的距離成正比。這相當於說在任何瞬間，車輪是以某一角速度繞瞬時轉動軸作純粹轉動運動。

因此，此車輪的轉動動能爲 $K=\frac{1}{2}I\omega^2$，由平行軸定理知 $I=I_c+Md^2=I_c+MR^2$，

因此，此車輪的轉動動能爲 $K=\frac{1}{2}I\omega^2=\frac{1}{2}I_c\omega^2+\frac{1}{2}MR^2\omega^2=\frac{1}{2}I_c\omega^2+\frac{1}{2}Mv_c^2$，

上式中，$\frac{1}{2}Mv_c^2$ 爲車輪質心的移動動能，而 $\frac{1}{2}I_c\omega^2$ 爲車輪繞質心的轉動動能。

我們要證明，滾動的車輪其邊緣上之點的速度垂直於該點至瞬時轉動軸的連線。

車輪邊緣上之點 P′ 相對於瞬時轉動軸 P 點的位置向量爲

$\vec{r}_{P'P}=\vec{r}_{P'C}+\vec{r}_{CP}=(R\sin\theta\hat{i}+R\cos\theta\hat{j})+R\hat{j}=R\sin\theta\hat{i}+R(1+\cos\theta)\hat{j}$，

又點 P′ 相對於瞬時轉動軸 P 點的速度爲

$\vec{v}_{P'P}=\vec{v}_{P'C}+\vec{v}_{CP}=(v_{P'C}\cos\theta\hat{i}-v_{P'C}\sin\theta\hat{j})+v_{CP}\hat{i}$

$=(R\omega\cos\theta\hat{i}-R\omega\sin\theta\hat{j})+R\omega\hat{i}=R\omega(1+\cos\theta)\hat{i}-R\omega\sin\theta\hat{j}$

圖(c)

對 $\vec{r}_{P'P}$ 與 $\vec{v}_{P'P}$ 兩向量取其內積可得 $\vec{r}_{P'P}\cdot\vec{v}_{P'P}=R\sin\theta\,R\omega(1+\cos\theta)-R(1+\cos\theta)R\omega\sin\theta=0$，

由此兩向量的內積爲零可知此兩向量互相垂直。

範例 7-10

質量 m_1 的物體置於無摩擦的桌面上，用一條質量可忽略的細繩繞過質量 M，半徑爲 R 的圓盤，下端繫住質量 m_2 的物體，求物體的加速度。

題解 由 m_1 的自由體圖知 $\vec{N}+m_1\vec{g}+\vec{T}_1=m_1\vec{a}$，用分量表示爲 $N\hat{j}-m_1g\hat{j}+T_1\hat{i}=m_1a\hat{i}$，由此可得 $T_1=m_1a$、$N=m_1g$，由 m_2 的自由體圖知 $m_2\vec{g}+\vec{T}_2=m_2\vec{a}$，用分量表示爲 $-m_2g\hat{j}+T_2\hat{j}=-m_2a\hat{j}$，由此可得 $T_2=m_2g-m_2a$，

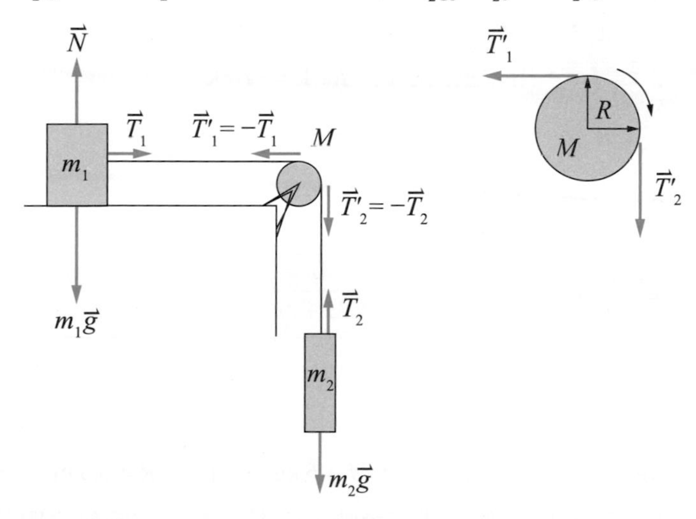

對圓盤而言，與質量 m_1 的物體相連的那一段繩子的張力爲 $\vec{T}_1$，$\vec{T'}_1=-\vec{T}_1$，

而與質量 m_2 的物體相連的那一段繩子的張力爲 $\vec{T}_2$，$\vec{T'}_2=-\vec{T}_2$，

由於 T_2 大於 T_1，因此，圓盤會順時針旋轉，通常我們取逆時針旋轉的方向爲正，

順時針旋轉的方向爲負，

又圓盤的轉動慣量爲 $I=\frac{1}{2}MR^2$，今由圓盤的自由體圖知 $\vec{\tau}=I\vec{\alpha}$，$-RT_2+RT_1=I(-\alpha)=-\frac{1}{2}MR^2\alpha$，

由此可得 $T_2-T_1=\frac{1}{2}MR\alpha=\frac{1}{2}Ma$，其中 $a=R\alpha$，將 T_1 與 T_2 代入上式可得 $a=\dfrac{m_2g}{\frac{M}{2}+(m_1+m_2)}$。

範例 7-11

如圖所示，質量爲 M，半徑爲 R 的圓盤形車輪，下端懸掛一個質量爲 m 的物體，若不考慮輪軸的摩擦，求(a)物體下落的加速度以及繩子的張力。
(b)物體由靜止下落 $s = 1\,\text{m}$ 的速度。

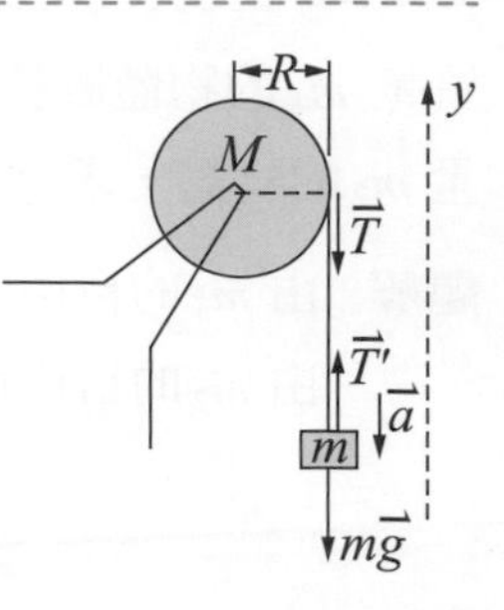

題解 (a)由物體的自由體圖知 $\vec{T}' + m\vec{g} = m\vec{a}$，$\vec{T}' = -\vec{T}$，用分量表示爲 $T\hat{j} - mg\hat{j} = -ma\hat{j}$，

由此可得 $T = mg - ma \cdots①$，

由車輪的自由體圖知 $\vec{\tau} = I\vec{\alpha}$，用分量表示爲 $-RT\,\hat{k} = -I\alpha\,\hat{k}$，

由此可得 $RT = I\alpha = (\frac{1}{2}MR^2)\alpha$，$T = \frac{1}{2}MR\alpha = \frac{1}{2}Ma \cdots②$，

由①②可得 $a = \dfrac{2mg}{M+2m}$，$T = \dfrac{mMg}{M+2m}$。

(b)物體下落 $s = 1\,\text{m}$ 的速度由 $v^2 = v_0^2 + 2as$ 知 $v = \sqrt{\dfrac{4mg}{M+2m}}$。

範例 7-12

質量分別爲 $m_1 = 4\,\text{kg}$，$m_2 = 3\,\text{kg}$ 的兩物體，掛在質量 $M = 6\,\text{kg}$，半徑爲 $R = 0.5\,\text{m}$ 的圓盤兩邊，如圖所示。最初整個系統爲靜止，當 m_1 往下掉時，m_2 往上升，若圓盤也跟著轉動，求兩物體的加速度，以及圓盤的角加速度。

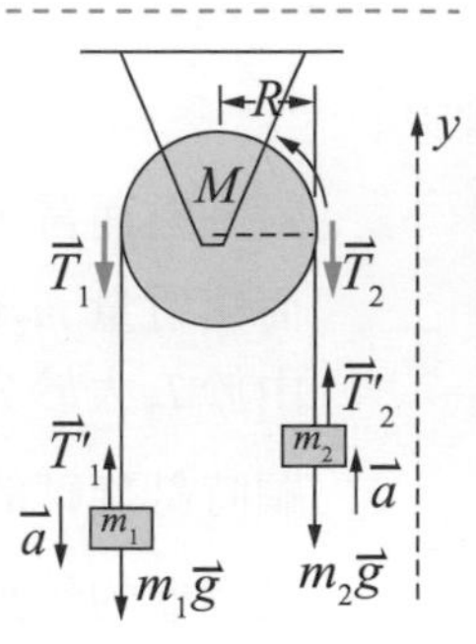

題解 由 m_1 的自由體圖知 $\vec{T}'_1 + m_1\vec{g} = m_1\vec{a}$，$\vec{T}'_1 = -\vec{T}_1$，用分量表示爲 $T_1\hat{j} - m_1g\hat{j} = -m_1a\hat{j}$，

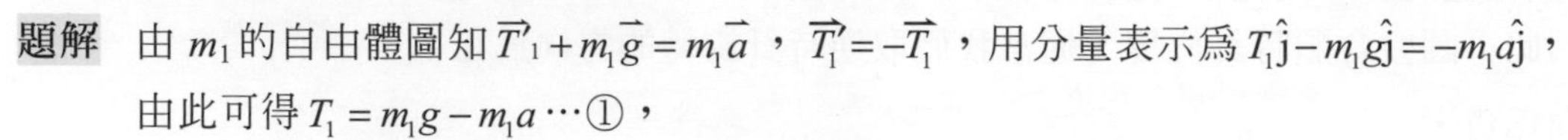

由此可得 $T_1 = m_1g - m_1a \cdots①$，

由 m_2 的自由體圖知 $\vec{T}'_2 + m_2\vec{g} = m_2\vec{a}$，$\vec{T}'_2 = -\vec{T}_2$，用分量表示爲 $T_2\hat{j} - m_2g\hat{j} = m_2a\hat{j}$，

由此可得 $T_2 = m_2g + m_2a \cdots②$，

又由圓盤的自由體圖知 $\vec{\tau} = I\vec{\alpha}$，用分量表示爲 $RT_1\,\hat{k} - RT_2\hat{k} = I\alpha\,\hat{k}$，

由此可得 $RT_1 - RT_2 = I\alpha = (\frac{1}{2}MR^2)\alpha$，$T_1 - T_2 = \frac{1}{2}MR\alpha = \frac{1}{2}Ma \cdots③$，

將①②代入③可得 $a = \dfrac{2(m_1 - m_2)g}{2m_1 + 2m_2 + M} = 0.98$（m/s²），圓盤的角加速度爲 $\alpha = \dfrac{a}{R} = 1.96$（rad/s²）。

本題若圓盤不跟著轉動，則由 m_1 的自由體圖知 $\vec{T}'_1 + m_1\vec{g} = m_1\vec{a}$，用分量表示爲 $T_1\hat{j} - m_1g\hat{j} = -m_1a\hat{j}$，

由此可得 $T_1 = m_1g - m_1a$，

由 m_2 的自由體圖知 $\vec{T}'_2 + m_2\vec{g} = m_2\vec{a}$，用分量表示爲 $T_2\hat{j} - m_2g\hat{j} = m_2a\hat{j}$，

由此可得 $T_2 = m_2g + m_2a$，

由 $T_1 = T_2$ 可得 $a = \dfrac{(m_1 - m_2)g}{m_1 + m_2}$。

7-7 角動量守恆定律

前面我們知道，繞通過固定軸旋轉的角動量時變率等於作用於物體的總外力矩，即 $\frac{d\vec{L}}{dt}=\vec{\tau}_{\text{ext}}$。若無外力矩的作用或作用於物體的總外力矩等於零，則

$$\frac{d\vec{L}}{dt}=0 \tag{7-29}$$

此時角動量 $\vec{L}$ 為常數，此稱為角動量守恆定律（conservation of angular momentum）。一般而言，當物體繞固定於空間的 z 軸旋轉時，其角動量的 z 分量 $L_z=I\omega$，在無外力矩的作用下，L_z 保持不變，此時若物體的轉動慣量 I 有所改變，必會引起角速率 ω 的變化，以維持 $I\omega$ 不變。這種情況下角動量守恆可表為

$$I\omega=\text{constant}\ （定值） \tag{7-30}$$

以上不僅適用於繞通過固定軸的旋轉運動，也適用於物體繞通過質量中心的轉動運動。此時，角動量守恆可表為

$$I_{\text{C}}\ \omega=\text{constant}\ （定值） \tag{7-31}$$

上式中 I_{C} 為物體通過質量中心的轉動慣量。

我們記得在第五章中提到，克卜勒行星第二運動定律是說，太陽與行星的連線在相同的時間內掃過相同的面積。如圖 5-8 所示，在 Δt 時間內行星所走過的扇形面積為 $\Delta A=\frac{1}{2}(r)(r\Delta\theta)=\frac{1}{2}r^2\Delta\theta$，此扇形面積的時變率為

$$\frac{dA}{dt}=\lim_{\Delta t\to 0}\frac{\frac{1}{2}r^2\Delta\theta}{\Delta t}=\frac{1}{2}r^2\frac{d\theta}{dt}=\frac{1}{2}r^2\omega \tag{5-66}$$

而行星在某時刻 t 的角動量為

$$\vec{L}=\vec{r}\times\vec{p}=m\vec{r}\times\vec{v}=mr\hat{\text{r}}\times(v_r\hat{\text{r}}+v_\theta\hat{\theta})=mrv_\theta\,\hat{\text{k}}=mr^2\omega\hat{\text{k}} \tag{5-69}$$

由此可得

$$\frac{dA}{dt}=\frac{L}{2m}=\text{constant} \tag{5-70}$$

由此可知，行星繞太陽運轉是遵守角動量守恆定律。等面積定律的眞正原因，乃是因為行星所受到的力矩滿足 $\vec{\tau}_{\text{ext}}=\vec{r}\times\vec{F}=0$，因此 $\frac{d\vec{L}}{dt}=\vec{\tau}_{\text{ext}}=0$。

範例 7-13

兩個飛輪的角動量之值的比爲 4：3，若施以相同大小的力矩使其煞車，則所需時間之比爲何？

題解 由繞固定軸旋轉動的角動量 $L = I\omega$，以及轉動力矩的關係式 $\tau = I\alpha$，

知 $\omega = \omega_0 - \alpha t$，$0 = \omega - \alpha t$，$t = \dfrac{\omega}{\alpha} = \dfrac{\frac{L}{I}}{\alpha} = \dfrac{L}{I\alpha} = \dfrac{L}{\tau}$，若力矩的大小相同，

則 t 正比於角動量 L，於是 $\dfrac{t_1}{t_2} = \dfrac{L_1}{L_2} = \dfrac{4}{3}$。

7-8 物體的平衡

物體平衡的條件爲：(1)合力爲零 (2)合力矩爲零。因此平衡是指物體的狀態不隨時間改變，亦即物體呈現靜止、作等速度或作等角速度運動。換句話說，沒有加速度及沒有角加速度時，我們稱之爲平衡。當加速度爲零時，稱爲**平移平衡**（translational equilibrium）；當角加速度爲零時，稱爲**轉動平衡**（rotational equilibrium）。本節將討論完全靜止的特殊情形，稱此物體處於靜力平衡。

處理平衡的問題必需注意兩個重要的觀念，首先是物體的重心，它是重力作用於物體的作用點。若整個物體各個位置的重力場強度均相同，那麼物體的重心就是物體的質量中心。假設有一物體其總質量爲 M，物體內第 i 個質點 m_i 的位置向量爲 $\vec{r}_i = x_i\hat{i} + y_i\hat{j} + z_i\hat{k}$，而物體重心的位置向量爲 $\vec{r}_G = x_G\hat{i} + y_G\hat{j} + z_G\hat{k}$，如圖 7-7(a)。

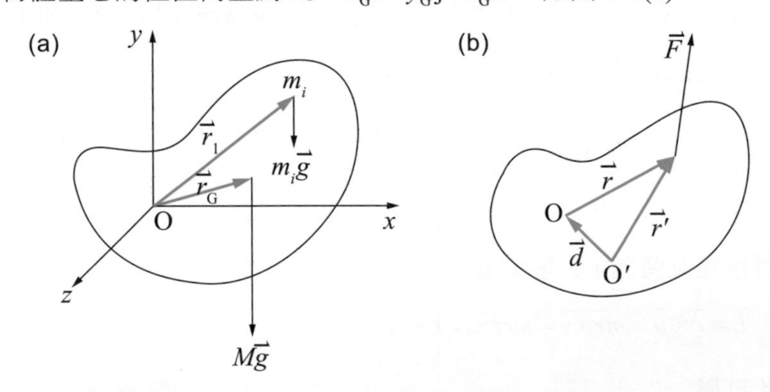

圖 7-7 物體的重心。

今由重心的定義

$$\vec{r}_G \times M\vec{g} = \sum_{i=1}^{n} \vec{r}_i \times m_i\,\vec{g}_i \tag{7-32}$$

可得

$$x_G = \frac{\sum_{i=1}^{n} m_i x_i g_i}{Mg}，\ y_G = \frac{\sum_{i=1}^{n} m_i y_i g_i}{Mg}，\ z_G = \frac{\sum_{i=1}^{n} m_i z_i g_i}{Mg} \tag{7-33}$$

由於物體各個位置的重力加速度均相同，因此

$$x_G=\frac{\sum_{i=1}^{n}m_ix_i}{M}=x_c，y_G=\frac{\sum_{i=1}^{n}m_iy_i}{M}=y_c，z_G=\frac{\sum_{i=1}^{n}m_iz_i}{M}=z_c \quad (7\text{-}34)$$

若整個物體的質量爲均勻密度分佈，則物體的質心就是物體的形心（幾何中心）。其次，必需注意的另一個重要的觀念是，對作用於物體的諸力求合力矩時，參考點的選擇是任意的，亦即，對哪一點求合力矩結果都是一樣的。假設某力 $\vec{F}$ 作用於物體的 A 點，其對參考點 O 及 O′ 的力矩分別爲 $\vec{\tau}_O=\vec{r}\times\vec{F}$ 及 $\vec{\tau}'_O=\vec{r}'\times\vec{F}$

$$\vec{\tau}'_O=\vec{r}'\times\vec{F}=(\vec{d}+\vec{r})\times\vec{F}=\vec{d}\times\vec{F}+\vec{r}\times\vec{F}=\vec{d}\times\vec{F}+\vec{\tau}_O \quad (7\text{-}35)$$

對許多力而言，上式變爲

$$\begin{aligned}\sum_i\vec{\tau}'_{Oi}&=\sum_i(\vec{r}'_i\times\vec{F}_i)=\sum_i(\vec{d}+\vec{r}_i)\times\vec{F}_i\\&=\vec{d}\times\sum_i\vec{F}_i+\sum_i\vec{r}_i\times\vec{F}_i\end{aligned} \quad (7\text{-}36)$$

由於 $\sum_i\vec{F}_i=0$，而 $\sum_i\vec{\tau}_{Oi}=\sum_i\vec{r}_i\times\vec{F}_i$，因此

$$\sum_i\vec{\tau}'_{Oi}=\sum_i\vec{\tau}_{Oi} \quad (7\text{-}37)$$

亦即，在平衡時合力爲零的條件下，物體對任意一點求合力矩亦均相同。

範例 7-14

某一重量爲 W 的不均勻木桿，由二繩懸掛起來呈水平靜止狀態，如圖所示，其中一繩與垂直方向夾 37°角，另一繩與垂直方向夾 53°角。
若木桿長度爲 5 公尺，求重心的位置。

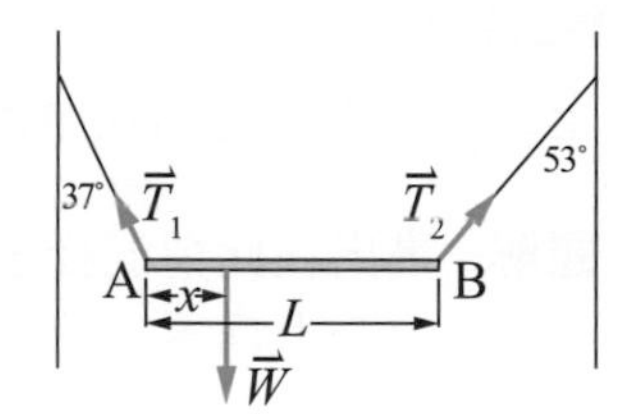

題解 假設不均勻木桿的重心位於距離木桿左端 x 公尺的位置。
今由合力爲零 $\vec{T}_1+\vec{T}_2+\vec{W}=0$，
用分量表示爲 $(-T_1\sin37°\hat{i}+T_1\cos37°\hat{j})+(T_2\sin53°\hat{i}+T_2\cos53°\hat{j})-W\hat{j}=0$，
由此可得 $\frac{4}{5}T_2-\frac{3}{5}T_1=0\cdots①$，$\frac{4}{5}T_1+\frac{3}{5}T_2-W=0\cdots②$，
再由合力矩爲零（對 A 點求合力矩）可得
$0\times\vec{T}_1+x\hat{i}\times(-W\hat{j})+L\hat{i}\times\vec{T}_2=0$，$-xW\hat{k}+5\hat{i}\times(T_2\sin53°\hat{i}+T_2\cos53°\hat{j})=0$，$-xW\hat{k}+3T_2\hat{k}=0$，
由此可得 $x=\frac{3T_2}{W}\cdots③$，又由①知 $T_1=\frac{4}{3}T_2$，
代入②可得 $\frac{4}{5}(\frac{4}{3}T_2)+\frac{3}{5}T_2-W=0$，$T_2=\frac{3}{5}W$，$x=\frac{3}{W}(\frac{3}{5}W)=\frac{9}{5}=1.8$（m）。

範例 7-15

長度爲 L，重量爲 W 的均勻梯子，靠在光滑的牆壁，但地面爲粗糙，若靜摩擦係數爲 $\mu_s = 0.5$，求梯子不致下滑的最大角度 θ？

題解 首先畫出梯子的自由體圖，由於牆壁爲光滑，

因此，牆壁只有垂直作用於梯子的正向力 $\vec{N}_2$，而地面爲粗糙，

因此，地面作用於梯子的力除了正向力 $\vec{N}_1$ 之外還有靜摩擦力 $\vec{f}_s$，

又重力 $\vec{W}$ 作用於梯子的中心處，今由合力爲零可得 $\vec{N}_2 + \vec{W} + \vec{N}_1 + \vec{f}_s = 0$，

用分量表示爲 $N_2\hat{i} - W\hat{j} + N_1\hat{j} - f_s\hat{i} = 0$，$\begin{cases} N_2 = f_s \\ W = N_1 \end{cases}$，

又由合力矩爲零可得（對梯子與地面的接觸點求合力矩），

$\vec{r}_2 \times \vec{N}_2 + \vec{r}_1 \times \vec{W} + 0 \times \vec{N}_1 + 0 \times \vec{f}_s = 0$，

由於在平衡時，對任意一點求合力矩均相同，

因此，顯然的我們應選擇作用力最複雜之處求合力矩，因爲作用於該點的那些力沒有力臂，

其力矩爲零，此爲我們選擇對梯子與地面的接觸點求合力矩的原因。

上式用分量表示爲 $(-L\sin\theta\hat{i} + L\cos\theta\hat{j}) \times N_2\hat{i} + (-\frac{L}{2}\sin\theta\hat{i} + \frac{L}{2}\cos\theta\hat{j}) \times (-W\hat{j}) = 0$，

$-N_2 L\cos\theta\hat{k} + \frac{L}{2}W\sin\theta\hat{k} = 0$，$N_2\cos\theta = \frac{1}{2}W\sin\theta$，$\frac{N_2}{W} = \frac{1}{2}\tan\theta$，

又由靜摩擦力的公式 $f_s = \mu_s N_1$，可得 $N_2 = \mu_s W$，$\mu_s = \frac{N_2}{W} = \frac{1}{2}\tan\theta = 0.5$，$\theta = \tan^{-1} 2\mu_s = \tan^{-1} 1 = 45°$，

又由 $f_s = \mu_s N_1 = \frac{W}{2}$，可知地面對梯子的作用力爲 $\sqrt{N_1^2 + f_s^2} = \sqrt{W^2 + \frac{W^2}{4}} = \frac{\sqrt{5}}{2}W$。

範例 7-16

上題中，若是地面無摩擦，而梯子與牆壁間的摩擦係數爲 μ_s，證明梯子無論如何都不能保持平衡。

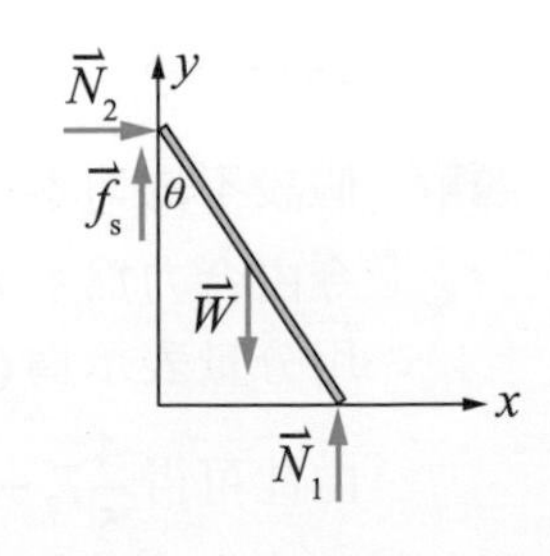

題解 畫出在此情況梯子的自由體圖，

由合力爲零可得 $\vec{N}_2 + \vec{W} + \vec{N}_1 + \vec{f}_s = 0$，

用分量表示爲 $N_2\hat{i} + f_s\hat{j} - W\hat{j} + N_1\hat{j} = 0$，$\begin{cases} N_2 = 0 \\ W = N_1 + f_s \end{cases}$，

又由靜摩擦力的公式 $f_s = \mu_s N_2 = 0$，對任一點合力矩不爲零，

梯子無論如何都不能保持平衡。

習題 標以*的題目難度較高

7-3 等角加速度轉動

1. 某飛輪以等角加速度轉動，其角加速度爲 $\alpha = 5\ \text{rad/s}^2$，若最初的角速率爲 $\omega_0 = 50\ \text{rad/s}$，求 20 秒之後的角速度以及這段時間內轉過的圈數？
2. 某飛輪在 3 秒中轉過 200 弧度（rad），若末角速度爲 100 rad/s，求其角加速度？
3. 某飛輪原先爲靜止，若飛輪在某 2 秒中轉過 200 弧度（rad），其角加速度爲 $\alpha = 2\ \text{rad/s}^2$，若求在此 2 秒前，飛輪轉過多少時間？
4. 某飛輪由 $\omega_0 = 2\ \text{rad/s}$ 的初角速度，慢慢的轉過 40 圈後停止下來，求其角加速度？轉至停止下來需時若干？
5. 某一圓輪作等角加速度運動，經 25 轉之後，角速度由 $\omega_1 = 200\pi\ \text{rad/s}$ 增至 $\omega_2 = 300\pi\ \text{rad/s}$，求其角加速度？
6. 某車輪在 10 秒鐘內由轉速 30 rev/s 均勻加速至，轉速 40 rev/s，試求其角加速度以及在此 10 秒鐘內加速過程中所轉動的圈數？
7. 某車輪在 15 秒內轉了 90 轉，若其末角速率爲每秒 10 轉，求車輪由靜止至此 15 秒之前，經過多少時間？
8. 某車輪最初以角速度 $\omega_0 = 50\ \text{rad/s}$ 轉動，其後受到角加速度爲 $\alpha = 5\ \text{rad/s}^2$ 的加速，經過 10 秒鐘，求最後的角速度以及加速過程中所轉動的圈數？
9. 某車輪在 15 秒內轉了 90 轉，若其末角速度爲每秒 10 轉，求車輪由靜止至此 15 秒之前，經過多少時間？
10. 某車輪以等角加速度轉動，其最初的角速度爲 1.5 rad/s，經 40 轉之後停止下來，求角加速度，轉動前面 20 轉需多少時間。
11. 某飛輪由靜止起動，作等角加速度轉動，已知在第 3 秒內的角位移爲 θ，求在 5 秒內的角位移爲何。
12. 某剛體繞一固定點分三階段運轉，第一階段係由靜止開始以等角加速度 α 轉動，達到角速度爲 ω 後，接著第二階段以等角速度 ω 旋轉，第三階段係以等角加速度 $-\alpha$ 轉動，直至停止。若此三個階段的角位移均相等，則全程歷時多少？
13. 某人騎自行車從靜止開始以等加速度行駛，$t_0 = 0$，$v_0 = 0$，經過 20 秒之後，其末速度爲 $v = 6\ \text{m/s}$，若車輪的半徑爲 $r = 0.5\ \text{m}$，求車輪最後的角速度以及角加速度？
14. 某飛輪繞中心軸作逆時針方向旋轉，設其半徑爲 $R = 0.5\ \text{m}$，在 $t = 0$ 時，其初角速率爲 $\omega_0 = 4\ \text{rad/s}$，若其角加速率爲 $\alpha = 2\ \text{rad/s}^2$，求 $t = 3\ \text{s}$ 時，飛輪邊緣一點的速度、角速度、切線加速度、法線加速度？
15. 某人造衛星在離地面高度 $h = 3.2\times10^5\ \text{m}$ 以等速率繞地球運行，求其線速度的大小，角速度的大小，角加速度的大小，向心加速度的大小，切線加速度的大小，已知地球的質量爲 $M = 5.98\times10^{24}\ \text{kg}$，地球的半徑爲 $R = 6.35\times10^6\ \text{m}$。

7-4 力矩與角動量

16. 三個質量皆爲 m 的小球，用三條長度皆爲 ℓ 的細線按順序由內向外連接，如圖所示，三個小球以固定點 O 爲中心，在光滑水平面上作等速圓周運動，其角速度爲 ω，求三段細線的張力比以及三個小球對 O 點的角動量比。

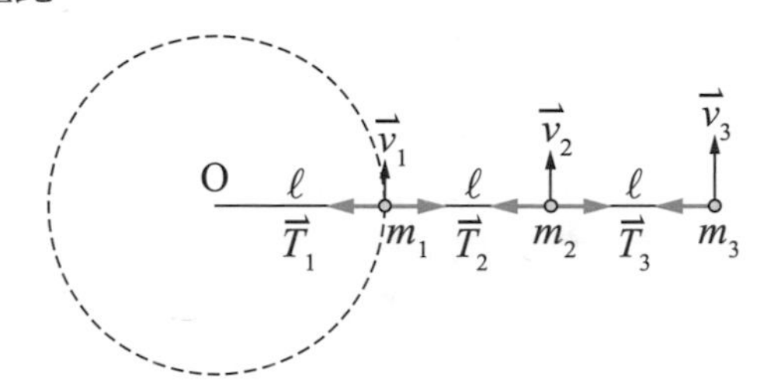

17. 兩質量分別爲 m_1 及 m_2 的物體由一長度爲 L 質量可忽略的細桿相連，並以通過質心且垂直於細桿的軸，作等角速度 ω 轉動，求兩物體的總動能。

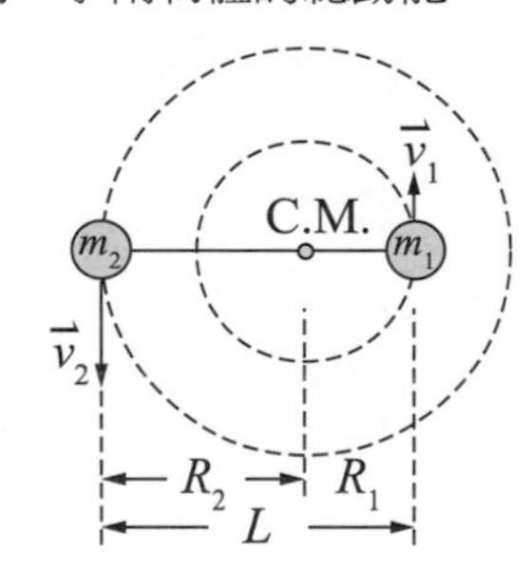

18. 一個質量爲 $M = 50\ \text{kg}$ 的圓柱體，若其半徑爲 $r = 0.1\ \text{m}$，當它以角速度 $\omega = 300\ \text{rpm}$ 轉動時，試求其角動量？
19. 試求一個質量爲 $m = 9.1\times10^{-31}\ \text{kg}$ 的電子，在氫原子軌道上，以半徑 $R = 5.3\times10^{-11}\ \text{m}$ 運行的角動量？電子的速率爲 $v = 2.2\times10^6\ \text{m/s}$。

*20. 如圖所示，一個質量爲 m 的小星球以速度 v_0 自無窮遠接近一個質量爲 M 的大星球運動，如果小星球 m 一直保持直線運動，則其大星球 M 最接近的距離爲 b。如今由於大星球 M 的引力之作用，小星球 m 的運動軌跡將是一條以大星球 M 爲焦點的雙曲線。若小星球 m 與大星球 M 最接近的距離爲 d，試證 $d = -\dfrac{GM}{v_0^2} + \sqrt{(\dfrac{GM}{v_0^2})^2 + b^2}$。

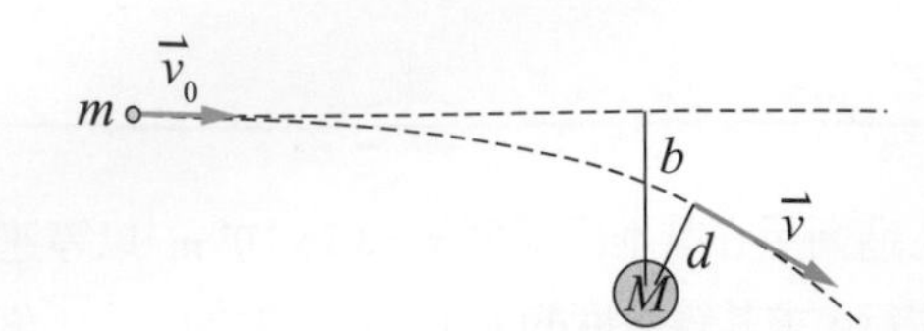

21. 如圖所示，一飛輪傳動系統，各輪的轉軸均固定且平行，甲、乙兩輪同軸且無相對轉動。已知甲、乙、丙、丁四輪的半徑比爲 5：2：3：1，若傳動帶在各輪轉動中不打滑，求丙、丁兩輪的角速度之比？乙、丁兩輪的角加速度之比？

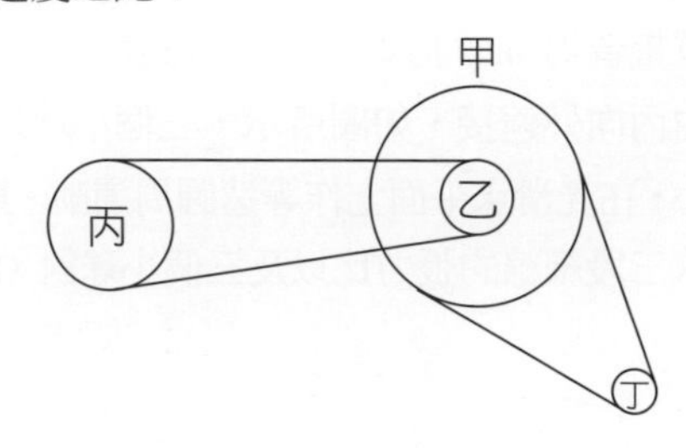

22. 甲、乙兩人沿同軌道同向賽跑，甲沿著半徑 r_1 的外跑道，乙則半徑 r_2 的內跑道，設甲以 v 的速率經過乙時，乙開始起跑。此後甲始終以速率 v 跑，而乙則以等角加速度追甲，求在乙追上甲時，乙的速率爲何？

7-5 轉動動能與轉動慣量

23. 轉動慣量的計算：有一個質量爲 M，半徑爲 R 的薄圓環，如圖所示，設有一個通過此薄圓環中心的旋轉軸位於薄圓環平面，求繞此軸旋轉的轉動慣量。

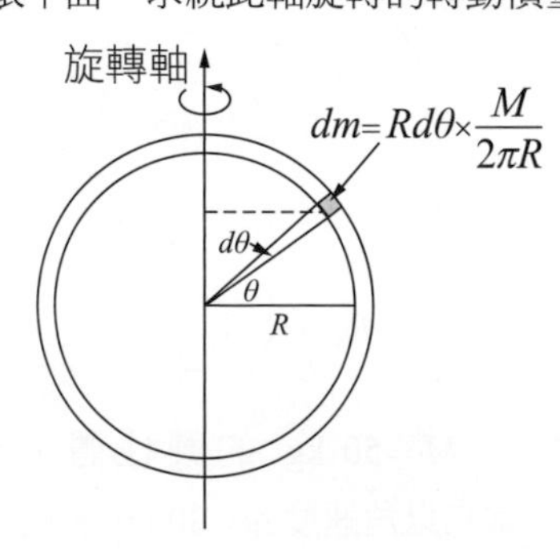

***24.** 有一個質量爲 M，半徑爲 R 的圓盤，如圖所示，設有一個通過此圓盤中心的旋轉軸位於圓盤平面，求繞此軸旋轉的轉動慣量。

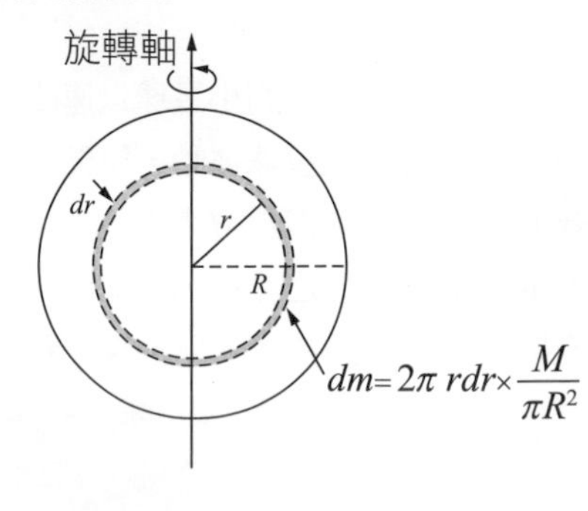

***25.** 有一個質量爲 M，半徑爲 R 的實心圓柱，如圖所示，求繞通過此圓柱中心的旋轉軸旋轉的轉動慣量。

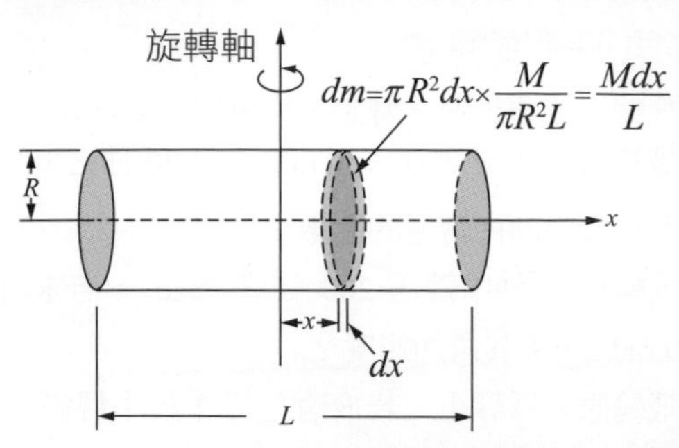

26. 如圖所示，求長度爲 L 的細棒，繞中心軸轉動的轉動慣量？

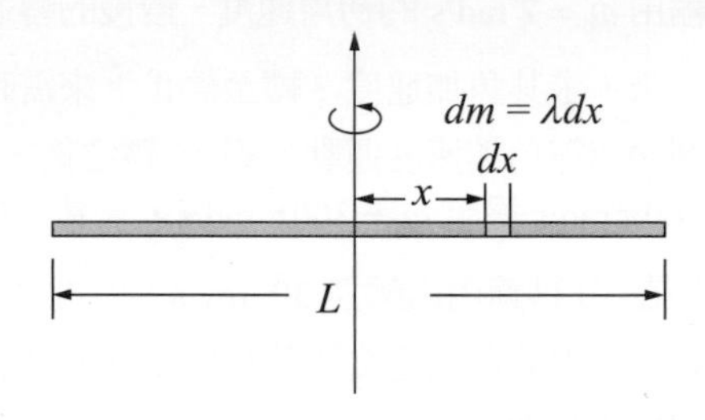

***27.** 如圖所示，求邊長爲 a 與 b 的平板，繞中心軸轉動的轉動慣量？

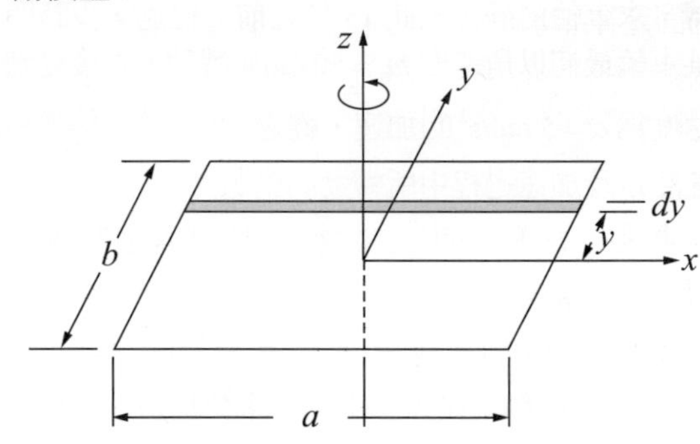

7-6 轉動動力學

28. 兩長度分別爲 R_1 與 R_2 的細繩，$R_1 = 2R_2$，各有一端固定而另一端各自繫有質量爲 m 的物體，並使其在水平面上作等速圓周運動，若所繫兩個物體的角動量之比爲 $\frac{L_1}{L_2} = \frac{2}{1}$，求兩細繩的張力比。

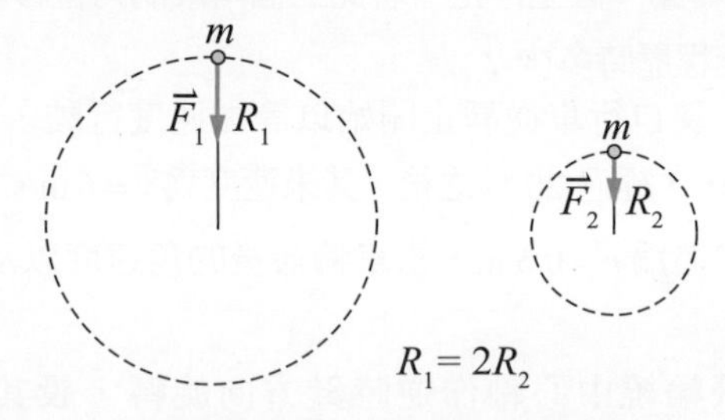

29. 如圖所示，光滑桌面的中心穿有一個小孔，用一細繩繫住質量爲 5 公斤的物體 A，通過此孔繞中心作半徑爲 $r = 2\,\text{m}$，速率爲 $v = 10\,\text{m/s}$ 的等速圓周運動，求此繩的

另一端應吊多大質量的物體 B，才能維持平衡？若改用手握住繩的另一端緩慢的往下拉 1 公尺，最後需施力若干？共作功多少？

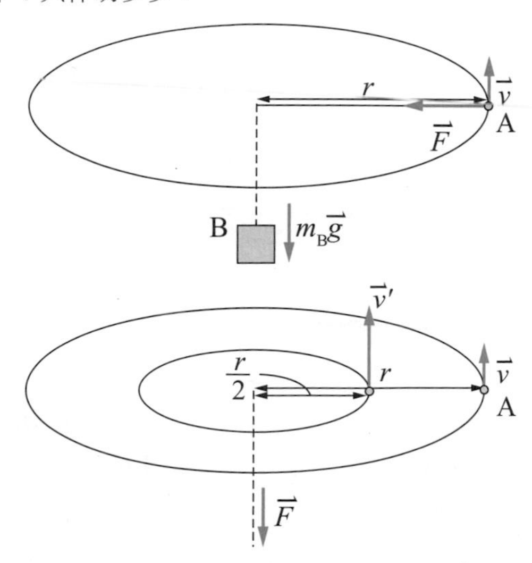

30. 一個質量為 $M = 2.5$ kg 的圓柱軸，其半徑為 $r = 0.01$ m，若其在十秒內從靜止加速到轉速為 600 rpm，試求作用於圓柱軸的力矩？

31. 一個質量為 $M = 3$ kg 的圓柱體，其半徑為 $r = 0.1$ m，其軸固定在無摩擦的軸承上，一條細繩環繞圓柱體，其下端掛一個質量為 $m = 0.5$ kg 的物體，求當物體下滑時，圓柱體的角加速度以及繩子的張力？

32. 質量 m_1 的物體置於無摩擦的桌面上，用一條細繩繞過質量 m_2，半徑為 R 的圓盤，下端懸掛質量同為 m_2 的物體，若 $m_1 = m_2 = m$，圓盤在時間 t 秒內轉了 θ 角，求圓盤的角加速度，物體的加速度以及繩子的張力。

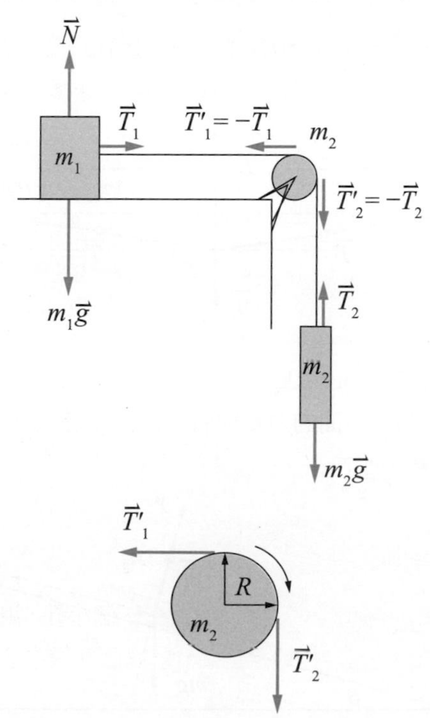

33. 如圖所示，兩質量分別為 m 與 M 的物體，掛在定滑輪的兩端，其中 m 物體在地面，而 M 物體離地面 h 高。當兩物體從靜止開始運動時，由於 M 大於 m，因此，M 會下落，而 m 會上升。設滑輪會跟著轉動，已知滑輪的半徑為 R，滑輪的質量為 M_0，求其加速度大小為何？當兩物體到達同一高度的時間為何？

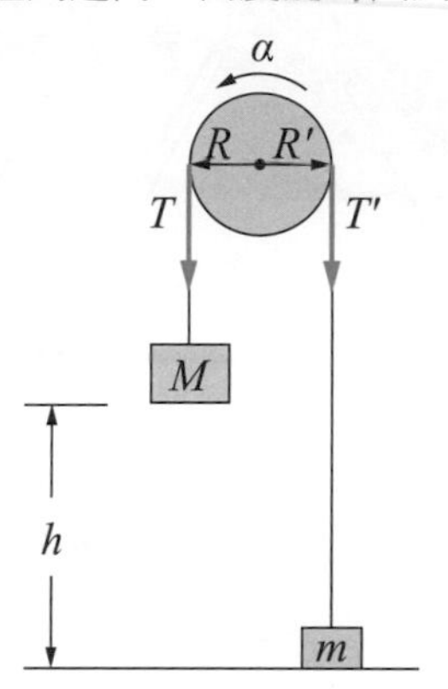

34. 質量 M，長度為 L 的細棒，一端固定，今將棒由水平位置釋放，求細棒轉到垂直位置時的角速度。

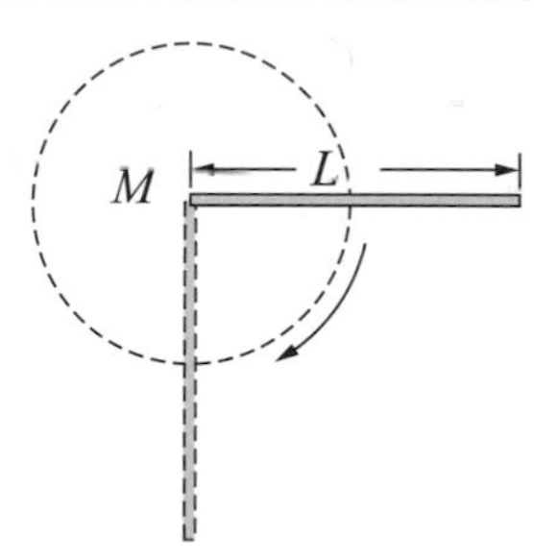

***35.** 質量為 m，半徑為 r 的小球，自高度為 h 的 A 點處由靜止滾下，經 E，B，C，D 點，(a)若欲繞半徑為 R 的圓形軌道滑動一整圈，則 h 最小應為何？(b)欲達 C 點不下落，則 h 最小應為何？(c)欲達 D 點不下落，則 h 最小應為何？(d)若 $h = 3R$，則至 B 點時切線加速度與法線加速度為何？(e)若 $h = 3R$，則當達 D 點時，作用於軌道的力為何？（$\theta = 30°$，$r << R$）

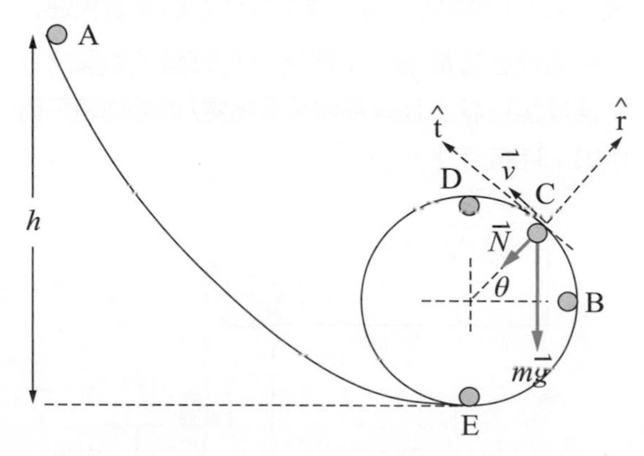

36. 如圖所示，質量爲 M，半徑爲 R 的圓盤形車輪，下端懸掛一個質量爲 m 的物體，此物體置於斜角爲 θ 的斜面上，若不考慮摩擦，求物體下落的加速度以及繩子的張力？物體下落 $s=1\,\text{m}$ 的速度爲何？

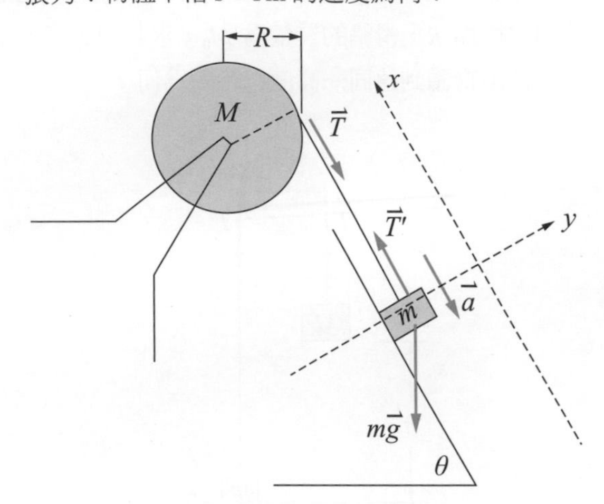

37. 質量 M，半徑爲 R 的實心圓球從斜角爲 θ 的斜面滾下來，求圓球滾至斜面底端時，質心的加速度。

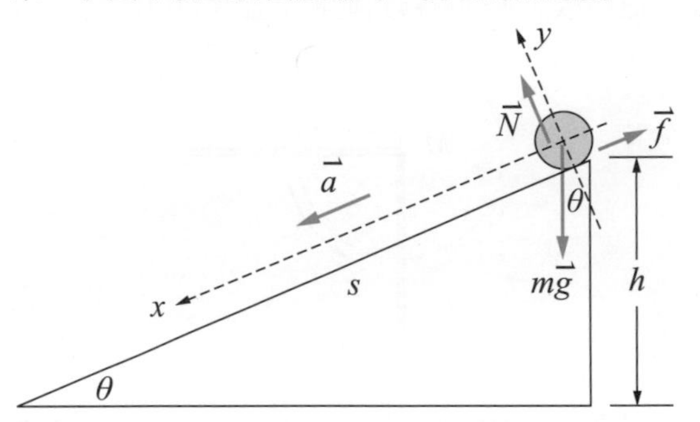

38. 質量 M，半徑爲 R 的實心圓球從斜角爲 θ，高度爲 h 的斜面上端滾下來，求圓球滾至斜面底端時質心的速度。

39. 質量均爲 M，半徑爲 R 的圓環、圓柱、空心球殼與實心球體從斜角爲 θ，高度爲 h 的斜面上端滾下來，求最快到達底端者。

40. 質量 m 的物體與一個彈簧常數爲 k_s 的彈簧相連接，並以細繩繞過質量 M，半徑爲 R 的圓盤，如圖所示。若系統最初爲靜止且彈簧伸長量爲零，求當物體下落一段距離 s 時的速度。

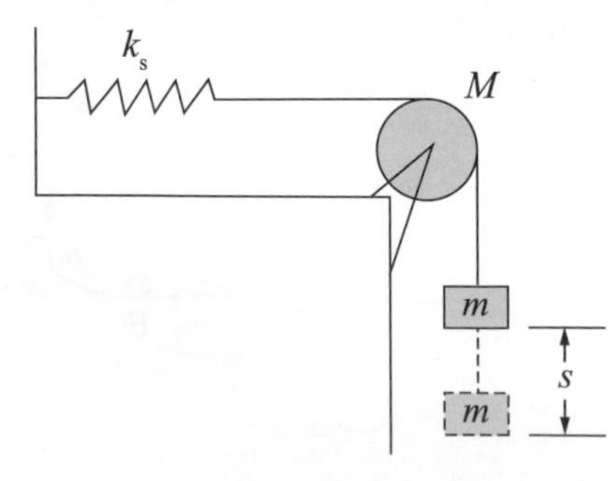

***41.** 如圖所示，質量 M，半徑爲 R 的圓盤，邊緣繫住質量爲 m 的物體，將物體由水平位置放開讓圓盤轉動，求物體轉至底端時的速渡。

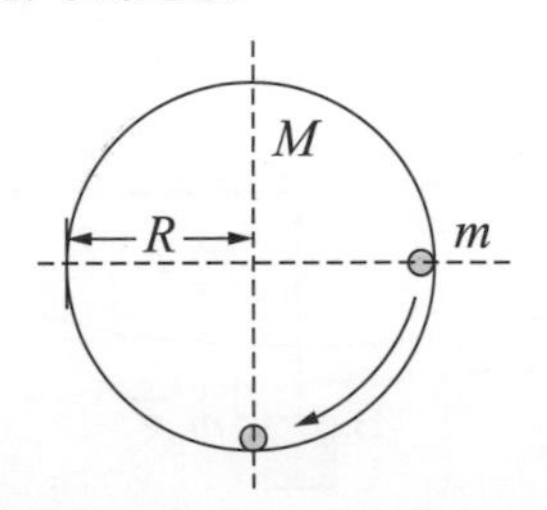

7-7 角動量守恆定律

42. 某人站立在一個可繞垂直軸轉動的平台上，兩手伸張並各持一個質量爲 $m=4\ \text{kg}$ 的物體，且以初角速度 $\omega_0=0.5\ \text{rad/s}$ 旋轉。今若此人將兩手縮回，以致手中的物體至轉動軸的距離由 $r_0=1\ \text{m}$ 變成 $r=0.2\ \text{m}$，問此人的角速度變爲多大？設此人與轉動平台之轉動慣量爲 $I_1=20\ \text{kg}\cdot\text{m}^2$。

7-8 物體的平衡

43. 如圖所示，一片木板水平置於 A 與 B 兩個支點上，板上有一個重量爲 W_1 的物體，設木板的重量爲 W_2，求支點 A 對木板所施的力？

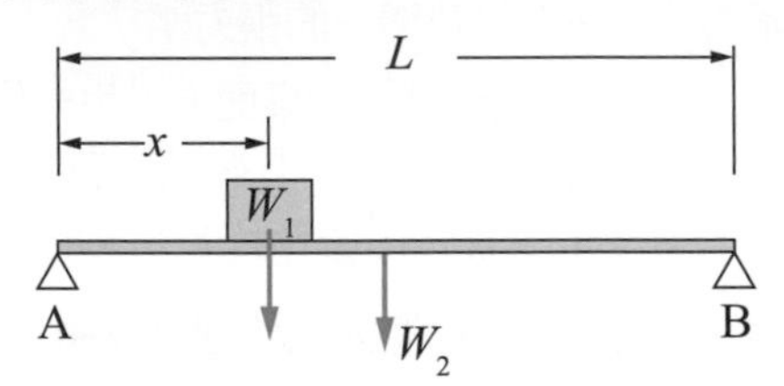

44. 一件重量爲 $W=250\ \text{N}$ 的外衣，掛在長度爲 $L=10\ \text{m}$ 的曬衣繩中央，使得繩子下垂 0.2 公尺，求曬衣繩的拉力？

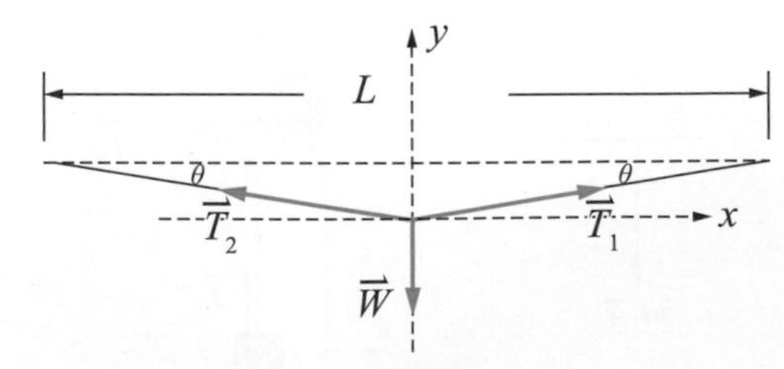

45. 一個質量爲 $m=6\ \text{kg}$ 的物體，因受到一大小爲 10 牛頓，平行於斜面的力支稱而靜止於光滑斜面上，求斜面的斜角爲何？

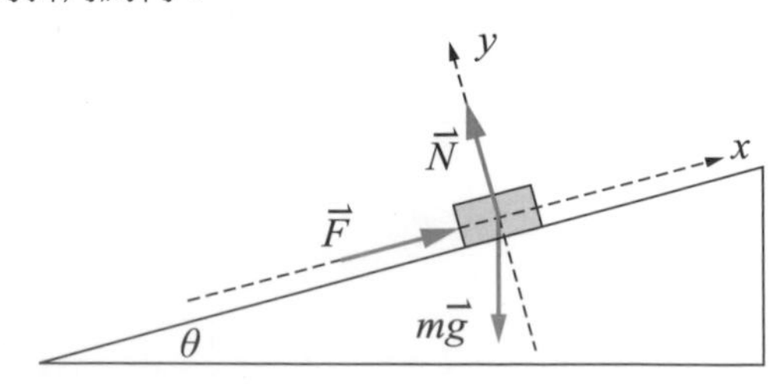

46. 如圖所示，一根長度為 L 的棒子，其重量為 W_1，A 端固定在牆上，B 端由繩子固定，使棒子成水平，B 端掛著 W_2 的重物，設繩子與棒子的夾角為 θ，求繩子的張力？

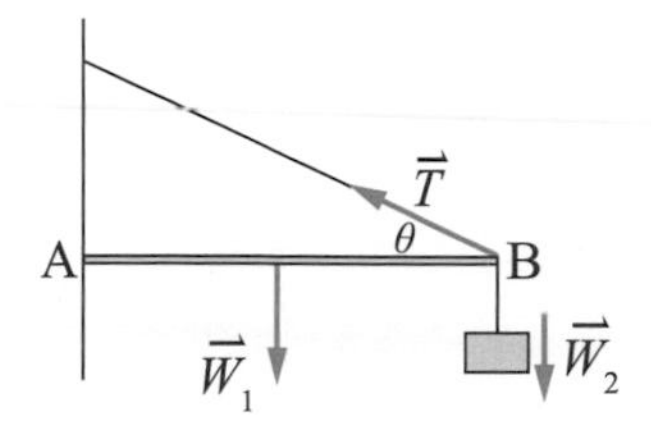

47. 如圖所示，一根長度為 $L = 3.6$ m 的棒子，其重量為 $W_1 = 2600$ N，A 端固定在牆上，B 端由繩子固定，使棒子成水平，B 端掛著 $W_2 = 2000$ N 的重物，設繩子與棒子的夾角為 $\theta = 37°$，求繩子的張力及牆在 A 端對棒子的支撐力？

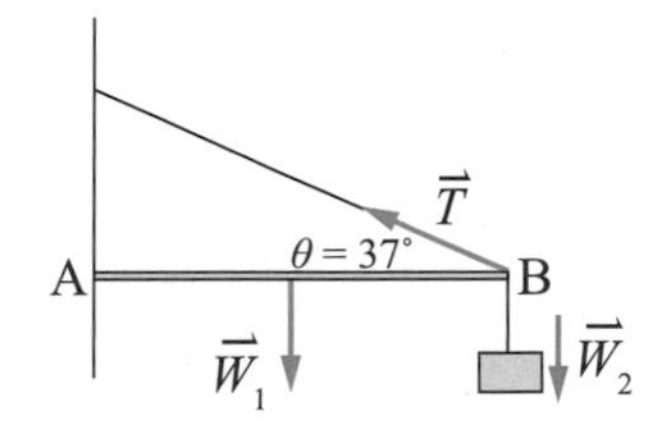

48. 某梯子長度為 L 質量為 m 靠在光滑的牆上，其與地面的夾角為 $\theta = 37°$。若梯子與地面間的靜摩擦係數為 0.5，求一個質量為 $11m$ 的人可爬上多高而梯子不致於滑下？

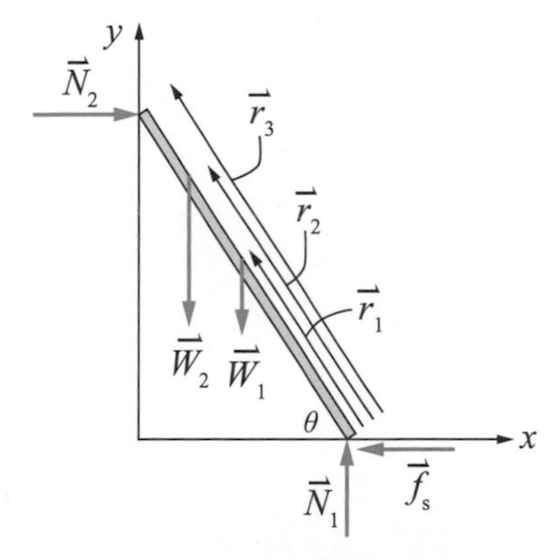

***49.** 一根長度為 ℓ 重量為 W 的均勻且光滑木棒，靜止平放在半徑為 R 的半球形之碗內而呈平衡，如圖所示。其中 $R < \frac{\ell}{2} < 2R$，若 θ 為木棒平衡時其與水平面的夾角，求平衡時碗邊對木棒所施之作用力 F。

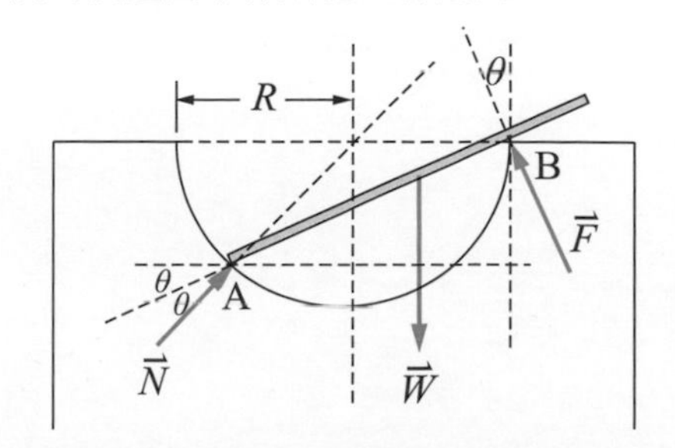

50. 有一個重量為 W，半徑為 R 的車輪。(a)今以水平方向的施力通過車軸心，若欲使車輪升至高度為 h 的障礙物，則所需施之力為何？(b)若施力不必通過車軸心，且不需以水平方向施力，則此力最小為何？

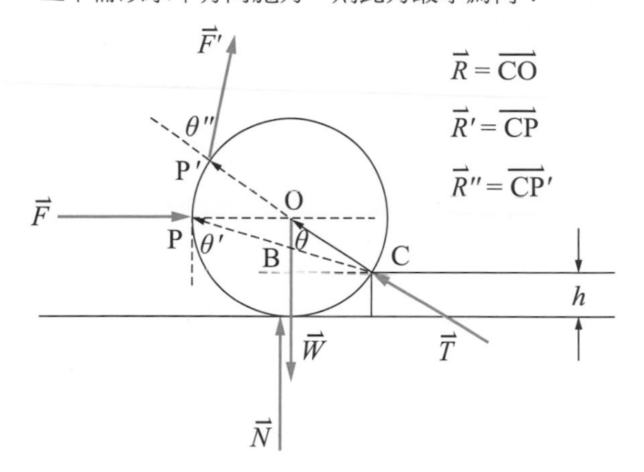

Chapter 8

振盪運動

前言

物體受到恢復力的作用，造成來回反覆的運動現象，稱爲振盪運動。在我們所遭遇的日常現象中，會碰到很多這種情況的運動情形。例如，單擺的擺動、彈簧的振動、樂器的弦之振動、鼓的振動等等。在自然界中，這種振盪運動處處可見，因此，其重要性是很明顯的。本章首先介紹最簡單的振盪運動，稱爲簡諧運動，詳細探討其運動的整個情形，包括運動方程式以及其能量的變化情形，其次，介紹一些簡諧運動的實例，單擺、複擺、扭擺、環擺，最後討論一般的阻尼振盪運動情形。

Introduction

Object's motion due to the action of a restoring force, which causes a repetitive back-and-forth motion, is referred to as oscillatory motion. In our daily life, we can observe the phenomena mentioned above, such as the swinging of a pendulum, the vibration of a spring, the oscillation of strings in musical instruments and the vibration of drums. In this world, we observe oscillatory motion everywhere, highlighting its significant importance. In this chapter, we begin by introducing the simplest form of oscillatory motion known as simple harmonic motion (SHM). We thoroughly discuss the dynamics of this motion, including the motion equation and the variation in energy. We also present several examples of simple harmonic motion such as the simple pendulum, compound pendulum, torsional pendulum and a pendulum in the form of a ring. Finally, we discusse general cases of damped oscillatory motion.

學習重點

- 了解簡諧運動的特性。
- 利用參考圓分析簡諧運動。
- 了解簡諧運動中的能量變化。
- 認識簡諧運動的實際例子。
- 了解阻尼影響下的振盪。
- 認識共振現象。

8-1 簡諧運動

物體在相同的時間間隔內不斷的作重複之運動稱爲週期運動。作週期運動的物體完成一週所需要的時間稱爲週期，通常以 T 表之。而運動的頻率是指每秒能完成多少次的週期運動，故頻率是週期的倒數，通常以 $f=\frac{1}{T}$ 表之。在 MKS 單位制中，頻率的單位是次／秒，此種單位通常以赫茲（Hz）稱之，亦可記爲秒 $^{-1}$ 。作週期運動的物體亦遵循牛頓運動定律。通常作週期運動的物體其所受的力是隨其位置而在改變，當物體處於無淨力作用的位置時，此位置稱爲平衡位置，而在任何時刻物體至其平衡位置的距離，我們通常以一由平衡位置量起的向量表之，稱爲位移。作週期運動的物體若其所受的力與其位移的大小成正比而方向相反，則此物體的運動稱爲**簡諧運動**（simple harmonic motion，SHM）。茲以水平放置的物體與彈簧系統爲例來說明一般簡諧運動的情形（圖 8-1）。

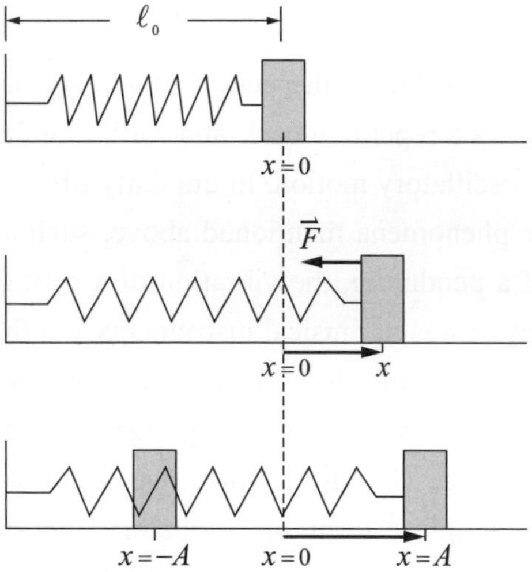

圖 8-1 物體與彈簧系統。

彈簧受到外力的作用自其平衡位置伸長一段位移 $\vec{x}$ 時，若要保持物體靜止，彈簧也會施一大小相等而方向相反的力於物體，此力便是彈簧的恢復力。彈簧的恢復力與伸長量的關係爲 $\vec{F}=-k_s\vec{x}$ ，常數 k_s 爲彈簧的力常數。伸長量 $\vec{x}$ 是自彈簧的平衡位置量起的位移，而通常我們把彈簧在水平線上的移動取爲 x 軸，而平衡位置取爲原點，即 $x=0$，位移就可以用坐標來代表，由坐標 x 的正或負來代表位移 $\vec{x}$ 的方向是向右或向左，也代表著彈簧的伸長與壓縮。通常一維運動中只有兩個方向，而此兩個方向是可用正負符號來表示，因而可省略用向量的符號。

水平放置的物體與彈簧系統之運動情形爲

$$F=ma=m\frac{d^2x}{dt^2}=-k_sx \tag{8-1}$$

上式可寫爲

$$\frac{d^2x}{dt^2}+\frac{k_s}{m}x=0 \tag{8-2}$$

上式爲一個微分方程式，A 稱爲振幅（amplitude），ω 稱爲角頻率（angular frequency），δ 稱爲相角（phase angle）。它表示位移隨時間的變化所遵循的關係。上式的一般解可寫爲

$$x=A\cos(\omega t+\delta) \tag{8-3}$$

其中 A，ω，δ 爲三個常數，它們代表此簡諧運動的特性，只要知道這三個常數，那麼整個簡諧運動便可以完全了解。我們可以證明(8-3)式確爲(8-2)式的解如下：

$$\frac{dx}{dt}=-\omega A\sin(\omega t+\delta) \tag{8-4}$$

$$\frac{d^2x}{dt^2}=-\omega^2 A\cos(\omega t+\delta) \qquad (8\text{-}5)$$

將(8-3)式、(8-5)式代入(8-2)式可得

$$-\omega^2 A\cos(\omega t+\delta)=-\frac{k_s}{m}A\cos(\omega t+\delta)$$

若取常數 ω 為

$$\omega=\sqrt{\frac{k_s}{m}} \qquad (8\text{-}6)$$

則(8-3)式確為(8-2)式的解。又當物體具有已知的初位移與初速度時，我們可由以下的方法來描述簡諧運動。若 $t=0$ 時，$x=x_0$，則由(8-3)式可知

$$x_0=A\cos\delta \qquad (8\text{-}7)$$

而當 $t=0$ 時，$v_x=v_{x0}$，則由(8-4)式可知 $v_{x0}=-\omega A\sin\delta$，由此可得

$$A^2=x_0^2+\frac{v_{x0}^2}{\omega}\text{，}\tan\delta=-\frac{v_{x0}}{\omega x_0} \qquad (8\text{-}8)$$

另外我們知道 $\omega=\sqrt{\frac{k_s}{m}}$，由此三個常數 A，ω，δ，於是便可得知整個簡諧運動的運動情形，亦即 $x=A\cos(\omega t+\delta)$。

假設有一個作簡諧運動的物體與彈簧系統，週期為 $T=\frac{2\pi}{\omega}=\frac{\pi}{4}$ s，振幅為 0.5 公尺。當 $t_0=0$ 時，位置為 $x=x_0=0$，速度為 $v_x=v_{x0}=4$ m/s，由(8-3)式可知 $x_0=A\cos\delta$，$\cos\delta=0$，由(8-4)式 $v_x=\frac{dx}{dt}=-\omega A\sin(\omega t+\delta)$ 可知，$\sin\delta=-1$，以上兩者合起來可知 $\delta=\frac{3\pi}{2}$。此簡諧運動的方程式為 $x=A\cos(\omega t+\frac{3\pi}{2})=A\sin\omega t=0.5\sin\omega t$，其中 $\omega=8\ \text{s}^{-1}$。

範例 8-1

某簡諧運動的振盪週期為 $T=6$ s，振幅為 $A=1$ m。若 $t=0$ 時，$x=0$，且當時的速度為正值，求此簡諧運動系統的位置與時間關係式，當 $x=\frac{\sqrt{3}}{2}$ m 的時間為何？

題解 由 $\omega-\frac{2\pi}{T}=\frac{\pi}{3}$，又由簡諧運動的一般式為 $x=A\cos(\omega t+\delta)$，$v=-\omega A\sin(\omega t+\delta)$，

若 $t=0$ 時，$x=0$，則 $0=\cos\delta$，$\delta=\pm\frac{\pi}{2}$。

又由 $v=-\omega A\sin(\omega t+\delta)$，知 $t=0$ 時，$v=-\frac{\pi}{3}\sin\delta=\begin{cases}(-\frac{\pi}{3})\sin\frac{\pi}{2}=-\frac{\pi}{3}\\(-\frac{\pi}{3})\sin(-\frac{\pi}{2})=\frac{\pi}{3}\end{cases}$，

由於速度為正值，因此，取 $\delta=-\frac{\pi}{2}$。

此簡諧運動系統的位置與時間關係式為 $x=\cos(\frac{\pi}{3}t-\frac{\pi}{2})$，以 $x=\frac{\sqrt{3}}{2}$ m 代入上式，可得 $\frac{\sqrt{3}}{2}=\cos(\frac{\pi}{3}t-\frac{\pi}{2})=\sin(\frac{\pi}{3}t)$。

由此可知 $\frac{\pi}{3}t=\frac{\pi}{3}$、$\frac{\pi}{3}t=\frac{2\pi}{3}$，故 $t=1$、2。

由於此簡諧運動的週期為 $T=6$ 秒，因此，

$t=1$、2、7、8、13、14 等等，皆為 $x=\frac{\sqrt{3}}{2}$ 時的時間。

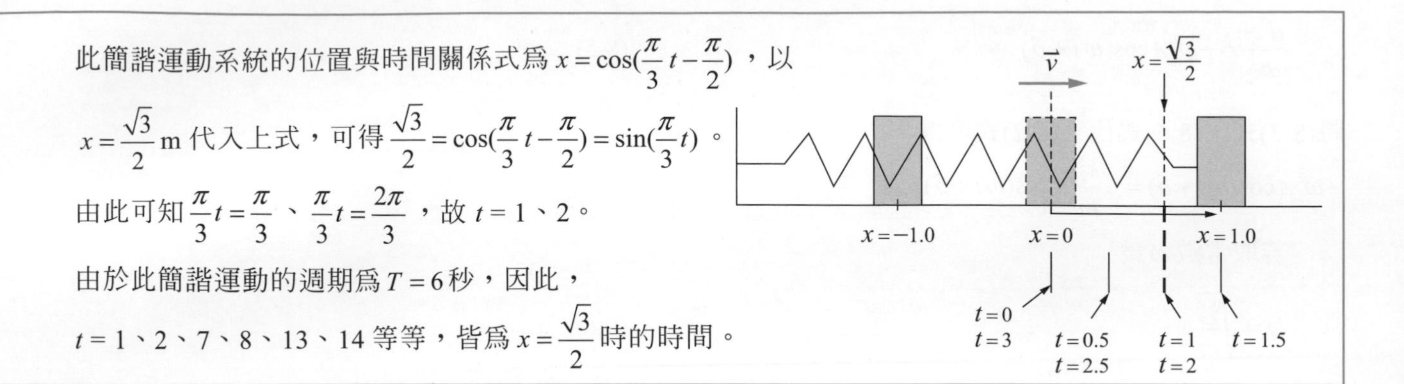

範例 8-2

如圖所示，一個質量為 m 的物體，以水平速率 v 在無摩擦的地面上運動，當其撞上一個彈性係數為 k_s 的彈簧時，就黏在彈簧上，並一起作簡諧運動，試求此簡諧運動的方程式表示式？

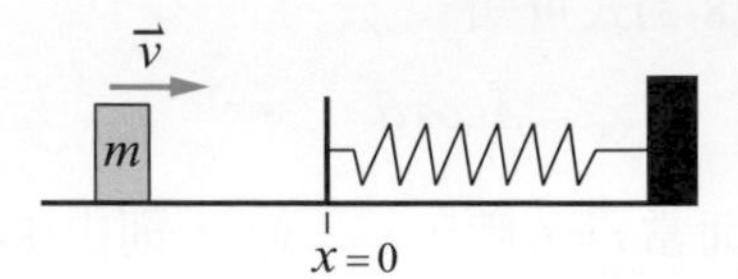

題解 由前面的討論知道，

此相當於開始時，物體位於 $x=0$ 的平衡位置，並具有一個向右的水平速率 v，

因此，此問題相當於是相角為 $\delta=\frac{3\pi}{2}$ 的情形，其簡諧運動的方程式為

$x=A\cos(\omega t+\frac{3\pi}{2})=A\sin(\omega t)$，$v_x=-\omega A\sin(\omega t+\frac{3\pi}{2})=\omega A\cos(\omega t)$，$a_x=-\omega^2 A\cos(\omega t+\frac{3\pi}{2})=-\omega^2 A\sin(\omega t)$，

如果 $m=1.0\text{ kg}$，$k_s=64\text{ N/m}$，$v=4.0\text{ m/s}$，

則簡諧運動的角頻率以及週期為 $\omega=\sqrt{\frac{k_s}{m}}=8$（1/s），$T=\frac{2\pi}{\omega}=\frac{\pi}{4}$（s），

簡諧運動的振幅為 $A=\frac{v}{\omega}=\frac{4}{8}=0.5$（m），

簡諧運動的方程式為 $x=A\cos(\omega t+\frac{3\pi}{2})=A\sin(\omega t)=0.5\sin(8t)$，

$$v_x=-\omega A\sin(\omega t+\frac{3\pi}{2})=\omega A\cos(\omega t)=4\cos(8t)\text{，}$$

$$a_x=-\omega^2 A\cos(\omega t+\frac{3\pi}{2})=-\omega^2 A\sin(\omega t)=-32\sin(8t)\text{。}$$

8-2 簡諧運動的參考圓

為了瞭解簡諧運動的方程式，我們可由介紹參考圓來說明（圖 8-2）。茲考慮質量為 m 的物體以半徑 R 繞 O 點作圓周運動。若將其投影到 x 軸來看，則一個作等速圓周運動的物體，其在 x 軸上的投影，即為簡諧運動。如圖 8-3(a)所示，設物體以等角速率 ω 作圓周運動，物體從 B 點出發，經 t 秒後轉至角位移為 θ 的 P 點處，若其週期為 T，則 $\theta=\frac{t}{T}2\pi=\frac{2\pi}{T}t=\omega t$。今將物體在圓上運動的任何位置投影到 x 軸上來看，在 x 軸上的對應點的位置隨時間的變化關係為

$$x=R\cos\theta=R\cos\omega t \tag{8-9}$$

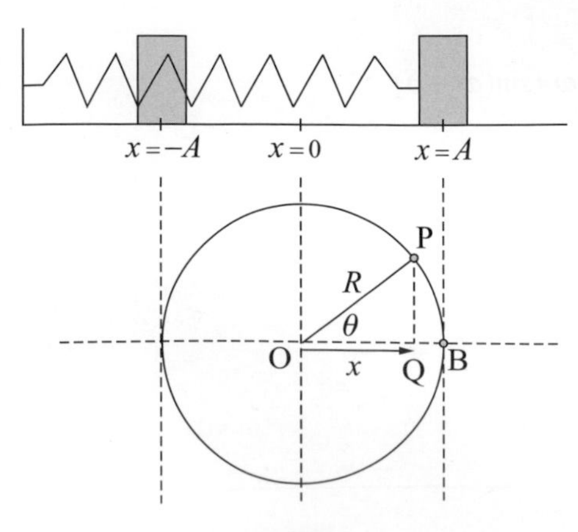

圖 8-2 簡諧運動的參考圓。

由於以角速率 ω 作半徑 R 的圓周運動時，其速率為 $v=\dfrac{2\pi R}{T}=\omega R$。因此，當物體在 P 點時，如圖 8-3(b)所示，其速度的 x 分量為

$$v_x=-v\sin\theta=-\omega R\sin\omega t \tag{8-10}$$

此速度 v_x 正是 P 點在 x 軸上投影 Q 點的速度，由於其方向朝左，因此，為負號。

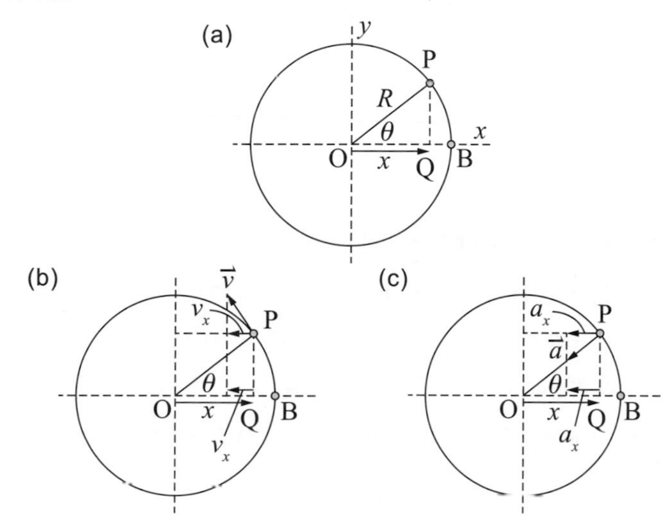

圖 8-3 簡諧運動與其參考圓的位置、速度、加速度之關係。

作等速圓周運動的物體，其加速度的方向恆指向圓心，而其大小為 $a=R\omega^2$。因此，當物體在 P 點時，其加速度的 x 分量為

$$a_x=-a\cos\theta=-\omega^2R\cos\omega t \tag{8-11}$$

此加速度 a_x 正是 P 點在 x 軸上投影 Q 點的加速度，負號代表其方向朝左，如圖 8-3(c)所示。若將(8-3)式、(8-4)式、(8-5)式與(8-9)式、(8-10)式、(8-11)式相互比較，即可發現，當 $\delta=0$ 時，兩者正好相同，而參考圓的半徑 R 正是簡諧運動的振幅 A。至於常數 δ 所代表的意義為何？前面我們是假設物體是從 B 點出發，而此點的角位置為 $\theta=0$，物體的位置正是在 x 軸上，如果物體的起始位置是在 B′ 點，如圖 8-4 所示。而由此點開始作圓周運動，OB′ 與 x 軸的夾角為 δ，此角稱為**相角**（phase angle），代表起點的角位置。於是在經過 t 秒後，物體運動至 P 點其所行經的角位移為 ωt，因此，OP 與 x 軸的夾角為 $\theta=\omega t+\delta$，而其在 x 軸上的投影為

$$x=R\cos\theta=R\cos(\omega t+\delta) \tag{8-12}$$

其速度在 x 軸上投影 v_x 為

$$v_x=-v\sin\theta=-\omega R\sin(\omega t+\delta) \tag{8-13}$$

其加速度在 x 軸上投影 a_x 為

$$a_x=-a\cos\theta=-\omega^2R\cos(\omega t+\delta)=-\omega^2x \tag{8-14}$$

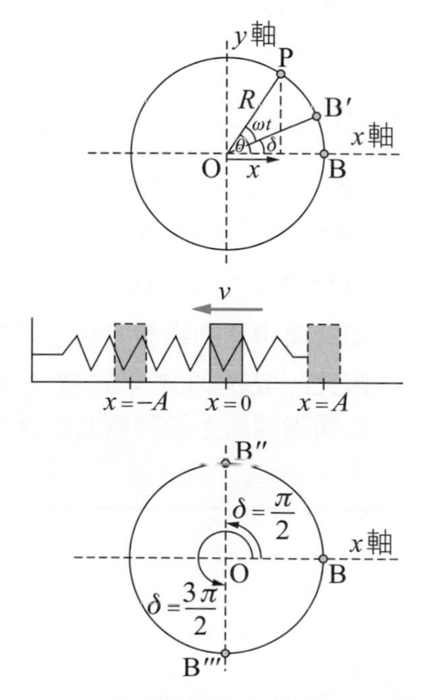

圖 8-4 簡諧運動的相角。

不同的δ代表不同的起始位置。例如當$\delta=\frac{\pi}{2}$時，所代表的圓周運動是物體由與y軸交點的B″點出發。B″點在x軸上投影爲圓心O點，若由物體與彈簧系統來看，此點正是平衡位置。當$\delta=\frac{\pi}{2}$時

$$x=R\cos(\omega t+\frac{\pi}{2})=-R\sin\omega t \quad (8\text{-}15)$$

$$v_x=-\omega R\sin(\omega t+\frac{\pi}{2})=-\omega R\cos\omega t \quad (8\text{-}16)$$

$$a_x=-\omega^2 R\cos(\omega t+\frac{\pi}{2})=\omega^2 R\sin\omega t \quad (8\text{-}17)$$

當$\delta=\frac{3\pi}{2}$時，則代表物體從平衡位置$x=0$出發，以速度向右運動。若從參考圓來看，就是參考圓與y軸交點的B'''點。

當$t=0$時，由(8-15)式、(8-16)式、(8-17)式來看，即爲$x=0$，$v_x=-\omega R$，$a_x=\omega^2 R$。此一簡諧運動的情形爲物體的起始位置在平衡位置，然後突然的給予物體一個初速度$-v$，使其向左運動，其後的運動的情形乃由(8-15)式、(8-16)式、(8-17)式來表示。

範例 8-3

在物體與彈簧系統中，質量爲$m=2\text{ kg}$的物體繫於彈簧常數爲$k_s=200\text{ N/m}$的彈簧末端，若已知$t=0$時，位移爲$x_0=3\text{ cm}$，初速爲$v_0=40\text{ cm/s}$，求系統的振盪週期以及簡諧運動的方程式？

題解 首先求出$\omega=\sqrt{\frac{k_s}{m}}=10$，其次，由$A^2=x_0^2+\frac{v_0^2}{\omega}$，

知$A=\sqrt{(0.03)^2+(\frac{0.4}{10})^2}=0.05$（m），即5 cm，

又由$\tan\delta=-\frac{v_0}{\omega x_0}$，知$\tan\delta=-\frac{0.4}{(10)(0.03)}=-\frac{4}{3}$，

$$\begin{cases}\delta=90°+37°=127°\\ \delta=360°-53°=307°\end{cases}，$$

由$t=0$時，$x_0=3\text{ cm}$，$v_0=40\text{ cm/s}$，

知此簡諧運動物體的初始位置，在對應參考圓的第四象限，

因此，取$\delta=307°=5.358$（rad），

此簡諧運動系統物體的位置與時間關係式爲$x=0.05\cos(10t+5.358)$。

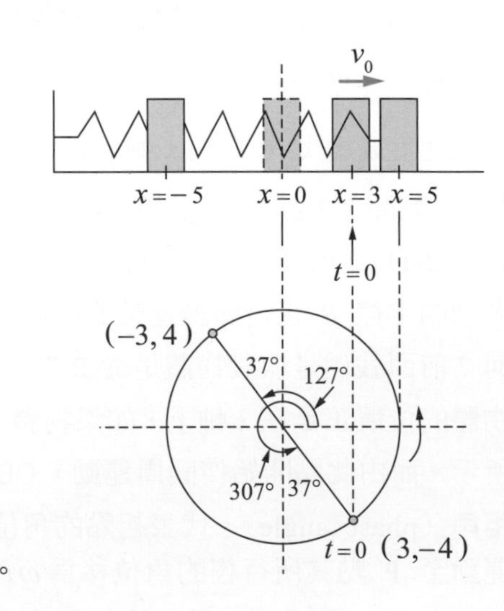

範例 8-4

質量 $m=0.025\text{ kg}$ 的物體，繫在彈力常數爲 $k_s=0.4\text{ N/m}$ 的彈簧，作水平方向的簡諧運動。若物體由最大振幅 $x=A=0.5\text{ m}$ 放手開始振盪（$t=0$，$x=A$）。求通過最大振幅的一半處（$x=0.25\text{ m}$）時，物體的速度及加速度？

題解 由 $T=2\pi\sqrt{\dfrac{m}{k_s}}$，知此簡諧運動的週期爲，$T=\dfrac{\pi}{2}\text{ s}$。

簡諧運動的頻率爲 $f=\dfrac{1}{T}=\dfrac{2}{\pi}$（Hz），其角頻率爲 $\omega=2\pi f=\dfrac{2\pi}{T}=4$（rad/s）。

由 $t=0$，$x=A$ 知，$x=A\cos(\omega t+\delta)$，亦即 $A=A\cos\delta$，$\cos\delta=1$，$\delta=0$。

此簡諧運動的位置、速度及加速度方程式爲

$x=A\cos\omega t=0.5\cos(4t)$，$v=-\omega A\sin\omega t=-2\sin(4t)$，$a=-\omega^2 A\cos\omega t=-8\cos(4t)$。

當通過最大振幅的一半處（$x=0.25\text{ m}$）時，所需時間爲 $0.25=0.5\cos(4t)$，$\cos(4t)=\dfrac{1}{2}$，$t=\dfrac{\pi}{12}$（s）。

因此，通過最大振幅的一半處（$x=0.25\text{ m}$）時的速度及加速度爲

$v=-2\sin(4t)=-2\times\sin\dfrac{\pi}{3}=-\sqrt{3}$（m/s），$a=-8\cos(4t)=-8\times\cos\dfrac{\pi}{3}=-4$（$\text{m/s}^2$）。

8-3 簡諧運動的能量

能量守恆原理提供一個方便的方法分析簡諧運動的問題。由於彈簧的恢復力爲保守力，因此，物體與彈簧系統的總機械能守恆。例如，就位移爲(8-3)式的簡諧運動而言，位能爲 $U=\dfrac{1}{2}k_s x^2=\dfrac{1}{2}k_s A^2\cos^2(\omega t+\delta)$，此位能的最大值爲 $\dfrac{1}{2}k_s A^2$，利用(8-4)式 $v_x=\dfrac{dx}{dt}=-\omega A\sin(\omega t+\delta)$，以及 $\omega=\sqrt{\dfrac{k_s}{m}}$，可得在此時刻的動能爲 $K=\dfrac{1}{2}mv_x^2=\dfrac{1}{2}m\omega^2 A^2\sin^2(\omega t+\delta)=\dfrac{1}{2}k_s A^2\sin^2(\omega t+\delta)$，由此可得總機械能爲 $E=U+K=\dfrac{1}{2}k_s A^2$。由於 k_s 與 A 均爲常數，這就表示出總機械能在整個運動的過程中是保持不變。今由機械能守恆 $E=U+K$ 恆保持不變，亦即

$$E=\frac{1}{2}k_s A^2=\frac{1}{2}k_s x^2+\frac{1}{2}mv_x^2 \tag{8-18}$$

可得物體在任何時刻的速率爲

$$v_x=\pm\sqrt{\frac{k_s}{m}(A^2-x^2)}=\pm\omega\sqrt{A^2-x^2} \tag{8-19}$$

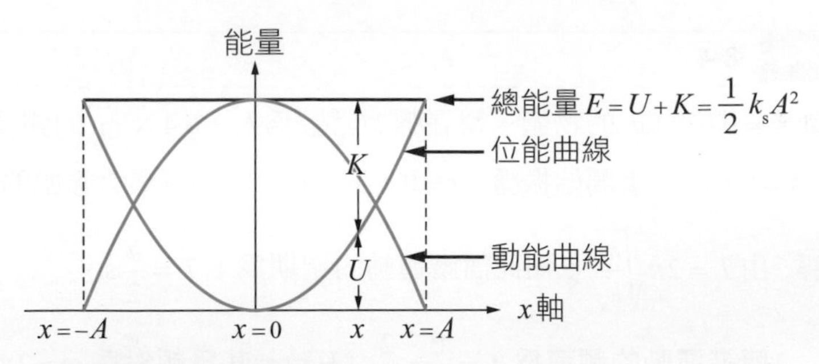

圖 8-5 簡諧運動的位能與動能。

圖 8-5 為以能量為縱坐標，x 軸為橫坐標的能量曲線與位置關係圖。在 $x=\pm A$ 處，總能量全為位能，即 $E=U=\frac{1}{2}k_sA^2$，而在 $x=0$ 處，總能量全為動能，即 $E=K=\frac{1}{2}mv_{x,\max}^2$，由能量守恆知

$$E=\frac{1}{2}k_sA^2=\frac{1}{2}mv_{x,\max}^2 \tag{8-20}$$

於是

$$v_{x,\max}=\pm\sqrt{\frac{k_s}{m}}A=\pm\omega A \tag{8-21}$$

範例 8-5

某物體作簡諧運動，物體由最大振幅處開始運動，當距離平衡位置 4 m 時，其速度為 –6 m/s，而距離平衡位置 3 m 時，其速度為 –8 m/s，求此簡諧運動系統的振盪週期、振幅、物體的最大速度、物體的最大加速度。

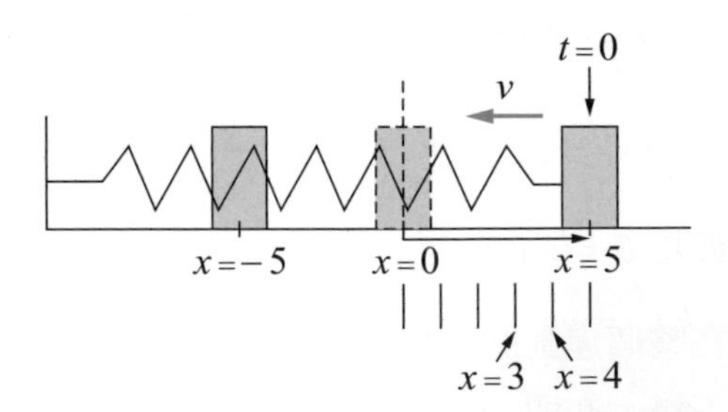

題解 由 $v=\pm\sqrt{\frac{k_s}{m}(A^2-x^2)}=\pm\omega\sqrt{A^2-x^2}$，知

$6=\pm\omega\sqrt{A^2-4^2}=\pm\omega\sqrt{A^2-16}\cdots$①，

$8=\pm\omega\sqrt{A^2-3^2}=\pm\omega\sqrt{A^2-9}\cdots$②，

由①②可得 $A=5\,\text{m}$，$\omega=2\,\text{rad/s}$，因此，$T=\frac{2\pi}{\omega}=\pi$。

此簡諧運動系統的位置與時間關係式為 $x=A\cos(2t+\delta)$，

物體由最大振幅處開始運動，即 $t=0$ 時，$x=A$，則 $\delta=0$，

$x=5\cos(2t)$、$v=-10\sin(2t)$、$a=-20\cos(2t)$，

物體的最大速度為 $v_{\max}=\pm10\,\text{m/s}$，物體的最大加速度為 $a_{\max}=\pm20\,\text{m/s}^2$。

設距離平衡位置 3 m，即 $x=3\,\text{m}$，的時間為 t_3，則 $3=5\cos(2t_3)$，

距離平衡位置 4 m，即 $x=4\,\text{m}$，的時間為 t_4，則 $4=5\cos(2t_4)$，

於是知 $2t_3=\frac{3}{5}=\frac{37}{180}\pi$（rad），$2t_4=\frac{4}{5}=\frac{53}{180}\pi$（rad），$t_4-t_3=\frac{53-37}{360}\pi=\frac{2}{45}\pi$，

此為物體由 $x=4\,\text{m}$ 運動到 $x=3\,\text{m}$，所經歷的最短時間。

範例 8-6

在物體與彈簧系統中，已知物體的質量爲 m，彈簧常數爲 k_s，物體的最大動能爲 E，最大速度爲 v_{max}，最大加速度爲 a_{max}。求當物體的位移爲振幅的 $\frac{3}{5}$ 時，物體的動能與位能之比值。

題解 由於總能量等於物體的最大動能，也等於物體的最大位能，因此 $E=\frac{1}{2}mv_{max}^2=\frac{1}{2}k_sA^2$，

由此可得 $v_{max}^2=\frac{k_sA^2}{m}$，又物體最大加速度爲 $a_{max}=A\omega^2=A\frac{k_s}{m}$，由此知 $A=\frac{ma_{max}}{k_s}$。

當 $x=\frac{3}{5}A$ 時，物體的位能爲 $U=\frac{1}{2}k_sx^2=\frac{1}{2}k_s\frac{9A^2}{25}=\frac{9k}{50}A^2=\frac{9k_s}{50}\frac{m^2a_{max}^2}{k_s^{\,2}}=\frac{9m^2a_{max}^2}{50k_s}$，

當 $x=\frac{3}{5}A$ 時，物體的動能爲 $K=\frac{1}{2}mv^2=\frac{1}{2}m[\frac{k_s}{m}(A^2-x^2)]=\frac{1}{2}m[\frac{k_s}{m}(\frac{m^2a_{max}^2}{k_s^{\,2}}-\frac{9A^2}{25})]=\frac{8m^2a_{max}^2}{25k_s}$，

此時總能量爲 $E=U+K=\frac{m^2a_{max}^2}{2k_s}$。此時物體的位能與動能之比值爲 $\frac{U}{K}=\frac{9}{16}$。

範例 8-7

範例 8-4 中，此系統的總能量爲何？物體的最大速度爲何？物體的最大加速度爲何？

題解 系統的總能量爲 $E=\frac{1}{2}mv^2+\frac{1}{2}k_sx^2=\frac{1}{2}(0.025)(\sqrt{3})^2+\frac{1}{2}(0.4)(0.25)^2=0.05$（J），

物體的最大速度爲 $v_{max}=\omega A=4\times 0.5=2$（m/s），最大加速度爲 $a_{max}=\omega^2A=4^2\times 0.5=8$（$m/s^2$）。

8-4 垂直懸掛的彈簧

考慮彈簧垂直懸掛質量 m 的物體之振動情形（圖 8-6）。彈簧的力常數爲 k_s，其不掛物體時的自然長度爲 ℓ，當懸掛質量爲 m 的物體時，彈簧的伸長了 ℓ_0 而處於平衡位置，如圖 8-6 所示，在該處彈簧的恢復力正等於物重，亦即

$$k_s\ell_0=mg \tag{8-22}$$

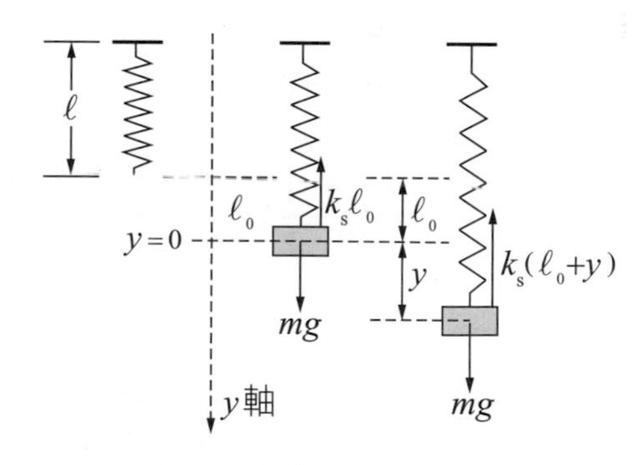

圖 8-6 垂直懸掛的彈簧。

對於彈簧垂直懸掛的情形，我們假設物體是在 y 軸上運動，其平衡位置的坐標定爲 y 軸的原點 $y=0$，並設向下的方向爲正方向。若物體是在平衡位置的下方坐標 y 處，則此時物體所受到的彈簧恢復力爲 $-k_s(\ell_0+y)$，由於其方向朝上，故取負値，而物體所受到的重力爲 mg，其方向朝下，故取正値，因此，作用於物體的合力爲

$$F=-k_s(\ell_0+y)+mg=-k_sy \tag{8-23}$$

我們若將懸掛的物體自其平衡位置往下拉一段距離 A，然後放手，則物體會以平衡位置爲中心，作振幅爲 A 的簡諧運動，其週期爲 $T=2\pi\sqrt{\frac{m}{k_s}}$。彈簧垂直懸掛質量爲 m 的物體之運動方程式爲

$$F = m\frac{d^2y}{dt^2} = -k_s y \qquad (8\text{-}24)$$

$$\frac{d^2y}{dt^2} + \frac{k_s}{m}y = 0 \qquad (8\text{-}25)$$

其位移 y 隨時間的變化關係為

$$y = A\cos(\omega t + \delta) \qquad (8\text{-}26)$$

式中 A 為振幅，ω 為角頻率，δ 為相角，其分析方法與水平放置的彈簧一樣。

範例 8-8

將質量 $m = 2$ kg 的物體懸掛於彈簧常數 $k_s = 200$ N/m 的鉛直彈簧下端。若物體由彈簧沒有伸長時開始釋放，求此簡諧運動系統的振盪週期，物體的最大速度，物體的最大加速度。($g = 10$ m/s^2)

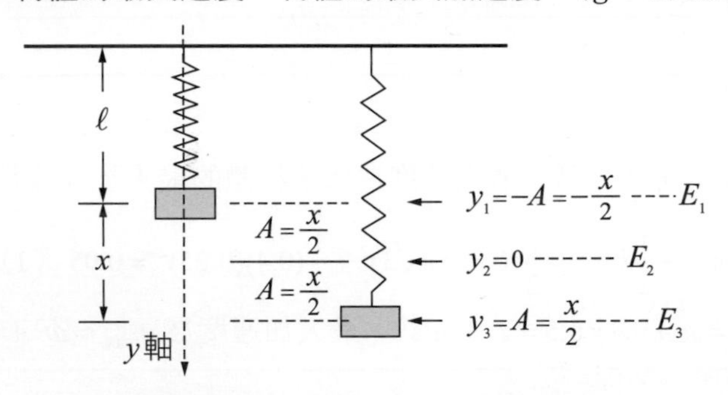

題解 設彈簧的原長為 ℓ (m)，彈簧的伸長量最大值為 x (m)，並假設物體在此最低位置時的重力位能為零。

此簡諧運動系統的振盪週期為 $T = 2\pi\sqrt{\frac{m}{k_s}} = \frac{\pi}{5}$。

系統在圖中三個位置的總能量為

$E_1 = mgx$，

$E_2 = \frac{1}{2}mv_{max}^2 + \frac{1}{2}k_s(\frac{x}{2})^2 + mg(\frac{x}{2}) = \frac{1}{2}mv_{max}^2 + \frac{1}{8}k_s x^2 + \frac{1}{2}mgx$，

$E_3 = \frac{1}{2}k_s x^2$，

由 $E_1 = E_3$ 可得 $x = \frac{2mg}{k_s} = 0.2$ (m)，而振幅為 $A = \frac{x}{2} = 0.1$ (m)。

物體的最大加速度出現在最高點，因此，$a_{max} = g$。

物體的最大速度出現在通過平衡位置時，因此，由 $E_1 = E_2$ 可得 $v_{max} = \sqrt{\frac{m}{k_s}}g = 1$ (m/s)。

範例 8-9

若範例 8-8 改爲彈簧的原長爲 ℓ（m），物體原先靜止於彈簧的下端，距彈簧的原長處爲 x（m），今再將物體往下拉 $\frac{x}{2}$（m），然後放手，求此簡諧運動系統的振盪週期，物體的最大速度，物體的最大加速度。（$g = 10\ \text{m/s}^2$）

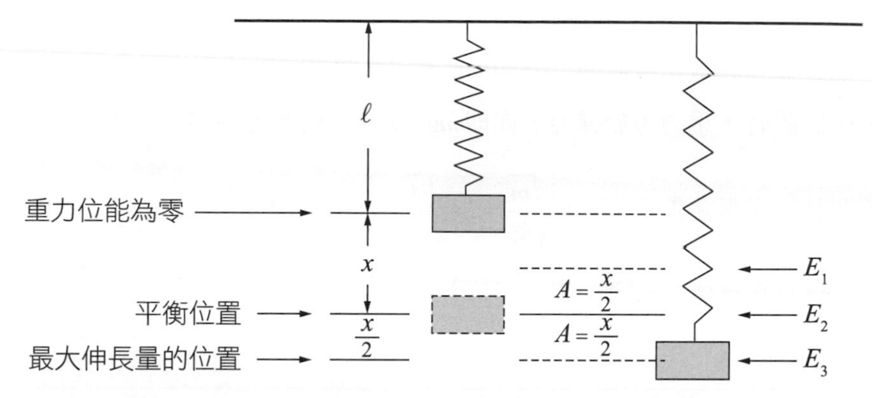

題解 物體原先靜止於彈簧的下端，此即平衡位置，並假設在的原長處的重力位能爲零。

由其距彈簧的原長處爲 x（m），知 $mg = k_s x$，$x = \frac{mg}{k_s} = 0.1$（m），

系統的振幅爲 $A = \frac{x}{2} = \frac{mg}{2k_s} = 0.05$（m），此簡諧運動系統的振盪週期爲 $T = 2\pi\sqrt{\frac{m}{k_s}} = \frac{\pi}{5}$。

系統在圖中三個位置的總能量爲

$$E_1 = -mg\frac{x}{2} + \frac{1}{2}k_s(\frac{x}{2})^2 = -mg\frac{mg}{2k_s} + \frac{1}{2}k_s(\frac{mg}{2k_s})^2 = -\frac{3m^2g^2}{8k_s} = -\frac{3}{4}\ (\text{J}),$$

$$E_2 = -mgx + \frac{1}{2}k_s x^2 + \frac{1}{2}mv^2 = -mg\frac{mg}{k_s} + \frac{1}{2}k_s(\frac{mg}{k_s})^2 + \frac{1}{2}mv^2 = -\frac{m^2g^2}{2k_s} + \frac{1}{2}mv^2,$$

$$E_3 = -mg\frac{3x}{2} + \frac{1}{2}k_s(\frac{3x}{2})^2 = -mg\frac{3mg}{2k_s} + \frac{1}{2}k_s\frac{9m^2g^2}{4k_s^2} = -\frac{3m^2g^2}{8k_s} = -\frac{3}{4}\ (\text{J}),$$

由能量守恆知 $E_1 = E_2 = E_3$，由此可得物體的最大速度爲 $-\frac{3m^2g^2}{8k_s} = -\frac{m^2g^2}{2k_s} + \frac{1}{2}mv^2$，

$v = \frac{1}{2}g\sqrt{\frac{m}{k_s}} = 0.5$（m/s），

物體的最大加速度出現在能量爲 E_1 處，此時物體所受的合力爲 $F = mg - k_s(\frac{x}{2}) = \frac{1}{2}mg$，

因此，在此位置的加速度爲 $a = \frac{1}{2}g = 5$（m/s^2）。

範例 8-10

一個彈力常數爲 k_s 的彈簧，下端掛一個質量 $m = 0.5$ kg 的物體，設物體最初靜止且彈簧並沒有伸長，此時將物體釋放而開始振盪。若物體的最低位置係在其最初位置的下方 20 公分，求振盪週期以及彈力常數爲何？（$g = 10\ \text{m/s}^2$）

題解 由物體的最低位置係在其最初位置的下方 20 cm，知此簡諧運動的振幅爲 $A = 10\ \text{cm} = 0.1\ \text{m}$。

今由物體在平衡位置時，重力等於彈力，亦即 $mg = k_s A$，由此可得 $\dfrac{m}{k_s} = \dfrac{A}{g}$，

因此，此簡諧運動的振盪週期爲 $T = 2\pi\sqrt{\dfrac{m}{k_s}} = 2\pi\sqrt{\dfrac{A}{g}} = 0.2\pi$（s），

由 $mg = k_s A$，知彈力常數爲 $k_s = \dfrac{mg}{A} = 50$（N/m）。

範例 8-11

上題中，當物體在最初位置的下方 6 公分時，其速度及加速度爲何？

題解 此簡諧運動的方程式爲 $y = A\cos(\omega t + \delta)$，

由題意知，$t = 0$ 時，$y = -A$，故 $\cos\delta = -1$，$\delta = \pi$。

又 $\omega = \dfrac{2\pi}{T} = 10$（rad/s），於是可得 $y = -A\cos(\omega t)$，$v = A\omega\sin(\omega t)$，$a = A\omega^2\cos(\omega t)$，

當 $y = 0.06\ \text{m}$ 時，$0.06 = -0.1\times\cos(\omega t)$，由此可得 $\cos(\omega t) = -\dfrac{3}{5}$，$\sin(\omega t) = \pm\dfrac{4}{5}$，

由此可得 $v = A\omega\sin(\omega t) = (0.1)(10)(\pm\dfrac{4}{5}) = \pm 0.8$（m/s），$a = A\omega^2\cos(\omega t) = (0.1)(100)(\pm\dfrac{3}{5}) = \pm 6$（$\text{m/s}^2$）。

8-5 簡諧運動的應用

單擺

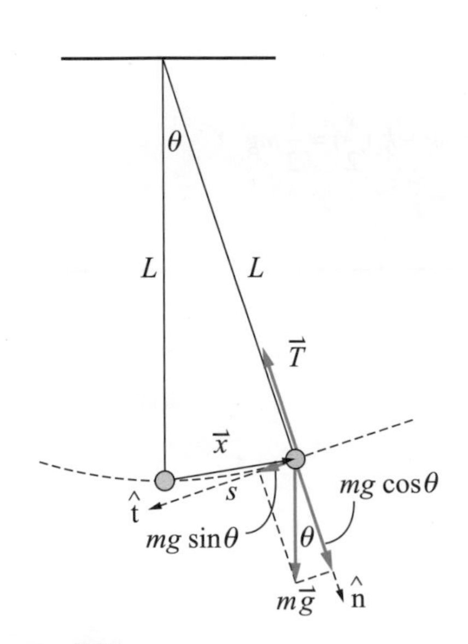

圖 8-7 單擺。

單擺（simple pendulum）由一質量可忽略的細繩，繫著點狀質量的擺錘所組成。把擺錘拉到平衡位置的一旁，然後再放手，擺錘就在附近振盪，這種運動與簡諧運動很相似。如圖 8-7 所示，長度爲 L 的細繩，繫著質量爲 m 的擺錘，所形成的單擺。作用於擺錘上的作用力有重力與細繩的張力，若細繩與垂直線的夾角爲 θ，此時可將重力 $m\vec{g}$ 分解爲兩個分量，一是大小爲 $mg\cos\theta$ 的法線分量，另一是大小爲 $mg\sin\theta$ 的切線分量，那麼在法線方向上，細繩的張力與重力的法線分量之差，便提供了擺錘在圓弧上運動所須的向心力。在切線方向上，重力的切線分量 $mg\sin\theta$ 便是作用於擺錘上的恢復力。依據牛頓運動定律的分析，可得

$$\vec{F}=\vec{T}+m\vec{g}=-T\hat{\text{n}}+(mg\cos\theta\hat{\text{n}}+mg\sin\theta\hat{\text{t}})$$
$$=(T-mg\cos\theta)(-\hat{\text{n}})+mg\sin\theta\hat{\text{t}}$$
$$=F_{\text{n}}(-\hat{\text{n}})+F_{\text{t}}\hat{\text{t}} \qquad (8\text{-}27)$$

上式中 $F_{\text{n}}=T-mg\cos\theta$ 是提供了擺錘在圓弧上運動所須的向心力，而 $mg\sin\theta$ 便是使作用於擺錘上的恢復力。恢復力並不與角度 θ 成正比，而是與 $\sin\theta$ 成正比，故一般而言，此並非簡諧運動。但是若角度 θ 很小時，此時 $\sin\theta$ 的值趨近於角度 θ 的值，例如：若 $\theta=5°=0.0873$ 弧度，此時，$\sin 5°=0.0872$，兩者甚為接近，於是當角度 θ 很小時，恢復力的大小可寫為

$$F_{\text{t}}=-mg\sin\theta\approx-mg\theta \qquad (8\text{-}28)$$

上式中的負號代表恢復力的方向，是與擺錘自平衡位置擺至角度為 θ 處的位移方向相反。若以 $\vec{x}$ 代表擺錘自平衡位置擺至角度為 θ 處的位移，則

$$F_{\text{t}}\approx-mg\theta=-mg\frac{x}{L}=-k_{\text{s}}x \qquad (8\text{-}29)$$

當擺角甚小時，弦長 x 可用弧長 s 代替，因此，上式可寫為

$$F_{\text{t}}=-mg\frac{s}{L}=-k_{\text{s}}s \qquad (8\text{-}30)$$

單擺所遵循的運動方程式為

$$F_{\text{t}}=ma=m\frac{d^2x}{dt^2}=-mg\theta \qquad (8\text{-}31)$$

由於 $x=s=L\theta$，因此

$$mL\frac{d^2\theta}{dt^2}+mg\theta=0 \qquad (8\text{-}32)$$

或寫為

$$\frac{d^2\theta}{dt^2}+\frac{g}{L}\theta=0 \qquad (8\text{-}33)$$

若將此方程式具有一般的簡諧運動方程式 $\frac{d^2x}{dt^2}+\frac{k_{\text{s}}}{m}x=0$ 的形式，因此，它的解可寫為 $\theta=\theta_{\text{m}}\cos(\omega t+\delta)$ 的形式。由於一般的簡諧運動 $\omega=\sqrt{\frac{k_{\text{s}}}{m}}$，若對應於單擺的簡諧運動方程式，則為 $\omega=\sqrt{\frac{g}{L}}$，由此可得單擺的振盪週期為 $T=2\pi\sqrt{\frac{L}{g}}$。

範例 8-12

在物理學單擺的實驗中，若已知擺長為 $L = 1.5$ m，經測量得到的週期為 $T = 2.45$ s，求該地點的重力加速度為何？

題解 由 $T = 2\pi\sqrt{\dfrac{L}{g}}$，可得重力加速度為 $g = \dfrac{4\pi^2 L}{T^2} = 9.865$（$\text{m/s}^2$）。

複擺

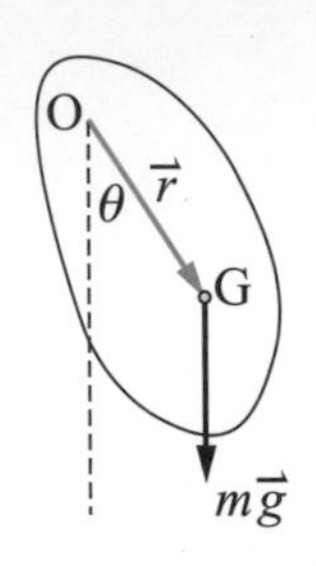

圖 8-8　複擺。

單擺的擺錘質量集中於一個點，而複擺（physical pendulum）的擺錘是一大塊的物體（圖 8-8），因此，我們需考慮整個物體的重心。重心是重力作用於整個物體的位置，若轉軸 O 至擺錘重心 G 的位置向量為 $\vec{r}$，則重力對轉軸的力矩為

$$\vec{\tau} = \vec{r} \times m\vec{g} \tag{8-34}$$

其大小為

$$\tau = rmg\sin\theta \tag{8-35}$$

若擺動的角度不大，則

$$\tau \approx -rmg\theta = -k_s\theta \tag{8-36}$$

其中的負號表示恢復力矩與角位移的方向是相反的，而常數 $k_s = rmg$。而其簡諧運動方程式為

$$\tau = -k_s\theta = I\frac{d^2\theta}{dt^2} \tag{8-37}$$

或寫為

$$\frac{d^2\theta}{dt^2} + \frac{k_s}{I}\theta = 0 \tag{8-38}$$

於是此簡諧運動的角頻率與週期為

$$\omega = \sqrt{\frac{k_s}{I}} = \sqrt{\frac{mgr}{I}} \tag{8-39}$$

$$T = 2\pi\sqrt{\frac{I}{k_s}} = 2\pi\sqrt{\frac{I}{mgr}} \tag{8-40}$$

範例 8-13

如圖所示，一根長度為 L，質量為 m 且均勻分布的長桿，從端點懸掛於某水平軸上作擺動，求其週期？

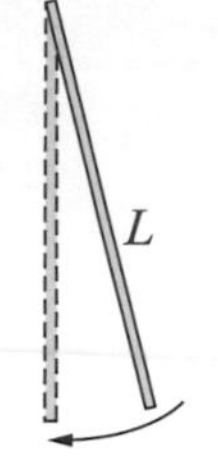

題解 由複擺週期為 $T=2\pi\sqrt{\dfrac{I}{mg\dfrac{L}{2}}}$，其中轉動慣量需利用到平行軸定理，長度 L、質量 m 的均勻長桿，

繞中心轉動的轉動慣量 $I=\dfrac{1}{12}mL^2$，改繞端點轉動的轉動慣量 $I=\dfrac{1}{12}mL^2+m(\dfrac{L}{2})^2=\dfrac{mL^2}{3}$，

由此可得此複擺的週期為 $T=2\pi\sqrt{\dfrac{2I}{mgL}}=2\pi\sqrt{\dfrac{\dfrac{2mL^2}{3}}{mgL}}=2\pi\sqrt{\dfrac{2L}{3g}}$。

環擺

環擺是複擺的一個例子，如圖 8-9 所示，設圓環的半徑為 r，質量為 m。對支點 O 而言，重力所造成的恢復力矩之大小為

$$\tau=-rmg\sin\theta\approx-rmg\theta=-k_s\theta \tag{8-41}$$

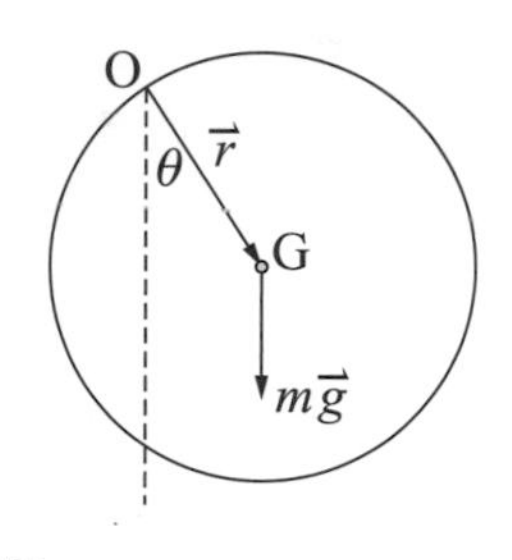

圖 8-9 環擺。

圓環繞通過圓心垂直圓平面的轉軸轉動慣量 $I_c=mr^2$，由平行軸定理，而圓環對支點 O 的轉動慣量為

$$I=I_c+mr^2=2mr^2 \tag{8-42}$$

其簡諧運動方程式為

$$\tau=-k_s\theta=-rmg\theta=I\frac{d^2\theta}{dt^2} \tag{8-43}$$

或寫為

$$\frac{d^2\theta}{dt^2}+\frac{k_s}{I}\theta=0 \tag{8-44}$$

於是此簡諧運動的角頻率與週期為

$$\omega=\sqrt{\frac{k_s}{I}}=\sqrt{\frac{mgr}{I}} \tag{8-45}$$

$$T=2\pi\sqrt{\frac{I}{k_s}}=2\pi\sqrt{\frac{I}{mgr}}=2\pi\sqrt{\frac{2r}{g}}=\frac{2\pi}{\sqrt{g}}(\sqrt{D}) \tag{8-46}$$

其中圓環直徑 $D=2r$。

若將環擺的週期 T 與直徑的關係寫為 $T=AD^n$，則

$$A=\frac{2\pi}{\sqrt{g}}\approx0.2\text{，}n=\frac{1}{2} \tag{8-47}$$

若與單擺的週期比較

$$T = 2\pi\sqrt{\frac{L}{g}} = \frac{2\pi}{\sqrt{g}}\sqrt{L} \qquad (8\text{-}48)$$

與單擺運動比較，直徑為 D 的環擺是相當於質量相同，而擺長為 $L = D$ 的單擺。

扭擺

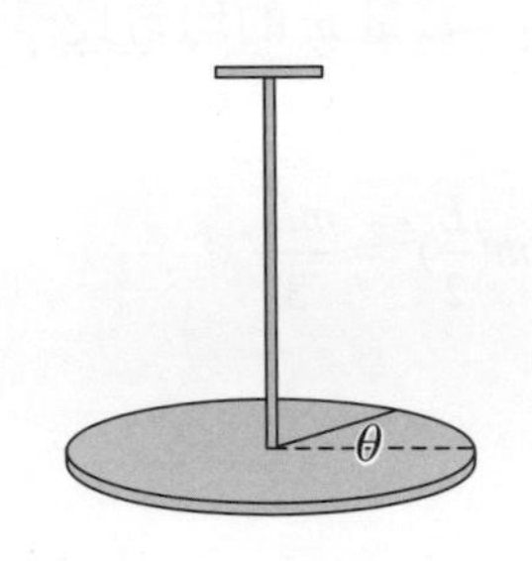

圖 8-10 扭擺。

角諧運動是物體繞某一軸轉的情形，稱為扭擺（torsion pendulum），如圖 8-10 所示，轉動慣量為 I 的物體繞軸轉動的恢復力矩與角位移的方向是相反的，即 $\tau = -k_s\theta$，此處的常數 k_s 稱為扭轉常數，角諧運動的運動方程式為

$$\tau = I\alpha = I\frac{d^2\theta}{dt^2} = -k_s\theta \qquad (8\text{-}49)$$

或寫為

$$\frac{d^2\theta}{dt^2} + \frac{k_s}{I}\theta = 0 \qquad (8\text{-}50)$$

上式的一般解為

$$\theta = \theta_{max}\cos(\omega t + \delta) \qquad (8\text{-}51)$$

θ_{max} 為最大角位移，δ 為相角，此簡諧運動的角頻率與週期為

$$\omega = \sqrt{\frac{k_s}{I}} \qquad (8\text{-}52)$$

$$T = 2\pi\sqrt{\frac{I}{k_s}} \qquad (8\text{-}53)$$

範例 8-14

圓錐擺，如圖所示，質量為 m 的物體以長度為 L 的繩子繫之，上端固定，下端的物體在水平面上作等速圓周運動，其擺繩與鉛直線夾 θ 的角度，求此圓錐擺的週期？

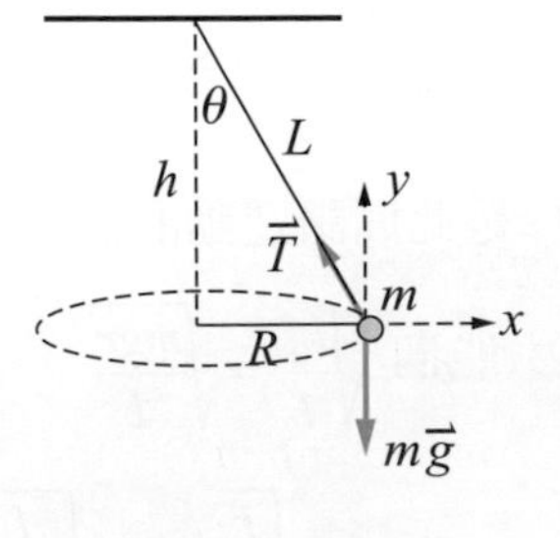

題解 設 T 為繩子的張力，而 t 為圓錐擺的週期。

今由 m 所受到的合力為

$\vec{F} = \vec{T} + m\vec{g} = -T\sin\theta\,\hat{i} + T\cos\theta\,\hat{j} - mg\,\hat{j} = (-T\sin\theta)\hat{i} + (T\cos\theta - mg)\hat{j}$，

又 $\vec{F} = m\vec{a} = m(-a_x\hat{i} + a_y\hat{j})$，

因為物體係在水平面上作等速圓周運動，

因此 $a_x =$ 向心加速度 $= m\dfrac{v^2}{R} = m\dfrac{4\pi^2 R}{t^2} = m\dfrac{4\pi^2 L\sin\theta}{t^2}$，$a_y = 0$，

由此可得 $a_x = T\sin\theta = m\dfrac{4\pi^2 L\sin\theta}{t^2}$，$T = \dfrac{m4\pi^2 L}{t^2}$，

又由 $T\cos\theta = mg$，知 $T = \dfrac{mg}{\cos\theta}$，代入上式可得 $T = \dfrac{mg}{\cos\theta} = \dfrac{m4\pi^2 L}{t^2}$，$t = 2\pi\sqrt{\dfrac{L\cos\theta}{g}}$。

範例 8-15

單擺的擺錘質量爲 $m = 0.5\ \text{kg}$，擺長 $L = 1\text{m}$，若由與垂直線的夾 $30°$ 處靜止釋放，求週期及角位移隨時間變化的關係。

題解 由 $\omega = \sqrt{\dfrac{g}{L}} = \sqrt{\dfrac{9.8}{1}} = 3.13$，由此可得單擺的週期爲 $T = 2\pi\sqrt{\dfrac{L}{g}} = 6.28\sqrt{\dfrac{1}{9.8}} \approx 2$，

又由 $\theta = \theta_{\text{m}}\cos(\omega t + \delta)$ 知，當 $t = 0$ 時，$\theta = 30° = 30(\dfrac{2\pi}{360}) = 0.523$（rad），$0.523 = \theta_{\text{m}}\cos\delta \cdots$①，

又由 $t = 0$ 時，單擺的速率爲零，由此可得 $v = L\dfrac{d\theta}{dt} = -L\omega\theta_{\text{m}}\sin(\omega t + \delta)$，$0 = -3.13\theta_{\text{m}}\sin\delta \cdots$②，

由①②可得 $\theta_{\text{m}} = 0.523$，$\delta = 0$，因此，角位移隨時間變化的關係爲 $\theta = 0.523\cos(3.13t)$。

8-6 阻尼振盪

一般的振盪運動如果沒有外力維持，振盪的振幅通常會逐漸的減小，這是因爲有阻力存在的緣故。本節中我們先來看看這幾乎無所不在的阻力對振盪運動的影響，然後探討如何利用這影響，又如何抵消這影響，以使得振盪運動能持續的維持下去。以理想彈簧繫著一個物體作簡諧運動的系統爲例，如果物體與支持它的水平桌面之間有摩擦，摩擦力會消耗其振盪運動的能量，使得振幅逐漸的減小。

令我們感到興趣而容易處理的阻力形式是，阻力的大小與物體運動速度的大小成正比，而方向與之相反的阻力。這種阻力可用 $f = -2m\beta v$ 表示，其中 m 爲物體的質量，v 爲物體運動速度的大小，β 爲一個比例常數，其因次恰好與頻率相同。設想物體最初係靜止於某一位置 $x = x_{\text{m}}$ 處，而於 $t = 0$ 時開始作振盪運動。

若 β 很小，則物體回到平衡點 $x = 0$ 時，還會有某種程度的動能，使物體繼續往平衡點的另一側運動，但是它到不了 $x = -x_{\text{m}}$ 處，因爲能量一直在減少。同理，當它折返時，也到達不了 $x = x_{\text{m}}$ 處，因此，振幅逐漸的減小，如圖 8-11(a)所示，這種情況稱爲**次阻尼振動**（under-damped oscillation）。

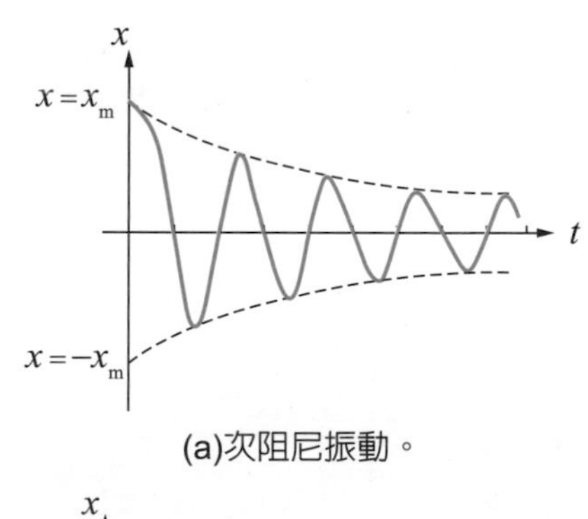

(a)次阻尼振動。

若 β 很大，以致於阻力所造成的減速很顯著，則物體的振盪運動跟本不會超過平衡點，朝平衡點移動的速度會很小，要經過很久才能回到平衡點，如圖 8-11(b)所示，這種情況稱爲**過阻尼振動**（over-damped oscillation）。

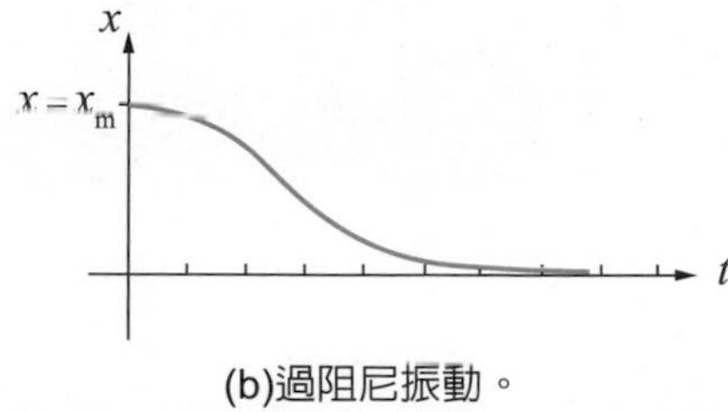

(b)過阻尼振動。

圖 8-11 阻尼振盪。

天平與彈簧若呈次阻尼振動，則會造成很大的不方便，此時需要增加其阻尼。阻尼存在也有它的好處，橡膠的滯後效應顯示其具有阻尼的存在，它用處在於吸收振動的能量。因此，我們常把橡皮襯墊放在會振動的機件與需要固定的物件之間，讓阻尼消耗振動的能量，以減少不必要的振動。

在具有阻尼的振盪運動中，如果在每一次的振盪中，能對系統作功以輸入能量，就能補償因阻尼所損失的能量，因此，就能繼續維持振動。人們常用週期性的外力對振動系統作功，以使物體維持振盪運動，這種以外力強迫振動的運動稱爲**強迫振動**（forced oscillation）。

若驅動外力的週期與振動系統本身的週期不同，有時外力會與受驅動的物體運動同向，而有時會反向，由於兩者不同步，因此，效果會自相抵消，不能維持振盪運動或使振幅加大。所以，驅動外力與振動系統本身的頻率相同時，才能提供正面的能量，而使振動系統加大振幅，這種現象稱爲**共振**（resonance）。

一般而言，當有阻尼力作用的簡諧運動方程式表爲

$$m\frac{d^2x}{dt^2}=-k_s x-2m\beta\frac{dx}{dt} \tag{8-54}$$

若以 ω_0 代表簡諧運動的振動角頻率，即 $\omega_0=\sqrt{\frac{k_s}{m}}$ ，則上式可寫爲

$$\frac{d^2x}{dt^2}+2\beta\frac{dx}{dt}+\omega_0^2 x=0 \tag{8-55}$$

假設 $t=0$ 時，$x=x_0$ ，$\frac{dx}{dt}=0$ ，則上式的解可寫爲

$$x=x_0 e^{-\beta t}(\cos\sqrt{\omega_0^2-\beta^2}\,t+\frac{\beta}{\sqrt{\omega_0^2-\beta^2}}\sin\sqrt{\omega_0^2-\beta^2}\,t)，\quad \omega_0>\beta \tag{8-56}$$

$$x=x_0 e^{-\beta t}(\cosh\sqrt{\omega_0^2-\beta^2}\,t+\frac{\beta}{\sqrt{\omega_0^2-\beta^2}}\sinh\sqrt{\omega_0^2-\beta^2}\,t)，\quad \omega_0<\beta \tag{8-57}$$

當 β 小於簡諧運動的振動角頻率時，即 $\omega_0>\beta$ ，此爲次阻尼振動的情形；當 β 大於簡諧運動的振動角頻率時，即 $\omega_0<\beta$ ，則爲過阻尼振動的情形；當 β 等於簡諧運動的振動角頻率時，即 $\omega_0=\beta$ ，則稱爲**臨界阻尼振動**（critical-damped oscillation）的情形，此時的解可寫爲

$$x=x_0(1+\beta t)e^{-\beta t}，\quad \omega_0=\beta \tag{8-58}$$

範例 8-16

設某一個阻尼振盪，其中 $m = 0.25\ \text{kg}$，$k_s = 2\ \text{N/m}$，比例常數 $\beta = 0.14$（1/s）。試求此振盪是屬於何種阻尼振盪？又當其振幅減至原來值的一半，需多少時間？

題解 首先，我們求出此阻尼振盪角頻率，即 $\omega_0 = \sqrt{\dfrac{k_s}{m}} = \sqrt{\dfrac{2}{0.25}} = 2.828$（1/s），其振盪週期為 $T = \dfrac{2\pi}{\omega_0} = 2.22$（s）。

由於 $\omega_0 = 2.828 > \beta = 0.14$，因此，為次阻尼振動的情形。

當其振幅減至原來值的一半，所需的時間應滿足 $\dfrac{A}{2} = Ae^{-\beta t}$，由此可得 $t = \dfrac{\ln 2}{\beta} = \dfrac{0.693}{0.14} = 4.95$（s）。

若驅動外力隨時間的變化表為 $F = F_{max} \cos \omega_e t$，則此系統的整個運動方程式表為 $\dfrac{d^2x}{dt^2} + 2\beta \dfrac{dx}{dt} + \omega_0^2 x = \dfrac{F_{max}}{m} \cos \omega_e t$。驅動外力會使系統作強迫振動，剛施力時系統的振動會比較複雜，然而系統終究會進入穩定的振動狀態，此時阻尼所損耗的能量會被外部輸入的能量抵消。

系統進入穩定振動狀態的解為 $x = B\cos(\omega_e t + \delta)$，此強迫振動的振幅 B 與系統的自然頻率 $\omega_0 = \sqrt{\dfrac{k_s}{m}}$ 以及驅動頻率 ω_e 都有關係。

當驅動頻率 ω_e 與系統的自然頻率 ω_0 相等時，此振盪的振幅達最大值，相對的系統稱為共振，此時的頻率稱為共振頻率。如果系統沒有阻尼，亦即 $\beta = 0$，則共振的振幅會達無限大。然而，由於摩擦總會出現在實際的系統，所以共振的振幅總是有限的，但也可能相當的大，如果振幅達到相當的大，甚至超過系統的彈性限度，就造成斷裂的情形。西元 1940 年，由於強風吹過塔科馬橋（Tacoma Narrows Bridge）一陣陣的強風驅動頻率與橋樑的自然頻率很接近，其所造成的強迫振動，竟然造成斷橋的慘劇。

習題 標以*的題目難度較高

8-1 簡諧運動

1. 某彈簧掛質量爲 1 kg 的物體時，伸長量爲 6 cm，今將此物體移去，並換以質量爲 2 kg 的物體懸掛，求其振盪週期？

2. 某物體作簡諧振盪的運動方程式爲

$x = 2.0\cos(5\pi t + \frac{\pi}{6})$ m，

求當 $t = 4$ s 時，物體的位移、速度與加速度？

3. 質量爲 m 的物體靜止在平台上，今將平台一上一下使其作振幅爲 A 的簡諧運動，若此物體在最高點時恰可離開平台，求此簡諧運動的週期？

4. 在物體與彈簧系統中，已知物體的質量爲 $m = 0.2$ kg，彈簧常數爲 $k_s = 5$ N/m，當 $t = \frac{\pi}{10}$ s 時，彈簧壓縮了 6 公分，此時物體的速度爲 $v = -0.4$ m/s，求系統的振盪週期以及簡諧運動的方程式？

5. 上題中，求 $x = \frac{\sqrt{3}}{2}A = \frac{\sqrt{3}}{20}$ (m) 的時間。

***6.** 如圖所示，A 與 B 兩個物體的質量分別爲 $m_A = 2m$ 與 $m_B = m$，以彈簧常數爲 k_s 的彈簧連結，在壓縮量爲 s 的情況下放手讓其振動，求兩物體振動的週期比。

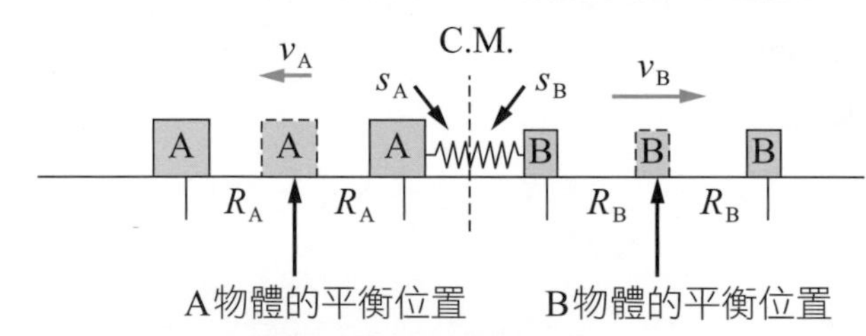

7. 質量爲 m 的物體掛在彈性常數爲 k_s 的彈簧下端，是以頻率 f_1 作簡諧振盪，今若將彈簧切成兩半，並用其中的一半來懸掛物體，則其振盪頻率爲何？

8-2 簡諧運動的參考圓

8. 某質點以振幅爲 $A = 0.5$ m，頻率爲 $f = 25$ Hz 作簡諧運動，若 $t = 0$ 時，$x = 0$，且當時的速度爲正值，求其通過平衡位置向正方向運動後 0.04 秒，質點的位移、速度？

9. 一物體以 $T = 1.5\ \mu$s 的週期，作振幅爲 $A = 1.0\times10^{-9}$ mm 的簡諧運動，求其最大速率？

10. 某質量爲 $m = 0.1$ kg 的物體，作週期爲 $T = 1$ s 的簡諧運動，若其最大速率爲 $v_{max} = 0.2$ m/s，求其最大位移？

11. 在範例 8-3 中的簡諧運動，其運動的方程式爲 $x = 0.05\cos(10t + 5.358)$，求在 $t = \frac{\pi}{15}$ s 時的位能、動能、總能量以及在振幅一半處的速度。

8-3 簡諧運動的能量

12. 在物體與彈簧系統中，若施 8 牛頓的外力可使彈簧自平衡位置拉長 4 公分，今將質量爲 $m = 2$ kg 的物體繫於彈簧末端，先向外拉開 6 公分再放手，求系統的振盪週期？當放開物體之後，物體向平衡位置運動至一半處，須時多久？

13. 在物體與彈簧系統中，物體質量 $m = 0.1$ kg，彈簧的振盪頻率爲 $f = 5$ Hz，今從平衡位置拉開 2 公分然後放手，求物體通過平衡位置時的速率，以及整個系統的總能量？

14. 一個作簡諧運動的物體與彈簧系統，當物體的位移爲振幅之一半時，求動能與位能各佔總能量的幾分之幾？又當動能與位能各佔一半時，物體的位移是多少？

15. 一個作簡諧運動的物體與彈簧系統，若 $m = 0.02$ kg，振幅爲 $A = 0.001$ m，最大加速度爲 $a_{max} = 4000$ m/s^2，求此簡諧運動的週期、彈簧的彈力常數、物體的最大速度、系統的總能量？

16. 如圖所示，有一實心圓柱，半徑爲 r，質量爲 m，附在彈性常數爲 k_s 的彈簧一端作簡諧運動，此實心圓柱只作滾動而沒有滑動，試求其振動週期爲何？

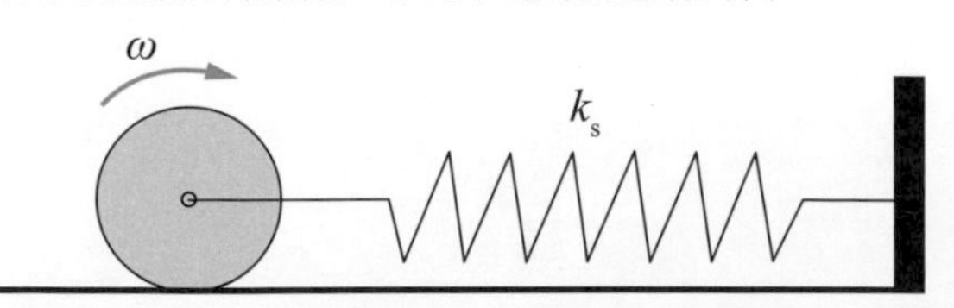

17. 質量爲 m 的物體由彈簧上方高度 h 處落下並連於彈簧上，求此系統的振動振幅，設彈簧常數爲 k_s。

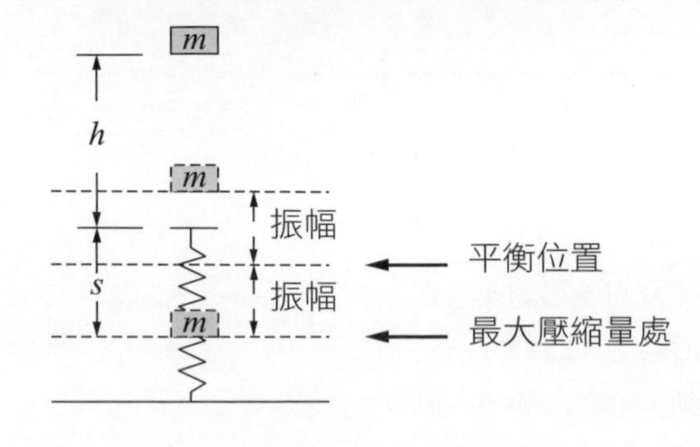

***18.** 如圖所示，質量爲 $m=1\,\text{kg}$ 的物體由斜角爲 $\theta=37°$ 的斜面滑下，壓縮到在其下方 $L=1\,\text{m}$ 的彈簧，若物體落下後連於彈簧上，求此系統的振動振幅，設彈簧常數爲 $k_s=72\,\text{N/m}$，彈簧的原長爲 $L_0=1\,\text{m}$。

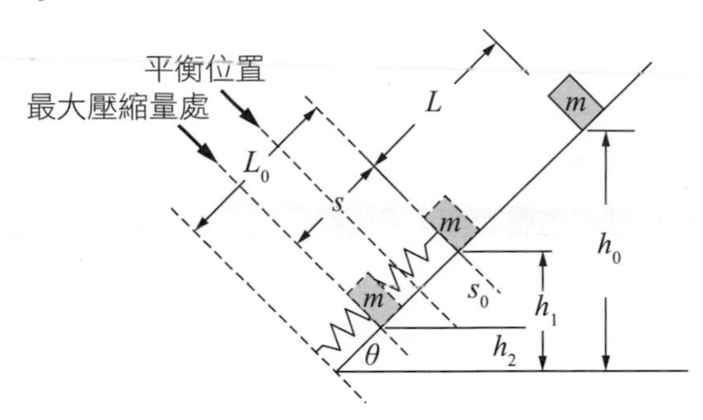

19. 彈性晶體的原子之質量爲 $m=2.0\times10^{-27}\,\text{kg}$，若以 $T=4.0\times10^{-6}\,\text{s}$ 的週期作振幅爲 $A=2.0\times10^{-8}\,\text{m}$ 之簡諧運動，求原子的總振動能及最大振動速率？

20. 上題中，求原子離開平衡位置 $1.6\times10^{-8}\,\text{m}$ 時的振動速度與加速度？

21. 如圖所示，有一質量爲 m 的物體，跨過一個半徑爲 r，質量爲 M 的圓盤，附在彈性常數爲 k_s 的彈簧一端作簡諧運動，試求其振動週期爲何？

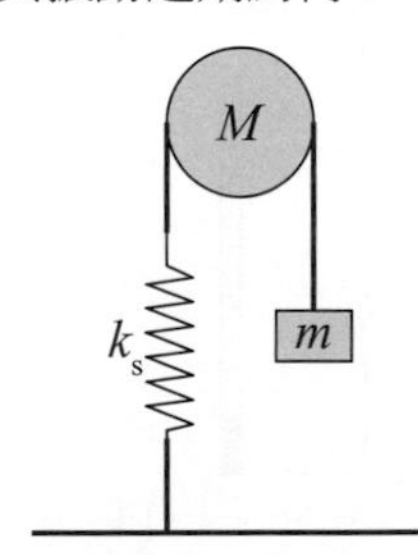

22. 如圖所示，質量爲 m 的物體以速度 v_0 在水平光滑面上撞擊一個彈力常數爲 k_s 的彈簧，彈簧係固定於牆上。若物體撞擊彈簧後黏住而作簡諧運動，則當其動能爲位能的 $\frac{1}{2}$ 倍時，求物體速度的大小爲何？

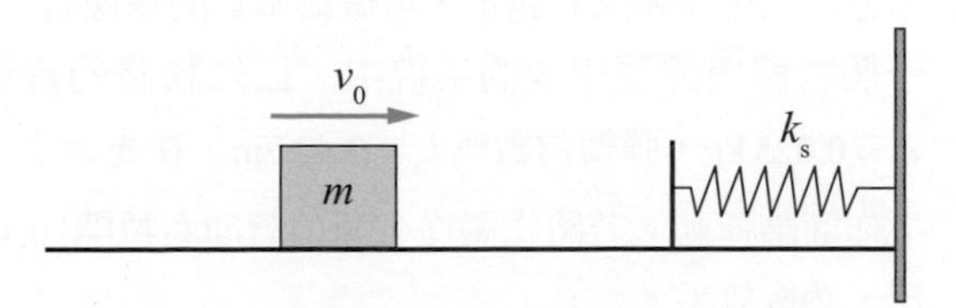

23. 如圖所示，設有兩個彈性係數分別爲 $k_1=2\,\text{N/m}$ 與 $k_2=3\,\text{N/m}$ 的彈簧，其原來的長度均爲 30 公分。若兩個彈簧的一端均連接在一個質量爲 $m=0.2\,\text{kg}$ 的物體上，而其另一端則分別掛在 A 與 B 兩板。今將物體按住不動，而將 A 與 B 兩板均往後移 10 公分，並固定之。求當手鬆開時，此系統的振盪週期，以及物體在新的平衡位置時，兩個彈簧的伸長量爲何？

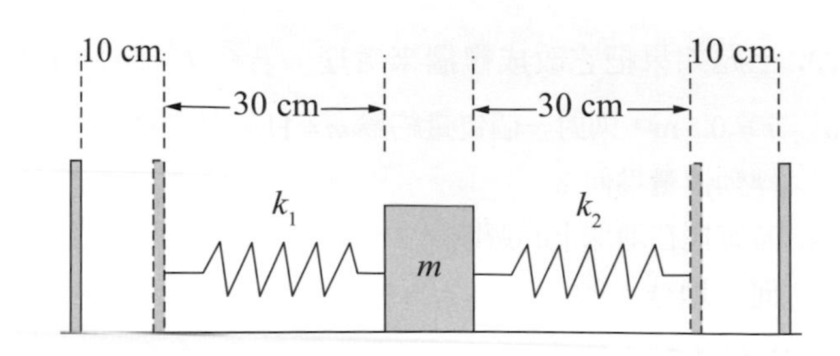

8-4 垂直懸掛的彈簧

24. 一個垂直懸掛的彈簧，當其一端掛著質量爲 $m=0.2\,\text{kg}$ 的物體時，彈簧自然下垂的伸長量爲 $y_0=0.05\,\text{m}$，若再往下拉 0.1 m 然後放手，求物體離平衡位置 0.04 m 時的加速度？

25. 求上題中，物體的最大速度與最大加速度？

26. 某彈簧常數爲 $k_s=200\,\text{N/m}$ 的鉛直彈簧在懸掛質量爲 $m=2\,\text{kg}$ 的物體之後，往下伸長了 A（m）而達平衡位置。求此簡諧運動系統的振盪週期？當物體在平衡位置下方 $0.5A$ 處時，系統的位能與動能各佔系統的總能量的幾分之幾？物體的最大速度爲何？（$g=10\,\text{m/s}^2$）

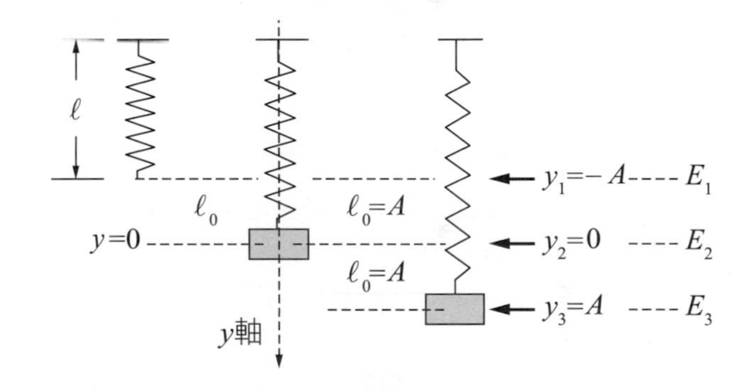

8-5 簡諧運動的應用

27. 求在兩倍地球半徑高度處之單擺週期，爲其在地球表面上的多少倍？

28. 設月球上的重力加速度 g 值爲地球的 $\frac{1}{6}$，求地球上之單擺若移至月球上，則其週期變爲幾倍？

29. A、B 兩個單擺，若 A 單擺來回擺動 3 次時，B 單擺恰好擺動 4 次，求兩個單擺的擺長之比？

30. 假設有一個星球，其密度爲地球的 a 倍，其半徑爲地球的 b 倍，求該星球的單擺週期與地球之比爲何？

31. 如果把一秒定義爲擺長 $L=1\,\text{m}$ 的單擺，來回擺動一次所需時間的一半，則這樣定義的一秒鐘時間，其誤差有多大？（$g=9.8\,\text{m/s}^2$）

32. 如果要製造一個週期爲 $T=10\,\text{s}$ 的單擺，則其擺長應爲何？（$g=9.8\,\text{m/s}^2$）

33. 上題如果把它改成複擺來處理。若令 $L = 24.85\ \text{m}$，$r = 0.5\ \text{m}$，則對一個質量約為 $m = 1\ \text{kg}$ 的複擺而言，其轉動慣量為何？

34. 若單擺在地球上的週期為 T，求其放在月球上的週期為何？地球上的 g 值為 $g_e = 9.8\ \text{m/s}^2$，月球上的 g 值為 $g_m = 1.7\ \text{m/s}^2$。

35. 若複擺對通過其質心的轉動慣量可寫為 $I_c = mR_c^2$，若把複擺視為單擺，則其對應的單擺長度為何？

36. 如圖所示，一根長度為 L，質量為 m 的棒子，從端點懸掛於某水平軸上作擺動，求其週期？

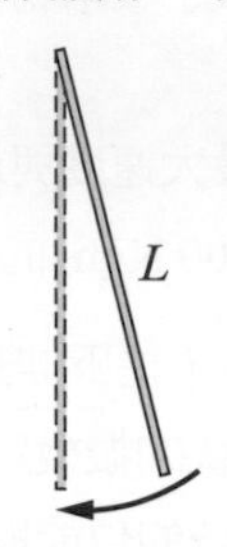

37. 假若複擺是一根質量為 m，長度 $L = 1\ \text{m}$ 的米尺，固定米尺的一端而擺動，重心至轉軸的長度為 $r = \dfrac{L}{2}$，則求其擺動週期？

38. 如圖所示，一根長度為 L，質量為 m 的棒子，從中心點由一條扭轉常數為 k_s 的線懸掛起來作扭動，求其週期？

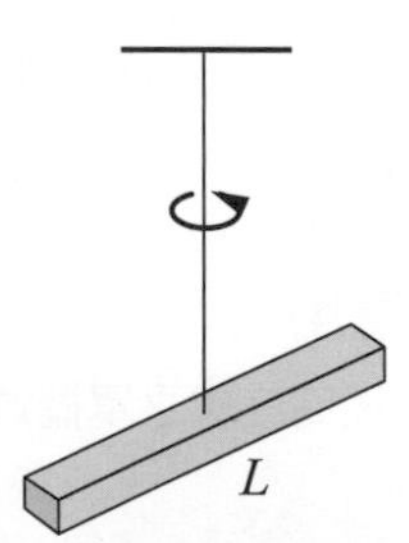

39. 從環擺的週期來看，一個質量為 m，半徑為 r 的環擺，相當於質量相同，擺長為多少的單擺。若半徑為 50 公分，求此環擺的週期。

40. 如圖所示，一個質量為 m，半徑為 r 的圓盤，從端點懸掛於某水平軸上作擺動，求其週期？

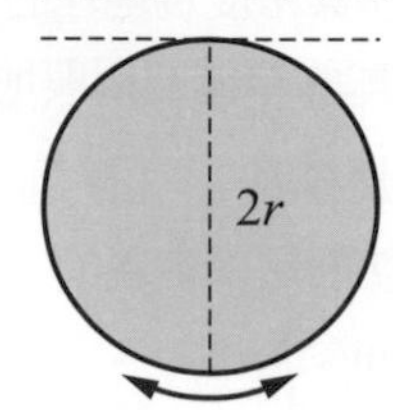

***41.** 設地球為一個密度均勻的球體，若質量為 m 的物體自地球的表面自由落下，經由一洞穿過地心，如圖所示，證明其運動為簡諧運動，並求其週期？

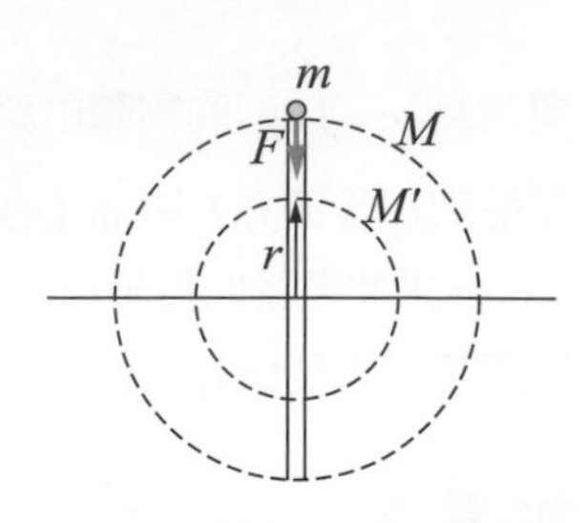

***42.** 有一條長度為 L_0 的彈簧，一端固定，另一端懸掛一個質量為 m 的物體時長度為 L，今以通過固定端的鉛直線為軸使物體旋轉，求旋轉角度為 $\theta = 60°$ 時，此圓錐擺的週期？

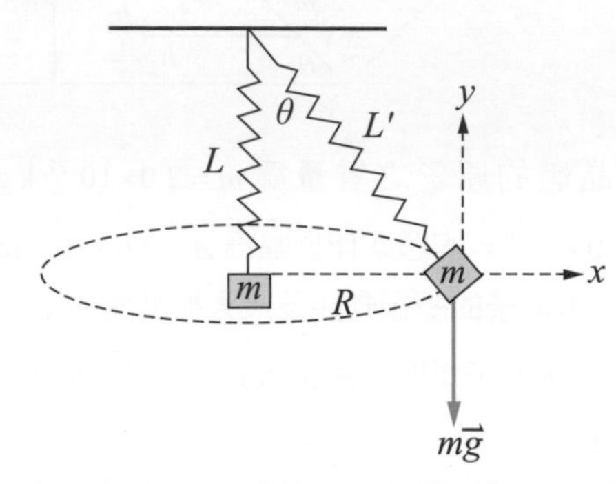

43. 有一個長度為 L，截面積為 A 的圓形木棒下端負重物，垂直浮於水面上，其浸於水中的深度為 h，如圖所示。試求其在水面上作簡諧運動的週期？

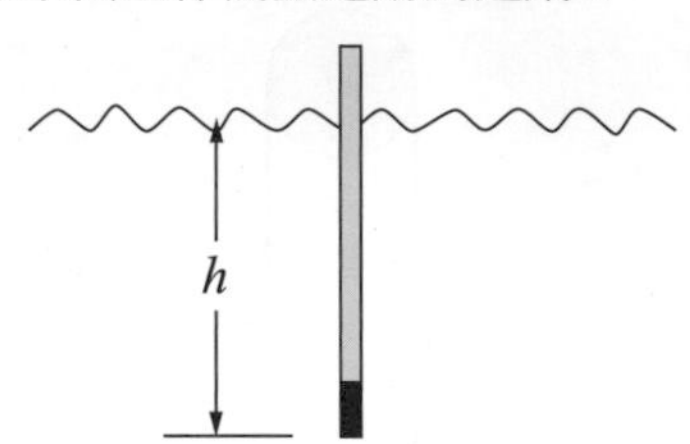

8-6 阻尼振盪

44. 設某一個阻尼振盪，其中 $m = 0.25\ \text{kg}$，$k_s = 2\ \text{N/m}$，比例常數 $\beta = 0.14\ \text{s}^{-1}$，試求此振盪是屬於何種阻尼振盪？又當其振幅減至原來值的一半，需多少時間？

45. 本題六個小題連繫的題組，可做為本章的總複習：
一個物體與彈簧組成的系統中，已知物體的質量為 $m = 0.025\ \text{kg}$，彈簧常數為 $k_s = 0.4\ \text{N/m}$，在光滑水平面上作簡諧運動。若將物體從平衡位置向右拉開 0.1 公尺，然後放手。

(a) 求此簡諧運動的週期、角頻率、振幅、最初的相角 δ_0、總能量、最大速率、最大加速率與運動的方程式。

(b) 當 $t = \dfrac{\pi}{8}\ \text{s}$ 時，相角為何？位置、速率、加速率各多少？

(c) 若將物體從平衡位置向右拉開 0.1 公尺，然後改以 0.4 公尺／秒的速率放手，方向向左，求此簡諧運動的週期、角頻率、振幅、最初的相角 δ_0 、總能量、最大速率、最大加速率與運動的方程式。

(d) 承(c)，當 $t=\frac{\pi}{8}$ s 時，相角爲何？位置、速率、加速率各多少？

(e) 若將物體從平衡位置向右拉開 0.1 公尺，然後以 0.4 公尺／秒的速率放手，然而是方向向右，則 $t=\frac{\pi}{8}$ s 時，相角爲何？位置、速率、加速率各多少？

(f) 承(e)，因爲物體是以 0.4 公尺／秒的速率方向向右運動，求物體到達最右端的最大振幅處，需時多久？

46. 設在物體與彈簧系統中，$m=1.0$ kg ，$k_s=64$ N/m ，已知 $t=0$ 時，位置爲 $x=0$ ，速度爲 $v=4.0$ m/s ，求此簡諧運動的角頻率、振幅、相角。

Chapter 9

固體與流體

前言

力量造成物體的形狀改變，這是一個有趣的物理現象。讓我們先檢視升降電梯的運作：鋼繩拉著電梯車廂升降，提升生活便利性。接著腦海中產生一連串的爲什麼。如何描述鋼繩受力形變？應力與應變的關係爲何？一個材料可承受最大力爲多少？何時可能斷裂？這些形變關係著我們的安全。另一方面，空氣與水使地球成爲一個生意盎然的星球。空氣與水的流體物理行爲影響我們每一天的生活。我們周圍看不見的空氣與看似柔弱的水是否有不可承受的壓力？我們呼吸空氣，天空中飛行的飛機，航行於河海的船舶，深海中的潛水艇都與流體科學相關。

Introduction

Forces are capable of making a change in the shape of objects, which is an interesting physical phenomenon. Let us look at the operation of elevators: steel cables pull the elevator up and down, enhancing the convenience of human life. Here arise questions in our minds. How can we describe the deformation of the steel cable under force? What is the relationship between stress and strain? What is the maximum force a material can withstand? When is it possible to break? These mechanical deformations are related to our safety. On the other hand, air and water make the Earth a vibrant planet. From a physics point of view, the behavior of fluids such as air and water influence our everyday lives. Is there any unbearable pressure applied on the invisible air and the seemingly gentle water around us? Human beings breathing the air, airplanes flying in the sky, ships sailing on rivers and seas, and submarines navigating under the deep sea are all related to fluid science.

學習重點

- 密度與比重（相對密度）。
- 應力與應變。
- 楊氏模量。
- 虎克定律。
- 剪應力與剪應變。
- 壓力的定義。
- 靜流體中的壓力。
- 大氣壓力的計算。
- 絕對壓力與計示壓力。
- 帕斯卡原理。
- 阿基米德原理。
- 連續方程式。
- 白努利定律。
- 表面張力。
- 毛細現象。
- 流體的黏滯性。

固體與液體兩者形貌樣態不同，有些物理名詞雖然看似不同，但是基本的物理概念卻是相近。本章基於材料本質的密度（density）與材料面積受力的共同特徵，將固體（solid）與流體（fluid）放在同一章介紹。

所謂固體是指具有固定形狀的物質，具有穩定的三維形貌。流體則爲無固定形狀的物質，包括液體（liquid）與氣體（gas）。任何物質均由原子或分子所組成，這些由原子或分子所組成的物質，在特定的溫度與壓力之下，可能是固體，也可能是液體或氣體，跟物質的本質有關。對固體而言，它的運動情況我們可用牛頓運動定律分析。但對流體而言，由於其形狀隨時可能會改變，因此，我們需要另一套適合的理論來分析它，稱爲流體力學。這一理論仍然是以牛頓運動定律爲基礎。本章討論的流體以不可壓縮流體爲主。

9-1 密度、比重與相對密度

一個物體的密度表示這物體的體積所包含的質量分布。若有一質量分布均勻的物體，體積爲 V，質量爲 m，則物體的密度以符號 ρ 表示，密度的定義爲

$$\rho = \frac{m}{V} \tag{9-1}$$

在 MKS 制中，密度的單位爲公斤／立方公尺（kg/m^3），在 CGS 制中，爲克／立方公分（g/cm^3）。若此物體爲不均勻物體，則表示爲

$$\rho = \frac{dm}{dV}$$

當一個物體的體積 V，平均密度 ρ，此物體的質量 $m = \rho V$。

我們用相對於水的特性來描述一個物體的比重（specific gravity）或相對密度（relative density），此物體的重量 W 和它同體積的水之重量 W_w 的比值，以符號 d 來表比重，比重的定義

$$d = \frac{\text{物體的重量}}{\text{同體積的水重}} = \frac{W}{W_w} \tag{9-2}$$

依此定義，比重是一個沒有單位的數字，同體積物體重於水的物體其比重大於 1，輕於水的物體其比重小於 1。由於物體的重量 $W = mg$，因此，比重也等於物體的質量和它同體積的水（密度 ρ_w）之質量 $m_w g$ 的比值，若物體是均勻的，且密度爲 ρ，則比重等於兩者密度之比，所以比重也被稱爲相對密度。

$$d = \frac{W}{W_w} = \frac{mg}{m_w g} = \frac{\rho V g}{\rho_w V g} = \frac{\rho}{\rho_w} \tag{9-3}$$

其中 ρ_w 爲水的密度。在 CGS 制中，攝氏溫度 4°C 時，水的密度約爲 1 克／立方公分。因此，物體的比重與其在 CGS 制中密度的數值是相同的。因爲單位不同，若在 CGS 制中，水的密度爲 1 克／立方公分。但在 MKS 制中，水的密度爲 1000 公斤／立方公尺，比重則沒有單位。一些常見物質的密度與比重如表 9-1 所示。

表 9-1　在 0°C，一大氣壓力條件下，常見物質的密度與比重參考值。

	物質	密度（kg/m^3）	密度（g/cm^3）	比重（無單位）
氣體	空氣	1.29	1.29×10^{-3}	1.29×10^{-3}
	氫氣	0.089	0.089×10^{-3}	0.089×10^{-3}
	氦氣	0.179	0.179×10^{-3}	0.179×10^{-3}
	二氧化碳	1.977	1.977×10^{-3}	1.977×10^{-3}
液體	水（4°C，1 atm）	1.00×10^3	1.00	1.00
	水（20°C，1 atm）	0.998×10^3	0.998	0.998
	水（20°C，50 atm）	1.00×10^3	1.00	1.00
	海水	1.03×10^3	1.03	1.03
	血液	$1.03\times10^3\sim1.06\times10^3$	1.03 ~ 1.06	1.03 ~ 1.06
	汽油	0.73×10^3	0.73	0.73
	乙醇（酒精）	0.79×10^3	0.79	0.79
	葡萄糖	1.54×10^3	1.54	1.54
	水銀	13.6×10^3	13.6	13.6
固體	冰	0.917×10^3	0.917	0.917
	矽	2.33×10^3	2.33	2.33
	鋁	2.7×10^3	2.7	2.7
	鉛	11.3×10^3	11.3	11.3
	鐵	7.8×10^3	7.8	7.8
	黃銅	8.6×10^3	8.6	8.6
	銅	8.9×10^3	8.9	8.9
	銀	10.5×10^3	10.5	10.5
	金	19.3×10^3	19.3	19.3
	鉑（白金）	21.4×10^3	21.4	21.4
	水泥	2.3×10^3	2.3	2.3
	玻璃	$2.4\times10^3\sim2.9\times10^3$	2.4 ~ 2.9	2.4 ~ 2.9
	木塊	$0.3\times10^3\sim0.9\times10^3$	0.3 ~ 0.9	0.3 ~ 0.9
	骨頭	$1.7\times10^3\sim2.0\times10^3$	1.7 ~ 2.0	1.7 ~ 2.0

範例 9-1

有一標示 999.9 金條具有 380 克的質量與 19.7 立方公分的體積，利用 SI 單位（MKS 制）表示其密度，此金條的比重是多少？此金條的重量是多少？

題解 我們根據密度的定義，帶入質量 $M = 380\ \text{g}$，$V = 19.7\ \text{cm}^3$，

此時平均密度 $\rho = \dfrac{m}{V} = \dfrac{380\ \text{g}}{19.7\ \text{cm}^3} = 19.3\ \text{g/cm}^3$，

再經過換算，將 CGS 制轉換爲 MKS 制，

$\rho = (19.3\ \text{g/cm}^3) \times \dfrac{1\ \text{kg}}{1000\ \text{g}} \times (\dfrac{1\ \text{cm}}{10^{-2}\ \text{m}})^3 = 19.3 \times 10^3\ \text{kg/m}^3$。

我們獲得此一塊黃金的密度爲 $19.3\ \text{g/cm}^3$ 或是 $19.3 \times 10^3\ \text{kg/m}^3$，

此金條的比重爲 19.3，

金條的重量 $Mg = 380\ \text{gw} = 0.380\ \text{kgw} = (0.38\ \text{kg})(9.8\ \text{m/s}^2) = 3.72\ \text{N}$。

範例 9-2

體積 10 立方公尺的油重量 78400 牛頓，請問油的密度與比重。

題解 油的重量 $mg = 78400\ \text{N}$，

油的質量 $m = \dfrac{78400\ \text{N}}{g} = \dfrac{78400\ \text{N}}{9.8\ \text{m/s}^2} = 8000\ \text{kg}$，

油的密度 $\rho = \dfrac{m}{V} = \dfrac{8000\ \text{kg}}{10\ \text{m}^3} = 0.8 \times 10^3\ \text{kg/m}^3$，

油的比重 $d = \dfrac{\rho}{\rho_w} = \dfrac{0.8 \times 10^3\ \text{kg/m}^3}{1.0 \times 10^3\ \text{kg/m}^3} = 0.8$，

油的密度 $0.8 \times 10^3\ \text{kg/m}^3$，油的比重爲 0.8。

範例 9-3

構成地球物質的分布是不均勻的，但是我們可由間接的知道地球的質量大約爲 5.983×10^{24} 公斤，而其體積約爲 1.087×10^{21} 立方公尺，請估算地球的平均密度？

題解 地球的平均密度 $\rho = \dfrac{m}{V} = \dfrac{5.983 \times 10^{24}\ \text{kg}}{1.087 \times 10^{21}\ \text{m}^3} = 5.5 \times 10^3\ \text{kg/m}^3 = 5.5\ \text{g/cm}^3$。

地球表面包含的物質密度遠比此平均密度爲小，例如：水與海水。

而地球中心的物質之密度遠比此平均密度爲大，例如：地球中心物質大部分爲高壓的鐵，其密度約爲 $12\ \text{g/cm}^3$。

9-2 固體的應力、應變與楊氏模量

固體受到力的作用會有伸縮的形變，若所受的力不致太大，則當所受的力消失時，物體會恢復其原來的形狀，這種現象稱爲固體的彈性。與彈性行爲相關的物理量分別是應力，應變與楊氏模量。

應力

我們通常定義**應力**（stress）為固體橫截面積上，每單位面積所受的力，以符號σ來表示為

$$\sigma = \frac{F}{A} \tag{9-4}$$

MKS 制的應力的單位常用帕斯卡（pascal，簡寫為 Pa）表示，$1\ \text{Pa} = 1\ \text{N/m}^2$。

當物體受到垂直方向的拉伸張力，如圖 9-1 所示，這種應力稱為正向應力（normal stress），以符號σ_n來表示正向應力，下標 n 表示垂直方向。

$$\sigma_n = \frac{F}{A}$$

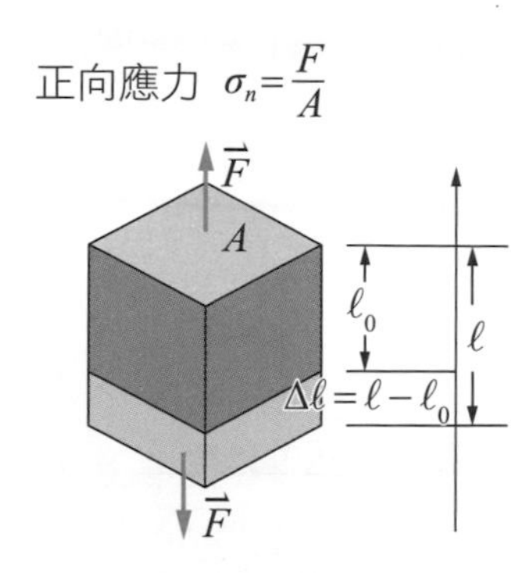

圖 9-1 拉伸張力所造成的應力與應變。

應變

當力作用於固體使其形狀在受力的方向上發生改變，稱為固體的**應變**（strain）。固體形變的大小與固體本身的材料，作用力大小和方向以及作用的面積有關。

若應力為正應力，則所對應的應變為正應變，以符號ε_n來表示。如圖 9-1，例如長度為ℓ_0的金屬棒，在正應力的作用下伸長變化量為$\Delta\ell = \ell - \ell_0$，我們定義正應變

$$\varepsilon_n = \frac{\Delta\ell}{\ell_0} \tag{9-5}$$

楊氏模量

由於物體的應變由應力產生，因此，應變的大小必與應力有關。若應力不超出某一限度，則應力與應變成正比，如(9-6)式，比例常數 Y 稱為**楊氏模量**（Young's modulus）。

$$\sigma_n = Y\varepsilon_n \tag{9-6}$$

虎克定律

在材料的線性彈性限度範圍內，應力與應變為線性關係，此時楊氏模量為常數

$$Y = \frac{\sigma_n}{\varepsilon_n} = \frac{F/A}{\Delta\ell/\ell_0} = \text{常數} \tag{9-7}$$

由(9-7)式整理可得

$$F = \frac{YA}{\ell_0}\Delta\ell \tag{9-8}$$

上式伸長變化量$\Delta\ell$若以 x 表示，則應力 F 與伸長量 x 的關係可寫為

$$F = kx \quad (9\text{-}9)$$

其中 $k = \dfrac{YA}{\ell_0}$ 稱爲彈力常數。(9-9)式表示固體在彈性限度的範圍內，其所受的外力與伸長量成正比的關係，(9-9)式一般稱爲虎克定律（Hooke's law）。由彈力常數方程式 $k = \dfrac{YA}{\ell_0}$，可以看出楊氏模量 Y，彈簧截面積 A，與 ℓ_0，對彈力常數 k 的影響。

應變與應力關係

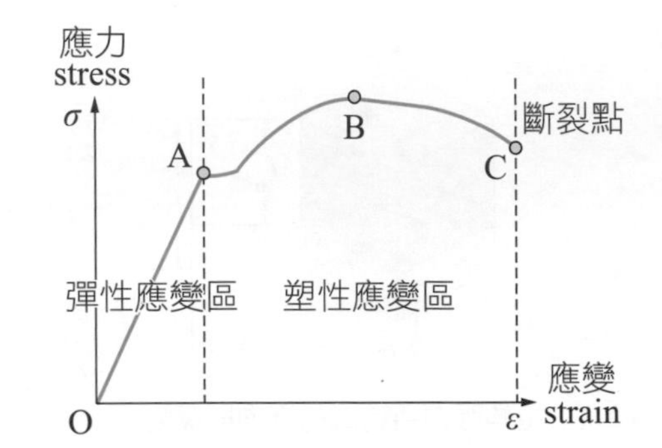

圖 9-2 正應力與正應變的關係曲線。

將一個物體做正應力與正應變實驗，根據實驗結果，我們可以得到如圖 9-2，正應變與正應力的關係曲線。若正應力（正應變）沒有超過 A 點，則正應力與正應變的關係是直線關係，也就是它們滿足虎克定律，我們稱 A 點狀態爲此固體的彈性限度。在第一階段，如圖 9-2 中，O → A 階段爲彈性應變階段。此階段的應變和應力成正比，遵守虎克定律，其斜率即爲楊氏模量。由外觀的應變可以讀出此時的應力。材料在這個階段的變形是可恢復的彈性變形，此階段的結束爲曲線上的 A 點。A 點對應的應力即爲屈服應力（yield stress）。應力與應變關係在 O → A 工作範圍內，應力消失時，物體會恢復其原來的形狀。第二階段，圖中的 A → C 階段爲塑性應變階段，A 點也是塑性變形的開始，當正應力超過 A 點，物體就不會完全恢復其原來的形狀，而產生變形。外觀的應變與應力不是線性關係。B 點是此材料的拉伸強度最大極限值。自 A 點到 C 點，正應力與正應變的關係不再是直線關係。當正應變到達 C 點時，物體將可能會斷裂。

剪切應力與剪切應變

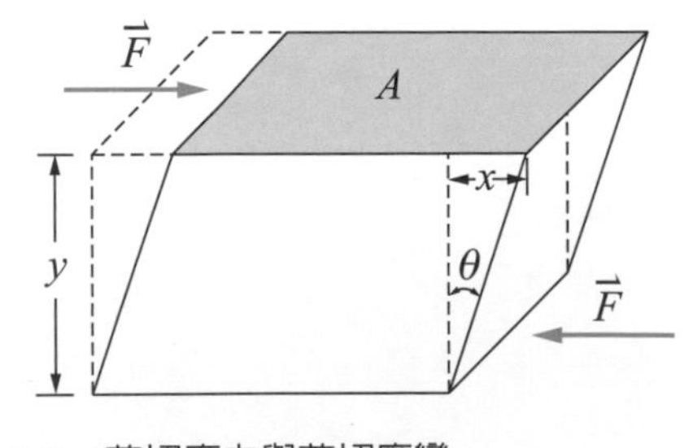

圖 9-3 剪切應力與剪切應變。

若一物體受到側面的力量（此力與上下面平行），如圖 9-3 所示，顯示一個長方體的頂面與底面各受到平行力的作用，而發生形變。由於力的方向與所作用的面積平面平行，我們稱這種力爲剪切力（shear force）。

設長方體的厚度爲 y，截面積爲 A，外力 F 與截面積 A 的比值稱爲剪切應力，以 σ_s 表之

$$\sigma_s = \frac{F}{A} \quad (9\text{-}10)$$

若剪應力使平面移動一小位移 x，則剪切應變爲

$$\varepsilon_s = \frac{x}{y} = \tan\theta \quad (9\text{-}11)$$

θ 稱爲剪角，若 θ 很小，則 $\sigma_s = \tan\theta \approx \theta$。若剪應力不超出彈性限度，則剪切應力與剪切應變的關係也是正比關係，即

$$\sigma_s = G\varepsilon_s \tag{9-12}$$

比例常數 G 稱為切變模量（shear modulus）。表 9-2 列出一些物質的彈性係數。模數數值愈大者，表示愈不容易受力形變。

表 9-2 常溫下一些材料的彈性係數參考值。

材料	楊氏模量（N/m^2）	切變模量（N/m^2）
金	81×10^9	30×10^9
銀	74×10^9	28×10^9
鋁	72×10^9	27×10^9
銅	133×10^9	49×10^9
黃銅	120×10^9	46×10^9
鐵	212×10^9	84×10^9
鋼	203×10^9	81×10^9
鉛	15×10^9	6×10^9
鎢	405×10^9	160×10^9
玻璃	$65\times10^9\sim78\times10^9$	$26\times10^9\sim32\times10^9$
水泥	$20\times10^9\sim30\times10^9$	--
尼龍（Nylon）	5×10^9	--
骨頭	15×10^9	--

每一個材料都有其受力極限，表 9-3 中舉例一些常用的材料的單位面積受力極限。表中數值為參考值，不同製造廠商出品材料會有些微差距。抗張強度（tensile strength）表示此材料可承受最大拉伸應力，超過這個數值，如圖 9-2 達到斷裂點時，此材料將被拉斷。抗壓強度（compressive strength）表示此材料可承受最大壓擠應力，超過這個數值材料也將被破壞。剪切強度（shear strength）表示此材料可承受最大剪切應力，超過這個數值材料也將被切斷。

表 9-3 一些材料強度極限參考值。

材料	抗張強度（N/m^2）	抗壓強度（N/m^2）	剪切強度（N/m^2）
金	220×10^6	205×10^6	200×10^6
銀	340×10^6	300×10^6	130×10^6
鋁	200×10^6	200×10^6	200×10^6
黃銅	250×10^6	250×10^6	200×10^6
鐵	170×10^6	550×10^6	170×10^6
鋼	500×10^6	500×10^6	250×10^6
水泥	2×10^6	20×10^6	2×10^6
尼龍（Nylon）	500×10^6	--	$44.7\times10^6\sim75.8\times10^6$
骨頭	130×10^6	170×10^6	--

範例 9-4

對一圓柱形鋼條作拉伸應力測試，鋼條長 2 公尺，截面積 0.4 平方公分。鋼條一端掛在堅固的測試支架，鋼條下方掛重物 500 公斤。請問此鋼條的應力，應變與拉伸長度變化量。（鋼條的楊氏模量請參考表 9-2）

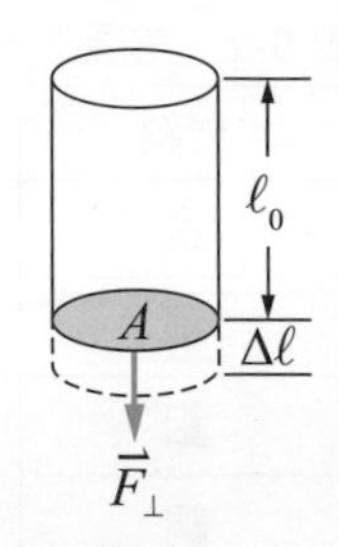

題解 依題目畫出鋼條受力與形變關係圖，拉伸力來自下方 500 公斤的重物。

由 $F_\perp = mg$，此鋼條的正應力

$$\sigma_n = \frac{F_\perp}{A} = \frac{mg}{A} = \frac{500\ \text{kg} \times 9.8\ \text{m/s}^2}{0.4\ \text{cm}^2 \times (\frac{1\times10^{-2}\ \text{m}}{1\ \text{cm}})^2} = 1.225\times10^8\ \text{N/m}^2，$$

此鋼條的正應變 $\varepsilon_n = \dfrac{\Delta\ell}{\ell_0} = \dfrac{\sigma_n}{Y} = \dfrac{1.225\times10^8\ \text{N/m}^2}{20\times10^{10}\ \text{N/m}^2} = 6.125\times10^{-4}$，

拉伸長度變化量 $\Delta\ell = \varepsilon_n \times \ell_0 = (6.125\times10^{-4})\times(2\ \text{m}) = 1.225\times10^{-3}\ \text{m} = 1.225\ \text{mm}$。

範例 9-5

一垂直的鋼絲的長度爲 $\ell_0 = 1\,\text{m}$，其半徑爲 $r = 0.5\,\text{mm}$。若下端吊一個重物後的伸長量爲 0.5 mm，求此吊掛的重物重量？

題解 正應變爲 $\varepsilon_n = \dfrac{\Delta\ell}{\ell_0} = \dfrac{0.5\times10^{-3}}{1} = 0.5\times10^{-3}$。

設物體的重量爲 W，則 $Y = \dfrac{\sigma_n}{\varepsilon_n} = \dfrac{W/A}{\Delta\ell/\ell_0}$，

又鋼絲的楊氏模量爲 $Y = 20.0\times10^{10}\ \text{N/m}^2$，故吊掛的重物重量

$W = Y\varepsilon_n A = (20.0\times10^{10}\ \text{N/m}^2)(0.5\times10^{-3})\times\pi(0.5\times10^{-3}\ \text{m})^2 = 79\ \text{N}$。

範例 9-6

設鋼絲纜線的最大應力限度爲 $\sigma_{max} = 2.5\times10^8\ \text{N/m}^2$。有一質量爲 $m_0 = 300\ \text{kg}$ 的電梯，允許載客 10 人（每人平均質量 70 公斤）。若用四根鋼絲纜線懸吊，且在上升時可能有 $a = 3\ \text{m/s}^2$ 的向上最大加速度，試問每根鋼絲纜線的截面積應爲多大以上才安全？

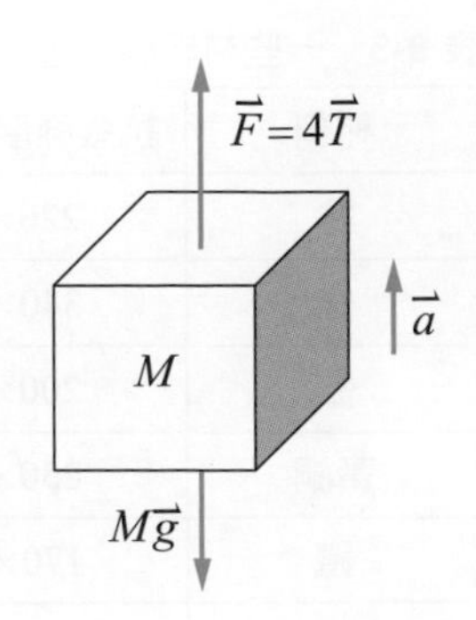

題解 首先，我們需求出當電梯以最大加速度上升時，

每根鋼絲纜線所受到的張力 T，四根鋼絲纜線上升總拉力 $4T$。

設載客 10 人，每人的質量爲 $m = 70\ \text{kg}$，因此，電梯質量 m_0 加上載客 10 人的總質量爲 $M = m_0 + 10m = 1000\ \text{kg}$，由牛頓第二運動定律知 $4\vec{T} + M\vec{g} = M\vec{a}$，

若向上單位向量爲 $\hat{j}$，上式重寫爲 $4T\,\hat{j} + Mg(-\hat{j}) = Ma\,\hat{j}$，

每根鋼絲纜線所受到的張力 T 爲

$$T = \frac{M(a+g)}{4} = \frac{(1000\ \text{kg})(3\ \text{m/s}^2 + 9.8\ \text{m/s}^2)}{4} = 3200\ \text{N}，$$

由於電梯鋼絲纜線的應力不能超過最大應力限度 $\sigma_{max} = 2.5\times10^8\ \text{N/m}^2$，

$\sigma_{max} \geq \dfrac{F_\perp}{A}$，$A \geq \dfrac{F_\perp}{\sigma_{max}}$，

因此，鋼絲纜線的截面積 $A \geq \dfrac{T}{\sigma_{max}} = \dfrac{3200\ \text{N}}{2.5\times10^8\ \text{N/m}^2} = 1.28\times10^{-5}\ \text{m}^2 = 12.8\ \text{mm}^2$。

在電梯鋼絲纜線的設計中，我們所選用的纜線的截面積不能正好等於此值。

通常我們選取一個大於 1 的數字，稱爲安全因子 S。令纜線的截面積爲上式截面積 $A=\dfrac{T}{\sigma_{\max}}$ 的 S 倍。

爲了安全起見，安全因子 S 應該盡量大一些，譬如載客數可能超過 10 人，每人的質量也不一樣，而且電梯在裝設之後要使用很多年，可能鋼絲纜線會磨損。若取安全因子 $S=3$，

則鋼絲纜線的截面積爲 $A=S\times 12.8=38.4$（mm^2），相當於半徑爲 $r=\sqrt{\dfrac{A}{\pi}}=3.5\ \text{mm}$。

9-3 流體與壓力

流體因爲組成分子會流動，無法承受剪應力，只能垂直於流體的表面施力才有可能，流體內的壓縮應力稱爲壓力（pressure），以符號 P 表之。面積受到垂直面積的正向力，如圖 9-4 所示。壓力的定義爲每單位表面積上垂直力的大小，習慣上用符號 P 表示。壓力不是向量的物理量，壓力是一個純量物理量。壓力的定義

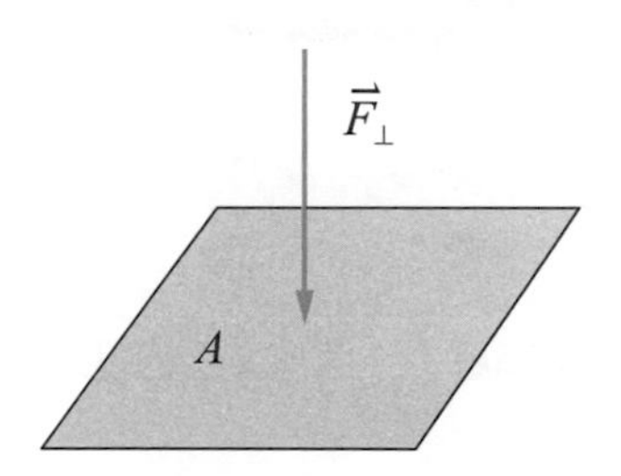

圖 9-4 一面積受垂直於此面積的正向力作用稱為壓力。

$$P=\frac{F_{\perp}}{A} \tag{9-13}$$

若作用於流體表面某一小面積 ΔA 上的力爲 ΔF，此力與 ΔA 平面垂直，則

$$P=\frac{\Delta F}{\Delta A}$$

此爲表面某一面積 ΔA 上的平均壓力。而此區域很小，可視爲一個點，則任意一點的壓力爲

$$P=\lim_{\Delta S\to 0}\frac{\Delta F}{\Delta A}=\frac{dF}{dA} \tag{9-14}$$

壓力爲一純量物理量，在 CGS 制中它的單位爲達因 / 平方公分（dyne/cm^2），在 MKS 制中它的單位爲牛頓 / 平方公尺（N/m^2），其它的單位有巴（bar），大氣壓力（atm），毫米水銀柱（mm-Hg），帕斯卡（pascal，簡寫爲 Pa），磅力 / 平方英寸（psi），托（Torr）等。

$$1\ \text{pascal}=1\ \text{Pa}=1\ \text{N/m}^2$$

$$1\ \text{bar}=10^5\ \text{N/m}^2=10^6\ \text{dyne/cm}^2$$

$$\begin{aligned}1\ \text{大氣壓力}=1\ \text{atm}&=1.013\times10^5\ \text{N/m}^2\\&=1.013\times10^5\ \text{Pa}=1.013\ \text{bar}\\&\approx 14.696\ \text{psi}\end{aligned}$$

$$1\ \text{psi}=\frac{1\ \text{磅力}}{1\ \text{平方英寸}}=\frac{1\ \text{lbf}}{(1\ \text{in})^2}\approx\frac{4.4482\ \text{N}}{(0.0254\ \text{m})^2}\approx 6894.757\ \text{N/m}^2$$

$$1\ \text{Torr}=1\ \text{mm-Hg}=\frac{1}{760}\ \text{atm}\approx 133.333\ \text{Pa}$$

靜流體的壓力

在一個密度相同的靜態流體中，如圖 9-5(a)所示。若沒有外界壓力，液體密度 ρ，則作用在液體中某一個平面的壓力來自上方液體的重量。我們可以計算這個平面的壓力

$$P = \frac{F}{A} = \frac{mg}{A} = \frac{\rho ghA}{A} = \rho gh \tag{9-15}$$

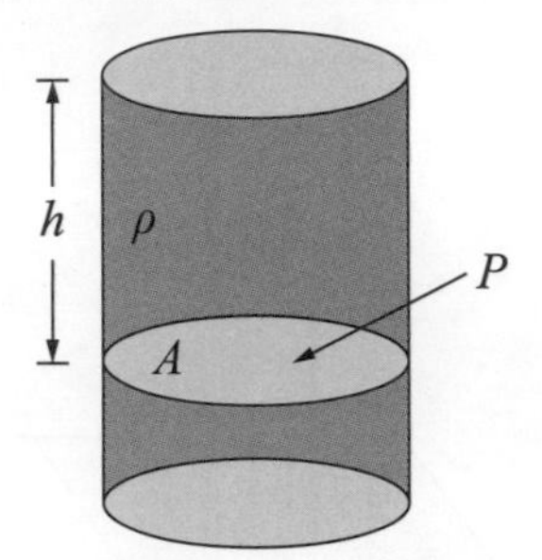

(a) 外界沒有壓力，面積 A 上的壓力 $P = \rho gh$。

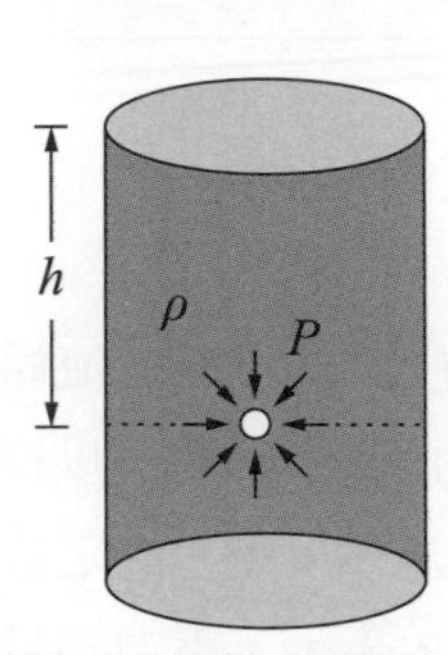

(b) 某一點靜止表示各方向壓力相等。靜流體中同一等高面，壓力相等。

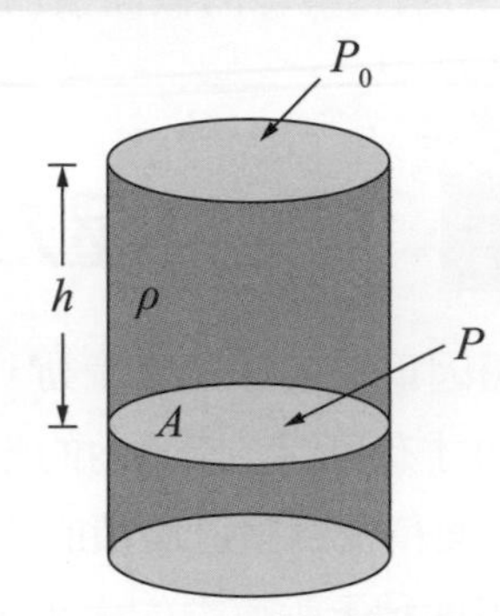

(c) 外界有壓力，面積 A 上的壓力 $P = P_0 + \rho gh$。

圖 9-5 均勻密度靜流體中的壓力。

在圖 9-5(b)中，在此靜流體中，因爲是靜止，代表此一點受力之合力爲零，對此點，各方的壓力值都相同。所以，在此液體內，同一高度平面不同位置的壓力也都相同。因此，我們將壓力視爲一個純量物理量。

在圖 9-5(c)中，當此靜流體上方有壓力 P_0 時，距離上方液面下方 h 的位置，此時的壓力來自上方的 P_0 與液體的重量，此時的壓力 $P = P_0 + \rho gh$。

一大氣壓，1 atm

在標準重力下，溫度爲 0°C，重力場強度爲 $g = 980\ \text{cm/s}^2$ 時，高度爲 76 公分的水銀柱所施之壓力稱爲一大氣壓，記爲 1 atm。圖 9-6 中的水銀壓力計中，玻璃管內的水銀柱高度 h = 76cm，玻璃管內水銀柱上方爲眞空，下方同一高度水銀平面爲等壓力。藉由同一靜態液體在相同高度相同壓力的關係，我們可藉由管內的水銀柱高度量測外部的大氣壓力。

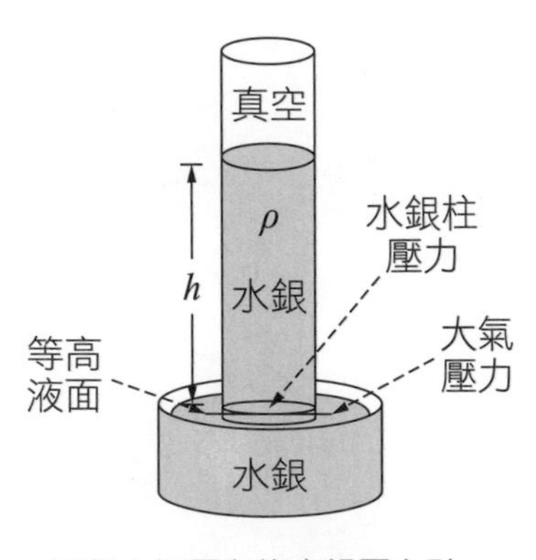

圖 9-6 量測大氣壓力的水銀壓力計。

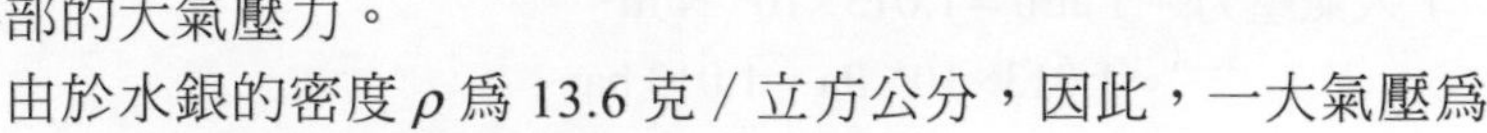

由於水銀的密度 ρ 爲 13.6 克 / 立方公分，因此，一大氣壓爲

$$\begin{aligned} P = 1\ \text{atm} &= \frac{F}{A} = \frac{mg}{A} = \frac{\rho ghA}{A} \\ &= \rho gh = (13.6\ \text{g/cm}^3)(980\ \text{cm/s}^2)(76\ \text{cm}) \\ &= 1.013 \times 10^5\ \text{N/m}^2 = 1.013 \times 10^5\ \text{Pa} \end{aligned}$$

$$1\ \text{atm} = 1.013 \times 10^5\ \text{N/m}^2 = 1.013 \times 10^5\ \text{Pa} = 76\ \text{cm-Hg}$$

計示壓力與絕對壓力

我們在生活中量測使用的壓力計，量測值一般都是相對於大氣壓力的計示壓力。圖 9-7 中的壓力計為一端開放式開口與大氣互通的開管壓力計。開管壓力計的左端接未知的待測壓力 P（絕對壓力），另一端開口接大氣壓力 P_0。當系統平衡時，水銀柱管兩端水銀面的高度差，相當於 P 與 P_0 之壓力差。水銀密度 ρ，此水銀柱高呈現的壓力差稱為計示壓力（gauge pressure） P_g。即

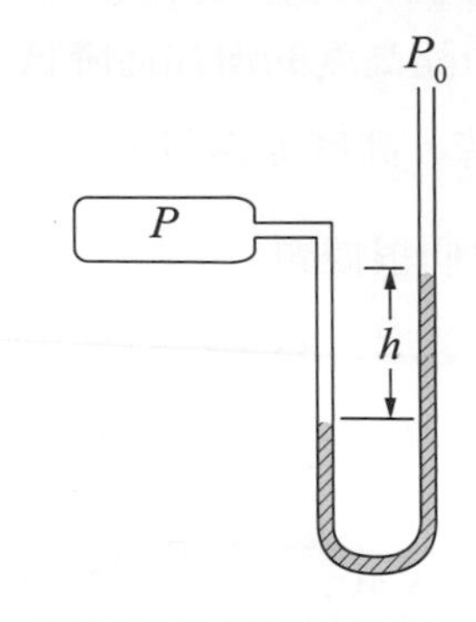

圖 9-7　一端開放之開管式壓力計。

計示壓力：$P_g = P - P_0 = \rho gh$　(9-16a)

絕對壓力：$P = P_0 + \rho gh$　(9-16b)

圖 9-6 中的水銀氣壓計，因為上方真空部分的壓力值 $P_0 = 0$，所以，水銀氣壓計讀取的大氣壓力值是計示壓力，也是絕對壓力。

範例 9-7

有一個 U 形管壓力計，如圖所示，左側管裝了密度為 ρ_w 的純水，右側管裝入未知密度的油，水與油沒辦法混和。左側水柱高 h_w，右側油柱高度 h_o，請估算油的密度。

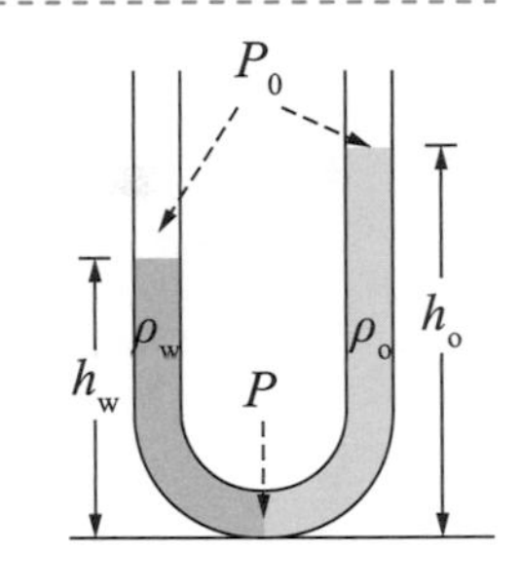

題解　U 形管兩側上方與空氣接觸的壓力約為大氣壓力 P_0，

兩液體底部接觸位置的壓力 P 均相同，

左管靜流體壓力關係 $P = P_0 + \rho_w gh_w$，右管靜流體壓力關係 $P = P_0 + \rho_o gh_o$，

$P = P_0 + \rho_w gh_w = P_0 + \rho_o gh_o$，$\rho_o = \rho_w \dfrac{h_w}{h_o}$。

當待測液體與水不相溶時，這也是一個簡單量測待測液體密度的實驗。

範例 9-8

依國際單位系統，長度的基本單位為公尺。一公尺被定義為由北極經巴黎到赤道的子午線長度的一千萬分之一。根據這個定義以及一大氣壓為 1.01×10^5 牛頓 / 公尺 ^{2}，求地球的半徑以及地球大氣層的空氣之總質量。

題解　一千萬公尺等於 10^7 m，設地球的半徑為 R，則 $\dfrac{2\pi R}{4} = 10^7$，$R = \dfrac{4\times10^7}{2\pi} \approx 6\times10^6$（m）。

又由

$$mg = W = P_0 A = (1.01\times10^5\ \text{N/m}^2)(4\pi R^2)$$
$$= (1.01\times10^5\ \text{N/m}^2)\times4\times3.14\times(6\times10^6\ \text{m})^2$$
$$= 456.68\times10^{17}\ \text{N}$$

大氣層空氣總質量 $m = \dfrac{W}{g} = \dfrac{456.68\times10^{17}\ \text{N}}{9.8\ \text{m/s}^2} = 4.66\times10^{18}\ \text{kg}$。

故地球大氣層的空氣之總質量約為 4.66×10^{18} 公斤。

範例 9-9

大氣壓力隨高度的增加而降低，設在海平面的大氣壓力爲 P_0，若每升高 4000 公尺，氣壓降低一半，則在氣壓爲 P 時，高度 h 爲何？

題解 我們根據題目的意思，以橫軸爲高度 h，縱軸爲氣壓 P，高度與大氣壓力的變化關係如附圖。

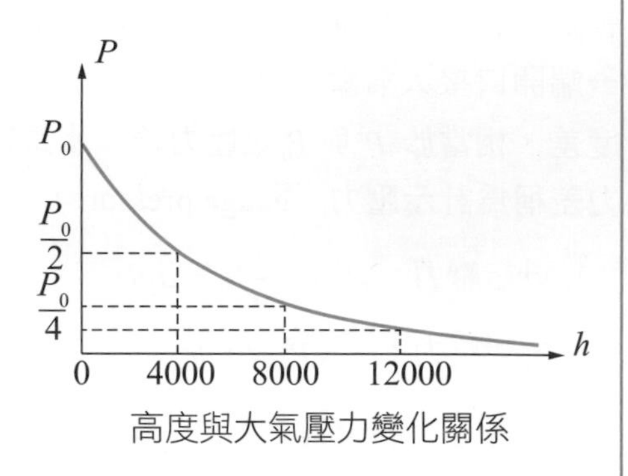

高度與大氣壓力變化關係

由圖可知氣壓 P 與高度 h 的關係式爲 $\frac{P}{P_0}=(\frac{1}{2})^{\frac{h}{4000}}$，

故 $\log_{10}(\frac{P}{P_0})=\frac{h}{4000}\log_{10}(\frac{1}{2})$，

此時的高度可以由壓力關係得到

$$h=4000\frac{\log_{10}(\frac{P}{P_0})}{\log_{10}(\frac{1}{2})}=\frac{4000}{-\log_{10}2}\times\log_{10}(\frac{P}{P_0})=\frac{4000}{\log_{10}2}\times\log_{10}(\frac{P_0}{P})\ (\text{m})。$$

驗證：當 $P=\frac{1}{2}P_0$ 帶入上式 $h=4000\text{ m}$；$P=\frac{1}{4}P_0$ 帶入上式 $h=8000\text{ m}$。即每上升 4000 公尺氣壓下降一半。

9-4 帕斯卡原理

對靜止的液體而言，液體內任何兩點間的壓力差 ΔP 僅與此兩點間的相對高度 Δh 有關，亦即 $\Delta P=\rho g\Delta h$，因此，當一外部施加的壓力作用於液面上時，並不會影響此兩點的壓力差。由於液體是不可壓縮的，所以外施的力作用於液面上時，此力會在液面產生一壓力，而此壓力也會以同樣的大小傳遍至液體內各處，使任意一點的壓力之增加與外施的壓力相同。若非如此，則液體內任何兩點間的壓力差即會改變，而導致液體分子的流動，直至平衡爲止。因此，我們說若靜止的液體中某一點的壓力原爲 P，今施以外加壓力 ΔP 於液面，則此壓力 ΔP 將會傳遍至液體內各處，而原先壓力爲 P 的點，此時壓力將隨之升至 $P+\Delta P$，此一現象稱爲**帕斯卡原理**（Pascal's principle）：**在一個封閉的容器中，內部爲理想不可壓縮流體，當液體受到壓力變化時，此一壓力變化將無損耗的傳遞至容器內的每一位置**。

若在一密閉容器內液體任一處施以外加壓力，此外加壓力會均勻的傳遍至液體內各處，油壓機便是利用此一原理設計的。若在某油壓機面積 A_1 的小活塞上施以作用力 F_1，則作用在此小活塞上的壓力變化爲 $P=\frac{F_1}{A_1}$，此壓力變化會均勻的傳遍至液體內各處。因此，面積 A_2 的大活塞上的壓力變化也相同。此時在面積 A_2 上所產生的作用力爲 $F_2=PA_2=\frac{A_2}{A_1}F_1$。當 A_2 面積大於 A_1 面積時就可以實現以小小的力量推出大的力量。如圖 9-8 所示，因爲壓力變化相同，小力量小面積可以對大面積形成大力量的效果。

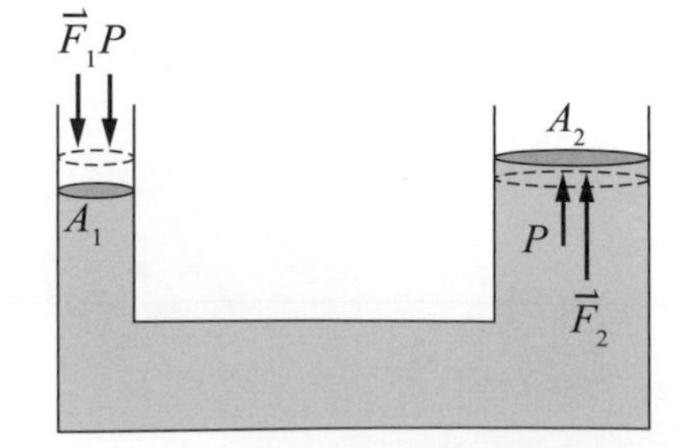

圖 9-8 應用帕斯卡原理，兩個面積上的壓力變化相同。

範例 9-10

一油壓機內裝有密度爲 ρ 的液體，其兩邊活塞的截面積各爲 A_1 及 A_2，當在 A_1 上置重量 W_1，在 A_2 上置重量 W_2 時，兩邊活塞能保持在等高的平衡狀態。今若要使 W_1 從平衡位置上升 h，則須要在 A_2 上增加多少重量？

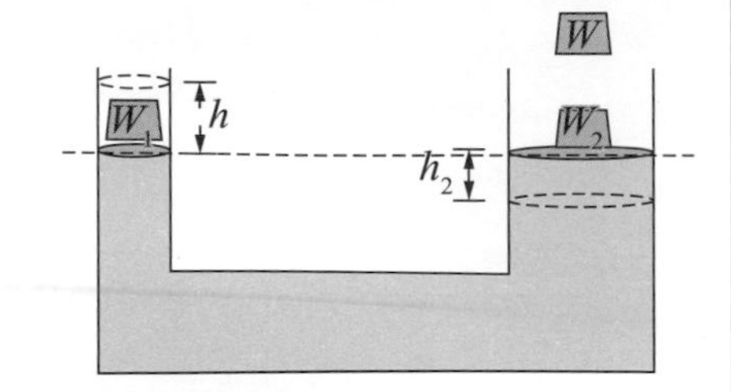

題解 若重物 W_1 與重物 W_2 剛開始置兩個活塞上，使得兩個活塞等高，表示此時兩者等壓力。不可壓縮流體受到外力影響，一邊下降 h_2，另一邊則上升 h，不可壓縮流體兩邊的液體體積變化量相同，$A_1h = A_2h_2$，$h_2 = \dfrac{A_1h}{A_2}$。

當 W_2 這個位置的活塞增加重量 W，使此活塞下降 h_2，放置 W_1 的活塞從平衡位置上升 h，

兩邊液體高度不同即是兩端的壓力差 $\Delta P = P_2 - P_1 = \rho g(h+h_2) = \rho g(h+\dfrac{A_1}{A_2}h)$，

由帕斯卡原理知，增加的壓力變化爲 $\Delta P = P_2 - P_1$，

因此，在 A_2 上增加的重量 W 與壓力變化 ΔP 關係爲 $\Delta P = P_2 - P_1 = \dfrac{W}{A_2}$，

以此計算出外加重量 $W = \Delta P \cdot A_2 = A_2(P_2 - P_1) = A_2\rho g(h+\dfrac{A_1}{A_2}h) = \rho gh(A_1 + A_2)$。

範例 9-11

某油壓機小活塞的半徑爲 r_1，大活塞的半徑爲 r_2，若此油壓機的效率爲 η，求此油壓機欲舉起重量 W 的汽車所需最小的力？若小活塞每一次行程可行進 s，那麼需要經過多少次，才能將汽車舉起 L 的高度？

題解 小活塞的面積 $A_1 = \pi r_1^2$，大活塞的面積 $A_2 = \pi r_2^2$，由 $F_1 = \dfrac{A_1}{A_2}F_2 = \dfrac{\pi r_1^2}{\pi r_2^2}W$。

油壓機的效率 η 爲 $\eta = \dfrac{W_{out}}{W_{in}} = \dfrac{Wd_2}{F_1d_1} = \dfrac{A_2}{A_1}\dfrac{d_2}{d_1} = \dfrac{A_2}{A_1}\dfrac{L}{d_1}$，故 $d_1 = \dfrac{A_2}{A_1}\dfrac{L}{\eta}$，爲 L 與 d_1 的關係式。

若小活塞每一次行程只可行進 s，故必行經 $n = \dfrac{d_1}{s} = \dfrac{1}{\eta}\dfrac{A_2}{A_1}\dfrac{L}{s} = \dfrac{r_2{}^2L}{\eta r_1{}^2 s}$ 次。

9-5 靜止液體的壓力變化

現在讓我們來看靜止液體中，任何一點的壓力與該點所在的深度之關係。茲考慮如圖 9-9 中所示的圓盤狀體積元素，其厚度爲 dy，上圓盤面與上圓盤面的面積均爲 A，若 ρ 爲該流體的密度。

參考坐標系統以下方爲原點。在高度 y 處的壓力爲 P，在高度 $y + dy$ 位置的壓力爲 $P + dP$。根據圖 9-9 中，下方壓力是上方壓力與液體高度差 dy 的貢獻，

$$P = (P + dP) + \rho g(dy)$$

我們可以得到這個坐標系統中壓力 P 與 y 坐標系統的關係

$$\frac{dP}{dy} = -\rho g \tag{9-17}$$

若 P_1 與 P_2 代表參考高度 y_1 與 y_2 處的壓力，則由上式積分可得

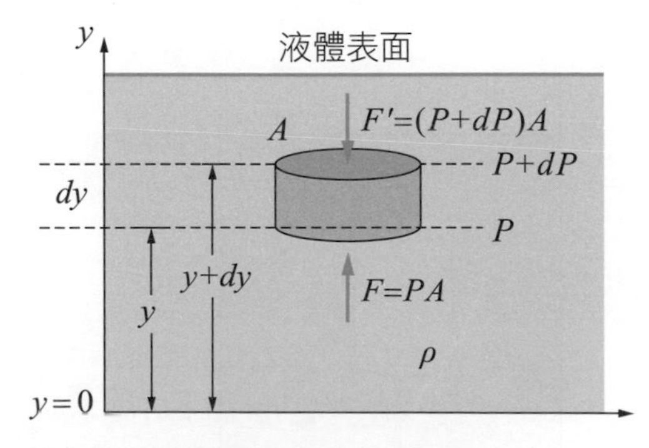

圖 9-9 靜止液體內高度差的壓力變化。

$$P_2 - P_1 = \int_{P_1}^{P_2} dP = \int_{y_1}^{y_2} (-\rho g) dy = -\rho g \int_{y_1}^{y_2} dy = -\rho g (y_2 - y_1)$$

y_2 與 y_1 兩位置的壓力關係

$$P_2 - P_1 = -\rho g (y_2 - y_1) \quad (9\text{-}18)$$

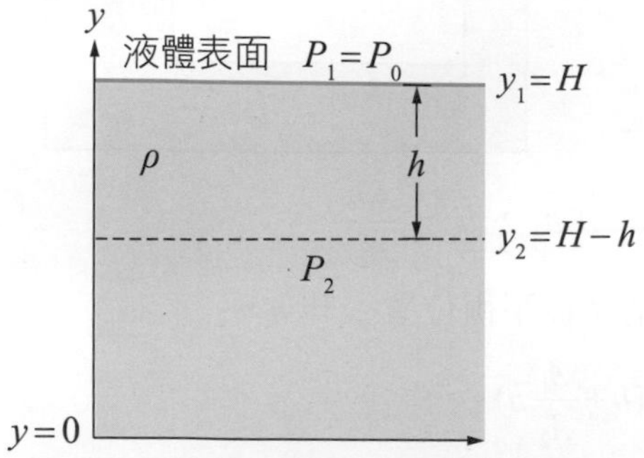

圖 9-10 依照參考坐標系統標示各點位置。

靜流體內部兩點間的壓力關係，今假設某容器中液體的高度爲 H。在距離容器底部高度爲 y_2 的位置之壓力爲 P，其距離液面的高度差 h，亦即 $y_2 = H - h$。而液面上方的壓力爲大氣壓力 P_0，如圖 9-10 所示，依照坐標系統標示，$y_1 = H$，$P_1 = P_0$，$y_2 = H - h$，代入(9-18)式可得

$$P_2 - P_1 = -\rho g (y_2 - y_1) = -\rho g [(H - h) - H] = \rho g h$$

$$P_2 = P_1 + \rho g h = P_0 + \rho g h \quad (9\text{-}19)$$

範例 9-12

請估算：(a)潛水時，每下潛多少公尺，周圍的壓力會增加一倍？(b)爬山時，每往上爬多少公尺，周圍的大氣壓力會減少一半？

題解 (a)假設地面的壓力爲 1 atm，又 $\rho_{水} = 1000 \text{ kg/m}^3$，$\rho_{空氣} = 1.29 \text{ kg/m}^3$，

P_0 爲地表大氣壓力，距離地表海平面淡水深度 h 處的壓力大小爲 $P = P_0 + \rho_{水} g h$。

當某一水深度的壓力 P 達到地表兩倍時，令 $P = 2P_0$，$P = 2P_0 = P_0 + \rho_{水} g h$，

$$h = \frac{P_0}{\rho_{水} g} = \frac{1.013 \times 10^5 \text{ N/m}^2}{(10^3 \text{ kg/m}^3)(9.8 \text{ m/s}^2)} \approx 10 \text{ m}。$$

(b)在空氣中的環境，高處壓力小，低處壓力大，

距離地表高度 h 的位置，此時 $P = P_0 - \rho_{空氣} g h$，

當高度 h 處的壓力 P 達到地表壓力一半時，$P = \frac{1}{2} P_0 = P_0 - \rho_{空氣} g h$，

此時距離地表的高度 $h = \frac{P_0}{2\rho_{空氣} g} = \frac{1.013 \times 10^5 \text{ N/m}^2}{2(1.29 \text{ kg/m}^3)(9.8 \text{ m/s}^2)} \approx 4006.48 \text{ m} \approx 4000 \text{ m}$。

9-6 阿基米德原理

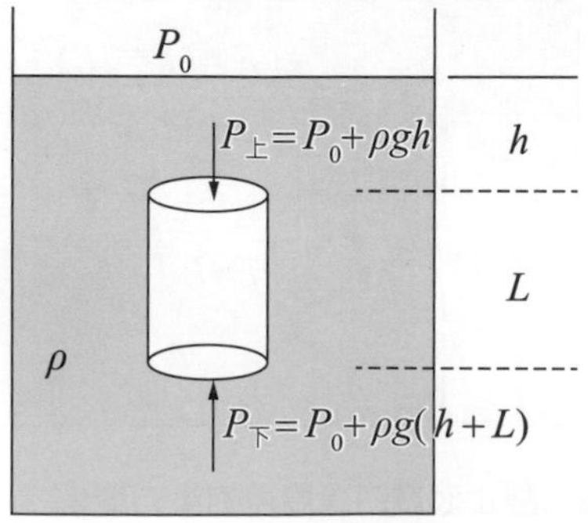

圖 9-11 應用壓力關係說明阿基米德原理。

當一個物體浸在液體中，我們感覺此物體重量減輕，原因是因爲物體受到浮力（buoyancy）的作用。我們用一個浸在液體中的圓柱體來說明浮力，圓柱體兩端的截面積爲 A，高度爲 L，放置在距離液面的深度爲 h 位置，如圖 9-11 所示。設液體的密度爲 ρ，大氣壓力爲 P_0，則由 $P = P_0 + \rho g h$ 知，圓柱體上表面的壓力爲

$$P_{上} = P_0 + \rho g h \quad (9\text{-}20)$$

圓柱體下表面的壓力爲

$$P_{下} = P_0 + \rho g (h + L) \quad (9\text{-}21)$$

故上下兩表面的壓力差為 $\Delta P = \rho gh$ ，下方壓力大。下方壓力的力量大於上方壓力的力量，因此對物體產生一個向上的作用淨力，此即所謂的浮力

$$F = \Delta P \times A = \rho gLA = \rho gV \tag{9-22}$$

由於 V 為圓柱體的體積， ρ 為液體的密度，故浮力等於此圓柱體在液體中，圓柱體排開同體積的液體重量 ρgV 。亦即**物體在液體中所受的浮力等於其所排開液體重量**，這就是我們熟知的阿基米德原理（Archimedes' principle）。

範例 9-13

水的密度為 $\rho_w = 1\ \text{g/cm}^3$，一木塊若放在水中，木塊體積的 $\frac{2}{3}$ 沉入水中，若放在油中，木塊體積的 $\frac{4}{5}$ 沉入油中，求木塊與油的密度。

題解 水的密度為 ρ_w ，設木塊的密度為 $\rho_木$ ，木塊的體積為 V，油的密度為 $\rho_油$ ，

木塊重 $\rho_木 gV$ ，水給予木塊的浮力 $\rho_w g(\frac{2}{3}V)$，油給予木塊的浮力 $\rho_油 g(\frac{4}{5}V)$ 。

木塊重＝水給木塊的浮力， $\rho_木 gV = \rho_w g(\frac{2}{3}V)$ ， $\rho_木 = \frac{2}{3}\rho_w$ ；

木塊重＝油給木塊的浮力， $\rho_木 gV = \rho_油 g(\frac{4}{5}V)$ ， $\rho_油 = \frac{5}{4}\rho_木$ 。

若水的密度為 $\rho_w = 1\ \text{g/cm}^3$ ，則

$\rho_木 = \frac{2}{3}\rho_w = 0.667\ \text{g/cm}^3$ ， $\rho_油 = \frac{5}{4} \times 0.667 = 0.834\ \text{g/cm}^3$ 。

範例 9-14

燒杯裝水靜置於磅秤上，讀數為 500 克重。今以細繩懸一石塊緩緩放入水中，但不碰及杯底，且水不溢出，若石塊重 1 公斤重，體積 200 立方公分，求磅秤的讀數？

題解 我們要分三個階段來分析這個問題。

第一階段：受力的物體是水與燒杯。

磅秤的讀數為整個燒杯作用於磅秤上的力，

也就是磅秤作用於燒杯上的反作用力，

也是整個裝水燒杯所受到正向力 $\vec{N}$ 。

裝水燒杯重量 $M\vec{g}$ ，此時 $\vec{N} + M\vec{g} = 0$ 。

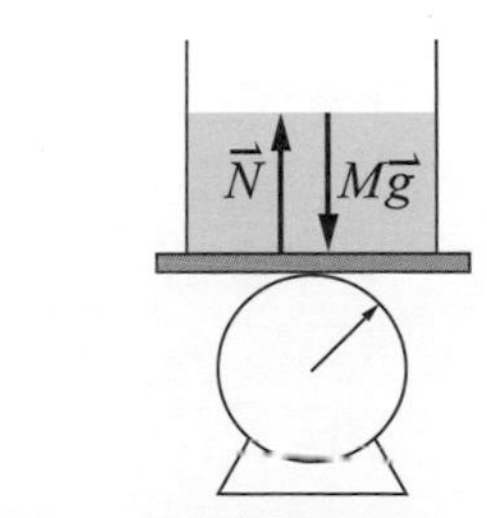

▲水與燒杯受到磅秤正向力。

第二階段：受力的物體是石塊。

當燒杯中放入一個石塊，懸吊不碰觸杯底，

石塊 m 受重力 $m\vec{g}$ ，

繩子張力 $\vec{T}$ 與周圍液體浮力 $\vec{B}$ 達到力平衡狀態。

$m\vec{g} + \vec{T} + \vec{B} = 0$

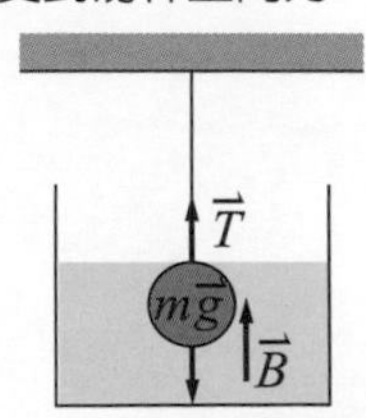

▲石塊置入水中，對石塊來說，重力、水的浮力、懸繩的張力達成靜力平衡。

第三階段：受力的物體是裝水燒杯與石塊。

今考慮整個杯子與石塊放在磅秤上的作用力圖，
外力只有裝水燒杯重量 $M\vec{g}$ ，石塊 m 受重力 $m\vec{g}$ ，繩子張力 $\vec{T}$ ，
此時，磅秤作用於杯子之正向力 $\vec{N}'$ 。

$$\vec{N}' + M\vec{g} + m\vec{g} + \vec{T} = 0$$

$$\vec{N}' = -M\vec{g} - (m\vec{g} + \vec{T}) = -M\vec{g} - (-\vec{B}) = -M\vec{g} + \vec{B}$$

燒杯裝水重量 500 gw，力量向下，
石頭體積 200 cm^3 表示浮力 $\vec{B}$ 大小爲 200 gw，

$$\vec{N}' = -M\vec{g} + \vec{B} = -(500\ \text{gw})(-\hat{j}) + (200\ \text{gw})\hat{j} = (700\ \text{gw})\hat{j}$$

此時磅秤作用於杯子之力大小爲 700 gw，即磅秤讀值 700 g。

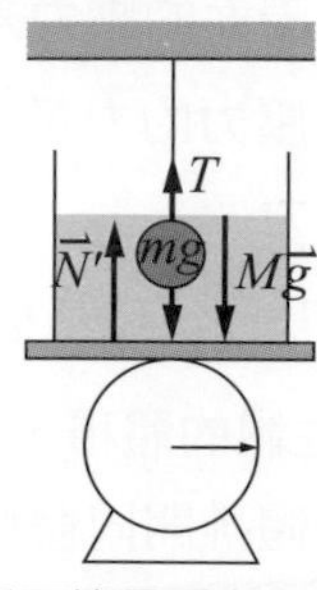

▲水與燒杯及石塊是受力者。重力、正向力與懸繩的張力達成靜力平衡。

當我們討論到浮體時，自然要涉及平衡的穩定性，一個浮體恆受到大小相等而方向相反的兩個力作用著，亦即物體的重力以及物體所受的浮力。重力的作用點即浮體的重心 G 所在的位置，浮力的作用點稱爲浮力中心 B。B 就是被物體所排開液體的中心位置，B 點與被排開液體體積的形心一致。當浮體的重心 G 位於浮力中心 B 的正上方時，此浮體保持著平衡，如圖 9-12(a)所示。今設此浮體轉動一個轉角 α，則其浸入液體中的形狀隨即改變，且浮力中心會移至另一點 B′，若浮力的作用線與 BG 的連線之交點，稱爲定傾中心 M（metacenter）。定傾中心 M 高於浮體的重心 G，則此平衡爲穩定平衡，因爲力偶的方向與傾側的方向相反，所以它有使浮體恢復原來平衡的趨勢，如圖 9-12(b)所示。反之，若定傾中心 M 點較浮體的重心 G 點爲低，則力偶的方向與傾側的方向相同，所以它有使原來的傾斜加大，直到浮體整個翻轉爲止。此種容易造成船體繼續傾斜無法回正的現象在船體設計上務必避免。通常規定船隻的定傾中心高度 h（即定傾中心 M 與船體的重心 G 之間的距離），在一相當大的傾角 α（約爲 20°）以內，使其保持一定的常數。

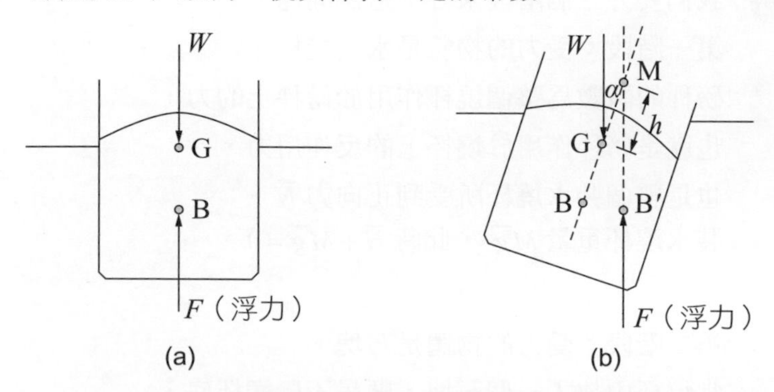

圖 9-12 浮體的重心 G，定傾中心 M 與浮力中心 B，B′ 的關係。

9-7 流體動力學

通常我們看到的流體不只是靜止的流體，很多是流動的流體，流體動力學便是研究流動流體的性質。流體依其壓縮性可分為可壓縮性流體以及不可壓縮性流體，可壓縮性流體其體積與壓力有關，不可壓縮性流體則否。嚴格來講，沒有一種流體其體積會不受壓力影響。然而，一般的液體其體積隨壓力而產生的變化並不顯著，因此，可看成是不可壓縮性流體。以水為例，壓力自 1 大氣壓增大至 50 大氣壓時，其體積僅收縮千分之二。氣體的體積受壓力的影響較大，所以氣體是不能看成是不可壓縮性流體。但是若壓力的變化不大，則氣體亦可看成是不可壓縮性流體。另外，流體分為黏滯性流體以及非黏滯性流體。嚴格說來，所有的流體均具黏滯性，不過有些流體的黏滯性不大，而可看成是非黏滯性流體。此處我們所討論的僅限於不可壓縮性且非黏滯性的流體，一般我們稱之為簡單的流體。對於靜止的流體，只須一個參數來描述，那就是壓力，在靜止的流體中，壓力是隨深度而變化。對流動的流體我們須要兩個參數來描述，即壓力與流速，壓力與流速不僅是位置的函數，也是時間的函數。在流動的流體中，若任何一點的流速並不隨時間而變化，稱為穩定的流體。在穩定的流體中，任何一個固定位置所在的流速並不隨時間而變化，但不同的位置可以有不同的的流速。在穩定的流體中，任何質點的運動軌跡稱為流線，流體內的質點是循著流線的路徑而行進，不同的流線是不會相交的。

連續方程式

根據質量不滅原理，對穩定的不可壓縮流體而言，在一個封閉的管中，任何時間流過某一截面的流量質量，必與在其它任何截面流過的流量質量相等。Δm 為在 Δt 時間內通過任一截面的流體質量。質量 Δm 對時間的變化關係為定值，$\frac{\Delta m}{\Delta t}=$ 定值。

若某一位置流體的截面積 A，流體流速 v，$A(v\cdot\Delta t)$ 表示在此 Δt 時間內流體所佔有的體積，流體的密度 ρ。則流體質量對時間的變化關係 $\frac{\Delta m}{\Delta t}=\frac{\rho A(v\cdot\Delta t)}{\Delta t}=\rho Av=$ 定值，所以，流體在此封閉管中任一位置要滿足

$$\rho Av=\text{定值} \qquad (9\text{-}23a)$$

上式稱為**連續性方程式**（continuity equation）。

若為不可壓縮性流體，則每位置的流體密度 ρ 相同，因此，連續性方程式可寫為

$$Av=\text{定值} \qquad (9\text{-}23b)$$

白努利方程式

將能量守恆原理應用到簡單的流體，可得到一個方程式，稱爲白努利方程式（Bernoulli's equation）。如圖 9-13 所示，設在某一高度爲 y_1 的一小段流體，其截面積爲 A_1，流體的流速爲 v_1，而該處的壓力爲 P_1，在另一高度爲 y_2 的流體，其截面積爲 A_2，流體的流速爲 v_2，而該處的壓力爲 P_2。將截面積爲 A_1 至截面積爲 A_2 之間的流體看成一個系統，作用於截面積 A_1 上的力爲 $F_1 = P_1A_1$，此力將系統向右推移一段位移 ΔL_1，因而該力對系統所作的功爲 $W_1 = P_1A_1\Delta L_1$。同時，作用於截面積 A_2 上的力大小爲 $F_2 = P_2A_2$，此力的作用方向與系統向右位移 ΔL_2 的方向相反，因而該力對系統所作的功爲 $W_2 = -P_2A_2\Delta L_2$。因此，外面的壓力對系統所作的總功 W 爲

$$W = W_1 + W_2 = P_1A_1\Delta L_1 - P_2A_2\Delta L_2 \tag{9-24}$$

相同時間內質量變化 $m_1 = m_2 = m$，由連續性方程式知 $A_1\Delta L_1 = A_2\Delta L_2 = \dfrac{m}{\rho}$，故

$$W = (P_1 - P_2)\frac{m}{\rho} \tag{9-25}$$

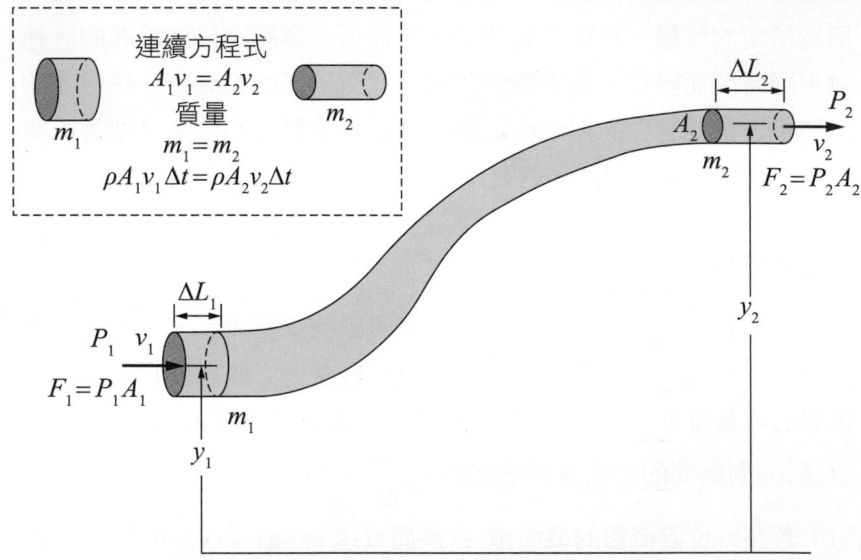

圖 9-13　推導白努利方程式的說明：
流體壓力作的淨功＝流體單元的動能變化＋重力位能變化。

如圖 9-13 所示，外力對系統所作的功使質量爲 $m = \rho A_1\Delta L_1$ 或 $m = \rho A_2\Delta L_2$ 的一小段流體由位置 y_1 提升到位置 y_2，因此，使其位能增加 $\Delta U = mg(y_2 - y_1)$，而動能增加 $\Delta K = \frac{1}{2}mv_2^2 - \frac{1}{2}mv_1^2$。由能量守恆原理知，外力對系統所作的總功等於其位能的變化量加上動能的變化量，亦即 $W = \Delta U + \Delta K$，由此可得

$$W = (P_1 - P_2)\frac{m}{\rho} = mg(y_2 - y_1) + \frac{1}{2}m(v_2^2 - v_1^2) \tag{9-26}$$

亦即

$$P_1+\frac{1}{2}\rho v_1^2+\rho g y_1=P_2+\frac{1}{2}\rho v_2^2+\rho g y_2 \tag{9-27}$$

或寫爲 $P+\frac{1}{2}\rho v^2+\rho g y=$ 定値，此即著名的白努利方程式。

利用白努利方程式的原理，我們可以說明靜止流體的壓力與深度問題。如圖 9-14 所示，在裝有靜止的流體的水桶任取兩個點 A 與 B 做觀察，設此兩個點的壓力分別爲 P_1 及 P_2，而流體的密度爲 ρ，由白努利方程式 $P_1+\frac{1}{2}\rho v_1^2+\rho g h_1=P_2+\frac{1}{2}\rho v_2^2+\rho g h_2$，由於是靜流體，$v_1=0$，$v_2=0$，故 $\Delta P=P_2-P_1=\rho g(h_1-h_2)$。

若 A 點在液面接觸大氣壓力，則 $P_1=P_0=$ 大氣壓力。因此，$P_2=P_0+\rho g\Delta h$，此即是靜止流體內某一點的壓力表示式，上式中 Δh 爲 B 點距離液面的深度。

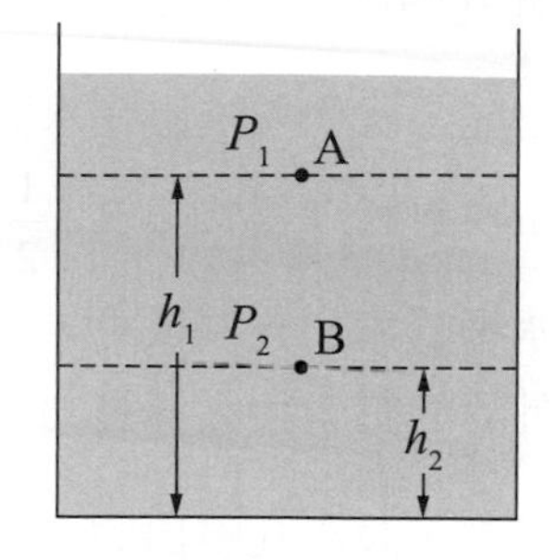

圖 9-14 靜止流體的壓力與深度關係。

文氏流量計

文氏流量計（Venturi meter）是一種利用白努利方程式的原理，測量流體流速的裝置。文氏流量計有多種不同的形式。圖 9-15 是其中一種文氏流量計，水平管兩邊較寬而中間狹窄，管中寬窄兩處的壓力差可由嵌入的 U 形管壓力計測定。水平管中的液體密度 ρ，U 形管中下方檢視壓力差的液體密度 ρ'。

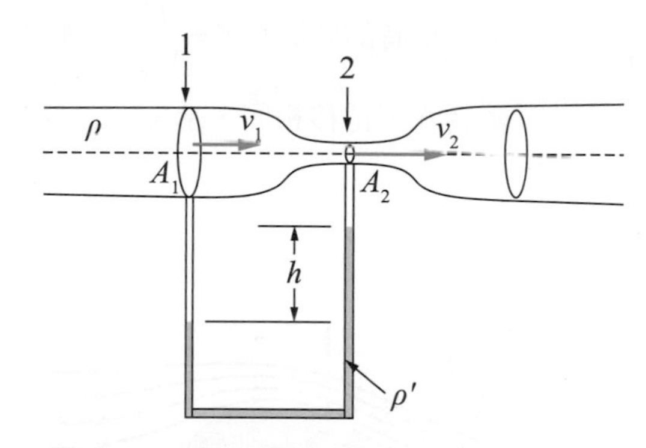

圖 9-15 文氏流量計。

管中較寬部分的截面積爲 A_1，流體的流速爲 v_1，而該處的壓力爲 P_1，管中較窄部分的截面積爲 A_2，流體的流速爲 v_2，而該處的壓力爲 P_2，水平管中流體的密度爲 ρ，U 形管中液體的密度爲 ρ'，則由連續性方程式知 $A_1v_1=A_2v_2$，而由白努利方程式知 $P_1+\frac{1}{2}\rho v_1^2=P_2+\frac{1}{2}\rho v_2^2$，由此兩方程式可得

$$P_1-P_2=\frac{1}{2}(v_2^2-v_1^2)=\frac{1}{2}\rho v_1^2(\frac{A_1^2}{A_2^2}-1) \tag{9-28}$$

再由 U 形管內兩液面的高度可求得壓力差

$$P_1-P_2=\rho' gh-\rho gh \tag{9-29}$$

由此可得

$$v_1=A_2\sqrt{\frac{2(\rho'-\rho)gh}{\rho(A_1^2-A_2^2)}} \tag{9-30}$$

範例 9-15

有一個大水桶盛水的高度爲 H，今在桶壁上開一小孔，孔的位置在水面下方 h 處，求此小孔噴出的水著地時的位置 x？若又在桶壁上另外再開一小孔，使此小孔噴出的水著地時的位置與前者相同，則此孔的深度爲何？

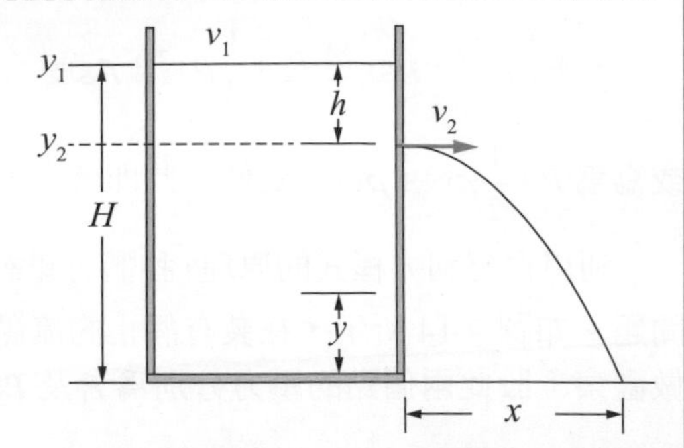

題解 首先，我們須求出在水面下方 h 處的小孔所噴出的水之速率。

由白努利方程式知 $P_1+\frac{1}{2}\rho v_1^2+\rho g y_1=P_2+\frac{1}{2}\rho v_2^2+\rho g y_2$。

水桶很大，孔洞很小，水桶最上方水面的水的速度很緩慢 $v_1\approx 0$， $y_1-y_2=h$，

外界的壓力與大氣壓力相同，$P_1=P_2=P_0$ 代入上式可得 $v_2=\sqrt{2gh}$。

其次，設小孔噴出的水著地時的時間爲 t，則由 $H-h=\frac{1}{2}gt^2$，$t=\sqrt{\frac{2(H-h)}{g}}$。由小孔噴出的水之速率

爲 $v_2=\sqrt{2gh}$，因此，小孔噴出的水著地時的位移 x 爲 $x=v_2t=\sqrt{2gh}\sqrt{\frac{2(H-h)}{g}}=2\sqrt{h(H-h)}$。

若在高於底部 y 處，另外再開一小孔，則由小孔噴出的水之速率爲 $v'=\sqrt{2g(H-y)}$，由此小孔噴出的

水著地時的時間爲 $t'=\sqrt{\frac{2y}{g}}$，此小孔噴出的水著地時的位移 x' 爲 $x'=v't'=2\sqrt{y(H-y)}$。

兩者水平位移相同，令 $x'=x$，可得 $2\sqrt{y(H-y)}=2\sqrt{h(H-h)}$， $y=h$。

生活中常見的白努利效應應用

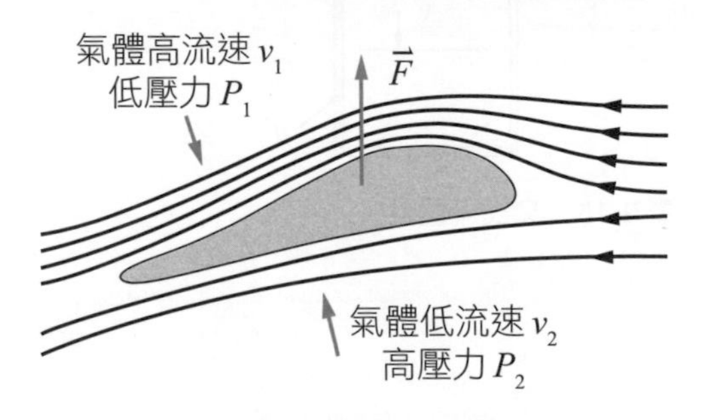

圖 9-16 流動的氣流對飛機機翼產生的上升力。

飛機機翼的上升力也可以利用白努利方程式的原理來說明。飛機的機翼形狀的截面如圖 9-16 所示。當空氣流過機翼時，空氣氣流體通過機翼上方的路徑長，在機翼下方的空氣流速 v_2 會比機翼上方的空氣流速 v_1 爲小，即 $v_2<v_1$。因此，依據白努利方程式，機翼下方空氣的壓力 P_2 會比機翼上方空氣的壓力 P_1 爲大，即 $P_2>P_1$，這一壓力差便會產生一個向上的升力。如果上升力大於飛機的重量，則飛機便會加速升高，如果上升力剛好等於飛機的重量，則飛機便可保持水平飛行。飛機起飛時，在加速跑道滑行加速，就是要得到升空所需的上升力。

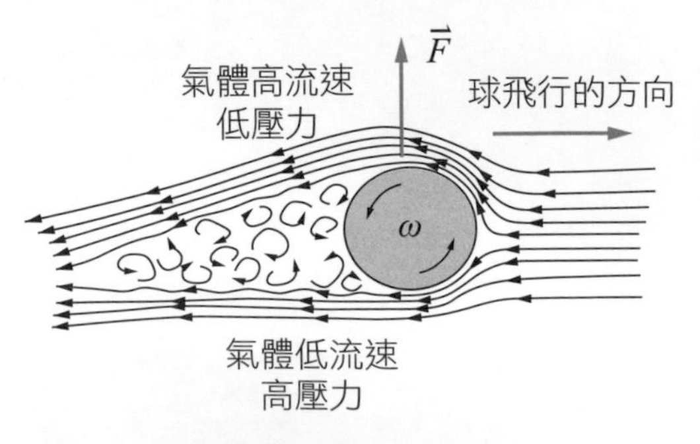

圖 9-17 一個旋轉的球受到氣流壓力的影響產生偏轉。

我們常在球賽中看到棒球的變化球，足球賽中的香蕉球。一顆球在穩定氣流中行進，原本預計直線前進的球，但因爲球體旋轉，這顆球的行進方向產生彎曲偏折的現象，這可以用白努利方程式的原理來說明。一個在穩定氣流空氣中行進的球，其情況與空氣流過靜止的球一樣，如果球不旋轉的話，則球的上方與下方空氣的流速是相等的，所以不會有可產生偏轉的力產生。但是如果球以某個角速度旋轉，如圖 9-17 所示。上方的氣體流速相對速度快，壓力小，下方氣體的流速相對速度慢，壓力大。因此，根據白努利方程式，球上方空氣的壓力會比球下方空氣的壓力爲小，上下的壓力差便會產生一個向上的力而使球向上方彎曲偏折。

9-8 表面張力

內聚力與**附著力**均普遍存在於兩種不同物質的界面，這兩種力量會造成日常的生活中所看到幾種現象。在同類的分子間的力稱為內聚力；而異類的分子間的力稱為附著力。

例如，某些液體在固體表面會凝聚成珠狀，而某些液體則會散開來。譬如我們常看到的現象是，一根鋼針可以漂浮在水面上，雖然鋼針的密度比水重，理應沉入水中才對，這也是內聚力與附著力顯現出的現象。

在日常的生活中我們會發現，一般的液體其表面好像會往內收縮，像一層緊縮的薄膜。圖 9-18，一根金屬製的迴紋針可以漂浮在水面上，這是**表面張力**（surface tension）的現象。小沙粒會浮於水面而不會沉下去，這也是表面張力的現象。又如一個小水滴，其形狀必成為最小面積的球形，這都表示液體的表面有一種抵抗表面積擴張的力量。

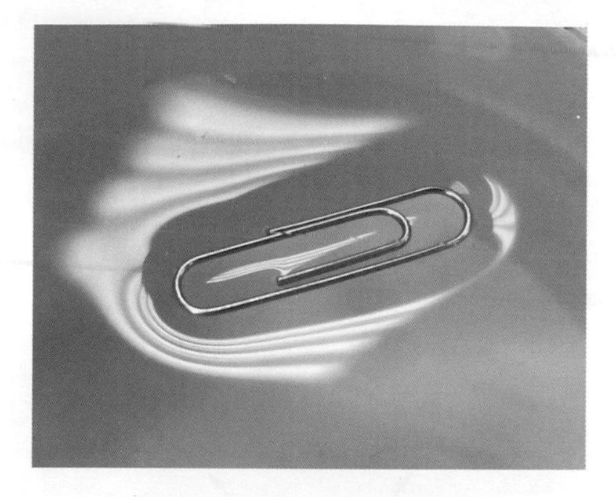

圖 9-18 漂浮在水面上的迴紋針。

表面張力是來自薄膜的力量。想像一個實驗，如圖 9-19 所示，一個 U 形的框子，從上方俯視裝置，其上有一根長度為 L 可以移動的細棒。細棒沾上液體薄膜，我們會發現，如不施以外力，液體薄膜會縮短。對細棒施加外力向外拉，液體薄膜表面抵抗細棒移動的力便是來自液體的表面張力。利用這種方法，我們可測出表面張力的大小。當施加外力 F，可使細棒成平衡狀態，液體薄膜作用於細棒上每單位長度的力即為此薄膜的表面張力 γ。表面張力 γ 的定義

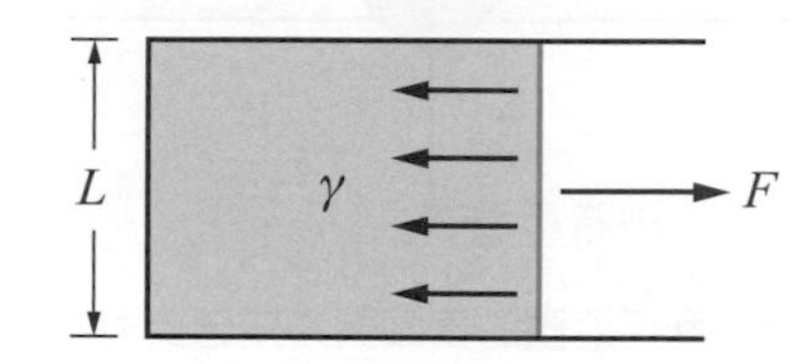

圖 9-19 表面張力的定義，只考慮一層膜。

$$\gamma = \frac{F}{L} \tag{9-31}$$

一般的狀況，液體是有體積，從側面觀察 U 形框，如圖 9-20 所示，當進行表面張力測試時，外力 F 拉著兩個液體表面。若此時測得的液體表面張力為

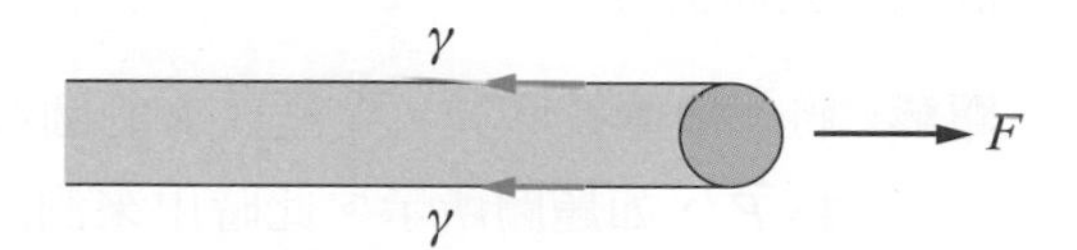

圖 9-20 表面張力的量測，從側面觀察液體有上下兩層膜表面。

$$\gamma = \frac{F}{2L} \tag{9-32}$$

實驗操作中，表面張力與液體的材質、細棒的材質有關；且表面張力與溫度有關，溫度愈高，則表面張力愈小。一些常見的液體表面張力參考數值，如表 9-4 所示。水的表面張力因溫度升高造成表面張力下降。

表 9-4　一些液體的表面張力。

流體	表面張力（N/m）
水（0°C）	0.076
水（20°C）	0.072
水（100°C）	0.059
肥皂水（20°C）	0.025 ~ 0.045
純酒精（20°C）	0.022
水銀（20°C）	0.425
血液（37°C）	0.058
血漿（37°C）	0.073
苯（Benzene，20°C）	0.029
烯丙醇（Allyl alcohol，20°C）	0.025
甲醇（Methanol，20°C）	0.022
丙酮（Acetone，20°C）	0.024

液面張力 $T=\gamma L$　液面張力 $T=\gamma L$

液面

$M\vec{g}$ 物體重量

圖 9-21　利用液體的表面張力效應支撐物體的重量。

所以，當一個物體置於水面時，例如迴紋針可以浮在水面上，我們分析表面張力如圖 9-21 所示。物體壓在水面上，使得水面變形。此時使物體可以浮在水面的條件，就是利用液體的表面張力效應與物體的重量達成靜力平衡。物體的重量是等於兩側表面張力提供的垂直分量力的總和。

範例 9-16

如圖，有一實驗裝置，可以用來測試某一液體的表面張力。本實驗透過將一個半徑 R，重量 W 的圓形細線圈，從液體中提起。此時上提的外力 $\vec{F}$，請計算此時液體的表面張力。

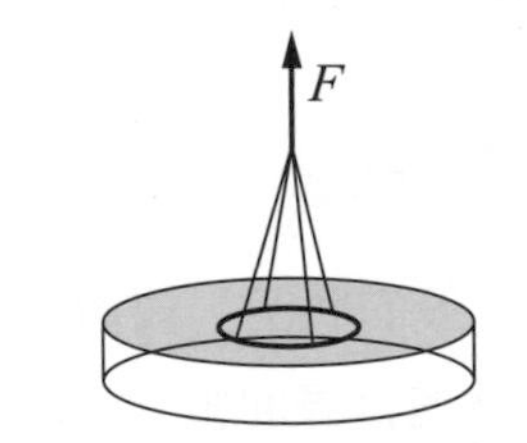

▲利用半徑為 R 的圓形線圈量測液體的表面張力。

題解　將一個重量爲 W，半徑爲 R 的圓形細線圈，從液體中提起，上提的外力爲 $\vec{F}$，如題圖所示。此時用來測試液面表面張力的淨外力是 $F-W$，薄膜是圓形線圈內與外徑的表面張力所支撐，帶入(9-32)式，此時液體的表面張力爲 $\gamma=\dfrac{F-W}{2(2\pi R)}$。

9-9 毛細現象

在同類的分子間的力稱爲內聚力（cohesive force），而異類的分子間的力稱爲附著力（adhesive force）。我們將一根兩端開口的透明玻璃管插入液體中觀察，如圖 9-22 所示。把一根細玻璃管插入水中，我們會發現管內的水面呈凹形，而且比管外的水面高。水被吸上玻璃管壁，是因爲玻璃分子與水分子的附著力比表面水分子的內聚力爲大之故；反之，如果把此玻璃管插入水銀內，我們會發現管內的液面呈凸形，而且比管外的液面低。此時，這是因爲水銀表面分子的內聚力大於玻璃分子與水銀分子的附著力。

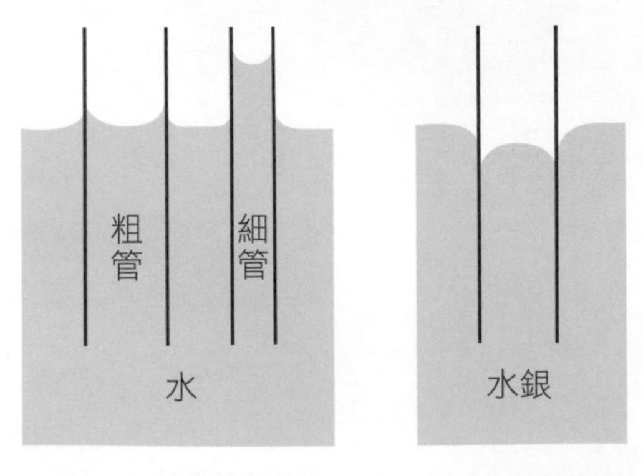

圖 9-22　不同液體與玻璃管壁間的內聚力與附著力的行為，這是一種毛細現象。在水中。較細的玻璃管內相較於粗玻璃管內有較高的水位高度。

當玻璃管口徑不同時，小口徑的空管子，內聚力與附著力表現在界面間的現象較大口徑玻璃管顯著。某些液體在毛細管內會上升，因此，管內的液面會較管外爲高，而某些液體在毛細管內會下降，因此，管內的液面會較管外爲低。此種細管內液體會上升或下降的現象稱爲毛細現象（capillarity）。

我們再來看液體與玻璃管壁的行爲，如圖 9-23 所示。玻璃管壁表面與液體表面切線的夾角，稱爲接觸角 ϕ。它的大小由內聚力與附著力的比值而定。水的內聚力比水與玻璃的附著力小，因此，水面呈凹形；水銀的內聚力比它與玻璃的附著力大，因此，形成凸面。若接觸角 ϕ 小於 90°，則液體與玻璃管壁附著力大於液體內聚力，於是液體會沾濕固體表面。若接觸角 ϕ 大於 90°，則液體內聚力大於液體與玻璃管壁附著力，此時液體比較不會沾濕此固體表面。

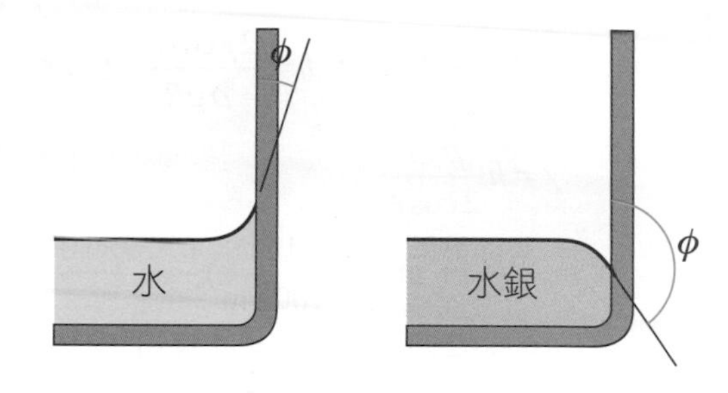

圖 9-23 水與水銀與燒杯壁面的接觸角。

在圖 9-24 中，設毛細管的半徑爲 R，接觸角爲 α，若毛細管內外液面的高度差爲 h，則表面張力所產生沿管壁向上之力爲

$$F = 2\pi R\gamma\cos\alpha \tag{9-33}$$

而管內液體柱的重量爲

$$W = \pi R^2 h\rho g \tag{9-34}$$

由於，表面張力產生向上的力量支撐液體柱的重量，$F = W$，因此

$$h = \frac{2\gamma\cos\alpha}{\rho gR} \tag{9-35}$$

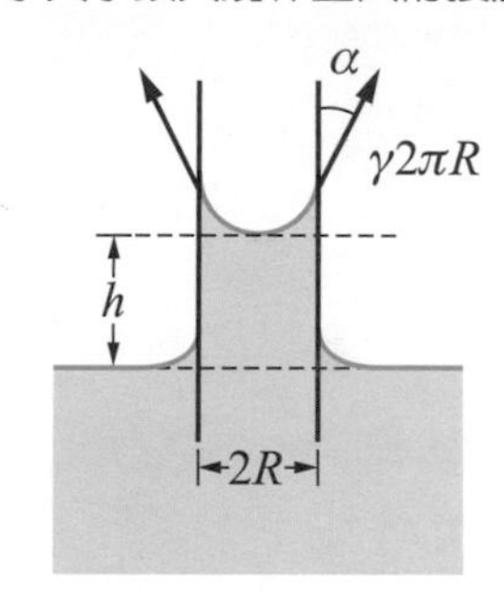

圖 9-24 毛細現象使管內的液體高度與外面液面高度不同。

由(9-35)式，當玻璃管半徑變小，管內的液體高度就會相對變高。粗細不同的毛細管插入同一液體中時，管內外液面的高度差與管的內半徑成反比。

我們常用使用臘與其它的防水劑，用來防止水沾濕固體的表面。因爲它們可改變表面的性質，使水分子的內聚力大於物體表面與水的附著力。因此，讓觸角大於 90°，水的表面可能會縮成圓珠。另外，我們使用例如清潔劑也會改變水與介面表面的性質，它使液體與介面的附著力大於介面與水分子的內聚力，因此，接觸角小於 90°，水會在介面表面散開。

範例 9-17

將內徑 0.20 毫米的玻璃毛細管浸入密度爲 0.79×10^3 公斤／立方公尺的液體中。液體在此玻璃毛細管中上升至 5.68 公分的高度。若接觸角是理想的 0 度，請計算液體的表面張力。

題解 內徑 $R=\dfrac{0.2\text{ mm}}{2}=0.1\text{ mm}=0.1\times10^{-3}\text{ m}$，接觸角 0 度。

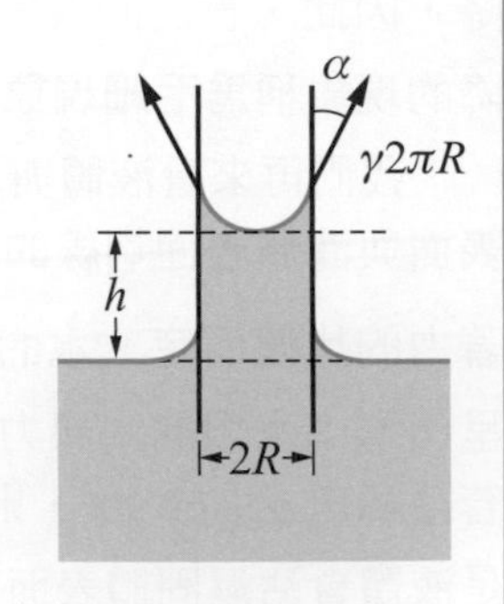

根據(9-35)式，$h=\dfrac{2\gamma\cos\alpha}{\rho gR}$，

$$\gamma=h\frac{\rho gR}{2\cos\alpha}$$

$$=(5.68\text{ cm})\times(\frac{1\text{ m}}{100\text{ cm}})\frac{(0.79\times10^3\text{ kg/m}^3)(9.80\text{ m/s}^2)(0.1\times10^{-3}\text{ m})}{2\cos0^\circ}$$

$$=0.0219\text{ N/m}\approx0.022\text{ N/m}$$ 。

9-10 流體的黏滯性

白努利方程式是不考慮流體的黏滯性（viscosity），所謂流體的黏滯性相當於是流體的摩擦力。簡單的流體可以在水平的管中等速流動，但是眞正的流體是有黏滯性的，爲了維持有黏滯性流體的流動，管的兩端必須維持某種壓力差才行。對眞正的流體，如人體動脈中的血流或輸油管中的油，壓力差是非常重要的。在考慮流體的黏滯性時，我們假設流體是以圓筒形的層流方式流動，如果沒有黏滯性，各不同層的流體會以相同的速度流動。在黏滯性流體中，流體的流速是與其至管壁的距離有關，流體的流速最快之處是在管的中心，與管壁較接近的層流動較慢，而與管壁接觸的最外層根本不流動。每層流體與相鄰的流體層之間彼此都會施以對方黏性力，此黏性力與層的相對運動方向相反，最外層的流體則對管壁施以黏性力。分子間的結合力愈強的液體，其黏滯性愈大，液體的黏滯性隨溫度的上升而減少，因爲液體分子間的結合力下降之故。人體的體溫下降會造成血液的黏度上升而使血液的流動困難，造成危險。氣體的黏滯性隨溫度的上升而增加，因爲溫度的上升則氣體的分子運動較快。流體的黏滯係數（viscosity coefficient）以 η 表之，其公制的單位爲 Pa·s，或泊（poise，簡寫爲 P）

$$1\text{ P}=0.1\text{ Pa}\cdot\text{s}$$

影響圓筒形管狀流體的層流之流率 $\dfrac{\Delta V}{\Delta t}$ 的因素有下列幾點：第一是流率與單位長度的壓力降成正比關係，其次，流率與黏滯性成反比關係。另一項因素是管的半徑，在十九世紀，法國科學家帕穗（Jean Louis Marie Poiseuille）在研究中血管的血流時發現帕穗定律（Poiseuille law），血液體積的流率與血管半徑的四次方成正比，將以上的因素用數學式表之爲

$$\frac{\Delta V}{\Delta t}=\frac{\pi}{8}(\frac{\Delta P/\Delta L}{\eta})r^4 \quad (9\text{-}36)$$

上式稱爲帕穗定律（Poiseuille law），其中 ΔP 是管的兩端之壓力差，ΔL 是管的長度，r 是管的半徑，η 是流體的黏滯係數。在人體中血管中流動的血流，流率與血管半徑之關係非常重要。患有心血管疾病的病人，其動脈血管由於管壁增厚而半徑減少，爲了維持正常的血流量，血壓因而會上升。例如若動脈血管的半徑減少爲原來的一半，若血壓不變，則血液流量會減少成原來的十六分之一，即二分之一的四次方，爲了補償此減少量，心臟就會更用力的壓縮，因而增加血壓，而血壓增高又會引起許多建康的問題。

範例 9-18

假設血管中的血液壓力梯度變化固定，血液黏滯係數 η 固定。如果血流量減少 40%，此時血管半徑變爲原本的多少倍？

題解 根據帕穗定律，$Q=\frac{\Delta V}{\Delta t}=\frac{\pi}{8}(\frac{\Delta P/\Delta L}{\eta})r^4$。

血管中的血液壓力梯度變化固定，即 $\frac{\Delta P}{\Delta L}=$定值。血液黏滯係數 η 固定。

假設之前的血管半徑 r_1，之後的血管半徑 r_2，

血液流量變化關係 $\frac{Q_2}{Q_1}=\frac{\Delta V_2/\Delta t}{\Delta V_1/\Delta t}=\frac{r_2{}^4}{r_1{}^4}=60\%$，

$r_2=\sqrt[4]{0.6}\ r_1=0.88\,r_1$，

此時血管半徑爲之前的 88%。

習題 標以*的題目難度較高

9-1 密度、比重與相對密度

1. 有一大教室長 20.0 m，寬 15.0 m，高 3.2 m。請計算(a)教室內的空氣總質量，(b)教室內的空氣總重量。
2. 是否可以從您的質量來估算您身體的體積。
3. 體積為 $V=115\ \text{cm}^3$ 的水，結成密度為 $\rho=0.92\ \text{g/cm}^3$ 的冰塊時，其體積為何？
4. 有一空瓶質量 35.00 公克，裝滿水時的質量為 385.00 公克。之後倒出水，清空乾燥後，再裝滿 X 液體，此時總質量為 315.00 公克。請問 X 液體的比重是多少？
5. 比重 1.05 的鹽水 4 公升與 1 公升純水混和後，請問此混和液的比重。

9-2 固體的應力、應變與楊氏模量

6. 有一條長度為 $\ell_0=1.0\ \text{m}$，半徑為 $r=0.5\times10^{-3}\ \text{m}$ 的線，其上端固定，當其下端懸掛質量為 $m=2\ \text{kg}$ 的物體時，伸長量為 $\Delta\ell=8.0\times10^{-4}\ \text{m}$，求此線的應變以及拉伸受力截面之應力？
7. 求上題中，該線的楊氏模量？
8. 有一條鋼絲，其長度為 $\ell_0=1.0\ \text{m}$，直徑為 $2r=1.0\times10^{-3}\ \text{m}$，若此鋼絲之楊氏模量 200×10^9 牛頓／平方公尺，當其懸掛質量為 $m=0.1\ \text{kg}$ 的砝碼時，伸長量為何？
9. 有一尼龍線測試實驗，置入尼龍線長度 40 公分，直徑 2.00 毫米，尼龍線之楊氏模量 5×10^9 牛頓／平方公尺。若此尼龍繩承受 300 牛頓的拉力，則(a)此尼龍線之長度變化是多少？(b)若同一材料尼龍繩，長度不變，受力不變，但直徑變為一半，長度變化？
10. 一根直徑 4.0 公分的鋁圓柱桿從牆壁水平突出 5.0 公分。在桿的末端掛上 1200 公斤的重物。若此鋁材的切變模量為 25.0×10^9 牛頓／平方公尺。忽略鋁圓柱桿的質量，求此時(a)鋁圓柱桿的剪切應力，(b)桿端受力後形變垂直偏移量，(c)此鋁圓柱桿在受力此狀況是否會損壞？

9-3 流體與壓力

11. 抽空部分氣體的氣密容器有一個表面積為 25×10^{-4} 平方公尺且質量可忽略不計的密封蓋。如果打開蓋子需施力 100 牛頓。此時外界大氣壓力為 1.0×10^5 帕，請問此時氣密容器內部壓力為多少？
12. 有一豪宅的落地窗尺寸為高 3.6 公尺、寬 2.2 公尺。由於暴風雨來臨，外部氣壓降至 0.96 大氣壓，但內部氣壓保持在 1.0 大氣壓。此時有多少淨力將玻璃窗向外推？
13. 有一位身高 1.70 公尺的先生，已知血液密度約為 1.06×10^3 公斤／立方公尺，請估算站立時腦部和腳之間血液壓力差。
14. 若某開管壓力計右邊與大氣接觸的水銀面，較左邊與待測氣體相接的水銀面高出 10 公分高的水銀柱，設此時的大氣壓力為 $P_0=75.8\ \text{cm-Hg}$，求此待測氣體的計示壓力與絕對壓力？
15. 設玉山腳下的氣壓為 $P_0=75\ \text{cm-Hg}$，玉山頂的高度為 $h=4000\ \text{m}$，求玉山頂的氣壓為何？
16. 潛水艇在海面下 $h=100\ \text{m}$ 處潛航，求艇面所受的壓力？已知海水的密度為 $\rho=1.03\ \text{g/cm}^3$。
17. 在 1 大氣壓下，量測籃球內氣體的壓力，用一部裝有某液體的開管壓力計測得計示壓力值為 6.2×10^4 牛頓／平方公尺，且得知開管壓力計兩邊管子的液柱高度差為 46.5 公分。求(a)壓力計內液體的密度，(b)若以水代替此液體，則兩邊管子的液柱高度差為何？
18. 在西元 1654 年，馬德堡市長及抽氣機的發明人 Guericke，曾當眾表演兩隊八匹馬不能將內部抽眞空的兩個銅半球拉開。若球的半徑為 $R=0.3\ \text{m}$，兩個銅半球內之壓力為 $P_{\text{in}}=0.1\ \text{atm}$，求兩匹馬隊需施多大的力方能拉開？
19. 水壩的壓力：如圖所示，設水壩內的水深為 H，堤寬為 L，求水壩所承受的力有多大？

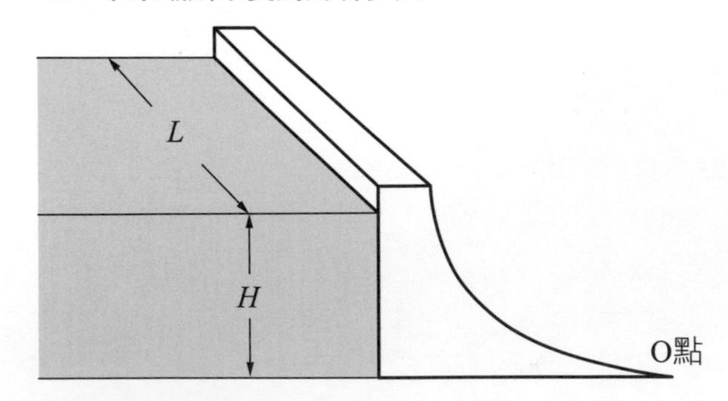

9-4 帕斯卡原理

20. 兩個相同的圓柱形容器，置於一平面上，其截面積皆為 A，各盛有密度為 d 的液體，而液面的高度分別為 H 與 h，當兩容器的底部以極細的管子接通後達平衡時，求重力所作的功為何？

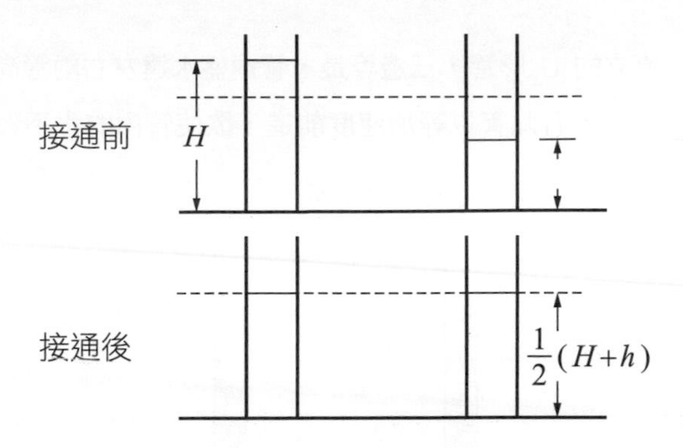

***21.** 重量可忽略的 A、B、C 活塞，面積分別為 5 平方公分、1 平方公分、2 平方公分，原來活塞在同一水平面上，今在 C 活塞上置一物體，見 C 活塞下降 15 公分。若活塞內的液體密度為 $\rho = 1.0\ \text{g/cm}^3$，試求該物體的重量？

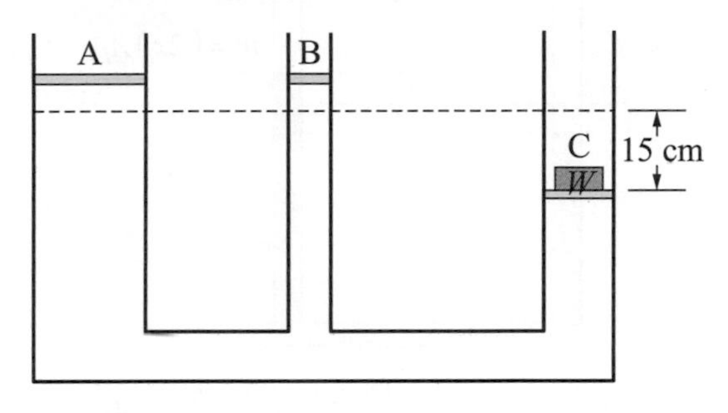

9-5 靜止液體的壓力變化

22. 人潛水時，若肺部能承受比一標準大氣壓大 20%的壓力，試求利用長管子來換氣潛水時，能潛入水面下多深？

23. 宇宙中有一個 Z 行星，存在水與湖泊，在一個湖泊水平面以下 2m 的絕對壓力是 5×10^5 帕，深度 5 公尺的位置絕對壓力 8×10^5 帕。請問 Z 行星地表的重力加速度是多少？大氣壓力是多少？

24. 已知一大氣壓力為 76 cm-Hg ，若以水柱代替水銀，則水柱有多高？

25. 圓柱體氣缸內儲存有理想氣體，今以重量為 5×10^4 牛頓的活塞封閉，設活塞與氣缸之間無摩擦。若氣體的體積為 0.5 立方公尺，高度為 1.0 公尺，設溫度不變且大氣壓力為 10^5 牛頓／平方公尺，則需要再加多少牛頓的力才能使活塞高度減至 0.6 公尺？

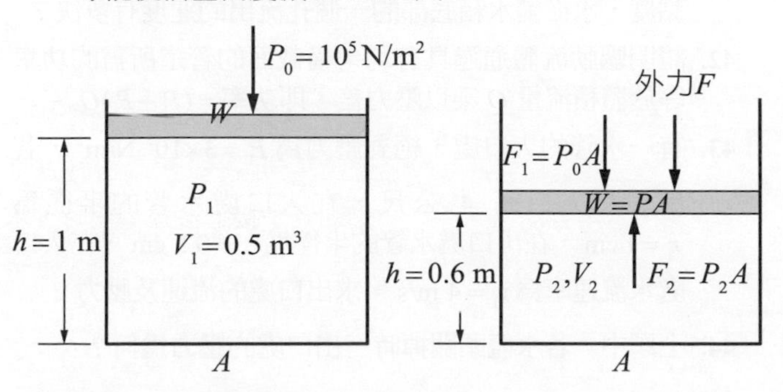

9-6 阿基米德原理

26. 有一座冰山浮在海上，請估算冰山露出海面的部份佔冰山總體積的百分比。冰的密度 $\rho_{\text{ice}} = 0.917\times10^3\ \text{kg/m}^3$，海水的密度 $\rho_{\text{w}} = 1.03\times10^3\ \text{kg/m}^3$。

27. 一物體在空氣中秤得的重量為 $W = 4.9\ \text{N}$，此物體可完全沒入水中，在水中秤得的重量為 $W' = 3.675\ \text{N}$，求此物體的密度？

28. 在彈簧秤上放置盛有水的燒杯，設燒杯與水共重 W_1，今將重量為 W_2 體積為 V 的金屬球慢慢沉入水中後保持不動，如圖所示，求此時彈簧秤的指示重量為何？又若將繩子割斷，則彈簧秤的指示重量為何？

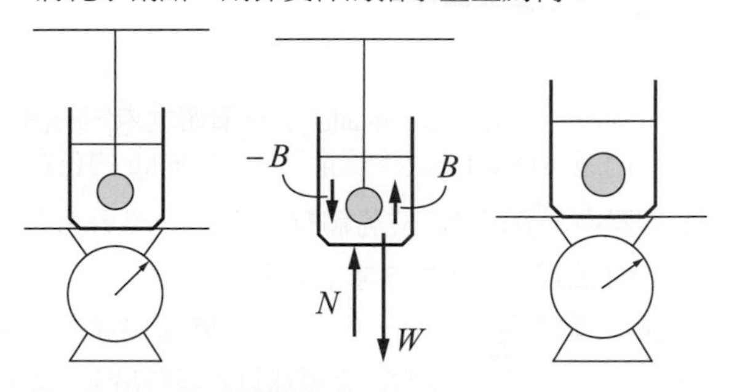

29. 如圖所示，a 為動滑輪，b 為定滑輪，c 為重量 W 且不溶於水之物體。若不考慮滑輪的重量以及其與細線間的摩擦，將物體完全浸於密度為 0.8 克／立方公分的酒精中時，需施力 $F = 70$ gw 才能維持平衡。若將物體完全浸於水中，則需施力 $F = 50$ gw 才能維持平衡。求物體之體積。

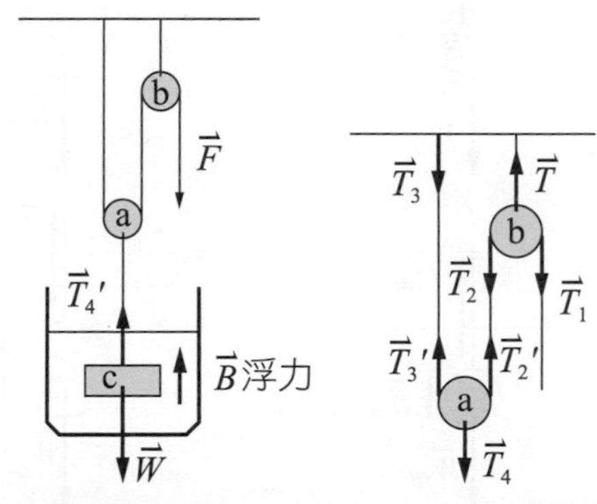

30. 某彈簧秤 S_1 吊一鐵塊，鐵塊重 x 公斤，體積為 10^3 立方公分，另有一水盆連水重量為 y 公斤置於另彈簧秤 S_2 上。今將鐵塊浸入水盆，則下列哪些正確？

(a) S_1 的讀數小於 x 公斤重。
(b) S_1 的讀數大於 $(x-2)$ 公斤重。
(c) S_2 的讀數小於 $(x+y)$ 公斤重。
(d) S_2 的讀數大於 $(x+y-1)$ 公斤重。
(e) S_1 及 S_2 的和大於 $(x+y+1)$ 公斤重。

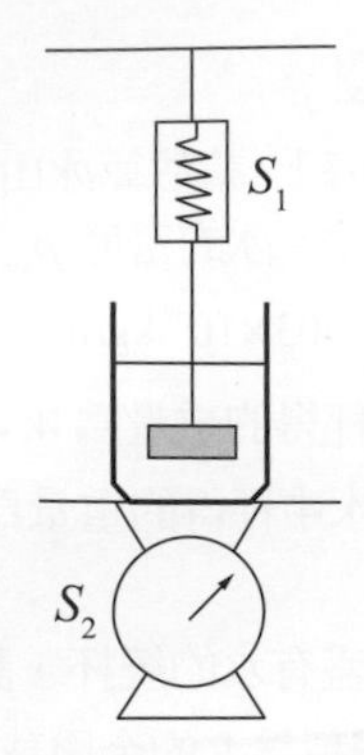

31. 某金屬的密度為 $\rho = 4800\ \text{kg/m}^3$，質量為 $m = 0.25\ \text{kg}$，今以此金屬為材料製成一個體積為 V 立方公尺中空的金屬球，若此金屬球置於水中時，浮出水面的體積為 $V' = 30\times10^{-5}\ \text{m}^3$，求金屬球空心部份的體積？

32. 有一容器，內盛有水，水面上有一層密度未知的油。今將一個邊長為 0.1 公尺，質量為 $m = 0.76\ \text{kg}$ 的正立方體放容器中，發現此正立方體有 0.06 公尺沒於油中，而有 0.04 公尺沒於水中，求油的密度？

33. 如圖，一個密度為 3 克／立方公分的甲金屬球以甲線懸吊之，另一未知密度的乙金屬球以乙線懸吊之，當兩金屬球均靜止吊在空氣中時，兩線張力相同，而當兩金屬球均靜止吊在水中時，甲線的張力為乙線的 1.2 倍，求乙金屬球的密度。

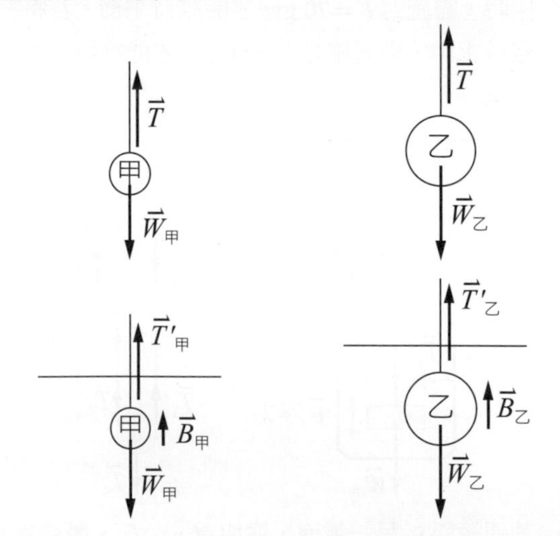

34. 有一個空心球，其內半徑為 a，外半徑為 b，當其放入水中時，此球恰有一半浮出水面。設此球由均勻材料製成，求此材料的密度？

35. 有一物體以彈簧懸掛在空氣中時，彈簧的長度比原長增加 x_a，如果把物體全部浸入水中時，彈簧的長度比原長增加 x_w，設空氣浮力可忽略，求此物體的密度？

36. 某長方形薄木塊，厚度均勻，其長寬之比為 4：3，木塊質量為 m，其一角以繩子吊起，使木塊恰好一半沉入水中，求繩子的張力。

37. 直立的 U 形管，三邊等長，管內盛水達左右兩管高度的 $\frac{4}{5}$，若此管以等加速度前進，欲使管內的水不致流出，求加速度的最大值為何？

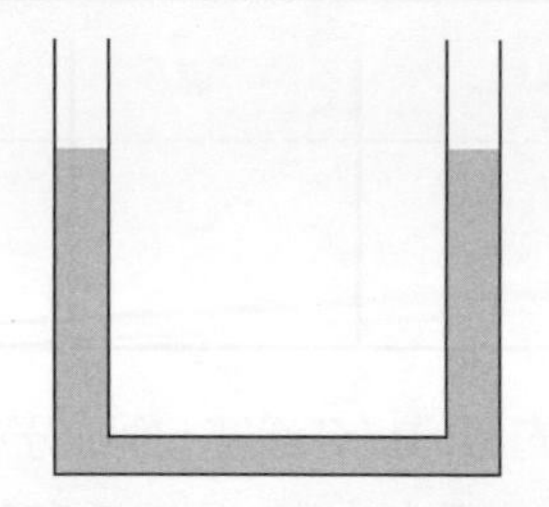

38. 如圖所示，某 U 形管開始時一邊高，另一邊低，試求其作簡諧振動的週期？

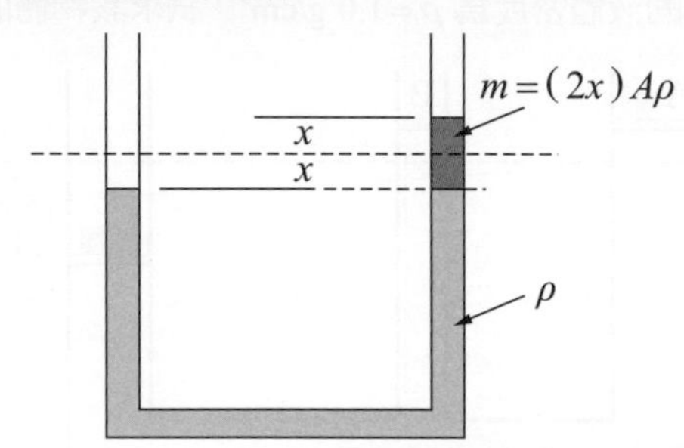

39. 垂直水面的振盪：有一個長度為 L，截面積為 A 的圓形木棒下端負重物，垂直浮於水面上，其浸於水中的深度為 ℓ，如圖所示。試求其在水面上作簡諧運動的週期？

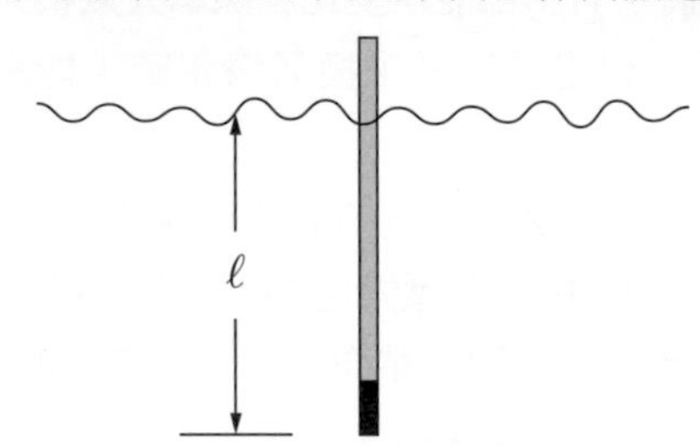

9-7 流體動力學

40. 有一個房間的長、寬、高分別為 10.0 公尺、5.0 公尺、3.5 公尺，若使用半徑 15 公分的風管換氣，需 15 分鐘更換一次房間的空氣。請問空氣在管道中的流動速度有多快？

41. 有一個裝滿水且很寬、深度 6.0 公尺的儲水箱，若忽略黏度，水從儲水箱底部的一個孔流出的速度有多快？

42. 證明驅動流體通過具有均勻橫截面的管道所需的功率等於體積流量 Q 乘以壓力差，即功率 $= (P_1 - P_2)Q$。

43. 有一水管的入口處，絕對壓力為 $P_1 = 3\times10^5\ \text{N/m}^2$，若出口比入口高 4 公尺，在入口處水管的半徑為 $r_1 = 1\ \text{cm}$，在出口處水管的半徑為 $r_2 = 0.5\ \text{cm}$，在入口處水流速率為 $v_1 = 4\ \text{m/s}$，求出口處的流速及壓力？

44. 上題中，若水龍頭關掉時，出口處的壓力為何？

45. 若飛機機翼上方氣流的流速爲 $v_{up}=115$ m/s，而下方氣流的流速分爲 $v_{down}=110$ m/s，設空氣的密度爲 $\rho=1.3\times10^{-3}$ g/cm^3，求飛機機翼的上升壓力？

46. 一架飛機的質量 2.0×10^6 公斤，空氣流過機翼下表面的速率 100 公尺／秒。機翼的表面積 1500 平方公尺。若飛機僅依靠機翼的受力可維持在空中飛行。請計算要使飛機維持空中飛行，上方空氣必須以多快的速率過機翼上方？

***47.** 在 1 大氣壓下，將一支 30 公分長的試管倒插入水銀槽中，至試管內空氣柱的長度變爲 20 公分時，如圖所示，此時試管頂端距離液面 x 公分深度，求 x 之值。

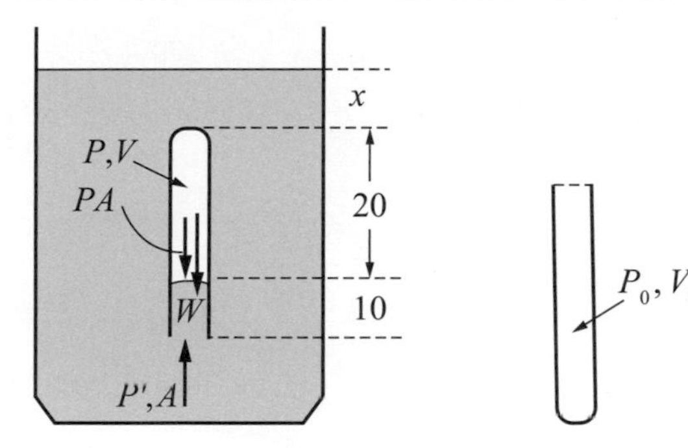

48. 如圖所示，一個容器的截面積爲 A_1，其內裝密度爲 ρ，高度爲 H 的液體，若容器底端有一個截面積爲 A_2 的漏洞，液體由此洩出，求液體洩出的速率？

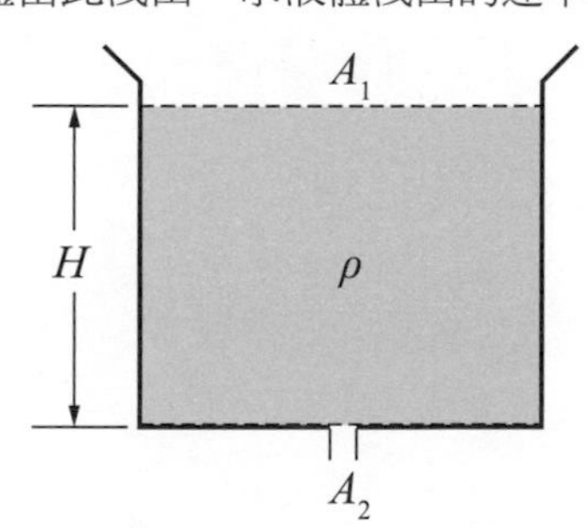

49. 如圖所示，虹吸管乃是從一個無法傾倒的容器中抽取液體時，人們常會使用的工具。當用來抽取液體的虹吸管內充滿液體之後，液體即由虹吸管流出，直至液面低於入口的 A 點。若液體的密度爲 ρ，求液體由虹吸管底端流出的速率爲何？又此虹吸管能將液體提升的最大高度爲何？

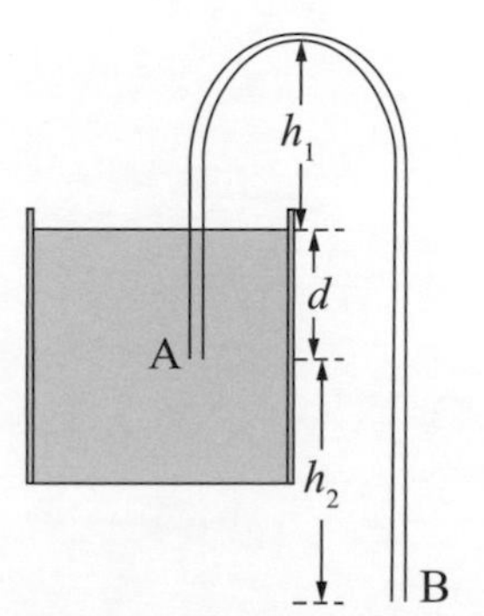

50. 自來水流出水龍頭後水流的直徑會變小。水流剛離開水龍頭時速率 v_0，水龍頭出水口的半徑爲 R。請以水龍頭下方距離 h，速率 v_0，半徑 R，推導水流半徑 $r(h, R, v_0)$ 的函數。

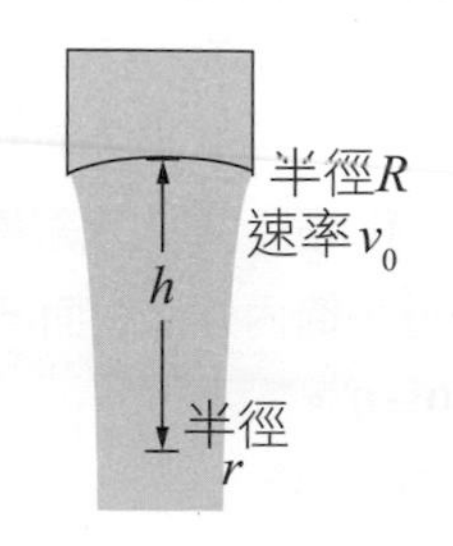

51. 飛機飛行時，飛機周圍的流體速率對飛機的飛行運動影響很大。皮氏管（Pitot tube）是一種測量外部流體速率的儀器，其構造大略如圖所示。皮氏管是一個腔體，前方開口 A 接一根管子，外部空氣由 A 點進入。此管繼續延伸出腔體外，U 形管部位有一些液體，密度 ρ，管子再延伸向上與整個腔體連接。腔體周圍開口 B，使內部與外部空氣可以流通，使腔體內部空氣與外部空氣有相等的壓力。U 形管液體有阻絕空氣進入的效果，空氣在管口 A 將停滯不前，A 點的流速 $v_A=0$。若 U 形管內液體兩端高度差 h，請計算外部空氣的流速 v_B。

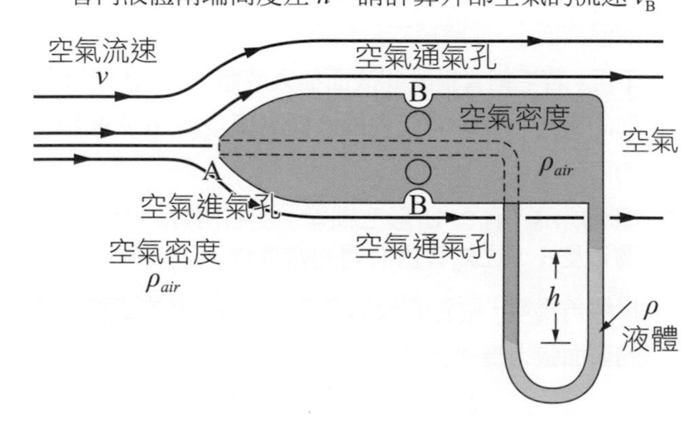

9-8 表面張力

52. 進行張力量測的實驗，如圖所示，$F=5.0\times10^{-3}$ N。若施力拉桿的長度 $L=10$ cm。請計算此封閉流體液體此時的表面張力。

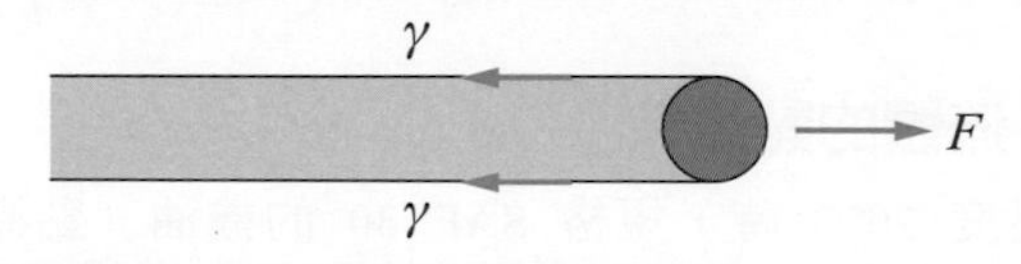

53. 水在攝氏 20 度時的表面張力 0.072 牛頓／公尺，有一鋼針密度 7800 公斤／立方公尺。估算鋼針的直徑，因表面張力使鋼針剛好能「浮」在水面上。

9-9 毛細現象

54. 夏日樹液主要的成份是水，在半徑為 $r=2.5\times10^{-5}$ m 樹幹的導管中，其接觸角為 $\alpha=0°$，求在溫度為 20°C 時，毛細現象可使樹液升到距離樹根多高？已知溫度為 20°C 時，水的表面張力為 $\gamma=7.28\times10^{-2}$ N/m 。

***55.** 在一大氣壓（76 cm-Hg）下，將粗細均勻高度為 20 公分的量筒，以筒口朝下壓入水銀槽中。若筒口距離筒外水銀面 10 公分，筒內外水銀面高度差為 x 公分，證明 $x^2+86x-760=0$ 。

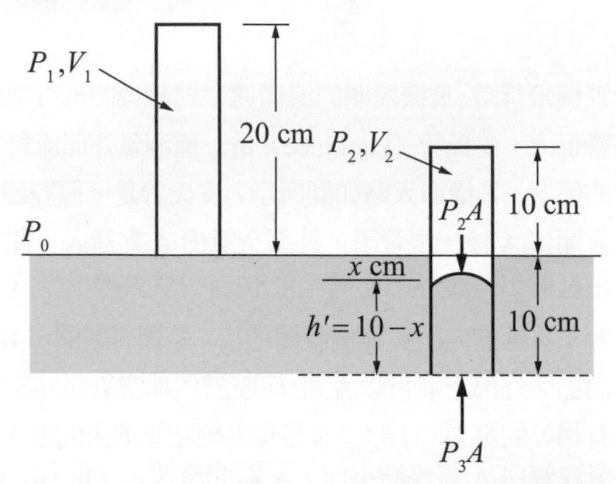

56. 設有一長度為 L 的縫衣針，質量 m，置於密度為 ρ 的液體液面上。此時縫衣針恰好受液面的張力支撐而不致下沉。若毛細管垂直此液面插入液體中，若內管壁與液面的夾角為 α，若管內外液面高度差為 H，求毛細管的內半徑為何？

57. 如圖所示，有一 U 形毛細管，左右兩管的內外半徑各為 r_1 及 r_2 。已知管內液體的密度為 ρ，液體與玻璃的接觸角為零，兩管的液面高度差為 h，求該液體之液面的表面張力為何？

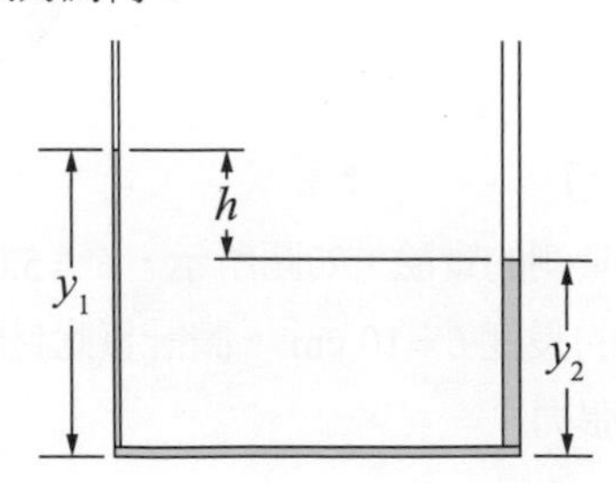

9-10 流體的黏滯性

58. 溫度 20°C 時，規格 SAE 30 的機油（黏滯係數 $\eta=0.31$ Pa·s）穿過一根長 10.0 公分、直徑 2.00 毫米的細管。若要維持 6.0 毫升 / 分鐘的流速，細管兩端需要多大的壓力差？

59. 有一根 3.0 公分長、內徑 0.40 毫米的注射針頭，一端連接上方 1.2 公尺處裝有液體的瓶子。液體密度 1.05×10^3 公斤 / 立方公尺。液體從針頭端流出的體積流速 4 立方公分 / 分鐘，請問該液體的黏度是多少？

60. 如果膽固醇堆積使動脈直徑減少 20%，但血管兩端壓力差相同，請問血液流動的體積流速度變化如何？

Chapter 10

波動與聲音

前言

在一個平靜的水面，拋入一個小石頭，泛起陣陣漣漪，這是一種波動。擺動長繩，也會形成一個繩波。波的數學運用與我們熟知的諧波函數、圓周運動、三角函數有密切的關係。基於愈來愈豐富的科學知識，我們發現波存在於我們生活周遭，有介質的波動、無形的電磁波、醫院的超音波檢查、各種檢測儀器等，皆透過波傳遞多采多姿的資訊。波的科學也在我們的生活泛起陣陣漣漪，使我們的生活與科學繼續向前持續進步。

Introduction

Throwing a small stone onto a calm water surface creates ripples, a wave motion. Swinging a long rope also produces a wave on a string. The mathematical applications of waves are closely related to harmonic functions, circular motion, and trigonometric functions, which are familiar to us. Based on increasing scientific knowledge, we observe that waves exist in our surroundings, including waves in medium, invisible electromagnetic waves, ultrasound examinations in hospitals, various detection instruments, and something similar, all transmitting diverse information through waves. The science of waves also creates ripples in our lives, allowing both our lives and science to continue progressing.

學習重點

- 波的各種分類。
- 波動的數學表示法，振幅，頻率，波長，波速。
- 介質波的速度，在不同介質中波的傳遞速度。
- 波的疊加原理。
- 駐波的條件。
- 波的反射與折射，介面，法線，入射線，反射線，折射線，入射平面。
- 水波的干涉。
- 聲波與聲波的共振。
  - ◆ 聲波的強度與聲級（dB）。
  - ◆ 聲波的共振現象，管樂器與弦樂器。
  - ◆ 拍（Beat）。
- 都卜勒效應。
- 超音速與震波，馬赫的定義。

波動（wave motion）是一種日常生活中常見的物理現象。清晨我們被鬧鐘的鈴聲吵醒，鈴聲就是一種波動現象。我們閱讀書刊時，需要燈光輔助照明；我們白天戶外的活動，需要陽光照明，燈光與陽光也是一種波動現象。醫生使用聽診器或內視鏡檢查病人，是利用到波動的性質；我們收聽無線電或電視的廣播節目時，也是利用波有關的性質。凡此種種波動現象，雖然表面上互不相關，其實都遵守相同的波動原理。本章我們探討波動的基本理論及波相關的現象，並討論聲音的物理科學。

10-1 波的分類

在科學上我們很難用文字語言對波動作一個明確的定義。我們首先需要用一些例子來說明波動的現象。自然界中，我們常觀察到的波動現象有水波、聲波、光波、無線電波，甚至於醫學上所使用的 x 射線，γ 射線都是屬於電磁波。任何種波動都是由某一特定的擾動，稱爲波源，向外傳播出去。波擾動的傳遞可藉著某物質由其平衡狀態所受到的振盪來傳播，波動的現象就是靠物質內的分子或原子作簡諧運動來傳遞波動的行爲，這種波稱爲機械波，如水波、聲波均是，而傳遞波動的物質稱爲介質。另外有一種波是不需要介質就可傳遞波動的現象，這種波就是電磁波，光波、無線電波、x 射線、γ 射線都是屬於電磁波。

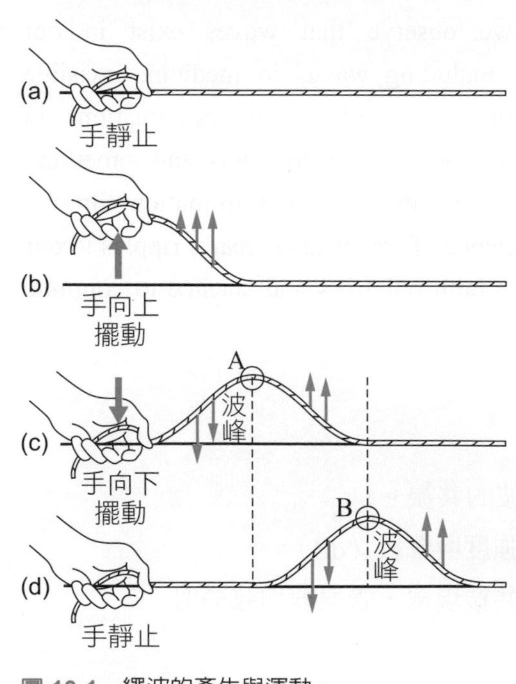

圖 10-1 繩波的產生與運動。

我們以一個日常生活中的繩波遊戲來描述繩波的運動。如圖 10-1 中，我們將繩右端稍微固定，手抓住繩子的左端。我們在繩子的位置畫了一條簡單的參考線，方便我們觀察繩波的運動。第一步，手處於靜止狀態，如圖 10-1(a)所示。接著，第二步，我們的手向上、向下擺動來產生繩子的擾動。當手向上擺動，如圖 10-2(b)所示，手的擺動開始給與繩子力量與能量，繩子在手握的端點處向上移動。第三步，接著手再向下擺動，如圖 10-1(c)所示，此時開始有一個擾動開始沿著繩子向右移動。第四步，若手不動靜止，但是這個繩子波的擾動會繼續沿著繩子向右移動，如圖 10-1(d)所示。圖 10-1(c)與圖 10-1(d)中，波擾動的最高處，我們稱之爲波峰。波的移動從圖 10-1(c)波峰 A，經過一段時間的移動，移到了波峰 B 這個位置，如圖 10-1(d)所示。藉由波峰（波谷）在空間中移動，也常被用來觀察波速的行爲。從圖 10-1 中，我們可以看出波的運動是一個空間與時間的函數。

我們可以認為波是擾動的傳播，藉著這種傳播，可使能量與動量以某一種特定的速率由一處傳送到另一處，至於負責傳播波動的介質本身並不會隨波動而向前傳送。從介質本身的運動與介質中波動的行進方向之關係來看，可區分波動的種類。若傳送波動的介質質點之運動垂直於波動的行進方向，如圖 10-2(a)中的波稱為橫波（transversal wave），例如繩子上下運動傳遞的波動及水波均是；若傳送波動的介質質點之運動沿波動的行進方向來回振動，如圖 10-2(b)中的波稱為縱波（longitudinal wave），例如聲波。

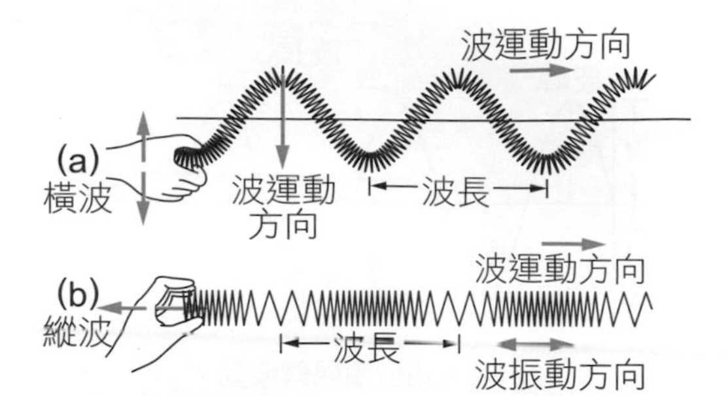

圖 10-2 橫波與縱波的運動。

在圖 10-2 中，縱波與橫波的運動差異是振動方向不同。我們再觀察縱波的運動，可觀察孔特管（Kundt's tube）中的聲波行為，藉由管中的松香粉分布可以知道管中的波動行為，如圖 10-3(a)所示，黑點多表示松香粉密度高，黑點少表示松香粉密度低。我們可以將圖 10-3(a)重新思考，可以用空間中松香粉密度高低繪圖呈現，如圖 10-3(b)所示，且圖 10-3(b)與圖 10-2(a)中的橫波運動行為相似。當我們將橫波與縱波的運動的空間觀察，水平為位置坐標，縱軸為振幅時，橫波與縱波的數學函數模式是相同的。這個理想的波函數也具有固定重複出現的性質，也就是週期性。

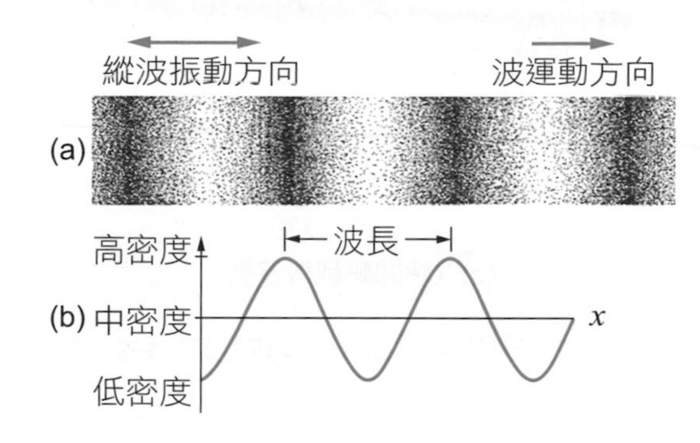

圖 10-3 縱波的運動與波動函數觀察。

10-2 波動的數學表示法

對波動的詳細分析，我們需要用數學來描述它。考慮一條緊蹦的繩子，擺在 x 軸上，今有一個橫波在繩上行進，當波動通過時，繩上每一點的振動之位移用坐標 y 表示，位移 y 與繩上每一點的位置 x 有關，也與我們所觀察的時間 t 有關。所以，位移 y 是位置 x 和時間 t 的函數，亦即 $y=f(x,t)$。對某一波動而言，只要函數 $y=f(x,t)$ 已知，則我們可以對整個波動做完整的描述，此函數稱為波函數。對某一波函數為 $y=f(x,t)$ 的波動而言，在 $t=0$ 時，其波形橫向位移為 $y=f(x)$。由於此波以速度 v 在 x 軸的正方向前進，故在經過時間 t 秒之後，它在 x 軸上行進了 vt 的距離，因此，描述波動的波函數應為 $y=f(x-vt)$，如圖 10-4 所示。此波函數所表示的物理意義是說，在時間 $t=0$，位置在 x 處的橫向位移 $y=f(x)$，與時間 t 秒之後位置在 $x-vt$ 處的橫向位移 $y=f(x-vt)$ 相同。因此，$y=f(x-vt)$ 的波函數正表示以速度為 v 在 x 軸的正方向前進的波動。

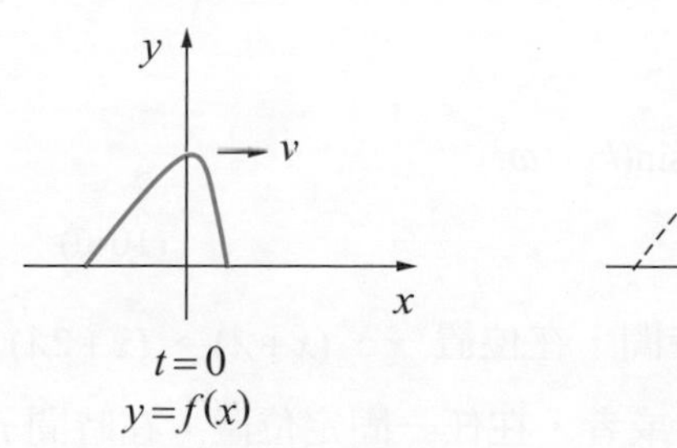

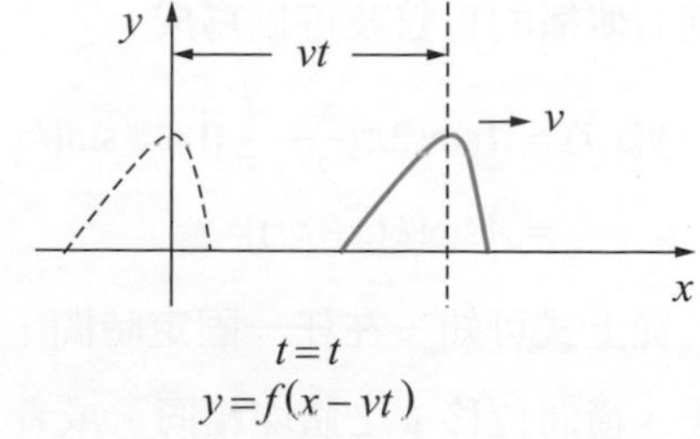

圖 10-4 描述波動的波函數 $y=f(x-vt)$ 的向右運動。

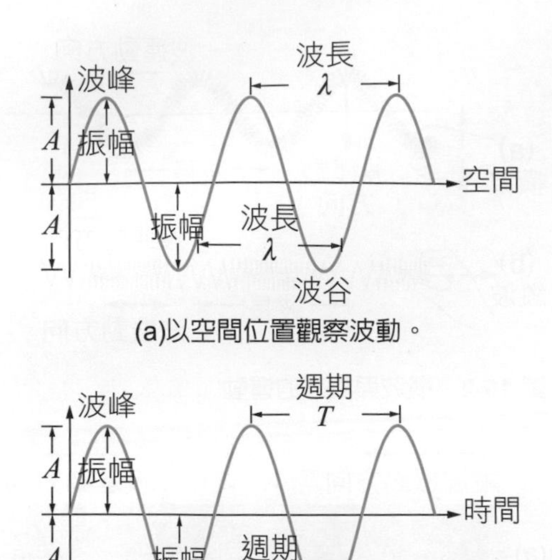

(a)以空間位置觀察波動。

(b)以時間軸觀察波動。

圖 10-5 分別以空間位置與時間軸為參考，觀察波動。

波動函數是一個空間與時間的函數。我們以弦波爲例說明波的運動。先將時間軸固定，我們可以看到如照相般，將時間凍結，空間的波動如圖 10-5(a)所示，橫軸爲坐標位置。空間上使振動大小重複出現的位置長度稱之爲波長，常以 λ 表示。將空間固定，只觀察一個位置，波動的波動如圖 10-5(b)所示，橫軸爲時間坐標。振動大小重複出現的時間稱之爲週期（period），常以 T 表示。波動最高處稱之爲波峰（wave crest），最低處稱之爲波谷（wave trough）。波振動單一方向的最大幅度稱爲振幅。

此時滿足空間與時間關係的波函數，若是個正弦波，則可寫成

$$y(x,t) = A\sin[2\pi(\frac{x}{\lambda} \pm \frac{t}{T}) + \varphi_0] \qquad (10\text{-}1a)$$

其中 A 是振幅，λ 是波長，T 是時間週期，φ_0 是起始相位。

當波運動時，波形在不同空間與時間要維持的固定外貌，即橫向位移 $y(x,t)$ 要維持定值。sin 函數中的相位 $2\pi(\frac{x}{\lambda} \pm \frac{t}{T}) + \varphi_0$ 維持定值，則此時橫向位移 $y(x,t)$ 將維持固定值。我們可以得到此一波動運動的速率 $\frac{\Delta x}{\Delta t} = \mp\frac{\lambda}{T} = \mp v$。其中 $+v$ 表示波的速度向右運動，$-v$ 表示波的速度向左運動。

若當繩上的正弦波自左向右行進時，此時的一個振幅 A 的波函數 $y(x,t)$ 可以寫成

$$y(x,t) = A\sin[2\pi(\frac{x}{\lambda} - \frac{t}{T}) + \varphi_0] \qquad (10\text{-}1b)$$

我們定義：

頻率（frequency） $$f = \frac{1}{T} \qquad (10\text{-}2)$$

角頻率（angular frequency） $$\omega = 2\pi f = \frac{2\pi}{T} \qquad (10\text{-}3)$$

波數（wave number） $$k = \frac{2\pi}{\lambda} \qquad (10\text{-}4)$$

此時波的速度大小 $$v = \frac{\lambda}{T} = \frac{\omega}{k} \qquad (10\text{-}5)$$

剛開始討論波的運動，我先不討論起始相位，即先設 $\varphi_0 = 0$。一個向右傳播的正弦波可以寫成

$$\begin{aligned} y(x,t) &= A\sin[2\pi(\frac{x}{\lambda} - \frac{t}{T})] = A\sin(kx - \omega t) \\ &= A\sin[k(x - vt)] \end{aligned} \qquad (10\text{-}6)$$

從上式可知，在任一固定時間，在位置 x、$(x+\lambda)$、$(x+2\lambda)\cdots$ 等處，橫向位移 y 之值均相同。或者，在任一固定位置，在時間 t、$(t+T)$、$(t+2T)\cdots$等處，橫向位移 y 之值均相同。

以上討論是假設在 $t=0$ 時，或 $x=0$ 處，波的橫向位移 y 爲零的情形。若不是這樣，$\varphi_0 \neq 0$，一般向右行進的正弦波可寫爲

$$y(x,t) = A\sin(kx-\omega t+\varphi_0) \qquad (10\text{-}7)$$

若 $\varphi_0 = \dfrac{\pi}{2}$，則此行進正弦波將會變成一個餘弦波

$$y(x,t) = A\cos(kx-\omega t) \qquad (10\text{-}8)$$

因爲正弦、餘弦函數的特性，兩者很容易互換。

若只某一固定點位置，則在該點的隨時間變化的位移 y 值，我們常用 10-9 式表示位移量 y。

$$y(x=\text{固定位置},\ t) = y(t) = A\sin(\omega t+\varphi_0) \qquad (10\text{-}9)$$

一個向右前進的波動方程式，在相位部分，可寫爲 $y(x,t) = A\sin(\omega t-kx)$ 或 $y(x,t) = A\sin(kx-\omega t)$，這兩種形式均可滿足向右前進波運動。

範例 10-1

某波的波長爲 $\lambda = 3\ \text{m}$，波速爲 $v = 100\ \text{m/s}$，振幅爲 $A = 2\ \text{cm}$，若此波向右行進，若 $t=0$ 時，在 $x=0$ 處的位移爲零，求此波的方程式。

題解 由 $y(x,t) = A\sin 2\pi f(t-\dfrac{x}{v}) = A\sin\dfrac{2\pi}{\lambda}(vt-x)$，知 $y(x,t) = 0.02\sin\dfrac{2\pi}{3}(100t-x)$（m）。

範例 10-2

有一波動沿繩子行進，波動方程式爲 $y = 0.2\sin(2x-600t)$，y 與 x 的單位爲公分，t 的單位爲秒。求此波的振幅、頻率、波長與速度。

題解 由比較 $y = 0.2\sin(2x-600t)$ 與 $y(x,t) = A\sin(kx-\omega t) = A\sin 2\pi(\dfrac{x}{\lambda}-\dfrac{t}{T})$，知 $A = 0.2\ \text{cm}$，

$f = \dfrac{\omega}{2\pi} = \dfrac{600}{2(3.14)} = 95.4$（1/s），$v = f\lambda = \dfrac{\omega}{k} = \dfrac{600}{2} = 300$（cm/s），$\lambda = \dfrac{2\pi}{k} = \dfrac{2(3.14)}{2} = 3.14$（cm）。

10-3 介質波的速度

橫波

波的速度是由介質的兩個特性所決定，這兩個特性就是回復力與慣性。對繩子上行進的橫波而言，回復力即是指繩子的張力 T，而慣性是指繩子的線密度 μ，若用數學式表示繩波的波速

$$v = \sqrt{\frac{T}{\mu}} \qquad (10\text{-}10)$$

範例 10-3

繩子上的波速：若繩子上的張力 T，繩子線密度 μ。試證明此受張力緊張的繩子上，傳遞波動的速度為 $v=\sqrt{\frac{T}{\mu}}$。

題解 在一條緊張的繩子上傳遞波動的速度，是由繩子的彈性，與繩子的密度來決定。繩子的彈性是由繩上的張力 T 來表示，繩子的密度則由每單位長度的質量 μ 來決定。如圖所示，一條緊張的繩子上，有一脈波以速率 v 向右行進。我們可取脈波的一小段來考察，設其長度為 ΔL，此一小段繩子的質量為 $m=\mu\Delta L$，繩上的張力是施於此一小段繩子兩端的切向拉力 T，其水平分量互相抵消，而其垂直分量的和為 $2T\sin\theta$，如果 θ 很小，則

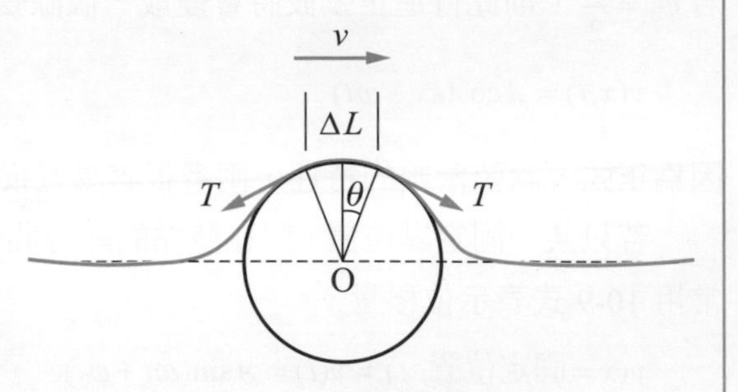

$F=2T\sin\theta\approx 2T\theta=2T\frac{\frac{\Delta L}{2}}{r}=\frac{T\Delta L}{r}$，此力是提供質量 $m=\mu\Delta L$ 對圓心 O 點的向心力，

此向心力為 $F=\frac{mv^2}{r}=\frac{\mu\Delta Lv^2}{r}$，由以上兩式可得 $F=\frac{\mu\Delta Lv^2}{r}=\frac{T\Delta L}{r}$，

因此，繩子上傳遞波動的速度為 $v=\sqrt{\frac{T}{\mu}}$。

縱波：固體中的波速

在固體中的縱波聲速是由楊氏模量 Y，體積密度 ρ 所決定，即

$$v=\sqrt{\frac{Y}{\rho}} \tag{10-11}$$

範例 10-4

請證明在一長直的固體柱，聲音沿著柱體傳遞至另一端，波速為 $v=\sqrt{\frac{Y}{\rho}}$。

題解 當外界施力 Δt 瞬間，將對靜止的固體柱產生一個衝量 I，此時長度 L 的柱體也產生一個應變，形變長度為 ΔL，則應力與應變的關係為 $\frac{F}{A}=Y\frac{\Delta L}{L}$。

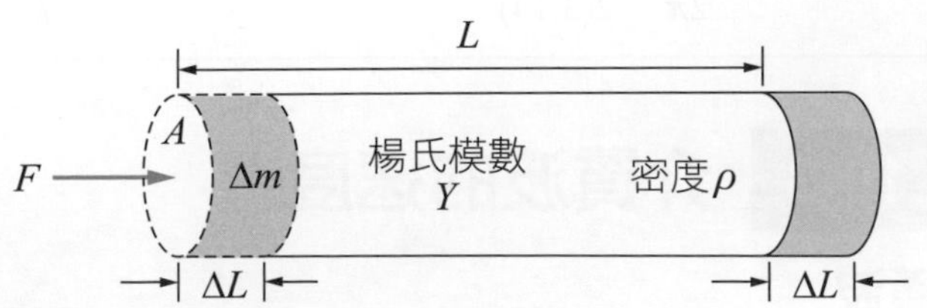

波速 v 造成這個過程動量的變化（衝量），

波速 v 也等於這個 Δt 時間過程中傳遞形變的速度 $v=\frac{L}{\Delta t}$，

所以 $F\Delta t=\Delta m\,v$，$(AY\frac{\Delta L}{L})\Delta t=(\rho A\Delta L)v$，可知 $v\frac{L}{\Delta t}=\frac{Y}{\rho}$，故 $v^2=\frac{Y}{\rho}$，$v=\sqrt{\frac{Y}{\rho}}$。

縱波：流體中的波速

一個原有體積 V 的流體，受壓力變化 ΔP，產生了體積變化 ΔV，則體積彈性模量（Bulk Modulus），B 的定義：$\Delta P = -B\dfrac{\Delta V}{V}$，受增加壓力變化，流體體積變小，所以 ΔV 爲負值，方程式需加負號。其中，ρ 爲流體的密度，B 爲體積彈性模量，在此流體中的縱波波速

$$v = \sqrt{\frac{B}{\rho}} \tag{10-12}$$

對流體波動而言，回復力由體積彈性模量 B 所決定，慣性是指流體的體積密度 ρ。

範例 10-5

有一流體的體積彈性模量 B，流體的密度 ρ。請說明流體中的波速爲 $v = \sqrt{\dfrac{B}{\rho}}$。

題解 起始狀態如圖(a)所示，有一個充滿流體，流體密度 ρ，內部壓力 P_0 的腔體。當外力透過面積 A 的活塞施力，如圖(b)所示，使活塞具有 v_0 的速度。在很短時間 Δt 內，施以一外力 F 對活塞產生的壓力變化 ΔP。當質量 Δm 的流體被外力推動後具有 v 的速度，v 即是此流體受壓力變化產生的縱波波速。這個過程受影響的流體質量 Δm 的體積爲 $V = Av\Delta t$，其體積變化 $\Delta V = -Av_0\Delta t$，因爲體積變小，所以 ΔV 取負值。

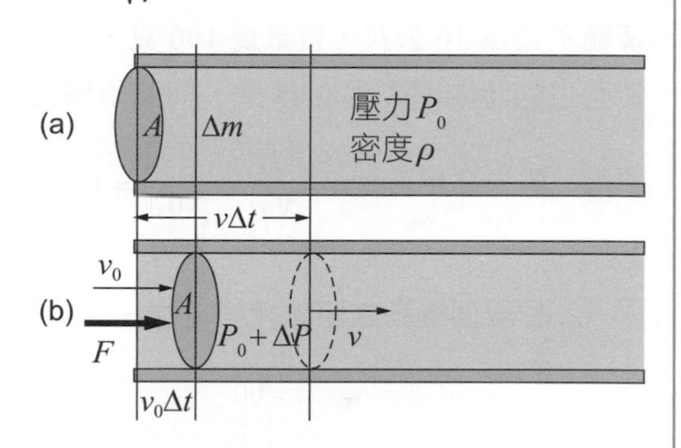

根據外力 F 在很短時間 Δt 作用的衝量關係，$F\Delta t = \Delta m v_0$，$(\Delta PA)\Delta t = (\rho Av\Delta t)v_0$，得 $\Delta P = \rho vv_0$。

將上述 $V = Av\Delta t$、$\Delta V = -Av_0\Delta t$ 及 $\Delta P = \rho vv_0$ 代入 $\Delta P = -B\dfrac{\Delta V}{V}$，

可得 $\rho vv_0 = -B\dfrac{(-Av_0\Delta t)}{Av\Delta t}$，故 $v^2 = \dfrac{B}{\rho}$，$v = \sqrt{\dfrac{B}{\rho}}$。

理想氣體的體積彈性模量 B 是與密度 ρ 及絕對溫度 T 成正比，即 $B \propto \rho T$，因此，理想氣體中的聲速是與絕對溫度的開根號成正比，即 $v = \sqrt{\dfrac{B}{\rho}} \propto \sqrt{T}$。由於 $v \propto \sqrt{T}$，因此，只要我們找到在某一特定溫度 T_0 下的聲速 v_0，就可求得任何溫度時的聲速 $v = v_0\sqrt{\dfrac{T}{T_0}}$。例如，在 0°C 時空氣的聲速爲 331 公尺／秒，所以在室溫時 $T = 20°\text{C}$，空氣中的聲速爲

$$v = v_0\sqrt{\frac{T}{T_0}} = 331\sqrt{\frac{293}{273}} = 343 \text{（m/s）} \tag{10-13}$$

對聲波而言，我們有一個近似的公式為

$$v = 331 + 0.6T_c \text{ (m/s)} \quad (10\text{-}14)$$

其中 T_c 為攝氏溫度，空氣中的聲速大約溫度每增加一度，聲速增加 0.6 公尺 / 秒。

範例 10-6

某繩的線密度為 $\mu = 1.3\times10^{-4}$ kg/m，繩上有一橫波為 $y = 0.2\sin(x-30t)$（m），求繩子的張力。

題解 由(10-10)式波速 $v=\sqrt{\dfrac{T}{\mu}}$，知繩子的張力為 $T=\mu v^2=\mu(\dfrac{\omega}{k})^2$，又由 $y=0.2\sin(x-30t)=A\sin(kx-\omega t)$（m），知 $k=1$、$\omega=30$，因此 $T=\mu(\dfrac{\omega}{k})^2=1.3\times10^{-4}(\dfrac{30}{1})^2=0.117$（N）。

範例 10-7

某繩子長為 10 公尺，質量為 100 克，在 144 牛頓的張力下拉緊，若由繩子的兩端各產生一個擾動，此兩個擾動產生的時間間隔為 0.05 秒，則此兩個擾動會在何處相遇？

題解 首先算出波速 $v=\sqrt{\dfrac{T}{\mu}}=\sqrt{\dfrac{144}{\frac{0.1}{10}}}=120$（m/s），假設繩子左端先產生一個擾動，如圖所示，

設兩個擾動在距離繩子左端 x 處相遇，則由 $\dfrac{x}{v}-0.05=\dfrac{10-x}{v}$，$\dfrac{x}{120}-0.05=\dfrac{10-x}{120}$，知 $x=8$ m。

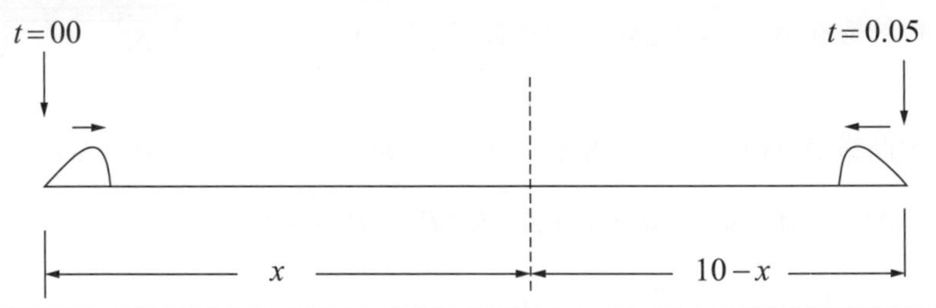

10-4 波的疊加原理

波的疊加原理（superposition principle）適用於各種類型的波，如水波、聲波、光波等。波的干涉（interference）乃是表示許多不同的波，同時在某個相同的地方所產生的合成效應。

我們用圖 10-6 中的 A 波與 B 波，C 波與 D 波的相會來說明波動相遇的行為。圖 10-6(a)中，A 波與 B 波的振動方向剛好上下相反。A 波自左向右行進，B 波自右向左行進，互相靠近，如最上端之圖所示。當兩個脈動交會完全疊加在一起時，合成波形剛好互相抵消，但當交會通過之後，它們各自繼續前行，又恢復原來各自的波形。各自以原來的形態行進，就好像沒有發生過交會一樣。圖 10-6(b)中，C 波與 D 波的振動方向剛好同一個方向。C 波自左向右行進，D 波自右向左行進。當兩個波脈動完全疊加交會在一起時，合成波形剛

好變大了，但當交會通過之後它們又恢復原來各自的波形，各自以原來的形態行進。

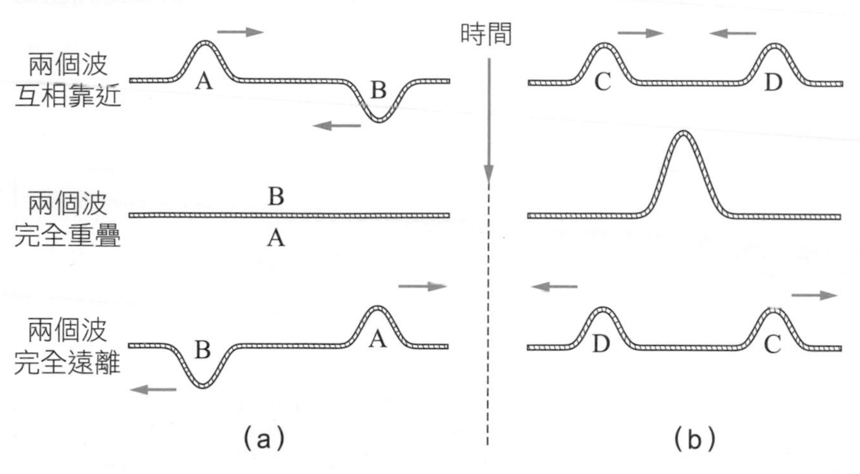

圖 10-6 繩波的傳遞與疊加。

兩個脈動彼此交會通過時，其本質並不改變，這是波動的基本性質之一。欲描繪合成脈動的形狀，可設想兩個脈動各自獨立行進，然後將兩個脈動重合的部分相加，即可得到合成的脈動。當脈動會合時，合成脈動為各別脈動各自獨立時的位移之和，這種簡單的加法稱為疊加原理。

從數學的角度來看，每個脈動有各自的波函數，波的疊加原理是說合成脈動的波函數為每個脈動各自的波函數相加而得。波函數具有如此的可相加性，乃是因為波動方程式為線性方程式。亦即，如果兩個波函數 $y_1(x,t)$ 與 $y_2(x,t)$ 均滿足波動方程式，則它們的合成函數 $y_1(x,t)+y_2(x,t)$ 也會滿足波動方程式。兩道波的疊加結果如圖 10-7 所示，虛線部分為新合成函數 $y_1(x,t)+y_2(x,t)$。

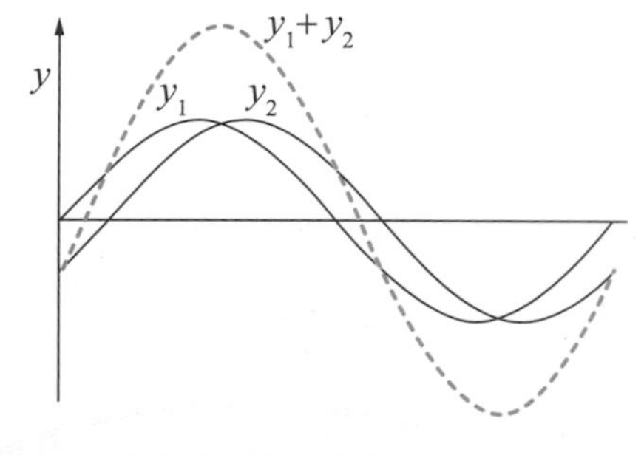

圖 10-7 兩個波函數的疊加。

假設有兩個頻率與振幅均相同的波，以同一速度在同一方向行進，但兩者之間相差一個相角 φ，兩個波的方程式分別為 $y_1 = A_0 \sin(kx-\omega t)$，$y_2 = A_0 \sin(kx-\omega t-\varphi)$。若兩個波相遇發生干涉，我們可用疊加原理將兩個波函數相加起來，其合成波函數為 $y = y_1 + y_2 = A_0 \sin(kx-\omega t) + A_0 \sin(kx-\omega t-\varphi)$

$$y = (2A_0 \cos\frac{\varphi}{2})\sin(kx-\omega t-\frac{\varphi}{2}) \tag{10-15}$$

此合成波相當於頻率 ω 相同的新波動，但新波的振幅為 $2A_0\cos\frac{\varphi}{2}$。當 $\varphi=0$ 時，兩波的相位差跟 2π 做比較，即 $p=\frac{\varphi}{2\pi}=0$，此時我們說此兩波為同相。當兩波同相時，兩波的波峰與波谷互相對應而疊加，顯示出加倍的振幅 $2A_0$，故當 $\varphi=0$ 時，振幅 $2A_0\cos\frac{0}{2}=2A_0$，此時兩波為建設性干涉（constructive interference）。當 $\varphi=\pi$ 時，兩波的相位差 $p=\frac{\varphi}{2\pi}=\frac{1}{2}$，此時我們說相位 $\varphi=\pi$ 時，此兩波為異相。當兩波

異相時，一波的波峰對應於另一波的波谷而互相疊加，顯示出消除的振幅 $2A_0\cos\frac{\pi}{2}=0$，此時兩波間的干涉爲破壞性干涉（destructive interference）。建設性干涉合成波爲加倍的振幅，即 $2A_0$；而破壞性干涉合成波的振幅爲零。

範例 10-8

兩個諧波具有相同的波形，振幅大小均爲 A，有相同的頻率 ω，沿著相同方向移動，但是兩個波的相位差爲 $\frac{\pi}{2}$ 弧度。請問兩波疊加之合成波的振幅與頻率是多少？

題解 假設兩波形相同的諧波，分爲 $y_1=A\sin(kx-\omega t)$，$y_2=A\sin(kx-\omega t-\frac{\pi}{2})$，疊加的合成波

$$y=y_1+y_2=A\sin(kx-\omega t)+A\sin(kx-\omega t-\frac{\pi}{2})$$

$$=2A\sin\left(\frac{(kx-\omega t)+(kx-\omega t-\frac{\pi}{2})}{2}\right)\cos\left(\frac{(kx-\omega t)-(kx-\omega t-\frac{\pi}{2})}{2}\right)$$

$$=[2A\cos(\frac{\pi}{4})]\sin[(kx-\omega t)-\frac{\pi}{4}]$$

$$=\sqrt{2}A\sin[(kx-\omega t)-\frac{\pi}{4}]，$$

此時，合成波的振幅 $\sqrt{2}A$，合成波的頻率仍是 ω。

10-5 駐波

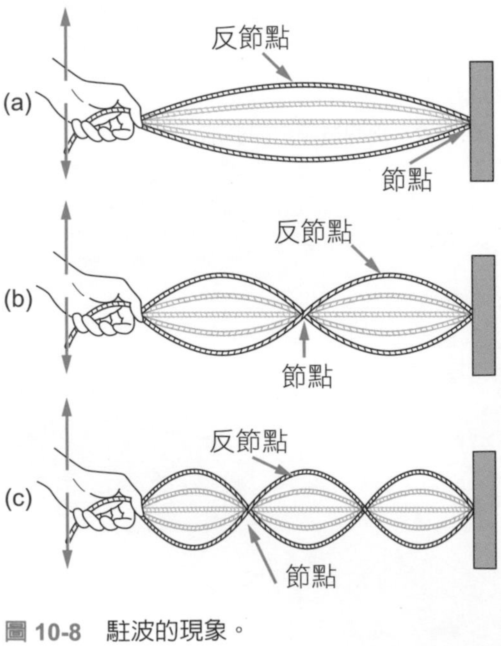

我們將繩的一端綁在固定的牆上，手上下擺動產生一個繩波。繩波向前傳遞，如圖 10-8(a)所示。將繩固定在牆上的點是不會動的，此時，繩波將反射回來繼續前行。我們會發現，向牆壁傳播的繩波與反射回來的繩波將會形成疊加的效果。此時，繩波的行爲是兩端固定，但是中間部分有最大的振動。我們將繩子位於牆上固定的點定義爲節點（nodal point），繩波最大振幅的位置稱之爲反節點（anti-nodal point）。若我們增加擺動的頻率，我們可以獲得如圖 10-8(b)與圖 10-8(c)的合成波形。在圖 10-8(b)中，除了牆上的節點外，繩上多了一個繩波在位置上沒有任何擺動的固定點，這也是節點。圖 10-8(c)較圖 10-8(a)多了兩個節點。從波形的角度來看，兩節點間的間距是半個波長的關係。

圖 10-8 駐波的現象。

在任何時刻，整個合成波的形狀爲正弦波。從固定端算起，每隔半個波長 $\frac{\lambda}{2}$ 的距離便會有一個節點，在節點處始終保持靜止。節點與節點之間的波腹會作週期性的起伏漲落，而整個波形並不見前進，此種波與行進波不同，特別稱之爲**駐波**（standing wave）。

駐波的方程式可用兩個相同的頻率、振幅與波速，而方向相反前進的行進正弦波之疊加組合來表示。

設兩個方向的行進波之方程式為

向 $+x$ 方向傳遞的波 $y_1 = A_0 \sin(kx - \omega t)$

向 $-x$ 方向傳遞的波 $y_2 = A_0 \sin(kx + \omega t)$

合成波為駐波方程式

$$y = y_1 + y_2 = 2A_0 \sin kx \cos \omega t \tag{10-16}$$

上式即為駐波的方程式。由觀察此式可知，此合成波有空間與時間兩個部分。$\cos\omega t$ 是隨時間變化的動作，$\sin kx$ 是空間波動的弦波行為，$2A_0$ 是合成波的最大振幅。在空間觀察上，波動永遠靜止的位置即為節點的位置所在，這是由 $\sin kx = 0$ 所控制。當 $\sin kx = 0$ 時，$kx = 0$、π、2π、$3\pi \cdots$，也就是 $x = 0$、$\frac{\lambda}{2}$、λ、$\frac{3\lambda}{2}$、$2\lambda \cdots$。各個節點的位置彼此相差半個波長。以上為一端固定的情形，對固定長度為 L 的弦，若弦的兩端固定，則頭尾兩固定端須視為節點，又因相鄰節點的距離為半個波長，於是弦的長度與波長 λ 的關係，可能為 $L = \frac{\lambda}{2}$、λ、$\frac{3\lambda}{2} \cdots$。對固定長度為 L 的弦而言，若有 n 個半波長，即 $L = n\frac{\lambda}{2}$，

則產生駐波的條件為

$$\lambda = \frac{2L}{n} \quad (n = 1、2、3\cdots) \tag{10-17}$$

由此可知駐波的頻率為

$$f = \frac{v}{\lambda} = \frac{nv}{2L} \tag{10-18}$$

範例 10-9

在繩波實驗時，繩子的弦長 $L = 75\ \text{cm}$，我們使用特定的頻率來產生繩波，可以產生駐波現象。若繩波的波速為 $v = 20.0\ \text{m/s}$，求繩波的頻率？

題解 駐波的條件為 $L = n\frac{\lambda}{2}$ $(n = 1、2、3\cdots)$，今 $L = 75\ \text{cm}$，故駐波的波長為

$$\lambda = \frac{2L}{n} = \begin{cases} 150\ \text{cm}，n = 1 \\ 75\ \text{cm}，n = 2 \\ 50\ \text{cm}，n = 3 \\ \vdots \end{cases}，$$

又由波速為 $v = 20.0\ \text{m/s}$，故波動的頻率為

$$f = \frac{v}{\lambda} = \begin{cases} \dfrac{2000\ \text{cm/s}}{150\ \text{cm}} = \dfrac{40}{3}\ 1/\text{s} = \dfrac{40}{3}\ \text{Hz} \\ \dfrac{2000\ \text{cm/s}}{75\ \text{cm}} = \dfrac{80}{3}\ 1/\text{s} = \dfrac{80}{3}\ \text{Hz} \\ \dfrac{2000\ \text{cm/s}}{50\ \text{cm}} = 40\ 1/\text{s} = 40\ \text{Hz} \\ \vdots \end{cases}。$$

10-6 波的反射與折射

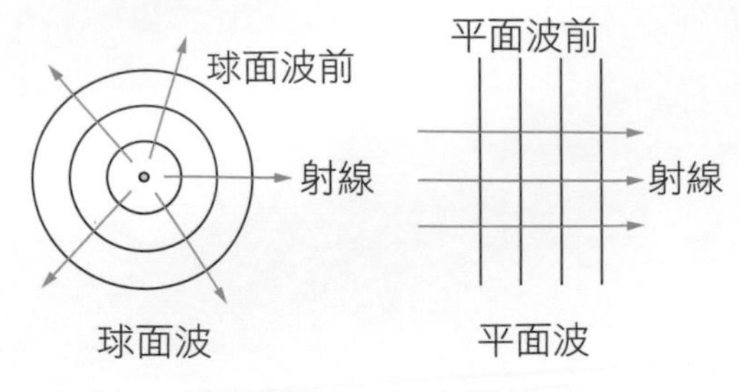

圖 10-9 波前與波動行進的方向垂直。

爲了方便起見，一般都以波前來代表波動。波前的定義爲波動中某一物理量的振動相位皆相同的點所構成的面。依此定義，當聲波由一個點波源向外傳播波動時，以點波源爲球心的同一球面上，聲波的壓力都具有相同的相位。因此，以點波源爲球心的任何球面都可視爲波前。若是光波，則是以電場或磁場來代表對應的物理量。波前爲球面者爲球面波，波前爲平面者爲平面波。我們可以更簡單的以射線代替波前來表示波動，射線乃是波動沿行進方向所畫出的一條假想的直線，如圖 10-9 所示，射線的方向（波動行進方向）與波前垂直。

反射（reflection）與折射（refraction）是波動由某一介質進入另一介質時所發生的現象。如圖 10-10 所示，爲一平面波在兩介質的交介面所產生的反射與折射情形。我們可以用波前來描述，也可以用一束射線來描述。我們可以更簡單的僅用一條射線作代表來描述波動行進的行爲。

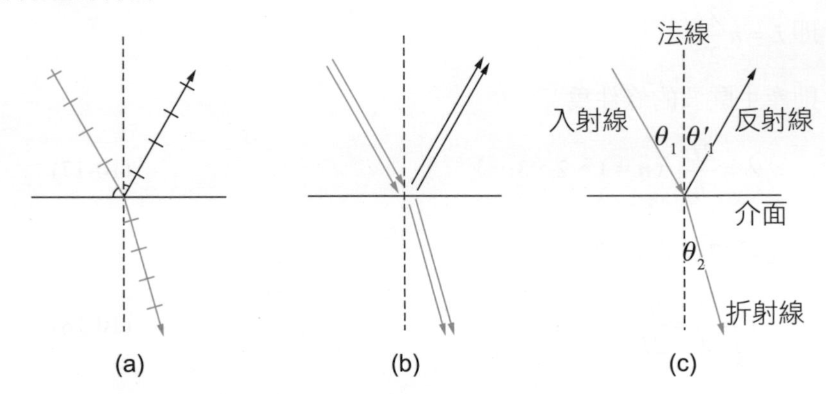

圖 10-10 一平面波在兩介質的交介面所產生的反射與折射情形。
(a)使用波前與射線表示波的行進。
(b)使用射線束表示波的行進。
(c)只用一條射線描述波的行進，如此可以將相關的參數做更多的描述。

在研究反射與折射的現象時，我們稱兩介質的交界處爲介面，與介面垂直的直線稱爲法線。入射線由介質 1 射入介面時，有一部分在介面反射形成反射線，一部分進入介質 2 形成折射線。一個行進波從介質 1 向前傳播，通過介面進入介質 2。波在介質 1 的部分稱爲入射波（入射線），通過介面進入介質 2，繼續傳播的波稱爲折射波（折射線）。入射波在介面就反射的波稱爲反射波（折射線）。

如圖 10-11，我們定義垂直介面的線為法線。

入射平面：入射線、反射線與法線三者共有的平面。

入射角：入射線與法線的夾角 θ_1。

反射角：反射線與法線的夾角 θ_1'。

折射角：折射線與法線的夾角 θ_2。

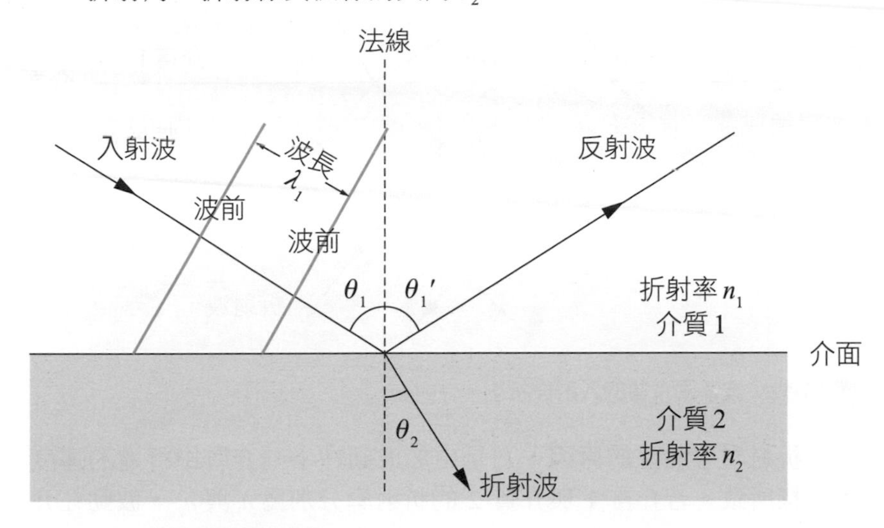

圖 10-11 波在介面的反射。

若 n_1 與 n_2 分別為介質 1 與介質 2 的折射率，波動在介質 1 與介質 2 中的波長分別為 λ_1 與 λ_2。在介質中的波長也相當於波前的間距。

反射定律：若以 θ_1 代表入射角，θ_1' 代表反射角，入射角等於反射角，即

$$\theta_1 = \theta_1' \tag{10-19}$$

折射定律：入射角的正弦與折射角的正弦之比值為一常數，此比值常數為兩介質折射率的比值。圖 10-12 中，△ABC 與△ABD 的關係，θ_1 代表入射角，θ_2 代表折射角，$\overline{BC}$ 也是入射波在介質 1 中的兩波前間距也是 λ_1，$\overline{AD}$ 則是折射波在介質 2 中的兩波前間距也是 λ_2，則

$$\frac{\sin\theta_1}{\sin\theta_2} = \frac{\dfrac{\overline{BC}}{\overline{AB}}}{\dfrac{\overline{AD}}{\overline{AB}}} = \frac{\dfrac{\lambda_1}{\overline{AB}}}{\dfrac{\lambda_2}{\overline{AB}}} = \frac{\lambda_1}{\lambda_2} = \frac{n_2}{n_1} = n_{21} \tag{10-20}$$

n_{21} 為介質 2 相對於介質 1 的相對折射率，其值可用波在兩介質中傳播的速度來表示。波速與波長的關係為 $v = f\lambda$，一般情況頻率 f 不會改變，因此

$$n_{21} = \frac{n_2}{n_1} = \frac{\lambda_1}{\lambda_2} = \frac{\dfrac{v_1}{f}}{\dfrac{v_2}{f}} = \frac{v_1}{v_2} = \frac{\sin\theta_1}{\sin\theta_2} \tag{10-21}$$

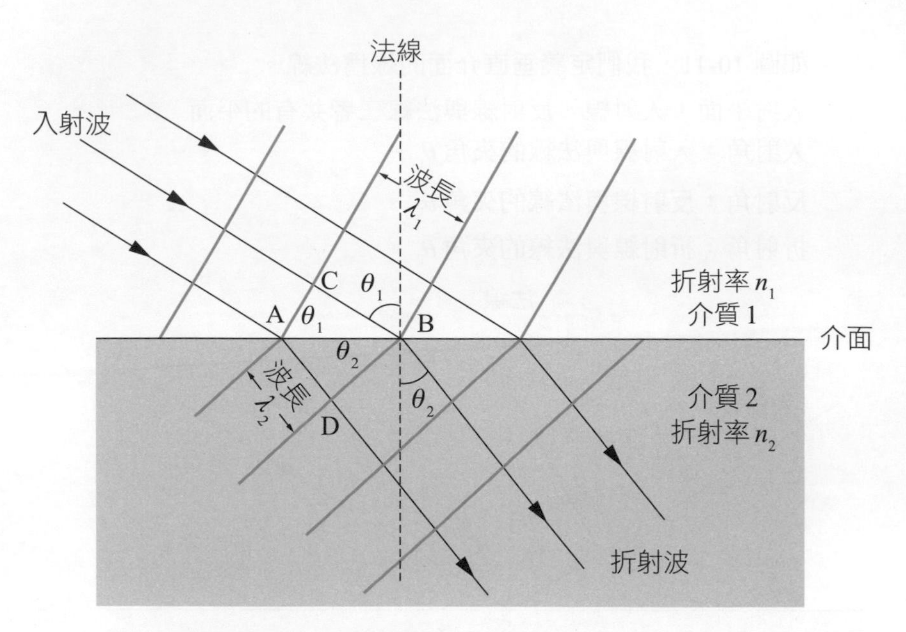

圖 10-12　波在兩介質的入射與折射。

折射現象發生的原因，乃是由於波動在不同介質中行進的速度不一樣所致。若介質 1 與介質 2 的折射率分別爲 n_1 與 n_2，波動在介質 1 中的速度爲 v_1，在介質 2 中的速度爲 v_2，波的行進方向與波前保持垂直。

若兩介質的折射率相等，則波動在兩介質中的速度相等，波由介質 1 進入介質 2 之後，波行進方向不會偏折。

若兩介質的折射率不相等，介質 1 的折射率小於介質 2 的折射率，即 $n_1 < n_2$，$v_1 > v_2$，$\lambda_1 > \lambda_2$，則波由介質 1 斜向入射進入介質 2 之後，折射角較入射角小，折射線（波）行進方向會偏向法線。反之，介質 1 的折射率大於介質 2 的折射率，即 $n_1 > n_2$，$v_1 < v_2$，$\lambda_1 < \lambda_2$，波由介質 1 斜向入射進入介質 2 之後，折射角較入射角大，折射線（波）行進方向會偏離法線。

範例 10-10

如圖所示，在水波槽中有一個直線脈動 AB，由淺水區進入深水區，變成直線脈動 CD，若淺水區的波速爲 $v_1 = 1.0\text{ cm/s}$，而深水區的波速爲 $v_2 = \sqrt{3}\text{ cm/s}$，若淺水區直線脈動 AB 與界面的夾角爲 30°，求深水區直線脈動 CD 與界面的夾角？

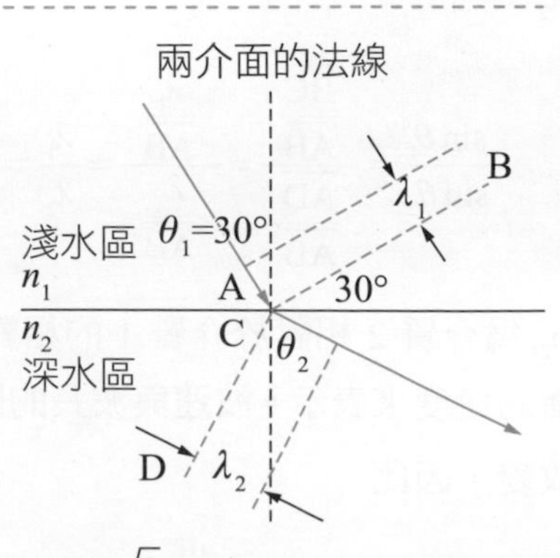

題解　圖中實線爲脈動行進方向，虛線爲波前，黑色的虛線爲兩介面的法線。設淺水區的折射率爲 n_1，深水區的折射率爲 n_2，淺水區的波長爲 λ_1，深水區的波長爲 λ_2，

則由折射定律可得 $\dfrac{\sin\theta_1}{\sin\theta_2} = \dfrac{\lambda_1}{\lambda_2} = \dfrac{v_1}{v_2} = \dfrac{n_2}{n_1} = n_{21}$。已知 $\theta_1 = 30°$，$v_1 = 1.0\text{ cm/s}$，$v_2 = \sqrt{3}\text{ cm/s}$，

故 $\dfrac{\sin 30°}{\sin\theta_2} = \dfrac{\lambda_1}{\lambda_2} = \dfrac{v_1}{v_2} = \dfrac{1}{\sqrt{3}}$，$\theta_2 = 60°$，又 $n_{21} = \dfrac{n_2}{n_1} = \dfrac{\sin\theta_1}{\sin\theta_2} = \dfrac{\lambda_1}{\lambda_2} = \dfrac{v_1}{v_2} = \dfrac{1}{\sqrt{3}}$。

10-7 水波的干涉

干涉現象用於描述許多波在空間相互交疊的情形。當兩個以上的波在空間相互交會時，各個波的本質基本上不會改變，只是在交疊處把所有各個波獨自在該點的位移相加起來，這樣就可得到在該點這許多波的合位移，此一波動現象遵守波的疊加原理。為了介紹干涉現象的觀念，我們以較容易看到的水波來作說明。設有兩個波源以相同的頻率在水面上產生圓形的波，兩個點波源同時觸及水面，因此，它們必同時產生波峰與波谷，此時兩波稱為同相（in-phase）。兩個點波源所產生的波動可用兩組向外推進的同心圓表之，如圖 10-13 所示。

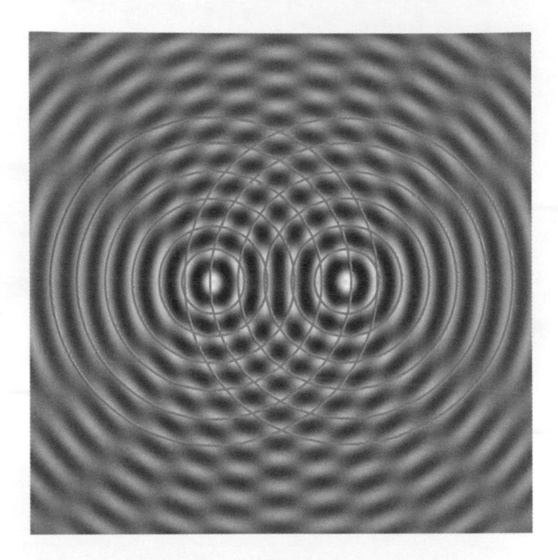

圖 10-13 兩個點波源的水波干涉模型。

在圖 10-14 中，我們以實線代表波峰，以虛線代表波谷。跟據波的疊加原理兩波峰相互重疊之處必為雙倍波峰，因此，該處水面特別高起，兩波谷相互重疊之處必為雙倍波谷，以上兩種情形我們稱為建設性干涉。至於波峰與波谷相互交會之處，由於彼此相互抵消，其合位移為零，此種情形我們稱為破壞性干涉。我們將實線與虛線的交會點，也就是沒有波的上下位移，稱為節點。

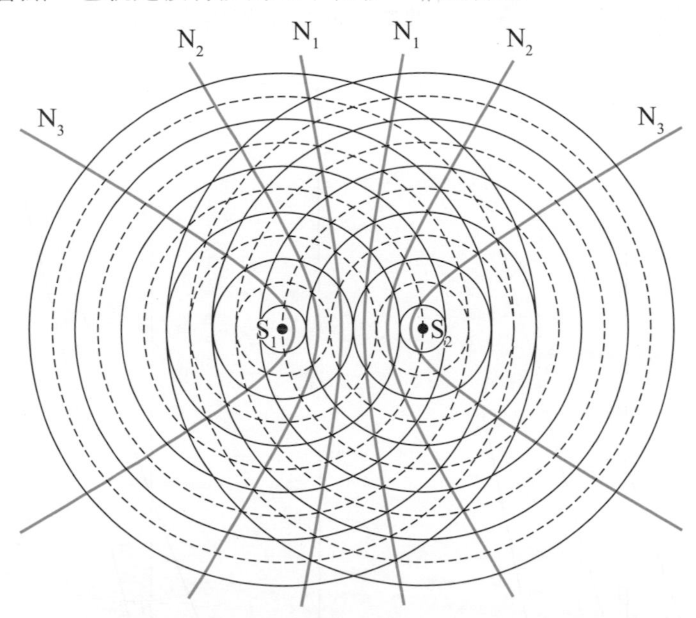

圖 10-14 水波的干涉現象，波峰（實線）與波谷（虛線）會合處形成節點。將節點連接成線為節線。

由圖中任取一條標明為 N 的線來研究，在此線上某一點為由波源 S_1 所發出的波峰恰與由波源 S_2 所發出的波谷重合，因此，水面的位移為零，此點為節點。在標明為 N 的線上任意一點均為由彼此互相對消的兩位移所組成，故線上所有點的合位移均為零，此種合位移為零的線即為節點所組成之線，我們稱之為節線。為了便於研究我們將節線加以編號，如圖 10-14 所示為對稱性節線，中央線的左右邊依次為第一條節線，第二條節線等等。中央線以及連接兩個波源而與中央線垂直的水平直線顯示的是反節線，中央線爲第零條反節線。我們可以證明節線與反節線都是雙曲線的形式。

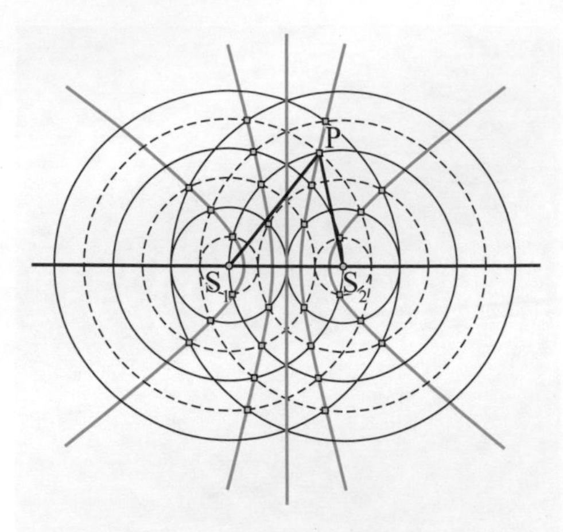

圖 10-15 在第一條節線上的 P 點。

如圖 10-15 所示，波峰與波谷交界處爲節點，若在第一條節線上任取一節點 P，將其與兩波源相連接，則

$$PS_1 - PS_2 = \frac{1}{2}\lambda = (1-\frac{1}{2})\lambda \tag{10-22}$$

在第一條節線上任一點至兩波源的距離等於 $\frac{\lambda}{2}$，亦即第一條節線爲路程差等於 $\frac{\lambda}{2}$ 之點所組成的軌跡。由解析幾何知與兩點的距離之差爲一定值的點之軌跡爲雙曲線，故節線爲一條雙曲線。同理可知，第 n 條節線任一點至兩波源的距離爲

$$PS_1 - PS_2 = (n-\frac{1}{2})\lambda \tag{10-23}$$

對於水波我們可以實際測量節線任一點至兩波源的距離，再應用上式，即可求出波長。

但是若 P 點距離波源 S_1 與 S_2 甚遠，欲量度此甚大距離而求數值微小的路程差，則結果極難準確，必須另想法求之。

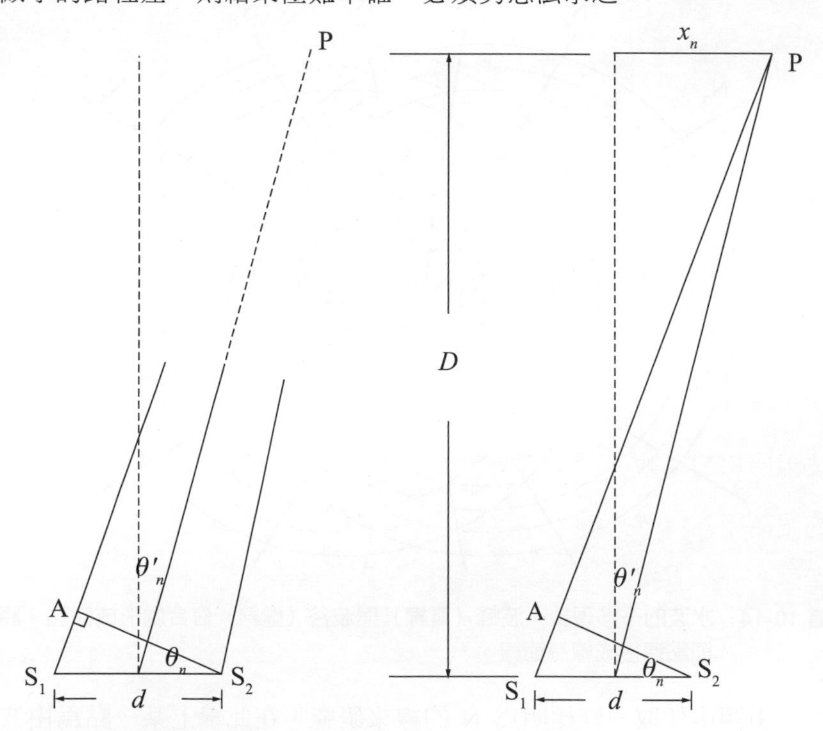

圖 10-16 P 點距離波源 S_1 與 S_2 甚遠。

如圖 10-16 所示，波源 S_1 與 S_2 間隔爲 d，當 P 點距離波源 S_1 與 S_2 甚遠時，PS_1 與 PS_2 兩線趨近於平行，取 $PA = PS_2$，$PS_1 - PS_2 = AS_1$，三角形 AS_1S_2 近似於直角三角形，由正弦關係可得 $\sin\theta_n = \frac{AS_1}{d}$，又 $AS_1 = PS_1 - PS_2$，故 $PS_1 - PS_2 = d\sin\theta_n$。若兩波在 P 點產生建設性干涉，則

$$PS_1 - PS_2 = d\sin\theta_n = n\lambda \quad (n = 0、1、2\cdots) \tag{10-24}$$

若兩波在 P 點產生破壞性干涉，則

$$PS_1 - PS_2 = d\sin\theta_n = (n - \frac{1}{2})\lambda \quad (n = 1、2、3\cdots) \tag{10-25}$$

設 P 點爲破壞性干涉上的點，並位於第 n 條節線上，則 $PS_1 - PS_2 = (n - \frac{1}{2})\lambda$，當 P 點距離波源 S_1 與 S_2 甚遠時，$PS_1 - PS_2 = (n - \frac{1}{2})\lambda = d\sin\theta_n$，即

$$\sin\theta_n = (n - \frac{1}{2})\frac{\lambda}{d} \tag{10-26}$$

在水波中測量 θ_n 固然容易，但在其它種波中則頗爲困難，所以，有時直接測量函數值 $\sin\theta_n$ 較測量 θ_n 更爲必要。假若 P 點距離波源 S_1 與 S_2 甚遠，則 PS_1 與 PS_2 兩線趨近於平行，而中央線與波源 S_1 及 S_2 的連線垂直，故 $\theta_n = \theta_n'$，由於 θ_n 很小，因此，$\sin\theta_n' \approx \tan\theta_n' = \frac{x_n}{D}$，式中 D 爲中央線的長度，x_n 爲 P 點至中央線的距離，於是

$$\sin\theta_n = (n - \frac{1}{2})\frac{\lambda}{d} = \tan\theta_n' = \frac{x_n}{D}$$

$$\lambda = \frac{d(\frac{x_n}{D})}{n - \frac{1}{2}} \tag{10-27}$$

以上的情形是兩個波源以相同的頻率在水面上產生圓形的波，而且兩個點波源也是同時觸及水面，此兩個點波源稱爲同相。

今若兩個波源以相同的頻率在水面上產生圓形的波，但兩個點波源並不同時觸及水面，此兩個點波源稱爲異相，設兩個點波源觸及水面的時間相差一段時間 t，而點波源的振動週期爲 T，則兩個點波源的相位差爲 $p = \frac{t}{T}$，代表兩個點波源相互落後的程度，兩點波源的波前相互落後的距離可由 $\ell = p\lambda$ 表之。對於不同相的兩個點波源所產生的干涉，第 n 條節線任一點至兩波源的距離爲

$$PS_1 - PS_2 = (p + n - \frac{1}{2})\lambda \tag{10-28}$$

故 $\frac{x_n}{D} = \sin\theta_n = (p + n - \frac{1}{2})\frac{\lambda}{d}$，

$$\lambda = \frac{d(\frac{x_n}{D})}{p + n - \frac{1}{2}} \tag{10-29}$$

在水波槽中，即使 λ、d、n 不變，若相位 p 改變，節線的圖形，也會因之而有所變化的。若欲使所產生的干涉條紋形狀維持不變，

則兩個波源間的相位差需維持一定的常數。節線數目的判斷可由公式 $\sin\theta_n = (p+n-\frac{1}{2})\frac{\lambda}{d}$ 得知，由於 $|\sin\theta_n| \le 1$，故 $(p+n-\frac{1}{2})\frac{\lambda}{d} \le 1$ 或寫為

$$n \le (\frac{d}{\lambda} - p + \frac{1}{2}) \text{（}n\text{ 取整數）} \quad (10\text{-}30)$$

由此可知：

(1) 若兩個波源為同相 $p=0$，$n \le (\frac{d}{\lambda}+\frac{1}{2})$，總節線數目為 $2n$ 條。

(2) 若兩個波源為異相，而 $p=\frac{1}{2}$，則 $n \le \frac{d}{\lambda}$，總節線數目為 $2n+1$ 條。

範例 10-11

兩個同相點波源相距為 d，今欲使其在水波槽中產生不具節線的干涉，則其波長 λ 須符合什麼條件？

題解 由 $\sin\theta_n = (n-\frac{1}{2})\frac{\lambda}{d}$，知正弦函數滿足的條件為 $1 \ge \sin\theta_n \ge -1$，

因此，欲產生不具節線的干涉，則其波長 λ 須符合的條件為 $\sin\theta_n > 1$（不滿足 $\sin\theta \le 1$），

即 $\sin\theta_n = (n-\frac{1}{2})\frac{\lambda}{d} > 1$，故 $\lambda > \frac{d}{(n-\frac{1}{2})} = 2d$ 或 $d < (n-\frac{1}{2})\lambda = \frac{1}{2}\lambda$（$n$ 最小值為 $n=1$）。

我們可以由下圖中理解，若波峰（實線）與波谷（虛線）無法相遇，則無法產生節點。

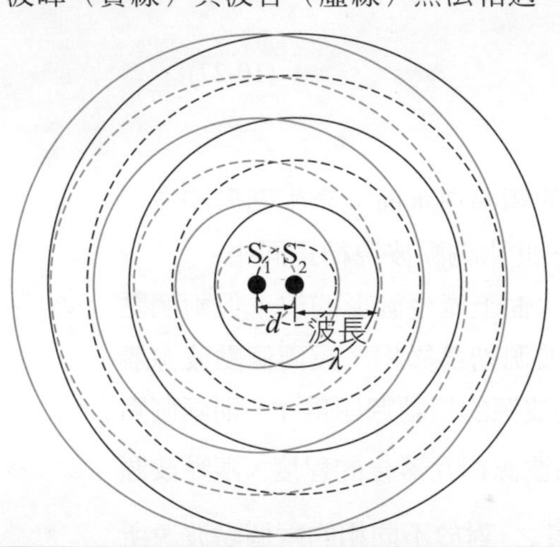

範例 10-12

兩個同相的點波源，其波長同為 λ，若兩個點波源之間的距離為 $d=3.8\lambda$，則節線數目為何？若兩個點波源為異相，而 $p=\frac{1}{2}$，兩個點波源之間的距離為 $d=5.2\lambda$，則節線數目為何？

題解 兩個點波源為同相，由 $n \le \frac{d}{\lambda}+\frac{1}{2}$ 知 $n \le (3.8+0.5) = 4.3$，故知 $n=4$，而節線數目為 $2n=8$ 條；

若兩個點波源為異相，而 $p=\frac{1}{2}$，則由 $n \le \frac{d}{\lambda}$ 知 $n \le 5.2$，故知 $n=5$，而節線數目為 $2n+1=11$ 條。

範例 10-13

某人在水波槽內兩點波源前方距離 D 公尺處觀察，由水波的干涉條紋，測得兩波源中垂線右方第一條節線距離中垂線 $0.004D$，若水波的波長為兩點波源間之距離的 0.01 倍，求此兩點波源的相位差？

題解 由公式 $\frac{x_n}{D}=\sin\theta_n=(p+n-\frac{1}{2})\frac{\lambda}{d}$，此處 $n=1$，$x_1=0.004D$，$\lambda=0.01d$，

代入上式可得 $\frac{0.004D}{D}=(p+1-\frac{1}{2})\frac{0.01d}{d}$，$p=-0.1$，

兩點波源的波前相互落後的距離為 $\ell=p\lambda$，故知右波超前 0.1λ 或左波落後 0.1λ。

10-8 聲波與聲波的共振

聲波是我們日常生活中最容易接觸到的波動現象之一，這種波動現象是以空氣為介質而傳播的縱波。聲音的波動現象來自於聲源的振動，如樂器的打擊，它的振動擾動了鄰近的空氣，而使空氣形成疏密不同的信號，傳播到我們的耳朵，耳朵內的耳膜也隨著傳來的疏密空氣的信號而振動，由此而產生了聽覺。人類的正常聽覺最容易分辨的波動特性是聲波的音調與強弱。頻率高的聲波，我們形容為音調高，反之，則為音調低。耳朵對聲音強弱的辨別則較為複雜，我們通常是以定量的方式分析之。

聲波的強度與聲級

聲源發出能量的功率以瓦特為單位，不同的聲源發出能量的功率並不相同，一般喇叭的功率約為 1 μW。聲音的強度 I 為垂直能量流方向每單位面積的功率 P，以數學式表示為 $I=\frac{P}{A}$。當聲波從聲源擴散開之後，其聲音的強度會逐漸減弱，稱為聲波的衰減。考慮由各方向擴散開來的某聲源，若聲波不被吸收且無反射，則聲波的波前為一球形的曲面。若聲音的強度 I，則距離聲源 r 處的聲音強度為 $I=\frac{P}{4\pi r^2}$，因此，聲音的強度 I 與距離的平方成反比。I 的單位為瓦特／平方公尺（Watts/m^2），簡寫為 W/m^2。人耳對聲音強度的變化很敏感，但並不與之成正比。人耳對聲音強度的反應大致與聲音強度的對數變化成比例。我們以貝（bel）為單位來表示聲級（sound level），β，一般定義為 β（in bel）

$$\beta\ (\text{in bel})=\log_{10}(\frac{I}{I_o})\ (\text{bel}) \qquad (10\text{-}31)$$

上式中 $I_0=10^{-12}$ W/m^2 為一個常數，這也是一般人類健康耳朵聽力（頻率約在 2000 赫～4000 赫）可接收的最小值。一個正常人的耳膜能夠感受到的聲波強度範圍太大，為了更精確的配合人耳的反應，聲級

通常以分貝（decibel），或用 dB 來表示。1 bel = 10 dB，聲級的定義重寫為

$$\beta\ (\text{in dB}) = 10\times\log_{10}(\frac{I}{I_0})\ (\text{dB}) \qquad (10\text{-}32)$$

利用聲級來表示聲音的強弱，正常人的耳膜能夠感受到的聲音強弱範圍：聲級 0 分貝到聲級 120 分貝。一般人距離一公尺的談話約 60 分貝。表 10-1 舉例一些不同聲音的強度參考值。人耳能分辨兩聲音強弱的聲級差別約為 1～2 分貝，且隨聲音的頻率而不同。

此時，若有一聲音的強度 $I = 10^{-9}\ \text{W/m}^2$，此時的聲級

$$\beta = 10\times\log_{10}(\frac{I}{I_0}) = 10\times\log_{10}(\frac{10^{-9}\ \text{W/m}^2}{10^{-12}\ \text{W/m}^2}) = 10\times\log_{10}(1000) = 30\ (\text{dB})$$

當聲音強度是 10 倍於最小健康耳朵聽力強度時，聲級

$$\beta = 10\times\log_{10}(\frac{10I_0}{I_0}) = 10\ (\text{dB})。$$

若兩個聲音源的聲級一個是 50 分貝，另一個是 30 分貝，兩者聲級相差 20 分貝，表示兩者聲音間的強度比例是 100 倍。表 10-1 列出不同聲音來源的聲級與強度。生活環境中的噪音太大時將影響我們的身體健康。

表 10-1 不同聲音來源的聲級與強度（參考用）。

聲音來源	聲級（dB）	強度（W/m^2）
鞭炮聲，霰彈槍	150	1000
噴射飛機引擎	140	100
短時間暴露，將受到永久性傷害	140	100
飛機起飛，機關槍發射，大型管風琴	130	10
聽力忍受痛苦極限	120	1
搖滾音樂會，交響樂團演奏，打雷	120	1
汽車喇叭聲，鏈鋸工作聲	110	1×10^{-1}
地鐵運行	100	1×10^{-2}
長時間暴露，將造成聽力喪失	100	1×10^{-2}
大卡車柴油引擎聲	90	1×10^{-3}
繁忙的街道交通，鬧鐘聲	80	1×10^{-4}
吵鬧的餐廳	70	1×10^{-5}
兩人約距 1 公尺的正常交談	60	1×10^{-6}
郊區住宅區，冰箱	50	1×10^{-7}
安靜的客廳，安靜的圖書館	40	1×10^{-8}
安靜的鄉村環境	30	1×10^{-9}
輕聲耳語	20	1×10^{-10}
樹葉的沙沙聲，正常的呼吸聲	10	1×10^{-11}
聽力的最小感知強度	0	1×10^{-12}

範例 10-14

若兩位同學談話的聲音的強度大約爲 $I = 10^{-7}\ \text{W/m}^2$，試求其聲級有多少分貝？

題解 $\beta = 10 \times \log_{10}(\frac{I}{I_0}) = 10 \times \log_{10}\frac{10^{-7}}{10^{-12}} = 50$ （dB）。

強度不同的聲級比較：

若距離某聲源 r_1 處的聲音強度爲 I_1，聲級爲 β_1（dB），而距離相同聲源 r_2 處的聲音強度爲 I_2，聲級爲 β_2（dB），則以分貝表示的聲音之放大與衰減爲

$$\beta_2 - \beta_1 = 10 \times \log_{10}(\frac{I_2}{I_1}) \tag{10-33}$$

距離不同的聲級比較：

由於聲音的強度 I 與距離的平方成反比，因此，上式可表爲

$$\beta_2 - \beta_1 = 10 \times \log_{10}(\frac{r_1^2}{r_2^2}) = 20 \times \log_{10}(\frac{r_1}{r_2}) \tag{10-34}$$

功率不同的聲級比較：

在通訊系統中，亦有類似的情形，使用分貝（dB），來表示增益，亦即

$$\beta_2 - \beta_1 = 10 \times \log_{10}(\frac{P_{\text{out}}}{P_{\text{in}}}) \tag{10-35}$$

上式中 P_{out} 爲輸出的功率，P_{in} 爲輸入的功率。

範例 10-15

距離某聲源 $r_1 = 50\ \text{m}$ 處的聲級 $\beta_1 = 75\ \text{dB}$，請問相同聲源，但距離 $r_2 = 5\ \text{m}$ 處的聲級 β_2 爲若干？

題解 因爲是距離關係，由 $\beta_2 - \beta_1 = 10 \times \log_{10}(\frac{r_1^2}{r_2^2}) = 20 \times \log_{10}(\frac{r_1}{r_2})$，知

$\beta_2 - 75 = 20 \times \log_{10}(\frac{50}{5}) = 20$ （dB），$\beta_2 = 75 + 20 = 95$ （dB）。

範例 10-16

若距離某揚聲器 5 公尺處的聲級爲 20 分貝，設聲音的傳播沒有能量的損失，(a)求距離揚聲器 2 公尺處的聲音爲多少分貝？(b)距離揚聲器多遠處會剛好聽不到聲音？

題解 聲音的強度 I 與距離的平方成反比，我們應用 $\beta_2 - \beta_1 = 10 \times \log_{10}(\frac{r_1^2}{r_2^2}) = 20 \times \log_{10}(\frac{r_1}{r_2})$，

(a)由 $\beta_{2\text{m}} - \beta_{5\text{m}} = 20 \times \log_{10}(\frac{r_1}{r_2}) = 20 \times \log_{10}(\frac{5}{2}) = 7.959$ （dB），

$\beta_{2\text{m}} = \beta_{5\text{m}} + 7.959 = 27.959$ （dB）。

(b)距離 L 時，剛好聽不到聲音 $I_L \le 1\times10^{-12}$ （W/m^2），$\beta_L \le 0$，又 $\beta_L - \beta_{5\text{m}} = 20\times\log_{10}(\frac{5}{L})$，

即 $\beta_{5\text{m}} + 20\times\log_{10}(\frac{5}{L}) = \beta_L \le 0$，$20 + 20\times\log_{10}(\frac{5}{L}) \le 0$，

故 $\log_{10}(\frac{5}{L}) \le -1$，$(\frac{5}{L}) \le 10^{-1}$，$L \ge 50\text{ m}$，距離揚聲器聲源 50 公尺處，剛好聽不到聲音。

聲波的共振現象

讓我們透過管樂器(wind instrument)與弦樂器(string instrument)來討論聲波的共振現象。管樂器聲音來自空氣在管中振動，弦樂器是透過弦波振動產生聲音。樂器產生之聲音頻率的高低與管身長度或是弦長有關。

管樂器（wind instrument）

管樂器有很多種，例如：有中國笛，直笛，長笛，小號，法國號，管風琴等。一般的管樂器分爲雙端開口與一端閉口兩類，我們先以一端閉口的管樂器來說明。

兩端開口的管樂器（open tube）

兩端開口的樂器主要是笛子類的樂器。對於開口的管樂器，雖然兩端都是開口的，但是由左端向右傳播的聲波也可以在右端開口處反射回來，這種情形就像繩上之波由無摩擦的套環之開放端反射一樣。所有不同頻率的入射波與反射波不斷的互相產生干涉，而最後只剩下特定的幾種頻率的聲波能在管中形成駐波。但它們的波型與閉口的管樂器不同，如圖 10-17 所示，這些駐波的振動型式皆以兩端開口爲反節點。管長 L 是固定的，空氣中的聲音速度 v 是一個定值。管中頻率與波長的關係 $f = \frac{v}{\lambda}$。

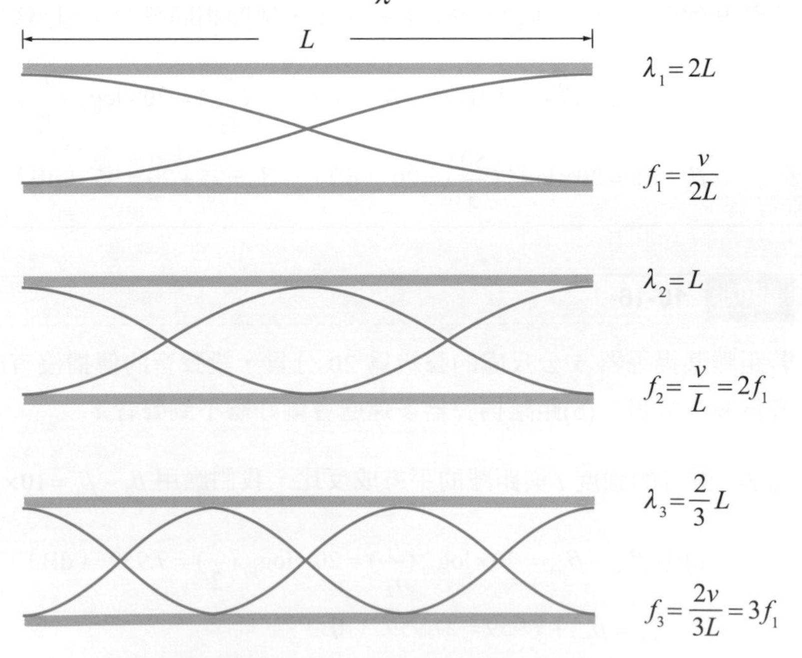

圖 10-17　兩端開口的管樂器。

第一種振動型式爲兩端開口是反節點，兩端中間是 1 個節點。因此，聲音的波長爲 $\lambda_1 = 2L$，頻率爲 $f_1 = \frac{v}{\lambda_1} = \frac{v}{2L}$。此時 f_1 稱爲第一諧音（first harmonic）或是基頻（fundamental frequency），通常比其他頻率的聲音大聲。

第二種振動型式除了兩端反節點之外，管中還另有 1 個反節點和 2 個節點，因此，$\lambda_2 = L$，$f_2 = \frac{v}{\lambda_2} = \frac{v}{L} = 2f_1$。此時 f_2 稱爲第二諧音（second harmonic）。

第三種振動型式爲兩端有反節點之外，管中還另有 2 個反節點和 3 個節點，因此，$\lambda_3 = \frac{2L}{3}$，$f_3 = \frac{v}{\lambda_3} = \frac{3v}{2L} = 3f_1$。此時 f_3 稱爲第三諧音（third harmonic）。

以上分析管樂器所得到的駐波頻率 f_n，稱爲該管樂器的自然頻率，或稱爲固有頻率。當我們吹奏樂器時，在吹氣口使介質做各種所有頻率的振動，管樂器只把與其本身固有頻率相同的波動接受下來而形成駐波，我們稱這種現象爲波的共振，管樂器本身就是一個聲波共振的裝置。

一端閉口的管樂器（closed tube）

一端閉口的管樂器如單簧管、嗩吶、薩克斯風等。圖 10-18 爲一個長度爲 L 的管樂器，其一端爲封閉，且有構造較爲複雜的吹氣裝置。當氣體在該管樂器的左端吹動時，管內的空氣介質受到所有不同頻率的振動。將聲波由左端向開口端傳播，並受到外界空氣的壓力反射回來。

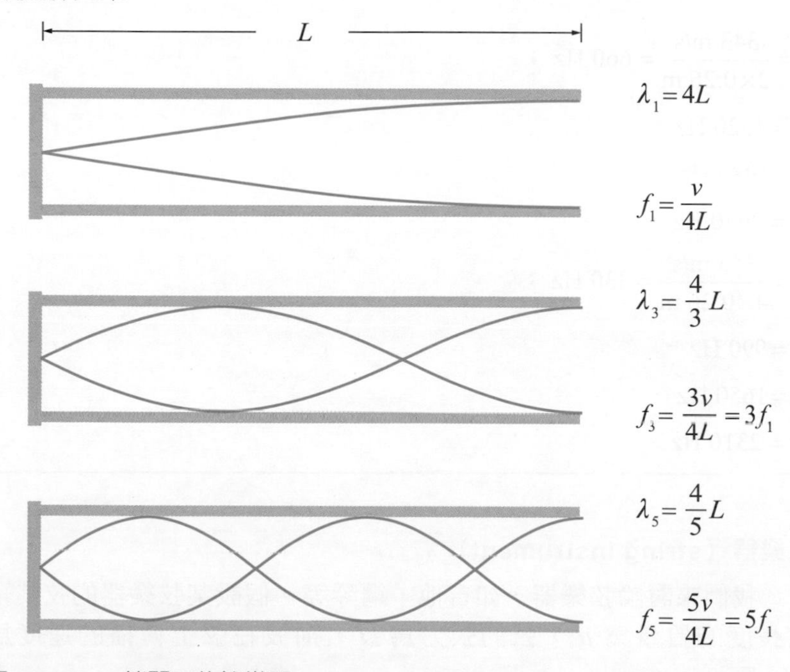

圖 10-18 一端閉口的管樂器。

如果空氣不斷的吹動，則所有不同頻率的入射波與反射波不斷的產生干涉，干涉的結果只剩下特定的幾種頻率的聲波能在管中形成駐波。因爲在閉口端介質不振動，而右端開口處介質振動的振幅最大，所以這些駐波在開口端一定爲反節點，而在閉口端則爲節點。管中頻率與波長的關係 $f=\frac{v}{\lambda}$ 。

樂器所處的環境中，空氣中的聲音速度 v 是一個定值。在圖 10-18 中說明一端閉管的管樂器，管長 L 是固定的，三種駐波的振動型式。

第一種振動型式的波長爲 $\lambda_1=4L$ ，頻率爲 $f_1=\frac{v}{\lambda_1}=\frac{v}{4L}$ ，只有一個節點和反節點。此時 f_1 稱爲第一諧音（first harmonic）或是基頻（fundamental frequency），通常比其頻率的聲音大聲。相近的節點與反節點之間的距離爲 $\frac{\lambda}{4}$ 。

第二種振動型式爲 $\lambda_3=\frac{4}{3}L$ ，$f_3=\frac{v}{\lambda_3}=\frac{3v}{4L}=3f_1$ ，有 2 個節點和 2 個反節點。 f_3 稱爲第三諧音（third harmonic）。

第三種振動型式爲 $\lambda_5=\frac{4}{5}L$ ，$f_5=\frac{5v}{4L}=5f_1$ 。有 3 個節點和 3 個反節點。 f_5 稱爲第五諧音（fifth harmonic）。

範例 10-17

管風琴是一種大型樂器，管風琴管可以控制開口狀態。有一根管風琴管子長 26 公分，在 20°C 時，請問(a)兩端開口，或(b)一端開口時，基頻和前三個泛音頻率各是多少？

題解 溫度 20°C，聲音速度大小 $v=343\text{ m/s}$

(a)琴管兩端開口時，基頻 $f_1=\frac{v}{\lambda_1}=\frac{v}{2L}=\frac{343\text{ m/s}}{2\times0.26\text{ m}}=660\text{ Hz}$ ；

前三個泛音頻率 $f_2=2f_1=660\text{ Hz}\times2=1320\text{ Hz}$ ，

$f_3=3f_1=660\text{ Hz}\times3=1980\text{ Hz}$ ，

$f_4=4f_1=660\text{ Hz}\times4=2640\text{ Hz}$ 。

(b)琴管一端開口時，基頻 $f_1=\frac{v}{\lambda_1}=\frac{v}{4L}=\frac{343\text{ m/s}}{4\times0.26\text{ m}}=330\text{ Hz}$ ；

前三個泛音頻率 $f_3=3f_1=330\text{ Hz}\times3=990\text{ Hz}$ ，

$f_5=5f_1=330\text{ Hz}\times5=1650\text{ Hz}$ ，

$f_7=7f_1=330\text{ Hz}\times7=2310\text{ Hz}$ 。

弦樂器（string instrument）

我們來討論弦樂器，如吉他，鋼琴等。假設某弦樂器的弦其單位長度的質量爲 μ ，弦的張力爲 T，則波在弦上傳播的速度爲 $v=\sqrt{\frac{T}{\mu}}$ 。當我們撥動弦樂器的弦，使弦做種頻率的振動時，弦會產生各種不同波長的波動向弦的兩固定端入射，然後這些波再由兩固定端反射回來。如果弦不斷的撥動，所有不同波長的入射波與反射波會在弦上互相干涉，干涉的結果只剩下某些特定波長的波動能在弦上形成駐波。這些駐波最外的兩個節點正好是弦線上的兩固定端點。

設弦的長度爲 L，弦的頭尾兩端都是固定的，也是節點。弦產生共振並發出聲音，這是一個穩定的駐波。弦上相鄰兩個節點之間的距離爲 $\frac{\lambda}{2}$。在圖 10-19 中說明弦線上駐波的四種振動型式。

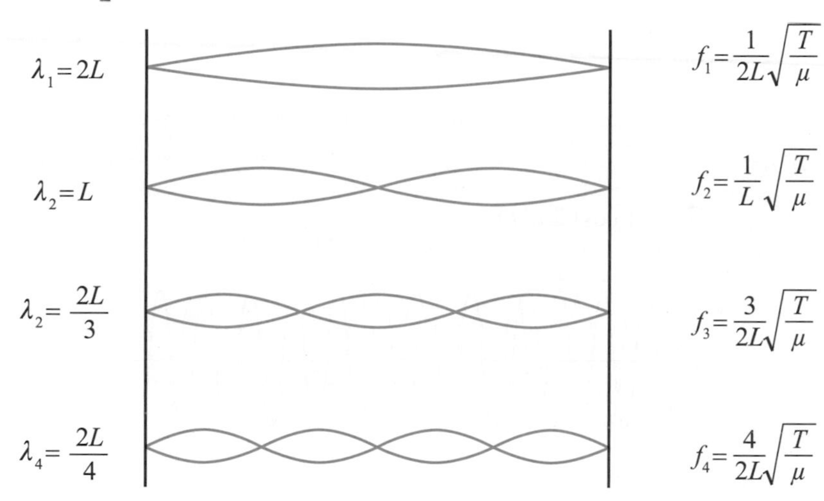

圖 10-19　弦樂器，在弦的兩端固定，共振並形成駐波。

第一種弦振動型式，只有兩端是固定的節點，此時 $\lambda_1 = 2L$，$f_1 = \frac{v}{\lambda_1} = \frac{1}{2L}\sqrt{\frac{T}{\mu}}$，我們通常把 f_1 稱爲此弦樂器的基音頻率，或稱爲第一諧音。

第二種弦振動型式是兩端點之外，弦的中央有一個節點，此時弦長與波長相等，故 $\lambda_2 = L$。$f_2 = \frac{v}{\lambda_2} = \frac{1}{L}\sqrt{\frac{T}{\mu}} = 2f_1$，我們稱之爲第二諧音（second harmonic），有時也稱爲第一泛音（first overtone）。

同理，可以推論第 n 諧音爲 $\lambda_n = \frac{2L}{n}$，$f_n = \frac{v}{\lambda_n} = \frac{n}{2L}\sqrt{\frac{T}{\mu}} = n\,f_1$。弦樂器的諧音頻率，也稱爲該樂器的自然頻率。

範例　10-18

在室溫 20°C 時，一根長度 35 公分的琴弦可以被調音以 440 赫的基頻演奏，(a)請問琴弦的波長？(b)請問琴弦上的波速？(c)請問頻率 440 赫的聲音在空氣中的波長？

題解　溫度 20°C，聲音速度大小 $v = 343\ \text{m/s}$，琴弦長度 35 cm = 0.35 m

(a)在琴弦上形成基頻，琴弦上的波長 $\lambda_1 = 2L = 2 \times 0.35\ \text{m} = 0.70\ \text{m} = 70\ \text{cm}$。

(b)琴弦上的波速跟琴弦上的張力及線密度有關 $v=\sqrt{\dfrac{T}{\mu}}$，

此時，琴弦上的波速 $v=f\lambda=440\ \text{Hz}\times0.7\ \text{m}=308\ \text{m/s}$。

(c)在空氣中聲音的速度是透過空氣分子所傳遞。溫度 20°C，聲音速度大小 $v=343\ \text{m/s}$，

此時，440 Hz 的聲音在空氣中的波長 $\lambda=\dfrac{v}{f}=\dfrac{343\ \text{m/s}}{440\ \text{Hz}}=0.78\ \text{m}=78\ \text{cm}$。

拍（Beat）

當兩波為同相時，彼此互相加強，當兩波異相時，彼此互相減弱，當這兩個波的頻率相近時，很容易形成所謂拍（beat）的現象。若為聲波，則這種拍的現象通常可以被聽到。拍的頻率為兩波的頻率之差。

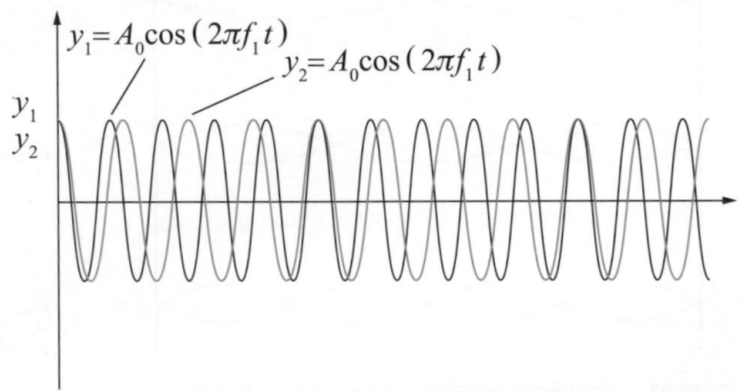

(a)頻率分別為 f_1 與 f_2 的兩個波函數，頻率 f_1 與 f_2 接近。

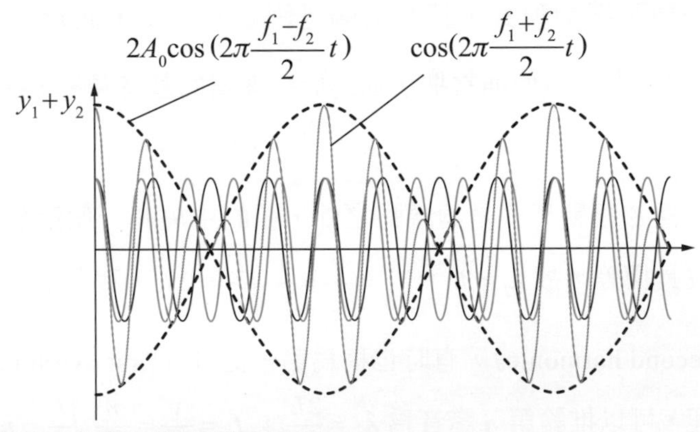

(b)將兩個波函數疊加得到新的波函數。

圖 10-20 拍（beat）的現象。

拍的現象分析說明如下：

如圖 10-20(a)所示，兩波的最大振幅 A_0 相同，頻率不同但是頻率很接近。頻率為 f_1 的波函數 $y_1=A_0\cos\omega_1 t=A_0\cos(2\pi f_1 t)$ 與頻率為 f_2 的波函數 $y_2=A_0\cos\omega_2 t=A_0\cos(2\pi f_2 t)$ 疊加。我們將這兩個波函數相加，新合成波函數為

$$y=y_1+y_2=2A_0\cos(2\pi\frac{f_1-f_2}{2}t)\cos(2\pi\frac{f_1+f_2}{2}t) \qquad (10\text{-}36)$$

此合成波函數可以分爲兩部分說明，新合成函數的頻率爲 $\frac{f_1+f_2}{2}$，新合成函數的振幅大小爲 $2A_0\cos(2\pi\frac{f_1-f_2}{2}t)$，如圖 10-20(b) 的虛線包絡。因爲 $\cos(2\pi\frac{f_1+f_2}{2}t)$ 是一個隨時間快速變化的弦波函數。外包絡的振幅是隨時間而緩慢變化的時間函數，其頻率爲 $f'=\frac{f_1-f_2}{2}$。因爲振幅函數隨時間緩慢變化，在耳朵可分辨的頻率範圍，在振幅爲極大時，我們可聽到拍音。產生拍音的情形有兩個，即當 $\cos(2\pi\frac{f_1-f_2}{2}t)$ 等於 1 或 −1 時這兩個極端振幅狀況。從圖 10-20(b)中，我們可以發現這個產生拍音的頻率 f' 是包絡振幅週期頻率 $\frac{f_1-f_2}{2}$ 的 2 倍。即 $f'=f_1-f_2$，拍音每秒的拍數頻率爲兩波的頻率之差。通常我們能分辨兩聲波之拍數約爲每秒七次。如果整個橫軸的時間爲一秒，若兩個頻率分別爲每秒 16 次，與每秒 18 次的兩波之合成所產生拍的現象。每秒的拍數頻率爲 $f'=f_1-f_2=18-16=2$（1/s）。藉由兩個聲音頻率的接近產生拍音技術，最常被使用在鋼琴或是樂器的音準校正工作。

範例 10-19

應用一個頻率 440 赫的標準音叉來進行鋼琴調音。當敲擊該音叉並將其靠近振動的鋼琴弦時，五秒鐘內會聽到十五個響音。請問此時鋼琴弦可能的頻率？

題解 五秒鐘內會計算出十五個響音，表示聽到聽到「拍」的頻率爲 $f'=\frac{15\text{ 響}}{5\text{ s}}=\pm 3\text{ Hz}$

$f'=(f_1-f_2)=\pm 3$（Hz），$f_1=f_2\pm 3\text{ Hz}=440\pm 3\text{ Hz}$，$f_1=443$（Hz）或 $f_1=437$（Hz）。

10-9 都卜勒效應

當聽者向靜止的聲源運動時，所聽到的聲音之頻率將較聽者靜止時所聽到者爲高。若聽者遠離靜止的聲源時，所聽到的聲音之頻率將較聽者靜止時所聽到者爲低。另外，當聲源向靜止的聽者接近或遠離時，也有相同的情形，此種現象稱爲都卜勒效應（Doppler effect）。此種效應普遍發生於波源與觀察者間，觀察者觀察波的頻率變化的情形。

聲源 S 靜止，觀察者 O 也靜止，觀察聲音的波動

在一般的波源與觀察者都靜止的狀態。觀察者所觀察到的頻率，波速與波長的關係。如圖 10-21 所示，諸圓圈代表在介質中行進的波前，間隔爲一個波長 λ，原始頻率 f，v 爲在介質中的聲速。若觀察者 O 在介質中靜止，則在 t 時間內將接受 $\frac{vt}{\lambda}$ 個波，原始頻率 f 即是這段時間接收波數量。

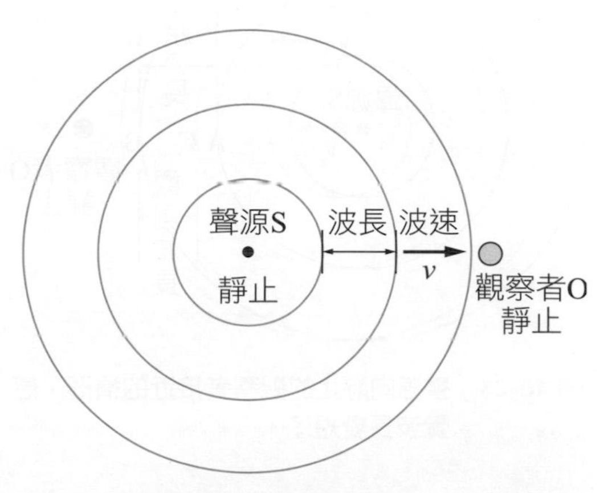

圖 10-21 聲源 S 靜止，觀察者 O 也靜止觀察聲音的傳播情形。

$$f=\frac{接收幾個波}{時間間隔}=\frac{\frac{vt}{\lambda}}{t}=\frac{v}{\lambda}，即 f=\frac{v}{\lambda}。$$

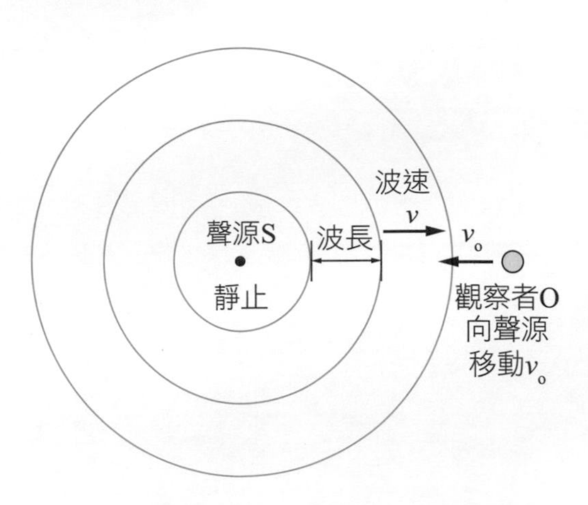

圖 10-22 聲源S靜止，觀察者O向聲源接近，觀察者觀測的波速相對變快。

聲源 S 靜止，觀察者 O 以速率 v_o 向聲源運動

首先考慮聲源 S 靜止（$v_s=0$），觀察者 O 以速率 v_o 向聲源接近的情形。如圖 10-22 所示，今由於 O 向聲源接近運動，在相同的一段時間 t 內將額外接受 $\frac{v_o t}{\lambda}$ 個波，因此，觀察者所聽到的聲音之頻率爲

$$f'=\frac{接收幾個波}{時間間隔}=\frac{\frac{vt}{\lambda}+\frac{v_o t}{\lambda}}{t}=\frac{v+v_o}{\lambda}=\frac{v+v_o}{\frac{v}{f}} \tag{10-37}$$

即

$$f'=\frac{v+v_o}{v}f=(1+\frac{v_o}{v})f \tag{10-38}$$

觀察者所聽到的聲音之頻率 f'，爲靜止時所聽到的聲音之頻率 f，由於加上觀察者向聲源運動所增加的量 $\frac{v_o}{v}f$。同理，若觀察者以速率 v_o 遠離靜止的聲源時，觀察者所聽到的聲音之頻率 f'，將會減少由於觀察者遠離聲源所減少的量 $\frac{v_o}{v}f$。因此，當對介質而言聲源爲靜止時，而觀察者爲運動時，觀察者所聽到的聲音之頻率的一般式爲

$$f'=(\frac{v\pm v_o}{v})f \tag{10-39}$$

上式中當觀察者向靜止的聲源接近時，使用正號；遠離聲源時，使用負號。

聲源以速率 v_s 向靜止的觀察者運動

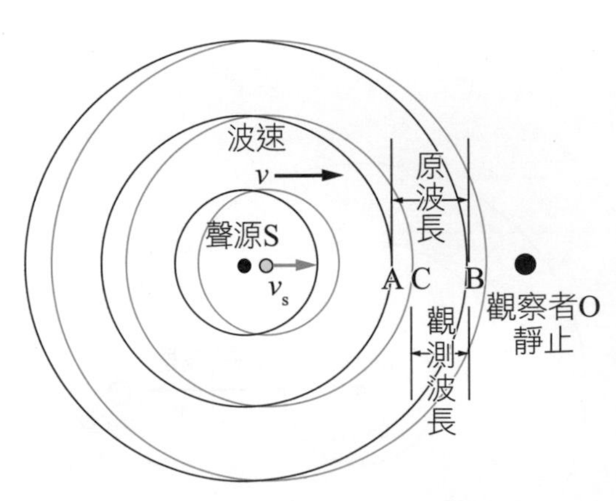

圖 10-23 聲源向靜止的觀察者接近的情形，感覺波長變短了。

若聲源處於靜止狀態，觀察者也是靜止狀態。如圖 10-23 所示，觀察者接收的兩個波前距離差（波長）是 $\overline{AB}$。但當聲源以 v_s 的速度向靜止的觀察者接近時，其效應是觀察者感覺波長變短了，此時觀察者接收的兩個波前距離差（波長）是 $\overline{CB}$，此時因爲波源移動，這段時間內波前從 A 點移至 C 的位置了。若聲源的頻率爲 f，其聲源移動速率爲 v_s，則在每次聲源振動時，在 $t=\frac{1}{f}$ 的時間內，波前額外多行進了 $\overline{AC}=v_s t=\frac{v_s}{f}$ 的距離，此時觀察者觀察到新波長即縮短了。故此時，抵達觀察者被觀測的聲音波長爲 $\lambda'=\lambda-\frac{v_s}{f}=\frac{v}{f}-\frac{v_s}{f}$。因此，觀察者所接收的聲音頻率 f' 將增加爲

$$f' = \frac{v}{\lambda'} = \frac{v}{(\frac{v}{f} - \frac{v_s}{f})} = (\frac{v}{v - v_s})f \tag{10-40}$$

同理，若聲源向靜止的觀察者遠離時，其效應是波長增長了 $\frac{v_s}{f}$，因此，觀察者所聽到的聲音頻率 f' 將減少爲

$$f' = \frac{v}{\lambda'} = \frac{v}{(\frac{v}{f} + \frac{v_s}{f})} = (\frac{v}{v + v_s})f \tag{10-41}$$

因此，聲波在介質中傳播，若觀察者爲靜止，而聲源處於運動狀態時，觀察者所聽到的聲音頻率的一般式爲

$$f' = (\frac{v}{v \mp v_s})f \tag{10-42}$$

上式中當聲源向靜止的觀察者接近時，使用負號；聲源遠離觀察者時，使用正號。

若聲源與觀察者都在運動，則觀察者所聽到的聲音之頻率的一般式爲

$$f' = (\frac{v \pm v_0}{v \mp v_s})f \tag{10-43}$$

上式中，分子正號而分母負號，對應於聲源與觀察者相互接近的情況；而分子負號而分母正號，對應於聲源與觀察者相互遠離的情況。綜合上述的討論：

都卜勒效應：波源與觀察者的相向接近運動時，將使觀察者觀察的聲音頻率比聲源的原有頻率高；波源與觀察者兩者遠離運動時，將使觀察者觀察的聲音頻率比聲源的原有頻率低。

範例 10-20

在水池中，有一波源以頻率 $f = 12\ \text{s}^{-1}$ 振動，而水波在水池中傳播的速率爲 $v = 15$ cm/s，若波源靜止，則其發出的波長爲 $\lambda = \frac{v}{f} = \frac{15}{12} = \frac{5}{4}$（cm）。今若波源係以 $v_s = 5$ cm/s 的速率向前運動，則位於波源正前方的波長爲何？位於波源正後方的波長爲何？又若某人在波源的正後方以 $v_o = 2$ cm/s 的速率向波源接近，則其所見的頻率爲何？若某人在波源的正前方以 $v_o = 2$ cm/s 的速率向波源接近，則其所見的頻率爲何？

題解 觀察者位於波源正前方，只有波源運動，兩者接近，所見的頻率爲 $f' = (\frac{v}{v - v_s})f = (\frac{15}{15 - 5})(12) = 18$（$\text{s}^{-1}$），

所見的波長爲 $\lambda' = \frac{v}{f'} = \frac{15}{18} = \frac{5}{6}$（cm）。

觀察者位於波源正後方，只有波源運動，兩者遠離，所見的頻率爲 $f' = (\frac{v}{v + v_s})f = (\frac{15}{15 + 5})(12) = 9$（$\text{s}^{-1}$），

所見的波長爲 $\lambda' = \frac{v}{f'} = \frac{15}{9} = \frac{5}{3}$（cm）。

若某人在波源的正後方向波源接近時，所見的頻率爲 $f'=(\frac{v+v_o}{v+v_s})f=(\frac{15+2}{15+5})(12)=\frac{51}{5}=10.2$ （s^{-1}），

上式中的分子部份，當觀察者速度向靜止的聲源接近時，使用正號。

分母部份，聲源速度與觀察者相互遠離時，使用正號。

若某人在波源的正前方向波源接近時，所見的頻率爲 $f'=(\frac{v+v_o}{v-v_s})f=(\frac{15+2}{15-5})(12)=\frac{102}{5}=20.4$ （s^{-1}），

上式中的分子部份，當觀察者速度向聲源接近時，使用正號。

分母部份，聲源速度與觀察者相互接近時，使用負號。

範例 10-21

在平面的水池中，有一波源以某頻率 f 振動，若其波長爲 $\lambda=\frac{5}{4}$ cm。今若波源係以 v_s 的速率向右方運動，位於波源正前方的觀察者所量得波長爲 $\lambda'=\frac{4}{5}$ cm，求波的速率與波源移動的速率之比值？

題解 波的速率爲 $v=f\lambda=f(\frac{5}{4})$，當聲源向靜止的觀察者接近時，抵達觀察者的波長爲 $\lambda'=\frac{v}{f}-\frac{v_s}{f}$，

因此，$v-v_s=f\lambda'=f(\frac{4}{5})$，由此可得 $\frac{v}{v-v_s}=\frac{\lambda}{\lambda'}=\frac{25}{16}$，$\frac{v}{v_s}=\frac{25}{9}$。

10-10 超音速與震波

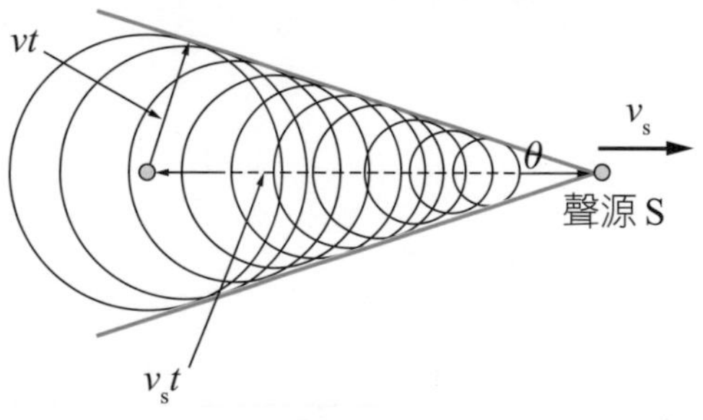

若物體運動的速度超過聲音傳播的速度，我們稱這種速度爲超音速。圖 10-24 顯示一個以超音速運動的物體，在不同時刻所發出的球面波，這些球面波的包絡線（envelope）形成一個錐面，他的頂點即爲聲源 S 所在之處。此錐面顯然是落在運動的物體之後，但卻跟著運動的物體而前進，我們稱此錐面波爲震波（shock wave）。震波的截面錐角的一半爲 θ，它與聲音傳播的速度 v 及物體運動的速度 v_s 之間的關係爲

$$\sin\theta=\frac{v}{v_s} \quad (10\text{-}44)$$

因爲 $\sin\theta$ 的最大值爲 1，故聲音傳播的速度 v 恆比物體運動的速度 v_s 爲小，此即當物體以超音速行進時，震波才會形成。

通常我們把物體運動的速度用聲速的倍數來表示，稱爲馬赫數（Mach number），亦即

$$M=\frac{v_s}{v} \quad (10\text{-}45)$$

由此可得

$$M=\frac{1}{\sin\theta} \quad (10\text{-}46)$$

圖 10-24 以超音速運動的物體所形成的震波。

若馬赫數 M 大於 1，則物體運動的速度即爲超音速。震波帶有巨大的能量，在傳播時若遇到障礙物，會以極大的力量衝擊物體。以超音速低空飛行的噴射機，若太接近地面，其所產生的震波會破壞地面的建築物。

範例 10-22

黑鳥偵察機以 2.5 馬赫速度飛行，當時的聲速爲 330 公尺 / 秒，試問(a)震波與飛機運動方向所成的角度多少？(b)如果飛機在 8000 公尺的高度飛行，黑鳥偵察機在正上方飛過後多久，地面上的人會聽到震波？

題解 (a)偵察機速度 2.5 mach，即 $v_s = 2.5v$，$\sin\theta = \dfrac{v}{v_s} = \dfrac{v}{2.5v} = \dfrac{1}{2.5}$，故 $\theta = \sin^{-1}(\dfrac{1}{2.5}) = 23.58°$。

(b)黑鳥偵察機向前飛行距離與聲波向下傳遞距離，如圖所示。

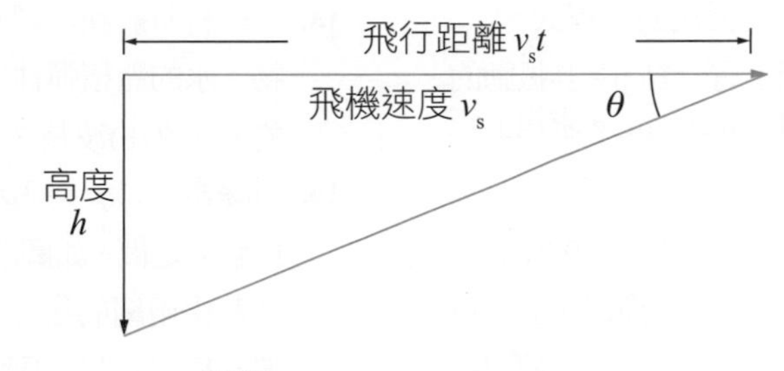

$$\tan\theta = \frac{h}{v_s t}，t = \frac{h}{v_s \tan\theta} = \frac{8000 \text{ m}}{(2.5)(330 \text{ m/s})\tan 23.58°} = 22.22 \text{ s}$$

習題 標以*的題目難度較高

10-2 波動的數學表示法

1. 釣客搭乘海釣船出海海釣。當漁船靜止後，釣客注意到海浪的運動。他發現波峰每 2.0 秒就會經過船頭。釣客發現海浪兩個波峰之間的距離爲 6.0 公尺。請估算此時波浪的速度？
2. 某波沿正 x 方向前進，若其波長爲 $\lambda = 10$ cm，振幅爲 3 公分，頻率爲 $f = 400$ 1/s，寫出此波的波動方程式。
3. 有一橫波方程式 $y(x,y) = 0.25\sin(25x - 400t)$，其中 y 和 x 的單位爲公尺，t 的單位爲秒。請問(a)此波的振幅與速率？(b)有一波與此波之振幅、波長和頻率均相同，但傳播方向相反，請寫出此反向傳播波的方程式。
4. 有一正弦波在繩上傳遞，已知繩上有一點 p，其振動的位移 y_p 與時間的關係爲 $y_p = 0.02\sin 2t$（m），求繩上正弦波的振幅與週期？
5. 有一振盪器以週期爲 $T = 2$ s，振幅大小爲 $A = 0.04$ m 的振盪，並產生一個連續的正弦波，若波的速率爲 $v = 0.5$ m/s，若在 $t = 0$、$x = 0$ 時，y 方向的位置高度 0，求此波的波動方程式。
6. 若有一向正方向傳遞的正弦波動，振幅爲 0.10 公尺，頻率 20 赫，波數 10 弧度 / 公尺。若在 $t = 0$、$x = 0$ 時，y 方向的位置高度 0.05 公尺。請寫出此波函數。
7. 有一正弦繩波沿著繩子向前傳播，繩上的某一特定點從最大位移移動到零的時間是 0.20 秒，振動的擺幅最高與最低差異 0.8 公尺。請問(a)週期？(b)頻率是多少？(c)振幅？(d)若波長爲 2.00 公尺，波速是多少？
8. 有一正弦波，頻率 500 赫，波速爲 400 公尺 / 秒，
   (a)若時間凍結，相位相差 $\frac{\pi}{2}$ 弧度的兩點相距多遠？
   (b)相隔 2.00 毫秒的某一點上的兩個位移之間的相位差是多少？

10-3 介質波的速度

9. 請計算在(a)水、(b)水泥和(c)鋼材三種不同介質中的縱波波速？（水的體積彈性模量 2.0×10^9 牛頓 / 平方公尺，水泥的楊氏模量 25.0×10^9 牛頓 / 平方公尺，鋼材的楊氏模量 200.0×10^9 牛頓 / 平方公尺；水的密度 1.0×10^3 公斤 / 立方公尺，水泥的密度 2.5×10^3 公斤 / 立方公尺，鋼的密度 7.8×10^3 公斤 / 立方公尺。）
10. 我們在實驗室中進行繩波實驗，繩子的線密度 $\rho = 0.10$ kg/m，兩端固定，一端接一個 80 赫的振動源，另一端提供 10 牛頓張力的條件下產生繩波，此繩波的振幅爲 8 公分。求(a)此波動的波數、波速、波長和(b)描述此波的波方程式。
11. 鋼的楊氏模量爲 $Y = 20.0 \times 10^{10}$ N/m^2，鋼的密度爲 $\rho = 7.80 \times 10^3$ kg/m^3，有一頻率爲 $f = 500$ Hz 的聲音在鋼鐵中傳播。求(a)波的速率與波長？(b)此聲音在鋼鐵中傳遞 2.0 公里需多少時間？
12. 某繩子質量爲 $m = 1.0$ kg，長度爲 $L = 20$ m，若在繩上傳播的繩波速率爲 $v = 5$ m/s，求繩子的張力？
13. 空氣的密度 1.29 公斤 / 立方公尺，聲音傳播的波速 340 公尺 / 秒，請計算此時的空氣體積彈性模量？
14. 一艘科研船利用頻率 500 赫聲納系統探測海水下障礙物。水的體積彈性模量 $B = 2.2 \times 10^9$ pa，(a)請估算聲納的波速？(b)波長？
15. 將線密度爲 ρ 與 3ρ 且長度爲 L 的兩繩串聯後，固定於兩牆面之間，如圖所示，則左右兩繩的張力之比爲何？今若由兩繩的接點處振盪，將會產生向兩邊傳遞的脈波，求兩脈波經兩牆面反射後，首度相遇的位置離繩子的接點多遠？

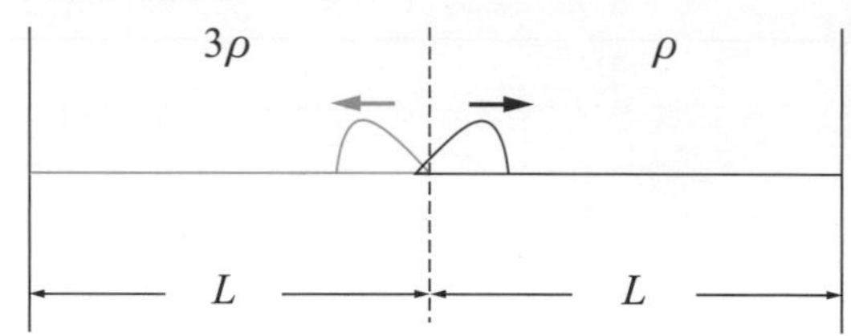

16. 將一條0.40公斤的繩子拉伸在兩個相距8.0公尺的支撐物之間。當一個支撐物被錘子敲擊時，橫波會沿著繩索傳播，並在 0.80 秒內到達另一個支撐物。繩索的張力是多少？
17. 一個 5.0 公斤的重物懸掛在直徑 1.00 毫米、長 5.00 公尺的鋼絲上。請計算在鋼絲中的橫波波速是多少？（鋼絲的密度 $\rho_V = 7.8 \times 10^3$ kg/m^3）
18. 求沿鋼柱傳播的頻率爲 6000 赫之聲波波長？（鋼的楊氏模量 200.0×10^9 牛頓 / 平方公尺，鋼密度 7.8×10^3 公斤 / 立方公尺。）
19. 繩上的橫波方程式
   $y(x,t) = (5.0\text{ cm})\sin[(0.30\text{ rad/cm})x + (600\text{ rad/s})t]$，
   若繩上的張力爲 15 牛頓。(a)波速是多少？(b)求該繩的線密度，以克 / 公尺爲單位。

10-5 駐波

20. 兩個具有相同波長與振幅正弦波，沿著一根弦以 10 公分 / 秒的速度相向傳播。如果弦振動從水平位置到最高

峰值之間的時間間隔是 0.50 秒，請問波的頻率與波長是多少？

21. 有兩個振幅相同，頻率相同，朝向相同方向傳播的正弦波重疊。請計算兩波相位差多少時，合成波的振幅是原振幅的 1.8 倍。請用不同單位表示相位差(a)度，(b)弧度，(c)波長。

22. 有兩個波動在一條很長的繩子上傳播，繩子左端的振動造成 $y_1 = 0.6\cos(0.01\pi x - 4\pi t)$ 公分的波動向右傳播，而繩子右端的振動造成 $y_2 = 0.6\cos(0.01\pi x + 4\pi t)$ 公分的波動向左傳播，試求節點的位置？

23. 有一個波動 $y = A\cos(k_w x - \omega t + \varphi)$ 在繩子上傳播，試求與之疊加可形成駐波的波動表示式？

24. 若聲波被一牆壁所反射，而形成駐波，兩波節之間的距離為 2.5 公分，如果聲波的速度為 500 公尺／秒，求聲波的頻率？

25. 兩端固定，長度為 L 的弦線，當其張力為 T 時，頻率為 f 的振動恰可在弦線上形成六個波腹的駐波。如果弦線長度不變，而張力為 $4T$ 時，則頻率為多大，可在弦線上形成駐波？

26. 某弦線兩端固定，弦線的密度為 $\rho = 4\times10^{-3}\ \text{kg/m}^3$，弦線的張力為 $T = 8.1\,\text{N}$。當弦線振動產生 n 及 $n+1$ 個波節的駐波時，所量得的波節間距分別為 0.18 公尺與 0.15 公尺，求弦線的長度？

27. 設水波在水波槽中，由 A 區往 B 區傳播，A 區的速率為 B 區的兩倍，若水波以 $\theta_1 = 45°$ 朝 A 區與 B 區的交界前進，求水波越過交界線之後的傳播方向？

28. 水波從深水區進入另一個淺水區，兩水區間剛好有一直線介面。水波速度從深水區的 3.0 公尺／秒，進入淺水區變成 2.4 公尺／秒。如果入射波的波前與介面 45° 角，則折射角是多少？

29. 利用一縱波對兩個材質不同的岩石進行測試，岩石的比重從 3.5 變為 2.5，若兩岩石材料的體積彈性模量相同，縱波以 40°的入射角入射，請計算進入比重 2.5 岩石材料的折射角。

30. 在什麼情況下，折射角會比入射角大？

31. 將一塊石頭以自由落體方式掉進水井裡，經 3.00 秒後聽到濺水聲。請估算此水井的水面深度距離釋放點的距離是多少？（聲波速度 340 公尺／秒）

32. 地震 P 波（primary wave），或稱壓強波（pressure wave），以 6 公里／秒速度前進，衝擊並通過地球內兩種物質之邊界。若 P 波以 60°的入射角，經過邊界介面後以 30°的折射角離開。請估算在第二介質中的 P 波速度是多少？

10-7 水波的干涉

33. 試證明節線與反節線都是雙曲線。

***34.** 如圖所示，在水波槽實驗中，水的波速平方可視為與水的深度成正比。設水波槽中，深水區與淺水區的深度比為 2：1，求兩區的波長比？當淺水區的入射角為 30° 時，則進入深水區的折射角為何？

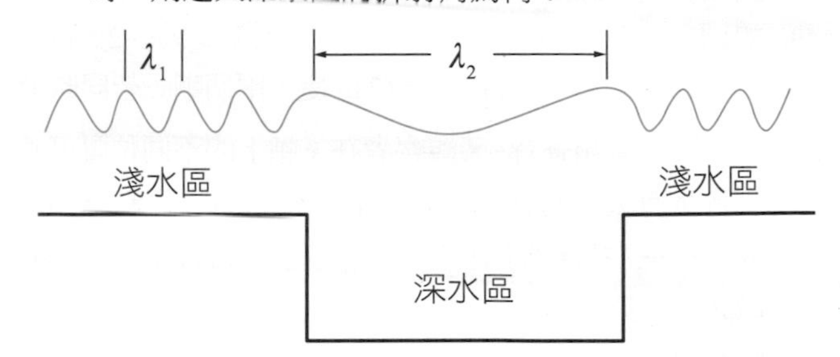

35. 某人在水波槽內兩點波源前方距離 D 公尺處觀察水波的干涉條紋，測得兩波源中垂線右方第一條節線距離中垂線 $0.005D$，若水波的波長為兩點波源間之距離的 0.02 倍，求此兩點波源的相位差？

36. 設兩個點波源相距 $d = 5\lambda$，產生相同的波。若兩波源相位相同，則第一節線的直線部份與中央線所夾的角度 θ_1 為何？若兩波源的相位差為 $p = \frac{1}{2}$，則角度 θ_1 為何？兩波源相位相同時，共有多少條節線？

37. 設兩個點波源相距 $d = 3\lambda$，產生相同波長的波。(a)若兩波源相位相同，則共有多少條節線？(b)若兩個點波源為異相，而 $p = \frac{1}{2}$，則節線數目為何？(c)兩波源相位相同時，第一節線的直線部份與中央線所夾的角度 θ_1 為何？(d)若兩波源的相位差為 $p = \frac{1}{2}$，則角度 θ_1 為何？

***38.** 在水波槽的實驗中，A 與 B 為兩個產生頻率均為 25 赫的同相點波源，相距 4.0 公分，設所產生的水波的波速為 $v = 100$ cm/s，Q 為水波槽中之一個點，若 $\overline{QA} = 3.0$ cm，且 $\overline{QA}$ 與 $\overline{QB}$ 互相垂直，求 Q 點係在哪一條節線或反節線上？

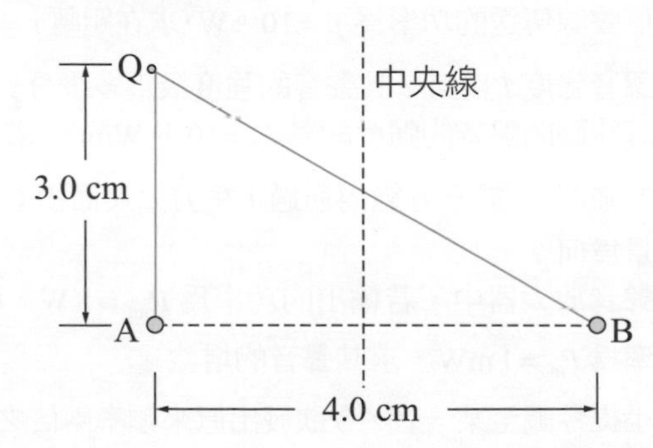

*39. 在水波槽的實驗中，A 與 B 爲兩個產生頻率均爲 1.5 赫的同相點波源，相距 2 公尺，設所產生的水波的波速爲 $v = 0.75\ \text{m/s}$，P 爲水波槽中之一個點，若 $\overline{PA} = 5\ \text{m}$，$\overline{PB} = 4.5\ \text{m}$，則 P 點係在哪一條節線或反節線上？若 Q 爲水波槽中之一個點，$\overline{QA} = 4\ \text{m}$，$\overline{PB} = 3.25\ \text{m}$，則 Q 點係在哪一條節線或反節線上？

*40. 如圖所示，S_1 與 S_2 兩個喇叭分別置於 $x = -2.5$ m、$y = 12$ m 與 $x = 2.5$ m、$y = 12$ m 處，兩個喇叭皆同時發出相同的單頻聲音。某觀察者在 x 軸上的不同位置可聽到音量有大小起伏的變化。若已知音量在原點時爲最大，而往右移動時則音量逐漸減小，當移至 $x = 2.5$ m 處時，音量最小。如果聲音的速度爲 $v = 344$ m/s，求喇叭發出聲音的頻率？

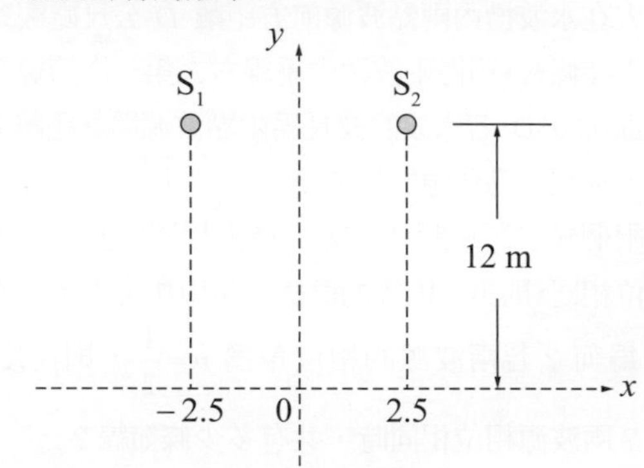

41. 在波源前方某一遠距離 D 處觀察干涉條紋，發現第一條節線與中央線間的距離爲 $x = 0.005D$，設兩波源相距 d，光波的波長爲 $\lambda = 0.02d$，若較遠波源之相位比較近波源之相位超前，則相位超前多少？

42. 在水波槽中有兩個振源，相距爲 d，同時發出同相的水波，其波長爲 λ，當 $d = \dfrac{3\lambda}{2}$ 時，則介於此兩個振源之間，可以見到幾條節線？

10-8 聲波與聲波的共振

43. 兩聲音的強度級之差爲 1 分貝的兩聲音強度 I 之比爲何？

44. 一個聲源傳送的功率爲 $p = 10^{-6}$ W，求在距離 $r = 3$ m 處的聲音強度 I 爲何？其聲音的強度級爲多少分貝？

45. 人耳能聽聞聲音的強度約爲 $I_0 = 10^{-12}\ \text{W/m}^2$，求在此聲音的強度下，於一分鐘內通過 1 平方公尺面積上的聲波能量爲何？

46. 某聲音放大器中，若輸出的功率爲 $P_{out} = 8$ W，輸入的功率爲 $P_{in} = 1$ mW，求其聲音的增益。

47. 若小提琴調至某一音，今欲發出原來頻率兩倍之音，求弦的張力應增加幾倍？

48. 某弦線 A 的長度爲 L，線的密度爲 ρ，張力爲 T，兩端固定，另一弦線 B 的線密度爲 2ρ，張力爲 $3T$，兩端也固定。若欲使弦線 B 的基頻與弦線 A 的第三諧音頻率相同，則弦線 B 的長度爲何？

49. 把長度爲一公尺的弦兩端固定，若一脈波從一端進行到另一端需時 0.05 秒，則此弦產生的振動基音頻率爲何？

50. 某弦線一端固定，另一端以一個很輕的小環套在一細長且光滑的棒上。若弦線的長度爲 $L = 0.5$ m，弦線的密度爲 $\rho = 0.01\ \text{kg/m}^3$，弦線振動的基音頻率爲 $f_1 = 100$ Hz，求弦線的張力爲何？

51. 小明想作一根管長 0.65 公尺長笛。請問溫度爲 10°C 與溫度爲 30°C，長笛的頻率是否相同？

52. 空氣中的聲速 340 公尺 / 秒。利用一根長 1.00 公尺，一端封閉的管子做成聲源。有一條拉直的金屬絲放置在開口端附近，驅動金屬絲振動。金屬絲長 0.40 公尺，質量爲 10.00 克。透過共振，管中的空氣柱以該柱的基頻振動。求(a)頻率和(b)金屬絲中的張力？

10-9 都卜勒效應

53. 在公路上某汽車以速度 $v_0 = 30$ m/s 前進時，一部警車在該汽車之後以速度 $v_s = 50$ m/s 向同方向前進，警笛所發出的聲音頻率爲 $f_0 = 1000$ Hz，求汽車駕駛者所聽到警笛聲音的頻率爲何？（已知聲音的速度爲 340 公尺 / 秒。）

54. 上題中，若警車是在該汽車之前以速度 $v_s = 50$ m/s 向同方向前進，則汽車駕駛者所聽到警笛聲音的頻率爲何？

55. 兩列火車相向而行，當 A 車的司機看到 B 車接近時，立刻拉汽笛，頻率爲 1000 赫。如果 A 車的速度爲 $v_A = 10$ m/s，B 車的速度爲 $v_B = 25$ m/s，而空氣的聲速爲 $v = 330$ m/s，求 B 車所聽到的頻率？

56. 某聲源以等速度 $v_s = 50$ m/s 向 $+x$ 軸運動，並發出頻率爲 $f = 1000$ Hz 的聲波，設在其右方有一聽者以等速度 $v_0 = 50$ m/s 向 $-x$ 軸運動接近聲源，求聽者所聽到的聲波頻率？

*57. 如圖所示，某聲源以等速度 $v_s = 40$ m/s 向 $+x$ 軸運動，並發出頻率爲 $f = 100$ Hz 的聲波，若在時刻 $t = 0$ 以及 $t = 7$ s 所發出的聲波，經由靜止空氣的傳播，分別於時刻 $t = 3$ s 與 $t = 9$ s 之時，到達以等速度 v_0 向 $-x$ 軸運動的聽者。設空氣中傳播的聲速爲 $v = 340$ m/s，求聽者所聽到的聲波頻率？

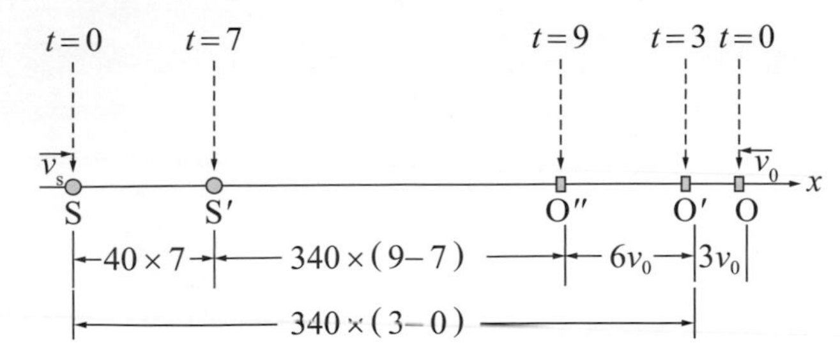

58. 有一個靜止的運動偵測器向一台速度 30.0 公尺 / 秒駛近偵測器的汽車發射頻率為 5 千赫的聲波。請問偵測器偵測接收的反射的聲波頻率是多少？（聲波速度 340 公尺 / 秒）

59. 已知空氣中的聲速 340 公尺 / 秒。聲音防盜警報器發射的頻率為 2000 千赫。有一人以 1.20 公尺 / 秒的平均速度直接遠離警報器。請問警報器偵測到入射波與反射波的拍頻是多少？

60. 已知聲音的速度 340 公尺 / 秒。某消防車靜止時，其警笛的主頻為 1500 赫茲。如果您以(a) 30.0 公尺 / 秒靠近消防車，以及(b) 30.0 公尺 / 秒遠離消防車的速度移動，您偵測到的頻率是多少？

10-10 超音速與震波

61. 請證明音爆與超音速物體的路徑所成的角度關係 $\sin\theta = \dfrac{v}{v_s}$。

62. 太空探測器進入 X 行星的稀薄大氣層，聲速約 100 公尺 / 秒，(a)如果探測器的速度為 15000 公里 / 時，則其馬赫數是多少？(b)相對於 X 行星的震波的截面錐角的半角角度是多少？

63. 一顆隕石以 8000 公尺 / 秒墜落於一處無人海洋海面。請問(a)隕石在空氣中飛行的馬赫數是多少？(b)剛要進入海洋平面之前的在空氣中震波的截面錐角的半角和？(c)剛進入海面之後在水中產生的震波的截面錐角的半角？（空氣中的聲速 340 公尺 / 秒，在海水中的聲速 1460 公尺 / 秒。）

64. 飛機以 1.5 馬赫速度飛行。飛機直接從頭頂飛過 30 秒後，其音爆就傳到了地面上的人。飛機的高度是多少？（假設聲速為 340 公尺 / 秒）

Chapter

11

熱力學（I）

11-1 熱平衡與溫度
11-2 熱量與比熱
11-3 物態的變化
11-4 熱的傳遞
11-5 熱膨脹

前言

熱力學這個名詞是克耳文在西元 1854 年所創，他認爲熱力學是研究有關熱的動力學行爲之一門學問。有關熱力學的研究，最早是探討蒸汽機加熱後作功的情形，如今若以現代的術語來說，熱力學是處理系統與外界環境在透過熱的交換而作功時，描述系統狀態所需諸如容積，壓力、溫度、內能等常觀變數的變化情形。本章我們首先介紹溫度的觀念，以及熱的觀念，物質的比熱，物態的變化等，並介紹一些有關熱的現象，熱的傳遞。

Introduction

The term "thermodynamics" was coined by Lord Kelvin in 1854, considering it a branch of study dealing with the dynamic behavior of heat. Initially exploring scenarios like the work done by steam engines after heating, modern thermodynamics describes the changes in system states, including variables such as volume, pressure, temperature, and internal energy, during heat exchange with the external environment. In this chapter, we initially introduce concepts like temperature, heat, specific heat of substances, changes in states of matter, and phenomena related to heat transfer.

學習重點

- 了解溫度的定義與熱平衡。
- 了解物質的比熱。
- 認識熱功當量。
- 認識物態的變化。
- 了解熱的傳導、對流、輻射。
- 了解物質的熱膨脹。

在一般的力學中，我們主要是研究物體受到力的作用而運動的情形。我們可能考慮的是一個單獨的質點，或一群質點，對於後者我們可以用質量中心的觀念，來把一群質點看作是一個質點來描述其運動的情形。然而，對於一個熱力學系統，因爲它是由成千上萬的質點所組成，而且其形狀也會隨時在改變，我們無法對每個質點作各別的描述，對於這種系統我們通常是的描述系統的整體行爲，一般我們把測量到的系統整體行爲稱爲常觀物理量。

熱力學這個名詞是克耳文在西元 1854 年所創，他認爲熱力學是研究有關熱的動力學行爲之一門學問。有關熱力學的研究，最早是探討蒸汽機加熱後作功的情形，如今若以現代的術語來說，熱力學是處理系統與外界環境在透過熱的交換而作功時，描述系統狀態所需諸如容積，壓力、溫度、內能等常觀變數的變化情形。所謂系統，是指我們所要研究的對象，而系統之外對系統有直接影響作用的，稱爲外界。

描述一般的常觀物理量有兩種描述方法，一爲宏觀描述法，一爲微觀描述法。常觀物理量可說是物系內部分子整體行爲的表現，宏觀描述法是以一般可以直接測量到的物理量之操作型定義爲基礎，來描述物系本身。然後根據這些常觀物理量作爲變數，再由諸般所觀察到的現象，歸納出一些定律，用以描述系統與外界之間的交互作用情形，如此我們便可得到一套完美的理論，這便是所謂的**熱力學**（thermodynamics）。微觀描述法是以統計的方法來描述系統的狀態，一般稱之爲**統計力學**（statistical mechanics）。宏觀描述法與微觀描述法差別爲，它們是以不同的觀點對同一物系所作的描述。既然是描述相同的物系，由此可知，微觀量與常觀量必然會有某種關係存在，而將兩者連結起來，常觀量必可以用微觀量來表示。因此，所有熱力學的定律皆可以藉由統計力學而得到，這是統計力學最大的成就所在。

本章我們首先介紹溫度的觀念，以及熱的觀念，物質的比熱，物態的變化等，並介紹一些有關熱的現象，熱的傳遞。在下一章我們將介紹有關熱力學的一些定律，它們是描述系統有關熱力學行爲的基本定律，其正如同牛頓定律是描述物體受力作用而運動的情形一般重要。

11-1 熱平衡與溫度

熱平衡

冷熱的感覺是一般人所具有的，在日常的生活中，我們通常會感知許多與冷熱有關的現象。溫度是大家熟悉的一種冷熱的感覺，當我們觸摸物體時，我們是用冷熱的意識來賦予物體一種叫做溫度的性質。然而由直覺而得到的溫度的概念並不一定正確，因此，溫度的決定必須由一種操作型的方式來加以量度。

首先我們介紹熱平衡的概念，我們知道，任何的物系，只要它的一些常觀物理量可以用實驗的方法給予定義，都是常觀物系。任何常觀的物系都可視為一個熱力學系統，而描述熱力學系統的常觀物理量，稱為**熱力學狀態坐標**。例如，將水銀裝在很細的玻璃管內並封住，在水銀柱上任意取一個基準點，從基準點量起的高度 h 會隨著水銀的冷熱而變化，那麼，這個高度 h 便可以用來作為水銀物系的狀態坐標，如圖 11-1(a)所示。又如一個裝有一定量氣體的容器，此容器內的氣體的壓力 P 會隨著氣體的冷熱而變化，那麼，這個壓力 P 便可以用來作為此氣體物系的狀態坐標，如圖 11-1(b)所示。

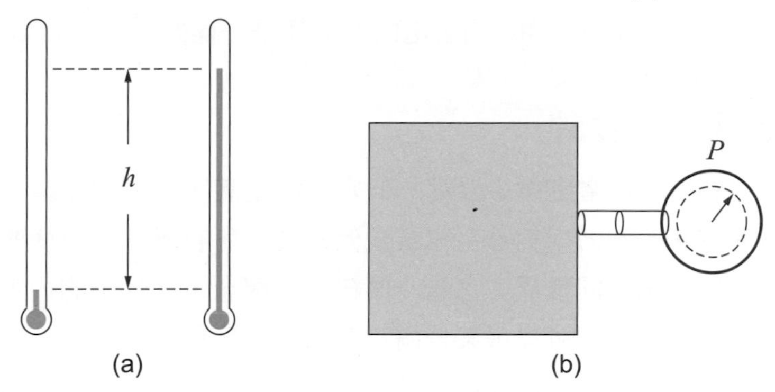

圖 11-1 (a)高度 h 可以用來作為水銀物系的狀態坐標。
(b)壓力 P 可以用來作為此氣體物系的狀態坐標。

現在讓我們假設 A 代表水銀物系，它的狀態坐標為高度 h，B 代表氣體物系，它的狀態坐標為壓力 P。若 A 物系與 B 物系的冷熱程度不同，今將它們擺在一起，讓它們可以藉著彼此交換熱量而改變狀態，我們稱此兩個物系處於**熱接觸**（thermal contact）。設想有一種牆將 A 物系與 B 物系隔開，如果它們的狀態坐標不會因為兩物系互相接觸而有所改變，則我們稱此種牆為**絕熱壁**（adiabatic wall），反之，如果它們的狀態坐標會因為兩物系互相接觸而有所改變，則我們稱此種分隔兩物系之間的牆為導熱牆。由導熱牆隔開的兩物系彼此之間會有熱的交換，而導致它們的狀態坐標會有所變化，若藉著導熱牆隔開的兩物系 A 與 B，在經過一段很長的時間之後，其狀態坐標不再變化，則稱此兩物系彼此之間處於**熱平衡**（heat equilibrium）。

如圖 11-2(a)所示，假設兩物系 A 與 B 彼此之間經由絕熱壁隔開，另外，此兩物系 A 與 B 均與另一物系 C 彼此之間經由導熱牆隔開。則 A 物系與 B 物系均會經由導熱牆與物系 C 發生熱的交換，而最後達到熱的平衡。此時若將分隔 A 物系與 B 物系之間的絕熱壁拿開，而代之以導熱牆隔開兩物系 A 與 B，則經由實驗的觀察我們會發現，A 物系與 B 物系的狀態坐標不會再有所變化，此表示此兩物系彼此之間也已經處於熱的平衡。由以上的實驗，我們歸納出一個重要的

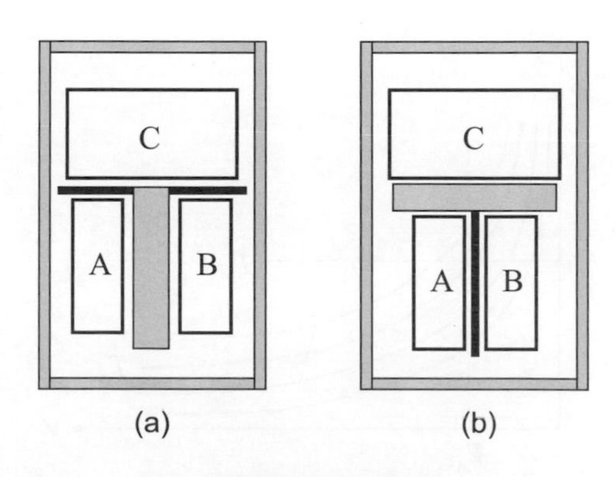

圖 11-2 熱力學第零定律的描述。
(a) A 物系與 B 物系均與另一物系 C 處於熱的平衡。
(b) A 物系與 B 物系也必處於熱的平衡。

結論，即**如果物系 A 與物系 C 處於熱的平衡，而且物系 B 與物系 C 也處於熱的平衡，則 A 物系與 B 物系也必處於熱的平衡**，這便是所謂的熱力學第零定律（zeroth law of thermodynamics）。此處我們應該注意的一點是，熱力學第零定律是適用於任何物系，它與組成物系的內容物沒有關係。由此可知，所有處於熱的平衡的物系，都具有一個共同的性質，而這個性質與物系的內容無關，此一共同的性質可以讓我們用來描述其熱平衡的狀態，這一共同的性質對任何處於熱的平衡的物系而言都是相同的，我們稱之爲溫度（temperature）。**一個完全沒有跟其它外界發生交互作用的物系，稱爲孤立物系**。描述孤立物系的狀態坐標，在經過一段相當長的時間之後，會自然趨近某一個定值，此時該孤立物系本身也是處於一種平衡狀態，它的意思是說，此孤立物系內各處的溫度都是一樣的。

溫度與溫度計

熱力學第零定律給溫度一個定性的定義，我們還需給它一個定量的定義。熱力學第零定律讓我們知道，所有處於熱平衡的物系皆具有的一個共同性質，它是一個統一的觀念，與物系的內容無關。反過來，我們便可以選某一個物系做爲溫度計，以其隨冷熱的程度而改變的性質來定義溫標。量度溫度的基本概念是根據熱力學第零定律，當物系 A 與物系 C 處於熱平衡，而物系 B 也與物系 C 處於熱平衡，則 A 與 B 兩個物系也處於熱平衡。因爲熱平衡兩個物系溫度相同，若 A 與 C 溫度相同，B 與 C 溫度相同，由此可推知 A 與 B 的溫度也相同。根據此一定律，我們可選定一基準物系作爲物系 A，例如我們知道，在一大氣壓下，液態的水會在某固定的溫度結成固態的冰，亦會在某固定的溫度時沸騰成氣態的水蒸氣。於是，我們可以選取水物系做爲 A 物系，然後拿另一個物系 B，令其分別與結冰，以及沸騰狀況下的水做熱的接觸，而達到熱平衡，由此而定下溫度的刻度，那麼我們便可以 B 物系做爲溫度計來測量未知物系 C 的溫度。

例如在定容氣體溫度計中，我們所選做爲溫度計的 B 物系便是一種由某定量氣體所組成的物系，如果讓 B 物系與基準物系 A 做熱的接觸，而達到熱平衡，而記下 B 物系的 P、V 值，然後在保持基準物系 A 不變的情況下，緩慢的改變 B 物系的 P、V 值，我們可以得到一條如圖 11-3 所示的曲線，這一條曲線由於是與保持狀態坐標不變的基準物系 A 做熱的接觸，而達到熱平衡時所繪出的曲線，因此，它是一條等溫線。現在改變基準物系 A 的狀態，使其達到另一個平衡狀態，用相同的步驟，我們讓 B 物系與基準物系 A 做熱的接觸，而達到熱平衡，如此，我們可以在圖 11-3 中得到另一條等溫曲線。如此下去，我們便可以得到如圖 11-3 所示一組不同溫度的等溫曲

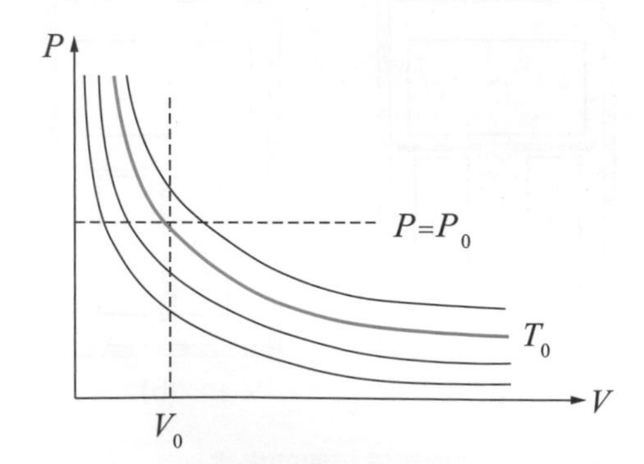

圖 11-3　定容氣體溫度計中所示的一組不同溫度的等溫曲線。

線，於是具有一組不同等溫曲線的 B 物系便是一個溫度計。現在，若要拿做為溫度計 B 物系來測量未知物系 C 的溫度，我們可以把 B 物系的壓力保持某個定值 P_0，然後讓物系 C 與它做熱的接觸，當達到熱平衡時，物系 C 的溫度可以由 B 物系的體積讀數 V_0，在圖 11-3 所示的一組等溫曲線中，找出與 $P = P_0$ 相交之點所在的一條等溫線，這條曲線所代表的溫度 T_0，就是未知物系 C 的溫度。

在定容氣體溫度計中，溫度與壓力成線性的關係，即 $T = aP$，其中 a 為常數，欲決定 a 必須設定一個標準定點，使在該點所有溫度計的讀數都相同。我們可以選擇冰，水與水蒸氣平衡共存的溫度為此標準定點，一般稱為水的**三相點**（triple point）。必須在一定的溫度與壓力下才能抵達此點，且是獨一無二的。在水的三相點，水蒸氣壓力是 4.58 cm-Hg，在此標準定點的溫度則定為 273.16 K，K 為絕對溫標（克氏溫標）。若以 tr 表在三相點的值，則 $T_{tr} = 273.16\ \mathrm{K}$，$P_{tr} = 4.58\ \mathrm{cm\text{-}Hg}$ 我們可在三相點的溫度下量壓力 P_{tr} 以決定 a 的值，亦即

$$a = \frac{T_{tr}}{P_{tr}} = \frac{273.16}{P_{tr}} \tag{11-1}$$

代入 $T = aP$ 可得

$$T = aP = 273.16\ \mathrm{K}\left(\frac{P}{P_{tr}}\right) \tag{11-2}$$

此即為用定容氣體溫度計所量得的溫度。

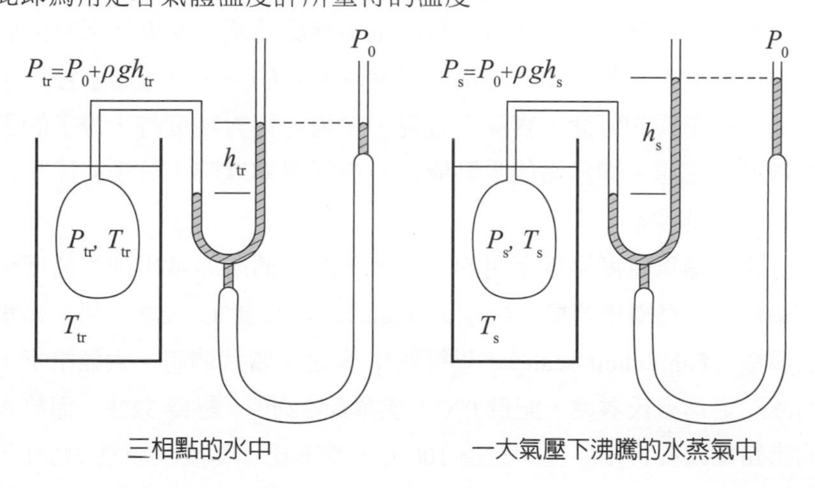

圖 11-4 三相點的水與沸騰的水蒸氣所量得的情況。

如圖 11-4 所示，使用一定量的某氣體放入定容氣體溫度計的玻璃泡中，當此玻璃泡置於三相點的水中時，玻璃泡中氣體的壓力 P_{tr} 為定值。今將玻璃泡置於一大氣壓下沸騰的水蒸氣中，量玻璃泡中氣體的壓力，記為 P_s，然後由(11-2)式計算水汽化點的溫度。其次，放掉部份氣體，使玻璃泡中氣體的壓力 P_{tr} 有較小的值，再量新的 P_s 值，並再由(11-2)式計算水汽化點的另一溫度，如此，不斷的減少玻璃泡中的氣體，由較低的壓力 P_{tr} 計算水汽化點的溫度，最後，繪出水汽

化點的溫度 T_s 對 P_s 的關係圖形，並將所的的曲線外插到 P_{tr} 等於零處之軸相交，如圖 11-5 所示。

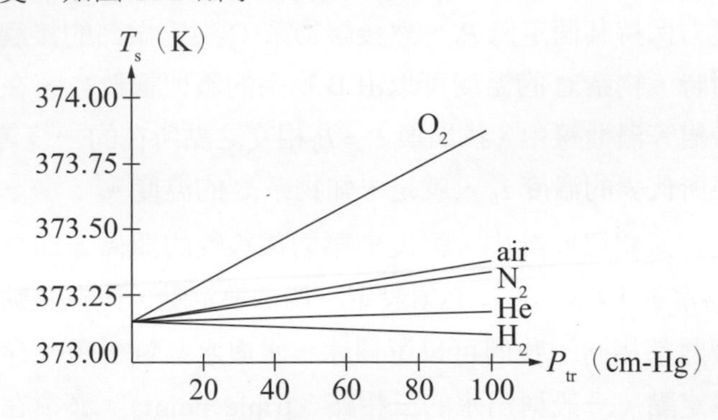

圖 11-5 不同的氣體所量水汽化點的溫度。

圖 11-5 顯示，以不同的氣體經由上述步驟所繪的曲線，由此圖可看出，定容氣體溫度計的溫度讀數在參考壓力 P_{tr} 為日常的壓力之值時是與所用的氣體有關，但是當參考壓力 P_{tr} 逐漸減少至趨近於零時，使用不同的氣體的這些定容氣體溫度計的溫度讀數趨近於同一數值，它是與任何氣體無關。由此而定下理想氣體溫標為

$$T = 273.16\ \text{K} \lim_{P_{tr}\to 0} \frac{P}{P_{tr}} \tag{11-3}$$

絕對溫標又稱為克氏溫標，我們可證明在氣體溫度計所能應用的範圍內，理想氣體溫標與克氏溫標是相同的。克氏溫標有一個絕對零度，且不會有比此為低的溫度。雖然實驗上我們可以盡量接近絕對零度但卻無法達到此值。我們也不應認為絕對零度是所有的能量都為零而不動的狀態。在絕對零度時所有的分子之運動都停止了乃是一種錯誤的觀念。實際上發現，在趨近絕對零度時，分子的動能趨近一定值，即所謂的零點能量。在絕對零度時，分子的能量極小，但不是零。

溫度標為量度溫度所用的單位，一般我們所經常用到的溫度標有兩種，一為**攝氏溫標**（Celsius scale），以符號°C 表之，另一為**華氏溫標**（Fahrenheit scale），以符號°F 表之。當我們將一大氣壓下水的冰點定為攝氏零度，記為 0°C，或華氏 32 度，記為 32°F；而將水的沸點定為攝氏 100 度，記為 100°C，或華氏 212 度，記為 212°F，然後將水的沸點溫度與水的冰點溫度之間的間隔刻劃為攝氏 100 度或華氏 180 度，即成為攝氏溫標與華氏溫標。所以，攝氏溫標 1 度的變化相當於華氏溫標 $\frac{9}{5}$ 度的變化，或華氏溫標 1 度的變化相當於華氏溫標 $\frac{5}{9}$ 度的變化。若以 T_C 與 T_F 分別代表攝氏溫度與華氏溫度，則兩者之間的關係為

$$T_C = \frac{5}{9}(T_F - 32) \tag{11-4}$$

$$T_F = \frac{9}{5}T_C + 32 \tag{11-5}$$

在上式中，若令 $T_F = 32°$ 與 $T_F = 212°$ ，則可以得到 $T_C = 0°$ 與 $T_C = 100°$ ，同理，若令 $T_C = 0°$ 與 $T_C = 100°$ ，則可以得到 $T_F = 32°$ 與 $T_F = 212°$ 。攝氏溫標又稱為百分溫標，它的 1 度變化大小與絕對溫標是相同的，但絕對溫標是定義水的三相點為 273.16 K，此時為攝氏 0.01 度，因此，攝氏溫度 T_C 與絕對溫度 T_K ，兩者之間的關係為

$$T_C = T_K - 273.15 \tag{11-6}$$

範例 11-1

當攝氏溫度計與華氏溫度計的讀數相同時，溫度是多少度？

題解 假設攝氏溫度計與華氏溫度計的讀數相同時的溫度是 x，

則由(11-4)式知，此時 $T_C = x = \frac{5}{9}(T_F - 32) = \frac{5}{9}(x-32)$ ，由此可得 $9x = 5(x-32)$ ，於是知 $x = -40$ ；

或是由(11-5)式知 $T_F = x = \frac{9}{5}T_C + 32 = \frac{9}{5}x + 32$ ，由此可得 $5x = 9x + 160$ ，於是知 $x = -40$ ；

亦即，攝氏溫度計與華氏溫度計上的讀數相同時，溫度是 – 40°C 或 – 40°F。

11-2 熱量與比熱

熱的觀念

我們知道熱的自然現象是由高溫處往低溫處流動，早期研究關於熱的學者，係假設溫度較高的物體失去了一些東西，而這些東西流入溫度較低的物體，當時的人們是把熱看成是一種物質，叫做熱質，並以卡路里（Calorie）稱之。雖然這種熱質學說可以解釋熱的傳導現象，但是不能承受實驗的考驗。人們後來終於了解到熱是能量的一種形式而不是物質。對某一定量的水，我們可以用不同的方法使其溫度上升，一者我們可以直接將水加熱，二者我們可以用攪拌器攪拌水，同樣是使水溫度上升，前者是來自熱流，後者是來自對水作功。對使水溫度上升這一事實來看，熱流與作功是等效的。一旦水溫度上升了，那麼水的能量就比原先的多，而我們也無法分辨所增加的能量是來自熱流，或是來自對水作功。因此，對一系統作功使其溫度上升，跟直接加熱是一樣的。功與熱都是能量，只不過是以不同的形式出現而已。熱量的單位為卡（Calorie, cal），它的定義是 1 克的水，溫度由 14.5°C 上升到 15.5°C 所需的熱量。英制熱量的單位為英熱單位（Btu），兩者的關係為

$$1\ \text{Btu} = 252\ \text{cal} \tag{11-7}$$

表 11-1 為一些常用的燃料經過燃燒之後所放出的熱量。表 11-2 為一些常用的食物經過消化之後所提供人體熱量。

表 11-1 常用的燃料經過燃燒之後所放出的熱量。

燃料物質	所放出的熱量（卡／克）
乙醇	10000
甲醇	5300
煤	6000
焦碳	8000
煤氣	9000
汽油	11000

表 11-2 常用的食物經過消化之後所提供人體熱量。

食物	所提供的熱量（卡／克）
蘋果	640
麵包	2660
乳酪	3800
牛奶	700
馬鈴薯	900
菠菜	500

比熱

物質所含的熱量決定於物質的質量，以及組成物質的分子之本性。相同質量的不同物質，升高一定溫度所需的熱量並不相同，我們稱供給某物質的熱量 ΔQ 與其增加的溫度 ΔT 之比值爲該物質的熱容量（heat capacity）C，定義爲

$$C = \frac{\Delta Q}{\Delta T} \tag{11-8}$$

每單位質量的熱容量稱爲比熱（specific heat）c_s，一般記爲

$$c_s = \frac{\Delta Q}{m\Delta T} \tag{11-9}$$

比熱爲每單位質量的物質升高攝氏溫度 1 度所需的熱量，比熱的單位爲熱量的單位除以質量單位與溫度單位兩者的乘積，如果熱量用卡做單位，質量用克做單位，溫度用攝氏溫標做單位，則比熱的單位爲卡 / 克 · °C，此單位的比熱之意義爲 1 克的物質升高攝氏溫度 1 度所需的熱量。從比熱的定義可知，質量爲 m 克的物質，溫度由 T_1 °C 升高到 T_2 °C 所需的熱量 Q 爲

$$Q = mc_s(T_2 - T_1) = mc_s\Delta T \tag{11-10}$$

嚴格說來，比熱 c_s 並不是眞正的常數，不過，對絕大多數的物質而言，在相當大的溫度範圍內，比熱可視爲常數。另外，對氣體來說，由於其體積易於改變，因此，比熱不僅與溫度有關，而且與加熱或放熱過程所保持的情況有關。

若在加熱或放熱時，氣體的體積保持不變，則稱爲定容比熱（specific heat at constant volume），以符號 c_V 表之；若在加熱或放熱時，氣體的壓力保持不變，則稱爲定壓比熱（specific heat at constant pressure），以符號 c_P 表之，定壓比熱恆比 c_P 定容比熱 c_V 爲大。

表 11-3 列有一些常見物質的比熱，若與大部份的其它物質比較，水具有相當高的比熱，既廉價且豐富，因此，許多冷卻與加熱系統均用它來作爲一種熱量的轉換劑，將熱量從某一處帶到另一處。

若水的比熱 $c_w = 1$ cal/g·°C，欲測量某一物質的比熱 c_s，我們可使用量熱計爲之，首先，我們將質量爲 m 的待測物質，加熱至某一溫度 T_m，然後將其置於一個含水的量熱計中，設量熱計中的水量爲 m_w，而量熱計的水當量爲 m_E，所謂量熱計的水當量，是指量熱計升高某一指定溫度所吸收的熱量，是相當於質量爲 m_E 的水升高同一指定溫度所吸收的熱量，若待測物質尚未放入量熱計之前時，量熱計中的水溫爲 T_w，而最後量熱計的水與待測物質的共同溫度爲 T，則由待測物質所放出的熱量 $mc_s(T_m - T)$，等於量熱計中的水所吸收的熱量 $m_w c_w(T - T_w) = m_w \times 1 \times (T - T_w)$，加上量熱計本身所吸收的熱量 $m_E c_w(T - T_w) = m_E \times 1 \times (T - T_w)$，由此可得

表 11-3 一些常見物質的比熱。

物質	比熱（卡 / 克 · °C）
鋁	0.215
黃銅	0.09
銅	0.0923
玻璃	0.16
金	0.0316
冰	0.5
鐵	0.115
鉛	0.0305
銀	0.0564
酒精	0.6
水銀	0.033
水	1.00
空氣	$c_V = 0.171$，$c_P = 0.24$
水蒸氣	$c_V = 0.364$，$c_P = 0.482$

$$c_s = \frac{(m_w + m_E)\times 1\times(T - T_w)}{m(T_m - T)} \quad (11\text{-}11)$$

我們知道，熱是能量的一種形式，所以在量熱計中，由於能量守恆，因此，溫度低的部份所獲得的熱能必等於溫度高的部份所失去的熱能。若熱量不轉變成其它形式的能量，則在孤立系統中所有熱量的代數和必為零，亦即

$$\sum_i Q_i = \sum_i m_i c_i (T - T_i) = 0 \quad (11\text{-}12)$$

式中 Q_i 為個別物質的熱量變化，吸熱為正，放熱為負，m_i 為具有比熱為 c_i 與初溫為 T_i 的物質質量。

熱功當量

我們已經知道，熱也是一種能量，由於熱與功是能量的不同形式，所以熱與功可以互相轉換，將功轉換為熱的實驗裝置稱為焦耳實驗，圖 11-6 顯示焦耳（James Prescott Joule）所做的將功轉換為熱的實驗裝置。在這實驗中，一個下落的物體使得置於水中的槳輪轉動而攪動水，使其溫度升高。由測量下落物體的質量與下落的距離，可得出槳輪對水所作的功 W，再由測量水的質量與其所上升的溫度，可得到水所吸收的熱量 Q。焦耳由此實驗得出熱與功互相轉換的比值，稱為熱功當量，記為

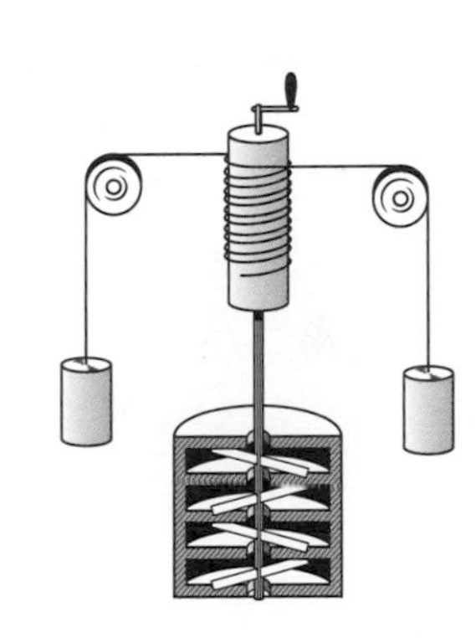

圖 11-6 焦耳實驗裝置。

$$J = \frac{W}{Q} = 4.18\ (\text{焦耳 / 卡}) = 778\ (\text{呎磅 / Btu}) \quad (11\text{-}13)$$

範例 11-2

某一質量為 $m = 75\ \text{g}$ 的待測物質，加熱至某一溫度 $T_m = 528\ °\text{C}$，然後置入於溫度為 $T_w = 13\ °\text{C}$，質量為 $m_w = 250\ \text{g}$ 的水中。假設量熱計的水當量為 $m_E = 50\ \text{g}$，最後量熱計的水與待測物質的共同溫度為 $T = 28\ °\text{C}$，求此待測物質的比熱為何？

題解 由(11-11)式知，此待測物質的比熱為 $c_s = \frac{(m_w + m_E)\times 1\times(T - T_w)}{m(T_m - T)} = \frac{(250+50)(28-13)}{75(528-28)} = 0.12$（cal/g · °C）。

範例 11-3

一個質量為 2 克的鉛製子彈，以速率 200 公尺 / 秒射入質量為 2 公斤衝擊擺之木塊中，求整個衝擊擺木塊上升的高度 h？此時子彈升高的溫度為何？假設子彈射入衝擊擺之後，整個衝擊擺沒有擺動，而所生之熱完全為子彈所吸收，求子彈升高的溫度？

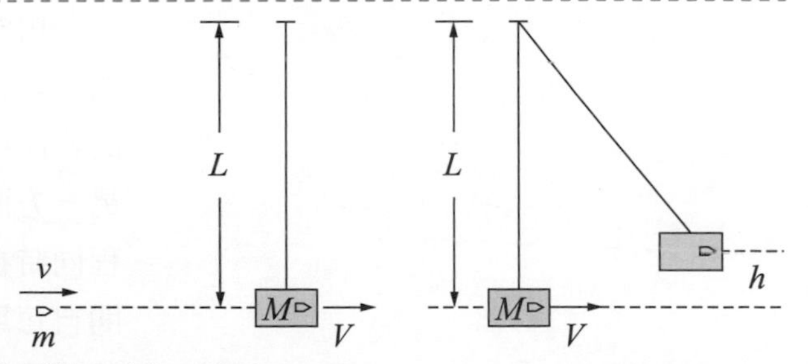

題解 $m = 2\times 10^{-3}\ \text{kg}$，$v = 200\ \text{m/s}$，鉛的比熱 $c_s = 0.0305\ \text{cal/g}\cdot°\text{C}$，$M = 2\ \text{kg}$

設子彈射入衝擊擺之後，整個衝擊擺的速度為 V，由動量守恆知 $mv = (m+M)V$，則 $V = \frac{mv}{m+M}$；

整個衝擊擺上升的高度 h，由 $\frac{1}{2}(m+M)V^2=(m+M)gh$，$h=\frac{1}{2g}(\frac{mv}{m+M})^2=0.02$（m）。

子彈射入衝擊擺之後的動能為 $\frac{1}{2}(m+M)V^2=\frac{1}{2}(m+M)(\frac{mv}{m+M})^2=\frac{m^2v^2}{2(m+M)}$，

損失的能量 $\Delta E=\frac{1}{2}mv^2-\frac{1}{2}(m+M)V^2=\frac{1}{2}mv^2(1-\frac{m}{m+M})=\frac{mv^2}{2}(\frac{M}{m+M})$。

此能量的損失即為子彈所吸收的熱量 $Q=\Delta E$，

$Q=\frac{mv^2}{2}(\frac{M}{m+M})=\frac{(2\times10^{-3})(2\times10^2)^2}{2}(\frac{2}{2.002})=39.96$（J）$=\frac{39.96}{4.186}=9.546$（cal）。

若此熱量為子彈所吸收，則子彈升高的溫度為 $\Delta T=\frac{Q}{mc_s}=\frac{9.546\text{ cal}}{(2\text{ g})(0.0305\text{ cal/g}\cdot{}^\circ\text{C})}=156.49\,^\circ\text{C}$；

若子彈射入衝擊擺之後，整個衝擊擺沒有擺動，而所生之熱完全為子彈所吸收，則子彈升高的溫度為

$Q=\frac{1}{2}mv^2=\frac{1}{2}(2\times10^{-3})(200)^2=40.0$（J）$=\frac{40.0}{4.186}=9.56$（cal），$\Delta T=\frac{Q}{mc}=\frac{9.56\text{ cal}}{(2\text{ g})(0.0305\text{ cal/g}\cdot{}^\circ\text{C})}=156.72\,^\circ\text{C}$。

11-3 物態的變化

通常物質是以固體、液體或氣體之一的形態存在，也有用相這個名詞來表示物質的三種狀態，而稱為固相、液相或氣相。它們之間可以互相轉變，氣相可以轉變為液相或固相，液相可以轉變為氣相或固相，固相可以轉變為氣相或液相。在某一個指定的溫度，物質在氣相時能量最高，液相次之，固相最低，所以由氣相轉變為液相，或由液相轉變為固相之間的相轉變會放出能量；而由固相轉變為液相，或由液相轉變為氣相之間的相轉變會吸收能量。

所有的物質在適當的溫度與壓力下，可以存在於三相中的一種。相轉變（phase transition）是自然界中一個非常重要的現象，由一種相轉變為另一種相時，會伴有熱的吸收或釋放，並且會有體積的變化，即使在定溫下發生轉變也是如此。將熱緩緩的加於物質時，物質不是溫度上升，就是會有相的變化，但絕不會兩者同時進行。物質一旦到達相變化的溫度時，除非所有物質的相均已改變，否則溫度不會增加。

汽化與液化

由液相轉變為氣相之間的相轉變稱為汽化（vaporization），由氣相轉變為液相之間的相轉變稱為液化（liquefaction）。一個裝有液體的密閉容器內，在一方面，液體分子會自液面逃脫而成為氣體分子，另一方面，氣體分子會撞擊液面而成為液體分子，亦即，有兩種過程同時在進行著，即汽化過程與液化過程。汽化速率可由每單位時間自每單位液面汽化的液體分子數目來量度，而液化速率可由每單位時間在每單位液面上液化的氣體分子數目來量度。很顯然的，決定於液面上氣體的壓力，是隨著氣壓的升高而增大。若溫度保持不變，則汽化速率一定，而液化的速率則隨著氣壓的升高而增大，直

到它與汽化的速率相等時為止，此時氣相與液相共存，而處在一種平衡的狀態，我們稱此時的液體為飽和液體，此時的氣體為飽和氣體，而這時的氣壓為飽和氣壓。一般物質的飽和氣壓與溫度有關，且恆隨著溫度的升高而增大。表 11-4 列出水在各種溫度時的氣體密度與飽和氣壓。

表 11-4 水在各種溫度時的氣體密度與飽和氣壓。

溫度(°C)	氣體密度(g/m^3)	飽和氣壓($mm \cdot Hg$)
–10	2.16	2.15
0.01	4.85	4.58
5	6.80	6.54
11	9.41	9.21
10	10.02	9.84
12	10.67	10.52
13	11.35	11.23
14	12.06	11.99
15	12.83	12.79
20	17.30	17.54
40	51.10	55.3
60	130.5	149.4
80	293.8	355.1
95	505.0	634.0
96	523.0	658.0
97	541.0	682.0
98	560.0	707.0
99	579.0	733.0
100	598.0	760.0
101	618.0	787.0
200	7840.0	11659.0

對某一個指定的溫度，有一個對應的飽和氣壓，同理，對某一個指定的飽和氣壓，也會有一個對應的溫度，我們稱一對相互對應的溫度與壓力為平衡溫度與平衡壓力。若氣相與液相共存並處於平衡狀態，則其溫度與壓力必為一對相互對應的平衡溫度與平衡壓力。

汽化可在平衡狀態下進行，圖 11-7 顯示一個汽化過程，其中容器的下端逐漸加熱，於是容器內的液體逐漸轉化為氣體，若使活塞上維持著一個固定的壓力，並逐漸加熱，則液體的溫度逐漸上升，直到某一溫度 T 為止。在這溫度到達之前，液體仍然保持為液體，而在這溫度到達之後，液體便開始汽化，所生成的氣體慢慢的膨脹而推動上方的活塞，以便保持容器內氣體的壓力與外界的壓力 P 相等，此時溫度則維持不變，直到所有的液體均轉化成氣體為止。整個汽化過程中，容器內的液體與氣體是處於溫度為 T，壓力為 P 的平衡狀態，它們構成一對平衡溫度與平衡壓力。

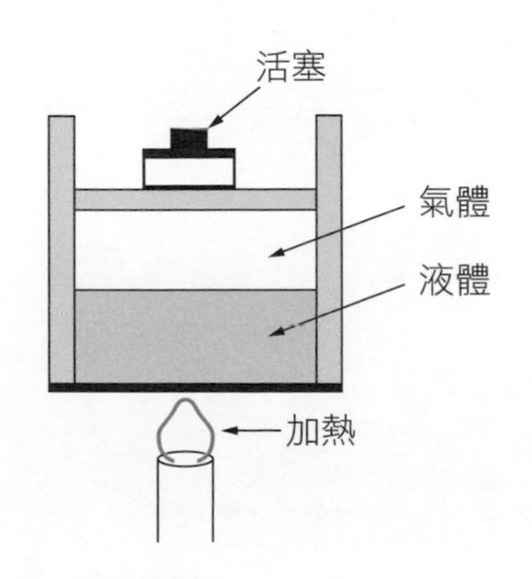

圖 11-7 汽化過程。

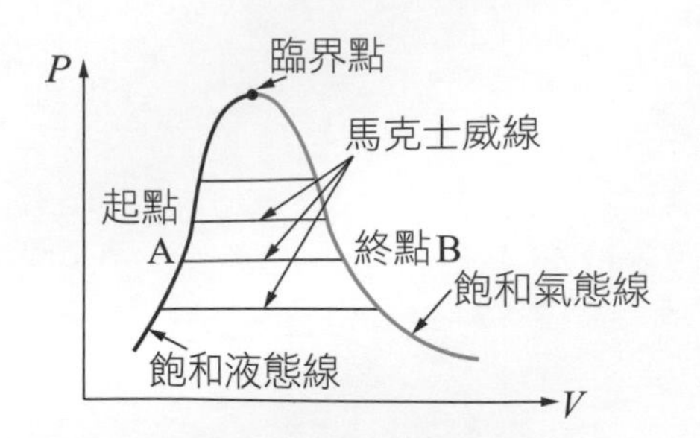

圖 11-8 馬克士威線以及飽和液態線、飽和氣態線、臨界點。

汽化過程自飽和液態開始，直至飽和氣態而終止，整個汽化過程中體積增大，如圖 11-8 顯示在 P–V 圖上繪出一條與 V 軸平行的汽化線，我們通常稱此一汽化線爲**馬克士威線**（Maxwell line），它的起點 A 爲飽和液態，它的終點 B 爲飽和氣態，A 與 B 兩點之間爲液體與氣體共存的平衡狀態。對每一對平衡溫度 T 與平衡壓力 P，我們可得到一條汽化線，亦即是馬克士威線。我們可將這些一條條汽化線的始點與終點分別連接起來，代表飽和液態諸點的連線稱爲飽和液態線，代表飽和氣態諸點的連線稱爲飽和氣態線，而這兩條飽和液態線與飽和氣態線又相交於一點，此點稱爲**臨界點**（critical point），在這一點上液態與氣態是無法分別的。臨界點的溫度與壓力分別稱爲臨界溫度與臨界壓力。

水的臨界溫度爲 374°C，而其臨界壓力爲 218 atm。表 11-5 列出有一些常見物質在一大氣壓力下的沸點以及其臨界溫度與臨界壓力。

表 11-5 物質在一大氣壓力下的沸點以及其臨界溫度與臨界壓力。

物質	一大氣壓力下的沸點（°C）	臨界溫度（°C）	臨界壓力（atm）
空氣	–194	–141	37
氨	–33.3	132	111
二氧化碳	–80	31.1	73
氦	–268.8	–268	2.26
氫	–252.8	–240	12.8
氧	–183.0	–119	50
水	100.0	374	218

物質的汽化需要吸收熱量，使單位質量的液體在平衡狀態下變成同量的氣體，所需的熱量稱爲**汽化熱**（heat of vaporization）。一個物質的汽化熱與溫度或其對應的壓力有關，例如水在一大氣壓力下，100°C 時的汽化熱爲 540 cal/g。液化過程爲汽化過程之逆反應，氣體在液化時會放出熱量，每單位質量的氣體在平衡狀態下變成同量的液體，所放出的熱量稱爲**液化熱**（heat of liquefaction），其與在這平衡狀態下的汽化熱是相等的。表 11-6 列出有一些常見物質在一大氣壓力下的汽化熱。

表 11-6 一些常見物質在一大氣壓力下的汽化熱。

物質	一大氣壓力下的沸點（°C）	汽化熱（cal/g）
酒精	78.5	204
氨	–33.3	327
氦	–268.8	6.0
氫	–252.8	108
水銀	357	70.6
氧	–183.0	50.9
二氧化硫	–10.0	95
水	100.0	540

蒸發與沸騰

蒸發（evaporation）與沸騰（boiling）是兩種不同的汽化。液體分子自液體的表面逃脫而成為氣體分子的現象稱為蒸發。蒸發的速率可由每單位時間內，自每單位液面上逃脫而成為氣體分子數目來量度。當我們對液體加熱時，液體內的溫度逐漸的升高，而蒸發的速率也會隨著溫度的升高而增大，一直到對應於當時的液面氣壓之平衡溫度時為止。此時，在液體內部會有氣泡產生，它們自生成處上升而到達液面，再由液面逃脫而成為氣體分子，這種特定情況的蒸發現象稱為沸騰。當液體到達沸騰時，其沸騰的溫度稱為沸點（boiling point），沸騰的溫度與液面的壓力構成一對平衡溫度與平衡壓力。一旦液體到達沸騰時，如果液面的壓力保持不變，則無論如何加熱也不能使液體內的溫度升高，要一直達到全部的液體都蒸發成氣體分子時為止。

熔化與凝固

由固相轉變為液相之間的相轉變稱為熔化（melting），由液相轉變為固相之間的相轉變稱為凝固（freezing）。在一個固定的壓力下，熔化與凝固恆在一個特定的溫度下進行，我們稱此溫度為固體的熔化點或液體的凝固點。在熔化或凝固的過程中，若壓力保持不變，則溫度也會維持不變，直到全部的固體都成為液體，或液體都成為固體時為止。熔化與凝固時的溫度與壓力構成一對平衡溫度與平衡壓力，在此一對平衡溫度與平衡壓力下，物質的液相與固相共存，並處於平衡狀態。在處於液相與固相共存的平衡狀態下，若再加熱，則會進行由固相轉變為液相的熔化過程；反之，則會進行由液相轉變為固相的凝固過程。

物質的熔化需要吸收熱量，使單位質量的固體在平衡狀態下變成同量的液體，所需的熱量稱為熔化熱（heat of melting）。凝固過程為熔化過程之逆反應，液體在凝固時會放出熱量，每單位質量的液體在平衡狀態下變成同量的固體，所放出的熱量稱為凝固熱（heat of freezing），其與在這平衡狀態下的熔化熱是相等的。表 11-7 列出有一些常見物質在一大氣壓力下的熔點與熔化熱。

一般而言，在固定壓力下，物質由固體轉變為液體的溫度稱為該物質的熔點（melting point）。在熔點時，將固態物質完全轉變為同溫度之液態物質，所需供給每單位質量的熱量，叫做該物質的熔化熱，反之則稱為凝固熱。在固定壓力下，物質由液體轉變為氣體的溫度，稱為該物質的沸點。在沸點時，將液態物質完全轉變為同溫度之氣態物質，所需供給每單位質量的熱量叫做該物質的汽化熱，反之則稱為液化熱。

相變熱這個名詞包含了熔化熱與汽化熱，並且都用 L 來代表。由於 L 代表單位質量作相轉變時所吸收或放出的熱，所以質量為 m

表 11-7 一些常見物質在一大氣壓力下的熔點與熔化熱。

物質	熔點(°C)	熔化熱(cal/g)
酒精	–117.3	24.9
鋁	658	76.8
氨	–75	108.1
銅	1083	42
金	1063.6	15.8
氦	–271.5	--
氫	–259.14	--
水銀	–38.7	2.8
氧	–218.4	3.3
鉑	1773.5	27.2
水	0	80

克的物質在相轉變中所吸收或放出的熱量為 $Q = mL$。當固體熔化或液體沸騰時，熱量流入物質內，Q 為正值，當氣體凝結為液體或液體凝結為固體時，熱量流出物質內，Q 為負值。水在一大氣壓力下，100°C 時的汽化熱為 540 cal/g（參考表 11-6），水在一大氣壓力下，0°C 時的凝固熱為 80 cal/g（參考表 11-7）。

昇華

一般物質由固相到氣相的相轉變，是先由固相轉變到液相，再由液相轉變到氣相，但是也可不經過液相，而直接由固相轉變到氣相者，這種直接由固相轉變到氣相的相轉變，稱為**昇華**（sublimation）。一個常見者為乾冰的昇華，固態的二氧化碳叫做乾冰，與熔化的情形一樣，昇華可在平衡狀態下進行。圖 11-9 顯示乾冰昇華時的平衡溫度與平衡壓力之關係曲線，由此圖可看出，當平衡溫度降低時，其平衡壓力也會跟著降低。水在 0°C 時的昇華壓力為 4.6 mm-Hg。

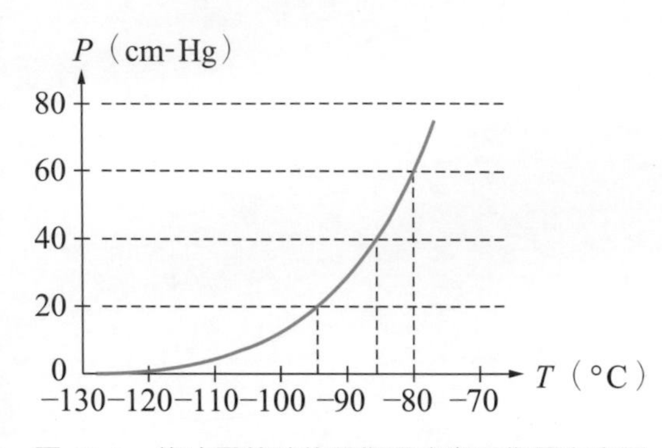

圖 11-9　乾冰昇華時的平衡溫度與平衡壓力之關係曲線。

在一對平衡溫度與平衡壓力下，物質的固相與氣相可以共存，並處於平衡狀態。在處於固相與氣相共存的平衡狀態下，若再加熱，則可使由固相轉變為氣相的過程進行；反之，則會進行由氣相轉變為固相的過程。物質的昇華需要吸收熱量，使單位質量的固體在平衡狀態下變成同量的氣體，所需的熱量稱為昇華熱，其與每單位質量的氣體在平衡狀態下變成同量的固體，所放出的熱量是相等的。

三相點

前面我們分別介紹了固相與液相共存，固相與氣相共存，液相與氣相共存時它們分別有一條平衡溫度與平衡壓力的關係曲線，這三條曲線會相交於一點，此點稱為三相點，如圖 11-10 的三相圖所示。在此三相點處，固相、液相與氣相共存，而處於平衡狀態。例如，水的三相點為 $T = 0.01°C$，$P = 4.6$ mm-Hg。

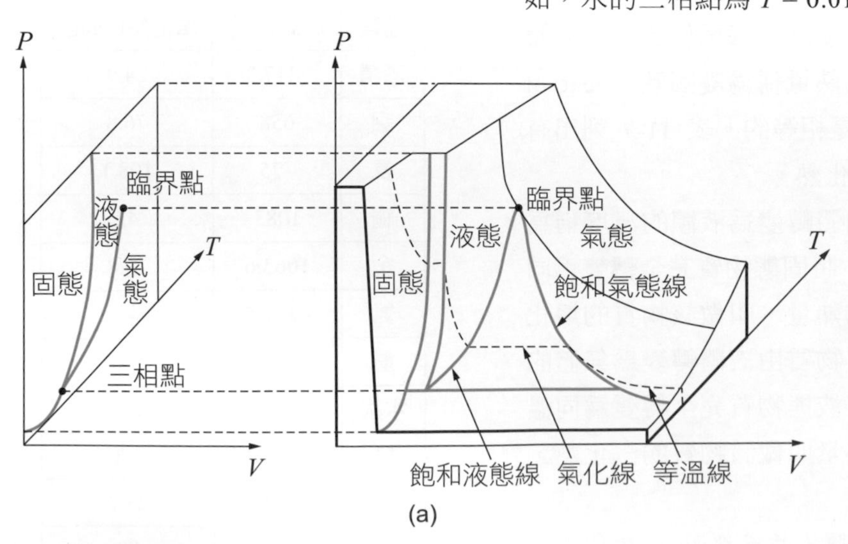

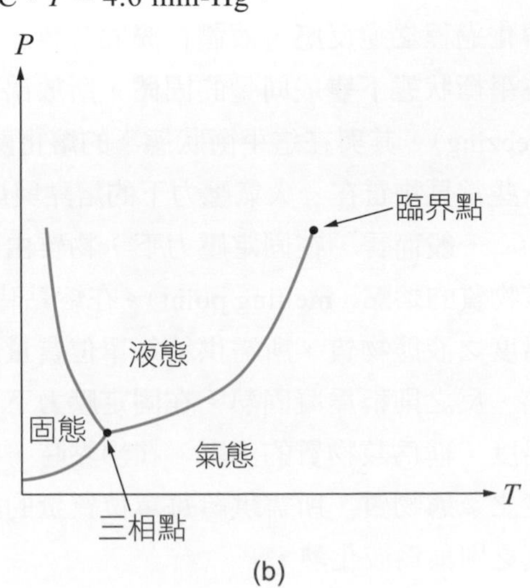

圖 11-10　三相圖。

我們將液相與氣相共存的平衡溫度與平衡壓力的關係曲線，稱爲液氣線；將固相與液相共存的平衡溫度與平衡壓力的關係曲線，稱爲固液線；將固相與氣相共存的平衡溫度與平衡壓力的關係曲線，稱爲固氣線。液氣線在到達臨界點時突然終止，在液氣線與固液線之間，只有一個單獨的液相；在液氣線與固氣線之間，只有一個單獨的氣相；在固液線與固氣線之間，只有一個單獨的固相。我們將固相、液相與氣相之間的關係繪成如圖 11-10(a)所示的三相圖，若單從溫度與氣壓的關係圖來看，則爲如圖 11-10(b)所示的情形，若是從氣壓與體積的關係圖來看，則可得到如圖 11-8 所示的情形。

11-4 熱的傳遞

熱是能量的一種形式，其傳遞方式有三種，即**傳導**（conduction）、**對流**（convection）與**輻射**（radiation）。熱是藉著這三種傳遞方式由一地方轉移到另一地方。這其中傳導與對流需藉著介質作爲傳遞的媒介，而輻射則不需要。

傳導

首先，我們考慮熱的傳導，如圖 11-11(a)所示爲一根截面積爲 A，厚度爲 L 的金屬棒。設棒的左端保持在 T_1 的高溫，而棒的右端保持在 T_2 的低溫，於是便會有熱流由左端流向右端。設使棒子的兩端保持於 T_1 與 T_2 的溫度，在經過一段夠長的時間之後，我們可測出棒中各點的溫度會隨著與較熱端的距離而遞減。實驗顯示，在穩定熱傳輸狀態時，棒中流動的熱流與截面積 A 及兩端的溫度差成正比，而與棒長 L 成反比，其比例常數 k_c 稱爲**熱導係數**（thermal conductivity coefficient），其值與棒子的材料有關。若將熱傳輸率（thermal conduction rate）用數學式表示，則爲

$$H = k_c A \frac{T_2 - T_1}{L} \qquad (11\text{-}14)$$

上式中 H 爲單位時間內通過棒子某一截面的熱量。如果我們將金屬棒沿 x 軸置放，其高溫處位於 x_1 而低溫處位於 x_2。設棒中各點的溫度隨其位置的變化關係如圖 11-11(b)所示，在位置爲 x 與 $x+\Delta x$ 處，溫度分別爲 T 與 $T-\Delta T$，則熱傳輸率

$$H = k_c A \frac{(T-\Delta T)-T}{(x+\Delta x)-x} = -k_c A \frac{\Delta T}{\Delta x} \qquad (11\text{-}15)$$

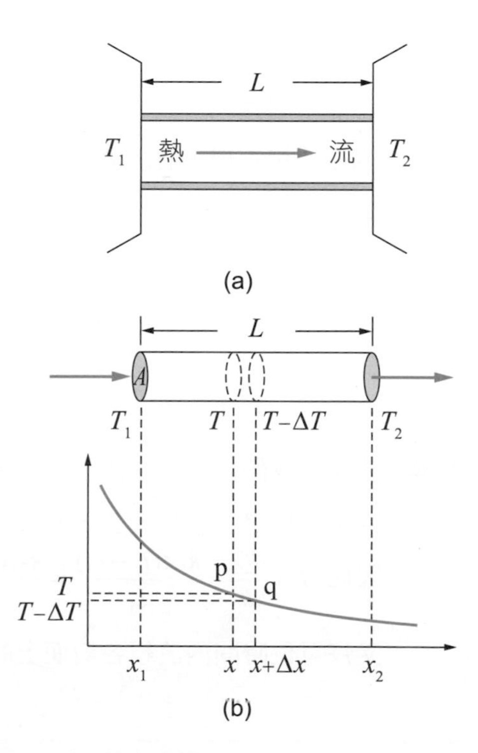

圖 11-11　熱的傳導。

表 11-8 一些常見物質的熱導係數。

物質	熱導係數（J/s · m · °C）
銀	428
銅	401
鋁	205
黃銅	109
鋼	50.2
鉛	34.7
水銀	8.3
隔熱磚	0.15
水泥	0.8
軟木	0.04
毛毯	0.04
玻璃	0.8
石棉	0.04
冰	1.6
空氣	0.024

$\frac{\Delta T}{\Delta x}$ 稱為溫度梯度，它代表溫度隨距離而改變的程度。從溫度曲線來看，此溫度梯度為連接 p 與 q 兩點的直線之斜率，由於溫度是隨距離在遞減，因此，此斜率為負值，代表熱流是由高溫流向低溫，溫度梯度愈大則單位時間內熱流量也愈大。

當金屬棒處於穩定狀態時，各截面的熱傳輸率均相同，此時金屬棒的溫度曲線為一直線。當熱傳導停止時，金屬棒中各點的溫度均相同，此時金屬棒的溫度曲線為一水平直線。

熱傳輸率的公制單位為焦耳／秒，或寫為 J/s，因此，由(11-14)式知，熱導係數 k_c 的公制單位為焦耳／秒 · 公尺 · °C，或寫為 J/s · m · °C。一般我們也常用 CGS 制的單位來表熱導係數，此時其單位為 cal/s · cm · °C，兩種單位之間的換算關係為

$$1\ \text{cal/s}\cdot\text{cm}\cdot{}^\circ\text{C} = 418.6\ \text{J/s}\cdot\text{m}\cdot{}^\circ\text{C} \tag{11-16}$$

表 11-8 列出有一些常見物質的熱導係數，當熱導係數 k_c 的值愈大，代表此材料為良好的熱導體；而 k_c 的值愈小，則為不良的熱導體，或稱為好的絕熱體。由表 11-8 中可看出，金屬之類的熱導係數要比非金屬類者為大，而氣體的熱導係數則特別的小。

範例 11-4

有兩條截面積同為 A 而長度各為 L_1 與 L_2 的棒子相連接，如圖所示。設兩條棒子的熱導係數分別為 k_1 與 k_2，若將兩條相連接的棒子置於溫度為 T_1 與 T_2 的恆溫物之間，求穩定狀態時，兩條棒子相接觸的地方之溫度？

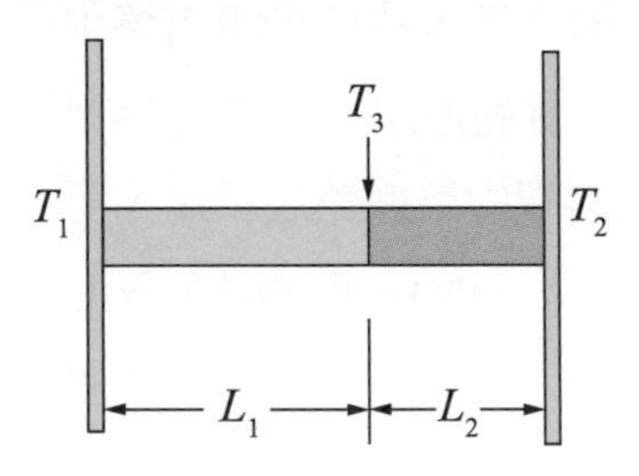

題解 首先，我們假設兩條棒子相接觸的地方之溫度為 T_3。

今由在穩定狀態時，各截面上的熱傳輸率是相等的，

因此 $H = \frac{dQ}{dt} = \frac{k_1 A(T_1 - T_3)}{L_1} = \frac{k_2 A(T_3 - T_2)}{L_2}$，由此可得 $T_3 = \frac{k_1 T_1 L_2 + k_2 T_2 L_1}{k_1 L_2 + k_2 L_1}$，

又每單位時間內流經各截面上的熱量為 $H = \frac{dQ}{dt} = \frac{A(T_1 - T_2)}{\frac{L_1}{k_1} + \frac{L_2}{k_2}}$。

對流

其次，我們考慮熱的對流與輻射，對流係由於介質質點本身的運動，而將熱能由一處帶至另一處的現象。固體質點不能流動，所以固體不能以對流的方式傳遞熱量。液體與氣體分子可以流動，所以它們均能以對流的方式傳遞熱量。一般而言，流體受熱時會膨脹，由於溫度高的地方因膨脹之故而使密度變小，於是引起流體分子由溫度低的地方流向溫度高的地方，此種由於密度的變化而引起流體的流動，稱爲對流。關於對流的理論，不像熱傳導般的單純，因爲熱的對流是受到許多環境的影響。在實際的計算中，我們是以下式來定義對流係數 h_e：

$$H = h_e A \Delta T \tag{11-17}$$

此處 H 爲物體表面在單位時間內由熱的對流所增加或減少的熱量，A 爲物體的表面積，ΔT 爲物體表面與發生對流現象的流體之間的溫度差。

輻射

所謂輻射是指物體表面不斷放出能量的過程，這能量叫做輻射能，它是以電磁波的形式出現，它們透過空氣落在物體上時，就會被吸收，於是熱便傳到物體上。一個物體每單位時間自表面上發出的能量與該表面的性質及溫度有關。實驗顯示，一個表面的能量輻射率與該表面的面積及溫度（絕對溫度）的四次方成正比，同時也與該表面的性質有關，此可藉著一個介於 0 與 1 之間的數 e 來描述，因此整個輻射能的關係式可表爲

$$H = eA\sigma T^4 \tag{11-18}$$

此處 σ 爲一個物理常數，稱爲斯特凡-波茲曼常數。上式中 H 的單位與功率相同，因此，在公制中 σ 的單位爲 $J/s \cdot m^2 \cdot K^4$，其值經由實驗測定爲 $\sigma = 5.6699 \times 10^{-8}\ J/s \cdot m^2 \cdot K^4$，常數 e 的值界定了物質表面的輻射特性，稱爲發射率（emissivity）。對於黑暗粗糙的表面，e 的值是大於光滑的表面。發射率 $e = 1$ 的物質稱爲黑體（black body），黑體亦具有能夠將入射於其上的輻射能全部吸收的能力。對於一般的物質，其發射率則介於 0 與 1 之間。表 11-9 列出有一些常見物質表面在 100°C 時的發射率。

表 11-9 一些常見物質表面在 100°C 時的發射率。

物質表面	發射率 e
黑體	1
塗煙顏料	0.97
石棉紙	0.93
白帆布	0.88
窗玻璃	0.88
塗鋁黃銅顏料	0.28
磨光的銅	0.07
磨光的銀、鋁	0.06

雖然所有的物體都會從表面不斷放出輻射能，但是物體卻不會因爲不斷放出輻射能而終至冷卻到極低的溫度，這是因爲物體除了從表面輻射能量之外，亦同時會自其周遭的環境吸收輻射能。物體輻射能量的速率由物體本身的溫度來決定，但其吸收輻射能量的速率卻與周遭環境溫度有關。當物體本身比周遭環境的溫度高時，從物體表面輻射能量的發射率就會高於其吸收率，於是物體的溫度就

會降低。當物體本身比周遭環境的溫度低時，它從周遭環境吸收輻射能量的吸收率就會大於其發射率，於是物體的溫度就會升高。當物體與其周遭環境的溫度相等時，兩者就會相等。

範例 11-5

應用斯特凡-波茲曼關係式，我們可對太陽表面的溫度做一個粗略的估計。

題解 我們知道在正午時，地球上每單位面積所得自太陽的輻射能量約為 1400 W/m^2，
我們假定太陽是向各方向均勻的發出輻射能，因此，它的發射功率應為，
以太陽到地球之距離 150×10^6 km $=1.5\times10^{11}$ m 為半徑的球面積，再乘以 1400 W/m^2，
太陽的總發射功率 $p=4\pi(1.5\times10^{11})^2(1400)\approx4\times10^{26}$（W）。
太陽半徑約 7×10^8 m，若將此一數值除以太陽的表面積，
即可得到太陽每單位表面積發出輻射能量的發射功率 $R=\dfrac{4\times10^{26}}{4\pi(7\times10^8)^2}\approx6.5\times10^7$（W/m^2）。
今假定太陽為發射率 $e=1$ 的黑體，則由 $R=H=eA\sigma T^4$，取面積 $A=1\,\text{m}^2$ 估算可得
$T=\sqrt[4]{\dfrac{H}{A\sigma}}=\sqrt[4]{\dfrac{6.5\times10^7}{1\times5.6699\times10^{-8}}}\approx5810$（K）。

11-5 熱膨脹

線膨脹

熱脹冷縮是一般物質的性質，大部份的物體受熱時均會產生膨脹。假設某材料做成的細棒長度為 L_0，當溫度增加 ΔT 時，長度增加 ΔL，實驗顯示，若 ΔT 不太大時，則 ΔL 與 ΔT 成正比，當然也正比於 L_0，其關係式為

$$\Delta L=\alpha L_0\Delta T \tag{11-19}$$

常數 α 界定了一個材料的熱膨脹特性，稱為線膨脹係數（coefficient of linear expansion）。在任何溫度下我們都可以下式作為線膨脹係數的定義

$$\alpha=(\frac{1}{L})(\frac{\Delta L}{\Delta T}) \tag{11-20}$$

對某一材料而言，線膨脹係數 α 會隨著初溫與溫差的範圍而不同，我們並不考慮這些變化，上式只是一種近似情況。表 11-10 列有一些常見物質的線膨脹係數。

表 11-10 一些常見物質的線膨脹係數。

物質	線膨脹係數（1/°C）
鋁	24×10^{-6}
黃銅	19×10^{-6}
銅	17×10^{-6}
玻璃	9.0×10^{-6}
鎳鋼	0.9×10^{-6}
鐵	12×10^{-6}
鉑	9.0×10^{-6}
石英	0.6×10^{-6}
鋼	13×10^{-6}
鎢	4.3×10^{-6}

範例 11-6

有一支長度為 $L=10.00$ m 的鋼條，當溫度由 0°C 升高到 40°C 時，求其長度增加多少？

題解 由表 11-10 知鋼條的線膨脹係數為 13×10^{-6} 1/°C，將此數值代入 $\Delta L=\alpha L_0\Delta T$，其中 $L_0=10.00$ m，
$\Delta L=\alpha L_0\Delta T=(13\times10^{-6})(10.00)(40-0)=5.2\times10^{3}$（m）。

範例 11-7

爲了使兩種不同金屬做成的同心圓柱體配合緊密，我們可以使內圓柱體的外徑比外圓柱體的內徑略小一點。在裝配時，我們可將內圓柱體冷卻以使其直徑減小，或將外圓柱體加熱以使其直徑增大，然後再將內圓柱體插入外圓柱體。今假設內圓柱體係由銅所製成，其外徑爲 10.00 公分，外圓柱體係由鋼所製成，其內徑爲 9.99 公分，問須將銅製成的內圓柱體冷卻多少度，或將外圓柱體加熱多少度，才能將其插入鋼製成的外圓柱體？

題解 銅製成的內圓柱體之外徑與鋼製成的外圓柱體之內徑相差 $\Delta L = 10.00 - 9.99 = 0.01$（cm），

若要使銅製成的內圓柱體之外徑有 ΔL 長度的縮短，

則其溫度須降低 $\Delta T = \dfrac{\Delta L}{\alpha L_0} = \dfrac{0.01}{(17\times10^{-6})(10.00)} = 58.8$（°C）；

若要使鋼製成的外圓柱體之內徑有 ΔL 長度的伸長，

則其溫度須升高 $\Delta T = \dfrac{\Delta L}{\alpha L_0} = \dfrac{0.01}{(13\times10^{-6})(9.99)} = 77.0$（°C）。

面膨脹

茲再考慮一個邊長爲 L_0 的正方形面之物體，當溫度增加 ΔT 時，每邊的長度增加 $\Delta L = \alpha L_0 \Delta T$，由於這一增長會使得正方形面積有 ΔA 的變更，設原來的正方形面積爲 $A_0 = L_0^2$，則

$$A = (L_0 + \Delta L)^2 = L_0^2 + 2L_0\Delta L + (\Delta L)^2 \qquad (11\text{-}21)$$

因爲 ΔL 是一個很小的量，$(\Delta L)^2$ 與 L_0 及 ΔL 比較可以忽略，因此，上式可寫爲

$$A = L_0^2 + 2L_0\Delta L = A_0 + 2L_0\Delta L \qquad (11\text{-}22)$$

於是正方形面積的變更爲

$$\begin{aligned}\Delta A &= A - A_0 = 2L_0\Delta L = 2L_0(\alpha L_0 \Delta T)\\ &= (2\alpha)A_0\Delta T = \beta A_0 \Delta T \qquad (11\text{-}23)\end{aligned}$$

上式中 β_S 稱爲**面膨脹係數**（coefficient of superficial expansion），上式表示面膨脹係數爲線膨脹係數的兩倍，即

$$\beta_S = 2\alpha \qquad (11\text{-}24)$$

體膨脹

溫度增加會使體積增加，當溫度由 T °C 增加爲 $T + \Delta T$ °C 時，若壓力固定，則大多數的物體之體積會由 V 膨脹至 $V + \Delta V$，實驗顯示，若 ΔT 不太大時，則體積的增加 ΔV 與 ΔT 成正比，當然也正比於原體積 V_0。膨脹的百分率 $\Delta V / V$ 顯示出各種材料的特性，它與溫差 ΔT 的比值 $\dfrac{\Delta V / V}{\Delta T}$ 顯示出各種材料受溫差變化的影響程度，我們把此一比值稱爲**體膨脹係數**（coefficient of cubical expansion），記爲

$$\beta_V = \left(\frac{1}{V}\right)\left(\frac{\Delta V}{\Delta T}\right) \qquad (11\text{-}25)$$

體膨脹係數亦與線膨脹係數有關，爲求出其關係，茲考慮一個邊長爲 L 的正方體，當溫度增加 ΔT 時，每邊的長度增加，$\Delta L = \alpha L_0 \Delta T$，由於這一增長會使得正方體的體積有 ΔV 的變更，設原來的正方體的體積爲 $V_0 = L_0{}^3$，則

$$V = (L_0 + \Delta L)^3 = L_0^3 + 3L_0{}^2\Delta L + 3L_0(\Delta L)^2 + (\Delta L)^3 \qquad (11\text{-}26)$$

因爲 ΔL 是一個很小的量，$(\Delta L)^2$、$(\Delta L)^3$ 與 L_0 及 ΔL 比較可以忽略，因此，上式可寫爲

$$V = L_0^3 + 3L_0{}^2\Delta L = V_0 + 3L_0{}^2\Delta L \qquad (11\text{-}27)$$

於是正方體體積的變更爲

$$\begin{aligned}\Delta V = V - V_0 &= 3L_0{}^2\Delta L = 3L_0{}^2(\alpha L_0 \Delta T)\\ &= (3\alpha)V_0\Delta T = \beta_V V_0 \Delta T \qquad (11\text{-}28)\end{aligned}$$

上式中 β_V 稱爲體膨脹係數，上式表示物質的體膨脹係數爲線膨脹係數的三倍，即

$$\beta_V = 3\alpha \qquad (11\text{-}29)$$

不僅固體會受熱膨脹，液體與氣體也會，液體的體膨脹係數遠比固體爲大，而氣體的體膨脹係數則更大。例如，鋁的體膨脹係數爲 72×10^{-6} 1/°C，酒精與水銀的體膨脹係數分別爲 10.1×10^{-4} 1/°C 與 1.82×10^{-4} 1/°C，然而一個理想氣體在 0°C 時的體膨脹係數則高達 $\frac{1}{273}$ 1/°C。表 11-11 列有一些常見物質的體脹係數。

表 11-11　一些常見物質的體膨脹係數。

物質	體膨脹係數（1/°C）
鋁	72×10^{-6}
黃銅	60×10^{-6}
銅	51×10^{-6}
玻璃	27×10^{-6}
鎳鋼	2.7×10^{-6}
鐵	36×10^{-6}
鉑	9.0×10^{-6}
石英	1.8×10^{-6}
鋼	39×10^{-6}
鎢	12.9×10^{-6}
酒精	75×10^{-5}
甘油	49×10^{-5}
水銀	18×10^{-5}
水（20°C）	20×10^{-5}

範例 11-8

若銅幣的溫度增加 100°C 時，其直徑增加 0.18%，求銅幣的體積增加多少百分率，銅幣的線膨脹係數爲何？

題解　由銅幣的直徑增加 0.18%，則銅幣的半徑亦增加 0.18%，設銅幣原先的半徑爲 r_0，$\frac{\Delta d}{d} = \frac{\Delta r}{r_0} = 0.18\%$，

銅幣的長度增加百分率爲 $\frac{\Delta L}{L_0} = \frac{\Delta r}{r_0} = 0.18\%$；

銅幣的面積增加百分率爲 $\frac{\Delta A}{A_0} = \frac{\pi\Delta(r^2)}{\pi(r_0{}^2)} = \frac{\pi[r_0^2(1+\alpha t)^2 - r_0^2]}{\pi r_0^2} \approx 2\alpha t = \frac{2r_0\alpha t}{r_0} = 2\frac{\Delta r}{r_0} = 2\times0.18\% = 0.36\%$；

銅幣的體積增加百分率爲 $\frac{\Delta V}{V_0} = \frac{\pi r_0^2(1+\alpha t)^2 L_0(1+\alpha t) - \pi r_0^2 L_0}{\pi r_0^2 L_0} = (1+\alpha t)^3 - 1 = 3\alpha t = \frac{3r_0\alpha t}{r_0} = 3\frac{\Delta r}{r_0} = 0.54\%$；

銅幣的線膨脹係數爲 $\frac{r_0(1+\alpha t) - r_0}{r_0} = 0.18\%$，$\alpha = \frac{0.18\%}{\Delta T} = \frac{0.18\%}{100} = 1.8\times10^{-5}$（1/°C）。

範例 11-9

一個由黃銅做的圓球，其半徑為 $r = 10$ cm，若從溫度 0°C 加熱至溫度 100°C，求其體積的變化量？

題解 我們知道黃銅的線膨脹係數為 $\alpha = 19\times10^{-6}\ °C^{-1}$，因此，其體膨脹係數為 $\beta_V = 3\alpha = 3\times19\times10^{-6}$ （°C^{-1}），

而一個半徑為 $r = 10$ cm 的圓球，其體積為 $V = \dfrac{4\pi r^3}{3} = \dfrac{4}{3}\times3.14\times10^3 = 4186.66$ （cm^3）。

若溫度從 0°C 加熱至溫度 100°C，則其體積的變化量為

$\Delta V = \beta_V V\times(100-0) = 3\times19\times10^{-6}\times(4186.66)\times100 = 23.86$ （cm^3）。

範例 11-10

設汽油的體膨脹係數為 0.00096 1/°C，某汽車內的油箱係由黃銅製成，其在 0°C 時的容積為 15 加侖。若在這一溫度裝滿汽油，問在 20°C 時會有多少汽油溢出箱外？

題解 當溫度由 0°C 增加至 20°C 時，汽油的體膨脹量為 $\Delta V_{gas} = 15\times0.00096\times20 = 0.288$（加侖）；
當溫度由 0°C 增加至 20°C 時，油箱的體膨脹量為 $\Delta V_{油箱} = 15\times3\times0.19\times10^{-4}\times20 = 0.0171$（加侖）；
兩者之差為 $\Delta V_{gas} - \Delta V_{油箱} = 0.271$（加侖）。

水的體膨脹現象

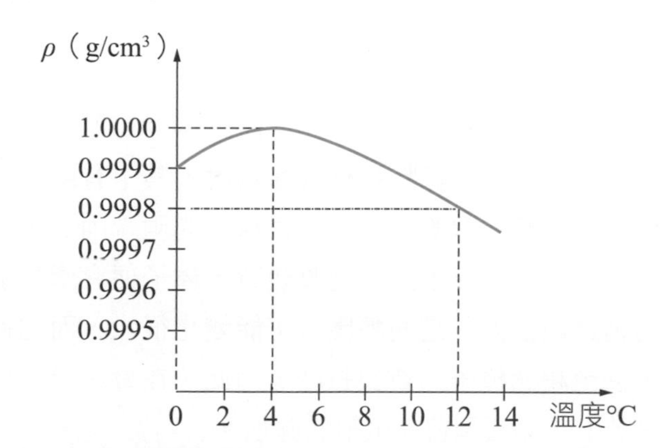

圖 11-12 水：不尋常的體膨脹行為。

一般的液體通常會隨著溫度的上升而逐漸增大其體積，而且液體的體膨脹係數都較固體的體膨脹係數大十倍以上，然而卻有一個例外，那就是水在溫度 4°C 上下的膨脹行為。如圖 11-12 所示，水在溫度 4°C 上下其密度隨溫度而變化的情形，首先，當溫度從 0°C 升至 4°C 時，我們看到水的體積會收縮，而使得密度增大，其次，在超過 4°C 時，水的體積會因膨脹而增加，使得密度漸少，於是就造成水在溫度 4°C 時，密度為最大的現象。在 0°C 到 4°C 之間，水的體積因溫度升高而減小，這種現象與大多數物質的行徑相反，也就是說，在 0°C 到 4°C 之間，水的體膨脹係數是負的。溫度高於 4°C 時水受熱膨脹，溫度小於 4°C 時水冷卻也會膨脹，因此，水的體積在 4°C 時有最小值，而水的密度在 4°C 時有最大值。

水的這種不尋常的體膨脹行為可以讓我們了解到，為何湖水都是由表面開始結冰的現象。這種異常的行徑對於湖泊中的動、植物之生存有重大的影響。由於水的這種不尋常的體膨脹行為，得以保存了水中的生物。當天氣慢慢冷下來時，湖面的水因密度較大而流入湖底，但在冷到 4°C 時這種流動便會停止，當湖面凍結時，冰因為密度小而浮於湖面，湖底的水保持於 4°C，使得水中的生物得以生存。

當嚴冬來臨時，大氣的溫度開始降低，湖水表面的溫度慢慢的下降，在未達到 0°C 時，湖水表面的體積開始變小，密度逐漸增加，表面的水由於密度大於內部的水，因此，湖水表面較冷的水會往下沉，內部較暖的水會往上升至表面。但是當大氣的溫度下降至 4°C 與 0°C 之間時，湖水表面的體積逐漸變大而膨脹，而密度則逐漸減少，變得比內部的水輕而浮於表面，於是原先湖水表面較冷的水往下沉之現象就會停止，最後浮於表面的水即開始結冰。當表面的水結冰時，由於冰的密度較水為小，所以浮於水面，因此，建構了一個外殼，而使底層的水保持 4°C 的狀態。如果大自然沒有水的這種不尋常的體膨脹行為，那麼經過一個冬天，水中的生物均無法存活了。

熱應力與彎曲效應

由溫度升高而導致的線膨脹有多種效應，其中有兩種較為重要的效應為熱應力與彎曲效應。若將一根棒子的兩端固定，以阻止它的膨脹與收縮，則當此棒子的溫度改變時，棒子便會產生張應力與壓應力，合稱為熱應力。這些熱應力可能變化很大，而超過棒子的彈性限度，甚至超過棒子的斷裂強度，因此，在會承受溫度變化的結構物之設計上，必須預留其脹縮的餘地。

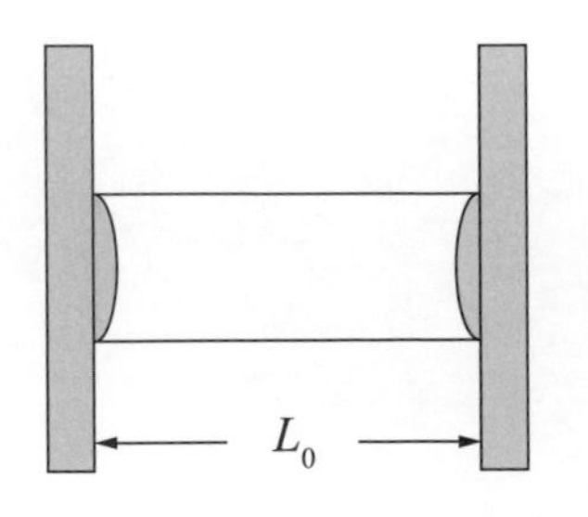

圖 11-13 一根兩端為牆所限制的棒子。

如圖 11-13 所示，是一根兩端為牆所限制的棒子，由於此棒為牆所限制，當它在溫度上升時，不允許其伸長，而在溫度下降時，不允許其縮短，那麼這種限制會造成什麼效果呢？假設溫度為 T_0 時，棒子的長度為 L_0，如果它不在兩端受到牆的限制，則溫度升高到 T 時，其長度的伸長量為 $\Delta L = \alpha L_0(T - T_0)$。現在由於其兩端為牆所限制，這一伸長並沒有發生，這表示，牆必定施以一個作用力於棒子上，使其有 ΔL 的縮短，以抵消由溫度升高所產生的伸長量。此一施於棒子上的作用力 F 與棒子截面積 A 之比，即為棒子所受到應力，而由於此應力乃是因為溫度的升高而來，所以稱之為熱應力，以 σ_{ther} 來表示，則根據楊氏模量 Y 的定義 $Y = \dfrac{F/A}{\Delta L / L_0} = \dfrac{\sigma_{\text{ther}}}{\varepsilon_n}$ 知

$$\sigma_{\text{ther}} = Y\varepsilon_n = Y\frac{\Delta L}{L_0} = Y\alpha(T - T_0) \qquad (11\text{-}30)$$

由此式可知對一支材料的棒子而言，其熱應力只與其溫度的變化有關，而與其長度及截面積無關。熱應力也會因物體的不均勻加熱而引起，一個物體若受到不均勻的加熱，就會因爲受到不均勻的膨脹而引起內應力。當我們把熱水倒入厚的玻璃容器而造成的破裂現象，就是一個熟悉的例子。

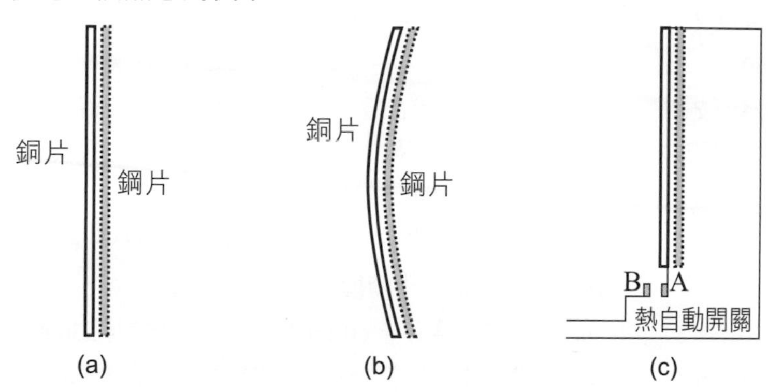

圖 11-14 利用熱彎曲效應而製成的自動開關。

如圖 11-14(a)所示，是將一條銅片與一條鋼片連接在一起的一個雙層金屬片。當溫度升高或降低時，由於銅片與鋼片有不同的線膨脹係數，因此，它們會有不相等的伸長量，於是就會造成如圖 11-14(b)所示的彎曲現象。圖 11-14(c)所示者即爲利用雙層金屬片的熱彎曲效應而製成的自動開關。若將此種自動開關裝在電熱器內，則可利用它來控制電熱器的溫度，所以它又稱爲恆溫器。當溫度降低時，讓 A 與 B 互相接觸，於是電路接通，起動電熱器；當溫度慢慢升高時，雙層金屬片即慢慢的向右彎曲，而在某一高溫時，使得 A 與 B 互相分開，於是電路關閉，同時也關閉了電熱器。

範例 11-11

有一條鋼製的圓柱體，其楊氏模量爲 $Y = 20\times10^{10}\ \text{N/m}^2$，而其線膨脹係數爲 $\alpha = 13\times10^{-6}\ 1/°\text{C}$。若其係在 0°C 時裝設的，求溫度升高到 30°C 時的熱應力爲何？

題解 由(11-30)式知 $\sigma_{\text{ther}} = Y\alpha(T - T_0) = (20\times10^{10})(13\times10^{-6})(30-0) = 7.8\times10^{7}$（$\text{N/m}^2$）。

習題 標以*的題目難度較高

11-1 熱平衡與溫度

1. 將下列的攝氏溫度或絕對溫度，轉換成為華氏溫度：(a) 36.5°C，(b) 100°C，(c) –100°C，(d) 300 K。
2. 人的體溫是華氏溫度 98.6°F，相當於攝氏溫度多少度？
3. 在水的三相點之溫度時，某氣體的壓力為 $P = 360$ mm-Hg，求溫度在 $T = 100$°C 時，該氣體的壓力為何？
4. 分別用攝氏溫度計與華氏溫度計觀察實驗室溫控腔體的溫度狀態。(a)若有一狀態，攝氏溫度計顯示的溫度值是華氏溫度計溫度值的一半，請問此時溫度是多少？(b)若另一狀態，攝氏溫度計顯示的溫度值是華氏溫度計的兩倍，請問此時的溫度是多少？
5. 有一新定義的線性溫標 Z，若水的沸點顯示 –50°Z，水的冰點顯示 –250°Z。若克氏溫度計顯示 400 K，請問新溫標 Z 顯示值為多少？（水的冰點以 273 K，沸點以 373 K 估算）
6. (a)室內攝氏溫度計顯示 25°C，請問華氏溫度計顯示值為多少？(b) 100 W 的白熾燈泡的燈絲溫度約 4600°F，請問相當多少攝氏溫度？
7. 有一酒精溫度計，若 0°C 時酒精柱高 11.0 公分，100°C 時，酒精柱高 21.0 公分。若此酒精柱是長度與溫度變化關係是線性關係。請問酒精柱高 13.5 公分時，溫度多少？

11-2 熱量與比熱

8. 欲使質量為 $m = 2.0$ kg 的銅塊之溫度從 $T_1 = 20$ °C 升高到 $T_2 = 50$ °C，求所需的熱量為何？
9. 若將一塊質量為 0.3 公斤，溫度為 $T_1 = 100$ °C 的鉛塊置於量熱計中，量熱計是質量為 0.2 公斤的黃銅所製成，其中裝有溫度為 $T_2 = 20$ °C 的水 0.1 公斤，求最後鉛塊與量熱計的共同溫度？
10. 若將一塊質量為 0.5 公斤，溫度為 $T_1 = 100$ °C 的銅塊置於量熱計中，量熱計是質量為 0.1 公斤的玻璃所製成，其中裝有溫度為 $T_2 = 20$ °C 的水 0.2 公斤，求系統最後的共同溫度？
11. 質量為 $m_1 = 1$ kg，溫度為 $T_1 = 180$ °C 的某金屬，放入質量為 $m_2 = 0.1$ kg 鋁製的量熱器中，量熱器內裝有溫度為 $T_2 = 10$ °C 的水 200 g，若系統最後的共同溫度為 $T = 15$ °C，求金屬的比熱？
12. 欲熔化最初溫度為 $T_1 = 20$ °C，質量為 $m = 2$ kg 的鋁塊，需多少的熱量？
13. 冰的熔化熱為 80 cal/g · °C，比熱為 $c_s = 0.55$ cal/g · °C。如將質量為 $m_1 = 5$ g，溫度為 $T_1 = -10$ °C 的冰熔化為 $T_2 = 20$ °C 的水，則需要多少熱量？
14. 質量為 $m_1 = 100$ g 與 $m_2 = 200$ g 的兩鉛塊，分別以 $v_1 = 250$ m/s 與 $v_2 = 200$ m/s 的速率相向運動，當正面碰撞之後，兩者合為一體。求碰撞之後，該鉛塊的速率？假設因碰撞而放出的能均變成熱，則所生的熱為何？又假設所生的熱均用於增加鉛塊的溫度，則鉛塊的溫度增加幾度？已知鉛塊的比熱為 $c_s = 0.0309$ cal/g · °C。
15. 試將 3600 大卡轉換為焦耳？
16. 一個質量為 $m = 60$ kg 的人，每天要消耗 3000 大卡的熱量，如果用這些熱量來加熱 5 公斤的水，求水的溫度會上升多少度？
17. 質量為 $m = 1500$ kg 的汽車，以 $v = 5$ m/s 的速率前進，若要使它停下來，則煞車裝置會產生多少焦耳的熱量，換算成多少卡的熱量？
18. 在質量為 $m = 1$ kg 的黃銅上鑽孔，供給功率 $p = 5$ W 五分鐘，若所生的熱 60 %為黃銅所吸收，求黃銅的溫度升高多少度？
19. 若一汽車的水冷卻系統有 16 公升的水，從 20°C 升高至 95°C。請問此冷卻系統吸收多少熱？
20. 實驗課時，有個質量 2.0 公斤的固體塊材。當外界給予固體塊材 60.0 千焦耳熱能時，此固體塊材從 20.0°C 升溫至 30.0°C。請計算此固體塊材的比熱。
21. 使 2 公升純水從 20.0°C 升溫至 90.0°C 的能量，可以使 100 W 的傳統白熾燈泡工作多久？
22. 一個功率 1500 瓦特，容量 1.5 公升的快煮壺，將水從 20.0°C 升溫至 100.0°C，耗時多久？
23. 給予 9000 焦耳的能量可使 2 公斤的水產生多少溫度變化？
24. 台灣國民健康署建議中度工作者的正常成人每日需攝取能量為「35 kcal×體重（公斤）」。(a)若體重為 60 公斤成人需多少能量？請分別以卡、焦耳、千瓦·時(度)表示。(b)一份漢堡熱量 600 千卡，若此人想減肥，一天不可以超過幾份漢堡？
25. 英制熱單位（British thermal unit，縮寫：Btu，有時記為 BTU），是一個英制的能量或熱量單位，其定義是將一磅的水由華氏 63 度加熱至華氏 64 度所需的熱能。請將 Btu 單位換算為千卡（kcal），及焦耳（J）。

26. 熱學實驗中，將一個絕熱的量熱計裝水 400 公克，量熱計中央有一個功率 500 瓦特的加熱棒。若要將水由 25.0°C 升溫至 50.0°C，需加熱幾分鐘？

11-3 物態的變化

27. 欲使質量爲 $m = 1$ kg，溫度爲 –20°C 的冰塊，變成溫度爲 100°C 的水蒸氣，需吸收多少熱量？
28. 質量很小的一只燒杯，裝有 $T_1 = 85$ °C 的水 500 克，問需加入 $T_2 = -20$ °C 的冰塊多少克，可使得最後的溫度爲 50°C？
29. 欲使質量爲 $m = 1$ kg，溫度爲 –10°C 的冰，變成 100°C 的水蒸氣，求需加入多少的熱量？
30. 一塊質量爲 $m = 10$ kg，溫度爲 0°C 的冰塊，以等速度推過地板。若冰塊與地板之間的摩擦係數爲 $\mu = 0.2$，設摩擦所產生的熱量全部都用於熔化冰塊，求冰塊在地板上推過 50 公尺的距離之後，有多少的冰塊溶解？
31. 一塊質量爲 $m_1 = 0.01$ kg，溫度爲 –10°C 的冰塊，放在質量爲 $m_2 = 0.2$ kg 黃銅製的量熱器中，量熱器內含有溫度爲 20°C，質量爲 $m_3 = 0.5$ kg 的水，另有溫度爲 100°C，質量爲 $m_4 = 0.01$ kg 的水蒸氣凝結，求系統最後的共同溫度？

11-4 熱的傳遞

32. 一根黃銅棒長度爲 $L = 3$ mm，截面積爲 $A = 2.5$ cm^2，其一端置於 $T_1 = 100$ °C 的水蒸氣中，另一端置於 $T_2 = 0$ °C 的冰塊中，求 20 分鐘內會有多少克的冰塊熔化成 0°C 的水？
33. 鋁製的平底鍋，其底部的厚度爲 $L = 3.0$ mm，截面積爲 $A = 0.05$ m^2，若平底鍋內裝有溫度 $T_1 = 100$ °C 的水，並被平均溫度爲 $T_2 = 160$ °C 的熱源加熱，求十分鐘內有多少的熱量通過平底鍋？
34. 由厚度爲 $L_1 = 0.08$ m 的隔熱磁磚，與厚度爲 $L_2 = 0.1$ m 的石棉所構成的牆，若其面積爲 $A = 5$ m^2，且內外的溫度分別爲 $T_1 = -20$ °C 與 $T_2 = 20$ °C，求熱流率以及兩層之間的溫度？
35. 某一球形黑體的半徑爲 $r = 0.2$ m，並保持在溫度爲 $T = 1000$ K，求其球體表面的輻射功率？
36. 某一黑體在溫度爲 $T_1 = 500$ K 時，其表面的輻射功率爲 20 瓦，求此黑體在溫度爲 $T_2 = 1000$ K 時，其表面的輻射功率爲何？
37. 冬天室外溫度 10.0°C，屋內開了暖氣，溫度 22.0°C。此房間有一個落地窗高 200 公分，寬 400 公分。玻璃厚度 1.2 公分。請計算此落地窗的熱損失率。（玻璃的熱導係數 $k = 0.8$ J/s · m · °C）
38. 一個天文學家觀測遙遠宇宙的一顆恆星 X，其表面溫度約爲 2000 K。若太陽與行星 X 的發射率相同，均爲 $e \approx 1$。恆星 X 能量輻射率是太陽能量輻射率的 5000 倍，請估算此恆星 X 的半徑。（太陽半徑約爲 6.96×10^8 公尺，太陽表面溫度約 5800 K）
39. 某設備有一根直徑 10 公分，長度 50 公分的鋁棒延伸至外部空氣中。設備內部一端溫度 400°C，另一端在 20°C 的空氣中。請計算此銅棒兩端的熱傳輸率。（銅棒的熱導係數 $k = 205$ J/s · m · °C）
40. 太陽光抵達地球表面的輻射能功率可以用下式表示：$\dfrac{\Delta Q}{\Delta t} = (1000\ \text{W/m}^2)eA\cos\theta$，其中 e 爲太陽光吸收率，A 爲受照面積，θ 爲太陽光線與受照面積法線的夾角。若太陽光照在一塊厚度 10 公分，面積 1 平方公尺的冰塊上，光線與面積法線夾角 30°，吸收率 $e = 0.05$。此時冰塊溫度 0°C，請問在此條件下須接受多少時間的陽光照射，冰塊才會完全融化成 0°C 的水？
41. 有一溫度 27°C 半徑爲 16 公分的鎢球，請問(a)此鎢球的輻射功率爲多少？（此鎢球發射率 $e = 0.40$）(b)若此鎢球被放置在一個封閉空間內，此封閉空間室溫保持在 5°C，此鎢球體的淨能量流出率爲何？

11-5 熱膨脹

42. 一根黃銅棒在 28°C 時，長度爲 $L_0 = 100$ cm，求在溫度多少度時，其長度會增加至 $L = 100.1$ cm？

*43. 若銅幣的溫度增加 100°C 時，其直徑增加 0.18%，求銅幣的體積增加多少百分率，銅幣的線膨脹係數爲何？

44. 某金屬柱由 0°C 升至 100°C 時，長度增加 0.23%，求該金屬的線膨脹係數爲何？其密度變化的百分率爲何？
45. 若在冬天溫度爲 $T_0 = 0$ °C 時安置長度各爲 $L_0 = 25$ m 的鐵軌，假設在夏天時，溫度會升高到 $T = 40$ °C，則兩段鐵軌之間的距離應留多大的空隙？
46. 在溫度爲 0°C 時，長度均爲 2 公尺的銅棒與鋼棒各一支，問在溫度爲多少度時，兩者之間的長度會相差 0.5 毫米？
47. 半徑爲 $R = 15$ cm 的銅球，從溫度 0°C 加熱至溫度 100°C，求其體積的改變量？

48. 設某線膨脹係數爲 α 的金屬線作成的單擺，若此單擺在溫度爲 0°C 時的週期爲 T，則溫度爲 30°C 時的週期爲何？

49. 設一金屬圈以及金屬球分別由線膨脹係數爲 α_1 與 α_2 的材料製成。已知溫度在 0°C 時，兩者半徑分別爲 r_1 與 r_2，其中 $r_1 < r_2$，今若溫度在 t °C 時，$r_1 = r_2$，則此溫度爲何？

50. 把質量爲 $m_1 = 200$ g 的冷金屬塊，投入質量爲 $m_2 = 100$ g，溫度爲 $T_1 = 10$ °C 的水中，當平衡後整個系統的溫度爲 $T_2 = 0$ °C，金屬塊上並附有一層 $m_3 = 10$ g 的冰。已知該金屬塊之比熱爲 $c_s = 0.10$ cal/g · °C，水的凝固熱爲 80 卡 / 克，假設整個系統沒有熱量流失，則該金屬塊原來的溫度爲何？

51. 一根鋼樑在溫度爲 $T_1 = 20$ °C 時，其截面積爲 $A = 6.0\times10^{-3}$ m^2，若溫度增加到 $T_2 = 40$ °C，求鋼樑的熱應變？

52. 上題中，鋼樑欲回復到原來的長度，需要多少的壓縮力？已知鋼樑的楊氏模量爲 $Y = 2\times10^{10}$ N/m^2。

53. 一個混凝土廣場預計使用 20°C 時，長 6 公尺的水泥預鑄板構建。若溫度範圍爲 –30°C 至 +50°C，則施工時，預鑄板間的防膨脹間隙應有多寬（20°C 時）以防預鑄水泥板間的膨脹破壞？（水泥板膨脹係數 12×10^{-6} 1/°C）

54. 鋁棒加熱至多少攝氏溫度，伸長量將會是 25°C 時長度的 1%？

55. 初始溫度 25°C，直徑 10 公分的銅球，加熱至 300°C。請問體積變化率爲多少？

56. 有一個金屬容器，20°C 可以裝滿 55.5 cc 的水至金屬容器最高緣。加熱至 60°C 後發現少了 0.30 公克的水。請計算此金屬容器的體膨脹係數，並猜測可能是哪一種金屬材料。

57. 有一鋁金屬棒，當溫度由 20°C 增加至 45°C 時，熱應力變化多少？（鋁的線膨脹係數 24×10^{-6} 1/°C，鋁的楊氏模量 72×10^9 N/m^2）

58. 橫截面積爲 0.050 平方公尺的 H 型鋼樑水平的與兩個垂直鋼柱做剛性連接。若鋼樑在溫度爲 25°C 時安裝，(a) 當溫度降至 –20°C，應力爲多少？(b)此 H 型鋼樑是否超過鋼材的極限強度？(c)若此鋼樑更換爲混凝土材質且橫截面積爲 0.200 平方公尺，此時應力多少？安全嗎？（鋼的楊氏模量 203×10^9 N/m^2，鋼的線膨脹係數 13×10^{-6} 1/°C，鋼的抗壓強度 500×10^6 N/m^2。水泥的楊氏模量 25×10^9 N/m^2，水泥的線膨脹係數 12×10^{-6} 1/°C，水泥的抗壓強度 2×10^6 N/m^2。）

Chapter 12

熱力學（II）

前言

熱力學是物理學中的一個分支，它所處理的問題是極大數目的多質點系統。在力學中，我們可能考慮的是一個單獨的質點，即使是對一群質點，我們也可用質量中心的觀念，來把一群質點看作是一個質點來描述其運動的情形。然而，對於一個熱力學系統，因爲它是由成千上萬的質點所組成，而且其形狀也會隨時在改變，故我們無法對每個質點作各別的描述。牛頓力學並不適用於處理極大數目的多質點系統，因此，對於這種系統我們通常是透過描述系統整體行爲的熱力學來處理。本章我們將介紹有關熱力學的一些定律，它們是描述系統有關熱力學行爲的基本定律，其重要性如同牛頓定律是描述物體受力作用而運動的情形。

Introduction

Thermodynamics is a branch of physics that deals with problems involving many particles in a system. In mechanics, we consider a system composed of a group of particles as a single particle. We use the concept of the center of mass to describe their motion as if they were a single particle. However, we cannot describe each particle individually for a thermodynamic system composed of thousands or millions of particles with its time-dependent shape. In other words, Newtonian mechanics does not apply to handle systems with such many particles. Thus, for such systems, we usually rely on thermodynamics to describe the system's overall behavior. In this chapter, we will introduce some laws of thermodynamics, which are fundamental laws describing the thermodynamic behavior of a system. Their importance is analogous to Newton's laws describeing the effect of forces acting on an object.

學習重點

- 認識四種重要的熱力學過程。
- 了解熱力學過程中的作功計算。
- 了解熱力學第一定律及其應用。
- 了解理想氣體動力論。
- 了解不同過程下，理想氣體的比熱。
- 認識熱機與冷機。
- 了解卡諾循環與卡諾熱機。
- 了解熱力學第二定律。
- 了解熵增原理。

12-1 熱力學定律

在力學上我們討論的是一個物體受力作用的運動情形，在熱力學中我們主要討論的是一個系統與外界之間所作的功以及熱的交換情形。熱力學所處理的是具有極多質點數目的系統，然而我們並不關心系統內各別質點的運動情形，整個系統整體的平均運動狀態才是我們討論的對象，系統整體的平均運動狀態所呈現出來的物理量就是諸如溫度、壓力、體積和能量等。一個系統的熱力學狀態係由這些溫度、壓力、體積和能量等狀態變數來描述。質量爲 m 的物質所處的熱力學狀態，可用壓力 P、體積 V 及溫度 T 來表示，從數學上來看，這些量之間有某種函數關係，可以表爲 $V = f(P,T,m)$，任何這樣的關係式稱爲狀態方程式。一個熱力學系統的狀態之變化情形可由兩個熱力學定律來描述，即熱力學第一定律與熱力學第二定律。

熱力學第一定律以牛頓力學的眼光來看，實際上就是能量守恆定律，而熱力學第二定律指出熱量的流動方向，它說明熱流的自然趨勢係由高溫處往低溫處流動，如同水的自然趨勢係由高處往低處流動一樣。整個牛頓力學的核心是牛頓第二運動定律，而整個熱力學的核心主要基於熱力學第一定律與熱力學第二定律。另外還有一個熱力學第三定律，它是描述系統在接近絕對溫度爲零度時的物理現象。如果再加上前一章所述，描述在熱平衡的狀態時，有一個稱爲溫度之共同性質的熱力學第零定律，那麼整個熱力學定律共有四個。

12-2 熱力學過程

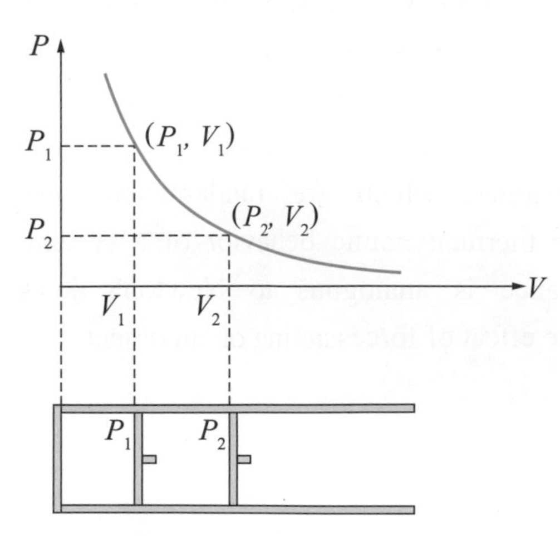

圖 12-1 氣缸內的氣體由始態 (P_1,V_1) 變化到終態 (P_2,V_2)。

如圖 12-1 所示，一個置於氣缸內的氣體，其熱力學狀態可由壓力和體積兩個狀態變數來描述。假設氣缸內的氣體系統由某一始態 (P_1,V_1) 變化到某一終態 (P_2,V_2)，而在 PV 圖上描繪出一條壓力和體積關係曲線，我們稱這種由某一始態到某一終態的連續變化過程爲一熱力學過程。

如果在過程的進行中，整個系統都保持著平衡狀態，此時系統可以由始態 (P_1,V_1) 慢慢的變化到終態 (P_2,V_2)，而亦可沿著相同的曲線，由終態 (P_2,V_2) 慢慢的變化到始態 (P_1,V_1)，此種過程稱爲可逆過程。可逆過程爲系統的狀態變化過程中，時時保持熱力學平衡的情形；反之，如果在一過程進行中，系統有不平恆狀態產生，則爲不可逆過程。就以圖 12-1 氣缸內的氣體爲例，如果我們不是讓氣體很緩慢的膨脹，而是猛然的拉動活塞，則此時氣缸內較爲接近的活塞部份的氣體，其壓力會因爲突然的變化而小於其它部份的壓力，而使得整個系統都處於不平衡的狀態，因此，這種不是緩慢拉動活塞的膨脹過程稱爲不可逆過程。反過來說，如果我們緩慢拉動活塞，讓氣體很緩慢的膨脹，則氣缸內壓力的變化便能有足夠的時間均勻的傳佈到氣缸內任何一處，而使得整個系統在緩慢的膨脹過程的進行中，隨時都保持著平衡狀態，因此，這種很緩慢的膨脹過程就是可逆過程。

嚴格說來，一般過程皆爲不可逆的，但我們可以將整個過程細分成無限多的小過程，讓每一個小過程中，系統的狀態皆趨近於平恆狀態，那麼整個系統係由起始狀態逐漸地經由這些無限多的小過程而達到終態，這樣的一個過程稱爲準靜過程，準靜過程可算是一個可逆過程。可逆過程是一個簡單而有用的觀念。對於氣體系統有四個重要的熱力學過程，它們分別爲定壓過程（isobaric process）、定容過程（isochoric process）、定溫過程（isothermal process）與絕熱過程（adiabatic process）。

12-3 熱力學過程中功的計算

如圖 12-2 所示，考慮氣缸內的氣體作功，若氣體的壓力爲 P，氣缸內活塞的截面積爲 A，則氣體作用於活塞的力爲 $F = PA$。此力剛好爲外界作用於活塞上大小相等的外力所平衡，今考慮在此力的作用下氣缸內的氣體有一小小的膨脹，迫使活塞移動一個小小的距離 Δx，若 Δx 很小的話，則在此一膨脹過程中壓力 P 可看成一定，因此，氣體克服外力所作的功爲

$$\Delta W = F\Delta x = PA\Delta x = P\Delta V \tag{12-1}$$

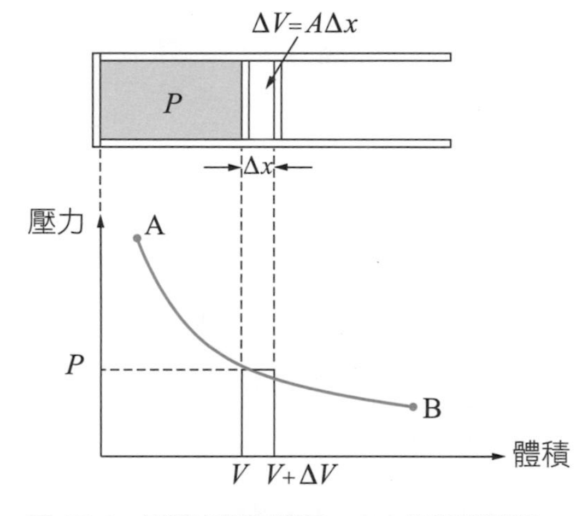

圖 12-2 氣缸內的氣體有一小小的膨脹過程。

此爲系統對外界所作的功。若氣體緩慢的逐漸膨脹，使活塞每次移動的距離均很小，則我們可逐一算出氣體由狀態 A 膨脹至狀態 B，系統對外界所作的總功爲

$$W = \lim_{n\to\infty}\sum_{i=1}^{n} P_i \Delta V_i = \int_{B}^{A} PdV \tag{12-2}$$

此爲圖 12-2 中由狀態 A 至狀態 B 曲線下的面積。由作功的數學式中可看出，當系統對外膨脹時，W 爲正值；反之，若外界對系統壓縮時，W 爲負值，前者我們稱系統對外作功，而後者爲外界對系統作功。

圖 12-3 是四種熱力作功的過程，我們分別計算定壓過程，定容過程，定溫過程與絕熱過程四種系統對外作功。

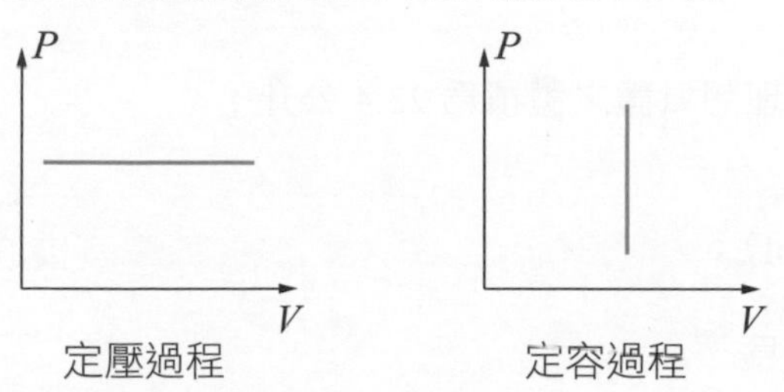

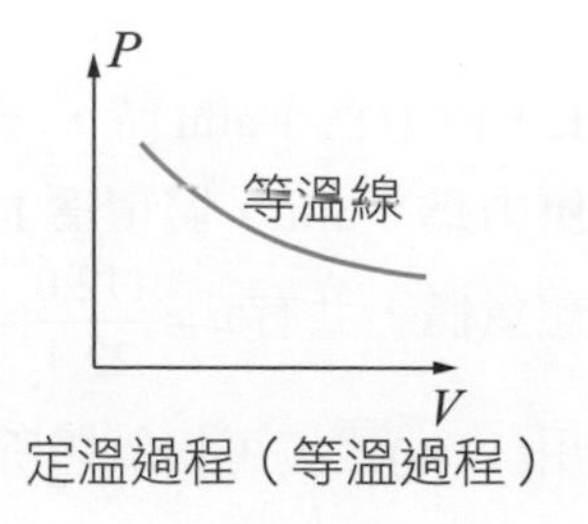

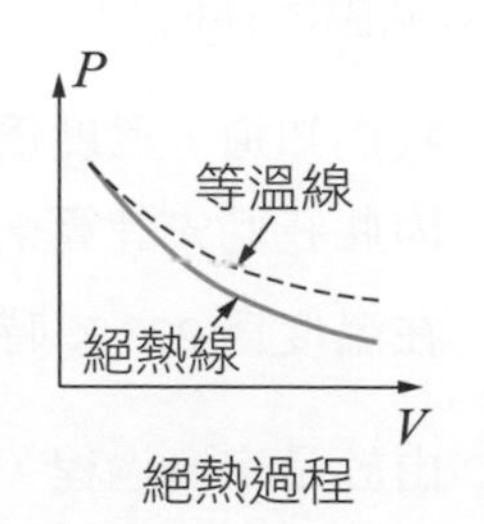

圖 12-3 氣體系統的四個重要熱力學過程。

(a) 定壓過程，壓力固定

$$W=\int_{V_1}^{V_2} PdV = P\int_{V_1}^{V_2} dV = P(V_2-V_1) \qquad (12\text{-}3)$$

(b) 定容過程，體積不變的內部氣體作功

$$W=\int_{V_1}^{V_2} PdV = 0 \qquad (12\text{-}4)$$

(c) 定溫過程（等溫過程）

對一般氣體而言，等溫過程的壓力與體積關係曲線是很複雜的，此處我們僅考慮理想氣體的情況。對於理想氣體，其壓力、體積與溫度的關係為

$$PV = nRT \qquad (12\text{-}5)$$

此式稱為理想氣體狀態方程式，式中 n 為莫耳數，R 為氣體常數 $R=8.314$ J/mol · K 或 $R=1.987$ cal/mol · K 由理想氣體狀態方程式可看出，當溫度保持不變時，壓力與體積成反比：$P=\dfrac{nRT}{V}$

$$W=\int_{V_1}^{V_2} PdV = \int_{V_1}^{V_2} \frac{nRT}{V}dV = nRT\ln\left(\frac{V_2}{V_1}\right) \qquad (12\text{-}6)$$

(d) 絕熱過程

首先說明，理想氣體莫耳比熱 C 的定義。有一 n 莫耳理想氣體，溫度升高 ΔT，此時增加之熱能為 $\Delta Q = nC\Delta T$。若理想氣體在固定體積的定容條件下，記為**理想氣體定容莫耳比熱** C_V；若理想氣體在固定壓力的定壓條件下，記為**理想氣體定壓莫耳比熱** C_P。C_P 與 C_V 的關係 $C_P = C_V + R$。（請注意：當理想氣體分子結構不相同時 C_V 的值可能不同，但是 $C_P = C_V + R$，$\gamma_t = \dfrac{C_P}{C_V}$ 為固定關係）

對理想氣體而言，絕熱過程中的壓力與體積的關係為 $PV^{\gamma_t} = A$，其中 γ_t 與 A 均為常數。

$$W=\int_{V_1}^{V_2} PdV = \int_{V_1}^{V_2} AV^{-\gamma_t}dV$$

$$=\frac{A}{1-\gamma_t}(V_2^{1-\gamma_t}-V_1^{1-\gamma_t}) = \frac{1}{1-\gamma_t}(AV_2^{1-\gamma_t}-AV_1^{1-\gamma_t})$$

$$=\frac{1}{1-\gamma_t}(P_2V_2^{\gamma_t}V_2^{1-\gamma_t}-P_1V_1^{\gamma_t}V_1^{1-\gamma_t}) = \frac{P_1V_1-P_2V_2}{\gamma_t-1} \qquad (12\text{-}7)$$

範例 12-1

試求在溫度為 273 K 之下，將某理想氣體由壓力為 1 大氣壓，體積為 112.0 公升，等溫壓縮至體積為 33.6 公升，求氣體所作的功？

題解 我們知道，溫度為 273 K，壓力為 1 atm 時，一莫耳的理想氣體之體積為 22.4 公升，

因此我們先計算一下，壓力為 1 atm，體積為 112.0 L，

在溫度為 273 K 時的理想氣體，共有 $n=\dfrac{112.0}{22.4}=5$（mol）；

由於是定溫過程，再利用(12-6)式，可得氣體所作的功為

$$W=\int_{V_1}^{V_2} PdV = \int_{V_1}^{V_2}\frac{nRT}{V}dV = nRT\ln\left(\frac{V_2}{V_1}\right) = (5)(8.314)(273)\ln\left(\frac{33.6}{112.0}\right) = -13.663\times10^3 \text{（J）}$$

12-4 熱力學第一定律

系統內能、熱量與功均爲能量的一種形式，在熱力學上我們必須區別此三者之間的關係。一個系統內含的能量係由於系統內諸質點的運動以及它們之間的交互作用而來，所以也稱爲內能，我們以 U 表之。內能爲描述熱力學狀態的參數，所以它也是一個狀態變數，熱量與功均不是狀態變數，它們是用來描述熱力學過程的參數，亦即在一指定的熱力學過程中我們會問系統自外界吸收了多少熱量？系統對外界作了多少的功？在熱力學上狀態變數又稱爲性質變數，而用來描述熱力學過程的參數則稱爲非性質變數，熱量與功是兩個非性質變數。當一個熱力系統循著某一熱力學過程由某一狀態變到另一狀態時，其內能的變化 ΔU 等於系統自外界所吸收的熱量 ΔQ 減去系統對外界所作的功 ΔW ，以數學式子表之爲

$$\Delta U = \Delta Q - \Delta W \qquad (12\text{-}8)$$

這就是熱力學第一定律（first law of thermodynamics）。

我們可以用兩個不同的角度來看熱力學第一定律。由於熱量與功均爲能量的一種形式，所以熱力學第一定律可以看成是能量守恆定律，此爲一種看法；另外，若系統與外界之間有能量的轉移時，則這種轉移只有兩個形式，一種是以熱量的形式，一種是以功的形式。熱力學第一定律不僅關係到能量本身，而且也關係到系統與外界之間能量的轉移。根據此定律，當有能量自系統轉移至外界時，這一能量必須先變換成熱量或功。當系統自外界所吸收熱量或外界對系統作功時，則這一熱量或功就會儲存在系統內成爲內能的一部份，僅僅當在作能量的轉移時，有熱量與功的暫時存在。

我們可以利用熱力學第一定律來計算在一個汽化過程中，氣體的能量變化情形。我們知道，汽化過程係在溫度與壓力保持不變的情況下進行的，今假設在某個汽化過程中，一個質量爲 m 的物質，其飽和液態的體積爲 V_{liq} ，飽和氣態的體積爲 V_{gas} ，則由於此汽化過程爲定壓過程，因此，該系統對外界所作的功爲

$$W = \int_{V_{\text{liq}}}^{V_{\text{gas}}} P dV = P\int_{V_{\text{liq}}}^{V_{\text{gas}}} dV = P(V_{\text{gas}} - V_{\text{liq}}) \qquad (12\text{-}9)$$

又在汽化過程中，系統也從外界吸收熱量，如果我們用 L 來表示汽化熱，則在汽化過程中，系統從外界吸收的熱量爲 $\Delta Q = mL$ 。由熱力學第一定律知，系統的內能變化 = 獲得的熱 − 對外作功，即

$$\Delta U = \Delta Q - \Delta W = mL - P(V_{\text{gas}} - V_{\text{liq}}) \qquad (12\text{-}10)$$

舉例說明，一個質量爲 $m = 1\text{ g}$ 的水，在壓力爲 $P = 1\text{ atm}$，溫度爲 $T = 100°\text{C}$ 之下汽化，其體積由 $V_{\text{liq}} = 1\text{ cm}^3$ 變爲 $V_{\text{gas}} = 1670\text{ cm}^3$，汽化熱爲 $L = 540\text{ cal/g}$，則在此汽化過程中，系統對外界所作的功爲

$$W = P\int_{V_{liq}}^{V_{gas}} dV = P(V_{gas} - V_{liq})$$
$$= (1.01\times10^5)(1670\times10^{-6} - 1\times10^{-6}) = 168.6 \text{ (J)}$$
$$= 40.3 \text{ (cal/g)}$$

在此汽化過程中，系統從外界吸收的熱量爲

$$\Delta Q = mL = 1\times540 = 540 \text{ (cal)}$$

由熱力學第一定律知，系統的內能變化爲

$$\Delta U = \Delta Q - \Delta W = 499.7 \text{ (cal)}$$

此即 1 克的飽和水蒸氣所含的熱量，比飽和的液態水多含有 499.7 cal 的熱量。

範例 12-2

如圖所示，一系統從狀態 i 沿路徑 iaf 變化到狀態 f，此時有 $Q_{iaf} = 60$ J 的熱流入系統，並對外界作功 $W_{iaf} = 30$ J。(a)若從狀態 i 沿路徑 ibf 變化到狀態 f 時，系統吸熱 $Q_{ibf} = 38$ J，求此時系統對外界作功多少？(b)若沿圖中的曲線路徑從狀態 f 返回狀態 i 時，系統對外界作功 $W_{fi} = -10$ J，則沿此曲線路徑，流出系統的熱流爲何？(c)若 $U_i = 10$ J，則 $U_f =$ ？(d)若 $U_b = 22$ J，則 $Q_{ib} =$ ？，$Q_{bf} =$ ？

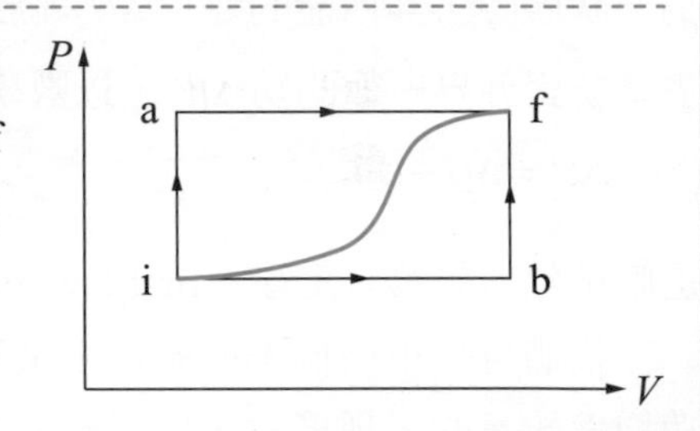

題解 (a)當系統從狀態 i 沿路徑 iaf 變化到狀態 f 時，$Q_{iaf} = 60$ J，$W_{iaf} = 30$ J；

當系統從狀態 i 沿路徑 ibf 變化到狀態 f 時，$Q_{ibf} = 38$ J，$W_{ibf} =$ ？

由熱力學第一定律 $\Delta U = \Delta Q - \Delta W$，知 $U_f - U_i = Q_{iaf} - W_{iaf} = Q_{ibf} - W_{ibf}$，$60 - 30 = 38 - W_{ibf}$，

則 $W_{ibf} = 8$ J，$U_f - U_i = 30$ J。

(b)沿曲線路徑從狀態 f 返回狀態 i 時，$\Delta U = U_i - U_f = Q_{fi} - W_{fi}$，$-30 = Q_{fi} - (-10)$，則 $Q_{fi} = -40$ J。

(c) $U_f - U_i = 30$ J，$U_f = U_i + 30 = 40$ J。

(d)當系統從狀態 i 沿路徑 ibf 變化到狀態 f 時，$U_b = 22$ J，$W_{ib} = W_{ibf} = 8$ J，

$U_b - U_i = Q_{ib} - W_{ib}$，則 $Q_{ib} = U_b - U_i + W_{ib} = 22 - 10 + 8 = 20$ （J）；

$U_f - U_b = Q_{bf} - W_{bf} = Q_{bf} - 0$，則 $Q_{bf} = U_f - U_b + W_{bf} = 40 - 22 = 18$ （J）。

範例 12-3

某汽缸內初始壓力爲 2 大氣壓，體積爲 3 公升，溫度爲 300 K 的空氣，熱力學過程如圖所示，依序爲：

過程 a：先在定壓下加熱至 500 K；

過程 b：再於定容下冷卻至 250 K；

過程 c：再於定壓下冷卻至 150 K；

過程 d：最後在於定容下加熱至 300 K。

求氣體所作的總功以及過程 a 中吸熱多少。

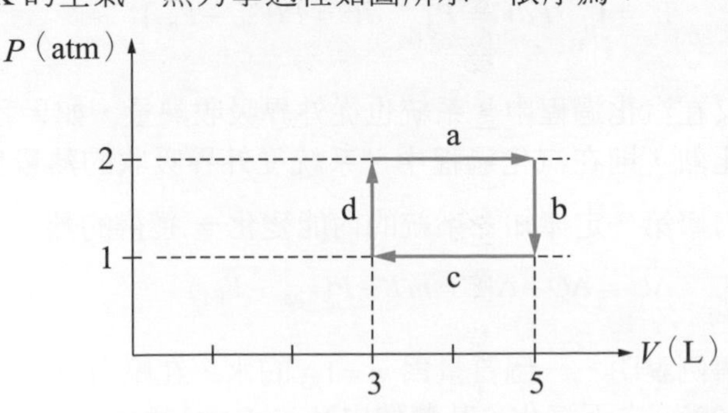

題解 過程 a：$P = kT\dfrac{N}{V}$，若 P, N 一定，則 $V \propto T$，

由 $\dfrac{V'}{3} = \dfrac{500}{300}$ 知 $V' = 5$ L，

$\Delta W_1 = P(V' - V) = 2(1.013\times10^5)(2\times10^{-3}) = 4.04\times10^2$ （J）；

過程 b：若 $\frac{N}{V}$ 一定，則 $P \propto T$，由 $\frac{P'}{2}=\frac{250}{500}$ 知 $P'=1\,\text{atm}$；

過程 c：若 P,N 一定，則 $V \propto T$，由 $\frac{V''}{5}=\frac{150}{250}$ 知 $V''=3\,\text{L}$，

$\Delta W_3 = P'(V''-V') = 1(1.013\times10^5)[(3-5)\times10^{-3}] = -2.02\times10^2$（J）；

過程 d：若 $\frac{N}{V}$ 一定，則 $P \propto T$，由 $\frac{P''}{P'}=\frac{300}{500}$，知 $P''=2\,\text{atm}$，

氣體所作的總功爲 $\Delta W = \Delta W_1 + \Delta W_3 = 2.02\times10^2$（J），

又氣體的內能變化爲 $\Delta U = N\Delta E_K = \frac{3}{2}P\Delta T = \frac{3}{2}(2)(1.013\times10^5)(2)(10^{-3}) = 6.06\times10^2$（J），

過程(a)中吸收的熱量爲 $\Delta Q = \Delta U + \Delta W_1 = 10.1\times10^2$（J）。

12-5 理想氣體動力論

所謂理想氣體（ideal gas）係假設氣體分子之間彼此無作用力，且每個分子均可看成只具有質量而不佔空間的一個質點。當然實際上並沒有眞正的理想氣體，不過在高溫以及低壓的情況下，分子與分子之間的平均距離很大，所以它們之間的交互作用很弱，且分子本身所佔的空間比起分子之間的平均距離小很多，在這種情況下，這樣的氣體可以看成是理想氣體。在高溫以及低壓的情況下，這樣的氣體具有特別簡單的狀態方程式，稱爲理想氣體狀態方程式，即爲 $PV=nRT$。就固定質量的理想氣體而言，nR 爲定值，因而 $\frac{PV}{T}$ 也是定值。因此，若以 1 與 2 爲下標記號，代表同質量的某氣體在不同的壓力、體積與溫度之兩種狀態，則

$$\frac{P_1V_1}{T_1}=\frac{P_2V_2}{T_2}=\text{常數（波以耳-查爾斯定律）} \qquad (12\text{-}11)$$

若 T_1 與 T_2 相等，則

$$P_1V_1 = P_2V_2 = \text{常數（波以耳定律）} \qquad (12\text{-}12)$$

上式爲**在定溫下，定質量的氣體之壓力與體積的乘積爲定值，此稱之爲波以耳定律**（Boyle's Law），而(12-11)式稱之爲波以耳-查爾斯定律（Boyle-Charles Law）。

要得到理想氣體狀態方程式，我們需由一些假設加之於理想氣體內各分子的運動，並由此推導出氣體分子的運動與這些狀態變數，壓力 P、溫度 T、體積 V、內能 U 的關係，此即所謂的理想氣體動力論。對於理想氣體我們係假設：(1)氣體由分子組成，氣體的質量爲各組成分子質量的總和。(2)氣體的體積爲各分子間之空間，亦即，各分子本身的體積爲零。(3)溫度在絕對零度以上時，分子即不斷地在作直線運動。(4)各分子向各方向作任意運動，每一方向的機率均相同。(5)兩分子間的碰撞爲彈性碰撞。(6)分子的平均動能與絕對溫度成正比。利用這些假設我們可以推導出理想氣體狀態方程式。

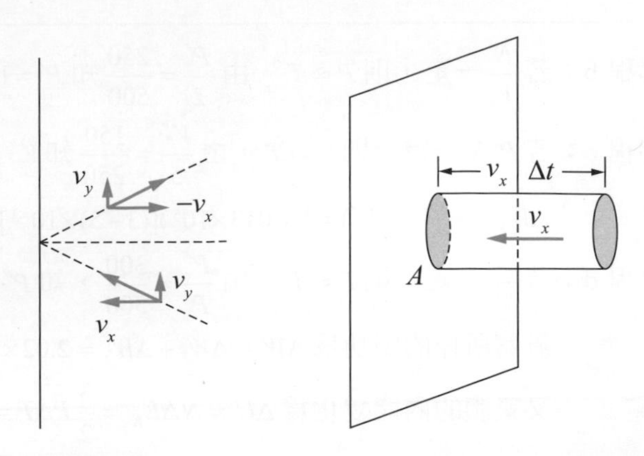

圖 12-4 理想氣體模型。

如圖 12-4 所示，茲考慮體積爲 V 的容器，有 N 個完全相同質量爲 m 的分子，假設分子與容器器壁間的碰撞爲彈性碰撞，首先考慮在 Δt 時間內撞擊面積 A 的分子數，此爲 $(\frac{1}{2})(\frac{N}{V})(Av_x\Delta t)$，其中 $(\frac{N}{V})$ 爲單位體積內的分子數，而 $(\frac{1}{2})$ 代表平均說來有一半的分子是沿反方向運動。由於在每次碰撞中 x 方向的動量變化爲 $2mv_x$，因此，總動量變化 Δp_x 爲 $2mv_x$ 乘以碰撞次數，即

$$\Delta p_x = (\frac{1}{2})(\frac{N}{V})(Av_x\Delta t)(2mv_x) = \frac{NAmv_x^2\Delta t}{V} \tag{12-13}$$

因此，總動量變化率爲

$$\frac{\Delta p_x}{\Delta t} = \frac{NAmv_x^2}{V} \tag{12-14}$$

此即爲面積 A 的器壁施予分子的力，此力的反作用力爲分子施予器壁的力，而壓力爲此力除以面積 A，即

$$P = \frac{F}{A} = \frac{\Delta p_x}{A\Delta t} = \frac{Nmv_x^2}{V} \tag{12-15}$$

事實上對所有的分子 v_x 都不會相同，因此，上式的分子速度 v_x 應以平均值 $\overline{v_x}$ 代替。此外，v_x 只與分子的速率有關，而 x、y、z 三個方向是完全相等的，因此，每一維度 $v_x^2 = \overline{v_x}^2 = \frac{1}{3}\overline{v}^2$，由此

$$PV = \frac{1}{3}Nm\overline{v}^2 = (\frac{2}{3})(\frac{1}{2})Nm\overline{v}^2 \tag{12-16}$$

或寫爲

$$P = (\frac{1}{3})(\frac{Nm}{V})\overline{v}^2 = (\frac{1}{3})\rho\overline{v}^2 \tag{12-17}$$

上式中 ρ 爲理想氣體的密度。又 $\frac{1}{2}m\overline{v}^2$ 爲單一分子的平均動能，記爲 $E_K = \frac{1}{2}m\overline{v}^2$，它與分子總數的乘積即爲內能，即 $U = NE_K = \frac{1}{2}Nm\overline{v}^2$，

故 $PV=\frac{2}{3}U$。又由理想氣體狀態方程式 $PV=nRT$，知理想氣體的內能為

$$U=\frac{3}{2}nRT \tag{12-18}$$

單一分子的平均動能為

$$E_K=\frac{1}{2}m\overline{v}^2=\frac{U}{N}=\frac{3nRT}{2N} \tag{12-19}$$

而理想氣體的壓力可表為

$$P=\frac{2N}{3V}(\frac{1}{2}m\overline{v}^2)=(\frac{2N}{3V})E_K \tag{12-20}$$

此一關係式將理想氣體的壓力與氣體分子的平均動能連接起來，因而提供了一個壓力的動力學定義。

根據莫耳數 n 等於分子總數 N 除以亞佛加厥常數（Avogadro's constant）N_a，即 $n=\frac{N}{N_a}$，$N_a=6.02\times10^{23}$ mol，為一莫耳中的組成粒子數。吾人可得 $\frac{1}{2}m\overline{v}^2=\frac{3RT}{2N_a}$，其中 $\frac{R}{N_a}$ 又稱為波茲曼常數（Boltzmann constant），通常以 k 表之為

$$k=\frac{R}{N_a}=\frac{8.31}{6.02\times10^{23}}=1.38\times10^{-23}\ (\text{J/K}) \tag{12-21}$$

於是單一分子的平均動能可表為

$$E_K=\frac{1}{2}m\overline{v}^2=\frac{3kT}{2} \tag{12-22}$$

若利用氣體的分子量 $M=mN_a$，可得

$$N_aE_K=N_a(\frac{1}{2}m\overline{v}^2)=\frac{1}{2}M\overline{v}^2=\frac{3RT}{2} \tag{12-23}$$

上式與前一式子分別表示單獨一個分子以及一莫耳的分子的動能與溫度的關係，此一關係式將理想氣體的溫度與氣體分子的平均動能連接起來，因而提供了一個溫度的動力學定義。吾人可得 $\overline{v}^2$ 的平方根，一般稱為均方根速率（root-mean-square speed）

$$v_{rms}=\sqrt{\overline{v}^2}=\sqrt{\frac{3kT}{m}}=\sqrt{\frac{3RT}{M}}=\sqrt{\frac{3P}{\rho}} \tag{12-24}$$

有時我們將理想氣體的狀態方程式用分子的觀點寫出來會比較方便，則此時由 $N=nN_a$ 以及 $R=kN_a$，由此可得

$$PV=NkT\ （理想氣體方程式） \tag{12-25}$$

所以我們可用每一個分子為基礎的波茲曼常數 k，代替以每一莫耳為基礎的理想氣體常數 $R=8.31$ J/mol · K。

理想氣體動力論的幾個公式：

1. 壓力的動力學定義，$P=\frac{2N}{3V}(\frac{1}{2}m\overline{v^2})=(\frac{2N}{3V})E_K=\frac{1}{3}\rho\overline{v^2}$

   又由 $P=kT\frac{N}{V}$ 知 $E_K=\frac{3}{2}kT=\begin{cases}(2.07\times10^{-23}\ \text{J/分子數}\cdot\text{K})\times T\\(12.4\ \text{J/mol}\cdot\text{K})\times T\end{cases}$

2. 溫度的動力學定義，$T=\frac{2}{3}\frac{N_a E_K}{R}=\frac{2}{3}\frac{E_K}{k}$

3. 分子均方根速率為 $v_{rms}=\sqrt{\overline{v^2}}=\sqrt{\frac{3kT}{m}}=\sqrt{\frac{3RT}{M}}=\sqrt{\frac{3P}{\rho}}=\sqrt{\frac{3PV}{mN}}$

   其中 $n=\frac{N}{N_a}$，$R=kN_a$，$\rho=\frac{Nm}{V}$，$M=mN_a$。

範例 12-4

有 1 莫耳的理想氣體在 0°C，1 大氣壓下，體積為 22.4 公升，試求波茲曼常數 k 及氣體常數 R。

題解 首先我們須知 $1\ \text{atm}=1.013\times10^5\ \text{N/m}^2=1.013\times10^5\ \text{Pa}=76\ \text{cm-Hg}$，

$1\ \text{L}=1000$ 立方公分 $=1000\ \text{cc}=1000\ \text{mL}=10^{-3}\ \text{m}^3$，

$1\ \text{mol}=6.02\times10^{23}$。

由理想氣體狀態方程式 $PV=nRT$ 或 $PV=NkT=nN_akT$ 知

$$k=\frac{PV}{nN_aT}=\frac{(1.013\times10^5\ \text{N/m}^2)(2.24\times10^{-2}\ \text{m}^3)}{(6.02\times10^{23})(273\ \text{K})}=1.38\times10^{-23}\ \text{J/K}，$$

$$R=\frac{PV}{nT}=\frac{(1.013\times10^5\ \text{N/m}^2)(2.24\times10^{-2}\ \text{m}^3)}{(1\ \text{mol})(273\ \text{K})}=8.31\ \text{J/mol}\cdot\text{K}。$$

範例 12-5

體積一定的容器內裝有一定量的理想氣體，若於其絕對溫度增倍時，容器內單位時間與器壁之單位面積發生碰撞的氣體分子數為原來的幾倍？

題解 由 $P=\frac{F}{A}=\frac{N\frac{\Delta p}{\Delta t}}{A}=\frac{N\Delta p}{A\Delta t}$ 知 $\frac{N}{A\Delta t}=\frac{P}{\Delta p}$，令 $n\equiv\frac{N}{A\Delta t}$，又由於壓力與絕對溫度成正比，

即 $P\propto T$，而分子的動量為 $p=mv$，$\Delta p=m\Delta v$，$\Delta p'=m\Delta v'$，$v\propto\sqrt{T}$

$$\frac{\Delta p'}{\Delta p}=\frac{\Delta v'}{\Delta v}=\frac{v'}{v}=\sqrt{\frac{T'}{T}}，故\ \frac{n}{n'}=\frac{\frac{P}{\Delta p}}{\frac{P'}{\Delta p'}}=\frac{P}{P'}\frac{\Delta p'}{\Delta p}=\frac{T}{T'}\sqrt{\frac{T'}{T}}=\frac{1}{2}\sqrt{\frac{2}{1}}=\frac{1}{\sqrt{2}}，n'=\sqrt{2}n，\sqrt{2}\ 倍。$$

範例 12-6

某開口的容器，其體積不因溫度而變，內有 27°C 的 1 莫耳理想氣體，若欲驅走原有分子數的 $\frac{2}{5}$，求應加熱至多少度。

題解 開口的容器 P 與 V 一定，由 $PV=NkT$ 知，N 與 T 成反比，於是 $\frac{N'}{N}=\frac{T}{T'}$，$N'=(1-\frac{2}{5})N=\frac{3}{5}N$，

即 $\frac{\frac{3}{5}N}{N}=\frac{300}{T'}$，故 $T'=500\ \text{K}=227°\text{C}$。

範例 12-7

有一個容積爲 10 立方公尺的熱氣球，重量爲 1.0 公斤，設環境的溫度爲 $T=27\,°\text{C}$，壓力爲 $P=1.0\times10^5\ \text{N/m}^2$，而當時熱氣球內的空氣之平均分子量爲 30 克 / 莫耳，求熱氣球內必須趕走多少的空氣分子，熱氣球才會開始上浮？

題解 首先，我們需在溫度爲 $T=27\,°\text{C}=300\ \text{K}$，壓力爲 $P=1.0\times10^5\ \text{N/m}^2$，容積爲 $10\ \text{m}^3$，

熱氣球內的空氣之平均分子量爲 30 g/mol 時，求出那個時候熱氣球內的空氣密度 d。

今由理想氣體狀態方程式，知 $PV=nRT$，故 $PV\times d=d\times nRT$；

假設那個時候熱氣球內的空氣質量爲 m_0，則 $m_0=Vd$，故 $P\,m_0=d\times nRT$。

已知當時熱氣球內，空氣之平均分子量爲 $M=30\ \text{g/mol}=30\times10^{-3}\ \text{kg/m}^3$，

假設當時熱氣球內，空氣的分子數爲 1 mol，則可將 $m_0=M$，$n=1$ 代入上式而得 $PM=dRT$。

由此可得，在那個時候熱氣球內的空氣密度 d 爲

$$d=\frac{PM}{RT}=\frac{(1.0\times10^5\ \text{N/m}^3)(30\times10^{-3}\ \text{kg/mol})}{(8.31\ \text{J/mol}\cdot\text{K})(300\ \text{K})}=1.203\ \text{kg/m}^3，$$

又容積爲 $10\ \text{m}^3$ 的熱氣球，空氣所能提供的浮力爲 $B=Vdg=(10\ \text{m}^3)(1.203\ \text{kg/m}^3)(10\ \text{m/s}^2)=120.3\ \text{N}$，

亦即此浮力所能提供的空氣重量爲 $B=120.3\ \text{N}=12.03\ \text{kgw}$。

若再扣掉熱氣球本身的重量 1.0 kg，

則熱氣球內最多能容納的空氣重量爲 $W=12.03\ \text{kgw}-1.0\ \text{kgw}=11.03\ \text{kgw}$。

由此可知，熱氣球內最多能容納的空氣質量爲 11.03 kg，我們可計算一下，

熱氣球內的空氣重量爲 12.03 kg 時，熱氣球內的空氣數目爲 $N=\dfrac{12.03\ \text{kg}}{30\times10^{-3}\ \text{kg/mol}}\times6.02\times10^{23}$ 分子/mol；

而熱氣球內的空氣重量爲 11.03 kg 時，熱氣球內的空氣的 $N'=\dfrac{11.03\ \text{kg}}{30\times10^{-3}\ \text{kg/mol}}\times6.02\times10^{23}$ 分子/mol，

$\dfrac{N'}{N}=\dfrac{11.03}{12.03}=\dfrac{1.103}{1.203}=0.917$，又由 $\dfrac{N'}{N}=0.917$，知必須趕走 8.3 %的空氣分子。

又設熱氣球內的空氣的數目爲 N' 時的溫度爲 T'，則由 N 與 T 成反比，知 $T'=\dfrac{N}{N'}T=327.15\ \text{K}=54°\text{C}$。

12-6 理想氣體的比熱

我們已經知道，理想氣體單一分子的平均動能爲 $E_\text{K}=\dfrac{3kT}{2}$，而整個理想氣體的內能爲 $U=\dfrac{3}{2}NkT=\dfrac{3}{2}nRT$，此式告訴我們理想氣體的內能只是溫度的函數，與壓力及體積無關。由此式我們可求出理想氣體的定容比熱及定壓比熱。

如圖 12-5 所示，取一個有溫度變化 ΔT 的定容過程 ac，在此過程中 n 莫耳理想氣體的內能變化爲

$$\Delta U=\frac{3}{2}nR\,\Delta T \tag{12-26}$$

由於定容過程不作功 $W_\text{ac}=0$，因此，由熱力學第一定律知，由外界獲得的熱 ΔQ 爲

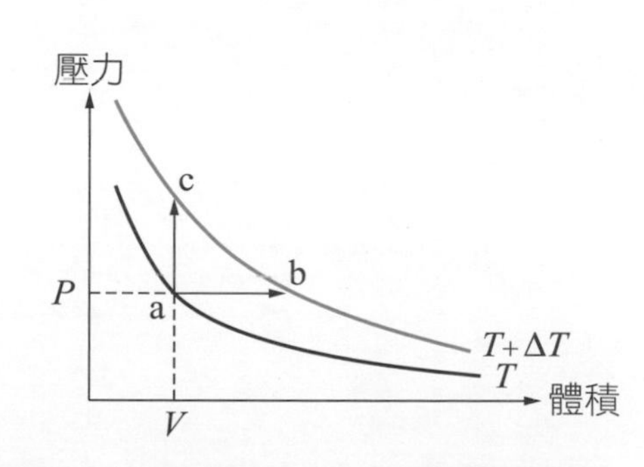

圖 12-5 理想氣體的定容過程及定壓過程。

$$\Delta Q = \Delta U = \frac{3}{2}nR\Delta T = nC_V\Delta T \tag{12-27}$$

熱容量爲物質改變溫度時所需的熱量，對每一莫耳的物質，每單位溫度變化的熱容量稱爲物質的莫耳比熱。在定容條件下測得的稱爲定容莫耳比熱，以 C_V 表之，依此定義

$$C_V = \left(\frac{\Delta Q}{n\Delta T}\right)\bigg|_V = \left(\frac{3}{2}\right)R = 2.98 \ (\text{cal/mol} \cdot \text{K}) \tag{12-28}$$

需注意，不同分子結構 C_V 值不同。

今令壓力保持不變，選取一個在體積變化 ΔV 的定壓過程 ab，在此過程中系統對外界所作的功爲 $\Delta W = P\Delta V$，由理想氣體的狀態方程式知

$$V = \frac{nR}{P}T \text{，} \Delta V = \frac{nR}{P}\Delta T \tag{12-29}$$

故

$$\Delta W = P\Delta V = nR\Delta T \tag{12-30}$$

再由熱力學第一定律可得

$$\Delta Q = \Delta U + \Delta W = \frac{3}{2}nR\Delta T + nR\Delta T = \frac{5}{2}nR\Delta T \tag{12-31}$$

在定壓下測得的稱爲定壓莫耳比熱，以 C_P 表之，此時 $C_P = C_V + R$。依此定義

$$C_P = \left(\frac{\Delta Q}{n\Delta T}\right)\bigg|_P = \left(\frac{5}{2}\right)R = 4.97 \ (\text{cal/mol} \cdot \text{K}) \tag{12-32}$$

$$C_P - C_V = R = 1.99 \ (\text{cal/mol} \cdot \text{K}) = 8.314 \ (\text{J/mol} \cdot \text{K}) \tag{12-33}$$

其次，我們可證明在理想氣體的絕熱過程中，壓力與體積的關係爲 $PV^{\gamma_t} = C$，其中 $\gamma_t = \frac{C_P}{C_V}$ 與 C 均爲常數。首先由 $U = \frac{3}{2}nRT$ 知

$$dU = \frac{3}{2}nRT\,dT = nC_V dT \tag{12-34}$$

我們知道在絕熱過程中，$dQ = 0$，所以根據熱力學第一定律可得

$$dU = -dW \tag{12-35}$$

或寫爲

$$nC_V dT + dW = 0 \tag{12-36}$$

當氣體的體積作一微量 dV 的改變時，則氣體所作的功爲 $dW = PdV$，因此

$$nC_V dT = -PdV \tag{12-37}$$

又由理想氣體的狀態方程式 $PV = nRT$ 知

$$PdV + VdP = nRdT \tag{12-38}$$

將 $ndT = -\dfrac{PdV}{C_V}$ 代入上式可得

$$P(C_V + R)dV + C_V VdP = 0 \tag{12-39}$$

對理想氣體而言，$C_V + R = C_P$，今定義 $\gamma_t = \dfrac{C_P}{C_V}$，則

$$\gamma_t \frac{dV}{V} + \frac{dP}{P} = 0 \tag{12-40}$$

積分後可得

$$\gamma_t \ln V + \ln P = 常數 \tag{12-41}$$

由此可得

$$PV^{\gamma_t} = 常數 \tag{12-42}$$

又由理想氣體的狀態方程式 $PV = nRT$，可知

$$PVV^{\gamma_t - 1} = nRTV^{\gamma_t - 1} = 常數 \tag{12-43}$$

由此可得

$$TV^{\gamma_t - 1} = 常數 \tag{12-44}$$

在理想氣體的絕熱膨脹過程中，$PdV > 0$，因此，$dU = nC_V dT = -PdV < 0$，由此可知，理想氣體的絕熱膨脹過程中，$dT < 0$，溫度會下降。由 $PV^{\gamma_t} = 常數$，可得

$$V^{\gamma_t} dP + \gamma_t V^{\gamma_t - 1} PdV = 0 \tag{12-45}$$

亦即，對理想氣體的絕熱過程而言，$\dfrac{dP}{dV} = -\gamma_t \dfrac{P}{V}$。又由理想氣體的狀態方程式 $PV = nRT$ 知，在理想氣體的等溫過程中，$\dfrac{dP}{dV} = -\dfrac{P}{V}$，由於 $\gamma_t > 1$，因此，我們可推知，在 P-V 圖上某一定點的絕熱曲線之斜率，會較等溫曲線之斜率為陡，如圖 12-6 所示。

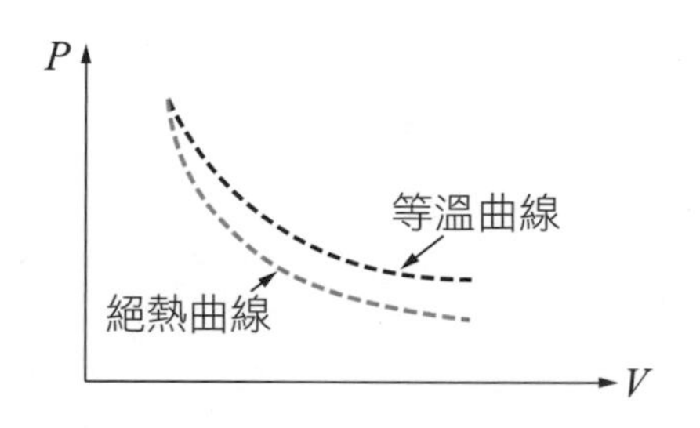

圖 12-6 絕熱曲線之斜率，較等溫曲線之斜率為陡。

範例 12-8

有溫度為 27°C 的氦氣 8 克，當其與溫度 24°C 並與外界隔絕的水互相接觸以後，兩者的溫度變為 25°C，求此水的質量？

題解 由理想氣體的內能 $U = \dfrac{3}{2}nRT$，知 $\Delta U = \dfrac{3}{2}nR\Delta T$，氦氣的莫耳數 $n = \dfrac{8}{4} = 2\ \text{mol}$。

8 g 的氦氣，溫度由 27°C 變為 25°C 時，所失去的內能為

$\Delta U = \dfrac{3}{2}(2)(8.31)(27-25) = 49.86\ (\text{J}) = \dfrac{49.86}{4.18} = 11.93\ (\text{cal})$；

水的溫度由 24°C 變為 25°C 時，所增加的熱能為 $\Delta Q = ms\Delta T$；

由能量守恆知，$\Delta Q = \Delta U$，$m = \dfrac{\Delta Q}{c_s \Delta T} = \dfrac{\Delta U}{c_s \Delta T} = \dfrac{11.93\ \text{cal}}{(1\ \text{cal/g}\cdot°\text{C})(1°\text{C})} = 11.93\ \text{g}$。

範例 12-9

在湖底有 1 克的氫氣氣泡，於 27°C 時的體積爲 5.6×10^3 立方公分，求湖的深度？

題解 1 克的氫氣爲 0.5 mol，又體積爲 $5.6\times10^3\ \text{cm}^3$ 等於 $5.6\times10^{-3}\ \text{m}^3$，$27°\text{C}=300\ \text{K}$，

大氣壓力 $1\ \text{atm}=1.013\times10^5\ \text{Pa}$，由理想氣體狀態方程式 $PV=nRT$ 知

$$P=\frac{nRT}{V}=\frac{(0.5\ \text{mol})(8.31\ \text{J/mol}\cdot\text{K})(300\ \text{K})}{5.6\times10^{-3}\ \text{m}^3}=2.23\times10^5\ \text{Pa}$$ 。

再利用 $P=P_0+\rho gh$，$h=\dfrac{P-P_0}{\rho g}=\dfrac{2.23\times10^5\ \text{Pa}-1.013\times10^5\ \text{Pa}}{(1000\ \text{kg/m}^3)(9.8\ \text{m/s}^2)}=12.42\ \text{m}$ 。

其中水的密度爲 $\rho=1\ \text{g/m}^3=1000\ \text{kg/m}^3$ 。

12-7 布朗運動

植物學家布朗（Robert Brown）於西元 1827 年，觀察花粉微粒在水中運動的情形，發現花粉微粒不停的作不規則的連續運動，從不靜止，此即所謂的布朗運動。花粉微粒所含的原子數目的數量級約在 10^{10} 至 10^{11} 之間，這類粒子無論在氣體或液體中，必隨時爲群集的運動分子所撞擊，因爲在某一瞬間，正反兩方面所受到的水分子之撞擊力，可能不同，於是此花粉微粒便獲得淨力而產生運動方向與速度大小的突然變化。溫度愈高，密度愈小，微粒體積愈小，質量愈小都會使布朗運動加劇。由於布朗運動的發現，使我們確信分子的確在不停的運動著，此對理想氣體動力論提供了確實可靠的證據。

12-8 分壓定律

在西元 1802 年，道耳頓（John Dalton）由實驗發現：不引起化學反應的混合氣體，其總壓力爲各成分氣體壓力之總和，而提出**分壓定律，即：定溫下混合氣體在定體積內的總壓力 P，等於各成分氣體單獨佔有該定體積時，各別氣體壓力 P_1、P_2、…之總和，即 $P=P_1+P_2+\cdots$**。假定混合氣體中含有某氣體 n_1 莫耳，另一氣體 n_2 莫耳，第三種氣體 n_3 莫耳。設總體積爲 V，溫度爲 T，三種氣體視爲理想氣體，則可求得其分壓爲 $P_1=\dfrac{n_1RT}{V}$，$P_2=\dfrac{n_2RT}{V}$，$P_3=\dfrac{n_3RT}{V}$，而混合氣體的總壓力爲

$$\begin{aligned}P&=P_1+P_2+P_3\\&=\frac{(n_1+n_2+n_3)RT}{V}=\frac{nRT}{V}\text{，}n=n_1+n_2+n_3\end{aligned}\qquad(12\text{-}46)$$

若比較分壓與總壓力，可得

$$P_1=\frac{n_1}{n}P\text{，}P_2=\frac{n_2}{n}P\text{，}P_3=\frac{n_3}{n}P\qquad(12\text{-}47)$$

由理想氣體動力論知，各別氣體之平均動能與絕對溫度成正比，今在定溫下

$$\frac{1}{2}m\overline{v_1}^2=\frac{1}{2}m\overline{v_2}^2=\frac{1}{2}m\overline{v_3}^2=\frac{3kT}{2} \tag{12-48}$$

又各別氣體的體積相同

$$P_1V=\frac{1}{3}N_1m_1\overline{v_1}^2=(\frac{2}{3})(\frac{1}{2})N_1m_1\overline{v_1}^2=N_1kT=n_1N_akT \tag{12-49}$$

同理，$P_2V=n_2N_akT$，$P_3V=n_3N_akT$，而混合氣體的總壓力爲

$$PV=nN_akT=(n_1+n_2+n_3)N_akT \tag{12-50}$$

因此，

$$P=\frac{nN_akT}{V}=\frac{(n_1+n_2+n_3)N_akT}{V}=P_1+P_2+P_3 \tag{12-51}$$

設兩種氣體混合前各別氣體的溫度，壓力及體積都不相同，第一種氣體爲T_1、P_1、V_1，第二種氣體爲T_2、P_2、V_2，氣體混合前各別氣體的平均速率分別爲v_1、v_2，氣體混合後各別氣體的平均速率分別爲v_1'、v_2'。若氣體混合後的溫度，壓力及體積爲T'、P'、V'則由氣體混合前後分子數目不變，知

$$\frac{P_1V_1}{T_1}+\frac{P_2V_2}{T_2}=\frac{P'V'}{T'} \tag{12-52}$$

由於氣體混合後達平衡時，溫度相同，因此，各別氣體的平均動能相同

$$\frac{1}{2}m_1\overline{v_1'}^2=\frac{1}{2}m_2\overline{v_2'}^2 \tag{12-53}$$

若在氣體混合時無熱能的損失，則混合前後，能量守恆

$$\begin{aligned}N_1(\frac{1}{2}m_1\overline{v_1}^2)+N_2(\frac{1}{2}m_1\overline{v_1}^2)&=(N_1+N_2)(\frac{1}{2}m_1\overline{v_1'}^2)\\&=(N_1+N_2)(\frac{1}{2}m_1\overline{v_2'}^2)\end{aligned} \tag{12-54}$$

混合後的溫度T'爲

$$N_1(\frac{3}{2}kT_1)+N_2(\frac{3}{2}kT_2)=(N_1+N_2)(\frac{3}{2}kT') \tag{12-55}$$

混合後的壓力P'爲

$$\frac{3}{2}P_1V_1+\frac{3}{2}P_2V_2=\frac{3}{2}P'V' \tag{12-56}$$

範例 12-10

在同溫下原子量各為 M_1 與 M_2 的兩種單原子氣體，裝在容積為 V 的容器中，若此兩種氣體的分子數各為 N_1 與 N_2，總動能各為 K_1 與 K_2，平均速率各為 v_1 與 v_2，求此容器的總壓力以及兩種氣體的動能比，速率比。

題解 兩種氣體的動能比為 $\dfrac{K_1}{K_2}=\dfrac{N_1(\frac{1}{2}m_1v_1^2)}{N_2(\frac{1}{2}m_2v_2^2)}=\dfrac{N_1(\frac{3}{2}kT)}{N_2(\frac{3}{2}kT)}=\dfrac{N_1}{N_2}$，

對每個分子而言，由於 $\frac{1}{2}mv^2=\frac{3}{2}kT$，因此，$T=\frac{2}{3k}(\frac{1}{2}mv^2)$。

若溫度固定，則分子的速率與分子的質量之關係為 $v\propto\dfrac{1}{\sqrt{m}}$，於是兩種氣體的速率比為 $\dfrac{v_{\text{rms}1}}{v_{\text{rms}2}}=\sqrt{\dfrac{M_2}{M_1}}$，

此容器的總壓力為 $P=P_1+P_2=\dfrac{kTN_1}{V}+\dfrac{kTN_2}{V}$。

範例 12-11

如圖所示為一個矩形容器，中間以可活動的活塞隔為兩室，若先固定活塞，左室盛有 1 大氣壓的 O_2，右室盛有 2 大氣壓的 He，求平衡時左室的壓力以及活塞的位置。

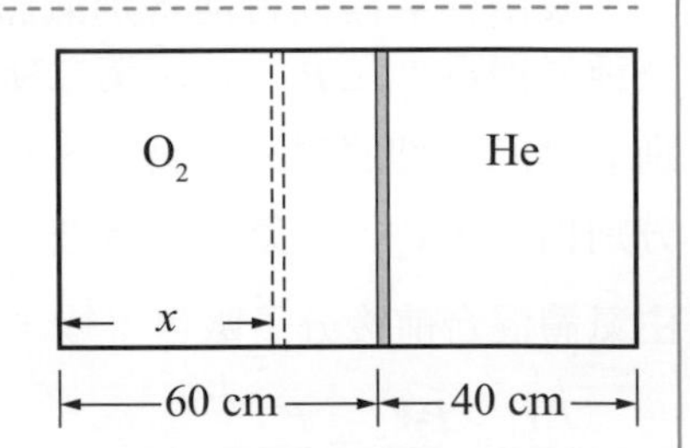

題解 設左室 O_2 的分子數為 N_1，右室 He 的分子數為 N_2，

活塞截面積為 A，平衡時活塞與左端的距離為 x。

則由 $N=N_1+N_2$ 可得 $\dfrac{P(V_1+V_2)}{kT}=\dfrac{P_1V_1}{kT}+\dfrac{P_2V_2}{kT}$，

由此可得 $P(V_1+V_2)=P_1V_1+P_2V_2$，$P(60A+40A)=1(60A)+2(40A)$，

則 $P=1.4\text{ atm}$，又由波以耳定律可得 $P_1V_1=PV'$，則 $1(60A)=1.4(x\times A)$，故 $x=43\text{ cm}$；

或由 $2(40A)=P(100-x)\times A$，$x=43\text{ cm}$。

12-9 熱機與冷機

工業社會的主要特色在於運用人力以外的能源，這些能源所產生的能量大部分須由燃燒燃料而來，有時我們可以直接使用燃燒燃料所產生的熱能，如煮飯燒開水，但是若要使機器運轉，則須將熱能轉換成機械能。任何能將熱能轉換成機械能的機器稱為熱機（heat engine），在熱機中，有某定量的物質會進行許多熱力循環，這些物質稱為該機器的工作物質。在熱機中，工作物質會在經過一連串的過程之後，又回復到原先的起始狀態，我們稱工作物質係進行一個循環。熱機在一個循環中，會從高溫的熱源取得熱能，然後作機械功，再將多餘的熱排放至低溫處。

若一個系統在經過一個循環之後，它的最初與最後的內能相等，由熱力學第一定律可知 $\Delta U=U_2-U_1=\Delta Q-\Delta W=0$，在這一個循環中，流入熱機的淨熱能等於該機械所作的功，亦即 $\Delta Q=W$。若熱機的工作物質在一個循環中，從高溫的熱庫吸收熱量 Q_{H}，而將熱量

Q_C 排放至低溫的熱庫，並對外界作功 W，則在一個循環中，流入熱機的淨熱能為

$$\Delta Q = Q_H - Q_C \tag{12-57}$$

由熱力學第一定律知

$$W = \Delta Q = Q_H - Q_C \tag{12-58}$$

一個循環的熱機效率（thermal efficiency）以 ς 表示，其定義為

$$\varsigma = \frac{W}{Q_H} = \frac{Q_H - Q_C}{Q_H} = 1 - \frac{Q_C}{Q_H} \tag{12-59}$$

冷機（refrigerator）可以看成是反向操作的熱機，熱機從高溫的熱庫吸收熱量，把其中一部分的熱轉化為機械功輸出，並將多餘的熱量排放至低溫的熱庫，可是冷機卻從低溫的熱庫取得熱量，再由對冷機作功，然後將熱量排放至高溫的熱庫。若冷機的工作物質在一個循環中，從低溫的熱庫吸收熱量 Q_C，而將熱量 Q_H 排放至高溫的熱庫，並由對冷機作功 W，則由熱力學第一定律知

$$\Delta U = \Delta Q - (-W) = 0 \tag{12-60}$$

因此

$$\Delta Q = -Q_H + Q_C = -W \tag{12-61}$$

或

$$Q_H - Q_C = W \tag{12-62}$$

我們定義冷機的性能係數（coefficient of performance）κ 為

$$\kappa = \frac{Q_C}{W} = \frac{Q_C}{Q_H - Q_C} \tag{12-63}$$

12-10 奧托循環與內燃機

汽油機又稱為內燃機，它是靠汽油在汽缸內燃燒爆炸推動活塞來產生的動力。圖 12-7 顯示內燃機的主要結構，它的頂部有進氣活門，排氣活門，及火星塞，汽缸中有一個可往返運動的活塞，藉著活塞的往返運動可將能量輸送出去成為推動機械的動能。

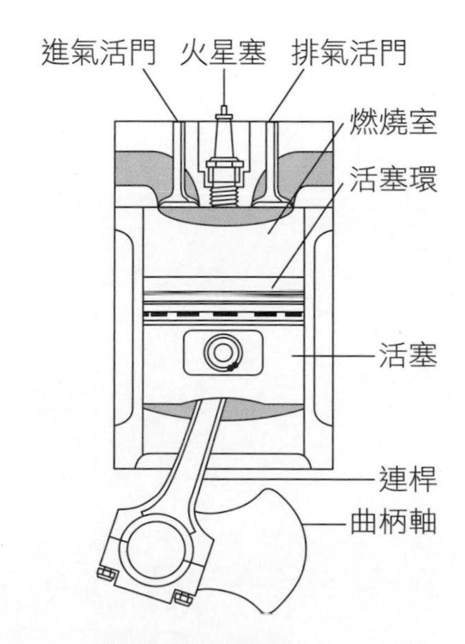

圖 12-7 內燃機的主要結構。

當內燃機發動時，活塞周而復始的在汽缸內作往返的運動，形成所謂的循環，此內燃機的循環可用幾個階段來分析。如圖 12-8 所示，(1)打開進氣活門，活塞往下運動，將經過適當比例混合的空氣與汽油吸入汽缸內，此一過程通常稱為進氣衝程。(2)活塞往上運動，將混合的空氣與汽油壓縮，於是溫度上升，此一過程通常稱為壓縮衝程。(3)火星塞點火，使在汽缸內的油氣爆炸，於是汽缸內的壓力突然升高，此一過程通常稱為燃燒衝程。(4)藉著汽缸內爆炸的油氣膨脹，使活塞往下運動，此一過程通常稱為動力衝程。(5)打開排氣

活門，於是汽缸內的壓力突然降低。(6)活塞往上運動，將燃燒完的廢氣排出汽缸，此一過程通常稱爲排氣衝程，排氣之後，再重覆(1)至(6)的步驟，形成內燃機的循環。

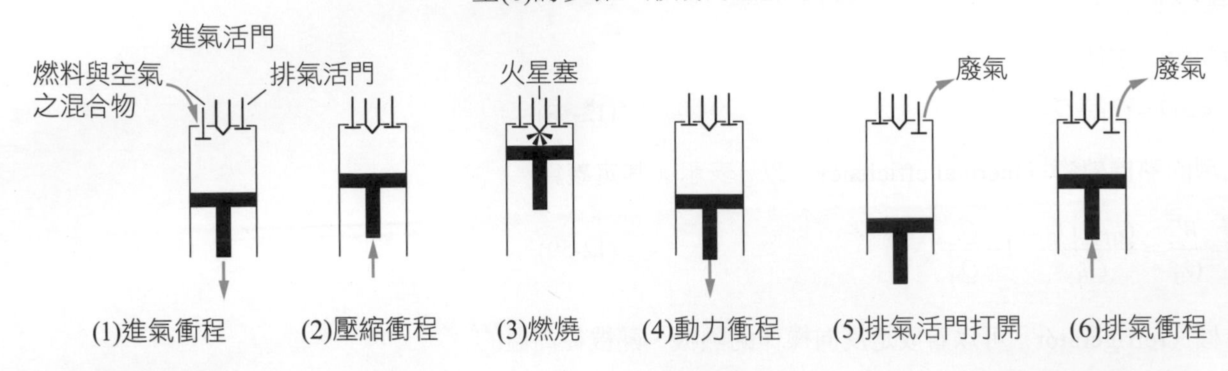

圖 12-8 內燃機的幾個過程。

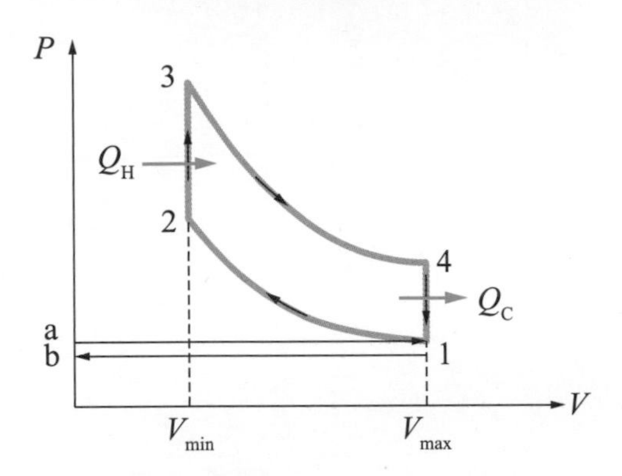

圖 12-9 奧托循環。

我們可將上述的內燃機循環稍作簡化，即假設每一循環中所吸進之空氣與汽油視爲一定，爆炸所產生的熱量以及排出廢氣所含的熱量也視爲一定，並且不計汽缸本身的熱量散失，則每一循環中內燃機對外所作的功 W，便等於每一循環中所吸進的熱量 Q_H 與排出的熱量 Q_C 之差，即 $W = \Delta Q = Q_H - Q_C$。如圖 12-9 所示，將內燃機的循環運作過程用 P-V 圖表示出來，稱爲奧托循環（Otto cycle）。圖中由 a 到 1 爲進氣衝程，此階段汽缸內的壓力大約與大氣壓力相等，汽缸內的體積增加，氣體對外作功。圖中由 1 到 2 爲壓縮衝程，此階段汽缸內的體積減少，壓力突然升高，是一種絕熱壓縮過程。圖中由 2 到 3 爲燃燒衝程，此階段汽缸內氣體的體積沒有變化，而壓力突然上升，是一種定容過程。圖中由 3 到 4 爲動力衝程，此階段汽缸內氣體的體積迅速的增加，壓力下降，是一種絕熱膨脹過程。圖中由 4 到 1，此階段汽缸內氣體的體積沒有變化，氣體沒有作功。圖中由 1 到 b 爲排氣衝程，此階段活塞在一定的壓力之下往上運動，將燃燒完的廢氣排出汽缸。

我們現在對內燃機的奧托循環作一個理論的分析，在此分析中，假設汽缸內的氣體隨時滿足理想氣體方程式 $PV = nRT$。奧托循環的吸熱過程爲圖中由 2 到 3 爲燃燒衝程，在此一過程中系統所吸收的熱量爲

$$Q_H = nC_V(T_3 - T_2) \tag{12-64}$$

奧托循環的放熱過程爲圖中由 4 到 1 的過程，在此一過程中系統所放出的熱量爲

$$Q_C = nC_V(T_4 - T_1) \tag{12-65}$$

由熱力學第一定律，經過一個循環的內能變化爲零，即

$$\Delta U = \Delta Q - W = 0 \tag{12-66}$$

因此，經過一個循環系統所作的功爲

$$W = \Delta Q = Q_H - Q_C = nC_V[(T_3 - T_2) - (T_4 - T_1)] \quad (12\text{-}67)$$

此奧托循環的熱機效率 ς 爲

$$\varsigma = \frac{W}{Q_H} = 1 - \frac{Q_C}{Q_H} = 1 - \frac{T_4 - T_1}{T_3 - T_2} \quad (12\text{-}68)$$

又由 1 到 2 爲絕熱壓縮過程，由 $TV^{\gamma_t - 1}$ = 常數，可得

$$T_1 V_1^{\gamma_t - 1} = T_2 V_2^{\gamma_t - 1} \quad (12\text{-}69)$$

由 3 到 4 爲絕熱膨脹過程，由 $TV^{\gamma_t - 1}$ = 常數，可得

$$T_3 V_3^{\gamma_t - 1} = T_4 V_4^{\gamma_t - 1} \quad (12\text{-}70)$$

又因爲 $V_1 = V_4$，$V_2 = V_3$，故

$$(T_4 - T_1) V_4^{\gamma_t - 1} = (T_3 - T_2) V_3^{\gamma_t - 1} \quad (12\text{-}71)$$

亦即

$$\frac{T_4 - T_1}{T_3 - T_2} = \left(\frac{V_3}{V_4}\right)^{\gamma_t - 1} \quad (12\text{-}72)$$

如果我們定義壓縮比爲

$$\Gamma = \frac{V_4}{V_3} = \frac{V_1}{V_2} \quad (12\text{-}73)$$

則此奧托循環的熱機效率 ς 可寫爲

$$\varsigma = 1 - \frac{T_4 - T_1}{T_3 - T_2} = 1 - \left(\frac{V_3}{V_4}\right)^{\gamma_t - 1} = 1 - \left(\frac{1}{\frac{V_4}{V_3}}\right)^{\gamma_t - 1} = 1 - \frac{1}{\Gamma^{\gamma_t - 1}} \quad (12\text{-}74)$$

由上式可知，氣缸的壓縮比 $\Gamma = \frac{V_4}{V_3} = \frac{V_1}{V_2}$ 其數值愈大，則內燃機的熱機效率 ς 愈高，但是高的壓縮比會增加絕熱壓縮過程中空氣與汽油混合的溫度，因此，若壓縮比太高，則由於在壓縮過程的某一點，便會溫度升高到不待火星塞點火就可自燃的情況，如此一來，機械零件所承受的磨損也會造成問題。通常內燃機的壓縮比都限制在 7 到 10 之間。空氣的 γ_t 值約爲 $\gamma_t = 1.4$，若壓縮比爲 $\Gamma = 10$，則內燃機效率爲 $\varsigma = 0.6$。

12-11 卡諾循環與卡諾熱機

我們知道，沒有一種熱機具有 100 %的熱機效率，但是若給定兩個熱庫，溫度分別爲 T_H 與 T_C，則運轉於其間的熱機之最大效率是多少？這個問題是由法國工程師卡諾（Nicolas Carnot）在西元 1824 年解答出來。卡諾發展一種理想化的熱機，其與熱力學第二定律相符

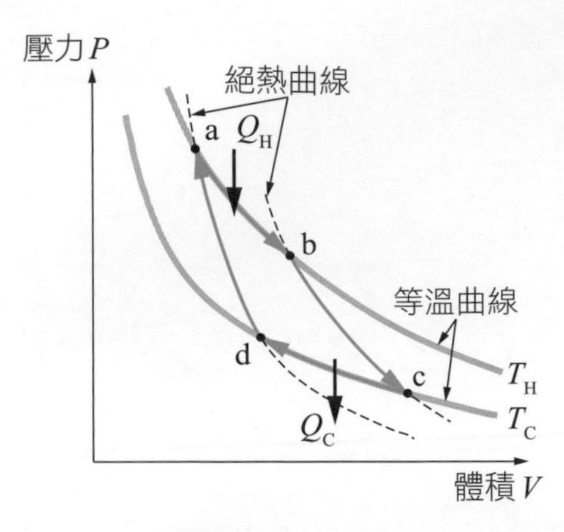

圖 12-10 卡諾循環。

合並具有最大的可能效率，此熱機稱為卡諾熱機（Carnot heat engine），而其循環稱為卡諾循環（Carnot cycle）。卡諾循環是以理想氣體作為工作物質，並由兩個可逆等溫過程與兩個可逆絕熱過程所組成的循環，如圖 12-10 所示。

1. 工作物質在高溫 T_H 進行等溫膨脹過程 a → b，吸熱 Q_H 。
2. 在絕熱膨脹過程 b → c 中，溫度下降至 T_C 。
3. 工作物質在低溫 T_C 進行等溫壓縮過程 c → d，放熱 Q_C 。
4. 在絕熱壓縮過程 d → a 中，工作物質又回復到原先的起始狀態。

由於理想氣體的內能只和溫度有關，因此，理想氣體的內能在等溫過程中保持常數，因為 Q_H 等於等溫膨脹過程 a → b 中，理想氣體對外界所作的功 W_{ab}，因此，

$$Q_H = nRT_H \ln\frac{V_b}{V_a} \tag{12-75}$$

同理

$$Q_C = nRT_C \ln\frac{V_c}{V_d} \tag{12-76}$$

兩個熱量的比值為

$$\frac{Q_C}{Q_H} = \frac{T_C}{T_H}\frac{\ln\frac{V_c}{V_d}}{\ln\frac{V_b}{V_a}} \tag{12-77}$$

理想氣體絕熱過程的關係式 $PV^{\gamma_i}=$常數，亦可寫為 $TV^{\gamma_i-1}=$常數，對兩個絕熱過程而言

$$T_H V_b^{\gamma_i-1} = T_C V_c^{\gamma_i-1} \tag{12-78}$$

$$T_H V_a^{\gamma_i-1} = T_C V_d^{\gamma_i-1} \tag{12-79}$$

由此可得

$$\frac{V_b}{V_a} = \frac{V_c}{V_d} \tag{12-80}$$

因此

$$\frac{Q_C}{Q_H} = \frac{T_C}{T_H} \tag{12-81}$$

由此可得卡諾循環的熱機效率為

$$\varsigma = 1 - \frac{T_C}{T_H} \tag{12-82}$$

這個簡單的結果告訴我們，卡諾循環的熱機效率只與兩個熱庫的溫度有關。當兩個熱庫的溫度相差很大時，效率可接近於 1，溫度相差小時，效率遠小於 1。熱力學中有一個卡諾定理，是說運轉於兩

個熱庫之間的任何熱機的效率都會比卡諾熱機爲低。而且運轉於兩個熱庫之間的卡諾熱機是與其工作物質無關的，只要是卡諾循環，則其熱機效率都一樣。克耳文就是利用卡諾熱機的這一性質，建立了絕對溫標。卡諾循環可以用來定義溫度標度，如我們所知，運轉於兩個熱庫之間的卡諾熱機是與其工作物質的本性無關，熱機效率只是工作物質溫度的函數。若考慮使用不同的工作物質之卡諾熱機，它們從相同的高溫熱庫吸熱並向相同的低溫熱庫放熱，則它們的熱機效率都相同，即

$$\varsigma = 1-\frac{T_C}{T_H} = 1-\frac{Q_C}{Q_H} = \text{定值} \tag{12-83}$$

由於這些卡諾熱機的 $\frac{Q_C}{Q_H}$ 之值都相同，因此，克耳文倡議將兩個熱庫溫度的比值定義爲熱量 Q_H 與 Q_C 的比值，即

$$\frac{T_C}{T_H} = \frac{Q_C}{Q_H} \tag{12-84}$$

爲了說明絕對溫標的概念，我們規定水的三相點溫度爲 $T_{tr} = 273.16\ \text{K}$，今讓卡諾熱機在溫度爲 T 與 $T_C = T_{tr}$ 的兩個熱庫之間操作，則

$$\frac{T}{T_C} = \frac{Q}{Q_C} \tag{12-85}$$

由此可得

$$T = (273.16\ \text{K})\frac{Q}{Q_C} \tag{12-86}$$

今若將此式與理想氣體溫標的對應式 $T = (273.16\ \text{K})\lim\limits_{P_{tr}\to 0}\frac{P}{P_{tr}}$ 相比較，我們可以看出絕對溫標中的 Q 擔任測溫性質的角色。這個測溫性質是很客觀的，並不會受到所選用的工作物質影響。使用理想氣體運轉的卡諾熱機，當完成一個循環時，其吸熱與排熱的比 $\frac{Q_H}{Q_C}$ 是等於兩個熱庫的溫度比 $\frac{T_H}{T_C}$，而既然在兩個溫標中水的三相點溫度都是 273.16 K，因此，絕對溫標與理想氣體溫標是相同的。

由 $\frac{T}{T_C} = \frac{Q}{Q_C}$ 可知，在固定的兩絕熱線之間，等溫過程所傳遞的熱隨著溫度的降低而減少，反之，若 Q 值愈小，則對應的溫度也愈低。Q 值最小值是零，而其對應的溫度則爲絕對零度了。實驗上是否能達到絕對零度是一個有趣而重要的問題。顯然的，在越接近絕對零度時，更低的溫度是越難達到。物理學家把此一事實視爲自然界的一個定律，亦即**我們可以接近絕對零度，卻不可能眞正達到絕對零度**，此稱之爲**熱力學第三定律**（third law of thermodynamics）。如果有一

台卡諾熱機運轉於高溫熱庫 T_H 與低溫熱庫 $T_C = 0$ 之間，則由(12-82)式可知此卡諾熱機的效率為 $\varsigma = 1 - (\frac{T_C}{T_H}) = 1$。然而，**熱力學第三定律排除了絕對零度的可能性，因此，也就沒有效率為 100 %的熱機。**

12-12 熱力學第二定律

我們知道，一般的熱機是一個非常缺乏效率的機械，它從高溫熱庫所吸收熱量 Q_H，只有一部份被轉換成為有用的功，即使我們改良熱機本身的結構，仍然有相當多的熱量 Q_C 被排放到低溫熱庫。這使我們想到是否能設計一種完美的熱機，能把從高溫熱庫所吸收熱量 Q_H 完全轉換成為有用的功。如圖 12-11(a)所示，在實際的熱機中，其所吸收的熱量 Q_H，只有一部份被轉換成為有用的功 W，其餘的熱量 Q_C 被排放出。如圖 12-11(b)所示，在完美的熱機中，其所吸收的熱量 Q_H，全部被轉換成為有用的功 W。

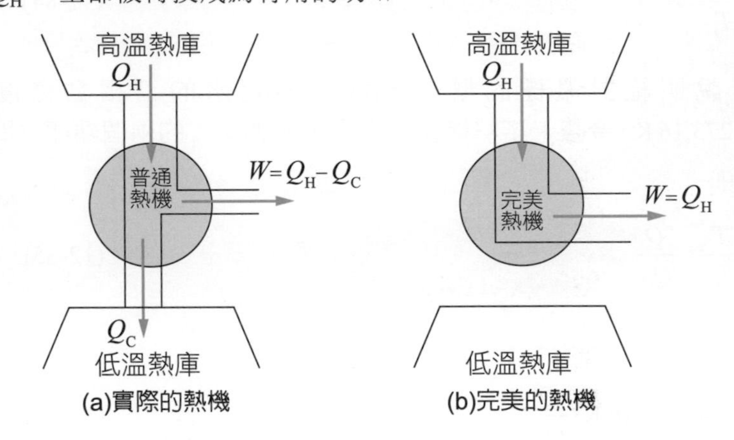

圖 12-11 熱機。

在冷機的運轉機構中，我們知道需要外界對冷機作功，才能把熱量從低溫熱庫送到高溫熱庫處，這使我們想到是否能設計一種完美的冷機，能把直接的熱量從低溫熱庫送到高溫熱庫去，而不需要外界對冷機作功。如圖 12-12(a)所示，在實際的冷機中，從低溫熱庫吸收熱量 Q_C，需要外界對冷機作功 $W = Q_H - Q_C$，才能把熱量 Q_H 送到高溫熱庫處去。如圖 12-12(b)所示，在完美的冷機中，把熱量 Q_C 從低溫熱庫送到高溫熱庫處，並不需要外界對冷機作功。

這兩種充滿希望的企圖，並不違反熱力學第一定律，因為熱機是將熱能轉換成為機械能，在整個循環過程中，仍是符合能量守恆的，可是這種追求完美機械的企圖，並未能實現。**熱力學第二定律**（second law of thermodynamics）斷定此類完美的機械並不存在。

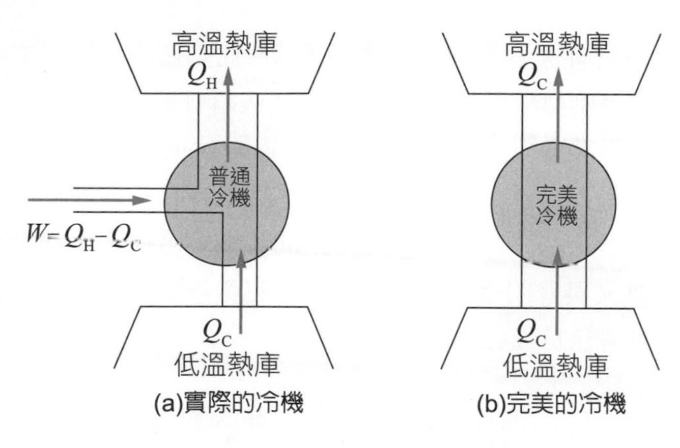

圖 12-12 冷機。

熱力學第二定律有兩種說法，其一為沒有一種熱機可以在完成一個循環之後，僅僅從外界吸收熱量並把這些熱量完全轉變為對外界所作的功，這是克耳文與普朗克（Max Planck）的說法。另一為沒有一種冷機在完成一個循環之後，能夠把熱量從低溫的熱庫抽到高溫的熱庫而不需要外界對它作功，這是克勞修斯（Rudolf Clausius）的說法。

這兩種說法可以證明是完全相當的。欲證明兩種說法完全相當，須證明假若其中的一種說法錯誤，則另一種說法亦錯誤。如圖 12-13 所示，今假設克勞修斯的說法錯誤，亦即是有一種完美的冷機，當其運轉於兩個不相同溫度的熱庫之間時，並不需要外界對冷機作功，即能將熱量 Q_C 從低溫熱庫送到高溫熱庫處去。再假設有一個普通的熱機亦運轉於此兩個不相同溫度的熱庫之間，使它由高溫熱庫吸收 Q_H 的熱量，而對外作功並剛好把熱量 Q_C 排放到低溫熱庫去，如果此一普通的熱機與完美的冷機相結合，則此一種組合成的熱機就會成為一具違反克耳文與普朗克的說法的熱機。由此我們證明了，若克勞修斯的說法不對，則克耳文與普朗克的說法亦不對。

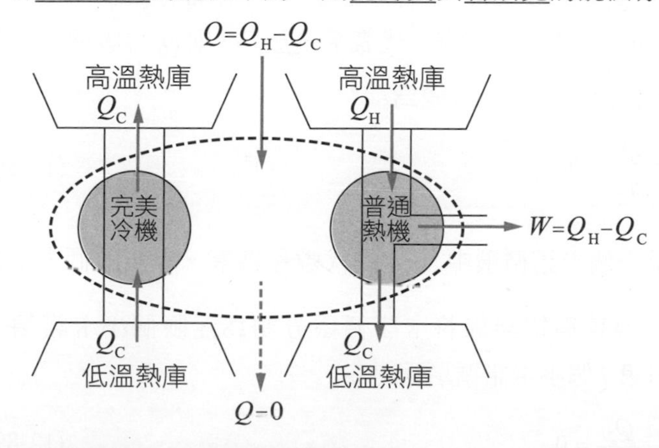

圖 12-13 普通的熱機與完美的冷機相結合。

反之，假設克耳文與普朗克的說法錯誤，亦即是有一種完美的熱機，當其運轉於兩個不相同溫度的熱庫之間時，自高溫熱庫吸收 Q_H，可全部用來作功而沒有放出熱量至低溫熱庫去。如圖 12-14 所示，茲再假設有一個普通的冷機亦運轉於此兩個不相同溫度的熱庫之間，使完美的熱機所作的功 W 剛好輸入給普通的冷機，而使得普通的冷機可自低溫熱庫吸收熱量 Q_C，並排放 Q_H+Q_C 的熱量到高溫熱庫處去。如果此一普通的冷機與完美的熱機相結合，則此一種組合成的冷機就會成爲一具違反克勞修斯的說法的冷機。由此我們證明了，若克耳文與普朗克的說法不對，則克勞修斯的說法亦不對。因此，這兩種說法可以說是完全相當的。

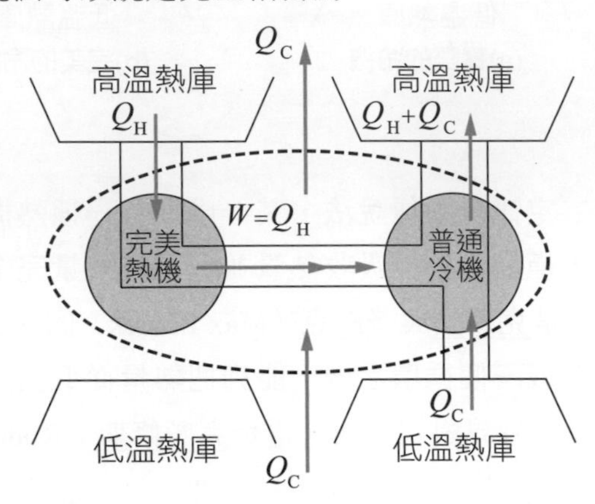

圖 12-14 普通的冷機與完美的熱機相結合。

12-13 熵與熵增原理

熵

我們知道，在經過一個卡諾循環時，一個卡諾熱機在高溫熱庫 T_1 吸收熱量 Q_1 與在低溫熱庫 T_2 放出熱量 Q_2 有如下的關係

$$\frac{Q_1}{T_1}=\frac{Q_2}{T_2} \tag{12-87}$$

式中 Q_1 與 Q_2 均取正值，今若以熱量流入系統爲正值，代表系統吸熱，而熱量流出系統爲負值，代表系統放熱，則 Q_1 爲吸熱取正值，Q_2 爲放熱取負值，於是上式變爲

$$\frac{Q_1}{T_1}+\frac{Q_2}{T_2}=0 \tag{12-88}$$

此式表示一個卡諾循環中，$\dfrac{Q}{T}$ 的代數和爲零。現再我們考慮用許許多多的等溫線與絕熱線將卡諾循環分割爲無限個小卡諾循環的集合，則對第 i 個小卡諾循環而言

$$\frac{Q_{1i}}{T_{1i}}+\frac{Q_{2i}}{T_{2i}}=0 \tag{12-89}$$

對整個卡諾循環而言

$$\sum_i \frac{Q_{1i}}{T_{1i}}+\frac{Q_{2i}}{T_{2i}}=0 \tag{12-90}$$

當分割至無限小的極限時上式可寫為

$$\oint \frac{dQ}{T} = 0 \tag{12-91}$$

此式表示在可逆過程中，物系由狀態 a 移至狀態 b，$\int_a^b \frac{dQ}{T}$ 的值與所經的路徑無關。若系統先由狀態 a 經路徑 1 移至狀態 b，再由狀態 b 經路徑 2 移回至狀態 a，則

$$\frac{dQ}{T} = \int_{a\,(1)}^{b} \frac{dQ}{T} + \int_{b\,(2)}^{a} \frac{dQ}{T} = 0 \tag{12-92}$$

於是

$$\int_{a\,(1)}^{b} \frac{dQ}{T} = \int_{a\,(2)}^{b} \frac{dQ}{T} \tag{12-93}$$

故知 $\int_a^b \frac{dQ}{T}$ 的值與所經的路徑無關，而是由狀態 a 和狀態 b 所決定，因此，我們定義一個狀態函數，稱為熵（entropy，符號為 S），使得

$$S_b - S_a = \int_a^b \frac{dQ}{T} \tag{12-94}$$

在此我們必須注意到的是，由於卡諾循環是一個可逆循環，因此，上式必須使用於可逆過程。若狀態 a 與狀態 b 之間是一個無限小的過程，則熵 S 的變化量為

$$dS = \frac{dQ}{T} \tag{12-95}$$

熵增原理

我們發現**一個孤立系統的熵只能增加，而不會減少**。所謂孤立系統是指系統不與外界有功及熱量的交換。例如有一系統包含冰塊與蒸氣，並與外界隔離，那麼冰塊所吸收的熱量與蒸氣所放出的熱量相等。設想冰塊與蒸氣之間有一薄層，它的溫度由冰塊的溫度 T_2 逐漸遞增到蒸氣的溫度 T_1，如此，冰塊與蒸氣之間所發生的過程均為可逆的，假設有 ΔQ 的熱量由蒸氣流入冰塊，則冰塊的熵增加量為 $\Delta S_{冰} = \frac{\Delta Q}{T_2}$，蒸氣的熵減少量為 $\Delta S_{蒸氣} = \frac{\Delta Q}{T_1}$，而整個系統的熵增加量為 $\Delta S = \Delta S_{冰} + \Delta S_{蒸氣} = (\frac{1}{T_2} - \frac{1}{T_1})\Delta Q$，$\Delta S$ 恆大於零。

不僅當系統內各子系統之間有熱量的交換時，會導至整個系統的熵增加，甚至**只要系統內有任何不可逆過程發生時，均會導致整個系統的熵增加，此稱為熵增原理（principle of entropy increase）**。例如，有一理想氣體在沒有外力作用與絕熱的情況下，由體積 V_A 膨脹至體積 V_B，此種過程稱為自由膨脹。自由膨脹可視為孤立系統內的不可逆過程，由於自由膨脹中系統與外界既沒有熱量的交換，也

沒有功的交換，所以系統的內能不變，又因爲理想氣體的內能只是溫度的函數，故自由膨脹時溫度亦不變。我們可以用一個可逆等溫膨脹過程將系統的始態 $i(T,V_i)$ 與終態 $f(T,V_f)$ 連接起來，而算出自由膨脹中熵的增加量

$$\Delta S = S_f - S_i = \int \frac{dQ}{T} = \frac{\Delta Q}{T}$$
$$= \frac{nRT\ln(V_f - V_i)}{T} = nR\ln(V_f - V_i) \tag{12-96}$$

因爲自由膨脹後的體積 V_f 恆比膨脹前的體積 V_i 爲大，故 $\Delta S = S_f - S_i$ 恆爲正值。這表示自由膨脹正像所有孤立系統內發生的不可逆過程一樣，恆會導至整個系統的熵的增加。

熵增原理爲熱力學第二定律的另一種陳述方式，它說明了熱流自然流動的趨勢是由高溫處往低溫處流動。我們可以證明這種說法是與克耳文及克勞修斯的說法是一致的，克勞修斯的陳述宣稱沒有完美的冷機，若有，則低溫熱庫的熵將減少 $\frac{Q}{T_2}$，而高溫熱庫的熵將增加 $\frac{Q}{T_1}$，又因爲系統經一個循環後是回到原來狀態，故系統的熵不變，$\Delta S_{系統} = 0$，然而其週遭兩熱庫的熵改變量爲 $\Delta S_{週遭} < 0$，此與熵增原理不合，因此，熵增原理與克勞修斯的說法是一致的。克耳文的陳述宣稱沒有完美的熱機，若有，則溫度爲 T 高溫熱庫的熵將減少 $\frac{Q}{T}$，因爲系統經一個循環後是回到原來狀態，故系統的熵不變，$\Delta S_{系統} = 0$，然而週遭的熵卻將減少 $\Delta S_{週遭} = -\frac{Q}{T}$，因此，整個孤立系統的總熵改變量爲 $\Delta S_{系統} + \Delta S_{週遭} = -\frac{Q}{T} < 0$，此與熵增原理不合，因此，熵增原理與克耳文的說法是一致的。

一個系統自某一始態變更到某一終態，其熵的增加有兩個來源，一是由於系統與外界間的熱量交換，另一是由於過程的不可逆性。我們可以用 $\Delta S'$ 與 $\Delta S''$ 分別來表示這兩個部分的熵增加量，即 $\Delta S = \Delta S' + \Delta S''$。一個系統在絕熱過程中熵的增加量係由於過程的不可逆性，而在一個可逆過程中熵的增加量係由於熱量的交換。由於過程的不可逆性而導致熵的增加，會使有用的能量減少。

以自由膨脹爲例，當系統經自由膨脹由始態 i 到達終態 f，它對外界所作的功爲零，而當它經由可逆等溫膨脹，由相同的始態 i 到達終態 f，它對外界所作的功爲

$$W = nRT\ln\frac{V_f}{V_i} = T(S_f - S_i) \tag{12-97}$$

此功爲溫度 T 與熵的增加量兩者的乘積，換句話說，由於自由膨脹過程的不可逆性所導致有用能量的損失，等於系統在這一不可逆過程中熵的增加量與溫度兩者的乘積。熱力學第一定律不僅對可逆過

程成立，對不可逆過程亦成立，在不可逆過程中總能量不會減少，但有用的能量會減少。整個宇宙可看成是一個孤立系統，這個孤立系統內各式各樣的不可逆過程無時無刻不在進行，因此，宇宙的總能量雖然不會減少，但有用的能量卻一直在減少。總有一天，整個宇宙會變成無可用的能量，這種悲慘的情況稱爲宇宙的熱死亡。

範例 12-12

求 n 莫耳的理想氣體由狀態 $A(T_A, V_A)$ 至狀態 $B(T_B, V_B)$ 之熵的變化量。

題解 我們可選擇連接狀態 A 至狀態 B 的可逆過程來計算線積分 $\int_A^B \frac{dQ}{T}$。

今取由狀態 A 至狀態 B′ 爲絕熱過程，而由狀態 B′ 至狀態 B 爲等溫過程。

由此可得熵的變化量爲 $S_B - S_A = \int_A^{B'} \frac{dQ}{T} + \int_{B'}^{B} \frac{dQ}{T}$。

在 $A \to B'$ 絕熱過程中，由於系統與外界沒有熱量的交換，

因此，$\int_A^{B'} \frac{dQ}{T} = 0$，此時 $T_A V_A^{\gamma_t - 1} = T_{B'} V_{B'}^{\gamma_t - 1}$，亦即 $V_{B'} = V_A (\frac{T_A}{T_B})^{\frac{1}{\gamma_t - 1}}$。

在 $B' \to B$ 等溫過程中，由於溫度不變，

所以 $\int_{B'}^{B} \frac{dQ}{T}$ 等於系統在此過程中所吸收的熱量 ΔQ 與溫度 T_B 的比值，即 $\int_{B'}^{B} \frac{dQ}{T} = \frac{\Delta Q}{T_B}$。

在另一方面，因爲理想氣體的內能只是溫度的函數，

因此，在等溫過程中內能不變，由(12-6)式可得

$\Delta Q = \Delta W = nRT_B \ln(\frac{V_B}{V_{B'}})$，故 $\int_{B'}^{B} \frac{dQ}{T} = \frac{\Delta Q}{T_B} = nR \ln(\frac{V_B}{V_{B'}})$，

$$S_B - S_A = \int_A^{B'} \frac{dQ}{T} + \int_{B'}^{B} \frac{dQ}{T} = 0 + nR \ln(\frac{V_B}{V_{B'}}) = nR \ln\left(\frac{V_B}{V_A (\frac{T_A}{T_B})^{\frac{1}{\gamma_t - 1}}}\right) = nR \ln(\frac{V_B}{V_A}) + nC_V \ln(\frac{T_B}{T_A})$$

上式中 $\frac{R}{\gamma_t - 1} = C_V$，因爲對理想氣體而言，$C_P = C_V + R$，且 $\frac{C_P}{C_V} = \gamma_t$。

習題 標以*的題目難度較高

12-3 熱力學過程中功的計算

1. 有一氣體在壓力保持爲 $P = 50\ \text{N/cm}^2$ 下，自體積 $V_1 = 100\ \text{cm}^3$ 膨脹至體積 $V_2 = 1000\ \text{cm}^3$，求氣體對外界所作的功？

2. 有 2 莫耳的氣體，在溫度保持爲 $T = 500\ \text{K}$ 下，自體積 $V_1 = 100\ \text{cm}^3$ 膨脹至體積 $V_2 = 1000\ \text{cm}^3$，求氣體對外界所作的功？

3. 有一氣體在絕熱情況下，自壓力爲 $P_1 = 60\ \text{N/cm}^2$，體積 $V_1 = 300\ \text{cm}^3$ 膨脹至壓力爲 $P_2 = 10\ \text{N/cm}^2$，求氣體對外界所作的功？設氣體的 γ_t 值爲 $\frac{5}{3}$。

4. 試求將溫度爲 $T_1 = 300\ \text{K}$，壓力爲 $P_1 = 3\ \text{atm}$，質量爲 10 克的氬氣，絕熱壓縮至原來體積的 $\frac{1}{2}$，求氣體所作的功？設氬氣的 $\gamma_t = 1.4$。

12-4 熱力學第一定律

5. 如圖所示，已知某氣體從狀態 a 至狀態 c 的過程中放出熱量 $Q_{ac} = 300\ \text{J}$，設氣體在狀態 a 的內能爲 $U_a = 100\ \text{J}$，求狀態 c 的內能 U_c 爲何？若該氣體先沿著等容過程從狀態 c 至狀態 b，再沿著等壓過程從狀態 b 至狀態 a，試求 cba 的過程中，該氣體吸收多少熱量？

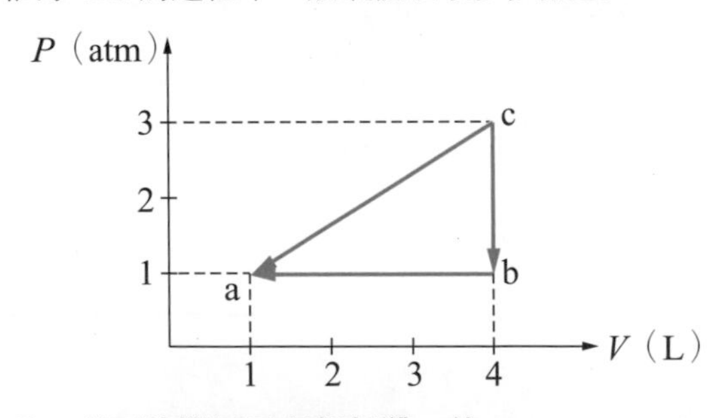

6. 某 3 莫耳的單原子理想氣體，其 $C_V = 6\ \text{cal/mol}\cdot\text{K}$，若經三種不同的過程定容、定壓及絕熱過程，而使其溫度上升 50 K，試分別求(a)定容、(b)定壓及(c)絕熱過程中，對氣體所加的熱，氣體所作的功以及內能的變化。

12-5 理想氣體動力論

7. 有一個充滿氦氣的氣球，由 1 大氣壓的地面上升至 0.5 大氣壓的高空。假設氦氣的溫度不變，且忽略氣球皮的張力，則每單位時間撞到氣球皮單位面積的分子數目爲在地面時的幾倍？

8. 在與某牆之法線成 θ 角，而以速度 $\vec{v} = -v\cos\theta\ \hat{\text{i}} + v\sin\theta\ \hat{\text{j}}$ 自截面積 A 之噴嘴中噴出密度爲 ρ 的液體，若液體噴在牆上不彈回，求施於牆的壓力。

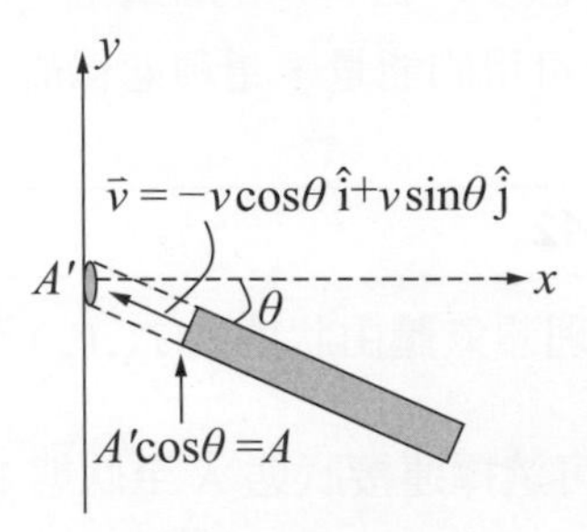

9. 假設某一氣體容器的器壁上有一微小面積，氣體分子在該處反射後的速率爲入射速率的 $\frac{3}{4}$，求在該處的壓力爲器壁上其它處的壓力之幾倍。

10. 某汽車輪胎的體積爲 $V = 0.1\times10^{-3}\ \text{m}^3$，在 $T_1 = 300\ \text{K}$ 時，輪胎內的計示壓力爲 2 大氣壓。經行駛一段時間之後，輪胎內的計示壓力升高爲 2.5 大氣壓，求此時輪胎內氣體的溫度？

***11.** 上題中，若輪胎內的氣壓要恢復至原來的計示壓力爲 2 大氣壓，則輪胎內需放出多少氣體？假設該氣體的分子量爲 30 克 / 莫耳。

12. 在溫度爲 $T = 400\ \text{K}$，壓力爲 $P = 0.1\ \text{atm}$ 之下，某理想氣體的密度爲 $\rho = 1.24\times10^{-5}\ \text{g/cm}^3$，求該氣體分子的分子量以及均方根速率？

13. 一個圓形氦氣球，直徑爲 $r = 1\ \text{m}$，溫度爲 $T = 27\ ^\circ\text{C}$，壓力爲 $P = 1\ \text{atm}$。若有一氦分子以均方根速率橫過此氣球直徑，其所需的時間爲何？

14. 求氫的均方根速率可使其自地球表面逃脫時的溫度。

15. 某同步輻射加速器的真空度可達 $10^{-10}\ \text{mm-Hg}$，當溫度爲 3000 K 時，在此中態的真空中每立方公分具有多少個氣體分子。

16. 2 莫耳的單原子理想氣體，在 1 大氣壓下溫度由 27°C 加熱至 127°C，求所需吸收的熱能？

***17.** 如圖所示，表示某元素在爐內被汽化爲氣體分子，經由兩個相隔一段距離的狹縫，而由 k 處進入半徑爲 R 的空心的圓柱體。若圓柱體靜止，則氣體分子會打在 b 點，若圓柱體轉動，則氣體分子打擊的點，將視圓柱體的轉速而定。今設圓柱體的轉動頻率爲 $f = n\ \text{Hz}$，而氣體分子打擊的點落在轉動到 $\theta = \frac{\pi}{4}$ 的 d 點，若圓柱體的轉速加倍，變爲 $f' = 2n\ \text{Hz}$，則多數分子會打在何處？

***18.** 在地球表面上距離地表為一個地球半徑 R 處，一個質量為 m 的氣體分子欲逃離地球表面時的溫度為 t °C，若地球表面的重力加速度為 g，求波茲曼常數。

19. 在某一溫度下，氣體分子的速率可由如下的方法測出。如圖所示，假設氣體分子以速率 v 接連通過兩個有狹縫的圓盤，兩圓盤的夾角為 θ，兩圓盤之間相距的距離為 L，若此兩圓盤的轉動角速率為 $\omega = N$ rpm，求可通過此兩狹縫的分子速率為何？

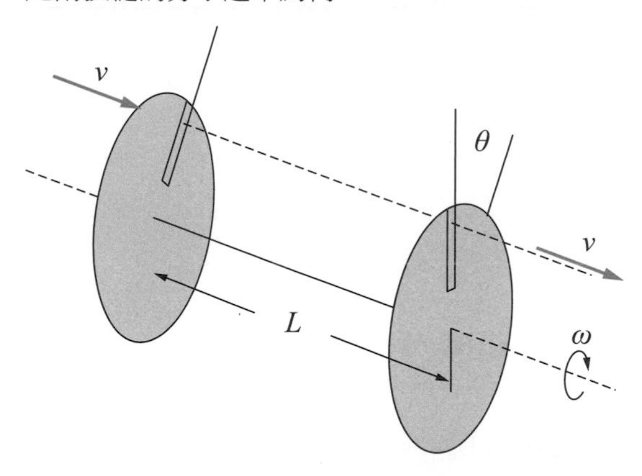

***20.** 對體積為 V，分子量為 M，分子數目為 n 莫耳的理想氣體而言，其密度為 $\rho = \dfrac{m}{V} = \dfrac{nM}{V}$，理想氣體的狀態方程式為 $PV = nRT$，故 $P = \dfrac{nRT}{V} = \dfrac{\rho RT}{M}$，因此，聲波在氣體中傳遞波動的速度為 $v = \sqrt{\dfrac{B}{\rho}} = \sqrt{\dfrac{\gamma_t P}{\rho}} = \sqrt{\dfrac{\gamma_t}{\rho} \times \dfrac{\rho RT}{M}}$ $= \sqrt{\dfrac{\gamma_t RT}{M}}$，由此可得聲速與溫度的關係為 $v = \sqrt{\dfrac{\gamma_t RT}{M}}$ $= \sqrt{\dfrac{\gamma_t R}{M}} \times \sqrt{T} = C\sqrt{T}$。利用此一關係式求聲波在空氣中速率的一般表示式？

21. 在第五章中，我們計算過欲拋射一個質量為 m 的物體，使它完全脫離地球的重力場所需的初速度 v_e，此值可由 $K_e = \dfrac{1}{2}mv_e^2 = \dfrac{GMm}{R_e}$ 計算之，由此可得 $v_e = \sqrt{\dfrac{2GM}{R_e}} \approx 1.128 \times 10^4$ m/s，v_e 稱為脫離速度，此值與物體的質量無關。試分別求在地球的大氣層中，氧氣、氮氣與氫氣分子的均方根速率達到此脫離速度時的溫度為何？

22. 星際太空的溫度約為 5 K，求在此溫度下氫原子的均方根速率？

23. 上題中，求溫度為多少時，其速率會增加一倍？

24. 某容器其容積固定，若裝入空氣，使其溫度由 27°C 升高到 77°C，則壓力升高多少倍？空氣分子的平均速率增加多少倍？

25. 一固定體積之鋼瓶內存有一莫耳的理想氣體甲，其氣體分子均方根速率為 v，如保持溫度不變，而再將一莫耳的理想氣體乙壓入此鋼瓶，設甲、乙兩氣體無化學反應，甲氣體的分子量為乙氣體的兩倍，求兩氣體分子的速率比為何？

26. 已知氫分子的均方根速率，在室溫 $T_1 = 300$ K 時，為 $v_1 = 2000$ m/s，求氧分子的均方根速率，在室溫 $T_2 = 1200$ K 時為若干？

12-6 理想氣體的比熱

27. 茲以理想氣體來考慮，質量為 $m = 16$ g 的氧氣，在溫度為 $T = 300$ K 下，體積由 $V_1 = 1$ L，膨脹至 $V_2 = 3$ L，求此氣體對外界作多少功，又在此過程中吸多少熱？

28. 某氣缸中裝有 $n = 3$ mol 的理想氣體，氣體的起始溫度為 $T = 300$ K，體積為 $V = 0.45$ m^3，今再將一莫耳的同種理想氣體緩緩的灌入氣缸中，並將其溫度冷卻至 $T' = 250$ K，設氣缸外之壓力維持不變，求最後平衡時，氣缸中理想氣體的體積？

29. 有一導熱性良好的容器內，以導熱性良好的隔板分成體積均為 V 的甲、乙兩室。甲室裝入理想氣體 ^{4}He，乙室裝入理想氣體 ^{20}Ne，兩理想氣體的質量均為 M。設外界溫度維持為絕對溫度 T，求當隔板鬆開時，甲、乙兩室的體積比為何？若將隔板抽走，求容器內混合氣體的總壓力為何？容器內兩理想氣體的分壓比為何？

30. 兩同體積之氣室，以一體積可忽略的細管相連通，兩氣室內含有一大氣壓，溫度為 $T = 27°C = 300$ K 的氦氣，若將其中一氣室加溫至 127°C，另一氣室降溫至 −73°C，求氣室內氦氣最終的壓力？

31. 將 2 克的氦氣以及 2 克的氫氣分別裝入體積各為 V 的容器內。兩氣體從平衡時的絕對溫度 T 上升至絕對溫度 2 T 時，將它們混合後再等溫壓縮到體積為 V 的一個容器內，求此時混合氣體的總壓力為何？

12-8 分壓定律

32. 容積各為 V_1 及 V_2 的容器，各裝有同溫度但壓力各為 P_1 及 P_2 之不同氣體，如圖所示，今將連接兩氣體之間的活門打開，求最後的壓力。

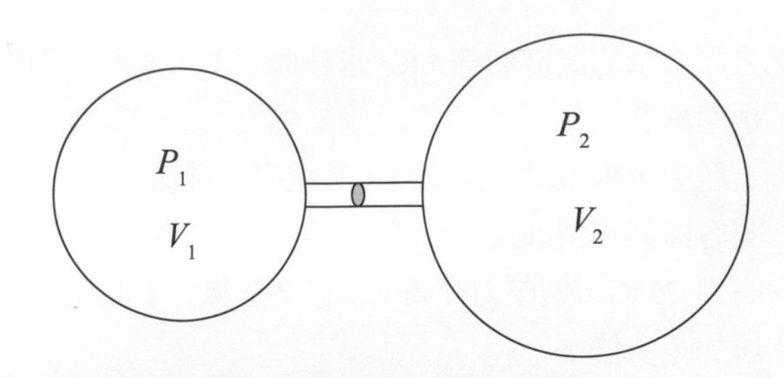

***33.** 一密閉玻璃管水平置放時，中央有水銀柱，而兩端分別爲 1 大氣壓的空氣柱。今直立後，發現上下兩空氣柱之體積比爲 2：1，求水銀柱長。

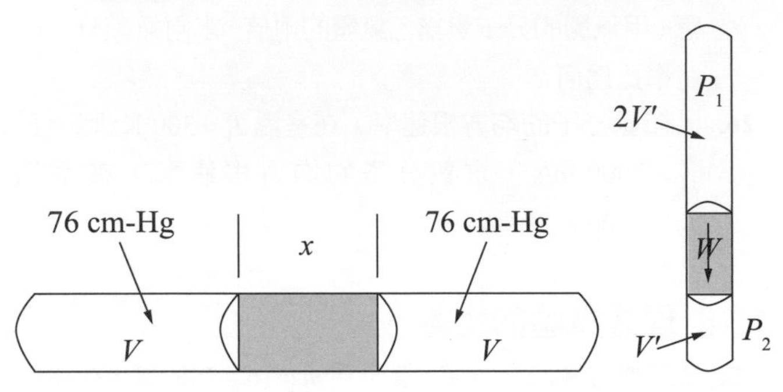

***34.** 一端開口的玻璃管裝入水銀之後倒立如圖所示，求大氣壓力。

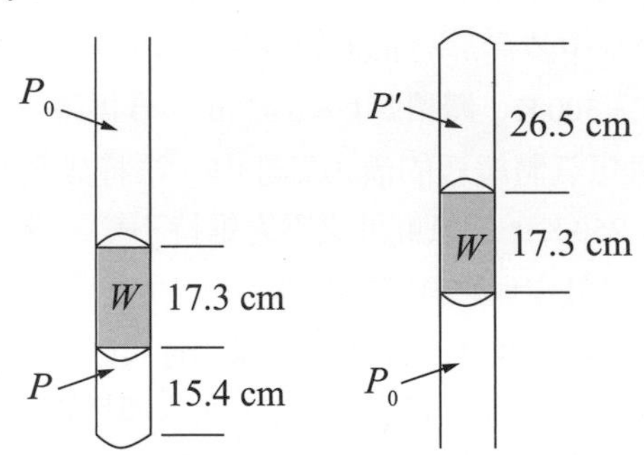

***35.** 某 U 形管，一端封閉，一端開口，當置於 7°C 的空氣中時，管內水銀柱封閉端較開口端高出 1.5 cm，如圖所示，此時封閉端的空氣柱爲 9 cm。當整個 U 形管置於 87°C 的水中經一段時間達平衡時，封閉端較開口端低 2.5 cm，如圖所示。假設開口端的溫度不變，求當時的大氣壓力？

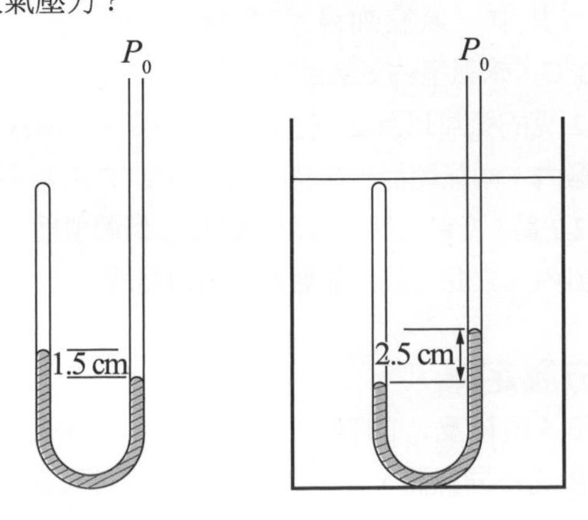

***36.** 體積 V 相當大，絕熱良好的剛性容器上有一小孔可供開閉之用。容器內爲眞空，今利用一分子速度選擇器將 0.001 莫耳，速度爲 v_0 的某惰性氣體分子經由小孔注入容器內，接著再注入 0.002 莫耳，速度爲 $2v_0$ 的該惰性氣體分子，然後將小孔關閉。已知該惰性氣體每莫耳的質量爲 M 克，求氣體在達到平衡後的(a)分子的均方根速率，(b)器壁上的壓力，(c)氣體的溫度。

37. 有一絕熱密閉容器，以一絕熱的中間隔板隔成左右兩室，兩室分別封存相同之單原子理想氣體。左室中氣體體積爲 V，莫耳數爲 n，絕對溫度爲 T；右室中氣體體積爲 $2V$，莫耳數爲 $2n$，絕對溫度爲 $2T$。今將中間隔板抽去，令左右兩室的氣體混合，求平衡時容器中氣體之壓力爲何？

38. 兩絕熱容器內充以相同的理想氣體，兩者的壓力、體積、溫度分別爲 (P,V,T_1) 與 $(P,2V,T_2)$ 。在兩者連通混合達平衡之後，氣體的溫度爲何？

39. 兩絕熱容器內充以相同的理想氣體，壓力相等其中一個容器的體積爲 V，溫度爲 $T_1 = 150\text{ K}$，一個容器的體積爲 $2V$，溫度爲 $T_2 = 450\text{ K}$。若使兩者連通混合，則達平衡之後，氣體的溫度爲何？

12-11 卡諾循環與卡諾熱機

40. 求在 $T_H = 300\,°\text{C}$ 的高溫熱庫與 $T_C = -10\,°\text{C}$ 的低溫熱庫之間運轉的卡諾熱機之效率？

***41.** 設有一個卡諾熱機運轉於溫度分別爲 $T_H = 500\text{ K}$ 與 $T_C = 300\text{ K}$ 的高溫熱庫與低溫熱庫之間，其工作物質爲 $\gamma_t = \dfrac{C_P}{C_V} = 1.5$ 的理想氣體，又在狀態 a 的壓力爲 $P_a = 5\text{ atm}$ 而其體積爲 $V_a = 1.0\text{ L}$，在狀態 b 的壓力爲 $P_b = 3\text{ atm}$ 而其體積爲 $V_b = 2.0\text{ L}$，求此一卡諾熱機在一個循環中，吸熱多少？放熱多少？又此熱機的效率爲何？

12-12 熱力學第二定律

42. 如圖所示，某 1 莫耳的單原子理想氣體，由體積 $V_a = 10\text{ L}$，溫度爲 $T_a = 27\,°\text{C}$，等溫加熱至 $T_b = 327\,°\text{C}$，之後再等溫膨脹到它的起始壓力 P_a ，最後再以等壓壓縮到它的起始體積 $V_a = 10\text{ L}$ 與溫度 $T_a = 27\,°\text{C}$ 的狀態，求此循環的熱機效率？

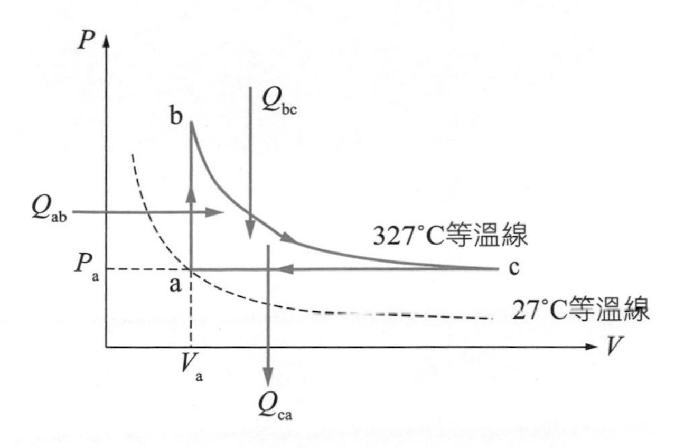

***43.** 上題中，若將過程 bc 改爲絕熱膨脹，則又爲何？亦即，某 1 莫耳的單原子理想氣體，由體積 $V_a = 10$ L 的狀態 a，定容加熱至狀態 b，而 $P_b = 10$ atm，然後經絕熱膨脹過程至狀態 c，$V_c = 20$ L，最後再以等壓壓縮到它的起始體積 $V_a = 10$ L 的狀態 a，求此循環的熱機效率？（已知 $C_V = \dfrac{3R}{2}$，$C_P = \dfrac{5R}{2}$，$\gamma_t = \dfrac{5}{3}$，$1\ \text{L} = 10^{-3}\ \text{m}^3$）

***44.** 卡諾定理：證明運轉於兩個不同溫度的熱庫之間的任何熱機，其熱機之效率都比卡諾熱機的效率低。

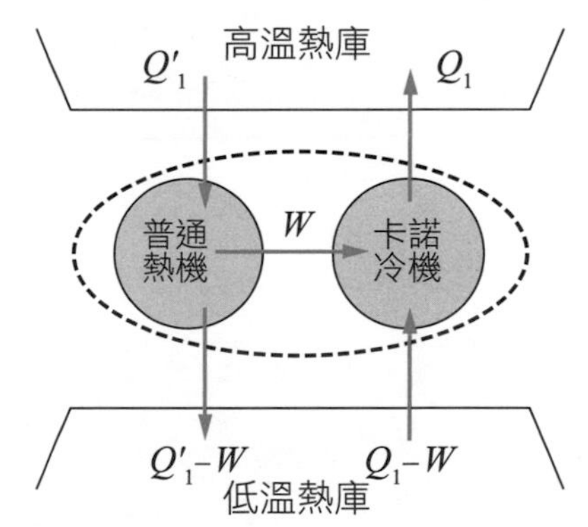

12-13 熵與熵增原理

45. 一個質量爲 2 公斤的銅球，其溫度自 $T_1 = 20$ °C，經可逆過程增至溫度爲 $T_2 = 100$ °C，求其熵的變化量？

46. 在測量物質比熱的實驗中，一個質量爲 $m_1 = 500$ g 的鉛塊，加熱至溫度爲 $T_1 = 100$ °C，然後與質量爲 $m_2 = 200$ g，溫度爲 $T_1 = 20$ °C 的水混合，求混合前後整個系統熵的變化量？

附錄A 本書所使用的一些符號說明

符號	中文	章節
u	原子質量單位	CH 1
a_{t}	切線加速度	CH 3、CH 7
a_{n}	法線加速度	CH 3、CH 7
μ_{s}	靜摩擦係數	CH 4
μ_{k}	動摩擦係數	CH 4
k_{s}	彈簧的力常數	CH.4
e_{r}	恢復係數	CH.6
f	頻率	CH.8
ω	角頻率	CH 8
λ	波長	CH 8
δ	簡諧運動的相角	CH 8
σ_{n}	正應力	CH 9
ε_{n}	正應變	CH 9
σ_{s}	剪應力	CH 9
ε_{s}	剪應變	CH 9
ρ	密度	CH 9
η	流體的黏滯係數	CH 9
φ	波動的相角	CH10
k	波數	CH 10
p	相位差	CH 10
c_{s}	比熱	CH 11
c_V	定容比熱	CH 11
c_P	定壓比熱	CH 11
k_{c}	熱導率	CH 11
h_{e}	對流係數	CH 11
α	線膨脹係數	CH 11
β_{S}	面膨脹係數	CH 11
β_{V}	體膨脹係數	CH 11
σ_{ther}	熱應力	CH 11
k	波茲曼常數	CH 12
C_V	定容莫耳熱容量	CH 12
C_P	定壓莫耳熱容量	CH 12
γ_t	$\gamma_t = \dfrac{C_P}{C_V}$	CH 12
ζ	熱機效率	CH 12
κ	冷機的性能係數	CH 12
Γ	氣缸的壓縮比	CH 12

附錄B 國際單位系統

SI 基本單位			
物理量	名稱	符號	定義
長度	公尺	m	1 公尺為光在真空中於 1/299,792,458 秒時間間隔內所行經之長度。
質量	公斤	kg	1 公斤為普朗克常數除以 $6.626\ 070\ 15 \times 10^{-34}\ m^2s^{-1}$。
時間	秒	s	1 秒為 ^{133}Cs 原子於基態之兩個超精細能階間躍遷時所放出輻射週期的 9,192,631,770 倍之持續時間。
電流	安培	A	1 安培為每秒流過 $6.241\ 509\ 074 \times 10^{18}$ 個基本電荷的電流。
熱力學溫度	克耳文	K	1 克耳文為導致熱能變化 $1.380\ 649 \times 10^{-23}$ 焦耳的熱力學溫度變化量。
物質量	莫耳	mol	1 莫耳為含有 $6.022\ 140\ 76 \times 10^{23}$ 個特定基本實體的系統之物量。
發光強度	燭光	cd	1 燭光為頻率 540×10^{12} 赫茲之單色輻射光，於給定方向發出之每立弳輻射通量為 1/683 瓦特之發光強度。

一些 SI 導出單位			
物理量	單位名稱	符號	
面積	平方公尺	m^2	
體積	立方公尺	m^3	
頻率	赫茲	Hz	s^{-1}
質量密度（密度）	公斤／立方公尺	kg/m^3	
速率，速度	公尺／秒	m/s	
角速度	弧度／秒	rad/s	
加速度	公尺／秒 ^{2}	m/s^2	
角加速度	弧度／秒 ^{2}	rad/s^2	
力	牛頓	N	$kg \cdot m/s^2$
壓力	帕斯卡	Pa	N/m^2
功，能量，熱量	焦耳	J	N · m
功率	瓦特	W	J/s
比熱	焦耳／公斤 · 克耳文	J/(kg · K)	
熱導率	瓦特／公尺 · 克耳文	W/(m · K)	
熵	焦耳／克耳文	J/K	
電量	庫侖	C	A · s
電位差，電動勢	伏特	V	W/A
電場強度	伏特／公尺（或牛頓／庫侖）	V/m	N/C
電阻	歐姆	Ω	V/A
電容	法拉	F	A · s/V
磁通量	韋伯	Wb	V · s
電感	亨利	H	V · s/A
磁通量密度	特斯拉	T	Wb/m^2
磁場強度	安培／公尺	A/m	
輻射強度	瓦特／球面度	W/sr	

國際單位換算

長度

	公尺（m）	吋（in）	呎（ft）	哩（mi）
1 公尺	1	39.37	3.28084	6.21371×10^{-4}
1 吋	0.0254	1	0.833333	1.57828×10^{-5}
1 呎	0.3048	12	1	1.89394×10^{-4}
1 哩	1609.344	63360	5280	1

1 埃（Å）= 10^{-10} m，1 光年（ly）= 9.461×10^{15} m，1 秒差距（pcs）= 3.085×10^{16} m

質量

	公斤（kg）	斯勒格（slug）	原子質量單位（u）
1 公斤	1	6.852×10^{-2}	6.022×10^{26}
1 斯勒格	14.59	1	8.786×10^{27}
1 原子質量單位	1.661×10^{-27}	1.138×10^{-28}	1

1 $u = 1.66 \times 10^{-27}$ kg = 931.5 MeV/c^2

時間

	年	天	時	分	秒
1 年	1	365.25	8.766×10^{3}	5.259×10^{5}	3.156×10^{7}
1 天	2.738×10^{-3}	1	24	1440	86400
1 時	1.141×10^{-4}	4.167×10^{-2}	1	60	3600
1 分	1.901×10^{-6}	6.944×10^{-4}	1.667×10^{-2}	1	60
1 秒	3.169×10^{-8}	1.157×10^{-5}	2.778×10^{-4}	1.667×10^{-2}	1

體積

	立方公尺（m^3）	公升（L）	立方呎（ft^3）	加侖（gal）
1 立方公尺	1	1000	35.31	264.17
1 公升	10^{-3}	1	3.531×10^{-2}	0.26417
1 立方呎	2.832×10^{-2}	28.32	1	7.48
1 加侖	3.785×10^{-3}	3.785	0.13368	1

1 加侖（gal）= 4 夸脫（qt）= 8 品脫（pt）= 231 立方吋（in^3）

力

	牛頓（N）	公斤力（kgf）	磅（lb）	達因（dyne）
1 牛頓	1	0.101972	0.224808	10^{5}
1 公斤力	9.80665	1	2.204613	980665
1 磅	4.448222	0.453594	1	444822.2
1 達因	10^{-5}	1.0197×10^{-6}	2.2481×10^{-6}	1

能量

	焦耳（J）	卡（cal）	呎磅（ft．lb）	英熱（Btu）
1 焦耳	1	0.239	0.7375	9.4782×10^{-4}
1 卡	4.18	1	3.088	3.964×10^{-3}
1 呎磅	1.3558	0.323832	1	1.285×10^{-3}
1 英熱	1055	252.3	778	1

1 電子伏特（eV）= 1.602×10^{-19} J

壓力

	帕斯卡（Pa）	大氣壓（atm）	達因／平方公分（dyne/cm^2）	毫米水銀柱（mm-Hg）	磅力／平方英寸（psi）
1 帕斯卡	1	9.872×10^{-6}	10	7.5×10^{-3}	1.45×10^{-4}
1 大氣壓	1.013×10^{5}	1	1.013×10^{6}	760	14.696
1 達因／平方公分	0.1	9.872×10^{-7}	1	7.5×10^{-4}	1.45×10^{-5}
1 毫米水銀柱	133.333	$\frac{1}{760}$	1333.33	1	0.01934
1 磅力／平方英寸	6894.757	0.06805	68947.57	51.72	1

1 巴（bar）= 10^{5} Pa，1 托（Torr）= 1 mm-Hg

附錄 C 基本物理常數

常數	符號	計算值	數值 [a]	不確定性
真空中的光速	c	3.00×10^{8} m/s	2.997 924 58	精確
基本電荷	e	1.60×10^{-19} C	1.602 176 634	精確
重力常數	G	6.67×10^{-11} $m^3/s^2 \cdot kg$	6.674 30	0.000 15
理想氣體常數	R	8.31 J/mol · K	8.314 462 618	精確
亞佛加厥常數	N_A	6.02×10^{23} mol^{-1}	6.022 140 76	精確
波茲曼常數	k	1.38×10^{-23} J/K	1.380 649	精確
史特凡-波茲曼常數	σ	5.67×10^{-8} $W/m^2 \cdot K^4$	5.670 374 419	精確
理想氣體在 STP[c] 的莫耳體積	V_m	2.27×10^{-2} m^3/mol	2.271 095 464	精確
介電系數	ϵ_0	8.85×10^{-12} F/m	8.854 187 8128	0.000 000 0013
磁導率常數	μ_0	1.26×10^{-6} H/m	1.256 637 062 12	0.000 000 000 19
普朗克常數	h	6.63×10^{-34} J · s	6.626 070 15	精確
電子質量 [b]	m_e	9.11×10^{-31} kg	9.109 383 7015	0.000 000 0028
		5.49×10^{-4} u	5.485 799 090 65	0.000 000 000 16
質子質量 [b]	m_p	1.67×10^{-27} kg	1.672 621 923 69	0.000 000 000 51
		1.0073 u	1.007 276 466 621	0.000 000 000 053
質子質量與電子質量比	m_p/m_e	1840	1836.152 673 43	0.000 000 11
電子荷質比	e/m_e	1.76×10^{11} C/kg	1.758 820 010 76	0.000 000 000 53
中子質量 [b]	m_n	1.68×10^{-27} kg	1.674 927 498 04	0.000 000 000 95
		1.0087 u	1.008 664 915 95	0.000 000 000 49

[a] 本欄所示之值與計算值具有相同的單位及 10 的冪次。

[b] 以統一的原子質量單位來表示質量，1 u = $1.660\ 539\ 066\ 60(50) \times 10^{-27}$ kg。

[c] STP 意指標準溫度與壓力：0 °C 及 1.0 atm（0.1 Mpa）。

*本表數值選自 2018 CODATA 建議值（www.physics.nist.org）。

附錄D 常用數學公式

在下列各式中，字母 u 與 v 代表 x 的任意兩個函數，而 a、b、m 與 n 則皆爲常數。每一不定積分皆應加上一任意積分常數。

三角恆等式

1. $\sin^2\theta+\cos^2\theta=1$
2. $\tan^2\theta+1=\sec^2\theta$
3. $1+\cot^2\theta=\csc^2\theta$
4. $\tan\theta=\dfrac{\sin\theta}{\cos\theta}$
5. $\cot\theta=\dfrac{1}{\tan\theta}$，$\sec\theta=\dfrac{1}{\cos\theta}$，$\csc\theta=\dfrac{1}{\sin\theta}$
6. $\sin 2\theta=2\sin\theta\cos\theta$
7. $\cos 2\theta=\cos^2\theta-\sin^2\theta=2\cos^2\theta-1=1-2\sin^2\theta$
8. $\tan 2\theta=\dfrac{2\tan\theta}{1-\tan^2\theta}$
9. $\sin 3\theta=3\sin\theta-4\sin^3\theta$
10. $\cos 3\theta=4\cos^3\theta-3\cos\theta$
11. $\sin\dfrac{\theta}{2}=\pm\sqrt{\dfrac{1-\cos\theta}{2}}$
12. $\cos\dfrac{\theta}{2}=\pm\sqrt{\dfrac{1+\cos\theta}{2}}$
13. $\tan\dfrac{\theta}{2}=\pm\sqrt{\dfrac{1-\cos\theta}{1+\cos\theta}}$
14. $\sin(\theta_A\pm\theta_B)=\sin\theta_A\cos\theta_B\pm\cos\theta_A\sin\theta_B$
15. $\cos(\theta_A\pm\theta_B)=\cos\theta_A\cos\theta_B\pm\sin\theta_A\sin\theta_B$
16. $\sin\theta_A\pm\sin\theta_B=2\sin(\dfrac{\theta_A\pm\theta_B}{2})\cos(\dfrac{\theta_A\mp\theta_B}{2})$
17. $\cos\theta_A+\cos\theta_B=2\cos(\dfrac{\theta_A+\theta_B}{2})\cos(\dfrac{\theta_A-\theta_B}{2})$
18. $\cos\theta_A-\cos\theta_B=2\sin(\dfrac{\theta_A+\theta_B}{2})\sin(\dfrac{\theta_B-\theta_A}{2})$
19. $\sin\theta_A\cos\theta_B=\dfrac{1}{2}[\sin(\theta_A-\theta_B)+\sin(\theta_A+\theta_B)]$
20. $\cos\theta_A\cos\theta_B=\dfrac{1}{2}[\cos(\theta_A-\theta_B)+\cos(\theta_A+\theta_B)]$

級數

1. $(a+b)^n=a^n+\dfrac{n}{1!}a^{n-1}b+\dfrac{n(n-1)}{2!}a^{n-2}b^2+\cdots$
2. $(1+x)^n=1+nx+\dfrac{n(n-1)}{2!}x^2+\cdots$
3. $e^x=1+x+\dfrac{x^2}{2!}+\dfrac{x^3}{3!}\cdots$
4. $\ln(1\pm x)=\pm x-\dfrac{x^2}{2}\pm\dfrac{x^3}{3}-\cdots$，$|x|<1$
5. $\sin x=x-\dfrac{x^3}{3!}+\dfrac{x^5}{5!}-\cdots$
6. $\cos x=1-\dfrac{x^2}{2!}+\dfrac{x^4}{4!}-\cdots$

微分公式

1. $\dfrac{dx}{dx}=1$
2. $\dfrac{d}{dx}(au)=a\dfrac{du}{dx}$
3. $\dfrac{d}{dx}(u+v)=\dfrac{du}{dx}+\dfrac{dv}{dx}$
4. $\dfrac{d}{dx}x^m=mx^{m-1}$
5. $\dfrac{d}{dx}\ln x=\dfrac{1}{x}$
6. $\dfrac{d}{dx}(uv)=u\dfrac{dv}{dx}+v\dfrac{du}{dx}$
7. $\dfrac{d}{dx}u(v(x))=\dfrac{du}{dv}\dfrac{dv(x)}{dx}$
8. $\dfrac{d}{dx}e^x=e^x$
9. $\dfrac{d}{dx}\sin x=\cos x$
10. $\dfrac{d}{dx}\cos x=-\sin x$
11. $\dfrac{d}{dx}\tan x=\sec^2 x$
12. $\dfrac{d}{dx}\cot x=-\csc^2 x$
13. $\dfrac{d}{dx}\sec x=\tan x\sec x$
14. $\dfrac{d}{dx}\csc x=-\cot x\csc x$
15. $\dfrac{d}{dx}e^u=e^u\dfrac{du}{dx}$
16. $\dfrac{d}{dx}\sin u=\cos u\dfrac{du}{dx}$

17. $\frac{d}{dx}\cos u = -\sin u \frac{du}{dx}$

積分公式

1. $\int dx = x$
2. $\int au\, dx = a\int u\, dx$
3. $\int (u+v)\, dx = \int u\, dx + \int v\, dx$
4. $\int x^m\, dx = \frac{x^{m+1}}{m+1}\ (m \neq -1)$
5. $\int \frac{dx}{x} = \ln|x|$
6. $\int u \frac{dv}{dx} dx = uv - \int v \frac{du}{dx} dx$
7. $\int e^x\, dx = e^x$
8. $\int \sin x\, dx = -\cos x$
9. $\int \cos x\, dx = \sin x$
10. $\int \tan x\, dx = \ln|\sec x|$
11. $\int \sin^2 x\, dx = \frac{1}{2}x - \frac{1}{4}\sin 2x$
12. $\int e^{-ax}\, dx = -\frac{1}{a}e^{-ax}$
13. $\int xe^{-ax}\, dx = -\frac{1}{a^2}(ax+1)e^{-ax}$
14. $\int x^2e^{-ax}\, dx = -\frac{1}{a^3}(a^2x^2+2ax+2)e^{-ax}$
15. $\int_0^\infty x^n e^{-ax} dx = \frac{n!}{a^{n+1}}$
16. $\int_0^\infty x^{2n} e^{-ax^2} dx = \frac{1\cdot 3\cdot 5\cdots(2n-1)}{2^{n+1}a^n}\sqrt{\frac{\pi}{a}}$
17. $\int \frac{dx}{\sqrt{a^2-x^2}} = \sin^{-1}\frac{x}{a}$
18. $\int \frac{dx}{\sqrt{a^2+x^2}} = \ln(x+\sqrt{x^2+a^2})$
19. $\int \frac{dx}{x^2+a^2} = \frac{1}{a}\tan^{-1}\frac{x}{a}$
20. $\int \frac{x\, dx}{(x^2+a^2)^{3/2}} = -\frac{1}{(x^2+a^2)^{1/2}}$
21. $\int \frac{dx}{(x^2+a^2)^{3/2}} = \frac{x}{a^2(x^2+a^2)^{1/2}}$
22. $\int_0^\infty x^{2n+1} e^{-ax^2} dx = \frac{n!}{2a^{n+1}}\quad (a>0)$
23. $\int \frac{x\, dx}{x+d} = x - d\ln(x+d)$

附錄E 中英文名詞索引

9 劃

10 劃

11 劃

12 劃

13 劃

14 劃

15 劃

16 劃

17 劃

18 劃

21 劃

22 劃

23 劃

附錄 F 簡答

第 1 章

1. 易得性與不變性 **2.** 精確性高，不受時空背景的影響 **3.** 測量不易 **4.** 是 **5.** 單擺、脈膊的跳動、沙漏、水鐘 **6.** 1000 kg/m^3 **7.** 30.55 m/s **8.** 380 km/gal，236.17 mile/gal **9.** $[LT^{-1}]$，$[LT^{-2}]$，$[MLT^{-2}]$ **10.** $[MLT^{-1}]$，$[ML^2T^{-2}]$ **11.** $a=k\dfrac{v^2}{R}$ **12.** (a)四位 (b)三位 (c)四位 (d)四位 (e)四位 **13.** 191.6 m **14.** 193 m^2，三位有效數字 **15.** 公里 **16.** A：公分，B：公分，C：公釐 **17.** 10^{-27} kg **18.** 10^{25} kg **19.** 見解析 **20.** (a)垂直 (b)均爲零向量，或 $\vec{B}$ 爲零向量 (c)平行，且朝同方向 **21.** 46.8 km，會 **22.** $\dfrac{30\sqrt{2}}{2}$ N，$\dfrac{30\sqrt{2}}{2}$ N，40 N **23.** $(6\sqrt{2}+\dfrac{15}{2})\,\hat{i}+(6\sqrt{2}+\dfrac{15\sqrt{3}}{2})\,\hat{j}+(16+15\sqrt{3})\,\hat{k}$ m **24.** 589.6 m^2，$(90\sqrt{6}-120\sqrt{3})\hat{i}+(120-120\sqrt{6})\hat{j}+(45\sqrt{6}-45\sqrt{2})\hat{k}\ m^2$ **25.** 10.7° **26.** $5\sqrt{3}$ **27.** 見解析 **28.** $\dfrac{\hat{i}+\hat{j}+\hat{k}}{\sqrt{3}}$ **29.** 0°，180° **30.** 180° **31.** 110.49° **32.** 9 平方單位 **33.** $\pm\dfrac{1}{\sqrt{3}}(\hat{i}+\hat{j}+\hat{k})$ **34.** 0、$A^2B\sin\theta$ **35.** $\dfrac{15\sqrt{6}}{2}$，$\dfrac{5\sqrt{6}}{2}\hat{i}-\dfrac{15\sqrt{2}}{2}\hat{j}+\dfrac{15\sqrt{2}}{2}\hat{k}$，52.24° **36.** $2ax+b$ **37.** ae^{ax} **38.** $\dfrac{x}{\sqrt{x^2+a^2}}$ **39.** $\dfrac{1}{a}(e^{5a}-1)$ **40.** $\ln\dfrac{b}{a}$

第 2 章

1. (1)起點：3 m，初速：– 5 m/s (2) – 3.25 m **2.** (1)起點：0，初速：3 m/s (2) – 2.1 m **3.** 位移：8 m，路徑長：16 m，平均速度：$\dfrac{4}{3}$ m/s，平均速率：$\dfrac{8}{3}$ m/s **4.** 92.3 km/hr **5.** – 20 m/s^2 **6.** 28800 km/hr^2 **7.** 3 m/s^2 **8.** 13 m/s **9.** (1) 21 m、16.12 m、15.1102 m、15.011001 m，12 m/s、11.2 m/s、11.02 m/s、11.002 m/s (2) 11 m/s **10.** 80 cm/s^2，30 cm/s **11.** 13 m/s **12.** 否 **13.** 7.75 m/s **14.** $\dfrac{1-3m}{2(1-m)}$ **15.** $\dfrac{1}{2}a[\dfrac{1-3m}{2(1-m)}]^2$ **16.** $\sqrt{\dfrac{u^2+v^2}{2}}$ **17.** 17.68 m/s **18.** $\dfrac{S}{v}+\dfrac{v}{2a}+\dfrac{v}{2b}$ **19.** $\dfrac{a_1a_2t^2}{2(a_1+a_2)}$ **20.** $\dfrac{2}{3}$ **21.** $\dfrac{2S}{2n-1}$ **22.** $\dfrac{5v}{2a}$，$\dfrac{3v^2}{2a}$ **23.** (a) 0 m/s (b) –10 m/s^2 (c) 500 m (d) 20 s **24.** 20 s，196 m/s **25.** 122.5 m **26.** 20 m **27.** 18.9 m **28.** 50 m/s，125 m **29.** 272 m **30.** $\dfrac{v}{g}(1-\dfrac{\sqrt{2}}{2})$ **31.** $\dfrac{1}{2}g\,t_1t_2$ **32.** 5 s **33.** 2 s，19.6 m **34.** 4.732 s，109.7 m **35.** 11.25 m **36.** 293 m **37.** 7 m/s **38.** (a) 45 m (b) 4 s (c) – 20 m/s **39.** 0.586 s，3.414 s **40.** 加速度：A > B，速度：A = B，時間：A < B

第 3 章

1. $\dfrac{\hat{i}-3\hat{j}}{10}$ m/s，$(\hat{i}+1.8\hat{j})\ m/s^2$ **2.** $(15\hat{i}-22\hat{j})$ m/s，$(53\hat{i}-18\hat{j})$ m，$(-5\hat{i}+18\hat{j})$ m/s **3.** $(20\hat{i}+45\hat{j})$ m/s，$(100\hat{i}+100\hat{j})$ m **4.** $5\hat{i}$ m/s，$(8\hat{i}+4\hat{j})$ m **5.** $\sqrt{5}v_0$，俯角 $\theta=63.4°$ **6.** 2 **7.** $\dfrac{\sqrt{gh}}{2}$ **8.** (a) $\dfrac{4v_0}{3g}$ (b) $\dfrac{5v_0}{3}$ (c) $\dfrac{4{v_0}^2}{3g}$ (d) $\dfrac{8{v_0}^2}{9g}$ **9.** (a) $\sqrt{\dfrac{2gh}{3}}$ (b) $\sqrt{\dfrac{8gh}{3}}$，俯角 $\theta=60°$ **10.** 見解析 **11.** $\sqrt{v^2+2gh}$ **12.** $\dfrac{{v_0}^2}{g}$ **13.** 60° **14.** 10 m/s，1.8 m **15.** 0.8 m **16.** 第七階 **17.** 見解析 **18.** 8000 m **19.** 83.7 min **20.** 3.38×10^{-2} m/s^2 **21.** 9×10^{22} m/s^2 **22.** $\vec{r}=R\cos\omega t\ \hat{i}+R\sin\omega t\ \hat{j}$，$\vec{v}=-R\omega\sin\omega t\ \hat{i}+R\omega\cos\omega t\ \hat{j}$，$\vec{a}=-R\omega^2\cos\omega t\ \hat{i}-R\omega^2\sin\omega t\ \hat{j}$ **23.** (a) $\vec{r_1}=2\,\hat{j}$ m，$\vec{r_2}=-2\,\hat{i}$ m (b) $\Delta\vec{r}=-2\,\hat{i}-2\,\hat{j}$ （m） (c) $\vec{v}_{av}=-\dfrac{2}{5}\hat{i}-\dfrac{2}{5}\hat{j}$ （m/s） (d) $\vec{v_1}=-\dfrac{\pi}{5}\hat{i}$ m/s，$\vec{v_2}=-\dfrac{\pi}{5}\hat{j}$ m/s (e) $\vec{a}_{av}=\dfrac{\pi}{25}\hat{i}-\dfrac{\pi}{25}\hat{j}$ （m/s^2） (f) $\vec{a_1}=-\dfrac{\pi^2}{50}\hat{j}\ m/s^2$，$\vec{v_2}=\dfrac{\pi^2}{50}\hat{i}\ m/s^2$ **24.** (a) $(5\,\hat{i}-5\,\hat{j})$ cm (b) $(\dfrac{1}{3}\hat{i}-\dfrac{1}{3}\hat{j})$ cm/s (c) $\dfrac{\pi}{6}$ cm/s (d) $\dfrac{\pi}{6}\hat{i}$ cm/s (e) $(-\dfrac{\pi}{90}\hat{i}-\dfrac{\pi}{90}\hat{j})$ cm/s^2 (f) $-\dfrac{\pi^2}{180}\hat{j}$ cm/s^2 **25.** 甲 **26.** $g\cos\theta$，$2g\sin\theta$ **27.** $g\cos\theta$，$2g\sin\theta$ **28.** $(2v+u)\hat{i}$，$(v+u)\hat{i}+v\,\hat{j}$，$u\,\hat{i}$，$(v+u)\hat{i}$ **29.** 北偏東 30 度，西偏北 15 度 **30.** $15\sqrt{2}$ km **31.** 6 m **32.** 北偏東 10 度 **33.** $\dfrac{\sqrt{2}}{2}d$，$\dfrac{d}{2v}$ **34.** 12 s **35.** 4 s，145 m

第 4 章

1. 40 N，30 N **2.** 294 N，392 N **3.** 24 N，18 N **4.** 30 N **5.** $\dfrac{1}{6}$ N **6.** – 10 cm/s^2 **7.** $\dfrac{m}{M}$ **8.** 73.5 N，112.5 N **9.** $\dfrac{2F}{5m}t^2$ **10.** $2P$ **11.** $\dfrac{n-1}{n+1}\tan\theta$ **12.** $-(g\sin\theta+\mu_k g\cos\theta)$，$g\sin\theta-\mu_k g\cos\theta$ **13.** $\dfrac{4\sqrt{3}}{15}$ **14.** 31 cm **15.** 一樣大，D **16.** 5 N **17.** $\dfrac{\mu_s Mg-\mu_k mg}{m+M}$ **18.** (a) 0 (b) 18 N (c) 2 m/s^2

19. $\frac{v_0^2}{2Sg\cos\theta}-\tan\theta$ **20.** $\frac{2\sqrt{3}}{3}$ **21.** (a) 4 (b) $\frac{1}{2}$ (c) $\frac{3}{5}\tan\theta$ (d) $\frac{5v_0^2}{16g\sin\theta}$ **22.** $\frac{\sqrt{5}}{5}t$ **23.** nk_0 **24.** $\frac{4}{n^2}$ **25.** $2a$ **26.** a **27.** A：$\frac{3}{4}L$，B：$\frac{1}{4}L$ **28.** $\frac{S}{2}$ **29.** (a) 8.04 cm (b) 7.04 cm (c) 9.04 cm (d) 10 cm **30.** 4.2 m/s²，42 N **31.** $(\sin\theta-\mu\cos\theta)\le\frac{M}{m}\le(\sin\theta+\mu\cos\theta)$ **32.** 1.9 m/s² **33.** $2mg$，$5.5mg$ **34.** $\frac{1}{3}(m+M)(a+g)$ **35.** mg，$2mg$ **36.** 不會打滑，會打滑 **37.** (a) $\frac{1}{2\pi}\sqrt{\frac{g(\sin\theta+\mu\cos\theta)}{r(\cos\theta-\mu\sin\theta)}}$，$\frac{1}{2\pi}\sqrt{\frac{g(\sin\theta-\mu\cos\theta)}{r(\cos\theta+\mu\sin\theta)}}$ (b) $\frac{1}{2\pi}\sqrt{\frac{g}{r}\tan\theta}$ **38.** $\sqrt{\frac{MgR}{m}}$，$\frac{M}{4}$ **39.** $2M$ **40.** $\frac{2}{3}R$ **41.** (a) $\frac{\sqrt{3}}{2}g$ (b) g (c) $\frac{3}{2}mg$ **42.** $g\tan\theta$

第5章

1. 490 J，−490 J，0，0，0 **2.** 37.24 J **3.** 43.8 J **4.** $t=\frac{v}{\mu_k g}$前，等加速運動，$\mu_k mg$；$t=\frac{v}{\mu_k g}$後，等速運動，0 **5.** $\frac{2}{15}WL$ **6.** 3.2 m **7.** 見解析 **8.** 25 W **9.** 4900 W **10.** $2g(\cos\theta-\cos\theta_0)$，$3mg\cos\theta-2mg\cos\theta_0$ **11.** $\sqrt{v_0^2+2gL(1-\cos\theta_0)}$，$\sqrt{2gL\cos\theta_0}$ **12.** $\frac{M-m}{M+m}g$，$\sqrt{\frac{M-m}{M+m}\frac{h}{g}}$，$\frac{1}{2}(M-m)gh$，$Mgh$ **13.** $\frac{5}{2}\sqrt{gr}$ **14.** $\frac{3}{5}\ell$ **15.** $\frac{\sqrt{2Rg}}{2}$，$\frac{\sqrt{10RG}}{2}$，$3mg$ **16.** (a) $\frac{5}{2}r$ (b) $\frac{mg}{2}\sqrt{5r^2+4h^2-8hr}$ (c) $3r$ **17.** $\frac{R}{2}$ **18.** $\frac{mg}{2k}$ **19.** 8 **20.** $\frac{1}{2}$ **21.** 1 **22.** $\frac{3}{20}$ **23.** $\frac{3}{2}$ **24.** ab^3，ab，$b\sqrt{a}$，$\frac{1}{ab}$ **25.** $\frac{R_e^2 g}{G}$ **26.** 3.3×10^8 m **27.** $\frac{1}{2}$ **28.** $\frac{GMm}{d^2}$ **29.** $\frac{3\omega^2}{4\pi G}$ **30.** 5130 s **31.** $\frac{4\pi^2r^3}{GT^2}$ **32.** $\frac{4\pi^2 r}{T^2}$，$\frac{100\pi^2 r}{T^2}$ **33.** 35700 km **34.** $\frac{4\pi^2(R_e+h)}{T^2}$，$\frac{4\pi^2(R_e+h)^3}{GT^2}$ **35.** $\frac{R_e^2}{(R_e+h)^2}$，$2\pi\sqrt{\frac{(R_e+h)^3}{R_e^2 g}}$ **36.** $\frac{Gm^2}{4r}$ **37.** $\sqrt{\frac{GM}{3R}}$，$\frac{GMm}{12R}$ **38.** $2\pi\sqrt{\frac{R^3}{G(m_1+m_2)}}$ **39.** $\frac{3Gm^2}{2L}$

第6章

1. $\frac{3}{7}$ **2.** $(4\,\hat{i}-9.8\,\hat{j})$ kg·m/s **3.** $mu+mv$ **4.** $\frac{h}{2}$ **5.** 13.6 m **6.** 1.2 m **7.** $\frac{h}{3}$，$\frac{h}{4}$ **8.** $\sqrt{\frac{3}{8}gL}$ **9.** $\frac{mgL}{50}$ **10.** 1.5 cm，0.38 m/s **11.** 見解析 **12.** $\frac{M^2gh}{[f-(M+m)g](M+m)}$ **13.** 16 m/s，21 m/s **14.** $v_0+\frac{m}{M+m}u$ **15.** $mu\sum_{x=1}^{n}\frac{1}{M+mx}$ **16.** $\frac{m+M}{m}\sqrt{2\mu gs}$，$\frac{3M}{2m}\sqrt{2\mu gs}$ **17.** $\sqrt{\frac{19}{10}}$ **18.** $\frac{36v_0^2}{25g}$，$\frac{3}{5}mv_0\hat{i}-\frac{2}{5}mv_0\hat{j}$ **19.** 500 m **20.** 30 m/s **21.** 42.3 m **22.** $\frac{v_0}{3}$，$\frac{v_0^2}{3\mu_k g}$ **23.** (a) 500 N (b) 10 m/s² (c) 0 (d) 1150 m/s **24.** 0.05 kg～0.45 kg **25.** $v_1'=-6.5$ m/s，$v_2'=-0.5$ m/s **26.** $\frac{M}{m}\sqrt{2gH}$，$\frac{2M}{m}\sqrt{2gH}$ **27.** 0.17 **28.** $\frac{1}{3}$ **29.** 左邊的 m 靜止，中間的 m 以 $\frac{m-M}{m+M}v_0$ 的速率往右運動，M 以 $\frac{2m}{m+M}v_0$ 的速率往右運動 **30.** 左邊的 m 以 $\frac{M-m}{m+M}v_0$ 的速率往左運動，中間的 m 靜止，M 以 $\frac{2m}{m+M}v_0$ 的速率往右運動 **31.** $\frac{v_0}{3}$，$\frac{v_0}{3}$ **32.** 與位置 1 相隔 $\frac{1}{4}$ 圓周位置 **33.** $-\frac{(m_1-m_2)^2}{(m_1+m_2)^2}gt$，$-\frac{(m_1-m_2)^2}{(m_1+m_2)^2}g$ **34.** $\frac{mg\sin\theta\cos\theta}{M+m\sin^2\theta}$ **35.** $-\frac{3m}{5(M+m)}\ell$ **36.** $-\frac{3m}{4(M+m)}\ell$

第7章

1. 150 rad/s，$\frac{1000}{\pi}$ 圈 **2.** $\frac{200}{9}$ rad/s² **3.** 49 s **4.** $\frac{1}{40\pi}$ rad/s²，80π s **5.** 500π rad/s² **6.** 1 rev/s²，350 圈 **7.** $\frac{15}{4}$ s **8.** 100 rad/s，119 圈 **9.** $\frac{15}{4}$ s **10.** 4.476×10^{-3} rad/s²，98 s 或 572 s **11.** 5θ **12.** $\frac{5\omega}{2\alpha}$ **13.** 12 rad/s，$\frac{3}{5}$ rad/s² **14.** 5 m/s，10 rad/s，1 m/s²，50 m/s² **15.** 7.73×10^3 m/s，1.16×10^{-3} rad/s，8.97 m/s²，0 **16.** 6：5：3，1：4：9 **17.** $\frac{1}{2}\frac{m_1m_2\omega^2L^2}{m_1+m_2}$ **18.** 7.85 kg·m²/s **19.** 1.06×10^{-34} kg·m²/s **20.** 見解析 **21.** $\frac{2}{15}$，$\frac{1}{5}$ **22.** $\frac{2r_2}{r_1}v$ **23.** $\frac{1}{2}MR^2$ **24.** $\frac{1}{4}MR^2$ **25.** $\frac{MR^2}{4}+\frac{ML^2}{12}$ **26.** $\frac{1}{12}ML^2$ **27.** $\frac{1}{12}M(a^2+b^2)^2$ **28.** $\frac{1}{2}$ **29.** 25 kg，2000 N，750 J **30.** 7.8×10^{-4} N·m **31.** 24.5 rad/s²，3.68 N **32.** $\frac{2\theta}{t^2}$，$\frac{2R\theta}{t^2}$，$T_1=\frac{2mR\theta}{t^2}$，$T_2=m(g-\frac{2R\theta}{t^2})$ **33.** $\frac{2(M-m)g}{M_0+2(M+m)}$，$\sqrt{\frac{M_0+2(M+m)}{2(M-m)}\frac{h}{g}}$ **34.** $\sqrt{\frac{3g}{L}}$ **35.** (a) 2.7R (b) $\frac{37}{20}R$ (c) 2.7R (d) $a_t=g$，$a_r=\frac{20}{7}g$ (e) $\frac{3}{7}mg$ **36.** $\frac{2mg\sin\theta}{M+2m}$，$\frac{mMg\sin\theta}{M+2m}$，$\sqrt{\frac{4mg\sin\theta}{M+2m}}$ **37.** $\frac{5}{7}g\sin\theta$ **38.** $\sqrt{\frac{10}{7}gh}$ **39.** 實

心球體 **40.** $\dfrac{4mgs-2k_s s^2}{2m+M}$ **41.** $\sqrt{\dfrac{4mgR}{M+2m}}$ **42.** 0.69 rad/s **43.** $W_1(1-\dfrac{x}{L})+\dfrac{W}{2}$ **44.** 3127 N **45.** 9.8° **46.** $\dfrac{W_1+2W_2}{2\sin\theta}$ **47.** 5500 N，4588 N（方向與棒子夾 16.5 度） **48.** $\dfrac{15}{22}L$ **49.** $\dfrac{\ell}{4R}W$ **50.** (a) $\dfrac{\sqrt{h(2R-h)}}{R-h}W$ (b) $\dfrac{\sqrt{h(2R-h)}}{2R}W$

第 8 章

1. 0.7 s **2.** $\sqrt{3}$ m，-5π m/s，$-25\sqrt{3}\pi^2$ m/s^2 **3.** $2\pi\sqrt{\dfrac{A}{g}}$ **4.** $\dfrac{2}{5}\pi$ s，$0.1\cos(5t+0.647)$ m **5.** 1.023 s **6.** 1 **7.** $\sqrt{2}f_1$ **8.** 0，25π m/s **9.** 4.2×10^{-6} m/s **10.** 0.032 m **11.** 0.0382 J，0.2118 J，0.25 J，± 0.433 m/s **12.** 0.628 s，$\dfrac{\pi}{30}$ s **13.** 0.628 m/s，0.0197 J **14.** $\dfrac{3}{4}$，$\dfrac{1}{4}$，最大位移的 $\dfrac{1}{\sqrt{2}}$ 倍 **15.** 3.14×10^{-3} s，8×10^4 N/m，2 m/s，0.04 J **16.** $2\pi\sqrt{\dfrac{3m}{2k_s}}$ **17.** $\dfrac{\sqrt{m^2g^2+2k_s mgh}}{k_s}$ **18.** 0.25 m **19.** 9.86×10^{-31} J，0.0314 m/s **20.** 0.0188 m/s，-3.95×10^4 m/s^2 **21.** $2\pi\sqrt{\dfrac{2m+M}{2k_s}}$ **22.** $\dfrac{v_0}{\sqrt{3}}$ **23.** 1.256 s，$x_1=12$ cm，$x_2=8$ cm **24.** – 7.85 m/s^2 **25.** 1.4 m/s，19.5 m/s^2 **26.** $\dfrac{\pi}{5}$ s，$\dfrac{13}{16}$ 和 $\dfrac{3}{16}$，1 m/s **27.** 3 倍 **28.** $\sqrt{6}$ 倍 **29.** $\dfrac{16}{9}$ **30.** $\dfrac{1}{\sqrt{ab}}$ **31.** 0.3% **32.** 24.85 m **33.** 12.425 kg · m^2 **34.** 2.4 T **35.** $\dfrac{R_c^2}{r}+r$ **36.** $2\pi\sqrt{\dfrac{L}{3g}}$ **37.** 1.65 s **38.** $\pi\sqrt{\dfrac{mL^2}{3k_s}}$ **39.** $2r$，2 s **40.** $2\pi\sqrt{\dfrac{3r}{2g}}$ **41.** 84.7 min **42.** $2\pi\sqrt{\dfrac{2L-L_0}{2g}}$ **43.** $2\pi\sqrt{\dfrac{h}{g}}$ **44.** 次阻尼振盪，4.95 s **45.** (a) $T=1.57$ s，$\omega=4$ rad/s，$A=0.1$ m，$\delta_0=0$，$E=0.002$ J，$v_{\max}=0.4$ m/s，$a_{\max}=1.6$ m/s^2，$x=0.1\cos(4t)$ m (b) $\dfrac{\pi}{2}$，0，– 0.4 m/s，0 (c) $T=1.57$ s，$\omega=4$ rad/s，$A=0.1\sqrt{2}$ m，$\delta_0=\dfrac{\pi}{4}$，$E=0.004$ J，$v_{\max}=\dfrac{2\sqrt{2}}{5}$ m/s，$a_{\max}=1.6\sqrt{2}$ m/s^2，$x=0.1\sqrt{2}\cos(4t+\dfrac{\pi}{4})$ m (d) $\dfrac{3\pi}{4}$，– 0.1 m，– 0.4 m/s，1.6 m/s^2 (e) $\dfrac{\pi}{4}$，0.1 m，– 0.4 m/s，– 1.6 m/s^2 (f) $\dfrac{\pi}{16}$ s **46.** 8 $\dfrac{1}{s}$，0.5 m，$\dfrac{3\pi}{2}$

第 9 章

1. (a) 1238.4 kg (b) 1.2136×10^4 N **2.** 可以水的密度作爲人體密度進行估算 **3.** 125 cm^3 **4.** 0.8 **5.** 1.04 **6.** 8.0×10^{-4}，2.5×10^7 N/m^2 **7.** 3.125×10^{10} N/m^2 **8.** 6.24×10^{-6} m **9.** (a) 7.64×10^{-3} m (b) 30.56×10^{-3} m **10.** (a) 9.36×10^6 N/m^2 (b) 1.872×10^{-5} m (c) 不會 **11.** 6×10^4 N/m^2 **12.** 3.2×10^4 N **13.** 1.77×10^4 N/m^2 **14.** 10 cm-Hg，85.8 cm-Hg **15.** 37.5 cm-Hg **16.** 11.113×10^5 N/m^2 **17.** (a) 13.6×10^3 kg/m^3 (b) 6.32 m **18.** 2.54×10^4 N **19.** $\dfrac{1}{2}\rho gLH^2+p_0HL$ **20.** $\dfrac{1}{4}\rho gA(H-h)^2$ **21.** 45 gw **22.** 2.07 m **23.** 100 m/s^2，3×10^5 Pa **24.** 1033.6 cm **25.** 6.7×10^4 N **26.** 10.97% **27.** 4000 kg/m^3 **28.** W_1+V，W_1+W_2 **29.** 200 cm^3 **30.** (a)(b)(c) **31.** 4.98×10^{-4} m^3 **32.** 600 kg/m^3 **33.** $\dfrac{9}{4}$ g/cm^3 **34.** $\dfrac{b^3}{2(b^3-a^3)}$ **35.** $\dfrac{x_a}{x_a-x_w}$ **36.** $\dfrac{3}{4}mg$ **37.** $\dfrac{2}{5}g$ **38.** $2\pi\sqrt{\dfrac{L}{2g}}$ **39.** $2\pi\sqrt{\dfrac{\ell}{g}}$ **40.** 2.75 m/s **41.** 10.84 m/s **42.** 見解析 **43.** 16 m/s，1.4×10^5 N **44.** 2.6×10^5 N **45.** 731.25 N/m^2 **46.** 174 m/s **47.** 18 cm **48.** $\dfrac{2gH}{1-(\dfrac{A_2}{A_1})^2}$ **49.** $\sqrt{2g(d+h_2)}$，d **50.** $R\sqrt[4]{\dfrac{v_0^2}{v_0^2+2gh}}$ **51.** $\sqrt{\dfrac{2\rho gh}{\rho_{air}}}$ **52.** 0.025 N/m^2 **53.** 1.55 mm **54.** 59.4 cm **55.** 見解析 **56.** $\dfrac{m\cos\alpha}{\rho HL}$ **57.** $\dfrac{\rho ghr_1r_2}{2(r_2-r_1)}$ **58.** 7894 Pa **59.** 3.88×10^{-3} Pa · s **60.** 減少爲原本的 41%

第 10 章

1. 3.0 m/s **2.** $3\sin[2\pi(0.1x-400t)]$ **3.** (a) 0.25 m，16 m/s (b) $0.25\sin(25x+400t)]$ **4.** 0.02 m，π s **5.** $0.04\sin(2\pi x-\pi t)$ **6.** $0.1\sin(10x-40t+\dfrac{\pi}{6})$ **7.** (a) 0.80 s (b) 1.25 Hz (c) 0.4 m (d) 2.5 m/s **8.** (a) 0.2 m (b) 2π rad **9.** (a) 1414.2 m/s (b) 3162.3 m/s (c) 5063.7 m/s **10.** (a) 16π rad/m，10 m/s，12.5 cm (b) $0.08\sin(16\pi x-160\pi t)$ **11.** (a) 5063.7 m/s，10.1 m (b) 0.395 s **12.** 1.25 N **13.** 1.49×10^5 N/m^2 **14.** (a) 1461.5 m/s (b) 2.9 m **15.** 1：1，$(1-\dfrac{1}{\sqrt{3}})L$ **16.** 5.0 N **17.** 89.43 m/s **18.** 0.84 m **19.** (a) 20 m/s (b) 3.75×10^{-2} kg/m **20.** 0.5 Hz，0.2 m **21.** (a) 51.7° (b) 0.287π rad (c) 0.1435 倍波長 **22.** 50 cm，150 cm，250 cm，⋯ **23.** $A\cos(k_w x+\omega t+\varphi)$ **24.** 10000 Hz **25.** $\dfrac{nf}{3}$，$n=1, 2, 3, \cdots$ **26.** 0.9 m **27.** 折射角 $\theta_B=20.7°$ **28.** 34.8° **29.** 49.5° **30.** 由折射率大的介質進入折射率小的介質 **31.** 40.8 m **32.** 3.4 km/s **33.** 見解析 **34.** 45° **35.** $p=-\dfrac{1}{4}$ **36.** 5.7°，11.5°，10 條 **37.** (a) 6 條 (b) 7 條 (c) $\sin^{-1}(\dfrac{1}{6})$ (d) $\sin^{-1}(\dfrac{1}{3})$ **38.** 第一節線 **39.** 第一反節線，第二節線 **40.** 172 Hz **41.** $p=\dfrac{3}{4}$ **42.** 4 條 **43.** 1.26 **44.** 8.85×10^{-9} W/m^2，

39.5 dB **45.** 6×10^{-11} J **46.** 39 dB **47.** 4 倍 **48.** $\frac{L}{\sqrt{6}}$ **49.** 10 Hz **50.** 400 N **51.** 不同 **52.** (a) 85 Hz (b) 115.6 N **53.** 1069 Hz **54.** 949 Hz **55.** 1110 Hz **56.** 1345 Hz **57.** 117 Hz **58.** 5967.7 Hz **59.** 14 Hz **60.** (a) 1632.4 Hz (b) 1367.6 Hz **61.** 見解析 **62.** (a) 41.7 mach (b) 1.4° **63.** (a) 23.5 mach (b) 2.4° (c) 10.5° **64.** 1.37×10^4 m

第 11 章

1. (a) 97.7°F (b) 212°F (c) – 148°F (d) 80.6°F **2.** 37°C **3.** 491.8 mm-Hg **4.** (a) 160°C 或 320°F (b) – 24.6°C 或 – 12.3°F **5.** 4°Z **6.** (a) 77°F (b) 2540°C **7.** 25°C **8.** 5.58 cal **9.** 25.7°C **10.** 33.9°C **11.** 6.7×10^{-3} cal/g · °C **12.** 427940 cal **13.** 527.5 cal **14.** 50 m/s，1614.8 cal，176.5°C **15.** 15.048×10^6 J **16.** 600°C **17.** 18750 J，4485.6 cal **18.** 2.4°C **19.** 1.2×10^6 cal 或 5.0×10^6 J **20.** 3000 J/kg · °C 或 717 cal/kg · °C **21.** 97.7 min **22.** 5.58 min **23.** 1.075°C **24.** (a) 2100 kcal、8790.6 kJ、2.442 kW · hr (b) 3 份 **25.** 0.252 kcal，1054.9 J **26.** 1.40 min **27.** 7.3×10^5 cal **28.** 125 g **29.** 7.25×10^5 cal **30.** 2.93 g **31.** 28.2°C **32.** 3250 g **33.** 2.05×10^5 J **34.** – 15.77 cal/s，– 12.97°C **35.** 2.85×10^4 W **36.** 320 W **37.** – 6400 J/s **38.** 4.14×10^{11} m **39.** – 1224 W **40.** 215 hr **41.** (a) 59.18 W (b) 15.54 W **42.** 80.6°C **43.** 0.54%，1.8×10^{-5} 1/°C **44.** 2.3×10^{-5} 1/°C，– 0.069% **45.** 1.2 cm **46.** 62.5°C **47.** 72 cm **48.** $(1+15\alpha)T$ **49.** $\frac{r_2-r_1}{r_1\alpha_1-r_2\alpha_2}$ **50.** – 90°C **51.** 2.6×10^{-4} **52.** 31.2×10^3 N **53.** 2.16 mm **54.** 442°C **55.** 1.4% **56.** 74.8×10^{-6} 1/°C，鋁 **57.** 3.456×10^7 N/m² **58.** (a) 118.75×10^6 N/m² (b)否 (c) 13.5×10^6 N/m²，不安全

第 12 章

1. 450 J **2.** 1.9×10^4 J **3.** 138 J **4.** -9.9×10^3 J **5.** 400 J，– 600 J **6.** (a) 900 cal，0，900 cal (b) 1200 cal，300 cal，900 cal (c) 0，– 900 cal，900 cal **7.** 0.5 倍 **8.** $\rho v^2\cos\theta$ **9.** $\frac{7}{8}$倍 **10.** 350 K **11.** 0.052 g **12.** 4.12 g/mol，1.55×10^3 m/s **13.** 7.3×10^{-4} s **14.** 10^4 K **15.** 3.2×10^5 個 / 立方公分 **16.** 596.4 cal **17.** $\theta=\frac{\pi}{2}$ **18.** $\frac{mgR}{3(t+273)}$ **19.** $\frac{6NL}{\theta}$ **20.** $330.9+0.6\times T$ **21.** 1.63×10^5 K，1.43×10^5 K，1.02×10^4 K **22.** 2740 m/s **23.** 20 K **24.** $\frac{1}{6}$倍，$(\sqrt{\frac{7}{6}}-1)$ 倍 **25.** $\frac{1}{\sqrt{2}}$ **26.** 1000 m/s **27.** 1369.4 J，1369.4 J **28.** 0.5 m³ **29.** 5 : 1，$\frac{3MRT}{20V}$，5 : 1 **30.** $\frac{8}{9}$ atm **31.** $\frac{3RT}{V}$ **32.** $\frac{P_1V_1+P_2V_2}{V_1+V_2}$ **33.** 57 cm **34.** 65.3 cm-Hg **35.** 78.5 cm-Hg **36.** (a) $\sqrt{3}v_0$ (b) $\frac{3Mv_0^2}{10^6V}$ (c) $\frac{Mv_0^2}{10^3R}$ **37.** $\frac{5nRT}{3V}$ **38.** $\frac{3T_1T_2}{2T_1+T_2}$ **39.** 270 K **40.** 0.54 **41.** 346 J，205 J，0.4 **42.** 13.4% **43.** 23.3% **44.** 見解析 **45.** 見解析 **46.** 44.42 cal/K **47.** 0.441 cal/K

國家圖書館出版品預行編目資料

普通物理. 力學與熱學篇 / 鄭乃仁, 段宏昌, 劉世崑,
陳榮斌, 陳進祥著. -- 初版. -- 新北市 : 全華圖書
股份有限公司, 2024.04
面 ; 公分
ISBN 978-626-328-909-3(平裝)
1.CST: 物理學
330 113004588

普通物理（力學與熱學篇）

作者／段宏昌、劉世崑、鄭乃仁、陳榮斌、陳進祥
發行人／陳本源
執行編輯／李信輝
封面設計／戴巧耘
出版者／全華圖書股份有限公司
郵政帳號／0100836-1 號
圖書編號／06520
初　　版／2024 年 05 月
定價／新台幣 450 元
ISBN／978-626-328-909-3(平裝)
ISBN／978-626-328-949-9(PDF)
全華圖書／www.chwa.com.tw
全華網路書店 Open Tech／www.opentech.com.tw
若您對本書有任何問題，歡迎來信指導 book@chwa.com.tw

臺北總公司(北區營業處)
地址：23671 新北市土城區忠義路 21 號
電話：(02) 2262-5666
傳真：(02) 6637-3695、6637-3696

中區營業處
地址：40256 臺中市南區樹義一巷 26 號
電話：(04) 2261-8485
傳真：(04) 3600-9806(高中職)
(04) 3601-8600(大專)

南區營業處
地址：80769 高雄市三民區應安街 12 號
電話：(07) 381-1377
傳真：(07) 862-5562